钳工基本操作技能视频演示

（手机扫描二维码看视频）

01　平面划线应用实例一	02　平面划线应用实例二	03　圆钢棒料的錾削
04　长方体锯削	05　V形块的锯削	06　圆弧形面的锉配
07　四方块上平面的刮削	08　直角尺的研磨	09　形件弯制
10　手工铆接的操作	11　磨花钻的刃磨	12　钻孔
13　铰孔	14　在长方体上攻螺纹	15　在圆杆上套螺纹

钳工手册

钟翔山　主编

化学工业出版社

·北京·

内 容 简 介

本书针对钳工加工的实际工作需要，围绕钳工必须掌握的钳工工艺、划线、锯切、錾削、锉削、锉配、孔加工、攻螺纹与套螺纹、刮削、研磨与抛光、矫正、手工弯形、铆接、粘接、螺纹连接、常见操作缺陷的处理、装配与调整、典型零部件的维修等加工技术，系统、全面地介绍了各项技能的操作手法、操作过程、操作技巧以及工艺步骤，总结了常见加工缺陷的防治措施。本书在讲解钳工必备知识和基本操作的基础上，注重专业知识与操作技能、方法的有机融合，着眼于实际操作能力的培养与提高。

本书内容详尽实用、结构清晰明了，既可供钳工及从事机械加工的工程技术人员使用，也可供从事机械加工教学与科研的人员参考，还可作为高职院校相关专业学生的工具书。

图书在版编目（CIP）数据

钳工手册 / 钟翔山主编 .—北京：化学工业出版社，2020.10（2023.1 重印）
ISBN 978-7-122-37306-9

Ⅰ．①钳… Ⅱ．①钟… Ⅲ．①钳工 - 技术手册 Ⅳ.
① TG9-62

中国版本图书馆 CIP 数据核字（2020）第 113870 号

责任编辑：贾　娜 文字编辑：陈小滔　袁　宁
责任校对：宋　夏 装帧设计：王晓宇

出版发行：化学工业出版社（北京市东城区青年湖南街 13 号　邮政编码 100011）
印　　装：北京虎彩文化传播有限公司
710mm×1000mm　1/16　印张 36¼　字数 688 千字　2023 年 1 月北京第 1 版第 3 次印刷

购书咨询：010-64518888 售后服务：010-64518899
网　　址：http://www.cip.com.cn
凡购买本书，如有缺损质量问题，本社销售中心负责调换。

定　　价：128.00 元 版权所有　违者必究

钳工是一种比较复杂、细微、工艺要求较高的、以手工操作为主的工作，也是机械加工中起源较早、技术性很强，并对机械产品的最终质量负有重要责任的加工方法，具有工作范围广、涉及专业面宽、加工质量主要取决于操作人员的技术水平等特点。钳工需求较大，在汽车、农业机械、电器仪表、日常生活用品以及国防等工业生产领域都得到了广泛应用。

随着我国经济快速、健康、持续、稳定地发展和改革开放的不断深入，以及经济转型和机械加工业的发展，钳工的需求量也在不断增加。为满足企业对熟练钳工的迫切需要，本着加强技术工人的业务培训、满足劳动力市场的需求之目的，我们总结多年来的实践经验，以突出操作性及实用性为主要特点，精心编写了本书。

本书共分为18章，针对钳工加工的实际工作需要，围绕钳工必须掌握的钳工工艺、划线、锯切、錾削、锉削、锉配、孔加工、攻螺纹与套螺纹、刮削、研磨与抛光、矫正、手工弯形、铆接、粘接、螺纹连接、常见操作缺陷的处理、装配与调整、典型零部件的维修等加工技术，系统、全面地介绍了各项技能的操作手法、操作过程、操作技巧以及工艺步骤，总结了常见加工缺陷的防治措施。

在内容编排上，以工艺知识为基础，操作技能为主线，力求突出实用性和可操作性。全书在讲解钳工必备知识和基本操作的基础上，注重专业知识与操作技能、方法的有机融合，着眼于实际操作能力的培养与提高。

本书具有内容系统、完整，结构清晰明了和实用性强等特点，既可供钳工及从事机械加工的工程技术人员使用，也可供从事机械加工教学与科研的人员参考，还可作为高职院校相关专业学生的工具书。

本书由钟翔山主编，钟礼耀、曾冬秀、周莲英任副主编，参加资料整理与编写工作的有周彬林、刘梅连、欧阳拥、周爱芳、周建华、胡程英，参与部分文字处理工作的有钟师源、孙雨暄、欧阳露、周宇琼。全书由钟翔山整理统稿，钟礼耀校审。在本书编写过程中，得到了同行及有关专家、高级技师等的热情帮助、指导和鼓励，在此一并表示由衷的感谢。

由于笔者水平所限，疏漏之处在所难免，热忱希望读者批评指正。

钟翔山

目录

目录

目录

 目录

目录

目录

目录

目录

目录

目录

目录

第 1 章 钳工工艺

1.1 钳工的工作内容及特点

任何一种机械产品的制造，一般都是按照先生产毛坯，然后经机械加工等步骤生产出零件，最终将零件装配成为机器的生产步骤完成的。为了完成整个生产过程，机械制造企业一般都有铸工、锻工、焊接工、热处理工、车工、钳工、铣工、磨工等多个工种。其中，钳工是起源较早、技术性很强的工种之一。钳工是使用手工工具或设备，主要从事工件的划线与加工、机器的装配与调试、设备的安装与维修、模具和工具的制造与维修等工作的人员。

在机械产品的零件生产、机器组装全过程中，钳工工作贯穿始终。首先是毛坯在加工前，需经过钳工进行划线或矫正操作才能往下道工序进行；有些零件在机械加工完成后，往往根据技术要求，还需要钳工进行刮削、研磨等操作才能最终完成；在零件机械加工完成后，则需要通过钳工把这些零件按照技术要求进行组件及部件装配、总装配和调试才能成为一台完整的机械产品。因此，钳工工作对机械产品最终质量负有重要责任。

在不同规模、不同行业的企业，钳工的工作内容也有所不同。目前，《钳工国家职业标准》将钳工分为装配钳工、机修钳工和工具钳工三类。

装配钳工的职业定义为：操作机械设备或使用工装、工具，进行机械设备零件、组件或成品组合装配与调试的人员。

机修钳工职业定义为：从事设备机械部分维护和修理的人员。

工具钳工的职业定义为：从事操作钳工工具、钻床等设备，进行刀具、量具、模具、夹具、索具、辅具等（统称工具，又称工艺装备）的零件加工和修整、组合装配、调试与修理的人员。

根据工厂企业的实际情况，装配钳工一般又细分为机械装配钳工和内燃机装配钳工等；机修钳工一般又细分为机械维修钳工和内燃机维修钳工等；工具钳工一般又细分为模具钳工、划线钳工等。

不论从事何种职业性质的钳工，其所具备的基本操作技能是相同的，即应掌握：划线、锯切、錾削、锉削、钻孔、扩孔、锪孔、铰孔、攻螺纹、套螺纹、矫正、弯形、铆接、刮削、锉配、装配和简单的热处理等基本操作技能。钳工职业具有以下特点。

① 钳工是从事比较复杂、细微、工艺要求较高的以手工操作为主的工作。

② 钳工工具简单，操作灵活，可以完成用机械加工不方便或难以完成的工作。

③ 钳工可加工形状复杂和高精度的零件。技艺精湛的钳工可加工出比使用现代化机床加工还要精密和光洁的零件，可以加工出连现代化机床也无法加工的形状非常复杂的零件，如高精度量具、样板、复杂的模具等。

④ 钳工加工所用工具和设备价格低廉、携带方便。

⑤ 钳工的生产效率较低，劳动强度较大。

⑥ 钳工工作质量的高低取决于钳工技术熟练程度的高低。

⑦ 不断进行技术创新，改进工具、量具、夹具、辅具和工艺，以提高劳动生产率和产品质量，也是钳工的重要工作。

1.2 钳工加工设备与工具

不同职业的钳工，其所使用的设备与工具也是有所不同的，表 1-1 给出了常见的钳工设备与工具。

表 1-1 常见的钳工设备与工具

分类	主要工具名称
划线工具	划线平台、划针、划规、样冲、划线盘、分度头、千斤顶、方箱、V 形架、砂轮机
锯切工具	手锯、手剪
錾削工具	手锤（榔头）、錾子、砂轮机
锉削工具	锉刀、台虎钳
钻孔工具	钻床、手电钻、麻花钻、扩孔钻、锪钻、铰刀、砂轮机
攻螺纹工具	铰杠（又称铰手）、板牙架、丝锥、板牙、砂轮机
刮研工具	刮刀、校准工具（校准平板、校准平尺、角度直尺、垂直仪）
研磨工具	研磨平板、研磨圆盘、圆柱研棒、圆锥研棒、研磨环等
矫正与弯形工具	矫正平板、铁砧、手锤、铜锤、木锤、V 形架、台虎钳、压力机
铆接工具	压紧冲头、罩模、顶模、气铆枪
装配工具	螺丝刀（起子）、活络扳手、开口扳手、整体扳手、内六角扳手、套管扳手、拔销器、斜键和轴承拆装工具

① 台虎钳是用来夹持工件的通用夹具，有固定式和回转式两种。台虎钳的规格以钳口的宽度表示，有75mm、100mm、125mm、150mm、200mm等。

② 钳桌又称钳台，是用来安装台虎钳、放置工具和工件并进行钳工主要操作的设备，其高度一般为850～900mm。

③ 砂轮机是用来刃磨刀具等的设备，有台式砂轮机和立式砂轮机等。

④ 钻床是用来对工件进行圆孔加工的设备，有台式钻床、立式钻床和摇臂钻床等。

⑤ 划线平板又称划线平台，是用来进行划线、测量和检验零件的平面度、平行度、垂直度、角度和直线度的设备。

⑥ 方箱是用于钳工立体划线、测量和检验零件的平行度和垂直度的设备。方箱分为普通方箱和磁性方箱两类。

⑦ 分度头是用来进行分度划线、测量以及检验的设备。

⑧ V形架是用来放置圆柱形轴类零件，进行划线、测量以及检验的设备。

⑨ 铁砧是用来对工件进行矫正、弯形、延展等锤击操作的设备。

此外，钳工操作过程中，还需使用到以下量具，主要有：钢直尺、内外卡钳、游标卡尺、高度游标卡尺、刀形样板平尺、90°角尺、万能角度尺、外径千分尺、塞尺、百分表、半径样板等。

各类钳工设备及工具在后续章节中将详细地介绍，但钳工不论使用何种设备及工具操作，均应遵守以下工作场地的要求，并严格按设备的维护保养方法进行。

（1）钳工工作场地及要求

钳工工作场地是指钳工固定工作的地点。为安全、方便地工作，钳工工作场地的布局一定要合理，要符合安全文明生产的要求。

① 钳桌应放置在光线较好、操作方便的地方，钳桌之间的距离要适当。面对面工作的钳桌，应在其中间安装防护网，单边工作的钳桌，应在其对边安装防护网。

② 毛坯和工件要分开整齐放置，工件要尽量放置在搁架上，以防止磕碰。

③ 合理摆放工、量、夹具，量具要放置在钳桌的隔板上，工具要纵向放置在顺手的位置。

④ 工作场地要保持整洁，每天工作完毕，应按照要求对设备进行清理、润滑，把工作场地打扫干净。

（2）设备的维护保养方法

设备的维护保养应以设备的日常维护保养工作为主。做到设备的管理和维修以预防为主，维护保养和计划检修并重。

1）设备日常维护的内容

① 班前，按照设备的检查内容，认真检查，合理润滑设备。

② 工作中，遵守操作规程，正确使用设备，保证设备正常运转。

③ 班后，进行设备的擦拭和清扫，并做好交接班工作。

④ 发现隐患后及时排除，重大问题立即上报有关人员。

2）设备日常维护的要求

坚持日常维护经常化，必须达到整齐、清洁、安全、润滑四项要求。严格执行操作工人的三项权利：有权制止他人私自动用自己操作的设备；因生产需要，要求超负荷使用设备时，在没采取防范措施或未经主管部门批准的情况下，有权拒绝操作；发现设备运转不正常，逾期不检修，安全装置不符合技术标准规定时，应及时上报，在未经采取相应措施之前，有权停止使用设备。

3）设备日常维护保养的岗位责任制

① 对单人操作的设备，实行操作者维护保养专责制。

② 对多人共同操作的设备（机组），应建立机长负责制。

③ 自动生产线或一人操作多台设备时，应结合具体情况，建立相应的责任制。

④ 操作工人调动工作时，必须对设备进行认真交接，分清责任。

1.3　机制工艺基础

工艺是指制造产品的技巧、方法和程序。机制工艺是机械制造工艺的简称，是机械制造全程（包括从原材料转变到产品的全过程）中的技巧、方法和程序。机械制造全程中，凡是直接改变零件形状、尺寸、相对位置和性能等，使其成为成品或半成品的过程，均为机械制造工艺过程。它通常包括零件的制造和机器的装配两部分。

为保证零件的加工及机器的装配质量，在生产加工前，工艺技术人员必须针对所加工零件的结构或装配机器的技术要求，确定加工工艺方案，制定相应的工艺规程（工艺规程是工艺技术人员根据产品图纸的要求和该工件的特点、生产批量以及本企业现有设备和生产能力等因素，拟订出的一种技术上可行、经济上合理的最佳工艺方案，是指导零件生产过程的技术文件），此外，对于一些难以保证加工要求的零件或难以达到技术要求的装配，还往往需要通过设计夹具加工来满足相应的零件加工精度及装配要求。因此，对生产操作人员来讲，了解一些基本的机械制造工艺与夹具知识是很有必要的。

1.3.1　常见机械加工工艺

采用机械加工方法直接改变毛坯的形状、尺寸、各表面间相互位置及表面质量，使之成为合格零件的过程，称为机械加工工艺过程，它是由按一定顺序排列的若干个工序组成的。在机械制造过程中，机械加工工艺方法主要有机械加工及热加工两大类。机械加工中使用最广泛的是切削加工，常见的切削加工方法主要有车削、铣削、刨削、磨削等。

1.3.1.1 车削加工

利用车床、车刀完成工件的切削加工称为车削加工。车削加工时，工件被夹持在车床主轴上做旋转主运动，车刀做纵向或横向的直线进给运动。其中，做直线进给运动的车刀对做旋转主运动的工件进行切削加工的机床称为车床。车床的种类很多，生产中尤以普通车床最为常见。

普通车床由三箱（主轴箱、进给箱、溜板箱）、两杠（光杠、丝杠）、两架（刀架、尾架）、一床身组成。其中普通车床中又以卧式车床使用最为广泛。图1-1所示为CA6140型卧式车床的外形图。

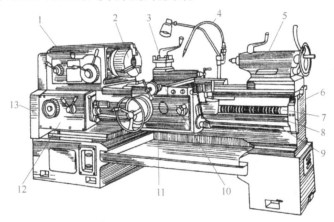

图 1-1 CA6140 型卧式车床外形图

1—主轴箱；2—卡盘；3—刀架；4—切削液管；5—尾架；6—床身；7—长丝杠；
8—光杠；9—操纵杆；10—溜板；11—溜板箱；12—进给箱；13—配换齿轮箱

车削适于加工回转表面，如内外圆柱面、内外圆锥面、端面、沟槽、螺纹和回转成形面等，此外，在车床上既可用车刀对工件进行车削加工，又可用钻头、铰刀、丝锥和滚花刀进行钻孔、铰孔、攻螺纹和滚花等操作。

（1）切削用量三要素

切削用量是表示主运动及进给运动大小的参数，包括切削速度v_c、进给量f和背吃刀量（切削深度）a_p，如图1-2所示。

① 切削速度v_c指主运动的线速度，即刀具切削

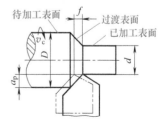

图 1-2 切削用量三要素

刃上的某一点相对于待加工表面在主运动方向上的瞬时速度。表达式为：

$$v_c=\pi Dn/1000$$

式中　　D——待加工表面最大直径，mm；

　　　　n——工件的转速，r/min；

　　　　v_c——切削速度，m/min。

切削速度 v_c 的选择。当背吃刀量与进给量选定以后，可根据刀具寿命来确定。如粗车使用高速钢车刀时，切削速度一般取 25m/min 左右；用硬质合金车刀时，切削速度一般取 50m/min；精车时切削速度一般取 60 ～ 200m/min。

② 进给量 f 是指在车削加工中工件每转一周，车刀沿进给方向所移动的距离，其单位为 mm/r。

进给量 f 的选择：为提高生产率，在保证刀具寿命的前提下，车削进给量应尽可能选择大一些。如果刀具或工件刚度较差，进给量会受切削力的限制不允许太大。在实践中，粗车时进给量一般取 f=0.3 ～ 1.5mm/r，精车时进给量一般取 f=0.05 ～ 0.2mm/r。

③ 背吃刀量 a_p 是指待加工表面与已加工表面之间的垂直距离，即 a_p=（$D-d$）/2。

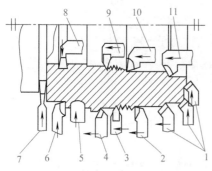

图 1-3　刀具的类型与用途

1—45°弯头车刀；2—90°外圆车刀；3—外螺纹车刀；4—75°外圆车刀；5—成形车刀；6—左切外圆车刀；7—切断刀；8—内孔车槽刀；9—内螺纹车刀；10—不通孔镗刀；11—通孔镗刀

背吃刀量的选择：背吃刀量应根据加工余量来确定。粗车时，除留下精加工的余量外，应尽可能一次进给切除大部分加工余量，以减少进给次数，提高生产率，且取较大背吃刀量可保证刀具寿命。

一般在中等功率的机床上加工，粗车时背吃刀量最深可达 8 ～ 10mm，半精车时背吃刀量取 0.5 ～ 2mm，精车时背吃刀量取 0.1 ～ 0.4mm。

（2）车刀

车刀是实现车削加工必不可少的刀具。车刀的种类很多，如图 1-3 所示。

① 刀具材料。常用的刀具材料主要有高速钢和硬质合金两大类。

高速钢也称白钢，我国常用的牌号为 T51841（W18Cr4V），能耐温 600 ～ 700℃，最高切削速度可达 30m/min 左右。

硬质合金是由碳化物及黏结剂高压成形后烧结而成的。一般分为钨钴和钨钛钴两大类。切削时能耐温 800 ～ 1000℃，最高切削速度可达 100m/min。

② 车刀形状。车刀由刀头和刀柄两部分组成，如图 1-4 所示。

③ 车刀的刃磨。车刀经过一段时间的使用会产生磨损，使切削力增大，切削温度增高，工件表面粗糙度值增大，所以需及时刃磨。

常用的磨刀砂轮主要有两种：一种是氧化铝砂轮（刚玉砂轮），另一种是碳化硅砂轮（绿色）。高速钢车刀应使用氧化铝砂轮刃磨；硬质合金车刀，因刀体部分是碳钢材料，可先用氧化铝砂轮粗磨，再用碳化硅砂轮刃磨刀头的硬质合金部分。

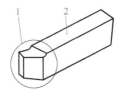 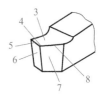

(a) 车刀的组成   (b) 刀头各部分名称

图 1-4   车刀的组成

1—刀头；2—刀柄；3—前刀面；4—刀尖；5—副切削刃；6—副后刀面；7—主后刀面；8—主切削刃

④ 车刀的安装。安装车刀时，如果安装不正确，即使车刀有了合理的车刀角度，也起不到应有的作用。

车刀的正确安装要求：刀尖与工件的中心线等高；刀柄应与工件轴心线垂直；车刀伸出方刀架的长度，一般应小于刀体高度的 2 倍（不包括车内孔）；车刀的垫铁要放置平整，且数量尽可能少。

（3）工件的装夹

根据所切削工件形状、大小、加工精度的不同，工件装夹的方式也有所不同，最常用的有以下几种。

① 用三爪自定心卡盘装夹工件。三爪自定心卡盘是车床最常用的附件，具有装卸工件方便、能自动对心的特点，装夹直径较大的工件时，还可"反爪"装夹。

② 用四爪单动卡盘装夹工件。四爪单动卡盘的四个爪是用四根螺杆分别带动的，故四个爪可单独调整，适合装夹形状不规则的工件，如方形、长方形、椭圆形工件等。

③ 用顶尖装夹工件。用卡盘夹持工件，当所车削的工件细长时，工件若只有一端被固定，此时工件往往会出现"让刀"现象，导致车出的工件在靠近卡盘的一端尺寸小，另一端尺寸大的现象。这就要采用一端用卡盘另一端用顶尖装夹的办法，以提高工件的刚度。有时需要用双顶尖来装夹工件，一些要求较高的长工件在用顶尖装夹时还需要用跟刀架。

在车削加工时，除了用上述方法外，有些还可用心轴、花盘来装夹工件。

（4）车削加工的应用

以下以车端面为例，简述车削加工的应用。车削工件端面时，常用弯头车刀和 90° 偏刀，如图 1-5 所示。

使用弯头车刀车削端面时，由外向中心进给。当背吃刀量较大或加工余量不均匀时，一般用手动进给；当背吃刀量较小且加工余量均匀时，可用自动进给。

当车到离工件中心较近时，应改用手动慢慢进给，以防崩刃。

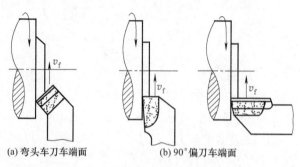

(a) 弯头车刀车端面　　　　　(b) 90°偏刀车端面

图 1-5　车削端面

用 90°偏刀车端面时，常从中心向外进给，通常用于端面精加工，或有孔端面的车削，车削出的端面表面粗糙度值较低。也可从外向中心进给，但用这种方法时，车削到靠近中心时车刀容易崩刃。

1.3.1.2　铣削加工

利用铣床、铣刀共同完成工件的切削加工称为铣削加工。在铣削加工时，铣刀做旋转的主运动，工件夹持在铣床工作台上做前后、上下、左右的直线进给运动。铣削加工是通过铣床及刀具共同完成零件加工的。其中，铣床是机械制造业的重要设备，是一种应用广、类型多的金属切削机床。由于铣削能完成多种任务的加工，为适应各类任务的切削加工需要，所用铣床必须配备多种类型的刀具才能完成。

铣床有多种形式，并各有特点，常见的是升降台式铣床。升降台式铣床又称曲座式铣床，它的主要特征是有沿床身垂直导轨运动的升降台（曲座）。工作台可随着升降台做上下（垂直）运动。工作台本身在升降台上面又可做纵向和横向运动，故使用灵便，适宜于加工中小型零件。因此，升降台式铣床是用得最多和最普遍的铣床。这类铣床按主轴位置可分为卧式和立式两种。

卧式铣床的主要特征是主轴与工作台台面平行，成水平位置。铣削时，铣刀和刀轴安装在主轴上，绕主轴轴心线做旋转运动；工件和夹具装夹在工作台台面上做进给运动。卧式铣床主要用于铣削一般尺寸的平面、沟槽和成形表面等。

图 1-6 所示的 X6132 型卧式万能铣床是国产万能铣床中较为典型的一种，该机纵向工作台可按工作需要在水平面上做 45°范围内左右转动。

立式铣床的主要特征是主轴与工作台台面垂直，主轴呈垂直状态。立式铣床安装主轴的部分称为立铣头，立铣头与床身结合处呈转盘状，并有刻度。立铣头可按工作需要，在垂直方向上左右扳转一定角度。这种铣床除了完成卧式升降台铣床的各种铣削外，还能进行螺旋槽和斜面一类工件的加工。图 1-7 给出了立式铣床的结构。

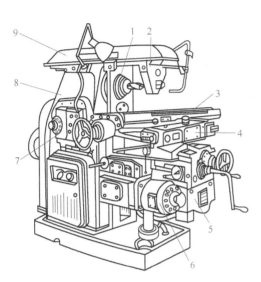 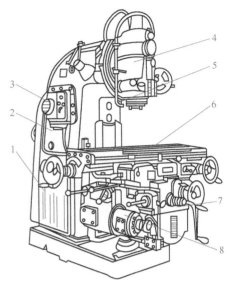

图 1-6 X6132 型铣床的外形及各部分名称

1—主轴；2—挂架；3—纵向工作台；4—横向
工作台；5—升降台；6—进给变速机构；
7—主轴变速机构；8—床身；9—横梁

图 1-7 立式升降台铣床

1—电气箱；2—床身；3—变速箱；4—主轴箱；
5—冷却管；6—工作台；7—升降台；8—进给箱

（1）铣削用量

铣削用量是表示主运动及进给运动大小的参数，包括铣削速度 v_c、进给量、背吃刀量 a_p、侧吃刀量 a_e。

1）铣削速度

一般是指铣刀最大直径处的线速度，其公式为：

$$v_c=\pi Dn/1000$$

式中　　D——铣刀直径，mm；

　　　　n——铣刀转速，r/min；

　　　　v_c——铣削速度，m/min。

2）进给量

指铣刀与工件之间沿进给方向的移动量，单位为 mm/min，在铣床上有三种。

① 每分钟进给量 v_f 指在 1min 内，工件相对于铣刀沿进给方向的位移，单位为 mm/min，这也是铣床铭牌上标示的进给量。

② 每齿进给量 f_z 指铣刀每转过一个齿时，工件相对于铣刀沿着进给方向的位移，单位为 mm/z。

③ 每转进给量 f 指铣刀每转一周，工件相对于铣刀沿进给方向的位移，单位

为 mm/r。

它们三者的关系是：$v_f = fnz$

式中　z——铣刀齿数。

3）背吃刀量 a_p 和侧吃刀量 a_e

在铣削时，铣刀是多齿旋转刀具，在切入工件时有两个方向的吃刀深度，即背吃刀量 a_p 和侧吃刀量 a_e，如图 1-8 所示。

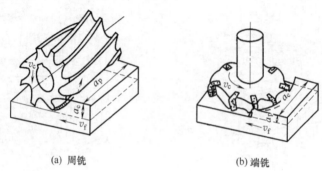

(a) 周铣　　　　　　　　　(b) 端铣

图 1-8　周铣和端铣

背吃刀量 a_p 是平行于铣刀轴线方向测量的切削层尺寸，即铣削深度，单位为 mm。

侧吃刀量 a_e 是垂直于铣刀轴线方向测量的切削层尺寸，即铣削宽度，单位为 mm。

铣削用量选择的原则是：在保证铣削加工质量和工艺系统刚度条件下，先选较大的吃刀量（a_p 和 a_e），再选取较大的进给量 f_z，根据铣床功率，并在刀具寿命允许的情况下选取 v_c。当工件的加工精度要求较高或要求表面粗糙度 Ra 值小于 6.3μm 时，应分粗、精铣两道工序进行加工。

（2）铣刀

铣刀主要分为带孔铣刀和带柄铣刀两大类。带孔铣刀多用于卧式铣床。带孔铣刀又分为圆柱铣刀和三面刃铣刀，如图 1-9（a）、图 1-9（b）所示。带柄铣刀分为直柄铣刀（一般直径较小）和锥柄铣刀（一般直径较大），多用于立式铣床，如图 1-9（c）、图 1-9（d）所示。

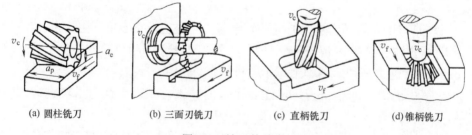

(a) 圆柱铣刀　　　(b) 三面刃铣刀　　　(c) 直柄铣刀　　　(d) 锥柄铣刀

图 1-9　铣刀的种类

（3）铣削加工的应用

铣削加工已成为机械加工中必不可少的一种加工方式。铣刀有较多的刀齿，连续地依次参加切削，没有空程损失。主运动是旋转运动，故切削速度可以提高。此外，还可进行多刀、多件加工。由于工作台移动速度较低，故有可能在移动的工作台上装卸工件，使辅助时间与机动时间重合，因此提高了工作效率。

在铣床上可以实现的工作有以下几种。

1）铣平面

铣平面是铣削加工中最重要的工作之一，可以在卧式铣床或立式铣床上进行。

① 在卧式铣床上铣平面。在卧式铣床上用圆柱形铣刀铣平面，称为周铣。周铣的特点是使用方便，在生产中常采用。

② 在立式铣床上铣平面。在立式铣床上用面铣刀铣平面，称为端铣。

③ 其他铣平面的方法。在卧式铣床或立式铣床上采用三面刃圆盘铣刀铣台阶面，用立铣刀铣垂直面等。

2）铣斜面

铣斜面的加工方法主要有以下几种。

① 偏转工件铣斜面。工件偏转适当的角度，使斜面转到水平的位置，然后就可按铣平面的各种方法来铣斜面。

② 偏转铣刀铣斜面。这种方法通常在立式铣床或装有万能铣头的卧式铣床上进行，即使铣刀轴线倾斜成一定角度，工作台采用横向进给进行铣削。另外，在铣一些小斜面工件时，可采用角度铣刀进行加工。

3）铣沟槽

在铣床上对各种沟槽进行加工是最方便的。

① 铣开口式键槽。可在卧式铣床上用三面刃盘铣刀进行铣削（盘铣刀宽度应按键槽宽度来选择）。

② 铣封闭式键槽。封闭式键槽一般是在立式铣床上用键槽铣刀或立铣刀进行铣削。

③ 铣T形槽。T形槽应用较广，如铣床、钻床的工作台都有T形槽，用来安装紧固螺栓，以便于将夹具或工件紧固在工作台上。铣T形槽一般在立式铣床上进行。

④ 铣半圆键槽。铣半圆键槽一般在卧式铣床上进行。工件可采用V形架或分度头等安装。采用半圆键槽铣刀，铣槽形状由铣刀保证。

⑤ 铣螺旋槽。在铣削加工中，经常会遇到铣削螺旋槽的工作，如圆柱斜齿轮、麻花钻头、螺旋齿轮刀、螺旋铣刀等。铣削螺旋槽常在万能铣床上用分度头进行。

4）成形法铣直齿圆柱齿轮的齿形

在铣床上铣削直齿圆柱齿轮可采用成形法。成形法铣齿刀的形状制成被切齿的齿槽形状，称为模数铣刀（或齿轮铣刀）。用于立式铣床的是柱状模数铣刀，用于卧式铣床的是盘状模数铣刀。

5）铣成形面

在铣床上一般可用成形铣刀铣削成形面，也可以用附加靠模来进行成形面的仿形铣削。

1.3.1.3 刨削加工

在刨床类机床上进行的切削加工称为刨削加工。在刨削加工时，对于牛头刨床，刀具的运动为主运动，工件运动为进给运动；对于龙门刨床，则工件运动为主运动，刀具的运动为进给运动。

牛头刨床的外形如图 1-10。它因滑枕和刀架形似牛头而得名。牛头刨床的滑枕可沿床身导轨在水平方向做往复直线运动，使刀具实现主运动。刀架座可绕水平轴线调整至一定的角度位置，以便加工斜面；刀架可沿刀架座的导轨上下移动，以调整吃刀深度。工件可直接安装在工作台上，或安装在工作台上的夹具（如台虎钳等）中。加工时，工作台带着工件沿滑板的导轨做间歇的横向进给运动。滑板还可沿床身的竖直导轨上下移动，以调整工件与刨刀的相对位置。

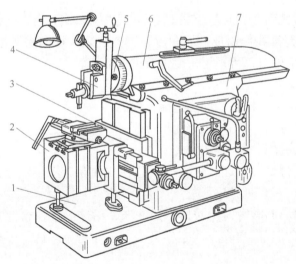

图 1-10　牛头刨床的外形
1—底座；2—工作台；3—滑板；4—刀架；5—刀架座；6—滑枕；7—床身

（1）刨刀的结构特点及种类

刨刀的几何参数与车刀相似，但由于刨削时受到较大的冲击力，故一般刨刀刀杆的横截面积较车刀大 1.25 ～ 1.5 倍。刨刀的前角、后角均比车刀小，刃倾角一般取较大的负值，以提高刀具的强度，同时采用负倒棱。

刨刀往往做成弯头，这是因为当刀具碰到工件表面的硬点时，能绕 O 点转动，如图 1-11 所示，使刀尖离开工件表面，防止损坏刀具及已加工表面。

刨刀的种类很多，按加工形式和用途不同，一般有平面刨刀、偏刀、切刀、角度刀及成形刀。

（2）刨刀的安装

刨刀安装正确与否将直接影响到工件的加工质量。如图 1-12 所示，安装时将转盘对准零线，以便准确控制吃刀深度。刀架下端与转盘底部基本对齐，以增加刀架的强度。刨刀的伸出长度一般为刀杆厚度的 1.5～2 倍。刨刀与刀架上锁紧螺栓之间通常加垫 T 形垫铁，以提高夹持稳定性。夹紧时夹紧力大小要合适，由于抬刀板上有孔，过大的夹紧力会压断刨刀。

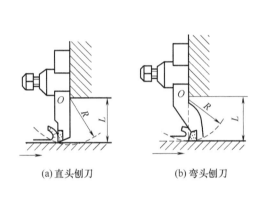

(a) 直头刨刀　　　(b) 弯头刨刀

图 1-11　直头刨刀和弯头刨刀的比较

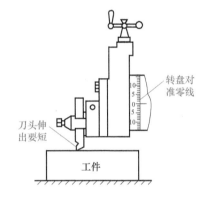

图 1-12　刨刀的正确安装

（3）刨削加工的应用

由于牛头刨床的刀具在反向运动时不加工，浪费了不少时间；滑枕在换向的瞬间有较大的惯量，限制了主运动速度的提高，使切削速度较低；此外，在牛头刨床上通常只能单刀加工，不能用多刀同时切削，所以牛头刨床的生产率比较低。但在牛头刨床上加工时使用的刀具较简单。所以牛头刨床主要用于单件、小批生产或修理车间。

当加工表面较大时，如仍应用类似牛头刨床形式的机床，则滑枕悬伸过长，而且工作台的刚度也难以满足要求，这时就需应用龙门刨床。龙门刨床主要用来加工大平面，尤其是长而窄的平面，也可用来加工沟槽或同时加工几个中小型零件的平面。应用龙门刨床进行精细刨削，可得到较高的精度和表面粗糙度（表面粗糙度 Ra=0.32～2.5μm），大型机床的导轨通常是用龙门刨床精细刨削来完成终加工工序的。

使用刨床加工，刀具较简单，但生产率往往不如铣削高（加工长而窄的平面例外），所以刨床主要用于单件、小批生产及机修车间，大批、大量生产中它往往被铣床所代替。

在刨床上可以实现的工作有以下几种。

1）刨平面

刨削平面可按以下方法和步骤进行加工。

① 刨平面时工件的装夹。小型工件可夹在平口虎钳上，较大的工件可直接固定在工作台上。若工件直接装夹在工作台上，则可用压板来固定，此时应分几次逐渐拧紧各个螺母，以免夹紧时工件变形。为使工件不致在刨削时被推动，需在工件前端加挡铁。如果所加工工件要求相对的面平行，相邻的面互成直角，则应采用平行垫块和垫圆棒夹紧。

② 刨削的步骤。

首先，工件和刨刀安装正确后，调整升降工作台，使工件在高度上接近刨刀。

然后，根据工件的长度及安装位置，调整好滑枕和行程位置；调整变速手柄位置，调出所需的往返速度；调整棘轮机构，调出合适的进给量。

再转动工作台的横向手柄，使工件移到刨刀下方，开动机床，慢慢转动刀架上的手柄，使刀尖和工件表面相接触，在工件表面上划出一条细线。

最后，移动工作台，使工件一侧退离刀尖 3 ～ 5mm 后停机。转动刀架，使刨刀达到所需的吃刀深度，然后开机刨削。若余量较大可分几次进给完成。

刨削完毕，用量具测量工件尺寸，尺寸合格后方可卸下工件。

2）刨垂直面和斜面

刨垂直面是指用刀架垂直进给来加工平面的方法。为了使刨削时刨刀不会刨到平口虎钳和工作台，一般要将加工的表面悬空或垫空，但悬伸量不宜过长。若过长，刀具刚度变差，刨削时容易产生让刀和振动现象。刨削时采用偏刀，安装偏刀时刨刀伸出的长度应大于整个刨削面的高度。

刨削时，刀架转盘的刻线应对准零线，以使刨出的平面和工作台平面垂直。为了避免回程时划伤工件已加工表面，必须将刀座偏转10°～15°，这样抬刀板抬起时，刨刀会抬离工件已加工表面，并且可减少刨刀磨损。

刨削斜面的方法很多，常用的方法为倾斜刀架法。即将刀架倾斜一个角度，同时偏转刀座，用手转动刀架手柄，使刨刀沿斜向进给。刀架倾斜的角度是工件待加工斜面与机床纵向铅垂面的夹角。刀座倾斜的方向与刨垂直面时相同，即刀座上端偏离被加工斜面。

3）刨沟槽

刨直槽可用车槽刀以垂直进给来完成。可根据槽宽分一次或几次刨出，各种槽均应先刨出窄槽。

在刨削 T 形槽时，先刨出各关联平面，并在工件端面和上平面上划出加工线。用车槽刀刨出直角槽，使其宽度等于 T 形槽槽口的宽度，深度等于 T 形槽的深度。然后用弯切刀刨削一侧的凹槽，刨好一侧再刨另一侧。刨燕尾槽的过程与刨 T 形槽相似。

4）刨矩形零件

矩形零件要求对面平行，相邻两面垂直。其刨削步骤如下。

① 选择一个较大、较平整的平面作为底面定位，刨出精基准面。

② 将精基准面贴紧在钳口一侧，在活动钳口与工件之间垫一圆棒，使夹紧力集中在钳口中部，然后刨第二平面（与精基准面垂直）。

③ 精基准面紧贴钳口，将工件转 180°，刨第三个平面。

④ 把精基准面放在平行垫铁上，固定工件，刨出第四个平面。

1.3.1.4 磨削加工

磨削是在磨床上利用砂轮或其他磨具、磨料作为切削工具对工件进行加工的工艺过程。磨削加工所用设备主要为磨床，磨床的种类较多，按其加工特点及结构的不同，常见的主要有平面磨床、外圆磨床、内圆磨床及工具磨床、抛光机等。

图 1-13 给出了 M1432A 型万能外圆磨床的结构，该磨床的使用性能与制造工艺性都比较好。主要由床身、工作台、头架、尾座、砂轮架、横向进给手轮和内圆磨具等组成。

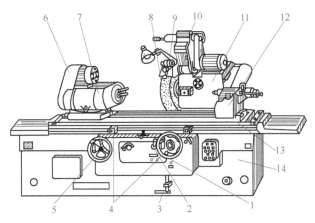

图 1-13　M1432A 型万能外圆磨床

1—横向进给手轮；2—快速手柄；3—脚踏操纵板；4—挡铁；5—工作台手轮；6—传动变速机构；
7—头架；8—砂轮；9—切削液喷嘴；10—内圆磨具；11—砂轮架；12—尾座；13—工作台；14—床身

（1）磨削运动及磨削用量

磨削运动是为了切除工件表面多余材料，加工出合格的、完整的表面，是磨具与工件之间必须产生的所有相对运动的总称。下面以磨削外圆柱面为例加以说明，如图 1-14 所示。

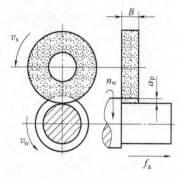

图 1-14　磨削时的运动

① 主运动。砂轮的高速旋转是主运动。用砂轮外圆的线速度 v_s 来表示，单位为 m/s。

② 圆周进给运动。指工件绕自身轴线的旋转运动。用工件回转时待加工表面的线速度 v_w 表示，单位为 m/s。

③ 纵向进给运动。指工作台带动工件做纵向往复运动。用工件每转一转沿自身轴线方向的移动量 f_a 表示，单位为 mm/r。

④ 横（径）向进给运动。工作台带动工件每一次纵向往复行程内，砂轮相对于工件的径向移动的距离 a_p 称为背吃刀量，单位为 mm。

（2）磨削加工的应用

磨削属精加工，能加工平面、内外圆柱表面、内外圆锥表面、内外螺旋表面、齿轮齿形及花键等成形表面，还能刃磨刀具和进行切断钢管、去除铸件或锻件的硬皮及粗磨表面等粗加工。磨削以平面磨削、外圆磨削和内圆磨削最为常用，这些表面的加工都必须在相对应的平面磨床、外圆磨床、内圆磨床上进行。

① 磨平面。磨削平面一般在平面磨床上进行。钢和铸铁等导磁性工件可直接装夹在有电磁吸盘的机床工作台上。非导磁性工件，要用精密平口钳或导磁直角铁等夹具装夹。根据磨削时砂轮工作表面的不同，磨削平面的工艺方法有两种，即周磨法和端磨法。

② 磨外圆及外圆锥面。磨外圆时工件常用前、后顶尖装夹，用夹头带动旋转；还可用心轴装夹，用三爪自定心或四爪单动卡盘装夹，用卡盘和顶尖装夹。磨削方法有纵磨法、横磨法、综合磨法、深磨法，如图 1-15 所示。

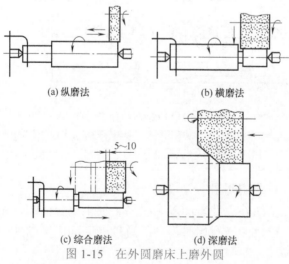

(a) 纵磨法　　　　　　　　(b) 横磨法

(c) 综合磨法　　　　　　　(d) 深磨法

图 1-15　在外圆磨床上磨外圆

磨外圆锥面时可采用转动工作台、转动头架、转动砂轮架和用角度修整器修整砂轮等方法，如图 1-16 所示。

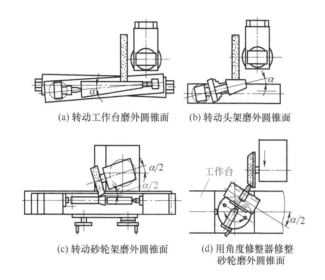

(a) 转动工作台磨外圆锥面   (b) 转动头架磨外圆锥面

(c) 转动砂轮架磨外圆锥面   (d) 用角度修整器修整砂轮磨外圆锥面

图 1-16 磨外圆锥面的加工方法

③ 磨内圆柱孔。内圆柱孔的磨削，可以在内圆磨床上进行，也可以在万能外圆磨床上用内圆磨头进行磨削。磨内孔时，一般都用卡盘夹持工件外圆，其运动与磨外圆时基本相同，但砂轮的旋转方向相反。磨削的方法有两种，纵向磨和切入磨，如图 1-17 所示。

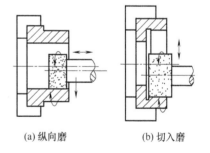

(a) 纵向磨   (b) 切入磨

图 1-17 磨内孔方法

1.3.2 常见热加工工艺

常见的热加工主要有热处理、表面处理、铸造、锻造等加工工艺方法。

1.3.2.1 热处理

金属材料的热处理是一种将金属材料在固态下加热到一定温度并在这个温度停留一段时间，然后把它放在水、盐水或油中迅速冷却到室温，从而改善其力学性能的工艺方法。

热处理主要有两方面的作用：一是获得零件所要求的使用性能，如提高零件的强度、韧性和使用寿命等；二是作为零件加工过程中的一个中间工序，消除生产过程中妨碍继续加工的某些不利因素（如改善切削加工性、冲压性），以保证继续加工正常进行。

金属材料热处理的原理就是通过控制材料的加热温度、保温时间和冷却速

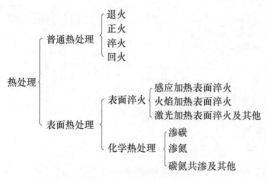

图 1-18　钢的热处理方法

度，使材料内部组织和晶粒粗细产生需要的变化，从而获得所加工零件需要的力学性能。按热处理材料的不同，主要分为钢的热处理及有色金属的热处理两种。其中，钢的热处理应用最为广泛。

实际操作中，热处理方法分为普通热处理和表面热处理两大类，常用钢的热处理方法见图 1-18。

（1）普通热处理

普通热处理方法可分为退火、正火、淬火和回火四种，俗称"四把火"。

① 退火。退火是将材料加热到某一温度范围，保温一定时间，然后缓慢而均匀地冷却到室温的操作过程。根据不同的目的，退火的规范也不同，所以退火又分为去应力退火、球化退火和完全退火等。

钢的去应力退火，又称低温退火，加热温度大约是 $500 \sim 650℃$，保温适当时间后缓慢冷却。目的是消除变形加工、机械加工等产生的残余应力。

钢的球化退火可降低钢的硬度，提高塑性，改善切削性能。减少钢在淬火时发生变形和开裂的倾向。

钢的完全退火，又称重结晶退火，即加热温度比去应力退火高，当达到或超过重结晶的起始温度时，经适当的时间保温后再缓慢冷却。完全退火的目的是细化晶粒，消除热加工造成的内应力，降低硬度。

② 正火。正火是将钢件加热到临界温度以上，保持一段时间，然后在空气中冷却，其冷却速度比退火快。正火的目的是细化组织，增加强度与韧性，减少内应力，改善切削性能。

正火与完全退火加热温度、保温时间相当，主要不同在于冷却速度。正火为自然空冷（快），完全退火为控制炉冷（慢），因此，同一材料正火后强度、硬度要高。

表 1-2 为常用结构钢完全退火及正火工艺规范。

表 1-2　常用结构钢完全退火及正火工艺规范

钢号	完全退火				正火			
	加热温度 /℃	保温时间 /h	冷却速度 /（℃/h）	冷却方式	加热温度 /℃	保温时间 /h	冷却方式	硬度 HBS
20	$880 \sim 900$		$\leqslant 100$	炉冷至500℃以下出炉空冷	$890 \sim 920$	透烧	空冷	< 156
35	$850 \sim 880$	$2 \sim 4$	$\leqslant 100$		$860 \sim 890$			< 165
45	$800 \sim 840$		$\leqslant 100$		$840 \sim 870$			$170 \sim 217$

续表

钢号	完全退火				正火			
	加热温度/℃	保温时间/h	冷却速度/(℃/h)	冷却方式	加热温度/℃	保温时间/h	冷却方式	硬度HBS
20Cr	860～890	2～4	≤80	炉冷至500℃以下出炉空冷	870～900	透烧	空冷	≤270
40Cr	830～850		≤80		850～870			179～217
35CrMo	830～850		≤80		850～870			—
20CrMnMo	850～870		≤80		880～930			190～228

③ 淬火。淬火是将材料加热到某一温度范围保温，然后以较快的速度冷却到室温，使材料转变成马氏体或下贝氏体组织的操作过程。淬火方法有普通淬火、分级淬火及等温淬火等。

④ 回火。回火是将已淬火钢件重新加热到奥氏体转变温度以下的某一温度并保温一定时间后再以适当方式（空冷、油冷）冷至室温。

钢的回火是紧接淬火的后续工序，一般都是在淬火之后马上进行，工艺上都要求淬火后多少小时必须进行。回火方法有低温回火（加热温度在150～250℃）、中温回火（加热温度在350～500℃）、高温回火（加热温度在500～650℃）三种。

回火的目的是减少或消除淬火应力，提高塑性和韧性，获得强度与韧性配合良好的综合力学性能，稳定零件的组织和尺寸，使其在使用中不发生变化。

⑤ 调质。淬火和高温回火的双重热处理方法称为调质。调质是热处理中一项极其重要的工艺，通过调质处理可获得强度、硬度、塑性和韧性都较好的综合性能，主要用于结构钢所制造的工件。

（2）表面热处理

表面热处理就是通过物理或化学的方法改变钢的表层性能，以满足不同的使用要求。常用的表面热处理方法如下。

① 表面淬火。表面淬火是将钢件的表面层淬透到一定的深度，而中心部分仍保持淬火前状态的一种局部淬火方法。它是通过快速加热，使钢件表层很快达到淬火温度，在热量来不及传到中心时就迅速冷却，实现表面淬火。

表面淬火的目的在于获得高硬度的表面层和具有较高韧性的内层，以提高钢件的耐磨性和疲劳强度。

② 渗碳。为增加低碳钢、低合金钢等的表层含碳量，在适当的媒剂中加热，将碳从钢表面扩散渗入，使表面层成为高碳状态，并进行淬火使表层硬化，在一定的渗碳温度下，加热时间越长，渗碳层越厚。根据钢件要求的不同，渗碳层的厚度一般在0.5～2mm。

③ 渗氮。渗氮通常是把已调质并加工好的零件放在含氮的介质中，在

500～600℃的温度内保持适当时间，使介质分解生成的新生态氮渗入零件的表面层。渗氮的目的是提高工件表面的硬度、耐磨性、疲劳强度和抗咬合性，提高零件抗大气、过热蒸气腐蚀的能力，提高耐回火性，降低缺口敏感性。

1.3.2.2　表面处理

金属表面处理是一种通过处理使金属表面生成一层金属或非金属覆盖层，用以提高金属工件的防腐、装饰、耐磨或其他性能的工艺方法。金属表面处理的方法如下。

（1）电镀

电镀是一种在工件表面通过电沉积的方法生成金属覆盖层，从而获得装饰、防腐及某些特殊性能的工艺方法。根据工件对腐蚀性能的要求，镀层可分为阳极镀层和阴极镀层两种，阳极镀层能起到电化学保护基体金属免受腐蚀的作用，阴极镀层只有当工件被镀层全部覆盖且无孔隙时，才能保护基体金属免受腐蚀。常用镀层的选择见表 1-3。

表 1-3　镀层的选择

镀层用途	基体材料	电镀类别
防止大气腐蚀	钢、铁 铝及其合金 镁及其合金 锌合金 铜及其合金	镀锌、磷化、氧化 阳极氧化 化学氧化 防护装饰镀铬 镀锡、镍
防止海水腐蚀	钢	镀镉
防止硫酸、硫酸盐、硫化物作用	钢	镀铅
防止饮食用具的腐蚀	钢、铁	镀锡
防止表面磨损	钢、铁	镀铬
修复尺寸	钢、铁 铜及其合金	镀铬、铁 镀铜
提高减摩性能	钢	镀铅、银、铟
提高反光性能	钢、铜及其合金	镀银、铜 - 镍 - 铬
提高导电性能	黄铜	镀银
提高钎焊性	钢、黄铜	镀铜、锡
防腐装饰性	钢、铁、铜、锌合金、铝及其合金	防护装饰镀铬、阳极氧化处理

（2）化学镀

化学镀是借助于溶液中的还原剂使金属离子还原成金属状态，并沉积在工件表面上的一种镀覆方法。其优点是任何外形复杂的工件都可获得厚度均匀的镀层，镀层致密，孔隙小，并有较高的硬度，常用的有化学镀铜和化学镀镍。

（3）化学处理

化学处理是将金属置于一种化学介质中，通过化学反应，在金属表面生成一种化学覆盖层，使之获得装饰、耐蚀、绝缘等不同的性能。常用的金属表面化学处理方法有氧化和磷化处理，氧化和磷化对工件精度无影响。氧化主要用于机械零件及精密仪器、仪表的防护与装饰；磷化的耐腐蚀性能高于氧化，并且具有润滑性和减摩性及较高的绝缘性，主要用于钢铁工件的防锈及硅钢片的绝缘等。

钢的氧化处理是将钢件放在空气-水蒸气或化学药物中，在室温或加热到适当温度后，使其表面形成一层蓝色或黑色氧化膜，以改善钢的耐腐蚀性和外观的处理工艺，又叫发蓝处理。

表1-4给出了钢件磷化处理工艺及其性能，表1-5给出了钢件发蓝处理工艺。

表1-4 钢件磷化处理工艺及其性能

工艺分类	处理溶液		膜层耐蚀性						
	组分的质量浓度/（g/L）	温度/℃	时间/min	步骤/步	膜厚/μm	膜附着力/级	CuSO₄点滴时间/min	室内防锈期/h
常温磷化	磷酸锰铁盐：30～40 硝酸盐：140～160 氟化钠：2～5	0～40	30～45	4	6～7	1	3.5	＞1000
	磷酸二氢钠：80 工业磷酸：7mL/L 硝酸盐：6 氟化钠：8 活化剂：4	0～40	5～10	4	4～5	1	＞3.5	＞1400（2个月）
中温磷化	磷酸二氢锌：25～40 硝酸锌：30～90 硝酸镍：2～5	50～70	15～20	12	5～10	1	1.5	24
高温磷化	磷酸锰铁盐：30～35 硝酸锌：55～65	90～98	10～15	12	10～15	1	1.5	24
备注	常温磷化处理工艺仅有4步，即将钢件浸入常温除油除锈二合一处理液（或常温除油除锈除氧化皮三合一处理液）中，浸渍2～15min后除净，水洗1～2min，再浸入常温磷化液磷化，经一定时间后取出晾干或风干即可								

表1-5 钢件发蓝处理工艺

工艺分类	溶液成分的质量浓度/（g/L）	溶液温度/℃	处理时间/min	备注
碱性发蓝	氢氧化钠：650 亚硝酸钠：250 水：1L	135～143	20～120	加入50～70g/L硝酸锌和80～110g/L重铬酸钾，可缩短处理时间
酸性发蓝	Ca（NO₃）₂：80～100 MnO₂：10～15 H₃PO₄：3～10	100	40～50	—

工艺分类	溶液成分的质量浓度 / (g/L)	溶液温度 /℃	处理时间 /min	备注
热法氧化	熔融碱金属盐	300	12 ～ 20	将钢件放在 600 ～ 650℃的炉内加热后，再浸入发蓝液
回火发蓝	回火炉内气氛，再喷洒发黑剂	回火温度	—	可利用普通炉或流态粒子炉
常温发蓝	H_2SeO_4: 10 $CuSO_4 \cdot 5H_2O$: 10 HNO_3: 2 ～ 4mL/L SeO_2: 20 NH_4NO_3: 5 ～ 10 氨基磺酸酐: 10 ～ 30 聚氧乙烯醚醇: 1	0 ～ 40	5 ～ 10	硒化物体系，国外配方，碳钢发蓝膜呈亮晶黑色；低碳低合金铬钢发蓝膜，呈亮晶蓝黑色
	$CuSO_4 \cdot 5H_2O$: 3 ～ 5 SeO_2: 2 ～ 3 NH_4NO_3: 3 ～ 5 复合酸: 5 ～ 7 复合添加剂: 9 ～ 11 H_2O: 余量	0 ～ 40	8 ～ 15	硒 - 铜体系和钼 - 铜体系，国内配方，发蓝膜呈亮晶蓝黑色，均匀平滑

（4）阳极氧化处理

在含有硫酸、草酸或铬酸的电解液中，将金属工件作为阳极，电解后使其表面氧化而生成一层坚固的氧化膜，这种方法适用于铝、锆等金属的表面处理。常用的铝及其合金的阳极氧化处理的特性是提高工件的抗蚀性与装饰性，提高工件的耐磨性。阳极氧化处理广泛应用于航空、机械、电子、电气等工业。用于抗蚀与装饰时氧化膜厚度 10 ～ 20μm，用于提高耐磨性时氧化膜厚度 60 ～ 200μm。

1.3.2.3　铸造

铸造是将液体金属浇铸到与零件形状相适应的铸造空腔中，待其冷却凝固后，以获得零件或毛坯的加工工艺方法。采用铸造工艺生产的零件称为铸件，铸件在毛坯中占有很大的比例，这与铸造生产的特点有关。其一，铸造是应用金属液体成形，故可铸造复杂形状的铸件，如机床床身的加强肋等。这是其他许多成形方法无法实现的。铸件的质量可大可小，从几克到几百吨不等。大多数金属材料（如钢铁、铝、铜等）都适合于铸造，其中尤以灰铸铁铸造性能最佳，因此在铸造中应用范围广泛。其二，铸造生产应用的型腔形状、尺寸可以制成很接近于零件的形状、尺寸，有些精密铸造可以直接成为零件，这为实现少切削、无切削加工提供了有利条件，故铸造可省材料。另外，铸造造型的主要原料如型砂、芯砂来源广，价格便宜，并且铸造生产中可以利用废旧金属材料，这样也可降低生产成本。因此，铸造生产具有应用广、材料省、成本低的优点，但也存在着铸造组织较为粗糙、劳动条件较差、细长件和薄件较难铸造等缺点。随着机器造型和特种铸造方法的出现，这些问题正被逐渐克服。

铸造生产方法有多种，通常分为砂型铸造和特种铸造。其中，砂型铸造是应用最广泛、最基本的铸造方法。

（1）砂型铸造生产工艺过程

砂型铸造的生产工艺过程主要包括：模样、芯盒、型砂、芯砂的制备，造型、造芯，合箱，熔化金属及浇注，落砂、清理及检验，等等。其工艺过程如图 1-19 所示。

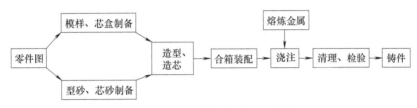

图 1-19　砂型铸造生产工艺过程

（2）铸型的结构

以应用最多的两箱造型方法为例，铸型的结构如图 1-20 所示。铸型结构主要包括上、下砂箱，形成型腔的砂型、型芯以及浇注系统等。上、下砂箱多为金属框架。

金属液体在砂型里的通道称为浇注系统，主要包括浇口、冒口两大部分。浇口依次序包括浇口杯、直浇道、横浇道、内浇道四个部分，如图 1-21 所示。浇口杯引导液体进入浇注系统。直浇道引入横浇道并调节静压。横浇道引入内浇道，并撇渣、挡渣。内浇道引入型腔，可控制浇注速度和方向。

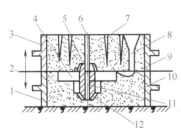

图 1-20　铸型装配图

1—下砂箱；2—分型面；3—上砂箱；4—型箱；
5，11—型芯；6—型芯通气孔；7—出气孔；
8—浇注系统；9—上砂型；10—下砂型；12—型芯座

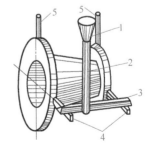

图 1-21　中间注入式浇注系统

1—浇口杯；2—直浇道；3—横浇道；
4—内浇道；5—出气口

（3）铸铁的熔炼

铸件中铸铁件占大多数，约占 60% ~ 70%。其余为铸钢件、有色金属铸件。

目前铸铁的熔炼设备主要是冲天炉及感应电炉。

冲天炉炉料为新生铁、回炉旧铸铁件、废钢等，燃料主要是焦炭，也有用煤粉的。熔剂常用的有石灰石（$CaCO_3$）和氟石（CaF_2）等。

熔炼时先以木柴引火烘炉，烧旺。加入焦炭至一定高度形成底焦，鼓风烧旺。再依一定的比例，按熔剂、金属料、焦炭的顺序加料。铁液和炉渣分别由前炉的出铁槽和出渣口排出。

（4）铸铁的浇注

浇注是将金属熔液浇入铸型，若操作不当，则容易诱发安全事故，也影响铸件质量。

浇注前要充分做好准备，清理浇注场地，安排被浇注砂箱等。浇注前还要控制正确的浇注温度，各种金属浇注不同厚度的铸件时，应采用不同的浇注温度，铸铁件一般为 1250～1350℃。采用适中的浇注速度，浇注速度与铸件大小、形状有关，但浇注开始和快结束时都要慢速浇注，前者可减少冲击，也有利于型腔中空气的逸出，后者将减少金属液体对上砂箱的顶起力。

1.3.2.4 锻造

锻造是使金属材料在外力（静压力或冲击压力）的作用下发生永久变形的一种加工方法。锻造可以改变毛坯的形状和尺寸，也可以改善材料的内部组织，提高锻件的物理性能和力学性能。锻造生产可以为机械制造工业及其他工业提供各种机械零件的毛坯。一些受力大、要求高的重要零件，如汽轮机及发电机的主轴、转子、叶轮、叶片，轧钢机轧辊，内燃机曲轴、连杆，齿轮、轴承、刀具、模具以及国防工业方面所需要的重要零件等，都采用锻造生产。

锻造与其他机械加工方法相比，具有显著的特点：节约金属材料，能改善金属材料的内部组织、力学性能和物理性能，提高生产率，增加零件的使用寿命。另外，锻造生产的通用性强，既可单件、小批量生产，也可大批量生产。因此，锻造生产广泛地应用于冶金、矿山、汽车、工程机械、石油、化工、航空、航天、兵器等行业。锻造生产能力及其工艺水平的高低，在一定程度上反映了一个国家的工业水准。在现代机械制造业中，锻造生产具有不可替代的重要地位。

（1）锻造的种类

锻造属于压力加工生产方法中的一部分，锻造生产可以按不同方法分类。

1）按毛坯锻打时的温度分类

① 热锻。将坯料加热到一定温度再进行锻造称为热锻，它是目前应用最为广泛的一种锻造工艺。

② 冷锻。将坯料在常温下进行锻造称为冷锻，如冷镦和冷挤压等。冷锻所需的锻压设备吨位较大。冷锻可以获得较高精度和强度以及表面粗糙度值较小的

锻件。

③ 温锻（又称半热锻）。坯料加热的温度小于热锻时的温度。它所需要的设备吨位较冷锻小，可锻造强度较高和表面较粗糙的锻件，是目前正在发展中的一种新工艺。

2）按作用力分类

① 手工锻造（手锻）。依靠手锻工具和人力的打击，在铁砧上将毛坯锻打成预定形状的锻件。常用于修配零件和学习训练等。

② 机器锻造（机锻）。依靠锻造工具在各种锻造设备上将坯料制成锻件。按所用的设备和工具不同，又可分为自由锻造、模型锻造、胎模锻造和特种锻造四类。

（2）自由锻的基本工序

自由锻造简称自由锻，它是将加热到一定温度的金属坯料放在自由锻造设备上下砧之间进行锻造，由操作者控制金属的变形而获得预期形状的锻件。它适用于单件、小批量生产。

自由锻加工工序可分为基本工序和辅助工序。基本工序主要有镦粗、拔长、冲孔、弯曲，其次有扭转、错移、切割等。如锻件形状较为复杂，锻造过程就需由几个工序组合而成。辅助工序主要有切肩、压痕、精整（其中包括摔圆、平整、校直等）。常用工序如图 1-22 所示。

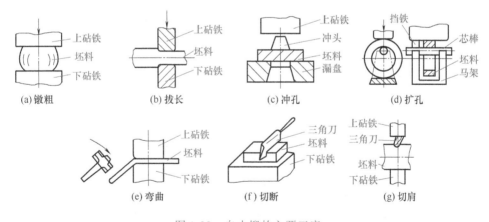

图 1-22　自由锻的主要工序

1.3.3　机械加工精度

零件经机械加工后的实际尺寸、表面形状、表面相互位置等几何参数符合其理想的几何参数的程度称为机械加工精度。两者不符合的程度称为加工误差。加工误差越小，加工精度越高。

1.3.3.1　零件的加工精度

零件的机械加工精度主要包括尺寸精度、形状精度、位置精度。

（1）尺寸精度

尺寸精度是指加工后零件的实际尺寸与理想尺寸的符合程度。理想尺寸是指零件图上所注尺寸的平均值，即所注尺寸的公差带中心值。尺寸精度用标准公差等级表示，分为20级。

（2）形状精度

加工后零件表面实际测得的形状和理想形状的符合程度。理想形状是指几何意义上的绝对正确的圆柱面、圆锥面、平面、球面、螺旋面及其他成形表面。形状精度等级用形状公差等级表示，分为12级。

（3）位置精度

它是加工后零件有关表面相互之间的实际位置和理想位置的符合程度。理想位置是指几何意义上的绝对的平行、垂直、同轴和绝对准确的角度关系等。位置精度用位置公差等级表示，分为12级。

零件表面的尺寸、形状、位置精度有其内在联系，形状误差应限制在位置公差内，位置公差要限制在尺寸公差内。一般尺寸精度要求高，其形状、位置精度要求也高。

1.3.3.2　获得尺寸精度的方法

机械加工中，获得尺寸精度的方法有试切法、定尺寸刀具法、调整法和自动控制法四种。

① 试切法。试切法就是通过试切→测量→调整→再试切的反复过程来获得尺寸精度的方法。它的生产效率低，同时要求操作者有较高的技术水平，常用于单件及小批量生产中。

② 定尺寸刀具法。加工表面的尺寸由刀具的相应尺寸保证的一种加工方法，如钻孔、铰孔、拉孔、攻螺纹、套螺纹等。这种方法控制尺寸十分方便，生产率高，加工精度稳定。加工精度主要由刀具精度决定。

③ 调整法。它是按工件规定的尺寸预先调整机床、夹具、刀具与工件的相对位置，再进行加工的一种方法。工件尺寸是在加工过程中自动获得的，其加工精度主要取决于调整精度。它广泛应用于各类自动机、半自动机和自动线上，适用于成批及大量生产。

④ 自动控制法。这种方法是用测量装置、进给装置和控制系统组成一个自动加工的循环过程，使加工过程中的测量、补偿调整和切削等一系列工作自动完成。图1-23（a）为磨削法兰肩部平面时，用百分表自动控制尺寸 h 的方法。图1-23（b）是磨外圆时控制轴颈直径的方法。

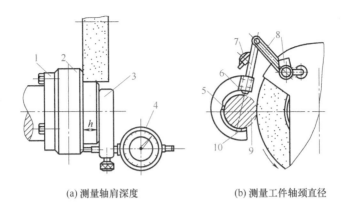

(a) 测量轴肩深度　　　　(b) 测量工件轴颈直径

图 1-23　自动控制法

1—磨用夹具；2—工件；3—百分表座；4，7—百分表；5，10—硬质合金支点；
6—触头；8—弹簧支架；9—工件

1.3.3.3　获得零件几何形状精度的方法

零件的几何形状精度，主要由机床精度或刀具精度来保证。如车圆柱类零件时，其圆度及圆柱度等几何形状精度，主要取决于主轴的回转精度、导轨精度及主轴回转轴线与导轨之间的相对位置精度。

1.3.3.4　获得零件的相对位置精度的方法

零件的相对位置精度，主要由机床精度、夹具精度和工件的装夹精度来保证。如在车床上车工件端面时，其端面与轴心线的垂直度取决于横向溜板送进方向与主轴轴心线的垂直度。

1.3.3.5　产生加工误差的原因及消减方法

加工误差的产生是由于在加工前和加工过程中，由机床、夹具、刀具和工件组成的工艺系统存在很多的误差因素。

（1）原理误差

加工时，由于采用了近似的加工运动或近似的刀具轮廓而产生的误差，称为原理误差。如用成形铣刀加工锥齿轮、用近似的刀具形状加工模数相同而齿数不等的齿轮将产生齿形误差。

（2）装夹误差

工件在装夹过程中产生的误差称为装夹误差。它是定位误差和夹紧误差之和。

1）定位误差

定位误差是工件在夹具中定位时，其被加工表面的工序基准在加工方向尺寸上的位置不定性而引起的一项工艺误差。定位误差与定位方法有关，包括定位基准与工序基准不重合引起的基准不重合误差和定位基准制造不准确引起的基准位移误差。计算方法为：

$$\Delta_D = \Delta_y + \Delta_B$$

基准位移误差与基准不重合误差分别为：

$$\Delta_y = (T_h + T_S + X_{min})/2$$
$$\Delta_B = T_d/2$$

式中　T_h——工件孔的制造公差，mm；

　　　　T_S——心轴的制造公差，mm；

　　　　T_d——工序基准所在的外圆柱面的直径公差，mm。

例如某工件的 A、B 外圆直径分别为 $\phi40_{-0.1}^{\ 0}$mm 及 $\phi20_{-0.1}^{\ 0}$mm，它们的同轴度公差值为 0.07mm，按图 1-24 所示的加工精度及装夹方法进行加工，则可计算出其定位误差为：

$$\Delta_B = T_{SA}/2 + \delta = 0.05 + 0.07 = 0.12 \ (\text{mm})$$

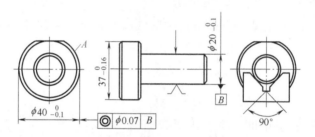

图 1-24　定位误差计算实例

由于加工时以 A 圆的下母线为工序基准，而定位基准是 B 圆中心线，属基准不重合误差。误差为垂直方向上 A 圆下母线与 B 圆中心线距离的变动量，包括 A、B 圆的同轴度误差 δ 及 A 圆下母线到 A 圆中心线的变动量。

B 圆在 90° 的 V 形架上定位，其中心线在垂直方向的变动量为基准位移误差：

$$\Delta_y = T_{SB}/2 = \frac{0.1}{2 \times 0.707} \approx 0.0707 \ (\text{mm})$$

因此，$\Delta_D = \Delta_B + \Delta_y \approx 0.12 + 0.0707 = 0.1907 \ (\text{mm})$

此定位误差超过了尺寸精度公差，无法达到加工要求。

2）夹紧误差

结构薄弱的工件，在夹紧力的作用下会产生很大的弹性变形，在变形状态下形成的加工表面，当松开夹紧、变形消失后将产生很大的形状误差，如图 1-25 所示。

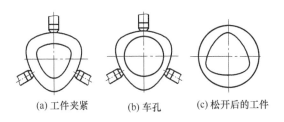

(a) 工件夹紧　　　　(b) 车孔　　　　(c) 松开后的工件

图 1-25　夹紧变形

3）消减定位误差和夹紧误差的方法

消减定位误差和夹紧误差的方法主要有以下几方面。

① 正确选择工件的定位基准，尽可能选用工序基准（工艺文件上用以标定加工表面位置的基准）为定位基准。图 1-24 的加工实例，如果采用图 1-26 的方法进行装夹，则 Δ_B 为零，且 Δ_y 可以忽略不计，故 Δ_D 为零，可大幅度地降低其误差。如必须在基准不重合的情况下加工，一定要计算定位误差，判断能否加工。

② 采用宽卡爪或在工件与卡爪之间衬一开口圆形衬套，可减小夹紧变形，如图 1-27 所示。

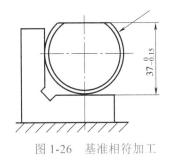

图 1-26　基准相符加工

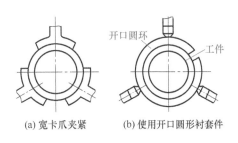

(a) 宽卡爪夹紧　　　(b) 使用开口圆形衬套件

图 1-27　减小夹紧变形

（3）机床误差

机床误差对机械加工精度的影响主要有以下几方面。

① 机床主轴误差。它是由机床主轴支承轴颈的误差、滚动轴承制造及磨损造成的误差。主轴回转时将出现径向圆跳动及轴向窜动。径向圆跳动使车、磨后的外圆及镗出的孔产生圆度误差，轴向窜动会使车削后的平面产生平面度误差。因此，主轴误差会造成加工零件的形状误差、表面波动和表面粗糙度值变大。

消减机床主轴误差，可采用更换滚动轴承、调整轴承间隙、换用高精度静压轴承的方法。在外圆磨床上用前、后固定顶尖装夹工件，使主轴仅起带动作用，是避免主轴误差的常用方法。

② 导轨误差。导轨误差是导轨副实际运动方向与理论运动方向的差值。它包括在水平面及垂直面内的直线度误差和在垂直面内前后导轨的平行度误差（扭曲度）。导轨误差会造成加工表面的形状与位置误差。如车床、外圆磨床的纵向

导轨在水平面内的直线度误差，将使工件外圆产生母线的直线度误差［图 1-28（a）］；卧式镗床的纵向导轨在水平面内的直线度误差，当工作台进给镗孔时，孔的中心线会产生直线度误差［图 1-28（b）］。

为减小加工误差，须经常对导轨进行检查及测量。及时调整床身的安装垫铁，修刮磨损的导轨，以保持其必需的精度。

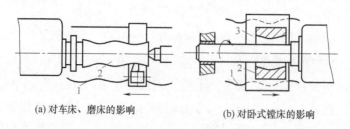

(a) 对车床、磨床的影响　　　　(b) 对卧式镗床的影响

图 1-28　导轨直线度误差的影响
1—导轨；2—工件；3—工作台

③ 机床主轴、导轨等位置关系误差。该类误差将使加工表面产生形状与位置误差。如车床床身纵向导轨与主轴在水平面内存在平行度误差，会使加工后的外圆出现锥形；立式铣床主轴与工作台的纵向导轨不垂直，铣削平面时将出现下凹度，如图 1-29 所示。

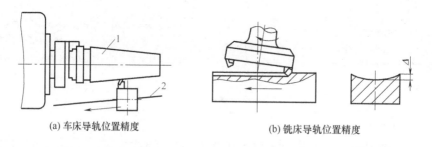

(a) 车床导轨位置精度　　　　　(b) 铣床导轨位置精度

图 1-29　机床导轨、主轴相对位置精度的影响
1—工件；2—导轨

④ 机床传动误差。机床传动误差是刀具与工件速比关系误差。传动机构的制造误差、装配间隙及磨损，将破坏正确的运动关系。如车螺纹时，工件每转一转，床鞍不能准确地移动一个导程，会产生螺距误差。

提高传动机构的精度，缩短传动链的长度，减小装配间隙，可减小因传动机构而造成的加工误差。

（4）夹具误差

使用夹具加工时，工件的精度取决于夹具的精度。影响工件加工精度的夹具误差如下。

　　① 夹具各元件的位置误差。夹具的定位元件、对刀元件、刀具引导装置、分度机构、夹具体的加工与装配所造成的误差，将直接影响工件的加工精度。为保证零件的加工精度，一般将夹具的制造公差定为相应尺寸公差的 1/5～1/3。

　　② 夹具磨损造成的误差。夹具在使用一定时间后，因与工件及刀具摩擦而磨损，使加工时产生误差。因此，应定期检查夹具的精度及磨损情况，及时修理及更换磨损的夹具。

（5）刀具误差

　　刀具的制造误差、装夹误差及磨损会造成加工误差。用定尺寸刀具加工时，刀具的尺寸误差将直接反映在工件的加工尺寸上。如铰刀直径过大，则铰孔后的孔径也过大，此时应将铰刀直径研小。成形刀具的误差直接造成加工表面的形状误差，如普通螺纹车刀的刀尖角不是 60° 时，则螺纹的牙型角便产生误差。

　　刀具在使用过程中会磨损，并随切削路程增加而增大。磨损后刀具尺寸的变化直接影响工件的加工尺寸，如车削外圆时，工件的直径将随刀具的磨损而增大。因此，加工中应及时刃磨、更换刀具。

（6）工艺系统变形误差

　　机床、夹具、刀具和工件组成的工艺系统，受到力与热的作用，都会产生变形误差。主要体现在以下几方面。

　　① 工艺系统的受力变形。工艺系统在切削力、传动力、重力、惯性力等外力作用下，产生变形，破坏了刀具与工件间的正确位置，造成加工误差。其变形的大小与工艺系统的刚度有关。

　　工艺系统刚度不足造成的误差有：工艺系统刚度在不同加工位置上的差别较大时造成的形状误差，毛坯余量或材料硬度不均引起切削力变化造成的加工误差，切削力变化造成加工尺寸变化。此外，刀具的锐、钝变化及断续切削都会因切削力变化使工件的加工尺寸造成较大的误差。

　　减少工件受力变形误差的措施包括：零件分粗、精阶段进行加工；减少刀具、工件的悬伸长或进行有效的支承以提高其刚度，减小变形及振动；改变刀具角度及加工方法，以减小产生变形的切削力；调整机床，提高刚度。

　　② 工艺系统的受热变形。切削加工时，切削热及机床传动部分发出的热量，使工艺系统产生不均匀的温升而变形，改变了已调整好的刀具与工件的相对位置，产生加工误差。热变形主要包括：工件受热变形，即在切削过程中，工件受切削热的影响而产生的热变形；刀具受热变形，刀具体积较小，温升快、温度高，短时间内会产生很大的伸长量，然后变形不再增加；机床受热变形，机床结构不对称及不均匀受热，会使其产生不对称的热变形。

　　减少热变形误差的措施有：减轻热源的影响，切削时，浇注充分的切削液，可减小工件及刀具的温升及热变形；进行空运转或局部加热，保持工艺系统热平衡；在恒温室中进行精密加工，减少环境温度的变化对工艺系统的影响；探索温度变化与加工误差之间的规律，用预修正法进行加工。

（7）工件残余应力引起的误差

工件材料的制造和机械加工过程中会产生很大的热应力。热加工应力超过材料强度时，工件产生裂纹甚至断裂。因此，残余应力是在没有外力作用的情况下，存在于构件内部的应力。存在残余应力的工件处于不稳定状态，具有恢复到无应力状态的倾向，直到此应力消失。工件在材料残余应力的消失过程中，会逐渐地改变形状，丧失其原有的加工精度。具有残余应力的毛坯及半成品，经切削后原有的平衡状态被破坏，内应力重新分布，使工件产生明显的变形。减小工件的残余应力的措施如下。

① 铸、锻、焊接件进行回火后退火，零件淬火后回火。

② 粗、精加工间应间隔一定时间，松开后施加较小的夹紧力。

③ 改善结构，使壁厚均匀，减小毛坯的残余应力。

（8）测量误差

测量时，由量具本身及测量方法造成的误差称为测量误差。减少测量误差，要选用精度及最小分度值与工件加工精度相适应的量具。测量方法要正确并正确读数，避免因工件与量具热膨胀系数不同而造成误差。精密零件应在恒温室中进行测量。要定期检查量具并注意维护保养。

1.3.3.6 工艺尺寸链及其计算

在机械加工过程中，互相联系的尺寸按一定顺序首尾相接，排列成的尺寸封闭图就是尺寸链。在加工过程中的有关尺寸形成的尺寸链，称为工艺尺寸链。

（1）尺寸链的组成

一个尺寸链由封闭环、组成环组成。

① 链环。尺寸链图中的每一个尺寸都称为链环。

② 封闭环。尺寸链中，最终被间接保证尺寸的那个环称为封闭环，代号为 A_Σ。一个尺寸链中只有一个封闭环。

③ 组成环。尺寸链中，能人为地控制或直接获得尺寸的环，称为组成环。组成环按它对封闭环的影响，又可分为增环与减环。组成环中，某组成环增大而其他组成环不变，使封闭环随之增大，此组成环为增环，记为 $\vec{A}$；某组成环增大而其他组成环不变，使封闭环随之减小，此组成环为减环，记为 $\overleftarrow{A}$。

（2）尺寸链的基本计算

尺寸链的基本计算公式为：

$$A_\Sigma = \sum_{i=1}^{m} \vec{A}_i - \sum_{i=1}^{n} \overleftarrow{A}_i ; \quad A_{\Sigma\max} = \sum_{i=1}^{m} \vec{A}_{i\max} - \sum_{i=1}^{n} \overleftarrow{A}_{i\min} ; \quad A_{\Sigma\min} = \sum_{i=1}^{m} \vec{A}_{i\min} - \sum_{i=1}^{n} \overleftarrow{A}_{i\max}$$

$$T_{\Sigma} = A_{\Sigma\max} - A_{\Sigma\min} = \sum_{i=1}^{m}\vec{A}_{i\max} - \sum_{i=1}^{m}\vec{A}_{i\min} + \sum_{i=1}^{n}\overleftarrow{A}_{i\max} - \sum_{i=1}^{n}\overleftarrow{A}_{i\min} = \sum_{i=1}^{m}\vec{T}_{i} + \sum_{i=1}^{n}\overleftarrow{T}_{i} = \sum_{i=1}^{m+n}T_{i}$$

式中　　A_{Σ}——封闭环的基本尺寸，mm；

　　$A_{\Sigma\max}$——封闭环的最大极限尺寸，mm；

　　$\vec{A}_{i}$——各增环的基本尺寸，mm；

　　$A_{\Sigma\min}$——封闭环的最小极限尺寸，mm；

　　$\overleftarrow{A}_{i}$——各减环的基本尺寸，mm；

　　$\vec{A}_{i\max}$——各增环的最大极限尺寸，mm；

　　$\vec{A}_{i\min}$——各增环的最小极限尺寸，mm；

　　$\overleftarrow{A}_{i\max}$——各减环的最大极限尺寸，mm；

　　$\overleftarrow{A}_{i\min}$——各减环的最小极限尺寸，mm；

　　m——增环的环数；

　　n——减环的环数；

　　T_{Σ}——封闭环的公差，mm；

　　$\vec{T}_{i}$——各增环的公差，mm；

　　$\overleftarrow{T}_{i}$——各减环的公差，mm；

　　T_{i}——各组成环的公差，mm。

（3）计算实例

如图 1-30 所示的零件，工件平面 1 和 3 已经加工，平面 2 待加工，尺寸 A 及其公差可按以下方法求解。

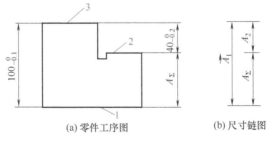

(a) 零件工序图　　　　(b) 尺寸链图

图 1-30　工艺尺寸链的计算

根据零件的工序图要求，可画出如图 1-30（b）所示的尺寸链图，已知组成环 A_1、A_2，则

$$A_{\Sigma\max} = \sum_{i=1}^{m}\vec{A}_{i\max} - \sum_{i=1}^{n}\overleftarrow{A}_{i\min} = A_{1\max} - A_{2\min} = 100 - 39.8 = 60.2 \text{ (mm)}$$

$$A_{\Sigma\min} = \sum_{i=1}^{m}\vec{A}_{i\min} - \sum_{i=1}^{n}\overleftarrow{A}_{i\max} = A_{1\min} - A_{2\max} = 99.9 - 40 = 59.9 \text{ (mm)}$$

$$A_\Sigma = 60^{+0.2}_{-0.1}\,\text{mm}$$

$$T_\Sigma = \sum_{i=1}^{m} \vec{T_i} + \sum_{i=1}^{n} \overleftarrow{T_i} = T_{A1} + T_{A2} = 0.1 + 0.2 = 0.3 \ (\text{mm})$$

故 A_Σ 最大为 60.2mm，最短为 59.9mm。

1.3.4　工件的定位及夹紧

在生产加工中，要使工件的各个加工表面的尺寸、形状及位置精度符合规定要求，必须使工件在机床或夹具中占有一个确定的位置。使工件在机床上或夹具中占有正确位置的过程称为定位。工件的定位可以通过找正实现，也可以由工件上的定位表面与夹具的定位元件接触来实现。

1.3.4.1　工件的定位原理

工件的定位是通过六点定位原理来实现的。

（1）六点定位原理

物体在空间中的任何运动，都可以分解为相互垂直的空间直角坐标系中的六种运动。其中三个是沿三个坐标轴的平行移动，分别以 $\vec{x}$、$\vec{y}$ 及 $\vec{z}$ 表示；另三个是绕三个坐标轴的旋转运动，分别以 $\hat{x}$、$\hat{y}$ 及 $\hat{z}$ 表示。这六种运动的可能性，称为物体的六个自由度，如图 1-31 所示。

在夹具中适当地布置六个支承，使工件与六个支承接触，就可限制工件的六个自由度，使工件的位置完全确定。这种采用布置恰当的六个支承点来限制工件六个自由度的方法，称为"六点定位"，如图 1-32 所示。

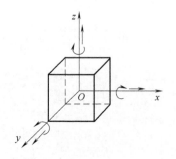

图 1-31　物体的六个自由度

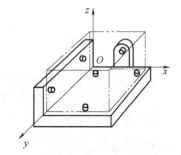

图 1-32　六点定位原理

在图 1-32 中，xOy 坐标平面上的 3 个支承点限制了工件的 $\vec{x}$、$\vec{y}$ 及 $\hat{z}$ 3 个自由度，yOz 坐标平面的两个支承点限制了 $\vec{x}$ 及 $\hat{z}$ 2 个自由度，xOz 坐标平面上的一个支承点限制了 $\hat{y}$ 1 个自由度。这种必须使定位元件所相当的支承点数目刚好等于 6 个，且按 3∶2∶1 的数目分布在 3 个相互垂直的坐标平面上的定位方法称为六点定则，或称为六点定位原理。

（2）六点定位的应用

按工件在夹具中的定位情况，有以下几种定位。

① 完全定位。工件在夹具中定位时，如果夹具中的 6 个支承点恰好限制了工件的 6 个自由度，使工件在夹具中占有完全确定的位置，这种定位方式称为"完全定位"，简称"全定位"，见图 1-32。

② 不完全定位。定位元件的支承点完全限制了按加工工艺要求需要限制的自由度数目，但却少于 6 个自由度。

图 1-33 为阶梯面零件，需要在铣床上铣阶梯面。由于其底面和左侧面为高度和宽度方向的定位基准，阶梯槽是前后贯通的，故只需限制 5 个自由度（底面 3 个支承点，侧面 2 个支承点），装夹定位如图 1-34 所示。

又如在平面磨床上磨平面，如图 1-35 所示，要求保证工件的厚度尺寸 H 及平行度 δa，只需限制 $\vec{z}$、$\hat{x}$、$\hat{y}$ 3 个自由度即可。

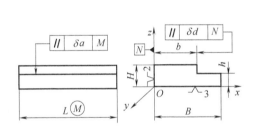

图 1-33　阶梯面零件图

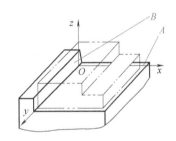

图 1-34　工件在夹具中的定位

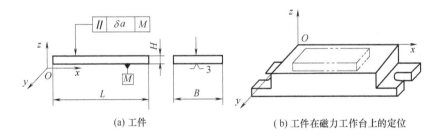

（a）工件　　　　　　　（b）工件在磁力工作台上的定位

图 1-35　工件在磁力工作台上磨平面

以上说明，并非任何工件在夹具中一定要完全定位，只要满足加工工艺要求，限制的自由度少于 6 个也是合理的，且可简化夹具的结构。

③ 欠定位。工件定位时，定位元件所能限制的自由度数，少于按加工工艺

要求所需要限制的自由度数，称为欠定位。欠定位不能保证加工精度要求，不允许在欠定位情况下进行加工。

图1-36（a）所示的零件，需在铣床上铣不通槽。如果端面没有定位点 C ［见图1-36（b）］，铣不通槽时，其槽的长度尺寸不能确定，因此，不能满足加工工艺要求，这就是欠定位。

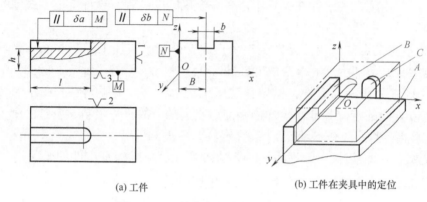

(a) 工件　　　　　　(b) 工件在夹具中的定位

图 1-36　工件在夹具中安装铣不通槽

④ 过定位。定位元件所相当的支承点数多于所能限制的自由度数，即工件上有某一自由度被两个或两个以上支承点重复限制的定位，称为过定位，也称重复定位。

图1-37（a）所示的装夹方法中，较长的心轴对内孔定位消除了 $\vec{y}$、$\vec{z}$ 及 $\hat{y}$、$\hat{z}$ 4个自由度，夹具平面 P 对工件大平面定位，消除 $\vec{x}$、$\hat{y}$ 及 $\hat{z}$ 3个自由度，$\hat{y}$ 和 $\hat{z}$ 被心轴和平面 P 重复限制，故是过定位。

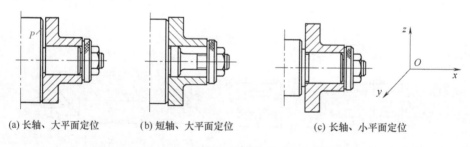

(a) 长轴、大平面定位　　(b) 短轴、大平面定位　　(c) 长轴、小平面定位

图 1-37　工件的过定位及改进方法

由于工件与定位元件都存在误差，无法使工件的定位表面同时与两个进行重复定位的定位元件接触，如果强行夹紧，工件与定位元件将产生变形，甚至损坏。

图1-37（b）及图1-37（c）是改进后的定位方法。图1-37（b）采用短圆柱、

大平面定位，短圆柱仅限制 $\vec{y}$、$\vec{z}$ 2 个自由度，避免了过定位。图 1-37（c）采用长圆柱、小平面定位，小平面仅限制 $\vec{x}$ 1 个自由度，避免了过定位。这两种都是正确的定位方法，其中图 1-37（b）主要保证加工表面与大平面的位置精度，图 1-37（c）主要保证加工表面与内孔的位置精度。

1.3.4.2 常用的定位方法及定位元件

（1）平面定位

工件以平面作定位基准，是常见的定位方式，如加工箱体、机座、平板、盘类零件时，常以平面定位。

当工件以一个平面为定位基准时，一般不以一个完整的大平面作为定位元件的工作接触表面，常用三个支承钉或两三个支承板作定位元件。

① 支承钉。支承钉主要用于毛坯平面定位。如图 1-38（a）、图 1-38（b）分别为球头钉及尖头钉，可减小与工件接触面；图 1-38（c）为网纹顶面支承钉，能增大与工件的摩擦力；图 1-38（d）、图 1-38（e）为可调支承钉。当各批毛坯尺寸及形状变化很大时，可调节其高度，调节后用螺母锁紧。

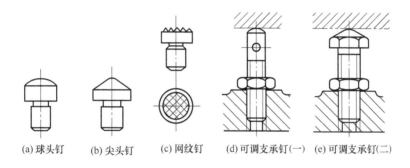

| (a)球头钉 | (b)尖头钉 | (c)网纹钉 | (d)可调支承钉(一) | (e)可调支承钉(二) |

图 1-38 支承钉

② 支承板。支承板主要用于已加工过的大、中型工件的定位基准。它有 A 型和 B 型两种结构，如图 1-39 所示。其中 B 型接触面积小，有碎屑时不易影响定位精度。

（2）圆柱孔定位

利用工件上的圆柱孔作定位基准，也是常见的定位方式之一。根据所定位圆柱孔长短的不同，又可分为长圆柱孔定位及短圆柱孔定位两种。

① 长圆柱孔定位。长圆柱孔定位是用相对于直径有一定长度的孔定位，是能限制工件 4 个自由度的定位方法。定位元件有刚性心轴与自动定心心轴两大类。其中，刚性心轴与工件孔的配合，可采用过盈配合、间隙配合或小锥度心轴。

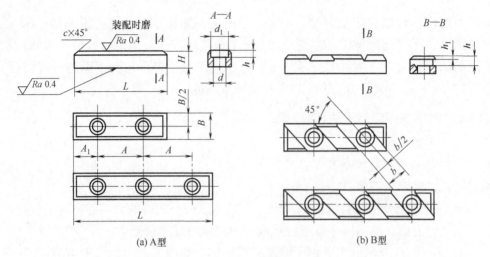

(a) A型　　　　　　　　　　　　(b) B型

图 1-39　支承板

当工件定位孔的精度很高，且要求定位精度很高时，可采用具有较小过盈量的过盈配合。心轴的结构如图 1-40（a）所示。它由导向部分盘起引导作用，使工件能迅速套上心轴。

图 1-40（b）为间隙配合心轴结构，以心轴轴肩端面作小平面定位，工件由螺母作轴向夹紧。心轴直径与工件孔一般采用 H7/e7、H7/f6 或 H7/g5 的配合。间隙配合使装卸工件比较方便，但也形成了工件的定位误差。

图 1-40（c）为小锥度心轴。其锥度 $C=5000 \sim 1/1000$，工件套入心轴需要大端压入一小段距离，以产生部分过盈，提高定位精度。小锥度心轴消除了间隙，并且能方便地装卸工件。

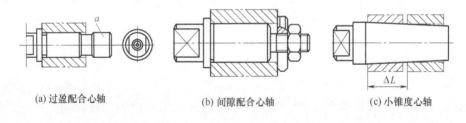

(a) 过盈配合心轴　　　　(b) 间隙配合心轴　　　　(c) 小锥度心轴

图 1-40　刚性心轴

图 1-41 为自动定心心轴。该心轴的两端 Ⅰ—Ⅰ、Ⅱ—Ⅱ 截面处都有三块一组的滑块，旋动螺母，由于斜面 A 与 B 的作用，两组滑块同时向外撑紧内孔，使孔得到自动定心。

② 短圆柱孔定位。短圆柱孔定位是定位孔与定位元件的接触长度较短的一种定位方法。它一般需要与其他定位方法同时使用。其定位元件是短定位销及短圆柱，如图 1-42 所示。

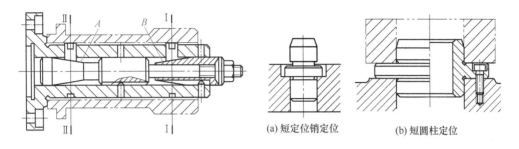

图 1-41 自动定心心轴　　　图 1-42 短圆柱孔定位

　　（3）外圆柱面定位

　　工件以外圆柱面定位，可分为长、短圆柱表面定位。定位方法有以下几种。

　　① 自动定心定位。三爪自定心卡盘、弹簧夹头及双 V 形架自动定心装置都属于这种定位。这种定位方法一般用于长圆柱表面定位，如图 1-43 所示。

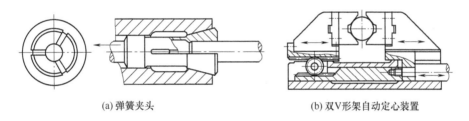

(a) 弹簧夹头　　　　　　　　　(b) 双V形架自动定心装置

图 1-43 外圆柱面的自动定心

　　② 定位套定位

　　图 1-44（a）为短圆柱套定位，图 1-44（b）为长圆柱套定位。

　　③ V 形架定位

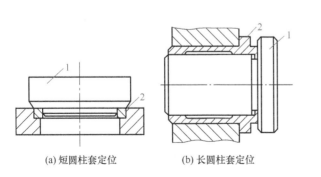

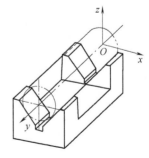

(a) 短圆柱套定位　　　(b) 长圆柱套定位

图 1-44 定位套定位　　　　　　图 1-45 圆柱体在 V 形架中定位

1—工件；2—定位套

工件以 V 形架作定位元件，不仅安装方便，且对中性好。不论定位基准如何，均可保证工件定位基准线（轴线）落在两斜面的对称平面上，即 x 轴方向定位误差为零。但当圆柱直径大小有变化时，在 z 轴方向有定位误差。其定位情况如图 1-45 所示。

V 形架有长短之分，短 V 形架仅限制 2 个自由度，长 V 形架可限制 4 个自由度。为减小工件与 V 形架的接触面积，可将长 V 形架做成两个短 V 形架。

（4）锥孔定位

锥孔定位有长锥孔与短锥孔定位。长锥孔一般采用锥度心轴定位，可限制 5 个自由度。锥度较小时，工件不再作轴向定位，不夹紧就可进行切削力较小的加工。锥度较大的工件应进行轴向夹紧［图 1-46（a）］。如果工件的定位表面是外圆锥面，可采用定位套定位［图 1-46（b）］。

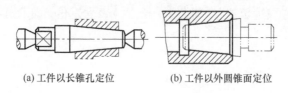

(a) 工件以长锥孔定位　　　　(b) 工件以外圆锥面定位

图 1-46　长锥孔、轴定位

锥孔定位时，工件与心轴间无间隙，且能自动定心，具有很高的定心精度。

（5）几种定位方法的组合定位

除上述定位方式外，常见的还有一些组合定位方法。

① 两面一销定位。两面一销定位是一种完全定位，定位情况如图 1-47 所示。工件底面作三点定位，右侧面作两点定位，削边销仅限制 $\bar{y}$ 向自由度。

② 一面两销定位。定位情况如图 1-48 所示。图中工件大平面限制 3 个自由

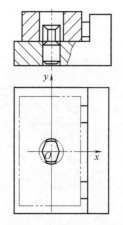

图 1-47　两面一销定位

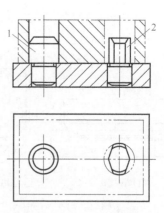

图 1-48　一面两销定位

1—圆柱销；2—削边销

度，短圆柱销限制 2 个自由度，削边销限制绕圆柱销 1 转动的自由度。削边销既可保证定位精度，又可补偿两定位销的销距误差。

③ 平面、短 V 形架及削边销定位。这种定位如图 1-49 所示。工件的大端面限制 3 个自由度，短 V 形架作两点定位，削边销限制绕轴线转动的自由度。

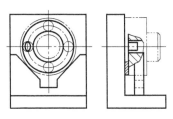

图 1-49　平面、短 V 形架及削边销定位

1.3.4.3　工件的夹紧

工件在夹具上正确定位后，还必须通过夹紧装置来固定工件，使其保持正确的位置，当切削加工时，不使零件因切削力的作用而产生位移，从而保证零件的加工质量。

由于加工零件外形结构、生产批量、技术要求不同，因此，所用的夹紧装置也有所不同。夹紧装置分类的方法较多，按夹紧力的来源不同，可分为手动夹紧装置（力源来自人力）、气压夹紧装置（力源来自气动压力）、液压夹紧装置（力源来自液压）、电力夹紧装置（力源来自电磁、电动机等动力装置）等；按传递夹紧力机构形式的不同，可分为螺旋夹紧、杠杆夹紧、斜楔夹紧、螺旋压边夹紧等。

（1）夹紧装置的基本要求

不论采用何种夹具形式，夹具中所用的夹紧装置，必须满足以下基本要求。

① 保证加工精度，即夹紧时不能破坏工件的定位准确性，并使工件在加工过程中不产生振动和工件的受压面积最小。

② 手动夹紧机构要有自锁作用，即原始作用力消除后，工件仍能保持夹紧状态而不会松开。

③ 夹紧机构操作时安全省力、迅速方便，以减轻工人劳动强度，缩短辅助时间，提高生产效率。

④ 结构简单、紧凑，并具有足够的刚度。

（2）常用夹紧装置的结构

① 斜楔夹紧机构。图 1-50 为斜楔夹紧机构，它由螺杆 1、楔块 2、铰链压板 3、弹簧 4 和夹具体 5 组成。当转动螺杆时，推动楔块向前移动，铰链压板转动从而夹紧工件。

② 螺钉夹紧机构。螺钉夹紧机构如图 1-51 所示。它通过旋转螺钉直接压在工件上，螺钉前端的圆柱部分通常淬硬。为了防止拧紧螺钉时其头部压伤工件表面，常制成压块与螺钉浮动连接。压块结构见图 1-52。

③ 螺母夹紧机构。当工件以孔定位时，常用螺母夹紧。该机构具有增力大、

自锁性好的特点，很适合手动夹紧。它夹紧缓慢，在快速机动夹紧中应用很少，常见结构如图 1-53 所示。

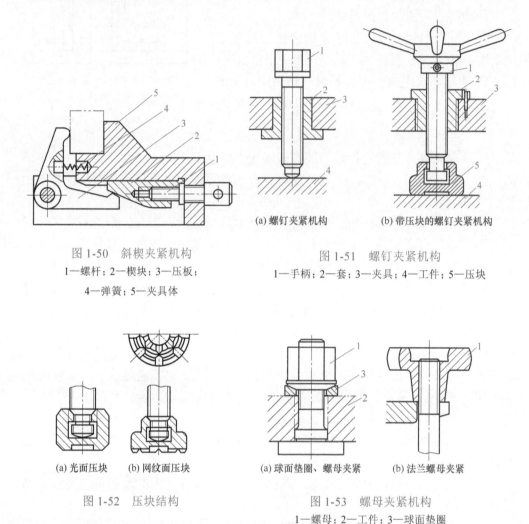

图 1-50　斜楔夹紧机构
1—螺杆；2—楔块；3—压板；
4—弹簧；5—夹具体

(a) 螺钉夹紧机构　　(b) 带压块的螺钉夹紧机构

图 1-51　螺钉夹紧机构
1—手柄；2—套；3—夹具；4—工件；5—压块

(a) 光面压块　　(b) 网纹面压块

图 1-52　压块结构

(a) 球面垫圈、螺母夹紧　　(b) 法兰螺母夹紧

图 1-53　螺母夹紧机构
1—螺母；2—工件；3—球面垫圈

④ 螺旋压板夹紧机构。螺旋压板夹紧机构是螺旋机构与压板及其他机构组合成的复合式夹紧机构。图 1-54（a）～（c）的螺旋压紧位于中间，螺母下用球面垫圈，压板尾部的支柱顶端也做成球面，以便在夹紧过程中做少量偏转。图 1-54（d）是 L 压板，结构紧凑，但夹紧力小。图 1-54（e）是可调高度压板，它适应性广。图 1-54（f）的螺旋夹紧机构，在夹紧过程中做少量偏转及高度调整。

⑤ 偏心夹紧机构。偏心夹紧机构是利用转动中心与几何中心偏移的圆盘或轴作为夹紧元件进行夹紧的。常用的偏心结构有带手柄的偏心轮［图 1-55（a）（b）］、偏心凸轮［图 1-55（c）（d）］和偏心轴［图 1-55（e）～（g）］。

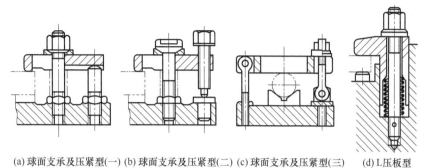

(a) 球面支承及压紧型(一) (b) 球面支承及压紧型(二) (c) 球面支承及压紧型(三) (d) L压板型

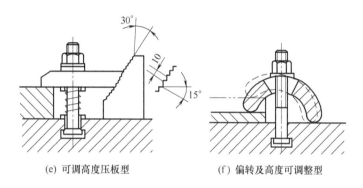

(e) 可调高度压板型　　　　　(f) 偏转及高度可调整型

图 1-54　螺旋压板夹紧机构

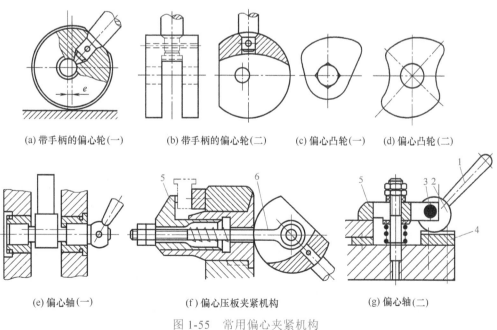

(a) 带手柄的偏心轮(一)　　(b) 带手柄的偏心轮(二)　　(c) 偏心凸轮(一)　　(d) 偏心凸轮(二)

(e) 偏心轴(一)　　　　(f) 偏心压板夹紧机构　　　　(g) 偏心轴(二)

图 1-55　常用偏心夹紧机构

1—手柄；2—偏心轮；3—轴；4—槽块；5—压板；6—拉杆

1.3.5　钻床夹具的结构

夹具是在机械制造过程中，用来固定加工对象，使之占有正确的位置，以接受施工和检测的工艺装置。其种类很多，如焊接夹具、检验夹具、装配夹具以及机床夹具。而机床夹具是指在机械加工时，用以装夹工件的附加于机床上的工艺装置。按使用机床的不同，可分为钻床夹具、铣床夹具、车床夹具、镗床夹具等多种。钳工在机械加工中使用最为广泛的是钻床夹具。在各类钻床和组合机床等设备上进行钻、扩、铰孔的夹具，统称钻床夹具，简称钻模。

（1）钻模的组成

图 1-56（a）为轴套的零件图，其上需钻 ϕ12H9 孔。为满足图样要求，并提高工作效率，设计制造了在钻床上钻削该孔所用的钻模，见图 1-56（b）。

和其他夹具一样，钻模也是由定位元件、夹紧装置、导向元件和夹具体等几个部分组成。图 1-56（b）所示的钻模，其分别由以下元件和装置组成。

① 定位元件。保证工件在夹具中具有正确的加工位置的元件，称为定位元件。图 1-56（b）中定位心轴 3 可保证 ϕ12H9 孔中心线对 ϕ40 孔中心线的垂直度，定位销 7 则保证 ϕ12H9 孔的对称度。

② 夹紧装置。保证已确定的工件位置在加工过程中不发生变更的装置，称为夹紧装置。图 1-56（b）中的螺母 4 和开口垫圈 5，通过定位心轴前端的螺纹把工件夹紧在夹具上，以保证工件在加工过程中不产生位移。

③ 引导元件。用来引导刀具并与工件有相对正确位置的元件，称为引导元件。引导元件主要有刀具导向元件、对刀装置和靠模装置等。

图 1-56（b）中的钻套 1 用来引导钻头到正确位置上钻孔，同时增加钻削钻头的稳定性，提高加工精度。

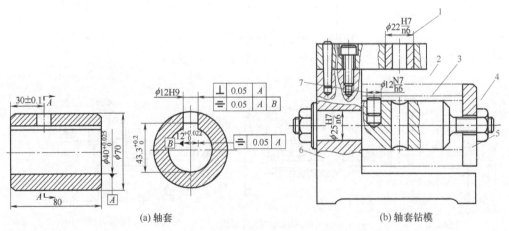

图 1-56　轴套及钻模
1—钻套；2—工件；3—心轴；4—螺母；5—垫圈；6—夹具体；7—定位销

④ 夹具体。夹具体是组成夹具的基体，它与钻床工作台连接，并将钻模上的其他元件和装置连成一体。图 1-56（b）中的夹具体 6 是组成夹具的基础件，并将上述各元件、装置连成一体。因此，夹具体必须要有足够的强度、刚性及足够的容屑空间和排屑口，以保证切削液畅通，同时要求其结构简单，具有良好的工艺性。

通常，夹具体按毛坯制造方法可分为铸造夹具体、焊接夹具体、锻造夹具体、装配式夹具体四种。其中：铸造夹具体可获得各种复杂的形状且刚性、强度较好，但生产周期长；焊接夹具体易于制造，生产周期短，重量轻，适用于结构较简单的夹具体；锻造夹具体只适用于尺寸不大、形状简单的夹具体；装配式夹具体是由标准毛坯件连接装配而成的夹具体，常用于封闭式或半封闭式结构中。

⑤ 其他元件。此外，有些钻模除了以上四种元件外，还有分度、对定装置等其他元件及装置。

（2）钻模的种类及结构

钻模的种类较多，按加工过程中工件的位置状况可分为五类：固定式钻模、移动式钻模、翻转式钻模、盖板式钻模和回转式钻模。按自动化的程度不同可分为手动的、机动的和自动的三类。

① 固定式钻模。固定式钻模使用时，被固定在机床上不动，用它加工出的零件精度较高，故应用很广。当钻孔直径大于 10mm 时，因切削扭矩大，必须用 T 形槽螺钉将钻模夹紧在机床工作台上，因此这类夹具上设有专供夹压的凸缘或凸边。

图 1-57（b）为钻图 1-57（a）中 $\phi6$ 斜孔用的固定式钻模结构，这个钻模的夹具体 7 底部留有可供固定的部位，如图中箭头所示。工件 4 上底面及两孔为定

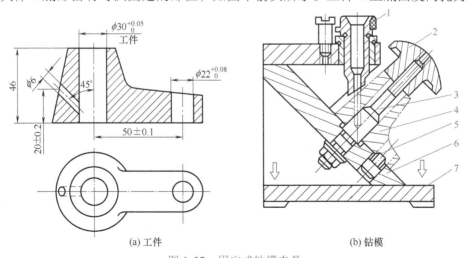

(a) 工件　　　　　　　　　　　(b) 钻模

图 1-57　固定式钻模夹具

1—特殊钻套；2—夹紧螺母；3—圆柱心轴；4—工件；5—削边销；6—支承板；7—夹具体

位基准，夹具上则以平面支承板 6、圆柱心轴 3 和削边销 5 为定位元件。为便于工件的快速装卸，采用了快速夹紧螺母 2，并采用下端伸长且成斜面形状的特殊钻套 1，保证钻头在锥面上良好地起钻和正确引导。

固定式钻模适于在立钻或台钻上钻孔，也适于在摇臂钻床上钻铰同一方向的孔系。目前以手动夹紧和气动夹紧用得最多。

在立钻上有时也用固定式钻模加工同一方向的孔系，但必须在机床主轴上加一个专用的多轴头才行。

组合机床或生产线中的专用钻床，大量使用固定式钻模。为了适应自动化或半自动化生产的要求，多用气动或液压夹紧工件。

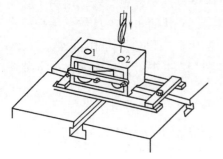

图 1-58　移动式钻模

② 移动式钻模。移动式钻模主要用于单轴立式钻床，先后钻削在同一表面上有多个孔的工件，如图 1-58 所示。

该夹具能在两导板中移动，当移至右端靠紧定位板时钻孔 1，夹具移至左端与定位板靠紧时钻孔 2。这样既可缩短钻头对准钻套的时间，同时导轨还能承受钻孔时的转矩。

③ 翻转式钻模。对于在几个方向上都要加工孔的工件，为了减少装夹次数，提高各孔之间的位置精度，可采用翻转式钻模。

图 1-59 所示为工件在互相垂直的两个面上钻孔时所用的翻转式钻模。这种钻模不是固定在工作台上，而是根据待加工孔的分布位置将夹具翻转。所以夹具连同工件的重量不能太重，一般限于 8 ～ 10kg。翻转式钻模多在立钻或台钻上使用，主要适用于加工小型工件上有多个不同方向的孔。在中小批生产中，有时也用翻转式钻模在摇臂钻床上对某些中等尺寸的零件进行钻孔，不过劳动强度较大。

④ 盖板式钻模。盖板式钻床夹具没有夹具体，供定位用的定位元件和夹紧机构全部安装在钻模板上。使用时钻模像盖子一样盖在工件上，用这种钻模加工孔系时，可以得到较高的位置精度。图 1-60 是在工件上加工小孔的钻模。其主体是钻模板 1，利用定位销 2 和两个摇动压块 3 组成的 V 形槽对中夹紧机构，实现工件的定位和夹紧。

盖板式钻床夹具结构简单，清除切屑方便，多在摇臂钻床上加工机体或有基准面的箱体，但每次从工件上装卸时比较费事。所以适用于在体积大而笨重的工件（如内燃机的气缸体、缸盖，机床的各种箱体等）上钻孔。

⑤ 回转式钻模。回转式钻模主要用来加工分布在工件同一圆周面上的孔，或加工分布在工件上几个不同表面上的孔。可根据工件的大小、钻模的尺寸或工

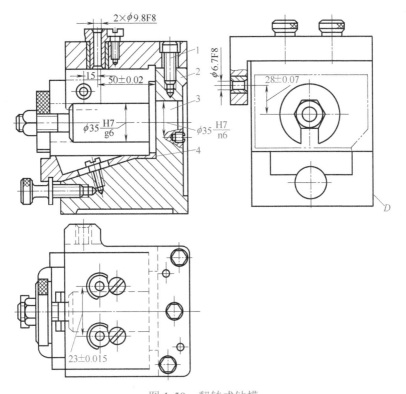

图 1-59 翻转式钻模

1—钻模板；2—夹具体；3—定位心轴；4—拆卸板

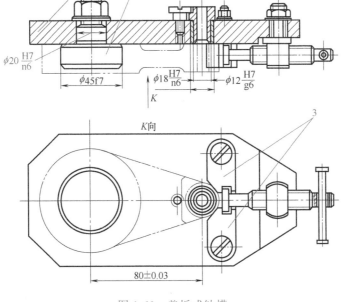

图 1-60 盖板式钻模

1—钻模板；2—定位销；3—摇动压块

件的加工精度，酌情安排在立钻、台钻或摇臂钻床上使用。回转式钻模的结构形式有水平轴、立轴及倾斜轴三种类型，生产中以水平轴和立轴的回转式钻模使用较多。

图1-61为在凸缘上加工同心圆周上小孔所用的立轴回转式钻模。图中下部为标准回转台，上部为工作夹具，它通过中心销在回转台上定位，然后用螺钉固定，采用铰链式模板加工。

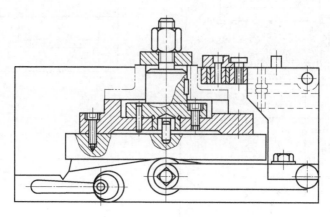

图1-61　立轴回转式钻模

1.3.6　机制工艺规程示例

零件机械加工工艺规程是规定零件机械加工工艺过程和方法等的工艺文件。它是在具体的生产条件下，将最合理或较合理的工艺过程，用图表（或文字）的形式制成文本，用来指导生产、管理生产的文件。

（1）机械加工工艺规程的内容

工艺规程中，一般明确规定了该零件所用的毛坯和它的加工方式、具体的加工尺寸，各道工序（工序指操作人员在一台机床或一个工作地点对工件所连续完成的那部分加工，是组成工艺过程的基本单元）的性质、数量、顺序和质量要求，各工序所用的设备型号、规格，各工序所用的加工工具（如辅具、刀具、模具等）形式，各工序的质量要求和检验方法及要求等。

（2）机械加工工艺文件格式

将工艺文件的内容，填入一定格式的卡片，即成为生产准备和施工依据的工艺文件。常用的工艺文件的格式有以下两种。

① 机械加工工艺过程卡片。这种卡片以工序为单位，简要地列出整个零件加工所经过的工艺路线（包括毛坯制造、机械加工和热处理等）。其内容包括工序号、工序名称、工序内容、加工车间、设备及工艺装备、各工序时间定额等，它是制订其他工艺文件的基础，也是生产准备、编排作业计划和组织生产的依

据。在这种卡片中，由于各工序的说明不够具体，故一般不直接指导工人操作，而多被生产管理方面使用。但在单件小批生产中，由于通常不编制其他较详细的工艺文件，而就以这种卡片指导生产。

② 机械加工工序卡片。机械加工工序卡片更详细地说明了整个零件各工序的要求，是用来具体指导工人操作的工艺文件，一般用于大批大量生产的零件。机械加工工序卡片内容包括工序简图、零件的材料及重量、毛坯种类、工序号、工序名称、工序内容、工艺参数、操作要求以及采用的设备、工艺装备等。它通过工序简图详细说明了该工序的加工内容、尺寸及公差、定位基准、装夹方式、刀具的形状及其位置等，并注明了切削用量、工步内容及工时等。

（3）V 形架的机械加工工艺过程

V 形架的结构如图 1-62 所示。该零件的主要技术要求为：90°两面垂直度全长允差 0.003mm，45°半角对称度允差 0.01mm/100mm，热处理淬火 45 ～ 50HRC。

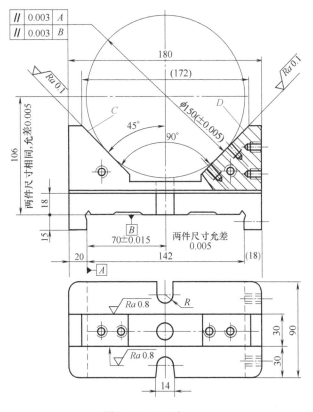

图 1-62　V 形架

V 形架的加工工艺过程见表 1-6。从该零件的技术要求及加工工艺过程的加工内容描述可以了解到以下信息。

表 1-6 V 形架的加工工艺过程

工序序号	工序名称	加工内容	备　注
1	铣	铣六面至 162mm×90mm×97mm	—
2	钳	划外形加工线	—
3	铣	铣外形成形，A、B、C、D 表面留磨削余量	—
4	磨	粗磨 A、B、C、D 面，30mm 二侧面及 180mm 二侧面并保证垂直度	控制 V 形中心线对 A 面的距离，且两件要一致
5	钳	划线	—
6	钳	钻孔、攻螺纹、倒角	—
7	热处理	淬火、保证硬度 45～50HRC	—
8	化学处理	表面氧化处理	—
9	磨	磨削 A、B、C、D 四面及 30mm 二侧面	控制 V 形中心线对 A 面的距离，且两件要一致。磨后去磁
10	钳	研磨 A、B 面 研磨 C、D 面，达到图纸要求	—
11	检验	按零件图纸要求进行检验	—

① 该零件技术图纸中给出了两件有关尺寸的允差，因此，可判定为两件配对使用，这是加工工艺中重点强调及加工后重点保证的尺寸，为此，操作过程中应做好检测控制工作。

② 由于 V 形架的精度要求很高，因此，应通过研磨加工来保证。具体安排研磨加工工步时，应先研磨 A、B 平面，再研磨 C、D 平面。研磨时，先研一侧面，再研另一侧面。

③ 该零件需具有一定的强度及耐磨性能，因此，需进行热处理及表面氧化处理。

（4）中部外环的车削工序图

图 1-63 为中部外环的第 20 道工序机械加工卡片，从工序卡片右边的文字描述，同时结合卡片中部所画的工序图可以了解到以下信息。

① 该零件以端面为定位基准，夹紧 ϕ166 外圆，车另一端。

② 车削范围为 ϕ164 外圆及端面、ϕ138$^{+0.025}_{0}$ 内孔。

③ 该零件的 ϕ164 外圆无公差，外圆表面粗糙度 Ra6.3，端面表面粗糙度 Ra3.2，要求不高；内孔 ϕ138$^{+0.025}_{0}$ 有 0.25 μm 的公差要求，表面粗糙度 Ra1.6，要求较高。

从该零件的外圆及内孔尺寸还可以发现，该零件虽然尺寸较小，零件形状比较简单，但这是一个薄壁件，内孔的公差要求仅为 0.25 μm。加工过程中除要保证公差要求外，还要防止变形，特别要防止出现三角形，有一定的加工难度。

④ 该零件的第 20 道工序使用的加工设备名称为 C616 普通车床。

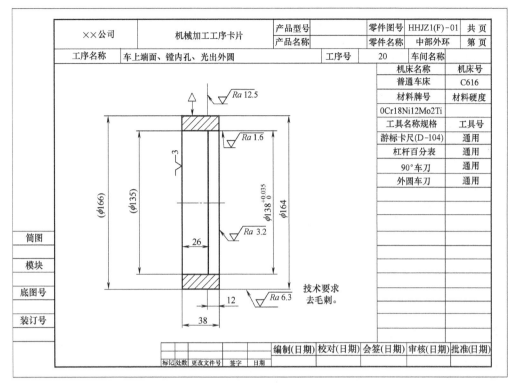

××公司		机械加工工序卡片		产品型号		零件图号	HHJZ1(F)-01	共 页
				产品名称		零件名称	中部外环	第 页
工序名称		车上端面、镗内孔、光出外圆		工序号	20	车间名称		

机床名称	机床号
普通车床	C616
材料牌号	材料硬度
0Cr18Ni12Mo2Ti	
工具名称规格	工具号
游标卡尺(D-104)	通用
杠杆百分表	通用
90°车刀	通用
外圆车刀	通用

技术要求
去毛刺。

简图				编制(日期)	校对(日期)	会签(日期)	审核(日期)	批准(日期)
模块								
底图号								
装订号	标记 处数 更改文件号	签字	日期					

图 1-63 中部外环第 20 道工序卡

⑤ 零件的材料为不锈钢 0Cr18Ni12Mo2Ti。

⑥ 为保证零件加工尺寸，需使用 0 ～ 200mm 的游标卡尺用来测量外径和轴向尺寸，杠杆百分表用来测量内孔。

⑦ 加工该零件的第 20 道工序需使用到以下车削刀具：90°车刀、外圆车刀。

1.4 装配加工工艺

按照规定的技术要求，将若干个零件组装成组件、部件或将若干个零件和部件组装成产品的过程，称作装配。机器的装配是机器制造过程中的最后一个环节，主要包括装配、调整、检验和试验等工作。

与机械加工工艺的工作性质一样，装配加工工艺也是机械制造工艺的技术指导文件，不同的是，它是指导装配工作的技术文件，也是进行装配生产计划及技术准备的主要依据。

1.4.1 机械设备的装配方式

一台机械设备是由许多零件组成的，根据其不同结构和作用，可分为若干部分或分系统，而各部分又是由若干零部件组成的。如一台机床可分为主轴箱部分、进给机构部分、液压和电气等部分。

通常所说的装配就是根据机械设备的不同结构，依次完成上述各个工作部分的装配。而在机械设备的具体装配时，为了便于组织装配工作，往往又必须将机器以及机器的各工作部分分解为若干个可以独立进行装配的装配单元，以便按照单元次序进行装配并有利于缩短装配周期。

（1）机械设备的装配单元

机械设备的装配单元通常可划分为5个等级。

1）零件

零件是组成机械和参加装配的最基本单元。大部分零件都是预先装成合件、组件和部件再进入总装。

2）合件

合件是比零件大一级的装配单元。下列情况皆属合件。

① 两个以上的零件，是由不可拆卸的连接方法（如铆、焊、热压装配等）连接在一起。

② 少数零件组合后还需要合并加工，如齿轮减速箱体与箱盖、柴油机连杆与连杆盖，都是组合后镗孔的，零件之间对号入座，不能互换。

③ 以一个基准零件和少数零件组合在一起。

3）组件

组件是一个或几个合件与若干个零件的组合。

4）部件

部件由一个基准件和若干个组件、合件和零件组成。如主轴箱、进给箱等。

5）机械设备

机械设备是由上述全部装配单元组成的整体。

（2）机械设备的装配过程

机器的装配就是依照机器的结构，依次完成机器组件装配、部件装配、总装配和运行调试的过程。

1）组件装配

组件装配就是将若干个零件装配在一个基础零件上构成组件的过程。组件可作为基本单元进入装配。例如，齿轮减速箱中的大轴组件就是由大轴及其轴上的各个零件构成的一个组件，其装配顺序如图1-64所示，装配操作步骤如下。

① 将各零件修毛刺、洗净、上油。

② 将键配好，压入大轴键槽。

③ 压装齿轮。

④ 装上垫套，压装右端轴承。

⑤ 压装左端轴承。

⑥ 在透盖内孔油毡槽内放入毡圈，然后套进轴上，完成组件的装配。

2）部件装配

部件装配就是将若干个零件、组件装配在另一个基础零件上而构成部件的过程。部件是装配中比较独立的部分，例如齿轮减速箱。

3）总装配

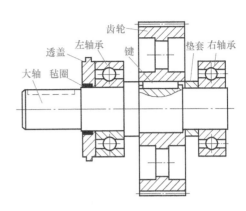

图 1-64　大轴组件装配图

总装配就是将若干个零件、组件、部件装配在产品的基础零件上而构成产品的过程，例如一台机器。

图 1-65 为一台中等复杂程度的圆柱齿轮减速箱。可以把轴、齿轮、键、左右轴承、垫套、透盖、毡圈的组合视为大轴组件，如图 1-64 所示。而整台减速箱则可视为若干其他零件、组件装配在箱体这个基础零件上的部装。减速箱经过调试合格后，再和其他部件、组件和零件组合后装配在一起，就组成了一台完整机器，这就是总装配。

1.4.2　装配的操作过程及组织形式

前面已经给出了装配的定义。更明确地说，把已经加工好，并经检验合格的单个零件，通过各种形式，依次将零部件连接或固定在一起，使之成为组件、部件或产品的过程叫作装配。

就生产过程来说，产品的质量主要取决于产品的结构设计（设计水平）、零件的加工（加工质量）和机器的装配（装配精度）三个阶段。装配是整个机器制造工艺过程中的最后一个环节，通过装配才能形成最终的产品，它主要包括装配、调整、检验和试验等工作，并保证所装配的机器具有规定的精度和设计确定的使用功能以及质量要求等。

（1）装配的操作过程

装配的操作过程称为装配工艺过程，一般由装配前的准备，装配，调

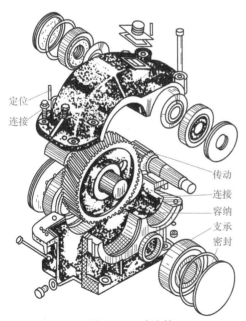

图 1-65　减速箱

整、精度检验及试车，喷漆、涂油及装箱四个阶段组成。各阶段的操作内容通常由装配工艺规程给出具体的指导，因此，从一定程度来说，装配操作就是一个按照装配工艺规程的具体内容进行规范操作的过程。各阶段的主要工作有以下几方面的内容。

1）装配前的准备

① 研究和熟悉产品装配图及有关的技术资料，了解产品的结构，各零件的作用、相互关系及连接方法。

② 确定装配方法、装配顺序。

③ 清理装配时所需的工具、量具和辅具。

④ 对照装配图清点零件、外购件、标准件等。

⑤ 对装配零件进行清理和清洗。除去零件上的毛刺、锈蚀、切屑、油污以及其他污物等，以获得所需的清洁度。这些处理对提高装配质量、延长零件使用寿命都很有必要。

⑥ 对重要部件的尺寸、形状、位置公差进行检查测量。对某些零件还需进行装配前的钳加工（如刮削、修配、平衡试验、配钻、铰孔等）。有的要进行平衡试验、渗漏试验和气密性试验等。

2）装配工作

一般说来，装配工作只需操作人员在掌握一定的操作技能之后，按装配工艺规程的要求进行装配即可。但对于比较复杂的产品，生产加工中，装配工作则划分为组件、部件装配和总装配等多个操作阶段。

① 组件、部件装配。组件、部件装配指产品在进入总装配之前的装配工作。把产品划分成若干个装配单元是保证缩短装配工作周期的基本措施。因为划分成若干个装配单元，不仅可以在装配工作中组织平行装配作业，扩大装配工作面，而且还能使装配工作按流水线组织生产或组织协作生产。同时各处装配单元能够预先调整试验，各部分可以以比较完善的状态参与总装配，有利于保证产品的装配质量。

② 总装配。总装配是把零件、组件和部件装配成最终产品的工艺过程，简称总装。产品的总装通常在工厂的装配车间（或装配工段）内进行。但是在有些情况下（如重型机床、大型汽轮机和大型泵等），产品在制造厂内只能进行部装工作，而最终的产品必须在产品的使用安装现场完成总装工作。

3）调整、精度检验及试车

① 调整工作就是调节零件或机构的相互位置、配合间隙、结合松紧等，目的是使机构或机器工作协调（如轴承间隙、镶条位置、齿轮轴向位置的调整等）。

② 精度检验就是用量具或量仪对产品的工作精度、几何精度进行检验，直至达到技术要求为止。精度检验包括工作精度检验、几何精度检验等。如车床总

装后要检验主轴中心线和床身导轨的平行度误差、中滑板导轨和主轴中心线垂直度误差以及前后两顶尖的等高度误差等。工作精度检验一般指切削试验，如车床进行车圆柱面、车端面及车螺纹试验。

③ 试车包括机构或机器运转的灵活性、工作温升、密封性、振动、噪声、转速、功率和寿命等方面的检查。

4）喷漆、涂油及装箱

喷漆是为了防止不加工面锈蚀和使产品外表美观。涂油是使产品工作表面和零件的已加工表面不生锈。装箱是为了便于运输。具体的操作内容及要求需要结合装配工序进行。

（2）装配的组织形式

一台机械产品往往由成千上万个零件所组成，为便于装配生产工作的有序进行，企业必须按照一定的装配组织形式进行生产。装配作业组织得好坏，不但影响装配效率和周期，有时还直接影响机械设备的装配质量。

通常企业根据生产类型的不同，会有针对性地采用不同的装配组织形式。生产类型一般可分为三类：单件生产、成批生产和大量生产。不同的生产类型及其装配组织形式具有以下特点。

1）单件生产

单件生产指生产件数很少，甚至完全不重复生产的、单个制造的一种生产方式。单件生产装配组织形式具有以下特点。

① 地点固定。

② 用人少（从开始到结束只需一个或一组工人即可），从开始到结束把产品的装配工作进行到底。

③ 装配时间长，占地面积大。

④ 需大量的工具和装备，要求修配和调整的工作较多，互换性较少。

⑤ 要求工人具有较全面的技能。

2）成批生产

成批生产指每隔一定时期后，成批地制造相同产品的生产方式。成批生产装配组织形式具有以下特点。

① 一般先部装后总装，每个部件由一个或一组工人来完成，然后进行总装。

② 装配工作常采用移动式。

③ 对零件可预先经过选择分组，达到部分零件互换的装配。

④ 可进入流水线生产，装配效率较高。

3）大量生产

大量生产指产品的制造数量很庞大，各工作地点经常重复地完成某一工序，并有严格的节奏性的一种生产方式。大量生产装配组织形式具有以下特点。

① 每个工人只需完成一道工序，这样对质量有可靠的保证。

② 占地面积小，生产周期短。

③ 工人并不需要有较全面的技能，但对产品零件的互换性要求高。

④ 可采用流水线、自动线生产，生产效率高。

表1-7列出了三种生产类型装配工艺的特点。

表1-7　三种生产类型装配工艺的特点

项目	单件生产	成批生产	大量生产
基本特征	产品经常变换，不定期重复生产，生产周期较长	产品在系列化范围内变动，分批交替投产，或多品种同时投产，生产活动在一定时期内重复	产品固定，生产活动长期重复
组织形式	多采用固定装配，也可采用固定流水线装配	笨重而批量不大的产品，多采用固定流水线装配、多品种可变节拍流水装配	多采用流水装配线；有间歇、变节拍等移动方式，还可采用自动装配线
工艺方法	以修配法及调整法为主，互换件比例较小	主要采用互换法，同时也灵活采用调整法、修配法、合并法等节约装配费用	完全互换法装配，允许有少量简单调整
工艺过程	一般不制订详细工艺文件，工序与工艺可灵活调度与掌握	工艺过程划分须适合批量大小，尽量使生产均衡	工艺过程划分较细，力求达到高度均衡性
工艺装备	采用通用设备及通用工装，夹具多采用组合夹具	通用设备较多，但也采用一定数量的专用工装，目前多采用组合夹具和通用可调夹具	专业化程度高，宜采用专用高效工装，易于机械化、自动化
手工操作要求	手工操作比例大，要求工人有较高的技术水平和多方面的工艺知识	手工操作占一定比例，技术水平要求较高	手工操作比例小，熟练程度易于提高，便于培训新人
应用实例	重型机床和重型机器、大型内燃机、汽轮机、大型锅炉、水泵、模具、夹具、新产品试制	机床、机车车辆、中小型锅炉、飞机、矿山采掘机械、中小型水泵等	汽车、拖拉机、滚动轴承、自行车、手表

1.4.3　装配的工作内容及步骤

（1）装配步骤

一般说来，装配的步骤都是按以下顺序进行的。

研究和熟悉产品装配图及技术要求，了解产品结构、工作原理、零件的作用及相互连接关系→准备所用工具→确定装配方法、顺序→对装配的零件进行清洗，去掉油污、毛刺→小部件装配→部件装配→总装配→调整、检验、试车→喷漆、涂油、装箱。

（2）装配的工作内容

1）清洗

目的是去除零件表面或部件中的油污及机械杂质。

2）连接

连接的方式一般有两种，可拆连接和不可拆连接。可拆连接在装配后可以很容易拆卸而不致损坏任何零件，且拆卸后仍能重新装配在一起，例如螺纹连接、键连接等。不可拆连接，装配后一般不再拆卸，如果拆卸就会损坏其中的某些零件，例如焊接、铆接等。

3）调整

包括校正、配作、平衡等。

① 校正。是指产品中相关零部件间相互位置找正，并通过各种调整方法，保证达到装配精度要求等。

② 配作。是指两个零件装配后确定其相互位置的加工，如配钻、配铰，或为改善两个零件表面结合精度的加工，如配刮及配磨等。配作是与校正调整工作结合进行的。

③ 平衡。为防止使用中出现振动，装配时，应对其旋转零部件进行平衡。包括静平衡和动平衡两种方法。

4）检验和试验

机械产品装配完后，应根据有关技术标准和规定，对产品进行较全面的检验和试验工作，合格后才准出厂。

除上述装配工作外，喷漆、包装等也属于装配工作。

1.4.4 装配工艺规程示例

钳工在装配操作过程中，必须按照装配工艺规程的要求进行。装配工艺规程是规定产品或零部件装配工艺过程和操作方法等的一种工艺文件。按装配工艺规程进行生产与操作具有以下作用：a. 执行工艺规程能使生产有条理地进行；b. 执行工艺规程能合理使用劳动力和工艺设备，降低成本；c. 执行工艺规程能提高产品质量和劳动生产率。

（1）装配工艺文件格式

与机械加工工艺文件一样，装配工艺文件的格式有装配工艺过程卡片、装配工序卡片两种。

（2）固定式钻模的装配工艺过程

钻模是机械加工中钳工接触最多、应用最多的夹具之一，常用于较高孔位精度孔的加工。图 1-66（a）所示的固定式钻模用来加工图 1-66（b）所示工件上的 ϕ10mm 孔，工件在钻模上以 ϕ68H7 孔、端面和键槽定位。旋紧夹紧螺母 11 可使螺杆 4 向右移动，带动钩形开口垫圈 2 将工件压紧，使工件的端面与定位套 5 的定位端面贴合，夹紧后即可进行钻孔加工。当松开夹紧螺母 11 时，螺杆 4 在弹簧 10 的作用下左移，钩形开口垫圈 2 松开，并将其转位 90°，即可卸下工件。钻套 7 用来确定钻孔的位置，并引导钻头进给。

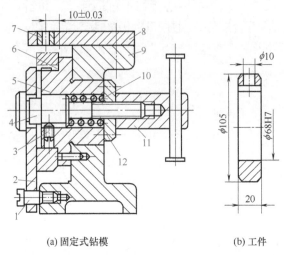

(a) 固定式钻模　　　　　　(b) 工件

图 1-66　固定式钻模

1—螺钉；2—钩形开口垫圈；3—定位钉；4—螺杆；5—定位套；6—定位键；7—钻套；8—钻模板；
9—夹具体；10—弹簧；11—夹紧螺母；12—盖板

该固定式钻模的装配，可按表 1-8 所示装配工艺过程进行。

表 1-8　固定式钻模装配工艺卡

（固定式钻模装配图，见图 1-66）			
工序号及其内容	工步号及其内容	设备	工艺装备
1. 清理	清点和清洗待装配的各种零件，去毛刺，倒棱边	—	煤油 锉刀
2. 检验	检验各主要零件的质量	—	游标卡尺、外径千分尺、内径千分尺
3. 装配	（1）定位键 6、盖板 12 装于定位套 5 上	—	
	（2）将定位套组件装入夹具体 9 的孔内，配合性质为 ϕ68H7/g6。注意保证定位键 6 的中心线与夹具体 ϕ68H7 中心线在同一平面上，该平面应垂直于夹具体的底面	—	杠杆百分表、量块、方箱
	（3）将定位套用螺钉紧固在夹具体 9 上，经过检验，符合钻模设计的精度要求后，做最后的紧固，并打入圆柱销定位	钻床	游标卡尺、外径千分尺、内径千分尺、杠杆百分表、量块、铰刀

续表

(固定式钻模装配图，见图1-66)			
工序号及其内容	工步号及其内容	设备	工艺装备
3. 装配	（4）将钻套7压入钻模板8上。要保证钻套中心线与定位套的中心线在同一平面上，并且该平面应垂直于夹具体的底面。在安装钻模板时，还应注意保证钻套7中心线与定位套5定位端面的（10±0.03）mm尺寸。经检验，符合钻模设计的精度要求后，将钻模板8紧固在夹具体9的顶端，并打入圆柱销定位	钻床	游标卡尺、外径千分尺、内径千分尺、杠杆百分表、量块、方箱、铰刀
	（5）装弹簧10、螺杆4、定位钉3、钩形开口垫圈2、螺钉1、夹紧螺母11至符合要求	—	—
4. 做标记	按技术要求做钻模编号标记	—	7号钻头
5. 装配后检验	按技术要求对夹具进行总检验	—	游标卡尺、外径千分尺、内径千分尺、杠杆百分表、量块、方箱、铰刀
6. 试钻削	按技术要求进行试钻削	钻床	—

1.5 维修加工工艺

机械设备在使用过程中，不可避免地由于磨损、疲劳、断裂、变形、腐蚀、老化等原因，造成设备性能的劣化以致出现故障。设备性能指标下降乃至出现故障，会使其不能正常工作，最终导致设备损坏和停产，甚至造成灾难性的后果。维修是以机械设备为研究对象，通过寻找设备出现性能劣化的原因，减缓和防止设备性能的劣化，并对损坏的零部件进行修复，以达到保持或恢复设备的规定功能并延长其使用寿命的目的。维修加工工艺是以此为目的，有针对性地指导维修工作的技术文件，同时也是进行维修生产计划及技术准备的主要依据。与装配加工工艺不同的是，装配加工工艺属于机械设备制造阶段所设计的技术指导文件，而维修加工工艺则主要针对机械设备出厂后使用阶段的保障及修复工作。

1.5.1 维修的工作类型

维修是维护和修理的简称。其中，维护主要指为保持装备或设备完好工作状态所做的一切工作，包括清洗擦拭、润滑涂油、检查调校，以及补充能源、燃料等消耗品。修理则是指恢复装备或设备完好工作状态所做的一切工作，包括检查、判断故障，排除故障，排除故障后的测试，以及全面翻修等。由此可见，为保持和恢复机械设备完好工作状态而进行的一系列活动均是维修的工作内容。

　　从不同的角度出发，维修工作可以有不同的分类方法。按维修时机的不同，维修工作可分为预防性维修及修复性维修（修理），其中，预防性维修工作又可以划分为保养、操作人员监控、使用检查、功能检测、定时拆修、定时报废和综合工作七种维修工作类型。修理按机械设备技术状态劣化的程度、修理内容、技术要求和工作量大小分为小修、项修、大修和定期精度调整等不同等级。

　　（1）预防性维修的工作类型

　　① 保养。保养是为保持设备固有设计性能而进行的表面清洗、擦拭、通风、添加油液或润滑剂、充气等工作。它是对技术、资源的要求最低的维修工作类型。

　　② 操作人员监控。操作人员监控是操作人员在正常使用设备时对其状态进行监控的工作，其目的是发现潜在故障。这类监控包括对设备所进行的使用前检查，对设备仪表的监控，通过气味、噪声、振动、温度、视觉、操作力的改变等感觉辨认潜在故障。但它对隐蔽功能不适用。

　　③ 使用检查。使用检查是按计划进行的定性检查工作，如采用观察、演示、操作手感等方法检查，以确定设备或机件能否执行其规定的功能。例如对火灾告警装置、应急设备、备用设备的定期检查等，其目的是发现隐蔽功能故障，减少发生多重故障的可能性。

　　④ 功能检测。功能检测是按计划进行的定量检查工作，以确定设备或机件的功能参数是否在规定的限度之内，其目的是发现潜在故障，通常需要使用仪表、测试设备。

　　⑤ 定时拆修。定时拆修是指装备使用到规定的时间予以拆修，使其恢复到规定状态的工作。

　　⑥ 定时报废。定时报废是指装备使用到规定的时间予以废弃的工作。

　　⑦ 综合工作。综合工作是指实施上述的两种或多种类型的预防性维修工作。

　　（2）机械设备修理的等级

　　① 大修。在设备修理类别中，设备大修是工作量最大、修理时间较长的一种计划修理。大修时，将设备的全部或大部分解体，修复基础件，更换或修复全部不合格的机械零件、电气元件；修理、调整电气系统；修复设备的附件以及翻新外观；整机装配和调试，从而全面消除大修前存在的缺陷，恢复设备规定的精度与性能。大修主要包括以下内容。

　　a. 对设备的全部或大部分部件解体检查，并做好记录。

　　b. 全部拆卸设备的各部件，对所有零件进行清洗并做出技术鉴定。

　　c. 编制大修理技术文件，并做好修理前各方面准备。

　　d. 更换或修复失效的全部零部件。

　　e. 刮研或磨削全部导轨面。

f. 修理电气系统。

g. 配齐安全防护装置和必要的附件。

h. 整机装配，并调试达到大修理质量技术要求。

i. 翻新外观（重新喷漆、电镀等）。

j. 整机验收，按设备出厂标准进行检验。

通常，在设备大修时还应考虑适当地进行相关技术改造，如为了消除设备的先天性缺陷或多发性故障，可对设备的局部结构或零部件进行改进设计，以提高其可靠性。按照产品工艺要求，在不改变整机结构的情况下，局部提高个别主要部件的精度等。

对机械设备大修总的技术要求是：全面清除修理前存在的缺陷，大修后应达到设备出厂或修理技术文件所规定的性能和精度标准。

② 项目修理。项目修理（简称项修）是根据机械设备的结构特点和实际技术状态，对设备状态达不到生产工艺要求的某些项目或部件，按实际需要进行的针对性修理。修理时，一般要进行部分解体、检查，修复或更换失效的零件，必要时对基准件进行局部刮研、校正坐标，使设备达到应有的精度和性能。进行项修时，只针对需检修部分进行拆卸分解、修复，更换主要零件，刮研或磨削部分导轨面，校正坐标，使修理部位及相关部位的精度、性能达到规定标准，以满足生产工艺的要求。

项修时，对设备进行部分解体，修理或更换部分主要零件与基准件的数量约占 10%～30%，修理使用期限等于或小于修理间隔期的零件；同时，对床身导轨、刀架、床鞍、工作台、横梁、立柱、滑块等进行必要的刮研，但总刮研面积不超过 40%，其他摩擦面不刮研。项修时对其中个别难以恢复的精度项目，可以延长至下一次大修时恢复；对设备的非工作表面要打光后涂漆。项修的大部分修理项目由专职维修工人在生产车间现场进行，个别要求高的项目由机修车间承担。设备项修后，质量管理部门和设备管理部门要组织机械员、主修工人和操作者，根据项修技术任务书的规定和要求，共同检查验收。检验合格后，由项修质量检验员在检修技术任务书上签字，主修人员填写设备完工通知单，并由送修与承修单位办理交接手续。项修主要包括以下内容。

a. 全面进行精度检查，确定需要拆卸分解、修理或更换的零部件。

b. 修理基准件，刮研或磨削需要修理的导轨面。

c. 对需要修理的零部件进行清洗、修复或更换。

d. 清洗、疏通各润滑部位，换油，更换油毡、油线。

e. 治理漏油部位。

f. 喷漆或补漆。

g. 按部颁修理精度、出厂精度或项修技术任务书规定的精度检验标准，对修完的设备进行全部检查。但对项修时难以恢复的个别精度项目可适当放宽。

③ 小修。小修是指工作量最小的局部修理。小修主要是根据设备日常检查或定期检查中所发现的缺陷或劣化征兆进行修复。

小修的工作内容是拆卸有关的设备零部件，更换和修复部分磨损较快和使用期限等于或小于修理间隔期的零件，调整设备的局部机构，以保证设备能正常运转到下一次计划修理时间。小修时，要对拆卸下的零件进行清洗，将设备外部全部擦净。小修一般在生产现场进行，由车间维修工人执行。

④ 定期精度调整。定期精度调整是指对精密、大型、稀有设备的几何精度进行有计划的定期检查并调整，使其达到或接近规定的精度标准，保证其精度稳定，以满足生产工艺要求。通常，该项检查的周期为 1 ~ 2 年，并应安排在气温变化较小的季节进行。

1.5.2　机械设备维修的过程

不同等级的机械设备修理，其工作量有很大的差别，因此，其工作过程也有所不同。一般说来，设备大修的工作过程包括解体前整机检查、拆卸部件、部件检查、必要的部件分解、零件清洗及检查、部件修理装配、总装配、空运转试车、负荷试车、整机精度检验、竣工验收等内容，如图 1-67 所示。

图 1-67　机械设备大修的工作过程

在实际工作中，对设备大修应按大修作业计划进行并同时做好作业调度、作业质量控制以及竣工验收等主要管理工作。

机械设备的大修过程一般可分为修前准备、修理和修后验收三个阶段。

（1）修理前的准备工作

为了使修理工作顺利地进行，修理人员应对设备技术状态进行调查了解和检测；熟悉设备使用说明书、历次修理记录和有关技术资料、修理检验标准等；确定设备修理工艺方案；准备工具、检测器具和工作场地等；确定修后的精度检验项目和试车验收要求。这样就为整台设备的大修做好了各项技术准备工作。修前准备越充分，修理的质量和修理进度越能够得到保证。

（2）修理

修理过程开始后，首先采用适当的方法对设备进行解体，按照与装配相反的顺序和方向，即"先上后下，先外后里"的方法，正确地解除零部件在设备中相互间的约束和固定的形式，把它们有次序地、尽量完好地分解出来，并妥善放置，做好标记。要防止零部件的拉伤、损坏、变形和丢失等。

对已经拆卸的零部件应及时进行清洗，对其尺寸和形位精度及损坏情况进行检验，然后按照修理的类别、修理工艺进行修复或更换。对修前的调查和预检进行核实，以保证修复和更换的正确性。对于具体零部件的修复，应根据其结构特点、精度高低并结合修复能力，拟订合理的修理方案和相应的修复方法，进行修复直至达到要求。

零部件修复后即可进行装配。设备整机的装配工作以验收标准为依据进行。装配工作应选择合适的装配基准面，确定误差补偿环节的形式及补偿方法，确保各零部件之间的装配精度，如平行度、同轴度、垂直度以及传动的啮合精度要求等。

机械设备大修的修理技术和修理工作量，在大修前难以预测得十分准确。因此，在施工阶段，应从实际情况出发，及时地采取各种措施来弥补大修前预测的不足，并保证修理工作按计划或提前完成。

（3）修后验收

凡是经过修理装配调整好的设备，都必须按有关规定的精度标准项目或修前拟订的精度项目，进行各项精度检验和试验，如几何精度检验、空运转试验、载荷试验和工作精度检验等，全面检查衡量所修理设备的质量、精度和工作性能的恢复情况。

设备修理后，应记录对原技术资料的修改情况和修理中的经验教训，做好修理后工作小结，与原始资料一起归档，以备下次修理时参考。

1.5.3　维修工艺规程示例

与装配工艺规程的执行制度一样，钳工在维修操作过程中，也必须按照维修工艺规程的要求进行。

（1）维修工艺文件格式

针对不同修理等级、不同复杂程度的机械设备，其维修工艺的文件种类及复杂程度也有所不同，与装配加工工艺文件一样，维修工艺文件格式有维修工艺过程卡片、维修工序卡片两种。

（2）主轴的维修工艺过程

图 1-68 为 MG1432A 型高精度万能外圆磨床砂轮主轴组件中的主轴，该主轴有两处 $\phi 65_{-0.03}^{0}$ mm 与轴瓦相配合的轴颈。设备经一定时间的使用，发现磨削精度降低，经对磨床性能降低故障进行分析、判断，并拆卸砂轮主轴组件检查，发现其两处 $\phi 65_{-0.03}^{0}$ mm 与轴瓦间出现磨损，表面粗糙度仅 0.8μm，部分部位有拉毛现象。

进一步检测发现主轴磨损部位硬度未降低，探伤检测发现无烧伤、裂纹等致命缺陷。与其相配的短三瓦结构的轴瓦中的轴瓦轴承合金仅出现轻微磨损，为此，决定对其中各种零件进行修复，修复后使其精度和性能不低于原标准。表 1-9 给出了主轴的维修工艺过程。

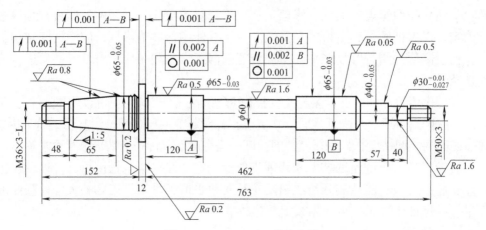

图 1-68　MG1432A 砂轮主轴

表 1-9　主轴维修工艺过程

工序序号	工序名称	加工内容	备注
1	钳	清洗拆卸下来的主轴各部位	煤油、棉纱
2	钳	检查主轴两端中心孔的情况，看是否有碰伤或拉毛	—
3	车	①两端中心孔若有碰伤或拉毛，则须在车床上按主轴精度找正。然后用两顶尖顶住中心孔，修研主轴两端中心孔，检查主轴各部的圆跳动，并记录 ②两端中心孔若无碰伤或拉毛，则用两顶尖顶住中心孔，检查主轴各部的圆跳动，并记录	—
4	磨	检查主轴超差的轴颈，磨光与轴承相配的轴颈表面	—
5	精磨	精磨与轴瓦配合的轴颈、封油垫的轴端面、装砂轮用的锥度轴颈等，保证精度及表面粗糙度要求	—
6	钳	装上所有零件（如电动机转子、风叶、键等）后再进行动平衡	要求动平衡精度为一级（振程 0.5～1mm 或 G2.5）
7	检	检验各修复尺寸是否符合零件图样要求	—

　　轴瓦的修理，可以利用精磨完成后的轴颈实际尺寸作为基准，并以精磨完成后的轴颈尺寸制作假主轴对轴瓦配刮；也可以在 $\phi65_{-0.03}^{0}$mm 轴颈表面见光后，直接在 $\phi65_{-0.03}^{0}$mm 轴颈上刮瓦完成。轴瓦的维修工艺规程此处不再详述。

1.6　公差与配合

　　在车削操作中，零件的加工及其加工后的产品质量都必须符合机械图样的要求。一张完整的机械图样除了用必要的视图、剖视、剖面及其他规定的画法，正确、完整、清晰地表达零件各部分内外结构、形状或各零件间的装配关系外，还需有完整的尺寸及尺寸公差标注，主要包括尺寸精度、形状位置精度和表面粗糙度等内容的要求，读懂这些要求是保证车削加工要求的基础。

1.6.1 尺寸公差

零件图上标注的尺寸，称为公称尺寸，尺寸标注除了要满足正确、完整、清晰的要求外，为便于评定实际尺寸制造的准确程度，还应给标注的零件尺寸一个误差范围，习惯上称为尺寸精度。尺寸精度就是实际尺寸对于公称尺寸的准确程度。目前，精度已作为评定许多可测量量值准确程度的一个概念。如图 1-69（a）所示，假设轴径为 $\phi30^{-0.02}_{-0.041}$ mm，孔径为 $\phi30^{+0.04}_{+0.007}$ mm，则 $\phi30$ mm 表示设计给定，即图样上标注的尺寸称为公称尺寸。轴、孔的公称尺寸通常分别以 d、D 表示。孔、轴配合时，两者公称尺寸应相同，即 $D=d$。

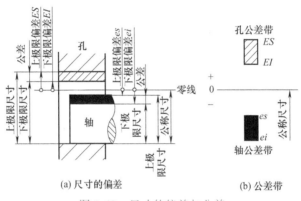

图 1-69 尺寸的偏差与公差

轴径 $\phi30^{-0.02}_{-0.041}$ mm 中的 -0.02、-0.041 和孔径 $\phi30^{+0.04}_{+0.007}$ mm 中的 +0.04、+0.007 分别表示轴的上、下极限偏差（其代号为 es、ei）及孔径的上、下极限偏差（其代号为 ES、EI）。意即加工后的轴径实际尺寸 d_a 不得上超上极限尺寸 d_{max}（$d_{max}=d+es=29.98$ mm），不得下越下极限尺寸 d_{min}（$d_{min}=d+ei=29.959$ mm），亦即 d_a 值落在 29.959～29.98mm 范围内才算合格。加工后的孔径实际尺寸 D_a 不得上超上极限尺寸 D_{max}（$D_{max}=D+ES=30.04$ mm）、下越下极限尺寸 D_{min}（$D_{min}=D+EI=30.007$ mm），亦即 D_a 值落于 30.007～30.04mm 范围内才算合格。

实际上确定尺寸合格与否，常以其实际偏差是否落在其上、下极限偏差范围内来判断。

孔与轴结合时，孔是包容面，孔径是包容尺寸；轴是被包容面，轴径是被包容尺寸。此定义亦可广义引申到非圆柱结合的场合，例如，键与键槽结合时，槽宽是包容尺寸，通常记作 L 或 B，键宽是被包容尺寸，通常记作 l 或 b。

上极限尺寸与下极限尺寸之差，亦即上、下极限偏差之差称为公差 T。因此，上例中，孔公差 $T_D=ES-EI=0.04-0.007=0.033$（mm），轴的公差 $T_d=es-ei=0.021$（mm）。显然，

T 值越大，尺寸精度越低。

应指出的是，不能混淆"偏差"与"公差"两者的定义和概念。偏差值有正有负，公差值是一个绝对值，即正值。公差不存在负值，也不允许为零。

根据国家标准的规定，尺寸精度从高到低分成 20 个公差等级，用 IT 表示标准公差，后面的阿拉伯数字表示公差等级。等级数越大，精度越低，即尺寸准确程度愈差。

对公称尺寸相同的零件，可按其公差大小来评定其尺寸精度的高低，但公称尺寸不同的零件，就不能单看公差大小，还要看公称尺寸的大小。国家标准规定的 20 个公差等级，每一级的公差数值是随公称尺寸大小而变化的。为了使用方便，把公称尺寸分成若干尺寸分段，每一个尺寸分段和每一个公差等级有一个相应的公差数值。

将孔或轴的公称尺寸作为零线，零线以上为"+"，以下为"-"，利用其上、下极限偏差值及由其相应确定的公差值可画出如图 1-69（b）所示的公差带图。公差值一经确定，公差带的上、下极限偏差中只要给出了其中的一个（称为基本偏差），另一个偏差即可按 "$ES(es)=EI(ei)+ITx$" 或 "$EI(ei)=ES(es)-ITx$" 计算获得。同样，国标对基本偏差也给出了规定，图 1-70 为孔、轴基本偏差示意图。

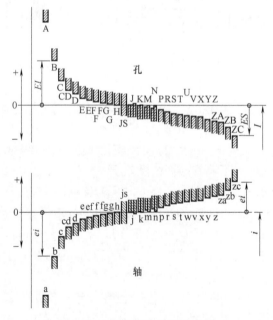

图 1-70　基本偏差系列示意图

在国家标准规定的极限与配合制中，确定的公差带相对零线位置的极限偏差，称为基本偏差。它可以是上极限偏差或下极限偏差，孔的基本偏差为下极限偏差，轴的基本偏差为上极限偏差。其中，孔的上（下）偏差用 *ES*（*EI*）表示，轴的上（下）极限偏差用 *es*（*ei*）表示。

基本偏差的代号：对孔用大写字母 A、…、ZC 表示，孔的基本偏差从 A ～ H 为下极限偏差，且为正值，其中 H 的下极限偏差为 0，孔的基本偏差从 K ～ ZC 为上极限偏差；对轴用小写字母 a、…、zc 表示，轴的基本偏差从 a ～ h 为上极限偏差，且为负值，其中 h 的上极限偏差为 0，轴的基本偏差从 k ～ zc 为下极限偏差，各 28 个。其中，基本偏差 H 代表基准孔，h 代表基准轴。

在国家标准中，对孔、轴分别规定了 105、119 个一般用途公差带，其中，对孔、轴又分别筛选出了 44、59 个常用公差带，在此基础上又进一步筛选出孔、轴各 13 个优先采用的公差带（图 1-71 和图 1-72），方框内的是常用公差带，圆

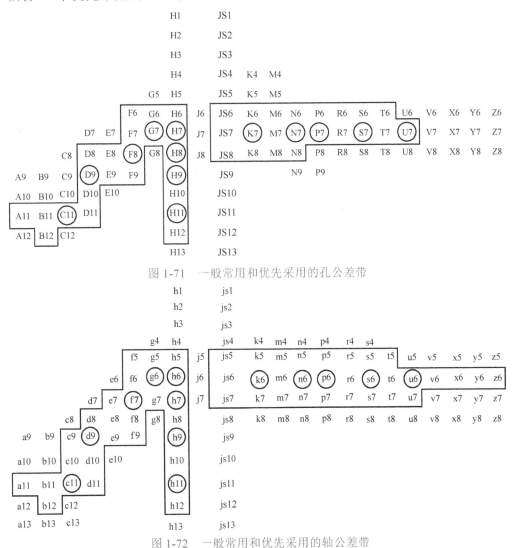

图 1-71 一般常用和优先采用的孔公差带

图 1-72 一般常用和优先采用的轴公差带

圈中的是优先公差带。设计时，应先选用优先公差带，再选用常用公差带，最后才选一般用途公差带。

各种基本偏差代号与不同的标准公差等级代号配合使用便形成了不同的孔、轴公差带。如 $\phi16H8$ 表示公称尺寸为 $\phi16mm$，标准公差等级为 8 级的基准孔。国标 GB/T 1800.1—2020 对孔与轴公差带之间的相互关系规定了两种制度，即基孔制及基轴制两种。基孔制中的孔称为基准孔，其基本偏差为 H，下极限偏差为 0；基轴制中的轴称为基准轴，其基本偏差为 h，上极限偏差为 0。

根据公称尺寸相同的孔、轴之间的结合关系，孔、轴之间的配合分三类。

① 一批公称尺寸相同的孔件、轴件中若始终出现孔直径大于轴直径，此时将出现间隙 X，称作间隙配合，在公差制图上表现为孔公差带居于轴公差带之上 [图 1-73（a）]。最大间隙 $X_{max}=ES-ei$，最小间隙 $X_{min}=EI-es$。

② 若始终出现轴直径大于孔直径，此时将出现过盈 Y，称作过盈配合，在公差带图上表现为轴公差带居于孔公差带之上 [图 1-73（c）]。最大过盈 $Y_{max}=es-EI$，最小过盈 $Y_{min}=ei-ES$。

③ 若时而出现间隙，时而出现过盈，取件前未能预料，经取定结合后才能确定其是间隙配合还是过盈配合，称作过渡配合，在公差带图上表现为孔、轴公差带部分或全部重叠 [图 1-73（b）]。此时出现的最大间隙 $X_{max}=ES-ei$，最大过盈 $Y_{max}=EI-es$。

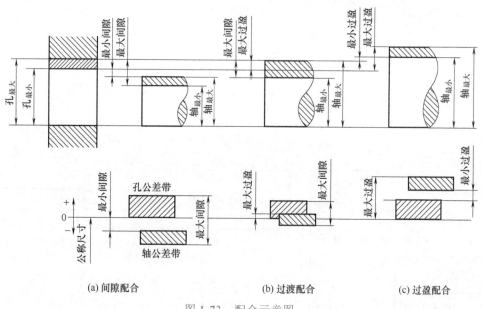

(a) 间隙配合　　　　　(b) 过渡配合　　　　　(c) 过盈配合

图 1-73　配合示意图

从上可知，改变孔、轴公差带的相对位置可得到不同性质的配合和松紧程度。当基准孔与基本偏差为 a～h 的轴配合时，为间隙配合；与基本偏差为 j～n

的轴配合时，为过渡配合；与基本偏差为 p ~ zc 的轴配合时，为过盈配合。当基准轴与基本偏差为 A ~ H 的孔配合时，为间隙配合；与基本偏差为 J ~ N 的孔配合时，为过渡配合；与基本偏差为 P ~ ZC 的孔配合时，为过盈配合。基孔制与基轴制的配合性质如图 1-74 所示。

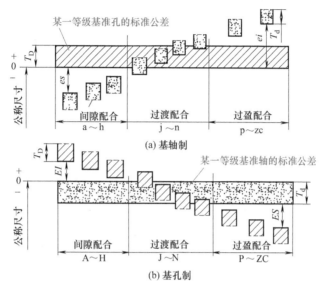

图 1-74 基孔制与基轴制的配合性质

孔与轴的配合公差代号由孔与轴的公差带代号组成，写成分子、分母的形式，其中分子代表孔的公差代号，分母代表轴的公差代号。如 $\phi12\dfrac{H8}{f7}$ 表示：孔、轴的公称尺寸为 12mm，孔公差等级为 8 级的基准孔与公差等级为 7 级、基本偏差为 f 的轴配合，其配合性质为基孔制间隙配合。

1.6.2 表面粗糙度

加工表面上由于切削刀痕等原因造成的具有较小间距的峰谷所组成的微观几何形状称为表面粗糙度。一般由所采用的加工方法和其他因素而定。

（1）表面粗糙度的符号

表面粗糙度的基本符号是由两条不等长的夹角为 60° 且与被注表面投影轮廓线成 60° 的倾斜细实线组成，如图 1-75（a）所示。

在基本符号上加一横线，表示该表面是用去除材料法获得的，如车、铣、磨、抛光等加工，如图 1-75（b）所示；在基本符号上加一小圆圈，表示该表面是用不去除材料的方法获得的，如铸、锻、粉末冶金等，或者是用于保持原供应状况的表面，如图 1-75（c）所示；当要求标注表面结构特征的补充信息时，应在上述 3 个图形符号的长边上加一横线，如图 1-75（d）所示。

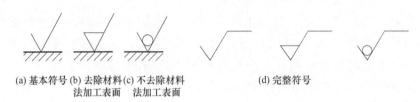

(a) 基本符号 (b) 去除材料 (c) 不去除材料　　　　(d) 完整符号
　　　　　　 法加工表面　法加工表面

图 1-75　表面粗糙度的符号

（2）表面粗糙度的标注

表面粗糙度的等级一般用轮廓算术平均偏差 *Ra* 的数值来表示。*Ra* 数值（μm）一般为：0.012、0.025、0.05、0.1、0.2、0.4、0.8、1.6、3.2、6.3、12.5、25、50、100。表 1-10 给出了表面结构代号的几种常见标注方式。

表 1-10　表面结构代号标注示例

符号	含义解释
$\sqrt{}$ *Rz* 0.4	表示不允许去除材料，单向上限值，默认传输带，*R* 轮廓，表面粗糙度的最大高度 0.4μm，评定长度为 5 个取样长度（默认），"16% 规则"（默认）
$\sqrt{}$ *Rz* max0.2	表示去除材料，单向上限值，默认传输带，*R* 轮廓，表面粗糙度的最大高度的最大值 0.2μm，评定长度为 5 个取样长度（默认），"最大规则"
$\sqrt{}$ 0.008-0.8/*Ra* 3.2	表示去除材料，单向上限值，传输带 0.008 ～ 0.8mm，*R* 轮廓，算术平均偏差 3.2μm，评定长度为 5 个取样长度（默认），"16% 规则"（默认）
$\sqrt{}$ -0.8/*Ra* 3　3.2	表示去除材料，单向上限值，传输带取样长度 0.8μm（λ，默认 0.0025mm），*R* 轮廓，算术平均偏差 3.2μm，评定长度包括 3 个取样长度，"16% 规则"（默认）
$\sqrt{}$ U *Ra* max3.2 L *Ra* 0.8	表示不允许去除材料，双向极限值，两极限值均使用默认传输带，*R* 轮廓。上限值：算术平均值差 3.2μm，评定长度为 5 个取样长度（默认），"最大规则"。下限值：算术平均偏差 0.8μm，评定长度为 5 个取样长度（默认），"16% 规则"（默认）

（3）表面粗糙度符号及代号在图样上的标注

表面粗糙度符号及代号一般标注在图样上零件的可见轮廓线、尺寸界线、指引线或它们的延长线上，符合的尖端必须从材料外指向表面，如图 1-76 所示。

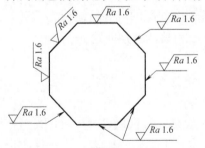

图 1-76　表面粗糙度的标注

当零件的大部分表面具有相同的表面粗糙度时，对其中使用最多的一种代号可以统一标注在图样的标题栏附近，表面结构符号后面应在圆括号内给出无任何其他标注的基本符号。若零件全部为同一种粗糙度，则可将使用的代号在图样的标题栏附近标出。

1.6.3　几何公差

在零件加工过程中，由于设备精度、加工方法等多种因素，使零件表面、轴线、中心对称的平面等的实际形状、方向和位置相对于所要求的理想形状、方向和位置，存在着不可避免的误差，这种误差叫作几何公差（原名形状及位置公差）。

表 1-11 给出了几何公差项目的符号。

表 1-11　几何公差项目的符号

公差类型	几何特征	符号	有无基准
形状公差	直线度	⎯	无
	平面度	▱	无
	圆度	○	无
	圆柱度	⌀	无
	线轮廓度	⌒	无
	面轮廓度	⌓	无
方向公差	平行度	//	有
	垂直度	⊥	有
	倾斜度	∠	有
	线轮廓度	⌒	有
	面轮廓度	⌓	有
位置公差	位置度	⊕	有或无
	同心度（用于中心点）	◎	有
	同轴度（用于轴线）	◎	有
	对称度	⹀	有
	线轮廓度	⌒	有
	面轮廓度	⌓	有
跳动公差	圆跳动	↗	有
	全跳动	⫽	有

（1）几何公差的标注

国标规定，几何公差代号用带指示箭头的指引线和框格来标注。框格用细实线画出，分成两格或多格，水平放置（特殊情况可垂直放置）。第一格是几何公差符号，第二格是几何公差数值及其有关符号，第三格及以后各格是基准代号字母及有关符号。几何公差的标注见表 1-12。

在图样上，几何公差应按上述国家标准规定的代号及标注方法标注。当无法采用代号标注时，允许在技术要求中用文字说明；如果既无代号标注又无文字说明，则按国家标准中未注几何公差标准的规定执行。

（2）几何公差的含义

常用的几何公差包括：直线度、平面度、对称度、圆度、平行度、垂直度等。其定义及示例标注含义如表 1-12 所示。

表 1-12　常用的几何公差定义及示例标注含义

项目	公差带定义	示例标注	示例标注含义
直线度	公差带为在给定平面内和给定方向上,间距等于公差值 t 的两平行直线所限定的区域 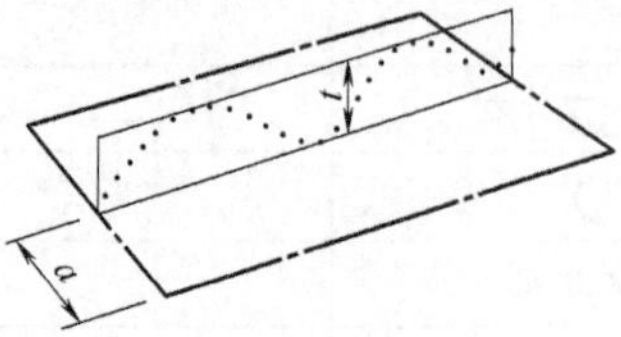 其中,a 为任一距离	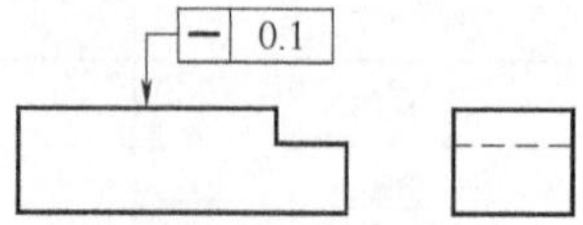 — 0.1	在任一平行于图示投影面的平面内,上平面的提取(实际)线应限定在间距等于 0.1mm 的两平行直线之间
	公差带为间距等于公差值 t 的两平行平面所限定的区域 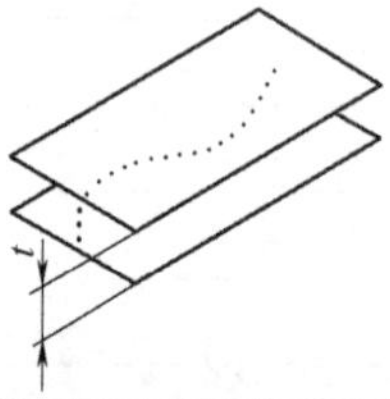	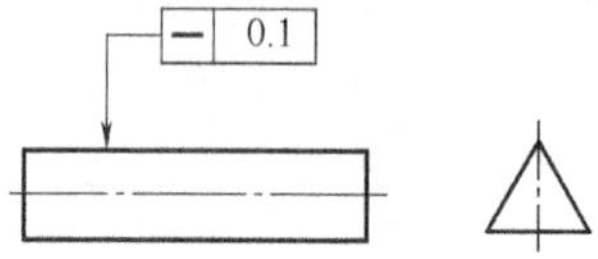 — 0.1	提取(实际)的棱边应限定在间距等于 0.1mm 的两平行平面之间
	如果公差值前加注了符号 ϕ,公差带为直径等于公差值 ϕt 的圆柱面所限定的区域 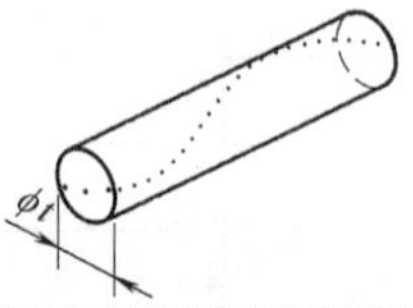	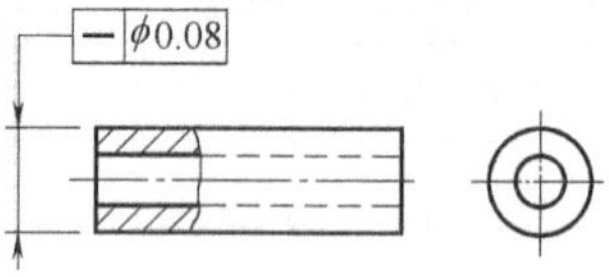 — ϕ0.08	外圆柱面的提取(实际)中心线应限定在直径等于 ϕ0.08mm 的圆柱面内
平面度	公差带为间距等于公差值 t 的两平行平面所限定的区域 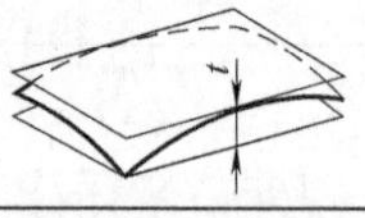	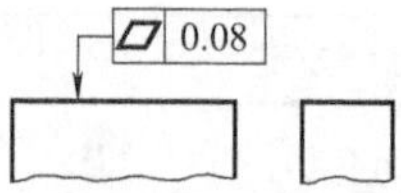 ⁄⁊ 0.08	提取(实际)表面应限定在间距等于 0.08mm 的两平行平面之间
圆度	公差带为在给定横截面内,半径差为公差值 t 的两同心圆所限定的区域 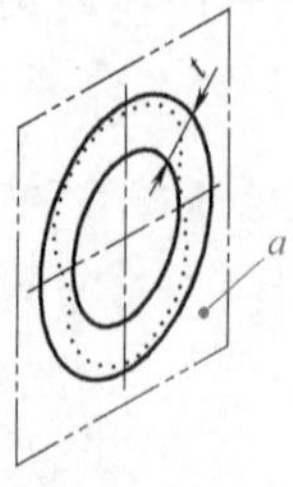 其中,a 为任一横截面	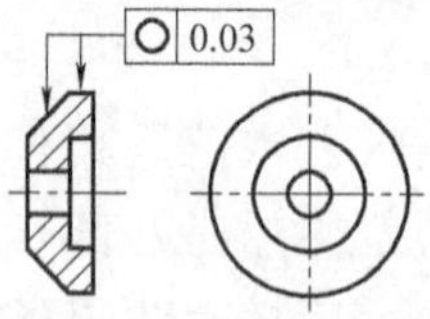 ○ 0.03	在圆柱面和圆锥面的任意横截面内,提取(实际)圆周应限定在半径差等于 0.03mm 的两共面同心圆之间
		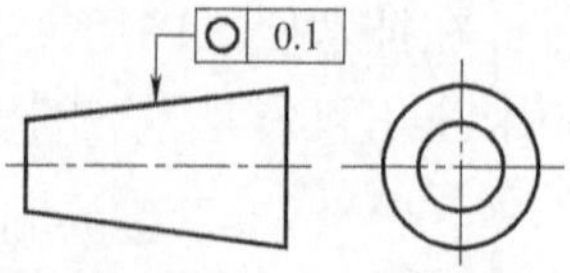 ○ 0.1	在圆锥面的任意横截面内,提取(实际)圆周应限定在半径差等于 0.1mm 的两同心圆之间

续表

项目	公差带定义	示例标注	示例标注含义
平行度	公差带为间距等于公差值 t、平行于两基准的两平行平面所限定的区域 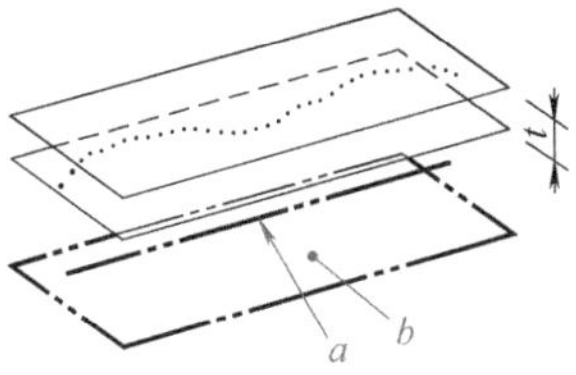 其中，a 为基准轴线，b 为基准平面	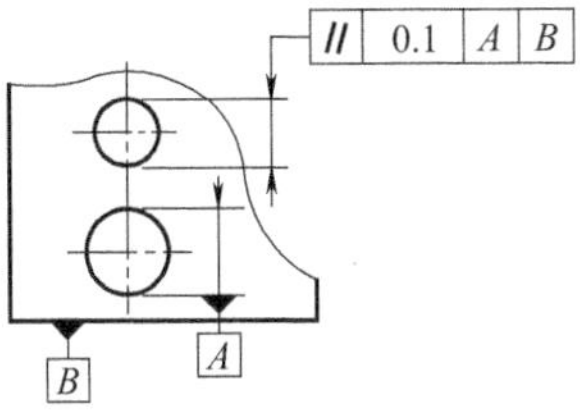	提取（实际）中心线应限定在间距等于 0.1mm、平行于基准轴线 A 和基准平面 B 的两平行平面之间
	公差带为间距等于公差值 t、平行于基准轴线 A 且垂直于基准平面 B 的两平行平面所限定的区域 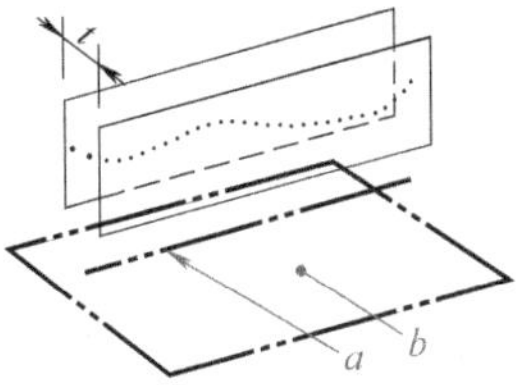 其中，a 为基准轴线，b 为基准平面	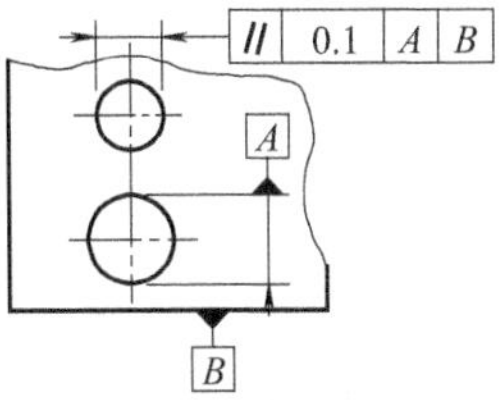	提取（实际）中心线应限定在间距等于 0.1mm 的两平行平面之间。该两平行平面平行于基准轴线 A 且垂直于基准平面 B
	公差带为平行于基准轴线和平行或垂直于基准平面、间距分别等于公差值 t_1 和 t_2，且相互垂直的两组平行平面所限定的区域 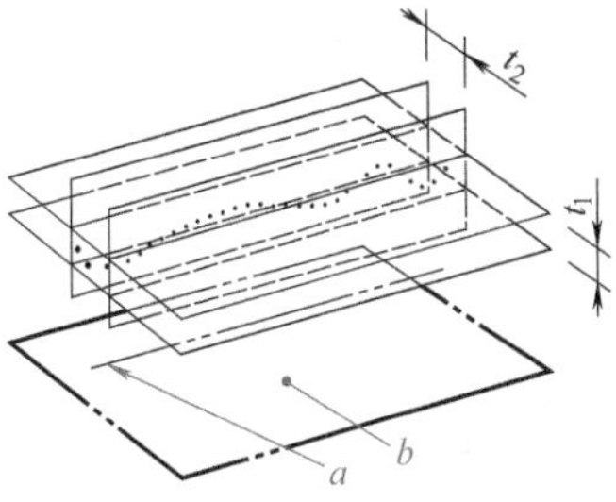 其中，a 为基准轴线，b 为基准平面	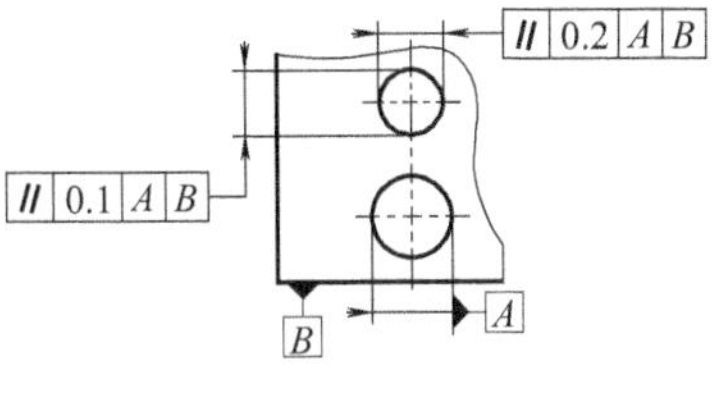	提取（实际）中心线应限定在平行于基准轴线 A 和平行或垂直于基准平面 B、间距分别等于公差值 0.1mm 和 0.2mm，且相互垂直的两组平行平面内

项目	公差带定义	示例标注	示例标注含义
平行度	若公差值前加注了符号ϕ，公差带为平行于基准轴线、直径等于公差值ϕt的圆柱面所限定的区域 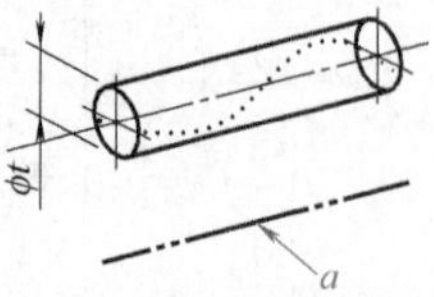 其中，a为基准轴线	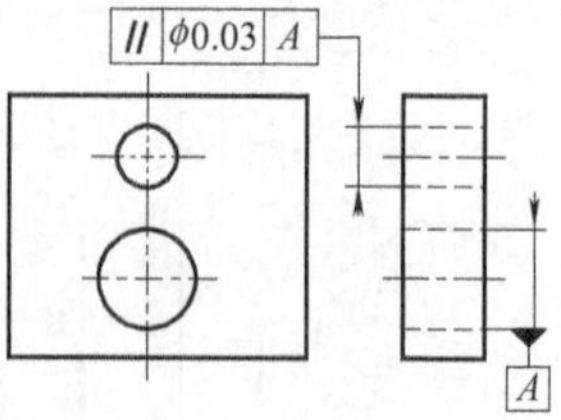	提取（实际）中心线应限定在平行于基准轴线A、直径等于$\phi 0.03$mm的圆柱面内
	公差带为平行于基准平面、间距等于公差值t的两平行平面所限定的区域 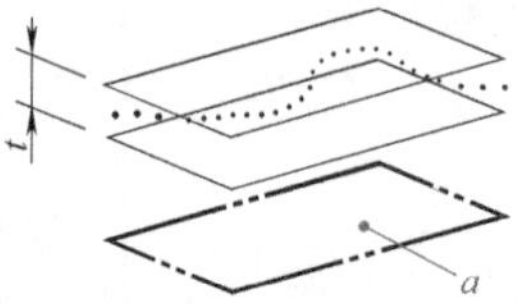 其中，a为基准平面	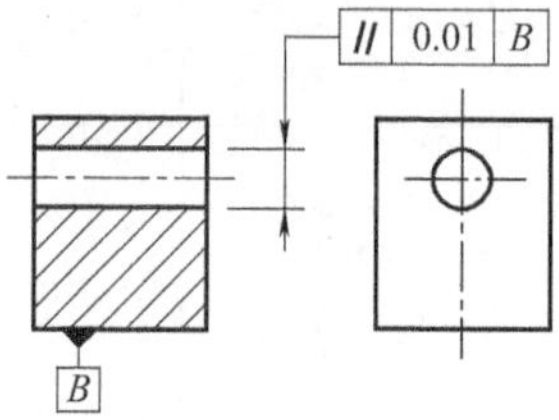	提取（实际）中心线应限定在平行于基准轴线B、间距等于0.01mm的两平行平面之间
	公差带为间距等于公差值t的两平行直线所限定的区域。该两平行直线平行于基准平面a且处于平行于基准平面b的平面内 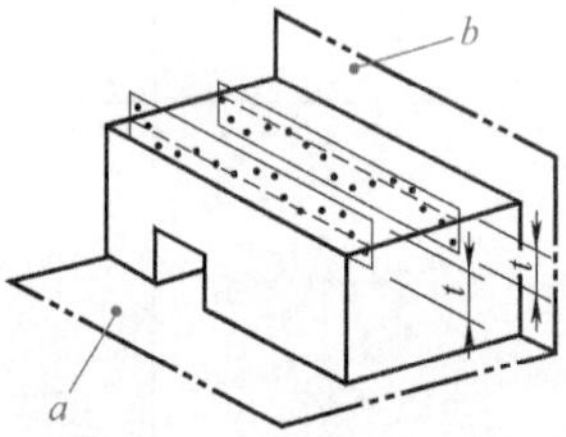 其中，a、b均为基准平面	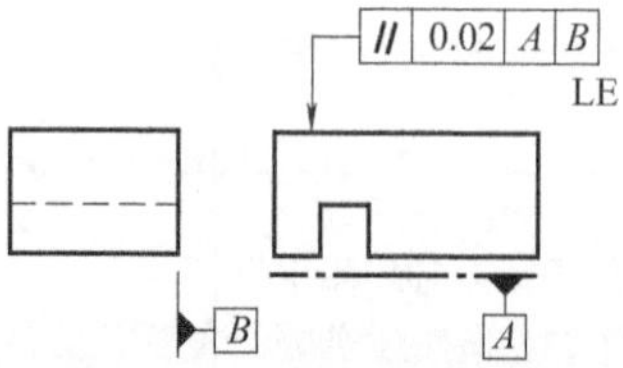	提取（实际）线应限定在间距等于0.02mm的两平行直线之间。该两平行直线平行于基准平面A且处于平行于基准平面B的平面内
	公差带为间距等于公差值t、平行于基准轴线的两平行平面所限定的区域 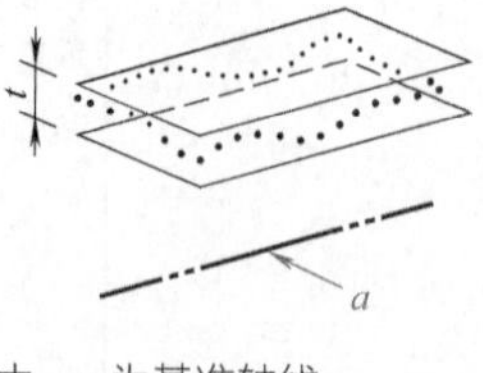 其中，a为基准轴线	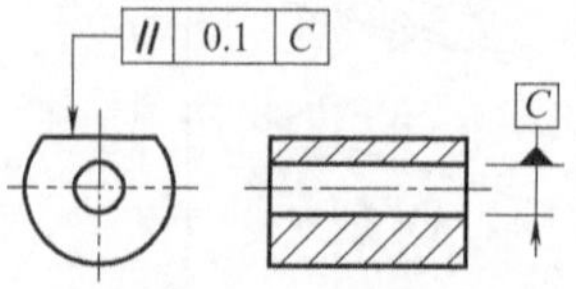	提取（实际）表面应限定在间距等于0.1mm、平行于基准轴线C的两平行平面之间

项目	公差带定义	示例标注	示例标注含义
平行度	公差带为间距等于公差值 t、平行于基准平面的两平行平面所限定的区域 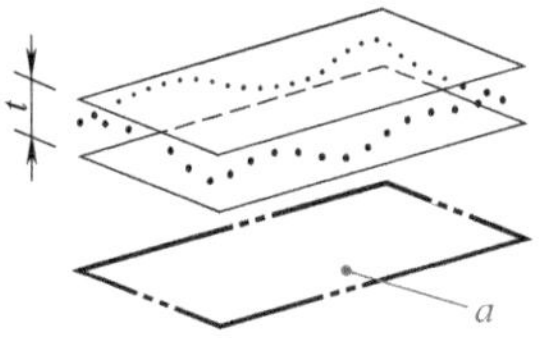 其中，a 为基准平面	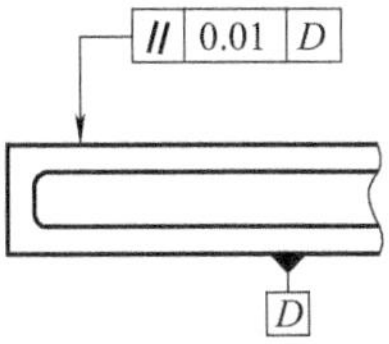	提取（实际）表面应限定在间距等于 0.01mm、平行于基准 D 的两平行平面之间
垂直度	公差带为间距等于公差值 t、垂直于基准线的两平行平面所限定的区域 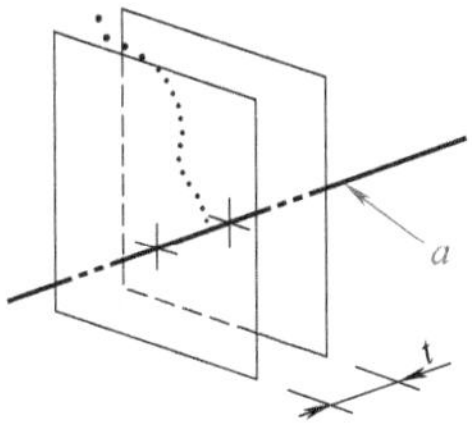 其中，a 为基准线	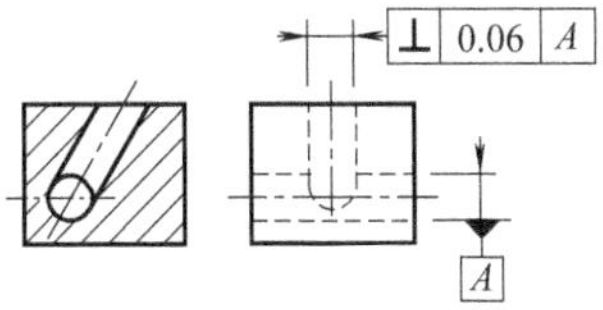	提取（实际）中心线应限定在间距等于 0.06mm、垂直于基准轴线 A 的两平行平面之间
	公差带为间距等于公差值 t 的两平行平面所限定的区域。该两平行平面垂直于基准平面 a，且平行于基准平面 b 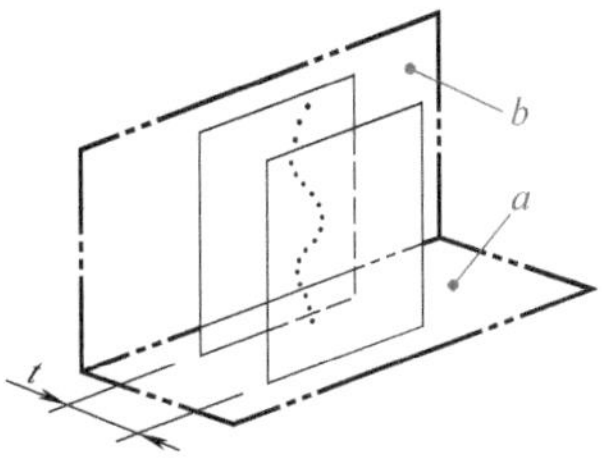 其中，a、b 均为基准平面	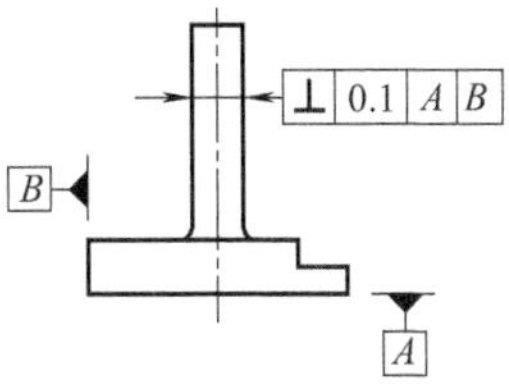	圆柱面的提取（实际）中心线应限定在间距等于 0.1mm 的两平行平面之间。该两平行平面垂直于基准平面 A，且平行于基准平面 B

项目	公差带定义	示例标注	示例标注含义
垂直度	公差带为间距分别等于公差值 t_1 和 t_2，且相互垂直的两组平行平面所限定的区域。该两组平行平面都垂直于基准平面 a，其中一组平行平面垂直于基准平面 b（见图 1），另一组平行平面平行于基准平面 b（见图 2） 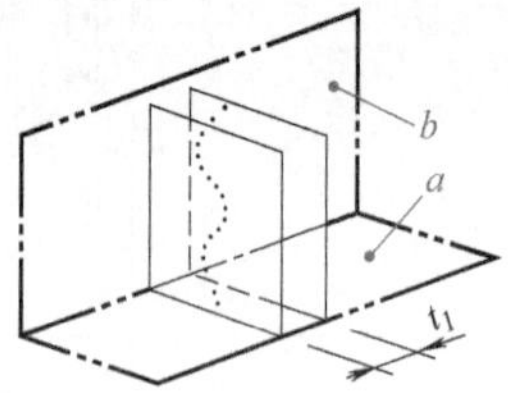 图 1 其中，a、b 均为基准平面 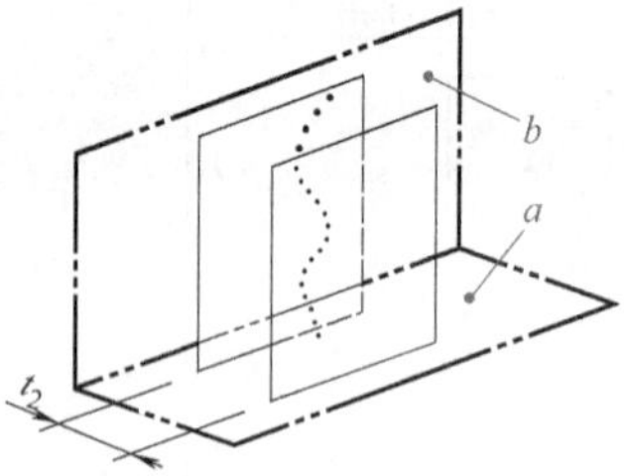 图 2 其中，a、b 均为基准平面	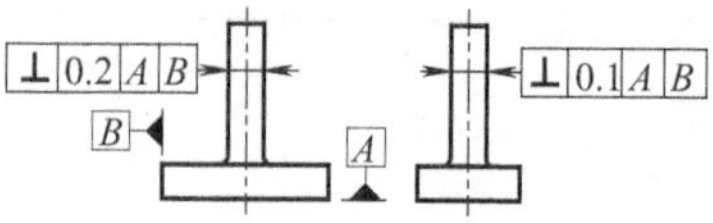	圆柱的提取（实际）中心线应限定在间距分别等于 0.1mm 和 0.2mm，且相互垂直的两组平行平面内。该两组平行平面都垂直于基准平面 A 且垂直于基准平面 B
	若公差值前加注了符号 ϕ，公差带为直径等于公差值 ϕt、轴线垂直于基准平面的圆柱面所限定的区域 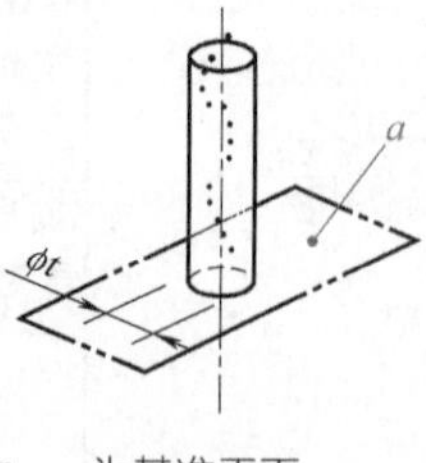 其中，a 为基准平面	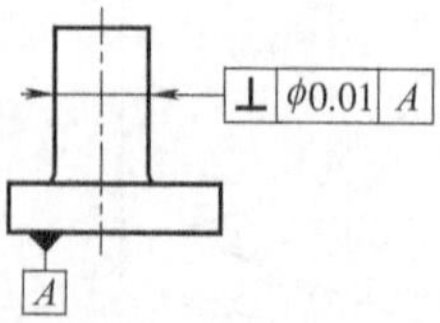	圆柱面的提取（实际）中心线应限定在直径等于 $\phi0.01$mm、垂直于基准平面 A 的圆柱面内

续表

项目	公差带定义	示例标注	示例标注含义
垂直度	公差带为间距等于公差值 t 且垂直于基准轴线的两平行平面所限定的区域 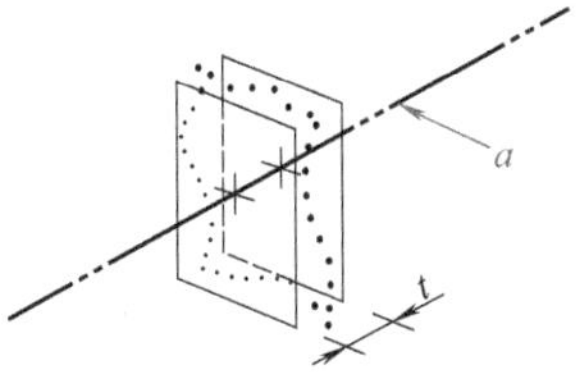 其中，a 为基准轴线	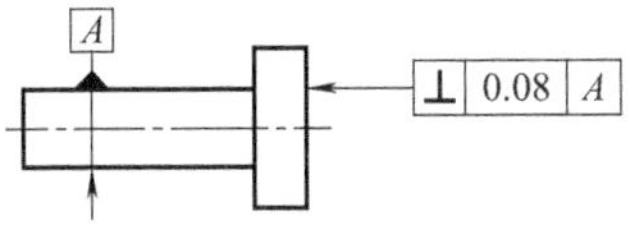	提取（实际）表面应限定在间距等于 0.08mm 的两平行平面之间。该两平行平面垂直于基准轴线 A
垂直度	公差带为间距等于公差值 t、垂直于基准平面的两平行平面所限定的区域 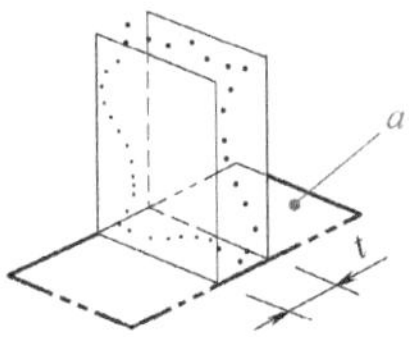 其中，a 为基准平面	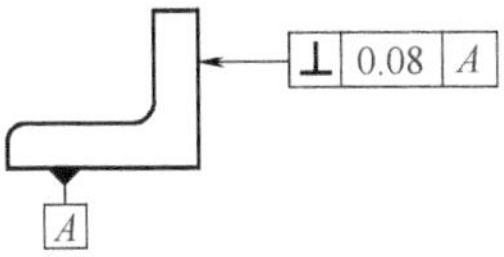	提取（实际）表面应限定在间距等于 0.08mm、垂直于基准平面 A 的两平行平面之间
位置度	公差值前加注 $S\phi$，公差带为直径等于公差值 $S\phi t$ 的圆球面所限定的区域。该圆球面中心的理论正确位置由基准 a、b、c 和理论正确尺寸确定 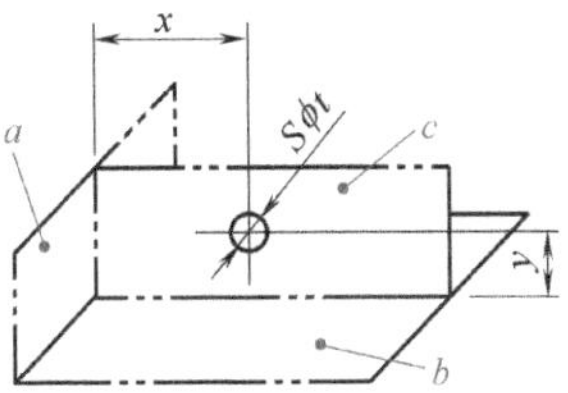 其中，a、b、c 均为基准平面	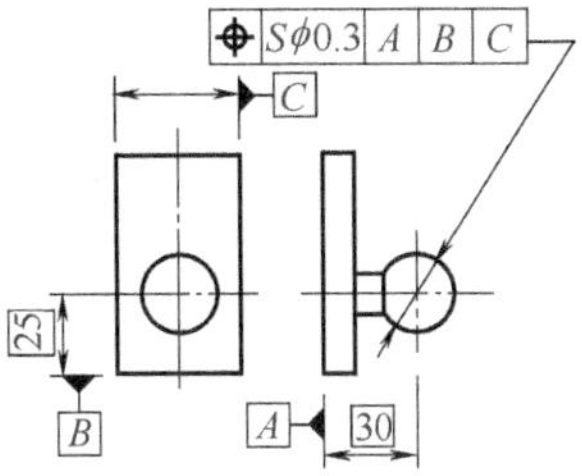	提取（实际）球心应限定在直径等于 $S\phi0.3$mm 的圆球面内。该圆球面的中心由基准平面 A、基准平面 B、基准中心平面 C 和理论正确尺寸 30mm 及 25mm 确定

项目	公差带定义	示例标注	示例标注含义
位置度	给定一个方向的公差时，公差带为间距等于公差值 t、对称于线的理论正确位置的两平行平面所限定的区域。线的理论正确位置由基准平面 a、b 和理论正确尺寸确定。公差只在一个方向上给定 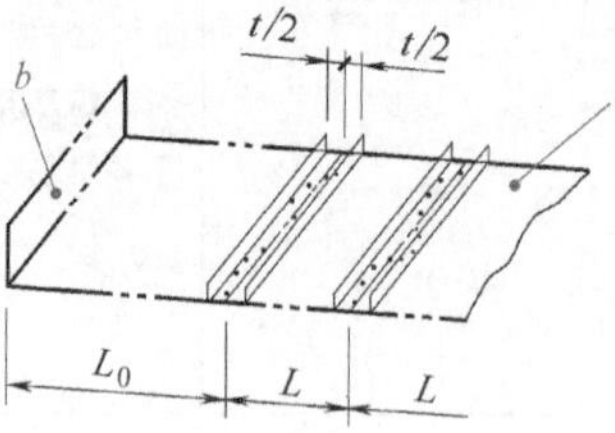 其中，a、b 均为基准平面	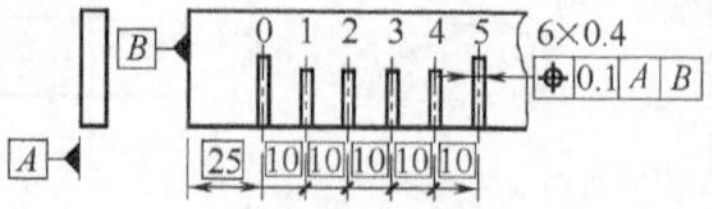	各条刻线的提取（实际）中心线应限定在间距等于 0.1mm，对称于基准平面 A、B 和理论正确尺寸 25mm、10mm 确定的理论正确位置的两平行平面之间
	给定两个方向的公差时，公差带为间距分别等于公差值 t_1 和 t_2、对称于线的理论正确位置的两对相互垂直的平行平面所限定的区域。线的理论正确位置由基准平面 c、a 和 b 及理论正确尺寸确定。该公差在基准体系的两个方向上给定（见图1、图2） 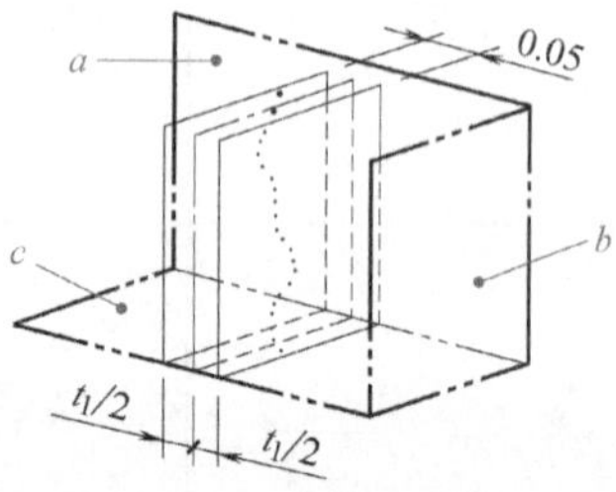 图1 其中，a、b、c 均为基准平面 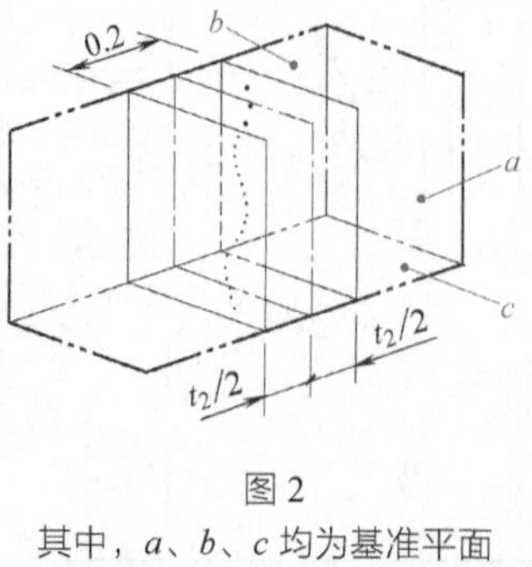 图2 其中，a、b、c 均为基准平面	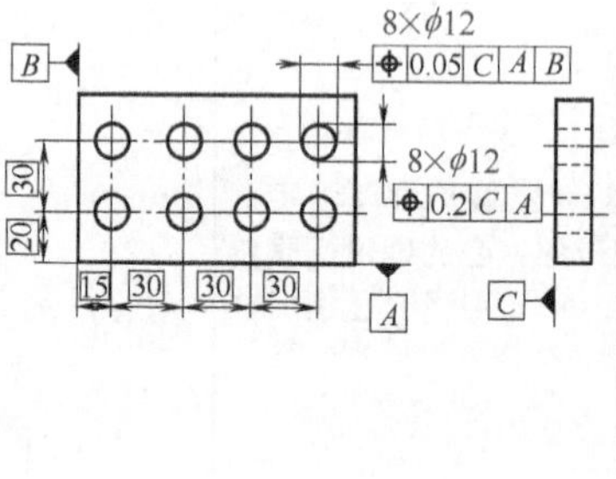	各孔的测得（实际）中心线在给定方向上应各自限定在间距分别等于 0.05mm 和 0.2mm，且相互垂直的两对平行平面内。每对平行平面对称于基准平面 C、A 和 B 及理论正确尺寸 20mm、15mm、30mm 确定的各孔轴线的理论正确位置

项目	公差带定义	示例标注	示例标注含义
位置度	公差值前加注符号 ϕ，公差带为直径等于公差值 ϕt 的圆柱面所限定的区域。该圆柱面的轴线的位置由基准平面 c、a、b 和理论正确尺寸确定 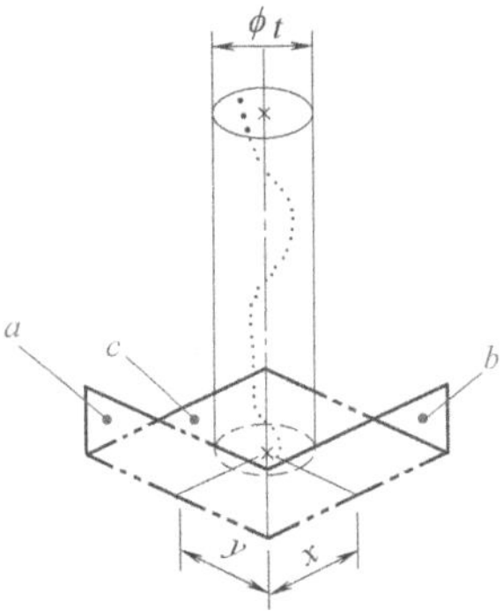 其中，a、b、c 均为基准平面	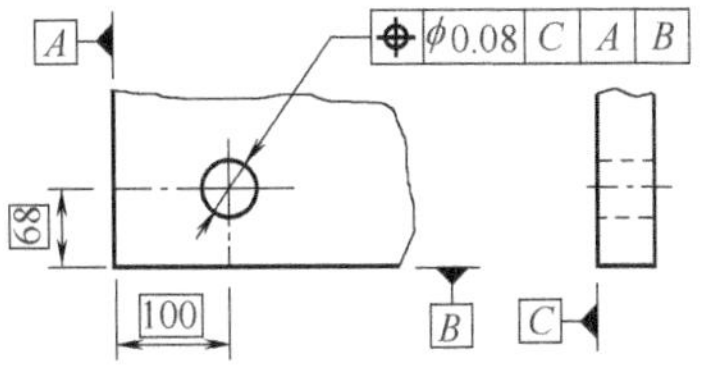	提取（实际）中心线应限定在直径等于 $\phi0.08mm$ 的圆柱面内。该圆柱面的轴线的位置应处于由基准平面 C、A、B 和理论正确尺寸 100mm、68mm 确定的理论正确位置上
			各提取（实际）中心线应各自限定在直径等于 $\phi0.1mm$ 的圆柱面内。该圆柱面的轴线应处于由基准平面 C、A、B 和理论正确尺寸 20mm、15mm、30mm 确定的各孔轴线的理论正确位置上
	公差带为间距等于公差值 t，且对称于被测面理论正确位置的两平行平面所限定的区域。面的理论正确位置由基准平面、基准轴线及理论正确尺寸确定 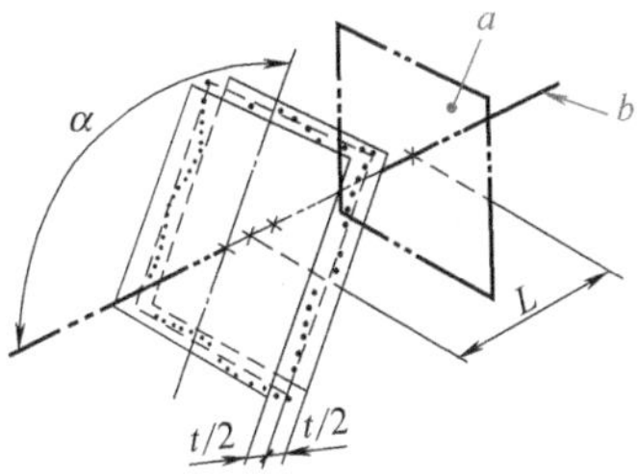 其中，a 为基准平面，b 为基准轴线	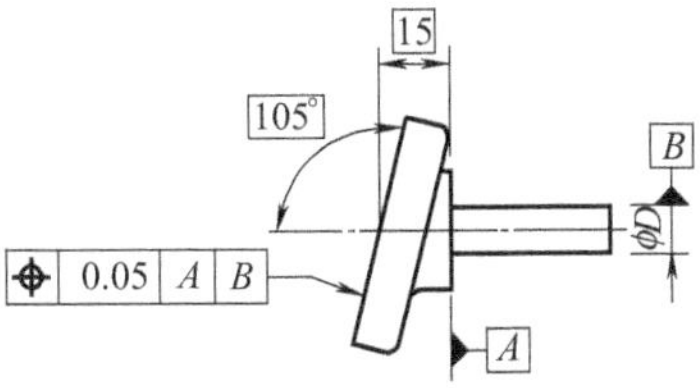	提取（实际）表面应限定在间距分别等于 0.05mm，且对称于被测面理论正确位置的两平行平面之间。该两平行平面对称于由基准平面 A、基准轴线 B 及理论正确尺寸 15mm、105° 确定的被测面的理论正确位置
			提取（实际）中心面应限定在间距分别等于 0.05mm 的两平行平面之间。该两平行平面对称于由基准轴线 A 及理论正确角度 45° 确定的各被测面的理论正确位置

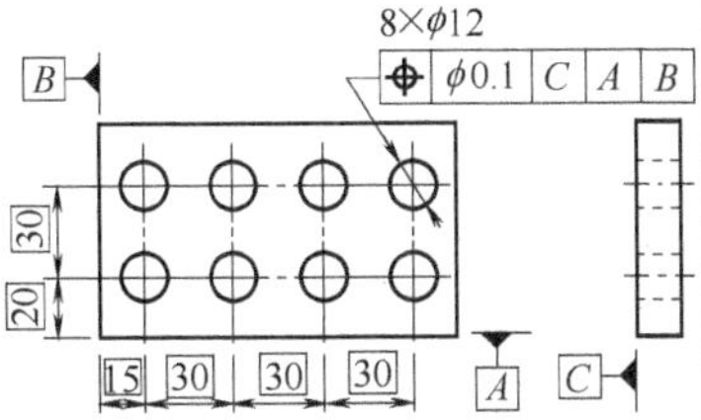

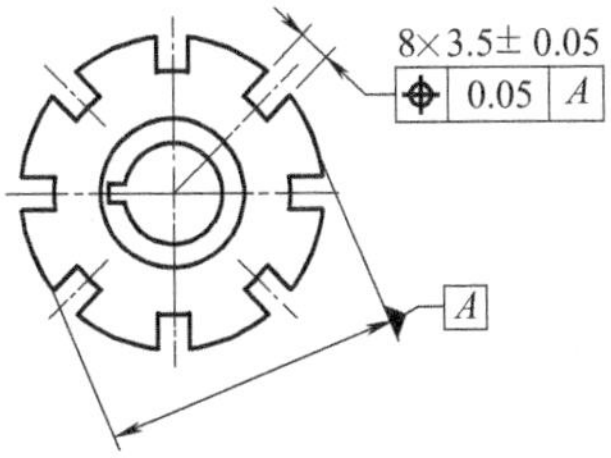

续表

项目	公差带定义	示例标注	示例标注含义
对称度	公差带为间距等于公差值 t，对称于基准中心平面的两平行平面所限定的区域 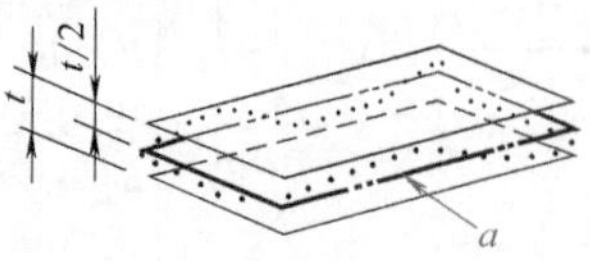 其中，a 为基准中心平面	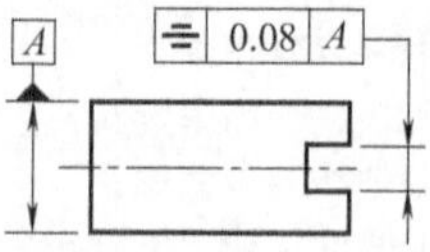	提取（实际）中心面应限定在间距等于 0.08mm、对称于基准中心平面 A 的两平行平面之间
		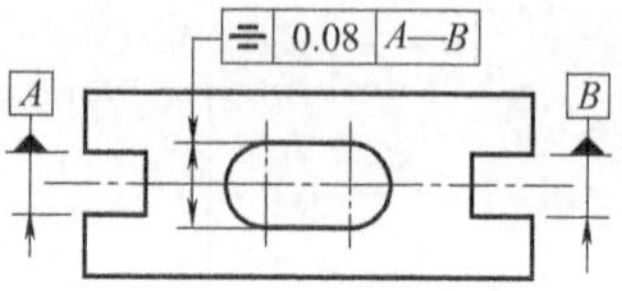	提取（实际）中心面应限定在间距等于 0.08mm、对称于公共基准中心平面 $A—B$ 的两平行平面之间

1.7 测量

在机械设备的装配、维修操作过程中，除需用计量器具对参与装配、维修的工件进行测量外，还需经常用计量器具对所装配、维修的零部件进行检测，以便及时了解零件的状况，保证装配及维修的精度和质量。

1.7.1 测量误差及量具的选用

计量器具根据其测量使用场合的不同，可分为长度量具、角度量具两大类。常用的长度量具主要有：钢直尺、游标卡尺、高度尺、深度尺、塞尺、半径样板尺、百分表、量块等。角度量具主要有：直角尺、万能角度尺、正弦规等。此外，在装配和调整机械设备水平或垂直位置，测量其工作面的直线度、平面度、垂直度、平行度等几何公差时，还常需选用水平仪、光学平直仪等量仪。

熟悉常用量具、量仪的性能及结构特点，掌握其正确的使用方法，并与运用的检测方法相结合，是装配、维修操作的前提及基础。此外，装配、维修人员还应能根据被测工件尺寸的大小、精度正确选用与之相适应的量具、量仪，而要正确地选用量具进行测量，首先必须对测量误差进行分析。

1.7.1.1 测量的误差

正确的测量，保证测量数值的精准是保证装配质量及精度的重要因素之一，但由于计量器具、测量方法、人员素质等众多原因，造成测量结果不可避免地存在着误差。因此，任何测量结果都不是被测值的真值。但是，通过分析误差的规律、种类和原因，可以采取措施减小测量误差。

（1）测量误差的种类

测量误差按其性质的不同可分为系统误差、随机误差和过失误差三大类。

① 系统误差。在同一条件下对同一个量多次重复测量时，其误差值的正、负号始终保持不变；或者当条件改变时，其误差按一定的规律变化，这类误差称作系统误差。前者称常值性系统误差，后者称变值性系统误差。系统误差可以通过分析和计算得出其数值和符号的正或负，然后对测量结果加入相应的值进行修正，以消除或减小其影响。

② 随机误差。在同一条件下对同一个量多次重复测量时，其误差的大小和符号没有规律，这种误差称为随机误差。随机误差没有规律，无法修正，在足够多的重复测量中，出现正负误差的概率大致相同。因此，可用增加测量次数而取其平均值的方法使其正、负误差相互抵消。这样就可以减小随机误差对测量结果的影响。

③ 过失误差。过失误差，又称反常误差或粗大误差。由于使用了不合格的计量器具、操作错误或读数错误等人为的主观失误，或者由于外界特殊原因（如严重的冲击、振动等）所引起的个别较大误差，称为过失误差或粗大误差。这种误差只能通过把多次测量结果进行分析比较才能发现，而后将其去除。

（2）量具的基本计量参数

计量器具是检测工具中的主要工具，要正确地选用，首先应特别注意其基本计量参数，主要有以下方面。

① 刻度间距。刻度间距是指标尺或刻度盘上两相邻刻线中心的距离。一般刻度间距为 1 ～ 2.5mm。

② 分度值。分度值又称为读数值，是指标尺或刻度盘上每一刻度间距所代表的量值。常用的分度值有 0.1mm、0.05mm、0.02mm、0.01mm、0.002mm 和 0.001mm 等。

③ 示值范围。示值范围是指计量器具标尺或刻度盘所指示的起始值到终止值的范围。

④ 测量范围。测量范围是指计量器具能够测出的被测尺寸的最小值到最大值的范围。如千分尺的测量范围就有 0 ～ 25mm、25 ～ 50mm、50 ～ 75mm 和 75 ～ 100mm 等多种。

⑤ 示值误差。示值误差指计量器具的指示值与被测尺寸真值之差。示值误差由仪器设计原理误差、分度误差、传动机构的失真等因素产生，可通过对计量器具的校验测得。

⑥ 校正值。校正值又称修正值。为消除示值误差所引起的测量误差，常在测量结果中加上一个与示值误差大小相等、符号相反的量值，这个量值就称为校正值。

（3）减小测量误差的方法

① 减小测量器具本身的误差。应正确选择测量器具的灵敏度、量程范围，并定期校准及正确保养，保持器具有良好的使用状态和技术性能。

② 减小因环境条件引起的测量误差。测量的标准温度是 20℃。计量器具的标称尺寸及工件尺寸都是指标准温度下的尺寸。当偏离标准温度较多及工件热胀冷缩性较大时，必须考虑温度的影响。对于高精密度测量，除温度外，还应考虑湿度、气压和振动等因素的影响。

③ 减小测量力及测量方法造成的误差。测量力是指计量器具的测量元件与被测工件表面接触时产生的机械压力。测量力过大会引起被测工件表面和计量器具的有关部分变形，在一定程度上降低测量精度；但测量力过小，也可能降低接触的可靠性。这些均能引起测量误差，应该引起注意，其对高精度的测量影响甚大。因此，必须合理控制测量力的大小，通常情况下测量力的控制范围为（800±200）g。

此外，还应合理选择测量基准和测点。

④ 减小人为主观因素造成的误差。操作人员必须熟悉计量器具的使用方法，认真检查所用器具是否合格，清除被测面的毛刺，操作时精神集中，认真负责，尽量避免操作、读数、计算等方面的失误。

1.7.1.2　常用量具的选用

根据零件的加工精度，合理选用量具，并实施正确的测试方法是保证零件测量数值的正确性及其测量精度的重要因素之一。

（1）零件的加工精度

做到合理地选用量具，必须考虑到零件的精度要求、零件的形状及测量尺寸的大小，以便发挥量具的作用，延长其使用寿命，降低加工成本。零件的加工质量包括多种因素，属于机械加工的因素统称为加工精度。零件的机械加工精度分为四类。

① 尺寸精度。尺寸精度是指零件机加工后的尺寸准确程度，以公差来表示。零件的精度愈高，公差数值愈小。

② 表面形状精度。表面形状精度是指零件机加工后，表面几何形状的准确程度，以形状偏差的大小来表示。形状偏差是机加工后零件的实际形状和理想形状之间的偏差。

③ 相互位置精度。相互位置精度是指零件机加工后各表面之间、表面与轴线之间或轴线与轴线之间相互位置的准确程度，以位置偏差来表示。位置偏差是指零件各表面之间的实际相互位置与理论上的相互位置之间的偏差。

④ 表面粗糙度。表面粗糙度是指零件机加工后表面的粗糙程度。

（2）尺寸的测量量具

对于高度、长度、厚度、深度、外径、内径等简单几何体的尺寸，选用测量量具时，一要考虑测量尺寸的大小，二要考虑测量精度。表 1-13、表 1-14、表 1-15 分别给出了游标卡尺、外径千分尺、百分表适用测量精度的范围。

表 1-13　游标卡尺的适用范围　单位：mm

游标读数值	示值误差	读数误差	适用精度范围
0.02	0.02	±0.02	IT12～IT16
0.05	0.05	±0.05	IT13～IT16
0.10	0.10	±0.10	IT14～IT16

表 1-14　外径千分尺的适用范围

级别	适用范围
0 级	IT6～IT16
1 级	IT7～IT16

表 1-15　百分表的基本参数　单位：mm

精度等级	示值误差			适用范围
	0～3	0～5	0～10	
0 级	0.009	0.011	0.014	IT6～IT14
1 级	0.014	0.017	0.021	IT6～IT16
2 级	0.020	0.025	0.030	IT7～IT16

如测量长度尺寸（145±0.035）mm，测量尺寸为 145mm，精度要求 ±0.035mm。可选用 $200mm \times \frac{1}{50}$ 的游标卡尺或测量尺寸为 125～150mm 的外径百分尺，不仅保证能测尺寸 145mm，而且测量精度分别为 0.02mm 及 0.01mm，保证测量准确。

再如测 $\phi 40^{+0.027}_{0}$ mm 的孔，可选用测头尺寸为 35～50mm 的内径百分表，表 1-16 给出了常用测量范围内的内径百分表的技术参数。用 25～50mm 的外径百分尺或量规按尺寸 40mm 对准内径百分表，将表针调至零位，即可进行测量。这种比较测量法的测量精度为 0.01mm。

表 1-16　内径百分表的基本参数　单位：mm

测量范围	10～18	18～35	35～50	50～100	100～160	160～250	250～450
活动测头工作行程	0.8	1.0	1.2	1.6	1.6	1.6	1.6
示值误差	0.012	0.015	0.015	0.020	0.020	0.020	0.020

若孔的尺寸为 $\phi 40^{+0.17}_{0}$mm，因精度低，可直接用精度为 0.05mm 或 0.1mm 的游标卡尺进行测量。

（3）角度的测量量具

角度的测量量具常用的有万能角度尺，此外，也可采用水平仪进行测量。

万能角度尺分Ⅰ型万能角度尺［结构见图 1-77（a）］和Ⅱ型万能角度尺［结构见图 1-77（b）］。

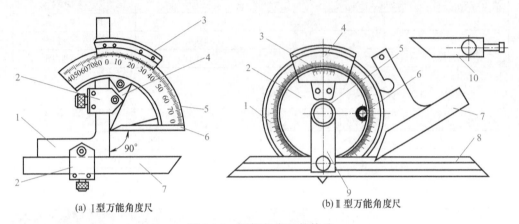

（a）Ⅰ型万能角度尺　　　　　　　　（b）Ⅱ型万能角度尺

图 1-77　万能角度尺的构造

（a）图中：1—直角尺；2—套箍；3—游标尺；4—扇形板；5—主尺；6—基尺；7—直尺

（b）图中：1—圆盘主尺；2—小圆盘副尺；3—游标；4—放大镜；5—锁紧装置；6—微动轮；

7—基尺；8—直尺；9—卡块；10—附加量尺

万能角度尺的技术参数如表 1-17 所示。

表 1-17　万能角度尺的技术参数

形式	测量范围	游标读数值	示值误差
Ⅰ型	0°～320°	2′，5′	±2′，±5′
Ⅱ型	0°～360°	5′，10′	±5′，±10′

（4）表面几何形状的测量量具

零件几何形状的误差，在一般情况下不超过零件的尺寸公差。对于精度高的零件，由于使用性能的需要，几何形状误差要求也严，此时在零件图上应注明。

如某零件图上轴径尺寸注明 $\phi 30^{+0.033}_{0}$ 而没注明其他要求，测量时对轴的椭圆度等几何形状误差，以不超过 0.033mm 为合格。若图中技术条件要求轴径 $\phi 30^{+0.033}_{0}$ 的椭圆度不大于 0.015mm，此时轴的几何形状误差为 0.015mm 而不是 0.033mm。

高精度的零件，其几何形状误差可取尺寸公差的 1/3～1/2，对于尺寸公差数值较小的零件，可取其尺寸公差的 2/3。

① 直线度的测量量具。直线度是指零件表面直线性误差的程度。不同的测量精度，可采用不同的测量方法，选用不同的量具。常见的测量方法及选用的量具有以下几种。

第一种：塞尺插入法。即利用刀口尺、直尺配合塞尺测量直线度。这种方法适于测量精度要求大于 0.02mm 的一般长度表面的直线度，测量方法如图 1-78 所示。

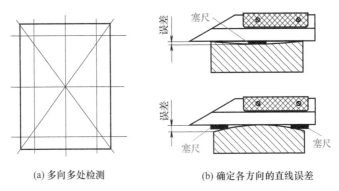

(a) 多向多处检测   (b) 确定各方向的直线误差

图 1-78　直线度的塞尺插入测量法

第二种：透光估测法。透光估测法的测量量具及方法如图 1-79 所示。主要用于对平面直线度的估测。

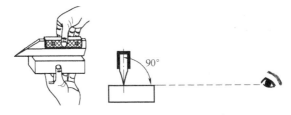

图 1-79　直线度的透光估测法

第三种：光缝比较法。光缝比较法测量平面的直线度用于对平面直线度要求很高时的测量。测法是将刀口形直尺的刀口放在被测表面上，观察其光缝的大小并与标准光缝进行比较，以判断平面的直线度偏差。

标准光缝是用平板、刀口尺及块规组合而成，如图 1-80 所示。

在刀口尺两端与平板之间放两片尺寸为 1mm 的块规，中间按需要放不同尺寸的块规，如 0.999、0.998、0.997……。将被测表面观察到的光

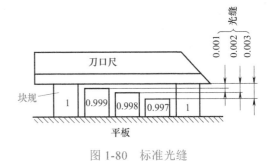

图 1-80　标准光缝

缝和标准光缝比较，从而判断平面直线度的偏差值。

② 平面度的测量量具。平面度是指平面的平整程度，其测量方法和选用的量具 如下。

第一种：刀口尺和直尺测法。用刀口尺和直尺测量平面度，这种方法仅用于精度不高的平面凹、凸的测量。可用直尺或刀口尺测量被测表面不同位置、不同方向的直线度，并借助于塞尺得到误差数值。根据各次测量结果，按几何公差规定做出包容实际表面且距离最小的两平行平面（见图 1-81），此两平行平面间的距离 Δ 即为平面的平面度误差。

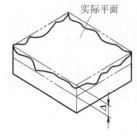

图 1-81　平面度误差

第二种：平面对研法。用平面对研法检查平面的平面度，这种方法适于检查精度较高的平面。做法是先在被测表面涂上显示剂，再用标准平板与其对研，研后检查在（25×25）mm^2 面积内的研点数。

若被测平面不是刮研表面，可看其研后接触面积的大小和均匀程度而确定平面度。

用对研法检查平面度时，选用标准平板的面积应大于被测平面的表面。若被测表面的尺寸过大时，也可用水平仪检查。

第三种：平板、百分表测法。用平板、百分表检查平面度（如图 1-82 所示），首先将被测工件支承于平板上，调整被测平面上的 a、c 两点等高，b、d 两点等高，再用百分表检查整个被测平面，表针显示的最大与最小读数差就是被测表面的平面度。

③ 椭圆度的测量量具。椭圆度误差是指圆柱面（轴或孔）的同一横剖面内最大直径与最小直径之差 Δ，如图 1-83（a）所示。

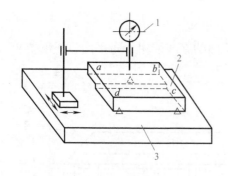

图 1-82　平面度检查

1—百分表；2—被测零件；3—平板

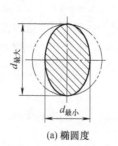 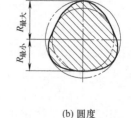

(a) 椭圆度　　　　　(b) 圆度

图 1-83　椭圆度与圆度

测量时可用游标卡尺、外径百分尺测不同方向的轴径，或用卡尺、内径百分表测量不同方向的孔径，再计算出椭圆度 $\Delta = d_{最大} - d_{最小}$。

④ 圆度的测量量具。圆度误差是指包容同一横剖面实际轮廓的两个相差最小的圆半径之差 Δ，即 $\Delta=R_{最大}-R_{最小}$，如图 1-83（b）所示。圆度的测量方法有多种，视零件的具体情况而定，常见的测量方法如下。

第一种：对于两端保留顶尖孔的轴，使用两顶尖及百分表测量最为方便。即将轴支承于两顶尖上，百分表放在被测部位，将轴轻轻旋转，表针指示的最大最小读数之差即为轴的圆度误差。

第二种：当轴类零件不准两端保留顶尖孔时，通常用 V 形铁或标准圆环配合百分表进行测量，分别见图 1-84（a）、图 1-84（b）。

显然，用 V 形铁测量时，由于零件转动角度不同，其几何中心高度也有变化，测量误差大，不如用标准圆环测量准确。

第三种：对于孔圆度的测量，可用三点接触式内径百分表进行近似测量，但测得的偏差是直径上的偏差，折半之后才是圆度偏差。

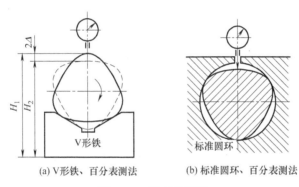

(a) V形铁、百分表测法　　　　(b) 标准圆环、百分表测法

图 1-84　圆度的测量

（5）位置精度测量量具

零件各表面相互位置精度有多种情况，测量方法也有所不同，一般采用量具、仪器配合使用进行测量。

① 测量孔轴线与平面的平行度。轴线与平面的平行度，在零件图样上一般给出偏差要求。测时常用平板、心轴、游标高度尺、百分表配合进行，如图 1-85 所示。

按图示方法测量时，表针的摆差即是两尺寸 A、B 之差，也就是在指定长度上孔的轴线与平面的平行度。

② 两孔轴线平行度的测量。如图 1-86（a）所示，在 $x—x$ 方向标出两孔轴线的平行度 Δx。有两种测量方法。

第一种：当两孔中心距尺寸不大时，可用心轴、游标卡尺或外径百分尺配合进行，量具的精度视被测件的尺寸精度而定。

第二种：当两孔中心距尺寸较大时，按工件的外形，可选用平板、V 形铁、心轴、百分表、游标高度尺或滑动表座等配合使用。图 1-87 所示为连杆两孔轴

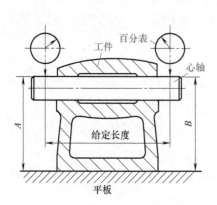

图 1-85　孔轴线与平面平行度的测量

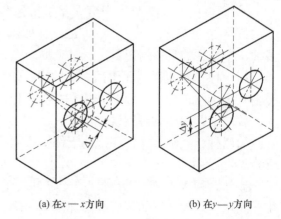

(a) 在 x — x 方向　　　　　(b) 在 y — y 方向

图 1-86　两孔轴线的平行度

线平行度的测量实例。

　　两孔轴线的平行度除 x 方向外，还有 y 方向的平行度及测量方法，如图 1-86（b）及图 1-87 所示。

　　③ 孔系中心距的测量。在箱体或法兰盘类零件的加工或装配中，常遇到孔系的测量，当孔的位置精度较高，孔距尺寸又不大时，可在孔中插入紧配合的标准心轴（如图 1-88 所示），用外径百分尺量得两心轴的外侧尺寸 A，将测得的尺寸 A 减去两孔的实际半径之和便得到测量中心距。

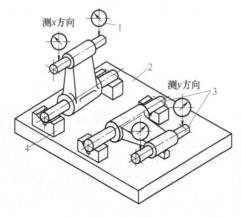

图 1-87　连杆两孔轴线平行度测量

1—百分表或杠杆百分表；2—平板；

3—心轴；4—V 形铁

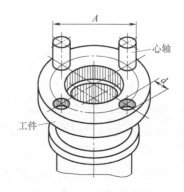

图 1-88　法兰盘孔测量

　　当孔的位置精度较高，孔距尺寸较大时，常用平板、块规、块规架、游标高度尺、百分表、内径百分表等配合，用坐标方法进行测量，如图 1-89 所示。

　　测 y—y 方向 1、2 两孔的位置尺寸（150 ± 0.025）mm 及（145 ± 0.025）mm 的方法是：首先用内径百分表测出孔 $\phi70_0^{+0.03}$mm 及 $\phi75_0^{+0.03}$mm 的实际尺寸。假设

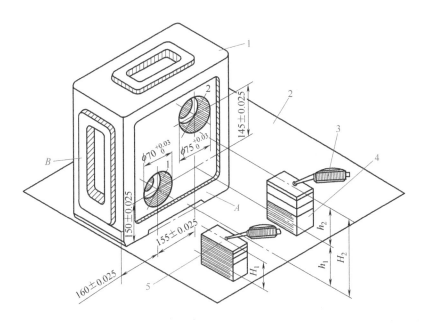

图 1-89　用坐标法测箱体孔距

1—工件；2—平板；3—杠杆百分表；4—第一组块规；5—第二组块规

为 $\phi70.02mm$、$\phi75.02mm$；然后按图示要求将工件放在平板上，使 A 面与平板接触；再测孔 1 的中心尺寸（150 ± 0.025）mm。按尺寸 $H_1=150-35.01=114.99$（mm）组成第一组块规，再用装有杠杆百分表的游标高度尺测尺寸 H_1 的上面，并将表针调至零位后，拿开第一组块规，用已对好的高度尺及杠杆表测孔 1 的最低点，观察表针对零位的偏摆，假如表针多偏摆了一小格，则表示孔的中心比名义尺寸高 0.01mm，即实际中心为 150.01mm；最后测孔 2 相对于孔 1 的中心高 $145^{+0.025}_{0}mm$ 时，应先将尺寸 150.01mm 反映在块规架上，可组成一组 $h_1=150.01mm$ 的块规进行块规架调整（如图 1-90 所示），调好后将块规架锁紧。

按孔 2 相对于孔 1 的中心尺寸和孔 2 的实际半径组成第二组块规 $h_2=145-37.51=107.49$（mm）。将这组块规放在已调好的块规架上，即得到了图 1-90 所示尺寸 $H_2=h_1+h_2=150.01+107.49=257.5$（mm）。用装有杠杆表的高度尺测第二组块规的上面（即 $H_2=257.5mm$）并将表针调整至零位后，拿开第二组块规及块规架。最后用二次调好的高度尺和杠杆表测孔 2 的最低点，观察表针的偏摆，若表针多偏摆了 1.5 小格，则表示孔 2 相对于孔 1 的实际中心距为 145.015mm。

将工件转 90°，使 B 面与平板接触，用上述方法同样能测量孔 1、2 在 x—x 方向的尺寸 $160^{+0.025}_{0}mm$ 及 $155^{+0.025}_{0}mm$。

④ 孔间轴线垂直度的测量。图 1-91 是孔间轴线垂直度的测量实例。

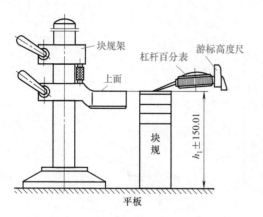

图 1-90　用块规、杠杆百分表测孔距

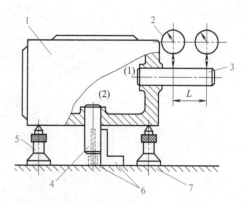

图 1-91　孔间轴线垂直度的测量
1—工件；2—百分表；3—心轴 1；4—心轴 2；
5—千斤顶；6—弯尺；7—平板

　　孔间轴线的垂直度，是指在给定长度 L 上的垂直度。图中是测量箱体 1、2 两孔在指定长度 L 上的垂直度。方法是先在 1、2 两孔内分别插入紧配的心轴，用千斤顶将工件支承在平板上。调整千斤顶，用弯尺将心轴 2 的位置调成垂直，最后用百分表测量心轴 1，百分表在心轴 1 的长度 L 内呈现的摆动量，就是 1、2 两孔在三长度上的实测垂直度。

1.7.1.3　常用量仪的结构及选用

　　水平仪、光学平直仪等量仪常用于机械设备长而精度高的表面（如导轨面）直线度、工作台面的平面度、零部件间的垂直度和平行度等的测量，在设备的安装和检修时也常用于找正安装位置，在装配操作过程中，其也常常与其他量具配合使用。

　　（1）水平仪

　　水平仪按其工作原理的不同，可分为水准式水平仪和电子水平仪两类。生产中应用较多的是水准式水平仪。常用的水准式水平仪有条形水平仪、框式水平仪、合像水平仪三种结构形式，图 1-92 给出了其结构。

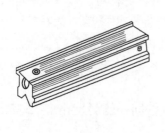
(a) 条形水平仪

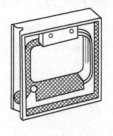
(b) 框式水平仪

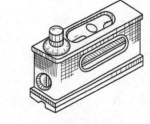
(c) 合像水平仪

图 1-92　水平仪的种类

水平仪是一种以重力方向为基准的精密测角仪器。其主要工作部分是管状水准器，它是一个密封的玻璃管，管内装有精馏乙醚或精馏乙醇，但未注满，形成一个气泡。当水准器处于水平位置时，气泡位于中央；水准器相对于水平面倾斜时，气泡就偏向高的一侧。倾斜程度可以从玻璃管外表面上的刻度读出，经过简单的换算，就可以得到被测表面相对水平面的倾斜度和倾斜角。

① 水平仪的刻线原理。水平仪的刻线原理如图 1-93 所示。假定平台工作面处于水平位置，在平台上放置一根长度为 1000mm 的平尺，平尺上水平仪的读数为零（即处于水平状态），若将平尺一端垫高 0.02mm，则平尺相对于平台的夹角即

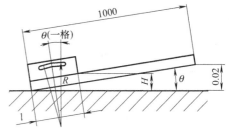

图 1-93 水平仪的刻线原理

倾斜角 $\theta=\arcsin（0.02/1000）=4.125''$，若水平仪底面长度 l 为 200mm，则水平仪底面两端的高度差 H 为 0.004mm。

读数值为 0.02mm/1000mm 的水平仪，当其倾斜 4″ 时，气泡移动一格，弧形玻璃管的弯曲半径 R 约为 103mm，则弧形玻璃管上的每格刻度 λ 距离为：

$$\lambda=\frac{2\pi R\theta}{360°}=\frac{2\pi\times103\times10^{3}\times4}{360\times60\times60}\approx2 \text{ (mm)}$$

即 0.02mm/1000mm（4″）的水平仪的水准器刻线间距为 2mm。

② 水平仪的读数方法。通常有绝对读数法和相对读数法两种。采用绝对读数法时，气泡在中间位置时，读作"0"，偏离起始端读为"+"，偏向起始端读为"-"，或用箭头表示气泡的偏移方向。采用相对读数法时，将水平仪在起始端测量位置的读数总是读作零，不管气泡是否在中间位置。然后依次移动水平仪垫铁，记下每一次相对于零位的气泡移动方向和格数，其正负值读法也是偏离起始端读为"+"，偏向起始端读为"-"，或用箭头表示气泡的偏移方向。机床精度检验中，通常采用相对读数法。

为避免环境温度影响，不论采用绝对读数法还是相对读数法，都可采用平均值的读数方法，即从气泡两端边缘分别读数，然后取其平均值，这样读数精度高。

③ 水平仪的应用。三种水平仪中，条形水平仪主要用来检验平面对水平位置的偏差，使用方便，但因受测量范围的限制，不如框式水平仪使用广泛；框式水平仪主要用来检验工件表面在垂直平面内的直线度、工作台面的平面度、零部件间的垂直度和平行度等，在安装和检修设备时也常用于找正安装位置；合像水平仪则用来检验水平位置或垂直位置微小角度偏差的角值。合像水平仪是一种高精度的测角仪器，一般分度值为 2″，这一角度相当于在 1m 长度上其对

边高为 0.01mm，此时，在相应的水准管的刻线上气泡移动一格，其精度记为 0.01mm/1000mm 或 0.01mm/m。装配机床设备的水平仪分度值一般为 4″。

表 1-18 给出了条形水平仪及框式水平仪的精度等级。

表 1-18　条形及框式水平仪的精度等级

精度等级	1	2	3	4
气泡移动 1 格时的倾斜角度 / (″)	4 ~ 10	12 ~ 20	25 ~ 41	52 ~ 62
气泡移动 1 格时的倾斜高度差 /mm	0.02 ~ 0.05	0.06 ~ 0.10	0.12 ~ 0.20	0.25 ~ 0.30

④ 水平仪检定与调整。水平仪的下工作面称为基面，当基面处于水平状态时，气泡应在居中位置，此时气泡的实际位置对居中位置的偏移量称为零位误差。由于水准管的任何微小变形，或安装上的任何松动，都会使示值精度产生变化，因而不仅新制的水平仪需要检定示值精度，使用中的水平仪也需作定期检定。

（2）光学平直仪

光学平直仪又称自准直仪、自准直平行光管，其应用与水平仪基本相同，但测量精度较高。外形结构如图 1-94（a）所示。

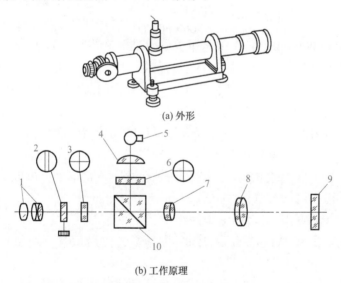

(a) 外形

(b) 工作原理

图 1-94　光学平直仪

1—目镜；2, 3, 6—分划板；4—聚光镜；5—光源；7, 8—物镜；9—目标反射镜；10—棱镜

图 1-94（b）给出了其工作原理。从光源 5 发出的光线，经聚光镜 4 照明分划板 6 上的十字线，由半透明棱镜 10 折向测量光轴，经物镜 7、8 成平行光束射出，再经目标反射镜 9 反射回来，把十字线成像于分划板上。曲鼓轮通过测微螺

杆移动，照准刻在可动分划板 2 上的双刻划线，由目镜 1 观察，使双刻划线与十字线像重合，然后在鼓轮上读数。测微鼓轮的示值读数每格为 1″，测量范围为 0′～10′，测量工作距离为 0～9m。

1.7.2 测量的方法

测量方法分为直接测量和间接测量两种。直接测量是把被测量与标准量直接进行比较，而得到被测量数值的一种测量方法。如用卡尺测量孔的直径时，可直接读出被测数据，此属于直接测量。间接测量是测出与被测量有函数关系的量，然后再通过计算得出被测尺寸具体数据的一种测量方法。

（1）线性尺寸的测量换算

工件平面线性尺寸换算一般都是用平面几何、三角的关系式进行的。如图 1-95（a）所示二孔的孔距 L，无法直接测得，只能通过直接测量相关的量 A 和 B 后，再通过关系式 $L=(A+B)/2$，求出孔心距 L 的具体数值。

又如测量图 1-95（b）所示三孔间的孔距，利用前述方法可分别测得 A、B、C 三孔孔距为：$AC=55.03$mm，$AB=46.12$mm，$BC=39.08$mm。BD、AD 的尺寸可利用余弦定理求得。

$$\cos\alpha = \frac{AC^2 + AB^2 - BC^2}{2AC \times AB} = \frac{55.03^2 + 46.12^2 - 39.08^2}{2 \times 55.03 \times 46.12} \approx 0.7148$$
$$\alpha \approx 44.38°$$

那么，$BD=AB \times \sin44.38° = 46.12 \times \sin44.38° \approx 32.26$（mm）

$AD=AB \times \cos44.38° = 46.12 \times \cos44.38° \approx 32.96$（mm）

图 1-95（b）所示 BD、AD 孔距也可借助高度游标卡尺通过划线测量。

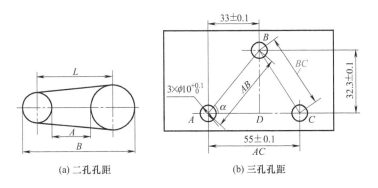

(a) 二孔孔距　　　(b) 三孔孔距

图 1-95　孔距的测量

图 1-96 为圆弧的测量方法。其中，图 1-96（a）为利用钢柱及深度游标卡尺测量内圆弧的方法，图 1-96（b）为利用游标卡尺测量外圆弧的方法。

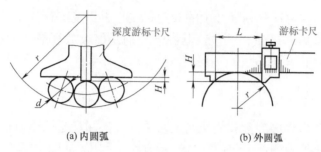

（a）内圆弧　　　　　　　（b）外圆弧

图 1-96　圆弧的测量

测量内圆弧半径 r 时，其计算公式为：$r = \dfrac{d(d+H)}{2H}$。若已知钢柱直径 d=20mm，

深度游标卡尺读数 H=2.3mm，则圆弧工作的半径 $r = \dfrac{20 \times (20 + 2.3)}{2 \times 2.3} \approx 96.96$（mm）。

测量外圆弧半径 r 时，其计算公式为：$r = \dfrac{L^2}{8H} + \dfrac{H}{2}$。若已知游标卡尺的

H=22mm，读数 L=122mm，则圆弧工作的半径 $r = \dfrac{122^2}{8 \times 22} + \dfrac{22}{2} \approx 95.57$（mm）。

（2）角度的测量换算

一般情况下，冲裁件和各类成形工件的角度可以直接采用万能角度尺进行测量，而一些形状复杂的工件，则需在测量后换算某些尺寸。尺寸换算可用三角、几何的关系式进行计算。

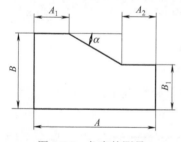

图 1-97 所示零件，由于外形尺寸较小，用万能角度尺难以测量，则可借助高度游标卡尺划线，利用游标卡尺测量工件的尺寸 A、B、B_1、A_1、A_2，然后通过正切函数，即 $\tan \alpha = \dfrac{B - B_1}{A - A_1 - A_2}$ 求得。

图 1-97　角度的测量

（3）常用的测量计算公式

表 1-19 给出了常用的测量计算公式。

表 1-19　常用测量计算公式

测量名称	图形	计算公式	应用举例
外圆锥斜角		$\tan \alpha = \dfrac{L - l}{2H}$	［例］已知 H=15mm，游标卡尺读数 L=32.7mm，l=28.5μm，求斜角 α。 ［解］$\tan \alpha = \dfrac{32.7 - 28.5}{2 \times 15}$ $=0.14$ $\alpha \approx 7°58'$

续表

测量名称	图形	计算公式	应用举例
内圆锥斜角		$\sin\alpha = \dfrac{R-r}{L}$ $= \dfrac{R-r}{H+r-R-h}$	［例］已知大钢球半径 R=10mm，小钢球半径 r=6mm，深度游标卡尺读数 H=24.5mm，h=2.2mm，求斜角 α。 ［解］$\sin\alpha = \dfrac{10-6}{24.5+6-10-2.2}$ ≈ 0.2186 $\alpha \approx 12°\,38'$
		$\sin\alpha = \dfrac{R-r}{L}$ $= \dfrac{R-r}{H+h-R+r}$	［例］已知大钢球半径 R=10mm，小钢球半径 r=6mm，深度游标卡尺读数 H=18mm，h=1.8mm，求斜角 α。 ［解］$\sin\alpha = \dfrac{10-6}{18+1.8-10+6}$ ≈ 0.2532 $\alpha \approx 14°\,40'$
V形槽角度		$\sin\alpha =$ $\dfrac{R-r}{H_1-H_2-(R-r)}$	［例］已知大钢柱半径 R=15mm，小钢柱半径 r=10mm，高度游标卡尺读数 H_1=43.53mm，H_2=55.6mm，求V形槽斜角 α。 ［解］$\sin\alpha = \dfrac{15-10}{55.6-43.53-(15-10)}$ ≈ 0.7072 $\alpha \approx 45°$
燕尾槽		$l = b + d\left(1+\cot\dfrac{\alpha}{2}\right)$ $b = l - d\left(1+\cot\dfrac{\alpha}{2}\right)$	［例］已知钢柱直径 d=10mm，b=60mm，α=55°，求 l。 ［解］l=60+10×$\left(1+\cot\dfrac{55°}{2}\right)$ $\approx$ 60+10×（1+1.921） =89.21（mm）
		$l = b - d\left(1+\cot\dfrac{\alpha}{2}\right)$ $b = l + d\left(1+\cot\dfrac{\alpha}{2}\right)$	［例］已知钢柱直径 d=10mm，b=72mm，α=55°，求 l。 ［解］l=72-10×$\left(1+\cot\dfrac{55°}{2}\right)$ $\approx$ 72-10×（1+1.921） =42.79（mm）

第2章 划线

2.1 划线基本技能

根据图样或实物的尺寸,准确地在工件表面(毛坯表面)上利用划线工具划出加工界线的操作叫划线。划线是钳工的基本操作技能之一。

机械加工中,划线主要有以下方面的作用:明确表示出工件的加工位置及加工余量,使机械加工有明显的尺寸界线;便于复杂工件在机床上的安装,可按划线找正定位;检查毛坯形状尺寸是否符合图纸要求,避免后续加工造成废品;对一些局部存在缺陷的毛坯,有时可通过划线用借料的方法来进行补救,免其报废。

划线除了要使划出的线条均匀清晰之外,最重要的是要保证尺寸准确。划线发生错误或精度太低时,都可能造成加工错误而使工件报废。由于划出的线条总是有一定的粗细,同时在使用工具和量取尺寸时难免存在一定的误差,所以,划线不能达到绝对准确。一般说来,划线的精度应控制在 0.25 ～ 0.5mm 范围内。这就要求在划线过程中,首先要熟练地掌握各种划线工具的操作使用,此外,还要经常性地通过测量来确定工件的尺寸是否达到图样的要求。

2.1.1 直接划线工具及操作要点

根据划线工具所起作用的不同,分为直接划线工具(用于划线操作的工具)、划线支持工具(用于划线时放置和夹持工件以及其他辅助划线操作的工具)两大类。

常用的直接划线工具有:划线平台、划针、划规、地规、特殊圆规、定心规、划线尺架、高度游标卡尺、直角尺、样冲等。

(1)划线平台

划线平台(又称划线平板)是划线工作的基准工具,它是一块经过精刨和刮削等精加工的铸铁平板。工作面的精度分为六个等级，有000、00、0、1、2和3级。一般用来划线的平板为3级，000、00、0、1和2级用作质量检验。

由于平板表面的平整性直接影响划线的质量，因此，要求平板水平放置，平稳牢靠。平板各部位要均匀使用，以免局部地方磨凹；不得碰撞和在平板上锤击工件。平板要经常保持清洁，用毕应擦拭干净，并涂油防锈，并应按规定定期检查、调整、研修（局部），使其保持水平状态，保证平面度不低于国家标准规定的3级精度。

（2）划针

划针是在钢板平面上划出凹痕线段的工具，如图2-1（a）所示。通常采用直径为4～6mm、长约200～300mm的弹簧钢丝或高速钢制成，划针的尖端必须经过淬火，以提高其硬度；或者在划针尖端处，焊一段硬质合金，然后刃磨，以保持锋利。

划针的刃磨角度约为15°～20°。用钢丝制成的划针用钝后，需要重磨，重磨时边磨边用水冷却，以防针尖过热退火而变软。使用划针时，用右手握持，使针尖与直尺底边接触，针杆向外倾斜15°～20°，同时向划线方向倾斜约45°～75°，如图2-1（b）所示。

划线时，应使用均匀的压力使针尖沿直尺移动划线，线条应一次完成，不要连续重划，否则线条变粗、不重合或模糊不清，会影响划线质量。

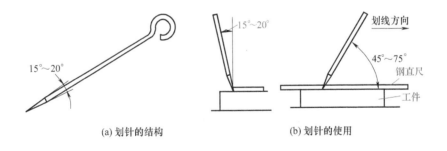

(a) 划针的结构　　　　　　　(b) 划针的使用

图2-1　划针及其使用

（3）划规

划规是用于在钢板平面上划圆弧、求圆心、划垂线或分段测量长度的工具。常用的有普通划规［见图2-2（a）］、扇形划规［见图2-2（b）］和弹簧划规［见图2-2（c）］几种。

① 普通划规。普通划规张开、闭合调节比较方便，适用于量取变动的尺寸。

② 扇形划规。扇形划规由于刚性较好，故常用于毛坯的分段测量尺寸，为避免工作中受振动而使张开的角度变化，可用螺母拧紧。

③ 弹簧划规。弹簧划规张开的角度是用螺母进行调节的，两脚尖的张开角度在工作中不易变动，常在光坯的分段测量尺寸时使用。

划规一般采用 45 钢制成，两脚要保证长短一致，脚尖能合拢靠紧，这样就能划较小的圆或圆弧。为了保证脚尖锋利，可经热处理淬火，有的在两脚端部焊上一段硬质合金，耐磨性就更好。

使用普通划规时，右手大拇指与其他四指相对捏住划规上部即可，如图 2-2（d）所示。划圆或圆弧操作时，需将旋转中心的一个脚尖插在作为圆心的孔眼（或样冲眼）内定心，并施加较大的压力，另一脚则以较轻的压力在材料表面划出圆或圆弧，这样可保证中心不会移动，如图 2-2（e）所示。

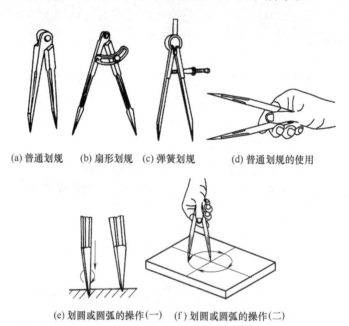

(a) 普通划规　(b) 扇形划规　(c) 弹簧划规　(d) 普通划规的使用

(e) 划圆或圆弧的操作(一)　(f) 划圆或圆弧的操作(二)

图 2-2　划规及其使用

用划规划圆时，应通过钢直尺量出所划圆或圆弧的半径，先应试划一小段圆弧，再用钢直尺检查圆弧半径值，如果半径值正确，就可以接着划圆和圆弧；如果不正确，就要调整半径值。为安全起见，每次只按顺时针划出 1/4（90°）圆的圆弧段，然后对工件或划规作一个角度的调整，接着再划出后续 1/4 圆弧段，分四次逐段划出整个圆，如图 2-2（f）所示。

（4）地规及特殊圆规

地规又称梁圆规、长杆划规等，是划大圆、大圆弧、垂线或分段测量长线段的工具。长杆划规是以硬质木板（厚度为 12～20mm，宽为 30～40mm，长为 1000～3000mm）或表面光洁的钢管作长杆，在长杆上套两只可以移动并调节的圆规脚，圆规脚位置调整后用锁紧螺钉锁紧，见图2-3。

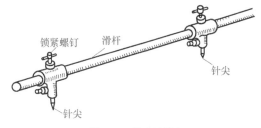

图2-3 长杆划规

用圆规划圆时，圆规两尖脚要在同一平面上，如果两尖脚不在同一平面上，则尖脚间的距离就不是所划圆的半径。如果由于零件形状的限制，圆规两尖脚不能在同一平面内时，这时若要划出半径为 r 的圆，则两夹脚的距离应调整为 $R = \sqrt{r^2 + h^2}$，h 为两阶梯表面的垂直距离（见图2-4）。

当 h 较大时，由于圆规定心尖脚不能顶在样冲眼的中心，所以划出的圆是有误差的。此时，可采用如图2-5所示的特殊圆规划圆，这种圆规的一只脚可调节长短，两脚间距可平行移动。

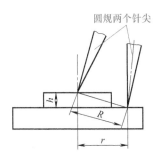

图2-4 在阶梯表面上划圆

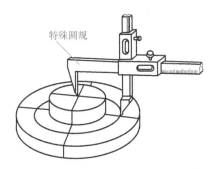

图2-5 特殊圆规

（5）定心规

定心规是用来确定孔、轴类工件中心线的直接划线工具。定心规与直角尺或V形铁、方箱配合可划出工件的十字中心线，定心规结构如图2-6（a）所示，其划线操作如图2-6（b）所示。

用定心规划轴中心线，关键的是要将中心规相邻的两工作面靠住所划工件轴的外圆，如图2-6（b）所示，用划针沿定心规直尺划一条线，再将中心规转过约

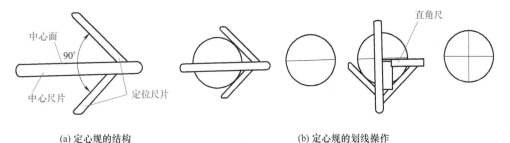

(a) 定心规的结构   (b) 定心规的划线操作

图2-6 定心规的结构及其划线操作

90°划一条线，这时工件两端面上的两个交点的连线，即为轴中心线。

（6）划线尺架

划线尺架是用来夹持钢直尺的划线辅助工具，有固定尺架和可调尺架两种，图2-7为可调尺架的结构。

划线尺架是与划线盘配合使用的，其划线精度为±0.2mm，主要用于毛坯的划线。用划线盘进行划线时，要在划线尺架上度量出所需要的高度尺寸。使用划线尺架时，首先要确保钢直尺的底部端面与平台工作面接触，然后拧紧锁紧螺钉固定钢直尺。

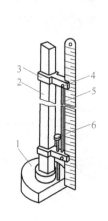

图2-7　可调尺架

1—底座；2—立杆；3—滑块；

4—粗调螺钉；

5—连接杆；6—微调螺钉

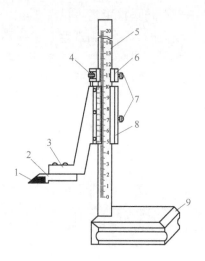

图2-8　高度游标卡尺的结构

1—硬质合金刀尖；2—刀体；3—尺脚；

4—微调手轮；5—主尺；6—微调装置；

7—锁紧螺钉；8—副尺；9—尺座

（7）高度游标卡尺

高度游标卡尺（又称为高度划线尺）实际上就是高度尺和划线盘的组合，是用来测量高度和划线的量具，其结构如图2-8所示，技术参数如表2-1所示。

表2-1　高度游标卡尺的技术参数　单位：mm

测量范围	0～200、30～300、40～500	600～1000
读数值	0.02、0.05、0.1	0.1

使用高度游标卡尺进行划线操作时，首先应进行尺寸调整，调整时，左手的大拇指与其他四指相对捏住尺座底部，尺身呈水平状态并与视线相垂直［见图2-9（a）］。调整方法是：首先旋松副尺和微调装置上的锁紧螺钉，右手移动副尺粗调尺寸，然后拧紧微调装置上的锁紧螺钉，通过微调手轮移动副尺精调尺寸，

最后拧紧副尺上的锁紧螺钉。

　　划线操作时，用右手的大拇指与其他四指相对捏住底座两侧［见图2-9(b)］。刀尖与被划工件表面的夹角在45°左右，并要自前向后地拖动尺座进行划线，同时还要适当用力压住尺座，防止出现尺座摇晃和跳动。

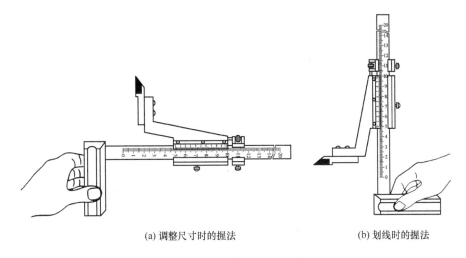

(a) 调整尺寸时的握法　　　　　　　　(b) 划线时的握法

图 2-9　高度游标卡尺的握法

　　精密划线时，还应检查刀尖和副尺游标的零位是否准确。检查方法是：首先移动副尺下降，使刀体的下刀面与平台工作面接触，如图 2-10 所示；然后观察副尺的零位与主尺的对齐状况，如果误差较大，则要通过尺座的主尺调整装置对主尺进行相应调整。

　　应该说明的是，高度游标卡尺是一种精密工具，主要用于半成品划线，不得用于毛坯划线。当刀尖用钝后，需要进行刃磨。刃磨时注意只能刃磨上刀面（斜面），两个侧面和下刀面（基准面）不要刃磨，如图 2-11 所示。

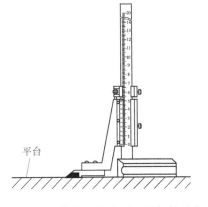

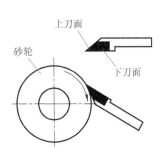

图 2-10　检查刀尖和副尺游标的零位　　　　　　图 2-11　刃磨刀尖

若使用时，不小心碰坏了硬质合金划线脚的一角，则可细心地用碳化硅砂轮修磨其侧面，以保持划线脚的锋利，高度游标不用时应涂好防锈油妥善保管。

（8）直角尺

直角尺既可用来检验工件装配角度的准确性，也是用来划线的导向工具。划线时，首先用钢直尺和划针确定出尺寸位置（划一段短线），然后再用直角尺和划针配合划出完整线段。注意要以尺座的内基准面紧贴工件的一个基准面，这样才能保证划线时的导向准确性，如图 2-12 所示。

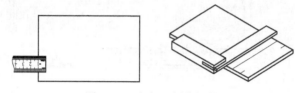

图 2-12　直角尺划线操作

（9）划线盘

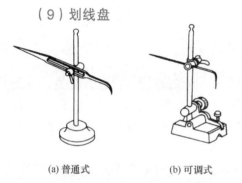

(a) 普通式　　　　　(b) 可调式

图 2-13　划线盘

划线盘是用来进行立体划线和找工件位置的工具，分为普通式［见图 2-13（a）］和可调式［见图 2-13（b）］两种，由底座、支杆、划针和夹紧螺母等组成。划线盘的直头端常用来划线，弯头端常用来校正工件的位置。

划线时，用右手的大拇指与其他四指相对捏住底座两侧，并应使划针尽量处于水平位置，不要倾斜太大角度；划针伸出的部分应尽量短些，这样划针的刚度较好，不易抖动；划针要夹紧，避免尺寸在划线过程中变动。在移动底座时，一方面要将针尖靠紧工件，划针与工件的划线面之间沿划线方向要倾斜一定角度；另一方面应使底座与平台台面紧紧接触，而无摇晃或跳动现象。因此，要求底座与平台的接触面应平整干净。

（10）样冲

样冲是用于在钢板上冲眼的工具。为使钢板上所划的线段能保存下来，作为加工过程中的依据和检查标准，须在划线后用样冲沿线冲出小眼作为标记。在使用划规划圆弧前，也要用样冲先在圆心上冲眼，作为划规脚尖的定心。样冲用高碳钢制成，呈圆柱形，其尖端磨成 45°～60° 的锐角，并经过淬火（顶端不淬火）。

使用样冲时，应用左手大拇指与食指、中指和无名指相对捏住冲身［见图2-14（a）］，冲点时，先将尖端置于所划的线或圆心上，样冲成倾斜位置，如图2-14（b）所示，然后将样冲竖直，用锤子轻击顶端，冲击孔眼。在直线段上可冲得稀些，曲线段上应冲得密些；在粗糙面上冲密些、锥坑直径大些，在光面上冲稀些、锥坑直径小些，具体可参考表2-2操作。

(a) 样冲的握法　　(b) 样冲的冲点

图 2-14　样冲的操作

表 2-2　冲眼操作技术参数

加工表面	表面粗糙度 / μm	冲眼距离 /mm	冲眼直径 /mm
粗加工面	> 25	10 ～ 15	$\phi 1 \sim \phi 2$
半光面	3.2 ～ 12.5	7 ～ 10	$\phi 0.5 \sim \phi 1$
光面	0.4 ～ 1.6	4 ～ 7	$\phi 0.3 \sim \phi 0.5$

2.1.2　划线支持工具及操作要点

除划线工具外，在划线时还需要各种支持工具，如V形架、划线方箱、角铁、千斤顶和垫铁等对所划工件进行支持，以保证划线准确及操作便捷。

（1）V形架

V形架（又称为V形铁）是划线操作中用于支承轴、套类工件的基准工具，其结构如图2-15所示，分为固定式［如图2-15（b）所示］和可调式两类［如图2-15（c）所示］，V形槽的两工作面一般互成90°或120°夹角。

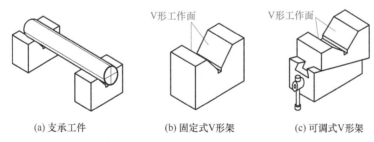

(a) 支承工件　　　(b) 固定式V形架　　　(c) 可调式V形架

图 2-15　V 形架的结构及使用

通常情况下，V形架都是一副两块配合使用，这样可以使工件放置平稳，保证划线精度。

（2）千斤顶

千斤顶是划线操作中主要用于支承形状不规则工件的辅助工具，其种类较多，常用的有顶针千斤顶［如图 2-16（a）所示］和 V 形槽千斤顶［如图 2-16（b）所示］等。

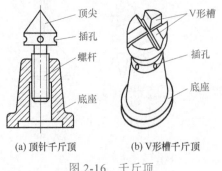

(a) 顶针千斤顶　　(b) V形槽千斤顶

图 2-16　千斤顶

千斤顶用来支承较大的工件，其支承高度可以调节，调整工件高度时，可用圆棒插入插孔进行左右旋转，以使顶尖升降，此时要特别注意升降的极限位置。V 形槽千斤顶主要用于支承工件的圆柱面。划线前通过调节不同支承位置的千斤顶高度并找正，使划线工件的位置符合划线的要求。

用于支承高度的调整时，一般是 3 个千斤顶配合使用，此时，3 个千斤顶的支承点离工件的重心要尽量远，3 个支承点所组成的三角面积应尽量大。一般工件较重的一端放两只千斤顶，较轻的一端放一只。当工件需要竖起来划线，3 个千斤顶顶在一个窄长的平面上时，要借助行车并系一保险绳吊住工件起保险作用；当工件很重或 3 只千斤顶所支承的面积较小时，可在工件下放几个硬质木块。为了不改变 3 个支承千斤顶的支承平面，这些木块与工件间有一微小距离，一旦发生不测可用来承重。

使用时千斤顶底面要擦干净，安放平稳，不能摇动。当千斤顶在圆弧面时，在所顶位置应打一个较大的样冲眼，使千斤顶尖顶在样冲眼内，防止滑动。

（3）G 形夹头

G 形夹头是划线操作中用于夹持、固定工件的辅助工具，其结构如图 2-17 所示。

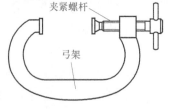

图 2-17　G 形夹头

（4）方箱和角铁

方箱是一个由铸铁制成的空心立方体或长方体，是划线操作中的基准工具。其每个面均经过精加工，相邻平面互相垂直，相对平面互相平行，因而共有四个平面工作面和一至两个 V 形槽工作面，其结构如图 2-18 所示。

划线时，轴、套类工件应放置在 V 形槽工作面内，并通过压紧螺杆将 V 形压块固定。较复杂的工件可用 G 形夹头将工件夹于方箱上，再通过翻转方箱，便可经一次安装，将工件上互相垂直的线条全部划出来。翻转方箱时用力要稳、要轻，防止损伤方箱和平台工作面。

角铁由铸铁制成，它的两个互相垂直的平面经刨削和研磨加工。角铁通常通过配套使用的 G 形夹头和压板将工件紧压在角铁的垂直面上划线，可使所划线条与原来找正的直线平面保持垂直，见图 2-19。

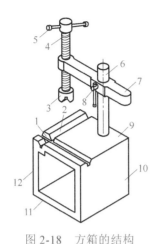

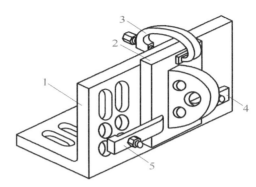

图 2-18　方箱的结构　　　　　　　　　图 2-19　角铁的结构

1，2—V 形槽工作面；3—V 形压块；4—压紧螺杆；　　　1—角铁；2—工件；

5—螺杆手柄；6—立柱；7—悬臂；8—锁紧手柄；　　　　3—G 形夹头；4，5—压板

9～12—工作面

（5）垫铁

垫铁是划线操作中用于支承工件的辅助工具，主要用于不便使用千斤顶的部位。常用的垫铁有楔形垫铁［如图 2-20（a）所示］和可调 V 形垫铁［如图 2-20（b）所示］。

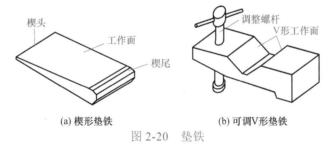

(a) 楔形垫铁　　　　　　(b) 可调V形垫铁

图 2-20　垫铁

楔形垫铁只能做少量的调整，在调整高度时，敲击垫铁的力量要适当。可调 V 形垫铁主要用于支承工件的圆柱面，可通过调整螺杆进行高度调整。

（6）木条

用木条打入空心件的孔内，找中心点和划圆或划曲线时用，为使中心点准确，应预先在木条的中心部位钉一块铁皮。

（7）铅条

铅条具有较好的塑性，用它打入小型工件孔内，找中心点和划圆时用。

（8）可调中心顶

可调中心顶的结构、形状如图 2-21 所示，四方螺母焊在角钢上，螺钉顶可用扳手或钢丝进行调整。它的特点是质量小，使用方便，顶得牢靠。一般用于大

型工件的内孔划线。

（9）尼龙线

尼龙线具有抗拉强度大、质量小、好收藏等优点。用它可以代替平尺划长线，使用时拧直尼龙线，按线划出若干点，用长钢直尺或平尺按点分段划出长线。尼龙线既可在平面上拉直，又可在空间中所需要的位置拉直，它是大件划线的有效工具之一。

（10）线坠

线坠的形状、结构如图 2-22 所示。

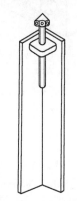

图 2-21　可调中心顶

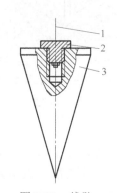

图 2-22　线坠
1—尼龙线；2—坠帽；3—坠头

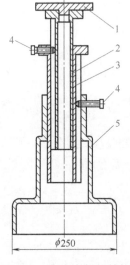

图 2-23　中心支架的结构
1—顶盖；2—筒体上段；
3—筒体中段；4—拧紧
螺钉；5—筒体下段

（11）中心支架

给大型空心工件划线时，无法使用木条、铅条来确定它的中心点。中心支架就是代替它们的一种比较理想的工具。这种支架的筒体下段外圆部的中心和顶盖的中心是一致的，所以它可以将划在平台上的工件中心点引到所需要的空间高度上去。反过来，也可将空间的工件中心点投到平台上来。

中心支架的结构如图 2-23 所示，要求各段严格同心，筒体下段底面与中心线严格垂直。下段最大外圆部直径为 250mm。中心支架高度的调整范围是 400～1000mm，这些尺寸不是固定的，可随时根据需要放大或缩小。筒体的上段和中段都有一个长槽，拧紧螺钉通过长槽来固定各段高度，同时防止各段自由转动，而改变工件在顶盖面内的中心点位置。

（12）分度头

分度头用来划轴类、盘类工件的中心线、等分线，十分准确方便。划线时也可直接使用卡盘圆周上的刻度进行分度或等分。

（13）划线涂料

为使划出的线条清晰可见，划线前应在零件划线部位涂上一层薄而均匀的涂料，常用划线涂料配方和应用见表2-3。此外，对于表面粗糙的大型毛坯，也可用粉笔代替石灰水。

表2-3 划线涂料配方和应用

名称	配制比例	应用场合
石灰水	稀糊状石灰水加适量骨胶或乳胶	大中型铸、锻件毛坯
紫色水	紫色颜料（青莲、普鲁士蓝）2%～5%，加漆片或3%～5%虫胶和91%～95%酒精混合而成	已加工表面
硫酸铜溶液	100g水中加1～1.5g硫酸铜和少许硫酸	形状复杂零件或已加工表面
特种淡金水	乙醇和虫胶为主要原料的橙色液体	精加工表面

2.1.3 基本线条的划法

任何复杂的图形都是由基本线条构成的，熟练掌握基本线条的划法是钳工划线的基础。基本线条主要包括直线、平行线、垂直线、角度线、圆弧线和圆周等分线等。

（1）直线的划法

应先以工件端面为基准用钢直尺分别确定出直线两端的尺寸位置并用划针划出一小段线条，然后将两端的小段线条用直角尺或钢直尺连接成一条直线，如图2-24所示。

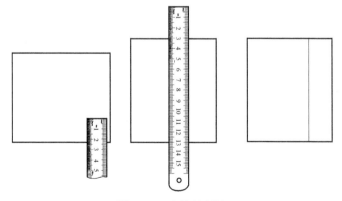

图2-24 直线的划法

（2）平行线的划法

① 用钢直尺或直角尺划平行线。用钢直尺或直角尺划平行线的方法与划直线的方法基本相同。在划平行线时，要以已划出的线条为基准，用钢直尺分别确

定出平行线两端的尺寸位置，并用划针划出一小段线条，然后将两端的小段线条用直角尺或钢直尺连接成一条平行线，如图 2-25 所示。

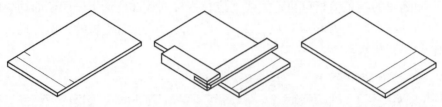

图 2-25　用钢直尺或直角尺划平行线

② 用划规划平行线。如图 2-26 所示，在已知直线上取 A、B 两点，打上冲点，用划规在钢直尺上度量出线间距 L 作为圆弧半径 R，再以 A、B 两点为圆心，分别划出两段圆弧，然后用钢直尺或直角尺和划针作两段圆弧的切线即可。

③ 用高度游标卡尺划平行线。如图 2-27 所示，在平板上将工件靠在方箱或角铁的垂直工作面上（必要时可用 G 形夹头进行固定），然后用高度游标卡尺划出所需的平行线。

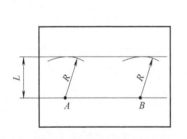

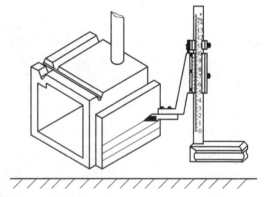

图 2-26　用划规划平行线　　　　　图 2-27　用高度游标卡尺划平行线

（3）垂直线的划法

① 用直角尺划垂直线。如图 2-28 所示，先用直角尺在已知线段上取一与其相垂直线段的起点，打上冲点，再以尺座的内基准面紧靠与已知线段相平行的工件的端面（或以尺座的内、外基准面直接与已知线段重合），然后用划针划出垂直线段。

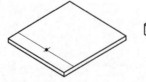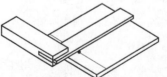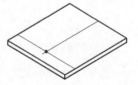

图 2-28　用直角尺划垂直线的步骤

② 用作图法划垂直线。已知线段 *AB* 上的一点 *C*，划出线段 *AB* 的垂直线的作法一般有两种。

第一种：如图 2-29（a）所示，以 *C* 点为圆心，取任意长度 *r* 为半径，用划规划圆弧交 *AB* 线段于 *D*、*E*，分别以 *D*、*E* 两点为圆心，取大于 *r* 的长度 *R* 为半径作圆弧交于 *F* 点，连接 *C*、*F* 两点，则线段 *CF* 为已知线段 *AB* 的垂直线。

第二种：如图 2-29（b）所示，首先以 *C* 点为圆心，大于 *C* 点与线段 *AB* 的垂直距离 *r* 为半径作圆弧，与线段 *AB* 相交于 *D*、*E* 两点，再分别以 *D*、*E* 两点为圆心，以适当长度 *R* 为半径作圆弧交于 *F*、*G* 两点，线段 *CFG* 则为线段 *AB* 的垂直线。

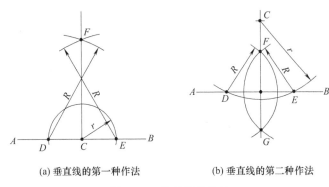

(a) 垂直线的第一种作法   (b) 垂直线的第二种作法

图 2-29　垂直线的作法

（4）角度线的划法

除了利用万能角度尺划角度线以外，还可通过划规来进行划线，如图 2-30 所示。已知线段 *AB* 的长度是 50mm，要求作出 30° 的角度线，具体划法有以下三种情况。

① 如图 2-30（a）所示，首先从 *C* 点作垂直于线段 *AC* 的垂直线 *CB*，再以 *A* 点为圆心，斜边长度 57.74mm 为半径作圆弧交于 *D* 点，连接 *A*、*D*，则 ∠*CAD*=30°，则 *AD* 线段就是所要划的 30° 角度线。

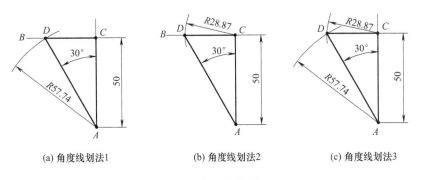

(a) 角度线划法1   (b) 角度线划法2   (c) 角度线划法3

图 2-30　角度线的划法

② 如图 2-30（b）所示，首先从 C 点作垂直于线段 AC 的垂直线 CB，再以 C 点为圆心，对边长度 28.87mm 为半径作圆弧交于 D 点，连接 A、D，则 $\angle CAD=30°$，则 AD 线段就是所要划的 30° 角度线。

③ 如图 2-30（c）所示，首先以 A 点为圆心，斜边长度 57.74mm 为半径作一段圆弧，再以对边长度 28.87mm 为半径作圆弧与上个圆弧交于 D 点，连接 A、D 和 C、D，则 $\angle CAD=30°$，则 AD 线段就是所要划的 30° 角度线。

（5）用划规作两直线间圆弧相切的划法

如图 2-31 所示为用圆弧连接锐角、钝角和直角的两边。

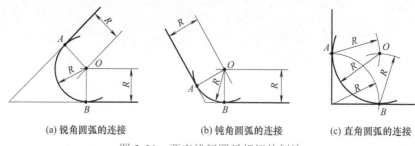

(a) 锐角圆弧的连接　　　　　(b) 钝角圆弧的连接　　　　　(c) 直角圆弧的连接

图 2-31　两直线间圆弧相切的划法

① 锐角、钝角两边与圆弧相切的划法。作与已知角两边相距为 R 的平行线，交点 O 即为连接弧圆心，自 O 点分别向已知角两边作垂线，垂足 A、B 即为切点，以 O 点为圆心，R 为半径划圆弧相切于 A、B 两点，此圆弧即为与已知两直线相切的圆弧，见图 2-31（a）、图 2-31（b）。

② 直角两边与圆弧相切的划法。以角顶为圆心，R 为半径划圆弧相切于直角边 A、B 两点；以 A、B 两点为圆心，R 为半径划圆弧交于 O 点；再以 O 点为圆心，R 为半径划圆弧相切于 A、B 两点，此圆弧即为与已知两直线相切的圆弧，见图 2-31（c）。

（6）用划规作两圆弧间的圆弧连接划法

两圆弧间的圆弧连接主要有三种方式，即两圆弧与一圆弧外切、两圆弧与一圆弧内切、两圆弧与一圆弧内切及外切，其圆弧连接的划法如图 2-32 所示。

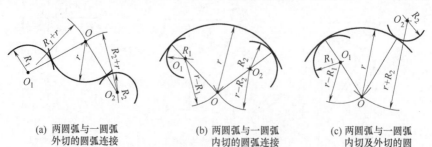

(a) 两圆弧与一圆弧
　　外切的圆弧连接　　　　　(b) 两圆弧与一圆弧
　　　　　　　　　　　　　　　内切的圆弧连接　　　　　(c) 两圆弧与一圆弧
　　　　　　　　　　　　　　　　　　　　　　　　　　　内切及外切的圆
　　　　　　　　　　　　　　　　　　　　　　　　　　　弧连接

图 2-32　两圆弧间的圆弧连接划法

① 两圆弧与一圆弧外切的划法。如图 2-32（a）所示，以 O_1、O_2 为圆心，根据另一圆弧半径 r，分别以（R_1+r）、（R_2+r）为半径划两圆弧交于 O 点，再以 O 点为圆心，r 为半径，就可划出与两圆弧外切的圆弧。

② 两圆弧与一圆弧内切的划法。如图 2-32（b）所示，以 O_1、O_2 为圆心，分别以（$r-R_1$）和（$r-R_2$）为半径划两圆弧相交于 O 点，再以 O 点为圆心，以给定 r 为半径，即划出与两圆弧相内切的圆弧。

③ 两圆弧与一圆弧内切及外切的划法。如图 2-32（c）所示，以 O_1、O_2 为圆心，分别以（$r-R_1$）和（$r+R_2$）为半径相交于 O 点，再以 O 点为圆心，以给定 r 为半径，即划出两圆弧与一圆弧内切及外切的圆弧。

（7）用划规作圆周三、六、十二等分的划法

如图 2-33 所示，圆周三等分的划法是先作直径线段 AB，在 B 点以圆周半径 R 作圆弧与圆周相交于 C、D 两点，则 A、C、D 就是圆周上的三等分点；圆周六等分的划法是在 A、B 两点以圆周半径 R 作圆弧与圆周相交于 C、D、E、F 四点，则 A、C、D、B、E、F 就是圆周上的六等分点；圆周十二等分的划法是在 A、B、C、D 四点以圆周半径 R 作圆弧与圆周相交于 E、F、G、H、I、J、K、M 八点，则 A、G、H、D、I、J、B、K、M、C、E、F 就是圆周上的十二等分点。

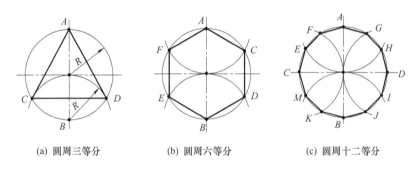

(a) 圆周三等分　　(b) 圆周六等分　　(c) 圆周十二等分

图 2-33　圆周三、六、十二等分的划法

（8）用划规作圆周四等分的划法

如图 2-34 所示，先作直径线段 AB，然后分别在 A、B 点以大于圆周半径 r 的任意半径 R 作圆弧交于 C、D 两点，连接 C、D 两点与圆周相交于 E、F 两点，则 A、E、B、F 就是圆周四等分点。

（9）用划规作圆周五等分的划法

如图 2-35 所示，首先按照圆周四等分的划法作出互相垂直的两条直径线段 AB 与 CD。在 B、C 点打上冲眼。以 B 点为圆心，以圆周半径 r 为半径作圆弧与圆周交于 K、L 点。连接 K、L 两点，线段 KL 与线段 AB 交于 E 点，在 E 点打上冲眼。以 E 点为圆心，以 CE 长为半径 R_1 作圆弧交 AB 线段于 F 点，在 F 点打上冲眼。再以 C 点为圆心，以 CF 长为半径 R_2 作圆弧交圆周于 G 点，在 G 点打上

冲眼。最后以 *CG* 弦长依次在圆周上划等分点得 *H*、*J*、*I*，则 *C*、*H*、*J*、*I*、*G* 就是圆周上的五等分点。

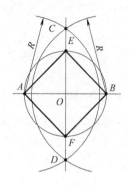

图 2-34 圆周四等分的划法

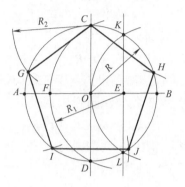

图 2-35 圆周五等分的划法

（10）用划规作圆周任意等分的划法

如图 2-36 所示，先作直径线段 *AB*。在 *A*、*B* 点打上冲眼，分别在 *A*、*B* 点以 *AB* 长为半径作圆弧交于 *C*、*D* 点。再根据所需等分数在直径线段上进行等分，分别从 *C*、*D* 两点引出直线，通过 *AB* 线段上的奇数（或偶数）等分点并延长后相交于圆周，圆周上的各交点就是圆周上的等分点。如图 2-36（a）所示是把圆周十等分，分别从 *C*、*D* 两点引出直线，通过 *AB* 线段上的奇数等分点并延长后相交于圆周，则交点 *A*、*E*、*F*、*G*、*H*、*B*、*I*、*J*、*K*、*L* 就是圆周上的十等分点。

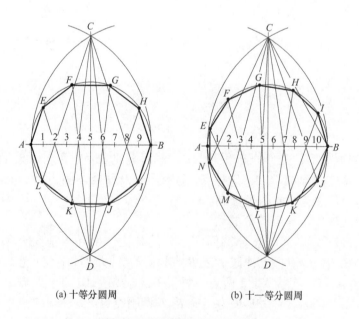

(a) 十等分圆周   (b) 十一等分圆周

图 2-36 圆周任意等分的划法

图 2-36（b）所示是把圆周十一等分，分别从 C、D 两点引出直线，通过 AB 线段上的偶数等分点并延长后相交于圆周，则交点 E、F、G、H、I、B、J、K、L、M、N 就是圆周上的十一等分点。

（11）用划规作圆周弦长等分的划法

圆周弦长等分的划法是根据在同一圆周上每一等分弧长所对应的弦长相等来等分圆周的。为计算方便，列出圆周等分弦长系数表，如表 2-4 所示。

表 2-4　圆周等分弦长系数表

等分数 n	系数 k	等分数 n	系数 k	等分数 n	系数 k
3	0.86603	13	0.23932	23	0.13617
4	0.70711	14	0.22252	24	0.13053
5	0.58779	15	0.20791	25	0.12533
6	0.50000	16	0.19509	26	0.12054
7	0.43388	17	0.18375	27	0.11609
8	0.38268	18	0.17365	28	0.11197
9	0.34202	19	0.16459	29	0.10812
10	0.30902	20	0.15643	30	0.10453
11	0.28173	21	0.14904	31	0.10117
12	0.25882	22	0.14232	32	0.09801

弦长计算公式如下：

$$L=Dk$$

$$k = \sin\frac{180°}{n}$$

式中　L——圆周弦长；

　　　D——圆周直径；

　　　k——圆周弦长系数；

　　　n——圆周等分数。

圆周弦长等分的划法有一个缺点，就是累计误差比较大，划线时需要多次试划和调整才能达到准确等分。

2.1.4　基本几何图形的画法

为了能在图样上精确、快速地作出零件轮廓的图形，除熟悉基本线条的作法外，还必须要懂得一些基本几何图形的作法，主要有以下几种。

（1）直线和角的画法

各类直线和角的画法见表 2-5。

表2-5　直线和角的画法

名称	作图条件与要求	图形	操作要点
平行线的画法	作 $\overline{ab}$ 的平行线，相距为 S		①在 $\overline{ab}$ 线上分别任取两点为圆心，以 S 长为半径，作两圆弧 ②作两圆弧的切线 $\overline{cd}$，则 $\overline{cd}$ // $\overline{ab}$
平行线的画法	过 p 点作 $\overline{ab}$ 的平行线		①以已知点 p 为圆心，取 R_1（大于 p 点到 $\overline{ab}$ 的距离）为半径画弧交 $\overline{ab}$ 于 e ②以 e 为圆心、R_1 为半径画弧交 $\overline{ab}$ 于 f ③以 e 为圆心，取 $R_2=\overline{fp}$ 为半径画弧交于 g，过 p、g 两点作 $\overline{cd}$，则 $\overline{cd}$ // $\overline{ab}$
垂直线的画法	作过 $\overline{ab}$ 任意外定点 p 的垂线		①过 p 点作一倾斜线交 $\overline{ab}$ 于 c，取 cp 中点为 O ②以 O 为圆心，取 $R=cO$ 为半径画弧交 $\overline{ab}$ 于 d 点，连接 $\overline{dp}$，则 $\overline{dp} \perp \overline{ab}$
垂直线的画法	作过 $\overline{ab}$ 的端点 b 的垂线		①任取线外一点 O，并以 O 为圆心，取 $R=Ob$ 为半径画圆交 $\overline{ab}$ 于 c 点 ②连接 cO 并延长，交圆周于 d 点，连接 $\overline{bd}$，则 $\overline{bd} \perp \overline{ab}$
垂直线的画法	作过 $\overline{ab}$ 的端点 b 的垂线（用 3：4：5 比例法）		①在 $\overline{ab}$ 上以 b 为顶点量取 $bd=4L$ ②以 d、b 为顶点，分别量取以 $5L$、$3L$ 长作半径交弧得 c 点，连接 $\overline{bc}$，则 $\overline{bc} \perp \overline{ab}$
线段的等分	作 $\overline{ab}$ 的 2 等分线		①分别以 a、b 为圆心，任取 $R\left(>\dfrac{\overline{ab}}{2}\right)$ 为半径画弧，得交点 c、d 两点 ②连接 $\overline{cd}$ 并与 $\overline{ab}$ 交于 e，则 $ae=be$，即 $\overline{cd}$ 垂直平分 $\overline{ab}$
线段的等分	作 $\overline{ab}$ 的任意等分线（本例为 5 等分）		①过 a 作倾斜线 $\overline{ac}$，以适当长在 $\overline{ac}$ 上截取 5 等分，得 1、2、3、4、5 各点 ②连接 $b5$ 两点，过 $\overline{ac}$ 线上 4、3、2、1 各点，分别作 $b5$ 的平行线交 $\overline{ab}$ 于 4′、3′、2′、1′ 各点，即把 ab 5 等分

名称	作图条件与要求	图形	操作要点
角度的等分	∠ abc 的 2 等分		①以 b 为圆心，适当长 R_1 为半径，画弧交角的两边于 1、2 两点 ②分别以 1、2 两点为圆心，任意长 R_2（$>\frac{1}{2}$ 线段 12 距离）为半径相交于 d 点 ③连接 $\overline{bd}$，则 $\overline{bd}$ 即为 ∠ abc 的角平分线
	∠ abc 的 3 等分		①以 b 为圆心，适当长 R 为半径，画弧交角的两边于 1、2 两点 ②将弧 12 用量规量取 3 等分为 3、4 两点 ③连接 $b3$、$b4$ 即为 ∠ abc 的 3 等分线
	90°角的 5 等分		① 以 b 为圆心，适当长 R 为半径，画弧交 $\overline{ab}$ 延长线于点 1 和 $\overline{bc}$ 于点 2，量取点 3，使 $\overline{23}=\overline{b2}$ ②以 b 点为圆心，$\overline{b3}$ 为半径画弧交 $\overline{ab}$ 于点 4 ③以点 1 为圆心，$\overline{13}$ 为半径画弧交 $\overline{ab}$ 于点 5 ④以点 3 为圆心，$\overline{35}$ 为半径画弧交弧 34 于点 6 ⑤以弧 $a6$ 长在弧 34 上量取 7、8、9 各点 ⑥连接 $b6$、$b7$、$b8$、$b9$ 即为 90° 角 ∠ abc 的 5 等分线
	作无顶点角的角平分线		①取适当长 R_1 为半径，作 $\overline{ab}$ 和 $\overline{cd}$ 的平行线交于 m 点 ②以 m 为圆心，适当长 R_2 为半径画弧交两平行线于 1、2 两点 ③以 1、2 两点为圆心，适当长 R_3 为半径画弧交于 n 点 ④连接 $\overline{mn}$，则 $\overline{mn}$ 即为 $\overline{ab}$ 和 $\overline{cd}$ 两角边的角平分线

名称	作图条件与要求	图形	操作要点
作已知角	作∠a'b'c'等于已知角∠abc	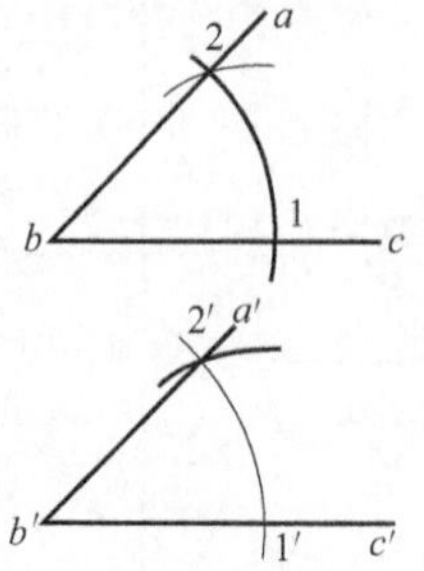	①作一直线 $\overline{b'c'}$ ②分别以∠abc的b和 $\overline{b'c'}$ 的b'为圆心，适当长R为半径画弧，交∠abc于1、2点和 $\overline{b'c'}$ 于点1' ③以1'点为圆心，取 $\overline{12}$ 为半径画弧交于2' ④连接b'2'并适当延长到a'，则∠a'b'c'=∠abc
作已知角	用近似法作任意角度（图中为49°）	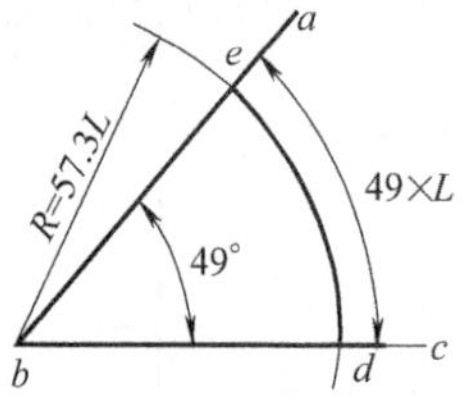	①以b为圆心，取R=57.3L长为半径画弧（L为适当长度）交 $\overline{bc}$ 于d ②由于作49°角，可取49×L的长度，在所作的圆弧上，从d点开始用卷尺量取弧长到e点 ③连接be，则∠ebd=49° ④作任意角度，均可用此方法，只要半径用57.3×L，以角度数×L作为弧长（L是任意适当数）
	已知三角形三边长为a、b、c，求作该三角形	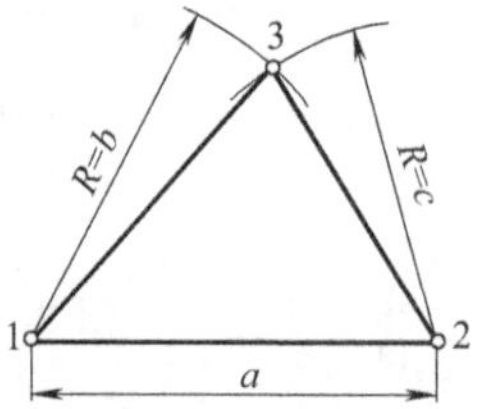	①作直线段 $\overline{12}$ 使其长为a，以1和2分别为圆心，以半径R=b和R=c分别画弧交于3点 ②连接 $\overline{13}$ 和 $\overline{23}$，那么△123即为所求作的三角形
	作倾斜线（图中斜度为1:6）	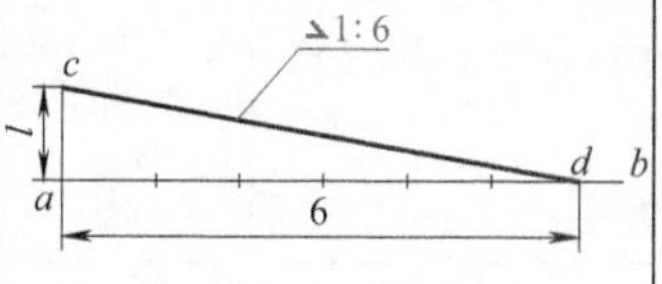	①画直线ab，再作直角∠cad，在垂直线上定出任意长度ac ②再在ab上定出相当于6倍ac长度的点d，连接点d、c，即得到与直线ac的斜度为1:6的倾斜线
	已知正方形的边长为a，用近似法求作该正方形	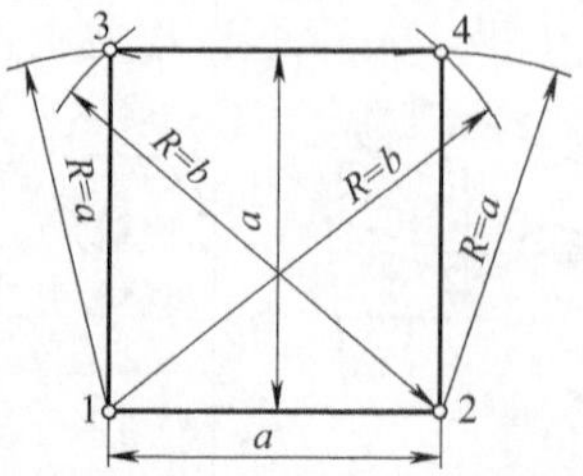	①作一水平线，取 $\overline{12}$ 等于已知长度a，分别以点1、2为圆心，已知长度a为半径画圆弧，与分别以点1、2为圆心，b（b=1.414a）为半径所画的圆弧相交，得交点3、4 ②分别以直线连接各点，即得所求正方形

续表

名称	作图条件与要求	图形	操作要点
已知矩形两边长度 a 和 b，求作该矩形		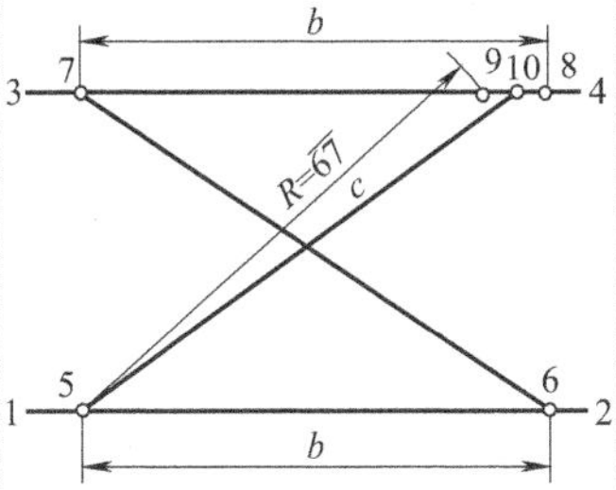	①先画两条平行线 $\overline{12}$ 和 $\overline{34}$，其距离等于已知宽度 a ②在 $\overline{12}$ 和 $\overline{34}$ 线上分别取等于已知长度 b 的点为5、6、7、8，以点5为圆心，$\overline{67}$ 对角线长为半径画圆弧与直线 $\overline{34}$ 相交，交点为9 ③连接点5及 $\overline{89}$ 中点10，则 $\overline{510}$ 即为所求对角线长 c ④分别以5、6为圆心，以对角线长 c 为半径画弧，其与 $\overline{34}$ 的交点，即为矩形的另两个顶点，点5、6分别与 $\overline{34}$ 的交点相连接便得到所求的矩形
		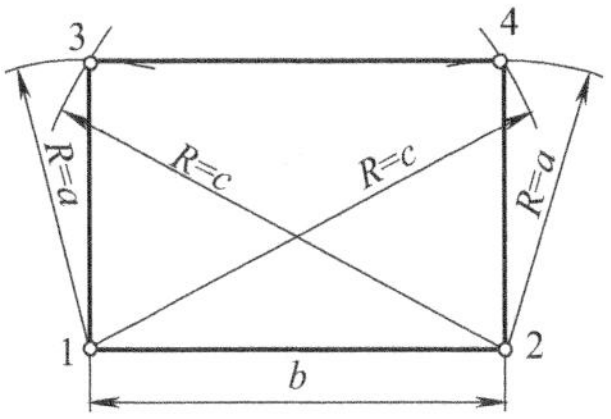	①作一水平线 $\overline{12}$，使其长度等于 b ②分别以点1、2为圆心，已知长度 a 为半径画圆弧，与分别以点1、2为圆心，c（$c=\sqrt{a^2+b^2}$）为半径所画的圆弧相交，得交点为3、4 ③分别以直线连接各点，即得所求矩形

（2）圆弧的画法

圆弧是构成各种图形的基础，圆弧的画法见表2-6。

表2-6 圆弧的画法

作图条件与要求	图形	操作要点
已知弦长 $\overline{ab}$ 和弦高 $\overline{cd}$ 作圆弧		①连接 $\overline{ac}$、$\overline{bc}$，并分别作垂直平分线相交于点 O ②以 O 为圆心，$\overline{aO}$ 长为半径画圆弧，即为所求圆弧
已知弦长 $\overline{ab}$ 和弦高 $\overline{cd}$ 作圆弧（近似画法）		①连接 $\overline{ac}$ 并作垂直平分线，并在其上量取 $\overline{cd}$ /4 得 e ②分别连接 $\overline{ae}$、$\overline{ce}$ 并作垂直平分线，并在其上量取 $\overline{cd}$ /16 长，得 f、g 点 ③同理将弦长作垂直平分线，量取 $\overline{cd}$ /64 长，依次类推得到近似的圆弧（图中画一半）

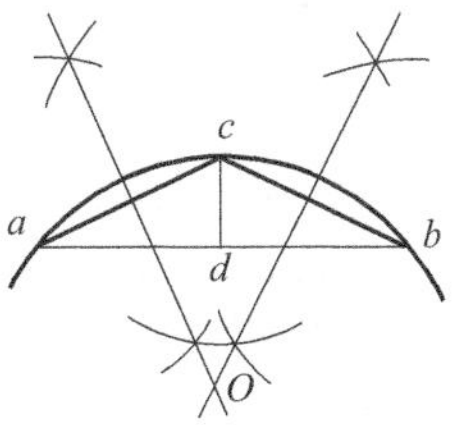

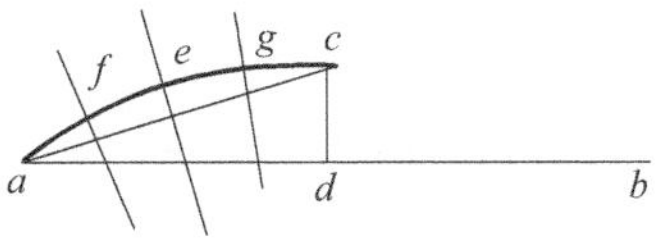

作图条件与要求	图形	操作要点
已知弦长 $\overline{ab}$ 和弦高 $\overline{cd}$ 作圆弧（准确画法）	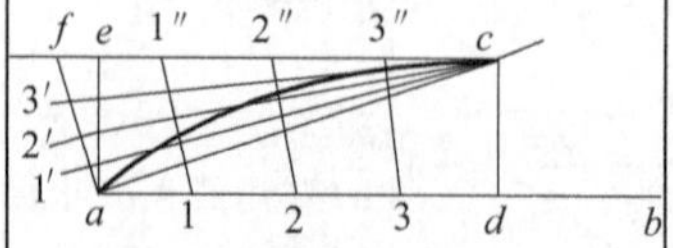	①分别过 a、c 点作 $\overline{cd}$ 和 $\overline{ab}$ 平行线的矩形 $adce$ ②连接 $\overline{ac}$，过 a 作 $\overline{ac}$ 垂线交 ce 延长线于 f ③在 $\overline{ad}$、$\overline{cf}$、$\overline{ae}$ 线上各取相同等分，分别得 1、2、3、1″、2″、3″ 和 1′、2′、3′ 点（图中 3 等分） ④分别连接 $\overline{11''}$、$\overline{22''}$、$\overline{33''}$ 和 $\overline{1'c}$、$\overline{2'c}$、$\overline{3'c}$ 并得对应相交各点，圆滑连接各点，即得所求圆弧（图中画一半）

（3）椭圆的画法

除圆、圆弧外，椭圆也是构成各种图形的基础，椭圆的常用画法见表 2-7。

表 2-7 椭圆的画法

已知条件与要求	图形	操作要点
已知长轴 $\overline{ab}$ 和短轴 $\overline{cd}$ 作椭圆（用同心作法）	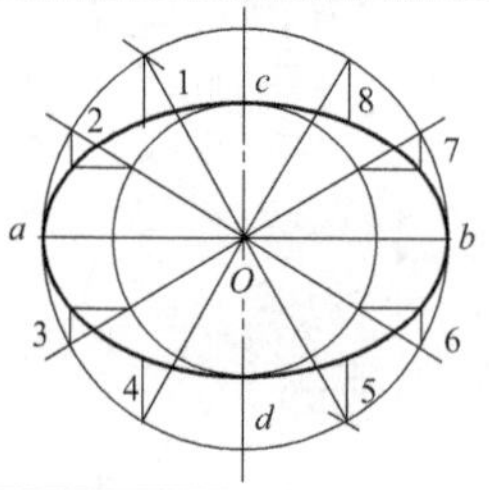	①以 O 为圆心，$\overline{Oa}$ 和 $\overline{Oc}$ 为半径作两个同心圆 ②将大圆等分（图中 12 等分）并作对称连线 ③将大圆上各点分别向 $\overline{ab}$ 作垂线与小圆周上对应各点作 $\overline{ab}$ 的平行线相交 ④用圆滑曲线连接各交点得所求的椭圆
已知长轴 $\overline{ab}$ 作椭圆（长轴 3 等分法）	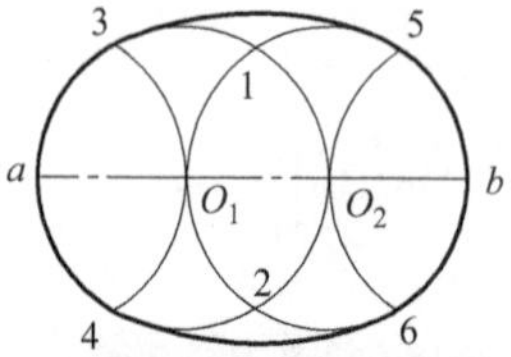	①将 $\overline{ab}$ 3 等分。等分点为 O_1 和 O_2，分别以 O_1 和 O_2 为圆心，取 $\overline{aO_1}$ 为半径画两圆，且相交于 1、2 两点 ②分别以 a 和 b 为圆心，仍取 $\overline{aO_1}$ 为半径画弧交两圆于 3、4、5、6 各点 ③分别以 1 和 2 为圆心，取 $\overline{25}$ 线段长为半径画弧 35、46，即为所求的椭圆
已知短轴 $\overline{cd}$ 作椭圆	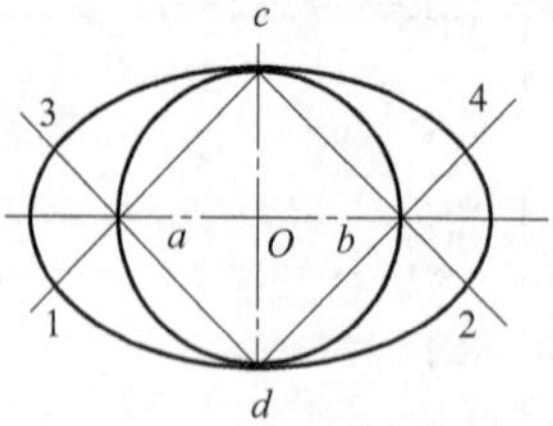	①取 $\overline{cd}$ 的中点为 O，过 O 作 $\overline{cd}$ 的垂线，与以 O 为圆心，$\overline{cO}$ 为半径的圆相交于 a、b 两点 ②分别以 c 和 d 为圆心，取 $\overline{cd}$ 为半径画弧交 $\overline{ca}$、$\overline{cb}$、$\overline{da}$、$\overline{db}$ 的延长线于 1、2、3、4 点 ③分别以 a 和 b 为圆心，取 $\overline{a1}$ 为半径画弧 13 和 24，即完成所求的椭圆
已知长轴 $\overline{ab}$ 和短轴 $\overline{cd}$ 作椭圆	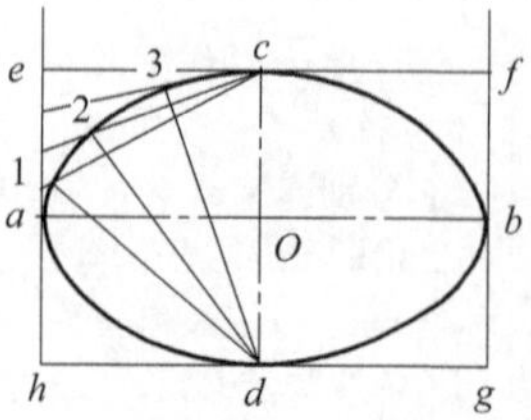	①长轴 $\overline{ab}$ 和短轴 $\overline{cd}$ 相交于 O 点 ②分别过 a、b 和 c、d 点作 $\overline{cd}$ 和 $\overline{ab}$ 的平行线，交成矩形，交点为 e、f、g、h ③把 $\overline{aO}$ 和 $\overline{ae}$ 作相同的等分（图中 4 等分）并从 c 作 $\overline{ae}$ 线上各等分点的连线和从 d 作 $\overline{aO}$ 线上的各等分点的连线并延长，各对连线交于 1、2、3 各点 ④用光滑曲线连接各点得 1/4 的椭圆，同理求出其他三边曲线

2.2 划线基本操作技术

在机械加工过程中，需要划线以便能进行后续加工的场合较多。按划线后，其后续用途的不同，划线可分为三类，即：在钢板或条料上进行的划线，供气割、剪切、锯断或机加工用；在铸、锻件毛坯上进行的划线，用以确定加工面的位置及孔的中心；在半成品零件上进行划线，用以确定精加工表面或孔的位置。而不论其使用场合、用途，按工件划线的复杂程度，划线可分为平面划线、立体划线两类。

零件所划的线都在同一个平面上，这种划线称为平面划线，此类划线比较简单；在零件三个相互垂直方向的各平面上和其他斜面上进行的划线称为立体划线，此类划线比较复杂。但不论多复杂的一个划线图形，其都是由直线、曲线、圆及圆弧等基本线条组成，根据所划线条在加工中的作用和性质，线条可分为基准线、加工线、找正线、检查线和辅助线五种，如图 2-37 所示。

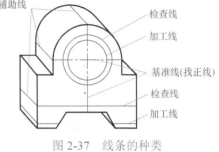

图 2-37 线条的种类

① 基准线。划在工件表面，确定点、线、面之间相互位置关系所依据的线条称为基准线。

② 加工线。根据图样，划在工件表面，表示加工界限的线条称为加工线。

③ 找正线。划在工件表面，使工件在机床上处于正确位置时用于校正的线条称为找正线。一般是将基准线和检查线作为找正线。

④ 检查线。划在工件表面，用于加工后检查和分析加工质量的线条称为检查线。

⑤ 辅助线。加工线以外的线条均为辅助线。

2.2.1 划线基准的选择

划线尺寸主要分为定形尺寸和定位尺寸两种。用来确定线段的长度、圆弧的半径（或圆的直径）和角度的大小等的尺寸称为定形尺寸，而用于确定线段在工件表面中所处位置的尺寸称为定位尺寸。定位尺寸通常以工件形状的对称中心线、中心线或某一轮廓面作为基准来完成。划线实质上就是合理完成上述尺寸位置的冲点（样冲眼）操作过程。

无论划如何复杂的图样尺寸线，划线操作时首先需要选择工件上某个点、线或面作为依据，用来确定工件上其他各部分尺寸、几何形状和相对位置，这个过程称为确定划线基准。划线基准是指在零部件上起决定作用的基准面和基准线。

确定好划线基准事实上也就是确定了大部分定位尺寸的基准。

　　设计图样中的零部件上用来确定其他点、线、面位置的依据，称作设计基准。划线时，一般应选择设计基准为划线基准。即：所选择的划线基准应与设计基准保持一致，这称为基准重合原则。遵循这一原则，能直接量取划线尺寸，简化尺寸换算，保证划线质量和提高划线效率。

（1）划线基准的类型

常见的划线基准类型有以下三种。

第一种：以相互垂直的两个平面（或直线）为基准。如图 2-38 所示样板，需划出外形高度、宽度和孔加工线。从图样上可以看出，其设计基准为两个相互垂直的底平面和右侧平面。因此，划出各加工线时，应以底平面和右侧平面为划线基准。否则，要进行尺寸换算，加工尺寸也难以控制。

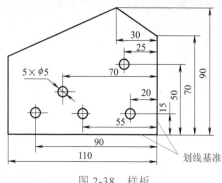

图 2-38　样板

第二种：以两条对称中心线为基准。图 2-39 所示盖板，需划出 $\phi 25mm$ 的车削加工线和 4 个孔 $\phi 7mm$ 的钻削加工线。从图样上可以看出，其设计基准为两条对称中心线。因此划线时，应以两条相互垂直且对称的中心线为划线基准，以保证各孔加工位置与毛坯边缘对称均匀，不致影响外观质量。若以 B、C 面为划线基准，不仅要进行尺寸换算，还可能影响工件外形的对称性。

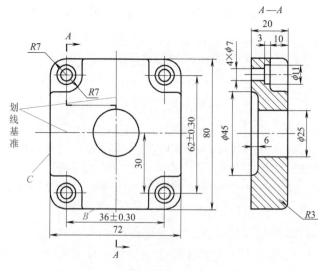

图 2-39　盖板

第三种：以一个平面和中心线为基准。图 2-40 所示制动滑块，其设计基准为底平面和中心线。划高度方向的尺寸加工线时，应以底平面为划线基准；划宽度方向的尺寸加工线时，应以中心线为划线基准。若以 A、B 面为划线基准，不仅要进行尺寸换算，还难以保证工件外形左右方向的对称性。

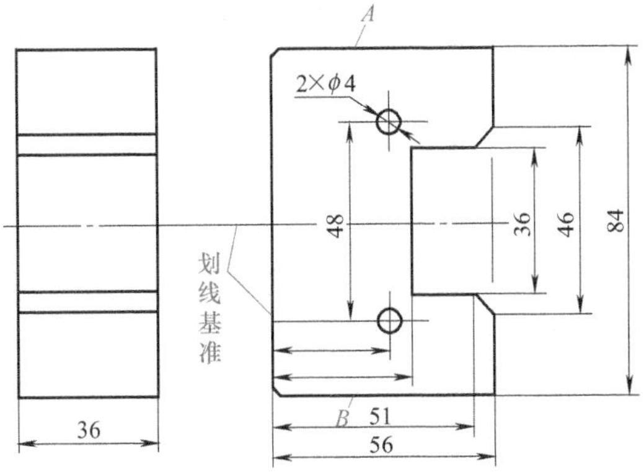

图 2-40　制动滑块

（2）划线基准的选择

在划线操作过程中，划线基准的选择还应根据所划零件的加工状态来选择，即通过毛坯划线还是半成品划线来决定。

1）毛坯划线基准的选择

毛坯件划线不可避免地要选择不加工面作为划线的基准，并且该基准面还应有利于后续的找正、定位和借料等。这是因为毛坯件上要进行加工的面所留余量并不一定均匀，而且铸件的浇、冒口也留在加工面上，还有飞边、毛刺等，所以，加工面就不那么平整规矩。因此选择作为划线基准的不加工面，应能较好地保证在后续的划线中测定加工面的加工余量，并划出加工线来。为此，在决定坯件的划线基准时，有几个原则必须遵循。

① 尽量选择零件图上标注尺寸的基准（设计基准）作为划线基准。

② 在保证划线工作能进行的前提下，尽量减少划线基准的数量。

③ 尽量选择较平整的大面作为划线基准，以通过大面来确定其他小面的位置。因坯件按大面找正后，其他较小的各平行面、垂直面或斜面，就必然处在各自应有的位置上。否则，以小面定大面，则后续划线确定的大面很可能超出允许的误差范围。

④ 选择的划线基准应能保证工件的安装基准或装配基准的要求。

⑤ 划线基准的选择应尽量考虑到工件装夹的方便，并能保证工件放置的稳定性，保证划线操作的安全。

2）半成品划线基准的选择

凡经过机床加工一次以上，而又不是成品的零件称为半成品。半成品的基准面的选择主要有以下几个原则。

① 在零件的某一坐标方向有加工好了的面，就应以加工面为基准划其他各线。如图 2-41 所示，划轴承座 d 孔时，就要由加工好了的底面 A 往上量取尺寸 l，划出孔的水平中心线。

② 在零件的某一坐标方向没有加工过的面，仍应以不加工面为基准划其他

各线。如图 2-41 所示，水平中心线划出以后，孔的左右方向仍要按半径为 r 的不加工两侧面确定位置，保证孔有足够的加工余量。与此同时，还要照顾到两个侧面的对称性。

③ 同是加工过的几个面，要选设计基准面为基准面，以减少定位误差。或者选择尺寸要求最严的面为基准面。如图 2-42 所示，半离合器划键槽线就要以孔的中心为基准，而不要以 d_1 外圆为基准划线。因为孔 d_2 和基准面 B 是一次装夹加工的，外圆 d_1 是调头装夹加工的，两个圆不完全同心。

④ 有个别工件，工艺或设计有特殊要求，指定要以某个面为基准、保证某一个尺寸等，这时就必须服从这些要求。

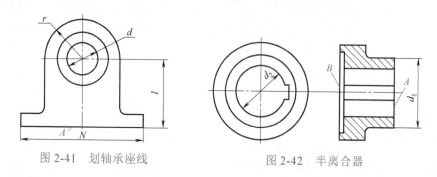

图 2-41 划轴承座线   图 2-42 半离合器

2.2.2 划线的找正与借料

找正和借料是划线中常用到的操作手段，主要目的是充分保证工件的划线质量，并在保证质量的前提下，充分利用、合理使用原材料，从而在一定程度上降低成本，提高生产率。找正是指利用划线工具（划线盘、直角尺等）使工件的待加工表面相对基准（不加工面）处于合适位置的操作过程。对于毛坯工件，在划线前一般都要进行找正。

当零件毛坯材料在形状、尺寸和位置上的误差缺陷，用找正后的划线方法不能补救时，就要用借料的方法来解决。借料就是通过若干次的试划线和调整，使各个加工面的加工余量合理分配，互相借用，从而保证各个加工表面都有足够的加工余量，而误差和缺陷可在加工后排除。

应该指出的是：划线时的找正和借料这两项工作是密切结合进行的。因此，找正和借料必须相互兼顾，使各方面都满足要求，如果只考虑一方面，忽略其他方面，是不能做好划线工作的。

（1）找正

划线过程中，通过对工件找正，可以达到以下目的：当工件毛坯上有不加工表面时，通过找正后再划线能使加工表面和不加工表面之间的尺寸得到均匀合理的分布；当工件毛坯上没有不加工表面时，对加工表面自身位置找正后再划线，能使各加工表面的加工余量得到均匀合理的分配。

根据所加工工件结构、形状的不同，找正的方法也有所不同，但主要应遵循以下原则。

① 为了保证不加工面与加工面间各点的距离相同（一般称壁厚均匀），应将不加工面用划线盘找平（当不加工面为水平面时），或把不加工面用直角尺找垂直（当不加工面为垂直面时）后，再进行后续加工面的划线。

图 2-43 为轴承座毛坯划线找正的实例。该轴承座毛坯底面 A 和上面 B 不平行，误差为 f_1，内孔和外圆不同心，误差为 f_2。由于底面 A 和上面 B 不平行，造成底部尺寸不正，在划轴承座底面加工线时，应先用划线盘将上面（不加工的面）B 找正成水平位置，然后划出底面加工线 C，这样底部的厚度尺寸就达到均匀。在划内孔加工线之前，应先以外圆（不加工的面）$\phi 1$ 为找正依据，用单脚规找出其圆心，然后以此圆心为基准划出内孔的加工线 $\phi 2$。

② 如有几个不加工表面时，应将面积最大的不加工表面找正，并照顾其他不加工表面，使各处壁厚尽量均匀，孔与轮毂或凸台尽量同心。

③ 如没有不加工平面时，要以欲加工孔毛坯面和凸台外形来找正。对于有很多孔的箱体，要照顾各孔毛坯和凸台，使各孔均有加工余量而且尽量与凸台同心。

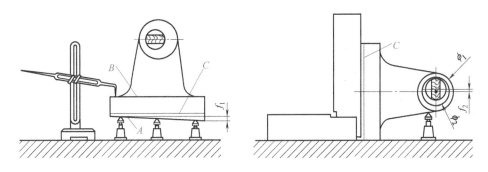

图 2-43　轴承座的找正划线

④ 对有装配关系的非加工部位，应优先作为找正基准，以保证工件的装配质量。

（2）借料

要做好借料划线，首先要知道待划毛坯材料的误差程度，确定需要借料的方向和大小，这样才能提高划线效率。如果毛坯材料误差超出许可范围，就无法利用借料来补救了。

划线时，有时因为原材料的尺寸限制需要利用借料，通过合理调整划线位置来完成。有时在划线时，又因原材料的局部缺陷，需要利用借料，通过合理调整划线位置来完成。因此，在实际生产中，要灵活地运用借料来解决实际问题。

图 2-44 为一支架，图 2-44（a）为支架铸件毛坯的实际尺寸，图 2-44（b）

为支架的图样，需要加工的部位是 ϕ40mm 孔和底面两处。

由于铸造缺陷，ϕ32mm 孔的中心高向下偏移，如果按图样以此中心高直接进行划线，则当底面划出 5mm 加工线后，ϕ32mm 孔的中心高将跟着降低 5mm，从 62mm 降到 57mm，这样就与 ϕ40mm 孔的中心高 60mm 相比降低 60-57=3（mm）。这时，ϕ40mm 孔的单边最小加工余量为（40-32）/2-3=1（mm）。由于 ϕ40mm 孔的单边余量仅为 1mm，可能导致孔加工不出来，使毛坯报废，如图 2-44（c）所示。

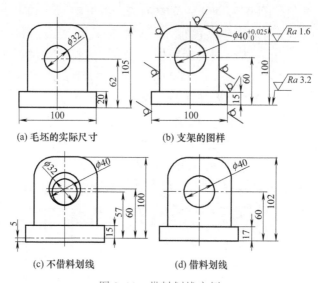

图 2-44　借料划线实例

为了不使毛坯报废，将采取借料划线的方法进行补救。为保证 ϕ40mm 孔的中心高不变，而且又有比较充足的单边加工余量，就只能向支架底面借料。底面的加工余量为 5mm，如果向支架底面借料 2mm，则 ϕ40mm 孔的单边加工余量可达到 3mm，这样就使孔有比较充足的加工余量，而且支架底面还有 3mm 的加工余量，是能够满足加工要求的。由于向支架底面借料 2mm，会导致支架总高增加 2mm 变为 102mm，但由于顶部表面不加工，且无装配关系，因此不会影响其使用性能，如图 2-44（d）所示。

2.2.3　万能分度头划线的操作

分度头是一种重要的铣床附件，也是钳工生产中常用的工具，特别用于划线操作。按其结构不同，一般可分为直接分度头、机械分度头和光学分度头三种。机械分度头又分为万能型（FW）和半万能型（FB）两种类型，通常采用万能分度头。万能分度头的规格主要是以夹持工件最大直径表示的，例如，FW250型万能分度头，F 表示分度头，W 表示万能型，250 表示夹持工件最大直径为

250mm。钳工常用的万能分度头的型号有 FW200、FW250 和 FW320 三种。

（1）万能分度头的结构

万能分度头的结构如图 2-45 所示。基座是分度头的主体，回转体可沿基座做水平轴线回转，同时也可以在垂直方向的 –10°～110° 范围内任意转动。刻度环套在主轴上，刻度环上刻有 0°～360° 的刻度，用来直接分度。分度盘的正反面上都有若干圈不同等分的小孔，作为分度定位时使用。不同形式的分度头配备的分度盘块数也不同，有配备一块、两块和三块的，各种分度盘的孔数如表 2-8 所示。

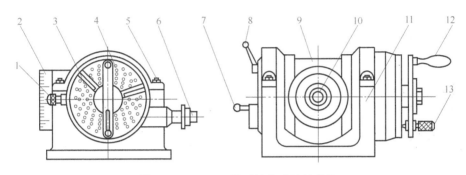

图 2-45　FW250 型万能分度头的结构

1—分度盘锁紧螺钉；2—刻度环；3—分度叉；4—分度盘；5—锁紧螺栓；6—交换齿轮轴；

7—蜗杆脱落手柄；8—主轴紧固手柄；9—回转体；10—主轴；11—基座；12—分度手柄；13—定位插销

表 2-8　各种分度盘的孔数

分度头形式	分度盘的孔数
带一块分度盘	正面：24、25、28、30、34、37、38、39、41、42、43 反面：46、47、49、51、53、54、57、58、59、62、66
带两块分度盘	第一块：正面 24、25、28、30、34、37 　　　　　反面 38、39、41、42、43 第二块：正面 46、47、49、51、53、54 　　　　　反面 57、58、59、62、66
带三块分度盘	第一块：15、16、17、18、19、20 第二块：21、23、27、29、31、33 第三块：37、39、41、43、47、49

（2）万能分度头的传动系统

万能分度头的传动系统一般有三条传动路线，如图 2-46 所示。

第一条传动路线：当分度手柄 10 转动时，通过一对圆柱齿轮（$i=1$）和蜗杆副（$i=1/40$）使主轴 1 转动。

第二条传动路线：当动力由交换齿轮侧轴 12 输入时，经过一对交错轴斜齿

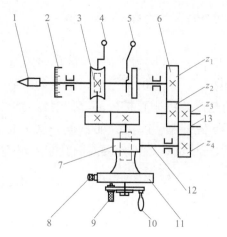

图 2-46　FW250 型万能分度头的传动系统
1—主轴；2—刻度环；3—蜗杆；4—蜗杆脱落手柄；
5—主轴紧固手柄；6—交换齿轮；7—交错轴斜齿轮；
8—分度盘锁紧螺钉；9—定位插销；10—分度手柄；
11—分度盘；12—侧轴；13—中间齿轮

轮 7（$i=1$），使它跟与斜齿轮固定在一起的分度盘 11 旋转。若定位插销 9 插在分度盘孔中，因而又带动分度手柄 10 按照第一条传动路线使主轴 1 转动。

第三条传动路线：主轴后端装有交换齿轮心轴，用交换齿轮与主轴连接。转动分度手柄，使主轴按照第一条传动路线转动。又经过交换齿轮按照第二条传动路线使主轴转动，这样主轴的实际转数就是这两种传动的合成。

（3）万能分度头的分度原理

由图 2-46 所示万能分度头的传动系统可知，分度手柄转过 40r，分度头主轴转过 1r，即传动比为 40：1，40 称为分度头的定数。定数也就是分度头内蜗杆蜗轮副的传动比。因此，工件等分数 n 的计算公式为

$$40：1=n：\frac{1}{Z}$$
$$n=\frac{40}{Z}$$

式中　n——分度手柄转过的转数；
　　　40——分度头定数；
　　　Z——工件等分数。

（4）万能分度头的分度方法

万能分度头可用来对各种等分数及非等分数进行分度，分度的方法有简单分度法、角度分度法和差动分度法等。

① 简单分度法。简单分度法又称为单式分度法，是最常用的分度方法。用这种方法分度时，分度盘固定不动，转动分度手柄，通过蜗杆蜗轮副带动主轴和工件转过一定的转（度）数。简单分度法有下列两种情况。

第一种：当工件的等分数为定数 40 的整除数时，由于分度手柄转过 40r，分度头主轴转过 1r，即传动比为 40：1，所以分度手柄转过的转数可由公式 $n=40/Z$ 确定。

第二种：当计算的转数不为整数而是分数时，可采用分度盘上相应孔圈进行分度。具体方法是选择分度盘上某孔圈，其孔数为分母的整倍数，然后将该分数的分子、分母同时增大到整倍数，利用分度又实现非整转数部分的分度。

② 角度分度法。角度分度法是简单分度的另外一种形式，只是计算的依据不同，简单分度时是以工件的等分数作为计算分度的依据，而角度分度法是以工件所需转过的角度 θ 作为计算分度的依据。由于分度手柄转过 40r，主轴带动工件转过 1r，即 360°，所以分度手柄每转过 1r，工件转过 9°。因此，可得出角度分度法的计算公式：

$$n=\frac{\theta}{9}$$

角度分度法有下列两种情况。

第一种：当工件的等分角度为 9 的整除数时，可由公式 $n=\frac{\theta}{9}$ 确定。

第二种：当工件的等分角度不为 9 的整除数时，可利用分度又实现非整转数部分的分度。

③ 差动分度法。分度时遇到的等分数是用简单分度法难以解决的质数（如 61、67 等）时，就要采用差动分度法来进行分度。差动分度法的分度头传动路线是前述的第三条传动路线。

在分度头的主轴后锥孔中装上交换齿轮心轴，通过交换齿轮使分度头主轴与分度盘连接起来。此时，必须松开分度盘的紧定螺钉，转动分度手柄，经过一系列传动使主轴转动。主轴的转动，经交换齿轮和一对交错轴的斜齿轮使分度盘转动。分度盘通过手柄上的定位销，带动手柄同向或反向转动一个角度。手柄的实际转数是手柄相对于分度盘的转数与分度盘的转数的代数和。进行差动分度时，首先选取一个与所要求的等分数接近，而又能在分度盘的孔圈中找得到的等分数 Z_0，并设实际等分数为 Z_1，则主轴每转过 $1/Z_0$，就比 $1/Z_1$ 多转或少转了一个较小的角度。这个角度就要通过交换齿轮使分度盘正向或反向转动来得到。由此可得差动分度的计算公式如下：

$$\frac{40}{Z_1}=\frac{40}{Z_0}+\frac{1}{Z_1}\times i$$

$$i=\frac{40}{Z_0}\left(Z_0-Z_1\right)$$

式中　Z_1 ——工件实际分度数；

　　　Z_0 ——工件假设分度数。

若式中的 i 值为负值，则表示分度盘手柄转向相反，转向的调整可通过交换齿轮的中介齿轮来解决。

（5）分度操作实例

根据分度头的传动系统可知，简单分度法的原理是：当手柄转过一圈，分度头的主轴便转过 1/40 周。如果要求主轴上装夹的工件 Z 等分，即每次分度时主轴应转过 1/Z 周，则手柄每次分度时应转的转数为：$n=40/Z$。

如要在一圆盘端面上划出六边形，每划一条线后，划第二条线时手柄的操作可按以下方法进行。

由于此处 $Z=6$，故分度头手柄摇转的圈数 $n=40/6=(6+2/3)$，即手柄应转过 $6\frac{2}{3}$ 周，圆盘（工件）才转过 $\frac{1}{6}$ 周，操作时可按下式完成：

$$40/Z=a+P/Q$$

式中　a——分度手柄的整转数；

　　　Q——分度盘某一孔圈的孔数；

　　　P——手柄孔数为 Q 的孔圈上应转过的孔距数。

手柄转 6 周后，还要转 2/3 周。为了准确达到 2/3 周，此时可将分母扩大到分度盘上有合适孔数的倍数值。如分母扩大为 24，则 2/3 就成了 16/24，即在 24 孔的孔圈上转过 16 个孔距数。也可以扩大为 42/63，即在 63 孔的孔圈上转过 42 个孔距数。一般选用孔数较多的孔圈较好。

若按角度分度法计算，则分度手柄的转数 n 应当是：$n=\frac{\theta}{9}$。

此处，$\theta=\frac{360}{6}=60$，因此，$n=\frac{\theta}{9}=\frac{60}{9}=6\frac{6}{9}=6\frac{42}{63}$。

即：手柄转 6 周后，还要在 63 孔的孔圈上转过 42 个孔距数。

（6）分度头划线注意事项

① 为了保证分度准确，分度手柄每次转动时必须按照同一个方向进行。

② 由于分度头蜗杆副在传动中会产生一定的间隙，为保证分度精度，在划线前，可先将分度手柄反向转过半圈左右以消除间隙。

③ 当分度手柄将要转到预定孔位时，注意不要让它转过了头，定位插销要正好插入孔内。若出现已经转过了头，则必须反向转过半圈左右，消除间隙后再重新谨慎地转到预定孔位。

④ 在使用分度头时，每次分度前必须先松开分度头侧面的主轴紧固手柄，分度完毕再锁紧主轴，以防止在划线过程中主轴出现松动。

⑤ 选择分度盘时，应尽可能选择使分数部分的分母倍数较大的分度盘孔数，以提高分度精度。

⑥ 划线完毕，应将分度头擦拭干净；要按照要求定期加注润滑油。

2.2.4　平面划线的操作

划线除要求线条清晰外，最重要的是保证尺寸的准确，平面划线尽管相对来说比较简单，却是一项重要、细致的工作。由于划线质量的优劣直接影响到所加工零件的形状继而尺寸正确与否，因此应按一定的步骤与方法进行。

平面划线一般可按以下步骤和方法进行。

① 分析图样。要详细了解工件上需要划线的部位和有关要求，确定划线基准。

② 工件清理。对工件的毛刺等进行清理。

③ 工件涂色。在钢板上涂上涂料。

④ 准备工具。准备好划线操作所需要的划线工具。

⑤ 划线过程中，基本上可按以下步骤进行：首先划基准线（基准线中应先划水平线，后划垂直线，再划角度线）；其次再划加工线（加工线中应先划水平线，后划垂直线，再划角度线，最后划圆周线和圆弧线等）；划线结束后，经全面检查无误后，打上样冲眼。

⑥ 工件划线时的装夹基准应尽量与设计基准一致，同时考虑到复杂零件的特点，划线时往往需要借助于某些夹具或辅助工具进行校正或支撑。

⑦ 装夹时合理选择支撑点，防止重心偏移，划线过程中要确保安全。

⑧ 若零件的划线基准是平面，可以将基准面放在划线平台上，用游标高度尺进行划线；如果划线基准是中心线（或对称面），应将工件装夹在弯板、方箱、分度头或其他划线夹具上，先划出对称平面或中心线，以此为基准，再用游标高度尺划其他线。

2.2.5 立体划线的操作

立体划线相对来说比较复杂，这是因为：平面划线一般要划两个方向的线条，而立体划线一般要划三个方向的线条。每划一个方向的线条就必须有一个划线基准，故平面划线要选两个划线基准，立体划线要选三个划线基准。因此，划线前要认真细致地研究图纸，正确选择划线基准，才能保证划线的准确、迅速。

（1）划线的方法

立体划线的方法很多，根据零件结构、外形尺寸的不同，其所采用的方法也不同，主要有直接翻转工件划线法、仿划线法、配划线法、直角板划线法、作辅助线法及混合法等。

① 直接翻转工件划线法。通过对工件的直接翻转，在工件的多个方向表面上进行的划线操作称为直接翻转工件划线法。

在机械制造中，最常用的立体划线就是直接翻转工件划线法。其优点是便于对工件进行全面检查和在任意表面上划线；其缺点是工作效率低，劳动强度大，调整找正比较费时。

② 仿划线法。仿划线法划线时不是按照图样，而是仿照现成的工件或样件直接进行划线。

仿划线一般作为划线作业中的应急措施，在遇到急需要立即更换的零件，但又没有图样时，为了争取时间，可不必等待图样测绘完成后再划线，而是直接按照原样件边测绘边进行仿划线。

　　将样件和毛坯件同时放在划线平台上，用千斤顶或楔铁支承，先校正样件，然后校正毛坯件，再用高度游标卡尺（或划线盘）直接在样件上量取尺寸，并在毛坯的相应位置划出加工线。如图 2-47 所示为轴承座的仿划线。在仿划线时，对于某些磨损比较严重的部位，要留足磨损补偿量。

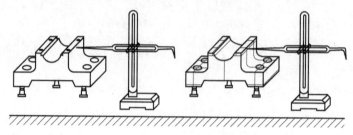

图 2-47　轴承座的仿划线

　　③ 配划线法。用已加工的工件或纸样与其他未加工的工件配合在相应位置所进行的划线操作称为配划线。

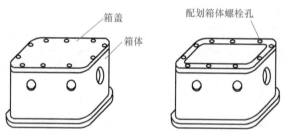

图 2-48　箱盖与箱体的配划线

　　配划线是在装配或制造小批量工件时，为满足装配要求和节省时间而采用的一种划线方法。配划线的方法有用工件直接配划的，也有用纸片拓印或其他印迹配划的。如图 2-48 所示为箱盖与箱体的配划线。

　　配划前，先在箱体上需要划线的部位涂上涂料，放置箱盖，要使箱盖与箱体四周对齐。配划时，用划针紧靠孔壁的边缘，要在箱体上多划几圈，拿掉箱盖后，要以所划线圈的最外层线圈来确定圆心位置，在线圈的前后左右用样冲打上四个点，再用划规求出圆心。

　　④ 直角板划线法。直角板划线是将划线盘靠在直角板上进行划线。它的优点是：简化工件的找正过程，适合无法翻转的薄板型工件的划线，同时还可在直角板上安上销子或螺栓，将工件挂在或压在垂直面上划线。但因为直角板不可能做得很大，所以一般只适合划零件的最大尺寸不超过 1m 的中小型零件。

　　⑤ 作辅助线法。这种方法一般是在划大型工件时采用。工件吊上平台划完第一面的线以后不再翻转，通过在平台或在工件本身上作出适当的辅助线，用各种划线工具相配合划出各不同坐标方向的线。

　　⑥ 混合法。有时工件形状特殊，单用作辅助线法很困难，这时可考虑将工件再翻转一次，与作辅助线法相结合划完各线。

（2）划线的顺序

进行毛坯件的立体划线，在决定坯件的放置基准和划线顺序时，一般可按以下原则进行。第一个原则是以大面定小面。因坯件按大面找正后，其他较小的各平行面、垂直面或斜面，就必然处在各自应在的位置上。否则，以小面定大面，则大面很可能超出允许的误差范围。所以划线的顺序只能是先划坯件上最大的一面，再划较大的面，依次而来，最后划最小的一面。第二个原则是以复杂面定简单面。复杂面上形状位置要求多，先以复杂面找正后，简单面以复杂面的位置定位，难度较小。第三个原则是当坯件带有斜面时，划线的顺序要看斜面的大小而定。如斜面大于其他面，就应先划斜面，如斜面相当或小于其他各面时，斜面放到最后划。较小的斜面通常都是当其他各面加工好了之后才加工的。所以在划坯件线时，只要注意检查斜面的所在位置，而不必划出线来。

当工件上有两个以上的不加工表面时，应选择其中面积比较大的、重要的或外观质量要求较高的表面作为找正基准。这样可使划线后各不加工表面之间厚度均匀，并使其形状误差调整到次要部位。

对有装配关系的非加工部位，应优先作为找正基准，以保证工件的装配质量。

（3）划线的步骤

立体划线步骤一般分为准备阶段、实体划线阶段和检查校对阶段。

1）准备阶段

① 分析图样，详细了解工件上需要划线的部位和有关的加工工艺；明确工件及其划线的作用和要求。

② 确定划线基准和装夹方法。

③ 清理工件。对铸件毛坯应事先将残余型砂清理干净，錾平浇口、冒口和毛刺，适当锉平划线部位表面。对锻件应去掉飞边和氧化皮。对于半成品，划线前要把毛头修掉，把浮锈和油污擦净。

④ 对工件划线部位进行涂色处理。

⑤ 在工件孔中安装中心顶或木塞，注意应在木塞的一面钉上薄铁皮，以便于划线和在圆心位置打冲眼。

⑥ 准备好划线时要用的量具和划线工具。

⑦ 合理夹持工件，使划线基准平行或垂直于划线平台。

2）实体划线阶段

实体划线阶段是划线工作中最重要的环节。当毛坯在尺寸、形状和位置上由于铸造或锻造的原因，存在误差和缺陷时，必须对总体的加工余量进行重新分配，即借料。借料是划线工作中比较复杂的一项操作，当毛坯形状比较复杂时，常常需要多次试划才能确定借料方案。

3）检查校对阶段

① 详细检查所划尺寸线条是否准确，是否漏划线条。

② 在线条上打出冲眼。

2.3 划线典型实例

在生产加工过程中，划线零件的形状是千奇百怪的，而各企业由于自身加工的条件不同，划线操作的方法也多种多样。一般说来，常见零件的划线操作技法主要有以下几方面。

2.3.1 划线样板的划线操作

图 2-49 所示为某产品的划线样板，采用 2mm 的 Q235A 材料制成，在板料上划出其全部线条的划线操作过程如下。

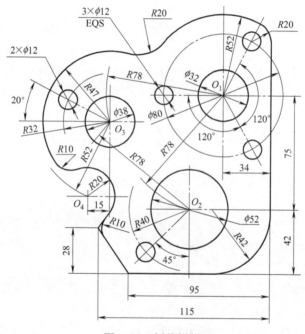

图 2-49 划线样板

① 确定以底边和右侧边这两条互相垂直线为基准。

② 沿板料边缘划出两条垂直基准线。

③ 划尺寸为 42mm 和 75mm 的两条水平线。

④ 划尺寸为 34mm 的垂直线。

⑤ 以 O_1 为圆心、$R78mm$ 为半径作弧并截 42mm 的水平线得 O_2 点，通过 O_2

点作垂直线。

⑥ 分别以 O_1、O_2 为圆心，$R78mm$ 为半径作弧相交得 O_3 点，通过 O_3 点作水平线和垂直线。

⑦ 通过 O_2 点作 45° 线，并以 $R40mm$ 为半径截得小孔 $\phi12$ 的圆心。

⑧ 通过 O_3 点作与水平线成 20° 的线，并以 $R32mm$ 为半径截得另一小孔 $\phi12$ 的圆心。

⑨ 划垂直线使与 O_3 垂直线的距离为 15mm，并以 O_3 为圆心、$R52mm$ 为半径作弧截得 O_4 点。

⑩ 划尺寸为 28mm 的水平线。

⑪ 按尺寸 95mm 和 115mm 划出左下方的斜线。

⑫ 划出 $\phi32mm$、$\phi80mm$、$\phi52mm$ 和 $\phi38mm$ 圆周线。

⑬ 把 $\phi80mm$ 圆周按图作三等分。

⑭ 划出五个 $\phi12mm$ 的圆周线。

⑮ 以 O_1 为圆心、$R52mm$ 为半径划圆弧，并以 $R20mm$ 为半径作相切圆弧。

⑯ 以 O_3 为圆心、$R47mm$ 为半径划圆弧，并以 $R20mm$ 为半径作相切圆弧。

⑰ 以 O_4 为圆心、$R20mm$ 为半径划圆弧，并以 $R10mm$ 为半径作两处的相切圆弧。

⑱ 以 $R42mm$ 为半径作右下方的相切圆弧。

至此全部线条划完。

2.3.2　大中型轴类工件中心线的划线操作

圆形件是生产中最常见的形状之一，许多形状复杂的工件也可能含有孔（轴）等圆形形状。对该类零件，轴（孔）中心线往往是圆形工件的划线基准，只有准确划出该划线基准，才有利于后续定位尺寸线的确定。通常，确定轴（孔）的中心线除可采用定心规等工具外，对于大中型轴类工件中心线的划线可用划卡划轴中心线。

用划卡划轴中心线可参见图 2-50 所示。划线时，划卡张开尺寸尽可能为轴的半径尺寸，按图示在轴的端面上划如图 2-50（a）所示的图形，再在图形的中心位置冲样冲孔。然后再以样冲孔为圆心，利用划卡弯脚沿轴外径检查样冲孔是否在中心，如有差异，则按照上述方法纠正，直至符合要求。

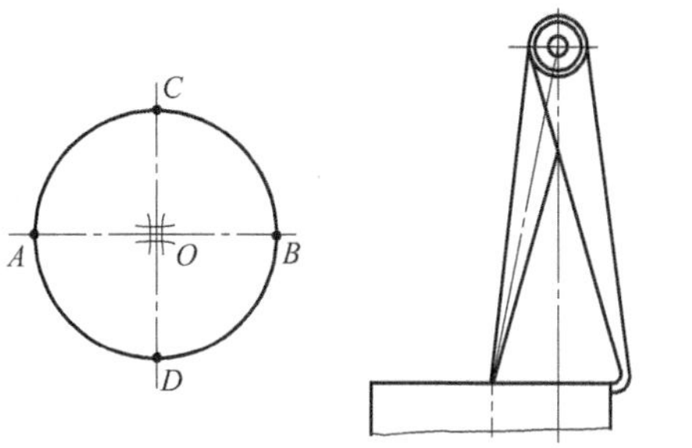

(a) 用划卡找中心的图示　　(b) 划卡划轴中心线的操作

图 2-50　用划卡划轴中心线

这种划法一般用于待加工的大中型轴类工件的中心顶尖孔的位置划线。

2.3.3   大且长轴类坯件中心线的划线操作

对于大且长的轴类坯件，在确定轴的中心孔位置时，由于该类工件形状很不规则，因此划线时翻转找正很困难。但是这类工件，特别是自由锻造的工件，须在划出中心孔位置，经过钻、镗加工进入车削时，其外径都具有一定的加工余量。这就需要在划线过程中，校正工件上最弯最低的部位。

划这类大且长的轴类坯件，通常采用拉线的方法划轴中心线位置。采用拉线的划法对此有一定优越性。一般是将工件置于平台上的 V 形块或枕木上，依照图样要求的尺寸和工件的实际直径，选择加工余量最少的部位（一般在轴的中间段），作为校正依据。校正时，可用吊车进行配合，以确保安全。通过校正，使中间段与平台面基本平行。拉线划法的步骤如下。

① 划水平中心线。如图 2-51 所示，先用划线盘对准加工余量最少部位的上端，在高度标尺上量取尺寸 H，再对准此加工余量最少部位的下端，量取尺寸 h。接着在轴的上端（全长）用划针盘找出最高和最低部位，在高度标尺上量取尺寸，并以 H 为基准，记下它与 H 的差值；同时再在轴的下端找出最高和最低部位，量取尺寸，并以 h 为基准，记下它与 h 的差值。然后对照文件上各部位的加工余量，当确认各加工部位均留有一定的加工余量时，即可按高度为 $\frac{D}{2}+h$ 的尺寸，划出水平中心线 Ⅰ—Ⅰ。

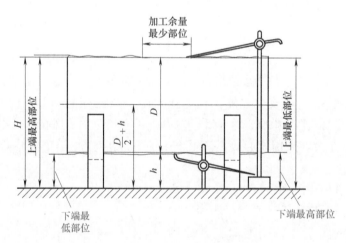

图 2-51   用拉线划法划水平中心线

② 划垂直中心线。如图 2-52 所示，在水平中心线上靠近轴两端面处分别取 A、B 两点，用 90° 角尺对准 A 点并靠住轴的一侧，然后用钢直尺量取角尺至轴的上端 $\frac{D}{2}$ 处定出 M 点，再用同样方法在 B 点处定出 N 点。接着对 M、N 两点进行拉线（拉线用 $\phi 0.5 \sim 1.5mm$ 的钢丝，通过拉线支架和线坠拉成的直线），拉线对准

M、N 两点，并略高于轴上端，以不碰为准。然后在轴两侧水平中心线上选几点，用定 M、N 点的方法分别测量 90° 角尺到拉线的尺寸，并作好记录，根据记录数据分析拉线是否在轴的中心位置和轴各部位的加工余量。如符合要求，即可用 90° 角尺分别贴在轴的两个端面上，对准拉线，划出 Ⅱ—Ⅱ 线与 Ⅰ—Ⅰ 线的交点，即为大件轴的中心孔位置。

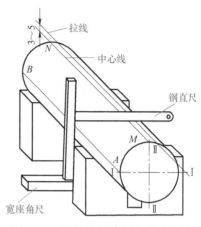

图 2-52　用拉线划法划垂直中心线

为了便于机床在加工中心孔时校正工件，在靠近轴两端面处的拉线位置，划出短线。最后，冲样孔，划圆线。

对于个别直径很大、变形很严重的工件，需要划两个方向的中心十字线，即在划完上述线以后，将工件翻转 45°，再划中心十字线。根据划线结果，对第一次划出的中心孔位置进行适当的调整，则更能保证工件各部位的加工余量均匀。

对于翻转不是十分困难的大工件，待水平中心线划好后，可将工件转过 90°，采用与划水平中心线同样的方法，划出与之相垂直的中心线，会取得良好的效果。

2.3.4　大直径缺圆环工件中心线的划线操作

对于大直径缺圆环工件的中心线的划线，通常利用几何原理划中心线，如图 2-53 所示。其划线操作步骤如下。

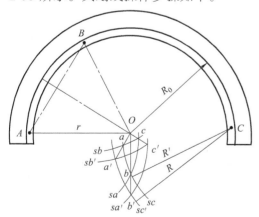

图 2-53　用几何原理划缺圆环工件中心线

在毛坯上选取 A、B、C 三点，分别以该三点为圆心，R 为半径（R 应比图样要求的 R_0 略大一些），划弧 sa'、sb'、sc'，若三弧交于一点 O，此点即为缺圆环的圆心。通常三弧的交点有三个（如图中的 a'、b'、c'），此时，再分别以 A、B、C 三点为圆心，以 R'（$R' < R$）为半径，用划规划弧 sa、sb、sc，亦得三个交点（图中的 a、b、c）。连接对应点 aa'、bb'、cc'，延长任意两条连线得交点 O，此点即为圆心。然后划规取图样尺寸 R_0 为半径，以 O 为圆心，检查毛坯加工余量，如有差异，可适当借料找正，便可划出缺圆环的加工线。

2.3.5　孔类工件中心线的划线操作

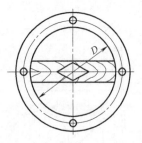

图 2-54　填料法划中心十字线

对于孔类工件划孔中心线的操作，通常采用填料法划孔中心线。填料法划孔中心线就是将竹片或较硬的木块修锯成与孔大小相似，将其紧紧填塞进孔内（如图 2-54 所示），将填料的平面与孔的端面基本齐平。为了使圆心的定位正确，在竹片或木块的中心处镶嵌一块薄铁皮，使划出的中心十字线和冲上的样孔都在铁皮上，即可依此划出孔的位置线和其他加工线。

在较大的孔划线定中心，可使用一种自制的工具：可调定心器（如图 2-55 所示）。它备有几套不同长度的调整螺钉，针对不同的孔径，可以自由调换。校正时，用划规的一个划脚，顶住调整块中心样孔，另一划脚则对着校正基准（毛坯件为凸台外缘，半成品件为已加工孔）转动，根据误差方向和大小，可调节调整块，使中心样孔处于工件中心，即可以中心样孔为圆心，划出孔的位置线和其他线。

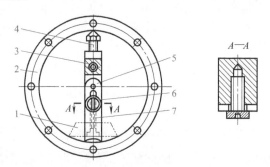

图 2-55　可调定心器
1—加固垫块；2—工件；3—支柱；4—调整螺钉；
5—调整块；6—垫圈；7—螺钉

可调定心器也可作填料使用，待划出中心十字线后，冲上样孔，再划出孔的位置线和其他线。

2.3.6　孔径较大、孔数较多件的划线操作

对于那些孔径较大而孔数又较多的工件，若采用不填料划线，一般可采用如图 2-56 所示的划线操作步骤。

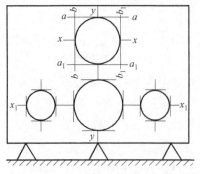

图 2-56　不填料法划孔的加工界线

首先，将工件放在平台上校正，按图样尺寸，先划出各孔的中心线 x—x、x_1—x_1、…、x_n—x_n。然后在孔的上下端，以中心线为基准，孔半径为距离，分别划出平行直线 a—a、a_1—a_1、…、a_n—a_n。这些线就是各孔的上下加工界线。

再将工件翻转 90°，校正 x—x 线与平台面垂直，照上述方法划出垂直方向的中心线 y—

y、…和加工界线 b—b、…，所划的加工界线不宜太长，以免因孔多而引起线条混乱，最好划成一个正方形。

最后在 a—a、…，b—b、…的交点处以及加工界线上冲好样孔。

2.3.7　圆柱面方孔位置线的划线操作

图 2-57 是浮动镗刀杆上安装镗刀头的方孔位置图。在圆柱面上划方孔的操作步骤如下。

划线前，将工件上 $\phi40$mm 的轴的部位，在分度头的三爪卡盘上夹牢，并用千分表校正。划线时，用与分度头中心等高的划线尺划出

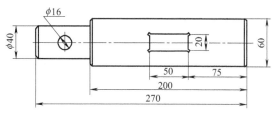

图 2-57　浮动镗刀杆上划方孔位置线

水平中心线。再以水平中心线为基准，分别上移和下移 10mm，划出方孔上下端的加工线。然后分别用划线尺对准离端面 75mm 和距此线 50mm 处，转动分度头的三爪卡盘和工件，划出方孔左右端的加工线，冲上样孔即可。划方孔时要注意，方孔尺寸应略小于图样尺寸，以保留刮削余量。

在给较长的浮动刀杆划线时，可在其划线部位两端用等高 V 形块支承，以减少刀杆外径对轴线同心度精度的影响。

2.3.8　进给拉杆的划线操作

一般说来，较短的轴在分度头上划线较方便，较长的轴类零件划线有两种方法。一种方法是用等高的划线方箱和 V 形块把工件两端支承起来划线；另一种方法是在分度头上划线，用分度头夹持轴的一端，另一端用顶尖支承划线。一般长度的轴类零件，可用划线方箱或 V 形块支承工件划线。

图 2-58 为 C6140 车床进给拉杆的零件加工图，车工工序已完成，工艺卡要求划出 8mm×52mm 键槽和 8mm×13mm 横槽的加工线，然后转入下道工序。其划线操作步骤如下。

① 首先用游标卡尺量取拉杆的实际直径 D。

② 把拉杆装夹在 100mm×100mm 的小划线方箱上，如图 2-59（a）所示。

③ 用高度游标卡尺量出工件的水平位置的最高点 H_1，以 $H_1-\dfrac{D}{2}$ 为高，划出拉杆的第一条中心线，延长到拉杆的两端面上。

④ 把划线方箱翻转 90°，如图 2-59（b）所示，用高度游标卡尺量取工件，以 $H_2-\dfrac{D}{2}$ 为高，划出工件的第二条中心线，延长到拉杆的两端面上。分别以

$H_2-\dfrac{D}{2}+3\text{mm}$ 为高，在拉杆没有螺纹那一端前后划出一条短直线。分别以 $H_2-\dfrac{D}{2}$ +4mm 和 $H_2-\dfrac{D}{2}-4\text{mm}$ 为高，在 8mm×52mm 键槽处划两条直线，为键槽的两条侧面加工线。

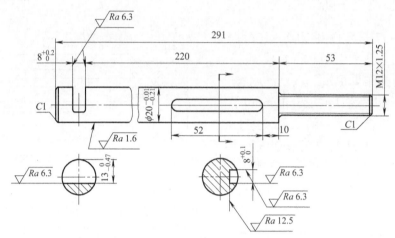

图 2-58　拉杆

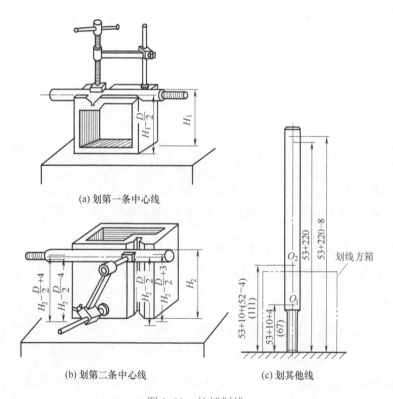

(a) 划第一条中心线

(b) 划第二条中心线

(c) 划其他线

图 2-59　拉杆划线

⑤ 如图 2-59（c）所示，把工件从划线方箱上取下来，拉杆带有螺纹那一端直接放在平台上，工件靠紧划线方箱 V 形槽内（或弯板），以使其中心线与平台面垂直，把高度游标卡尺分别调节到 67mm 和 111mm 的高度，划两条短线，与工件第二条中心线的交点为 O_1、O_2。O_1、O_2 两点即为键槽两端圆弧的圆心。再把高度规分别调节到 273mm 和 281mm 的高度，沿拉杆柱面划两条线，与上一次 [图 2-59（b）] 所划的线相交。

⑥ 分别以 O_1、O_2 为圆心，以 4mm 为半径划圆弧，与键槽两侧面加工线相切，涂去多余的线，在各加工线上打样冲眼。

2.3.9　轴套的划线操作

套类零件的划线，应以两个互相垂直的中心平面为基准。它有两种划线方法，在分度头上划线和在平板上直接划线。在分度头上划线较为方便，可以直接用分度头的中心高度作为划线基准。

图 2-60 是一轴套的零件图，车工工序已完成。工艺卡要求划出 3 个均布螺纹孔和 3 个均布的 $\phi8.5$mm 通孔。划线操作步骤如下。

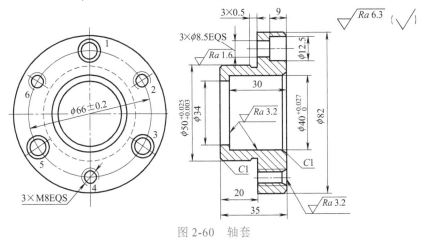

图 2-60　轴套

① 把工件小端装夹在分度头的三爪上，用 90°角尺或高度游标卡尺检查工件装夹是否有歪斜。

② 如图 2-61（a）所示，工件找正后，把高度游标卡尺调到分度头的中心高 H，划出一水平线 a_1—a_1，手摇分度头的手柄转动 10 圈，工件顺时针转动 90°，以高度 H 划一水平线 a_2—a_2。这两条互相垂直的水平线，既是工件的中心线，又是工件的划线基准。

③ 划六个孔的中心线。以 a_2—a_2 为基准，将高度游标卡尺分别调整到 $H+\dfrac{66}{2}$、$H-\dfrac{66}{2}$ 的高度，在工件的端面上划出两直线，分别与线 a_1—a_1 相交于

O_1、O_4 两点，O_1、O_4 两点即为孔 1、4 的中心；再把高度游标卡尺分别调节到 $H + \dfrac{66}{2} + \sin 30°$、$H - \dfrac{66}{2} + \sin 30°$ 的高度，划出两直线 a_3—a_3 和 a_4—a_4。这两条直线分别是孔 2、6、3、5 的第一位置线。

再划孔 2、3、5、6 的第二位置线：摇动分度头手柄，使工件顺时针转动 30°，用高度 H 划出直线 a_5—a_5，再使工件顺时针转动 120°，划出直线 a_6—a_6，分别与直线 a_3—a_3、a_4—a_4 交于 O_2、O_3、O_5、O_6 四点，这四点就是孔 2、3、5、6 的圆心，具体见图 2-61（b）。

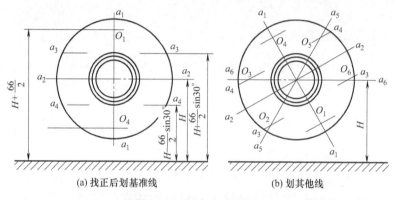

(a) 找正后划基准线　　　　(b) 划其他线

图 2-61　轴套零件划线

④ 求出各孔中心后，把工件从分度头上取下来，在各孔中心打上样冲眼，分别划出 $\phi 8.5$、$\phi 12.5$ 及 $\phi 6.6$（M8 螺纹的底孔直径）各孔的加工线；在各孔的加工界线上打上均匀的样冲眼。

2.3.10　圆柱面上相贯线的划线操作

一般在直径较大的圆柱面上划较小的圆时，可用普通划规来划线。但如果在

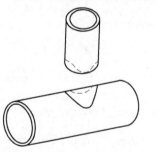

图 2-62　划圆柱面上的相贯线

一些主管支管直径相差不大的如图 2-62 所示的工件的圆柱表面上划线，倾斜角度太大，不易划准；若使用相贯线划线器，则可准确地划出，而且操作也较容易。

相贯线划线器结构如图 2-63 所示，其是由定心器 1、旋转尺 2、滑动架 3、滑动划针 4、螺钉 5 和底座 6 组成。旋转尺是由有刻度的直尺和旋转圆片组成。定心器上带有螺杆，将底座和旋转尺固定在一起并起到旋转尺的转动圆心的作用。滑动划针可在直尺上移动位置，可调整划线圆的半径，调整好位置后，用螺钉顶紧。划线时，由底座和定心器定位，旋转尺绕轴套旋转，滑动划针随着被划弧面垂直滑动，所以能够规则地

划出一个圆的轨迹。

采用相贯线划线器划圆的操作步骤如下。

① 先按所划圆的半径，根据旋转尺上的刻度，调整定心器尖与滑动划针尖的距离，调整后将滑动架紧固。

② 将划线器底座置于工件圆弧面上，调整定心器的伸出长度，使定心器尖恰好与工件上的样冲孔接触。

③ 用左手揿牢定心器底座上端，防止滑动，右手掌握好旋转尺及滑动划针，按箭头方向旋转，

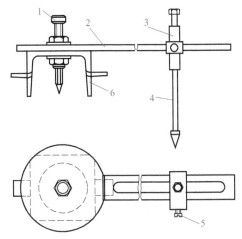

图 2-63　相贯线划线器结构

1—定心器；2—旋转尺；3—滑动架；4—滑动划针；

5—螺钉；6—底座

即能划出一圆，然后在线上打上样冲眼（见图 2-64）。

此外，在圆柱形台阶面上划圆，也可用相贯线划线器来划。因为划针是垂直滑动的，可随台阶上下伸长或缩短划针的长度，在不同台阶面上划出在同一个圆上的各部分线段。

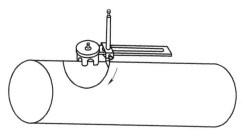

图 2-64　在圆柱面上划相贯线

2.3.11　箱体的划线操作

箱体是生产中常见的加工件，但其加工工艺和加工工序一般都比较复杂，各种尺寸和位置精度要求都较高，因此，箱体的划线操作也较为复杂，主要应注意以下方面的问题。

（1）箱体划线操作的特点

① 箱体划线很少一次划全线，往往要经过多次划线，所以在划线前要看懂图样要求，明确零件加工次序，按照工艺要求找出本划线工序所应划出的线，不可以把所有的加工线全部划到工件上去。因为经过一次机加工后，有的线会被加工掉，还要重划。

② 箱体工件划线时，各孔应加中心塞块划出圆孔的圆形加工界线，或不加中心塞块划出圆孔的正方形加工界线。但不管哪种情况，都应划出十字校正线。所谓校正线就是在划主要加工孔的每一条中心线时，应在工件的四个面上都划出，供下道工序划线或机加工时校正工件位置时用。一般把基准轴孔的十字线划

在箱体四个面上作为十字校正线，其他孔的十字线不必在四个面上都划出。划十字校正线应划在工件长而平直的部位，线条越长，划线部位越平直，校正越方便、准确。

③ 箱体工件一般孔较多，而且孔之间又都有很高的位置精度，所以在划线前应按图样要求对照毛坯检查毛坯质量。对不合格的毛坯及早发现，避免工时的浪费。如果箱体毛坯因铸造等原因造成的误差不大时，可以通过借料的方法加以挽救。借料时要多次调整检查，保证各配合孔都有加工余量，并照顾到其他部位的装配关系不受影响。

④ 大多数的箱体工件，内壁不需要加工，而且内壁与箱体内机件的间隙往往很小。所以在划线时应特别注意找正箱体内壁，有的甚至是以箱体内壁为找正基准。尤其是在用借料的方法调整各加工余量时，更要注意内壁及腔体的偏移，以保证划线和加工后的箱体能够顺利装配。

（2）箱体划线操作注意事项

箱体划线很少能在一个划线面上操作完成，通常箱体置于平台上的第一面划线，称为第一划线位置，划线时，应尽量选择待加工的孔和面最多的一面作为第一划线位置，这样有利于减少翻转次数，保证划线质量。第一面划完后，翻转后的另一面，则称为第二划线位置，依此类推，后续的划线位置应尽量选择加工出的基准面。此外，划线操作时还应注意以下事项。

1）划线前应作好准备

① 工件的清理。因箱体一般是铸件毛坯，所以在划线前应对箱体毛坯进行清理。錾去铸造毛刺，浇冒口部位要用手砂轮磨削平整，用钢丝刷刷去毛坯内外表面的砂子，这对保证划线工作能够顺利进行是十分重要的。假如砂子不在划线前去掉，划线时砂子会落到划线平台上，不但可能划坏平台表面和高度游标卡尺底座，而且影响划线精度和速度。如果工件翻转，用千斤顶重新支撑工件时，千斤顶底座放到砂子上，会使千斤顶偏心不稳，工件倒下去造成事故。

② 工件的涂色。箱体的第一次划线，一般都是在铸件毛坯表面上划，所以应在要划线的毛坯表面上刷上一层石灰水，等石灰水干了以后再进行划线。

2）箱体内壁的找正

一般箱体内壁是不加工，此时，划线找正时，应以待加工孔为准，因为箱体在铸造模型时，模型的芯头是专为箱体内腔砂芯的芯头做的，是模型与芯盒唯一的连接部位，也是下芯时砂芯的主要支承部位。在制造模型芯盒时已有尺寸的严格要求，在铸造出箱体的毛坯后，尺寸变化不会太大，可以作为找正基准。但遇有铸造缺陷的箱体毛坯时，则应从多方面进行校正。

3）箱体垂直线的划法

在箱体工件上划垂直线时，为了避免和减少翻转次数，可在平台上放一块角铁，经过校正，使角铁垂直面至工件两端中心等距，把划线盘底座靠住角铁，即能划出垂直线。也可采用如图 2-65 所示的垂直划线盘。

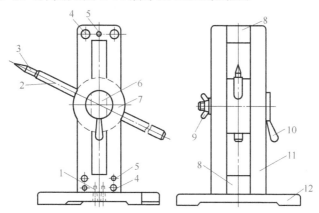

图 2-65 垂直划线盘.

1，5—锥销；2—划针；3—划尖；4—螺钉；6—滑块；7—转筒；8—垫块；9—蝶形螺母；
10—手柄；11—夹板；12—底座

垂直划线盘的主体由底座 12 和两块夹板 11 构成，两夹板间有上、下各一块垫块 8 支承形成垂直滑槽，两夹板与上下两垫块由锥销 5 和螺钉 4 固定连接，其与底座的连接是由锥销 1 与垂直滑槽中的下垫块固定在一起。滑槽中装有滑块 6、转筒 7、划针 2、划尖 3 及手柄 10，滑块的紧固松动由手柄操纵，蝶形螺母 9 操纵转筒 7 及划针 2 的紧固松动。

自己动手制作垂直划线盘时，一般总高度约为底座边长的 2.5～3 倍，较大型的垂直划线盘，垂直滑槽与底座的连接就不能只依靠锥销，应再用螺钉加固，并将垂直滑槽的底部嵌进底座里为好。

使用垂直划线盘划线时，划线盘安放在所划线的对应位置，底座固定在平台上，紧固划针螺钉，将划针固定在转筒上，松开滑块手柄，使滑块在夹板滑槽中上下移动，转筒可绕其心轴回转，因此可以划任意平面和曲面上的垂直线。

（3）箱体划线操作实例

如图 2-66 所示为 B665 刨床的床身和变速箱合为一体的箱体毛坯工件。其划线操作步骤及方法如下。

1）看懂零件图，搞清加工工艺要求

划线前应对图样进行分析，从图 2-66 中可以看出，该零件除了具有轴孔配合及孔位精度外，又具有对床身两条导轨几何精度要求严格的特点。水平导轨与垂直导轨的几何精度是刨床加工精度的关键。应保证两条导轨的垂直度与大齿轮孔的尺寸精度。尽管各种精度是通过机加工来保证的，但是划线时也应尽量准确，否则在进行机加工时就失去了划线的参考意义。

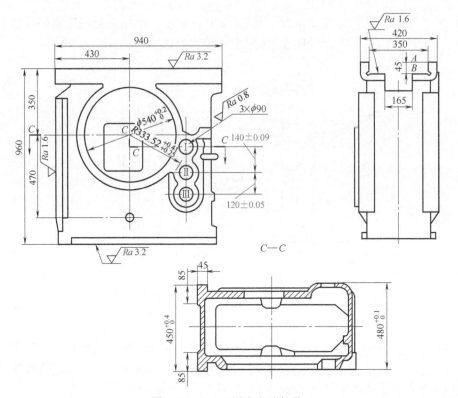

图 2-66　B665 刨床变速箱体

根据以上分析，选择轴孔 $\phi 540_{0}^{+0.2}$mm 正交十字线及左视图中的对称中心线作为划线基准。

2）划线前的准备

划线操作前应做好工件的清理、工件的涂色等准备工作。

3）第一次划线

第一次划线操作的步骤及方法如下。

① 做好第一次划线操作前的准备工作。首先在箱体大齿轮孔及三个变速轴孔中心镶条（为找正、借料做准备），然后用三个千斤顶将底面支撑在平板上，如图 2-67 所示。

② 先用划线盘预找平 A、B 两个待加工平面的四个角，再用 90° 角尺找正检查箱体两毛坯面是否对称，同时用 90° 角尺找正待加工的垂直导轨面。这三个因素如不协调，则主要应满足待加工表面有足够的加工余量。

③ 用划规在大齿轮孔中心镶条上预找出中心点，以此点为中心检查 $R323.52$mm 是否有加工余量，同时检查其他各孔是否有加工余量，以及内外凸台是否同轴。

④ 检查水平导轨、垂直导轨和底面是否都有加工余量。协调各加工面的加

工余量，完成借料过程。

⑤ 依次划出 $\phi 540_{0}^{+0.2}$ mm 孔中心线，孔Ⅰ、Ⅱ、Ⅲ中心线，水平导轨 A、B 两面的尺寸线，底面加工线（即 350mm、45mm、960mm）。

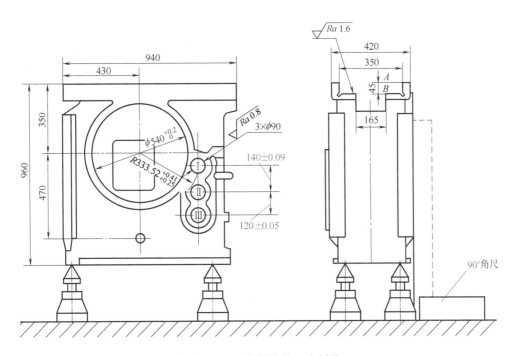

图 2-67　刨床箱体第一次划线

4）第二次划线

第二次划线操作的步骤及方法如下。

① 将箱体翻转 90°（如图 2-68 所示）。用 90°角尺找正第一次所划的基准线，即找正水平导轨的外侧面及内侧加工面与划线平板垂直。若有差异应在内侧加工面有加工余量并与外表面对称的前提下，使第一放置位置基准线与划线平板垂直。

② 以大齿轮孔中心为依据，在箱体四周划出第二放置位置基准线。同时划出图样上的 430mm、940mm、45mm 以及三孔的尺寸线。

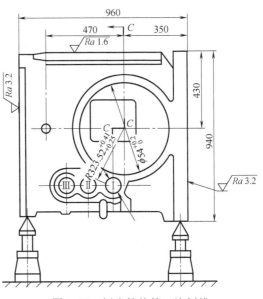

图 2-68　刨床箱体第二次划线

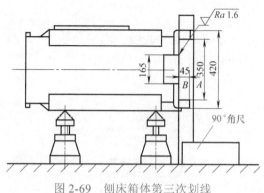

图 2-69 刨床箱体第三次划线

5）第三次划线

第三次划线操作的步骤及方法如下。

① 再将箱体朝另一方向翻转90°（如图 2-69 所示）。用 90°角尺找正前两次已划出的基准线。

② 以垂直、水平导轨加工余量的中点为依据（同时兼顾外表面的对称性），划出第三放置位置基准线，以及图中尺寸 165mm、350mm（450mm、480mm 的尺寸加工线见图 2-66 中 C—C 剖视）确定无误后，分别在各基准线及尺寸线上打上样冲眼。

2.3.12 大型工件的划线操作

在实际工作中，常遇到大型零件的划线，由于没有特大型的平板，再加上大型零件的体积大，分量重，在划线时吊装、校正都不方便，因此，该类工件在划线操作时应注意以下几方面。

（1）大型工件的划线方法

针对大型工件划线操作的上述诸多困难，主要有以下两类解决方法。

1）拼凑大型平台的方法

① 工件移位法。当工件超出部分的长度在平台长度的 1/3 以内时，可以用移动工件的办法划线。先在工件的左边（或右边）约 2/3 的部分，对所有能划线的部位划全线，然后将工件向左（或向右）移动，以工件中部已经划好的基准线作为没划线部分的划线基准，将移动后的零件校正，就可以在零件其余没划线的部位进行划线。

② 平台接长法。如果大型工件的尺寸比划线平台略长，可在工件需要划线的外伸部位下面，用另外的平台或平尺将基准平台接长，应以基准平台为准校正接长平台的平行度，并测出接长平台面与基准平台面的高低差尺寸。划线时，工件应安放在基准平台上，不得与接长平台或平尺接触，以免它们因承受压力而影响平行度和高低差。这样，工件绝大部分的线，可以根据基准平台计算尺寸，用高度尺划线，而工件的外伸部分，可根据接长平台计算尺寸，用高度尺划线。

③ 轨道与平尺调整法。这种方法是将大型工件置于坚实水泥地的调整垫铁上，用两根轨道相互平行地置于大型工件两端。轨道为平直的"工"字钢或经过加工的条形铸铁，其长度和宽度根据大件选用，再在两根轨道端部，靠近大件的两边分别放两根平尺，并将平尺调整成同一水平面。调整大型工件和划线时，均以平尺面为基准。

④ 水准法拼凑平台。将大件置于水泥地的调整垫铁上，在大件需要划线的部位，放置相应的平台，然后用水准法校平各平台之间的平行和等高，即可进行划线。所谓水准法，就是将盛水桶置于一定高度，使水通过接口、橡胶管流到标准座内带刻度的玻璃管里。然后将标准座置于某一平台面上，调整平台支承的高低

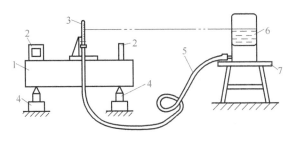

图 2-70　水准法
1—中间平台；2—水平仪；3—玻璃管；4—可调支承座；
5—橡胶管；6—水桶；7—支架

位置，并用水平仪校正平台面的水平位置，此时玻璃管内的水平面则对准某一刻度。而后利用这一刻度和水平仪，采用同样方法，依次校正其他平台面，使之与第一次校正的平台面平行和等高，如图 2-70 所示。

2）拉线吊线法

这种方法适于特大工件的划线，它只需要经过一次吊装、校正，就能完成整个工件的划线任务，可以解决多次翻转的困难。

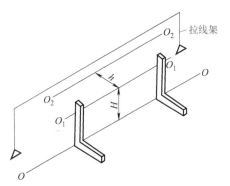

图 2-71　拉线吊线法原理

拉线吊线法是采用拉线（$\phi 0.5 \sim \phi 1.5$mm 的钢丝通过拉线支架和线坠拉成的直线）、吊线（尼龙线）用 30° 锥体线坠吊直。它的原理如图 2-71 所示。在平台面上设一基准直线 $O—O$，将两个 90° 角尺上的测量面对准 $O—O$，用钢直尺在两个角尺上量取同一高度 H，再用拉线或直尺连接两点，即可得到平行线 $O_1—O_1$。如果要得到距离 $O_1—O_1$ 线尺寸为 h 的平行线 $O_2—O_2$，可在相应位置设一拉线或移动拉线位置，用钢直尺在两个 90° 角尺的 H 点至此拉线量准 h，并使拉线与平台面平行，即可获得平行线 $O_2—O_2$，若尺寸较高，则可用线坠代替 90° 角尺。

（2）大件划线后的检查和校对

由于大型工件所需材料和工时较多，加工工艺复杂，而划线又是加工中校正的依据，它的正确与否直接关系到产品的质量。所以，在划线过程中，每划一条线都要反复检查校对，所有的线全部划完后，尚需复查和校对一次。

首先要检查所划的基准线以及它和各有关面、孔的关系（包括平行、垂直或角度要求）是否准确，要检查各加工孔槽和面所划的方向、角度、位置及各加工部位之间的尺寸是否符合图样要求。

　　其次在自行复查时，绝不能单凭划线时留下的印象，必须重新看图，查工艺。凡是经过计算的尺寸仍要复算一次，并按先后顺序，一一认真复查。当有些大件不具备复查条件时，应该随划随查，也就是说，每划完一个部位，便需及时复查一次。对一些重要的加工部位尚需反复检查。

　　（3）大型工件划线操作实例

　　图 2-72 所示轴，长约 8m，其最大部位的直径约为 800mm。一般说来，该类大型轴类坯件多是经锻造而成的，其轴径和长度方向都留有加工余量。划这类零件的目的是检查轴径和长度方向的余量情况，并在此基础上确定轴心，以供机床加工中心孔时用。所以划线时要注意尽量使轴径各处的加工余量均匀，以减少车床走空刀的现象，提高车床工作效率。其划线步骤如下。

　　① 将轴坯吊上平台，用 V 形块或枕木将其支承。如果轴坯某处有明显的缺陷，应将它转动到轴的上方或下方。

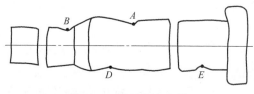

图 2-72　划轴坯水平线

　　② 用两个划线盘，分别按中间段（图 2-72 中轴身最长的一段）的上方和下方基本找平。接着用划线盘翻边对好轴上方的最低处（如 A 处）和轴下方的最高处（如 D、E 处）。用钢直尺测量两划线盘所标示的尺寸，并算出其差值。如果该差值大于这段轴径所要求的尺寸，说明有余量。当然其他地方余量更大，轴心也由此决定。取第三个划线盘，将划针调到前面划线盘所示尺寸的中心。以这一轴心高用上述方法继续检查轴径情况，直到全部满足要求后，绕轴一周划出水平的中心线。

　　③ 取两个 90° 角尺，如图 2-73 所示（俯视图），调整到两端轴径的中心位置。

　　④ 在轴的上方拉尼龙线，使其既靠近两 90° 角尺又靠近轴大头的上方，这时尼龙线的位置基本表示轴心的位置。

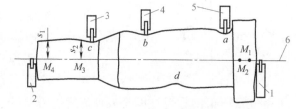

图 2-73　划轴坯垂直线（俯视）
1～5—90° 角尺；6—尼龙线

　　⑤ 移动 90° 角尺，按尼龙线所示位置分别检查各段轴径的特殊点（如图 2-73 中 a、b、c、d）的加工余量。待全部满足后，将 90° 角尺仍置于轴的两端，对好尼龙线，分别在两个端面上划线，此线就是轴的垂直中心线。

　　⑥ 用划针在轴的大端直接按尼龙线在它上方划出两个点 M_1、M_2，移动 90° 角尺到轴的小头，置于轴的一侧，量取 90° 角尺到尼龙线的尺寸（如图 2-73 所示 s_2），然后由这个 90° 角尺往轴的上方过尺寸 s_2 划出一点 M_3，接着用同样的方法

划出另一点 M_4，分别按 M_1M_2、M_3M_4 连线。此线和水平中心线都是机床加工中心孔时要用的找正线。检查无误后，打样冲眼。然后依据上述中心线分别划出后续的尺寸位置线，检查无误后，同样打出样冲眼。

2.3.13 传动机架的划线操作

图 2-74 所示是一个传动机架零件图，是一个外形不规则的工件，其中 $\phi40^{+0.25}_{0}$mm 孔的中心线与 $\phi75^{+0.03}_{0}$mm 孔的中心线成 45° 角，且交点在工件以外，由于孔的交点在空间，给划线带来一定困难。因此划线时需要划出辅助基准线和在辅助夹具的帮助下才能完成。为了尽量减少安装次数，在一次安装中尽可能多地划出所要加工的尺寸线，因此，可以利用三角函数解尺寸链的方法来减少安装次数。其划线操作步骤如下。

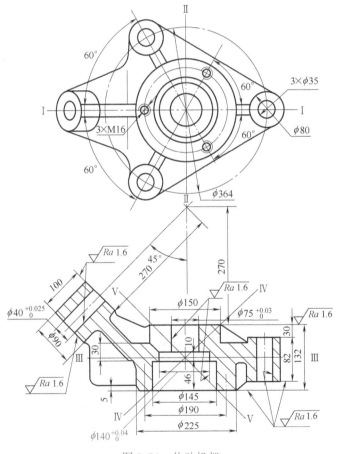

图 2-74 传动机架

① 将传动机架固定在直角板上，如图 2-75（a）所示。以划线平台为基准，使 A、B、C 三个凸缘部分中心尽可能调整到图 2-74 中的 I—I 线上（同一条水

平线上）。同时用 90°角尺检查上、下两个凸台表面，使其与划线平台工作台面垂直；然后将安装直角板连同工件翻转 90°，使直角板大平面紧贴平板台面，如图2-75（b）所示。用划线盘找正 D、E 两凸缘部分毛坯中心与平板台面平行。经过反复找正后将工件与直角板紧固。

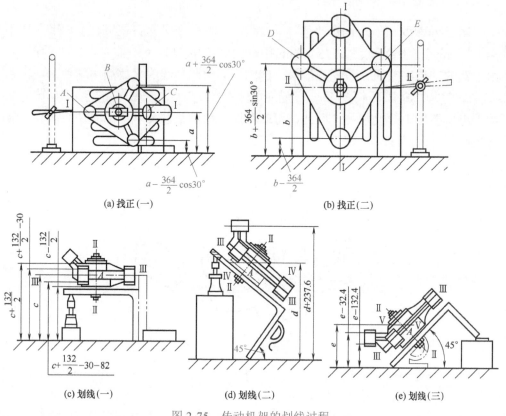

图 2-75 传动机架的划线过程

② 按图 2-75（a）所示，可以划出 A、B、C 三个凸缘在一个方向的中心线 Ⅰ—Ⅰ，将其作为基准线，同时建立划线基准尺寸 a，利用 a 可以推算出 D、E 两孔在该方向的划线尺寸 $a+(364/2)\cos30°$ 和 $a-(364/2)\cos30°$，可分别划出 $\phi35$mm 孔一个方向的中心线。

③ 按图 2-75（b）所示，划 A、B、C、D、E 另一个方向的中心线。首先找正 $\phi75$mm 孔中心点，划出 Ⅱ—Ⅱ基准线（即 $\phi75$mm 孔的中心线）作为基准尺寸 b，利用它可以推算出 A、D、E 的中心线尺寸 $b+(364/2)\sin30°$ 和 $b-364/2$，用它分别划出三个 $\phi35$mm 的中心线。

④ 按图 2-75（c）所示，划出工件 Ⅲ—Ⅲ 线作为基准线 c，然后以该线为基准确定 Ⅱ—Ⅱ 线的交点 A。按尺寸 $c+132/2$ 和 $c-132/2$ 分别划出 $\phi150$mm 凸台两端面的加工界线；同时按尺寸 $c+132/2-30$ 和 $c+132/2-30-82$ 分别划出三个

ϕ80mm 凸台的端面加工界线。

⑤ 将直角板倾斜放置，见图 2-75（d），并用 45°角铁或万能角度尺进行校正并固定，按图 2-75（d）所示使角铁与划线平板平面成 45°倾角。通过Ⅱ—Ⅱ线和Ⅲ—Ⅲ线的交点找到尺寸 d 作为辅助基准线Ⅳ—Ⅳ。按尺寸 $d+$［（270+132/2）sin45°］即 d+237.6，划出 ϕ40mm 孔的中心线与Ⅰ—Ⅰ线相交即为圆心。

⑥ 将直角板的另一方向倾斜 45°，用 45°角铁或万能角度尺进行校正并固定，见图 2-75（e），通过交点 A 找出尺寸 e，划出辅助线Ⅴ—Ⅴ作为基准线，按尺寸 $e-$［270-（270+132/2）sin45°］和尺寸 $e-$［270-（270+132/2）sin45°］-100 划出 ϕ90mm 凸台毛坯上下端面的加工线。

⑦ 检查各部位尺寸准确无误后，卸下工件，然后划出各孔加工线，打样冲眼，划线结束。

2.3.14 畸形工件的划线操作

在生产加工中，常会遇到一些形状不规则的零件，有些不仅外形不规则，而且内部的某些表面也不规则，如各孔的中心线，既不平行，也不垂直等。对这些畸形工件划线，同样具有自身的一些操作技法。

（1）划线基准的选择方法

选择畸形工件的划线基准，不能根据不规则的外形，一般应选择比较重要的中心线，如孔的中心线等，如图 2-76 所示畸形工件，若为毛坯划线，则可选择 ϕ34 中心线作为基准。

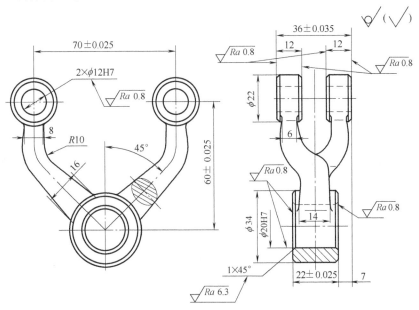

图 2-76 畸形工件

当工件的中心线不能满足划线基准的要求时，可以在零件上比较重要的部位划参考线作为辅助基准来完成工件的划线。

（2）划线时工件的安装方法

畸形工件划线时，多数安装在某些夹具或辅具上，以便进行校正，此外，还常采取以下几种方法。

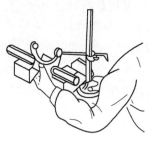

图 2-77   利用心轴支承工件

① 用心轴安装工件。若工件上的基准孔已加工出来，用心轴穿入基准孔内划线比较有利。工件装在心轴上以后，用 V 形铁或方箱上的 V 形槽作支承进行校正，便于完成其他部位的划线。如图 2-76 所示零件，若 ϕ20H7 已加工完成，可利用心轴穿入作为基准，完成其他部位的划线（见图 2-77）。

② 用方箱、弯板安装工件。采用这种安装方法时，首先应对工件的形状进行分析，选择可以利用的安装部位。工件安装校正后，再完成某一个或几个部分的划线。

③ 用专用夹具划线的方法。这种方法多用于中、小批生产，单件生产中不使用。工件在专用夹具中只需按定位原理安装好，不必再校正就可直接划线，既能保证划线的准确性，又能加快划线速度。

（3）畸形工件的划线步骤

一般工厂中单件或小批生产的零件经过划线进行加工；大批生产的零件多数不用划线加工的方法，而是将工件安装到各种专用夹具中直接进行加工。有时只是用划线的方法检查毛坯的外形和各部分的几何位置。

畸形工件在划线时，一般不能一次划出全线，而是划线与加工交替进行。其步骤如下。

① 毛坯划线。即在毛坯上划出可利用的基准面和基准孔，划后按线进行加工。

② 二次划线。利用加工出的基准面或基准孔作划线基准，进行二次划线，又可按二次划线加工出某些部位。

③ 三次或四次划线。对于形状极为复杂的畸形工件，两次划线往往不可能加工完成，还需进行三次、四次……划线。多次划线当中，必须注意做到基准统一，以保证工件的加工质量。

（4）畸形工件的划线操作实例

如图 2-78 所示偏心零件，其外圆 D 和尺寸 B 都已加工完

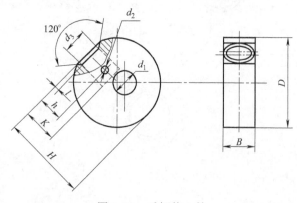

图 2-78   手柄偏心轮

毕。其各孔位置的划线操作步骤与方法如下。

① 把偏心零件装夹在分度头的三爪卡盘上，找正后，用高度游标卡尺以分度头的中心高 a 在工件上划一直线 Ⅰ—Ⅰ；摇动分度头使其旋转 90°（手柄摇过 10 转），划一直线 Ⅱ—Ⅱ 得到工件两条几何中心 [见图 2-79（a）]。以分度头中心高加上偏心距 e 为高，用高度游标卡尺划一直线 Ⅲ—Ⅲ 与直线 Ⅰ—Ⅰ 交于 O_1 点，O_1 即为工件的回转中心。

② 摇动分度头，使其旋转 45°（手柄摇过 5 转），用高度尺以分度头中心高减去（$H-\dfrac{D}{2}$）为高，划一直线（参考线），再以分度头中心高减去（$H-\dfrac{D}{2}-h$）为高，划一直线 [见图 2-79（b）]。

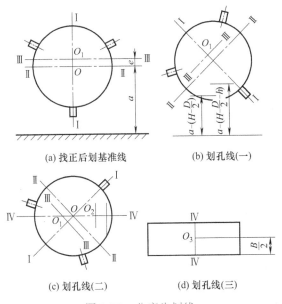

(a) 找正后划基准线　　　　(b) 划孔线(一)

(c) 划孔线(二)　　　　(d) 划孔线(三)

图 2-79　分度头划线

③ 摇动分度头手柄 10 转，使其旋转 90° 后，用高度尺以分度头的中心高过 O 点划一条直线 Ⅳ—Ⅳ，与上面所划的一条直线交于 O_2，并在圆盘的侧面划出 Ⅳ—Ⅳ 的延长线 [见图 2-79（c）]。

④ 把工件从分度头上取下，放在平板上，用高度游标卡尺以工件实际厚度 B 的一半为高，在圆盘周围划线并与 Ⅳ—Ⅳ 的延长线相交于 O_3 点 [见图 2-79(d)]。

⑤ 用样冲在 O_1、O_2、O_3 点分别打一样冲眼。

第**3**章 锯切

3.1 锯切基本技能

用手锯对工件进行切断和切槽的加工操作称为锯切。锯切主要应用有：①锯断各种原材料或半成品，见图 3-1（a）；②锯掉工件上的多余部分，见图 3-1（b）；③在工件上锯槽等，见图 3-1（c）。

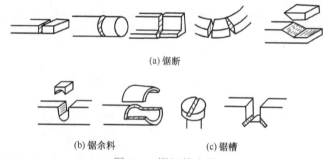

(a) 锯断

(b) 锯余料　　　　　　(c) 锯槽

图 3-1　锯切的应用

3.1.1　锯切工具

钳工的锯切加工通常由手锯来完成，手锯由锯弓和锯条组成。

（1）锯弓

锯弓是用来安装和张紧锯条的，分可调式和固定式两种，其结构如图 3-2 所示。

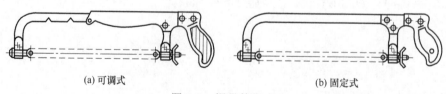

(a) 可调式　　　　　　　　　　　　(b) 固定式

图 3-2　锯弓的形式

（2）锯条

锯条一般是由 T10、T10A 碳素工具钢制成的，经过热处理，其硬度不小于 62HRC。锯条的基本结构是由锯齿（工作部分）、条身和销孔等构成的，如图 3-3 所示。

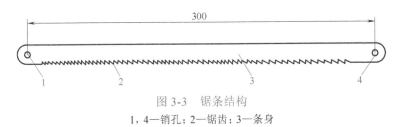

图 3-3　锯条结构

1，4—销孔；2—锯齿；3—条身

1）锯条规格

锯条规格包含两种情况，一种是指长度规格，另一种是指锯齿规格。

① 长度规格。长度规格是以两端安装孔之间的中心距长度来表示的，其规格有 200mm、250mm 和 300mm 三种，钳工常用的是 300mm。

② 锯齿规格。锯齿规格分为粗齿、中齿、细齿三种情况，有两种表示方法：一种是以每 25mm 长度内的齿数来表示，如粗齿为 14 ～ 18、中齿为 22 ～ 24、细齿为 32；另一种是以齿距来表示，如粗齿为 1.8mm、中齿为 1.2mm、细齿为 1.1mm。

2）锯齿形状及切削角度

锯齿形状及切削角度如图 3-4 所示。

① 后角 α_0。后刀面与已加工表面之间的夹角称为后角。后角一般为 35°～ 40°，后角越大，摩擦力就越小。

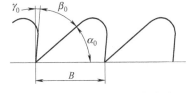

图 3-4　锯齿形状及切削角度

② 楔角 β_0。后刀面与前刀面之间的夹角称为楔角。楔角一般为 45°～ 50°，楔角越大，锯齿强度就越大。

③ 前角 γ_0。前刀面与待加工表面之间的夹角称为前角。前角一般为 0°～ 10°，前角越大，锯削越锋利。

④ 齿距 B。两齿尖之间的距离称为齿距。

3）锯路

为保障锯齿自由切削，在制造锯条时，锯齿按一定要求左右错开所排成的形状称为锯路。锯路分为交叉形［见图 3-5（a）］和波浪形［见图 3-5（b）］两种。锯条条身的厚度一般为 0.6 ～ 0.7mm，锯路的宽度一般为 0.9 ～ 1mm，如图 3-5（c）所示。

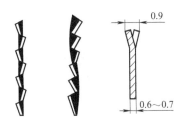

(a) 交叉形　(b) 波浪形　(c) 锯路的宽度

图 3-5　锯路

这样在锯削时，锯条既不会被卡住，又能减小锯削过程中的摩擦阻力；同时，锯条也不致因为摩擦过热而加快磨损，从而延长了锯条使用寿命。

4）锯条的选用

粗齿锯条一般锯削较软的材料，如铜件、铝件、铸件以及比较软的（低碳钢）钢件等；细齿锯条一般锯削较硬和较薄的材料，如（中碳钢、高碳钢）钢件、薄壁管件；中齿锯条锯削的材料范围较广。表3-1给出了锯齿的粗细规格及应用。

表3-1　锯齿的粗细规格及应用

锯齿粗细	每25mm长度内齿数	应用
粗	14～18	锯削软钢、黄铜、铝、铸铁、纯铜、人造胶质材料
中	22～24	锯削中等硬度钢、厚壁的钢管、铜管
细	32	锯削薄板料、薄壁管子

3.1.2　锯条的安装与锯切的姿势

锯削操作加工的质量及锯条的安装及锯切姿势的正确性关系极大，主要应注意以下几方面。

（1）锯条安装方法

锯条安装时，右手握弓柄，左手首先适当调松后锯钮的蝶形螺母，再持锯条，注意观察齿尖方向（齿尖应向前），先挂后锯钮销，后挂前锯钮销，然后尽量调紧锯条，如图3-6所示。锯条安装既不能调得太紧也不能调得太松，否则锯切时，容易造成锯条折断或使锯缝歪斜。此外，锯条安装后应检查锯条是否歪斜和扭曲，如锯缝超过锯弓高度时，应将锯条与锯弓成90°安装。

（2）锯削姿势

锯削的姿势正确与否直接影响到锯削操作的质量，锯削操作姿势主要应做好以下方面的工作。

① 锯弓的握法。锯弓的握法正确与否对锯削质量有很大的影响，正确的握法应是左手轻扶锯弓前端，右手握住锯柄，如图3-7所示。

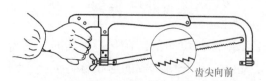

图3-6　锯条安装方法

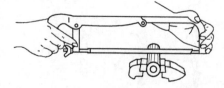

图3-7　握锯弓的方法

② 站立位置。操作者应面对台虎钳，站在台虎钳中心线一侧，左脚与台虎钳中心线成30°，右脚与台虎钳中心线成75°，如图3-8所示。这种站立方式可

使站立者稳定，便于锯削。

③ 锯削姿势。锯削时的站立位置和身体摆动姿势如图 3-9 所示。锯削时手锯稍作上下摆动，当手锯推进时，身体略向前倾，双手随着压向手锯的同时，左手稍微上翘，右手稍作下压。当手锯回程时，右手稍微上抬，左手自然回收以减少切削阻力，提高工作效率，并且操作自然，双手不易疲劳。但锯削对锯

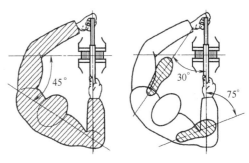

图 3-8 锯削站立位置

缝底面要求平直和薄壁工作时，则双手不用摆动，只能做直线运动。锯削时应尽量利用锯条的有效长度。锯削软材料和非铁金属材料时，推动频率为每分钟往复 50 ~ 60 次，锯削普通钢材时，推拉频率为每分钟往复 30 ~ 40 次。

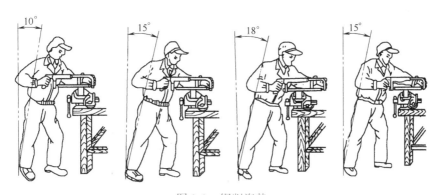

图 3-9 锯削姿势

3.1.3 锯切基本操作技术

锯削操作时，首先应做好工件的装夹，做好锯削前的起锯，然后根据所锯削工件的形状选用合理的操作方法。

（1）工件的装夹

工件一般应夹在台虎钳的左面，以便操作；伸出钳口不应过长，应使锯缝离开钳口侧面 20mm 左右，防止工件在锯削时产生振动；锯缝线要与钳口侧面保持平行，便于控制锯缝不偏离划线线条；夹紧要牢靠，还要避免将工件装夹变形或夹坏已加工好的平面。

（2）起锯的方法

在工件的边缘处进行锯缝定位时的锯削称为起锯。起锯分为前起锯、后起锯和后拉起锯三种方法。

① 前起锯。在工件的前端开始起锯，起锯前，用左手拇指或食指的指甲盖

抵住锯条的条身进行锯缝定位，然后倾斜 15° 左右的起锯角度，保证至少有三个锯齿参加切削，以防止卡断锯齿，如图 3-10 所示。

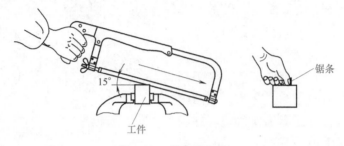

图 3-10　前起锯方法

起锯时，锯削运动的速度控制在 25 次 /min 左右，行程控制在 150mm 左右，压力要小。当锯到槽深 3 ~ 4mm 时，起锯完成，左手拇指或食指即可离开锯条，扶在前弓架端部进行全程锯削。

② 后起锯。在工件的后端开始起锯，起锯前，用左手拇指或食指的指甲盖抵住锯条的条身进行锯缝定位，然后倾斜 15° 左右的起锯角度，如图 3-11 所示。起锯时，锯削运动的速度控制在 25 次 /min 左右，行程控制在 150mm 左右，压力要小。当锯到槽深 3 ~ 4mm 时，左手拇指或食指即可离开锯条，扶在前弓架端部进行全程锯削。

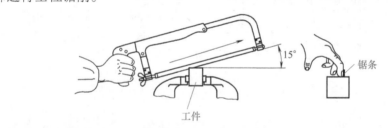

图 3-11　后起锯方法

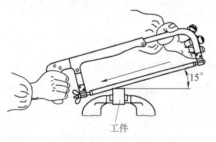

图 3-12　后拉起锯方法

③ 后拉起锯。在工件的后端开始起锯，起锯前，不用左手拇指或食指的指甲盖抵住锯条的条身进行锯缝定位，而是直接将锯条的后端放在锯缝位置，倾斜 15° 左右的起锯角度，如图 3-12 所示。起锯时，是将锯条自前向后拉动锯削，一次锯削行程后，再抬起锯条并将锯条的后端放在锯缝位置，再自前向后拉动锯削。后拉起锯的特点，一是不挂齿，二是振动很小、定位稳定。后拉起锯的速度控制在 20 次 /min 左右，行程控制在 200mm 左右，压力要稍大一点，当锯到槽深 3 ~ 4mm 时，起锯完成，进入全程锯削。

（3）锯切的操作要领

① 中途锯削。当起锯到槽深 3 ～ 4mm 时，起锯即告完成，这时就进入中途锯削阶段。中途锯削时，锯齿应尽量全部参加切削行程。为提高锯削效率，在每次锯削行程中，锯弓可作一个小幅度的、自然的上下摆动，即前 1/2 行程时，前弓架低，后 1/2 行程时，后弓架低。要注意的是，上下摆动的幅度不宜过大，因为摆动幅度过大，锯缝容易发生歪斜。

② 锯削速度。全程锯削时的锯削速度控制在 20 ～ 40 次 /min 左右，锯软材料可以快些，锯硬材料应慢些，且锯削行程不应小于锯条全长的三分之二。锯切速度过快时，锯条发热严重，容易磨损，必要时可加水、乳化液或机油进行冷却润滑，以减轻锯条的发热磨损。

③ 推力和压力。锯削运动时，推力和压力由右手控制，左手主要配合右手扶正锯弓，压力不要过大。手锯推进时为切削行程，应该施加压力，返回行程不切削，则不施加压力，自然拉回即可。

④ 收锯。收锯形式有两种：一种是对将要锯断的工件而言，当接近边缘时，应逐渐降低锯削速度、减轻推力和压力，锯条倾斜一定角度并直线往返锯削直至锯断；另一种是对将要锯至一定深度的工件而言，当锯至接近深度位置时，逐渐降低锯削速度、减轻推力和压力，水平直线往复锯削至深度要求位置。

3.1.4 锯切操作注意事项

锯切操作时，操作人员除需掌握基本的操作技术外，为保证操作的质量，还应具备现场操作缺陷的处理技能，同时保证操作的安全性。

（1）锯缝歪斜的防止和纠正方法

锯条安装夹紧后，其侧平面一般并不是和弓架的侧平面处于同一平面或构成平行的状态，这时可利用一些工具进行适当矫正。但条身与弓架的侧平面仍然有一定的倾斜角度 α，如图 3-13（a）所示。如果以弓架的侧平面为基准对工件进行锯削，锯缝就容易发生歪斜，如图 3-13（b）所示。

因此，在锯削过程中，可从以下方面防止锯缝的歪斜：一是弓架的握持与运动要以条身侧平面为基准，条身应与加工线平行或重合，如图 3-13（c）所示；二是在锯削中应不断观察并及时调整，这样才能有效地防止锯缝歪斜。

在锯削加工中，锯缝如果发生较明显歪斜时，如图 3-13（d）所示，可利用锯路的特点采用"悬空锯"的方法进行纠正。其操作方法是，先将锯条尽量调紧绷直，将条身悬于锯缝歪斜的弯曲部位稍上位置，如图 3-13（e）所示，左手拇指与食指、中指相对地捏住条身前 1/3 处，并适度用力扭转条身向弯曲点一侧自上而下地进行修正锯削。此时，锯削行程不宜过长，一般控制在 80mm 左右，当修正的锯缝与加工线平行或重合时，即可恢复正常锯削，如图

3-13（f）所示。

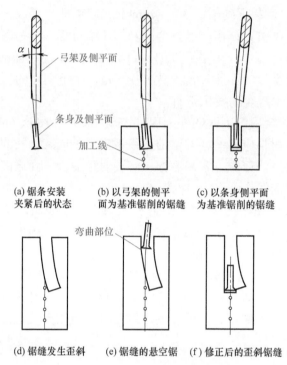

(a) 锯条安装 夹紧后的状态　(b) 以弓架的侧平 面为基准锯削的锯缝　(c) 以条身侧平面 为基准锯削的锯缝

(d) 锯缝发生歪斜　(e) 锯缝的悬空锯　(f) 修正后的歪斜锯缝

图 3-13　锯缝歪斜的防止和纠正方法

（2）锯切操作注意事项

① 握持锯弓时，注意手指不要伸到弓架内侧，特别是左手不要抓握弓架，防止手被碰伤。

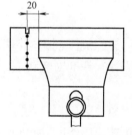

图 3-14　工件的装夹

② 在台虎钳上装夹工件时，一般情况下，工件的锯削位置多在台虎钳的左侧，这样比较方便和顺手。工件的锯缝位置应离钳口侧面 20mm 左右（如图 3-14 所示），如果锯缝位置离钳口过近，握持手柄的手在锯削时容易碰到台虎钳而受伤；如果锯缝位置离钳口过远，则在锯削时容易产生振动而导致断齿；锯削加工线应与钳口侧面保持平行。

③ 锯削时用力要适当，摆动幅度不要过大，要控制好速度（节奏），不可突然加速或用力过猛，以防锯条折断伤手以及手碰到台虎钳受伤。

④ 当工件将要锯断时，应减小锯削压力，避免因工件突然断开时，握持手柄的手仍然在向前用力而碰到台虎钳受伤。

⑤ 当工件将要断开时，应该用左手握住工件将要断开的部分，同时应减小锯削压力和降低锯削速度，避免工件掉下伤脚。

3.2 锯切典型实例

3.2.1 棒料的锯切操作

棒料锯切时，如果要求锯切面平整，则应采用连续锯切法，从开始连续锯到结束，如图 3-15（a）所示。如要求不高，可采用转动锯切法，即将棒料锯到一定深度后再转动一个方向重新进行锯削，依次循环直至锯断的方法称为转动锯切削方法，如图 3-15（b）所示。

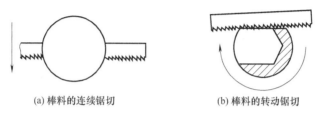

(a) 棒料的连续锯切   (b) 棒料的转动锯切

图 3-15　棒料的锯切方法

3.2.2 管料的锯切操作

管料锯切一般采用如图 3-16（a）所示的转动锯切法，即：当锯条刚一锯透内管壁时，就转动一个方向重新进行装夹后锯削，以此类推，直至将管料锯断。

此外，也可采用如图 3-16（b）所示的连续锯切法，即：锯条自上而下进行连续锯切，直至锯断管料的方法。但这种锯法从刚一锯透内管壁开始到接近圆心处的区域［如图 3-16（c）所示］，锯齿容易被内管壁卡住而崩掉。因此，锯削此区域时，要注意以下几个问题：一是锯条要尽量水平锯削，不要上下摆动；二是要将锯削速度控制在 20 次 /min 左右；三是压力适当加大。

当锯切薄壁管时，为防止夹伤管件，要用 V 形木衬垫夹持管件［如图 3-16（d）所示］，可采用转动锯切法，也可采用连续锯切法。这两种方法的特点是自始至终都要采用水平后拉锯削，具体方法与后拉起锯大致相同，是将锯条自前向后拉动锯削，一次锯削行程后，再抬起锯条并将锯条的后端放在锯缝位置，再自前向后拉动锯削，后拉锯削的速度控制在 20 次 /min 左右，并尽量全程锯削，压力感觉适当即可。

3.2.3 薄板料的锯切操作

锯切薄板时，锯条若少于两个齿同时参与锯削，锯齿就容易卡住从而使锯条崩齿或折断。锯薄板料时，应选用细齿锯条，尽可能从宽面锯下去，锯条相对于工件的倾斜角不超过 45°，这样锯齿不易被钩住。如果一定要从板料的狭面锯下去，当板料宽度大于钳口深度时，应在板料两侧贴上两块木板夹紧，按线连同木板一起锯下，如图3-17（a）所示。当板料宽度小于钳口深度时，应将板料切断线与钳口对齐，使锯条与板料成一定角度，自工件右端向左锯切，见图3-17（b）。

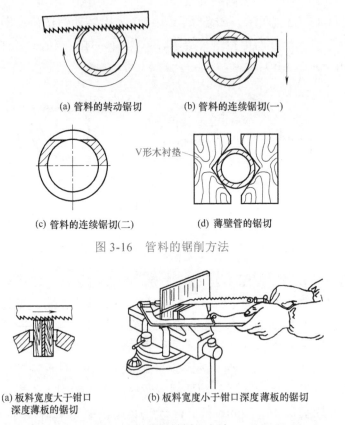

(a) 管料的转动锯切　　　　(b) 管料的连续锯切(一)

(c) 管料的连续锯切(二)　　　　(d) 薄壁管的锯切

图 3-16　管料的锯削方法

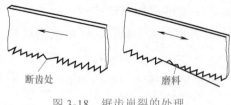

(a) 板料宽度大于钳口　　　　(b) 板料宽度小于钳口深度薄板的锯切
深度薄板的锯切

图 3-17　薄板料锯切方法

断齿处　　　　磨料

图 3-18　锯齿崩裂的处理

板料锯割过程中，由于操作不当，会出现崩齿现象。当锯齿局部有几个齿崩裂后，应及时把断齿处在砂轮上磨光，并把后面二、三齿磨斜（见图3-18），然后再进行锯割。

3.2.4　外曲线轮廓的锯切操作

在板料加工中，有时需要进行曲线轮廓的锯切。为了尽量锯切比较小的曲线半径轮廓，需要将条身磨制成如图3-19所示的形状及尺寸，其工作部分的长度为150mm左右，宽度为5mm左右，两端要圆弧过渡。磨制过程中要注意的问题是：一要及时放入水中冷却，以防止退火、降低硬度；二是要在细条身（5mm 左右）两端磨出圆弧过渡，以利于切削并防止条身折断。

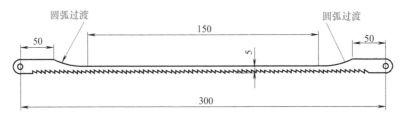

图 3-19 曲线锯条形状及尺寸

进行外曲线轮廓锯削时，要尽量调紧锯条，先从工件外部锯出一个切线切入口［如图 3-20（a）所示］，然后再沿着曲线轮廓加工线锯削［如图 3-20（b）所示］，最后得到外曲线轮廓工件［如图 3-20（c）所示］。

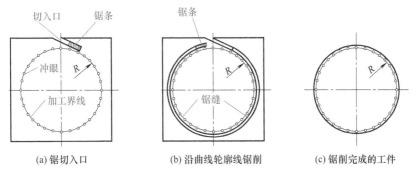

(a) 锯切入口　　　　　　(b) 沿曲线轮廓线锯削　　　　　(c) 锯削完成的工件

图 3-20 锯削外曲线轮廓的步骤

3.2.5 内曲线轮廓的锯切操作

锯削内曲线轮廓时，先从工件内部接近加工线的地方钻出一个工艺孔（直径为 $\phi15\sim18$mm），再穿上锯条并尽量调紧锯条，然后锯出一个弧线切入口［如图 3-21（a）所示］，再沿着曲线轮廓加工线锯削［如图 3-21（b）所示］，最后得到内曲线轮廓工件［如图 3-21（c）所示］。

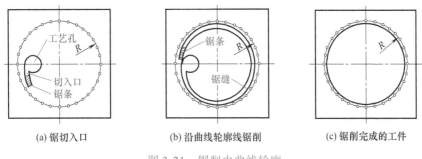

(a) 锯切入口　　　　　　(b) 沿曲线轮廓线锯削　　　　　(c) 锯削完成的工件

图 3-21 锯削内曲线轮廓

第4章 錾削

4.1 錾削基本技能

用手锤打击錾子对金属工件进行切削加工的操作称为錾削。錾削加工主要进行工件表面的粗加工、去除铸造件的毛刺和凸台、分割材料和錾削油槽。

4.1.1 錾削工具

錾削的主要工具是錾子和手锤。

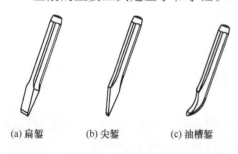

(a) 扁錾　　(b) 尖錾　　(c) 油槽錾

图 4-1　錾子的种类

（1）錾子

錾子的种类很多，钳工常用錾子的种类主要有扁錾（平錾）、尖錾（窄錾）和油槽錾三种，如图 4-1 所示。扁錾主要用来錾削凸缘、毛边和分割板料，应用最为广泛；尖錾主要用来錾削槽和分割曲线形板料；油槽錾主要用来錾削油槽。

錾子是錾削工件的刃具，一般用碳素工具钢（T7A、T8A）经锻打成形、刃磨和热处理制成，其硬度不小于 62HRC。

1）錾子结构

图 4-2 所示为扁錾的结构。錾子的结构主要由錾刃（切削部）、錾身和錾头三部分构成。錾刃是由前、后刀面的交线形成；錾身的截面形状主要有八角形、六角形、圆形和椭圆形，使用最多的是八角形，便

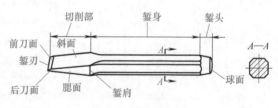

图 4-2　扁錾的结构

于掌控錾子的方向；錾头有一定的
锥度，錾头端部略呈球面，便于稳
定锤击。

2）錾子的几何形状及角度

图 4-3 给出了扁錾、尖錾的几
何形状及角度。

① 楔角（β）。由前、后刀面形
成的夹角称为楔角。楔角越大，切
削部的强度越高，但切削时的阻力
也就越大。錾子楔角的大小，要根
据加工材料的软硬性质来确定，具
体参数可参照表 4-1 选取。

② 斜面夹角（ε）。由上斜面和
下斜面形成的夹角称为斜面夹角，
具体参数如表 4-1 所示。

③ 副偏角（κ_τ）。由腮面与錾身
轴线形成的夹角称为副偏角，具体
参数如表 4-1 所示。

④ 錾头锥角（γ）。錾头锥体的
夹角称为錾头锥角，具体参数如表 4-1 所示。

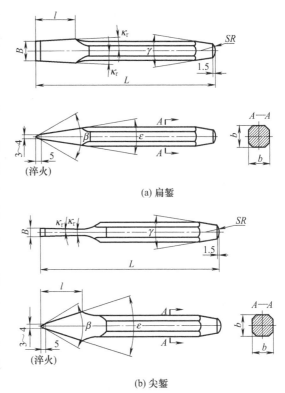

(a) 扁錾

(b) 尖錾

图 4-3　錾子的几何形状及角度

表 4-1　錾子技术参数

参数项目	扁錾	尖錾
楔角（β）	（较硬材料）60°～70° （一般硬度材料）50°～60° （较软材料）40°～50°	（较硬材料）60°～70° （一般硬度材料）50°～60° （较软材料）40°～50°
斜面夹角（ε）	20°～25°	30°～35°
副偏角（κ_τ）	0°～10°	−3°～−1°
錾头锥角（γ）	15°～20°	15°～20°
錾刃宽度（B）	15～22mm	4～8mm
切削部长度（l）	50～60mm	45～60mm
錾身长度（L）	160～200mm	160～200mm
錾身宽度（b）	18～22mm	18～22mm

⑤ 錾刃宽度（B）。由左、右腮面形成的刃线长度称为錾刃宽度，具体参数
如表 4-1 所示。

⑥ 切削部长度（l）。自錾刃至錾肩且平行于錾身轴线的长度称为切削部长

度，具体参数如表 4-1 所示。

⑦ 錾身长度（*L*）。自錾刃至錾头球面的长度称为錾身长度，具体参数如表 4-1 所示。

⑧ 錾身宽度（*b*）。錾身平行面之间的距离称为錾身宽度，具体参数如表 4-1 所示。

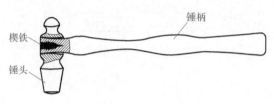

图 4-4　手锤结构

（2）手锤

手锤是由锤头、锤柄和楔铁构成的，如图 4-4 所示，是钳工常用的锤击工具。

其中，锤头由 T7、T8 碳素工具钢制成，两端锤击部位经过热处理，其硬度不小于 62HRC。锤头的规格以其重量来表示，钳工常用的有 0.45kg（1b）、0.68kg（1.5b）和 0.91kg（2b）三种。楔铁的形状为楔形，厚度为 5mm 左右，由斜面、倒刺和楔尖构成，锤柄装入锤孔后要用楔铁楔紧，以防锤头脱离。锤柄一般选用比较坚韧的木材制成，如檀木等。常用锤柄的长度为 350mm 左右。

4.1.2　錾削工具的使用及錾削姿势

錾削加工是手工操作，其加工质量与其操作手法应用的正确性关系极大，因此，錾削操作首先应掌握錾削工具的正确使用以及正确的錾削操作姿势。

（1）錾子的握法

錾子主要用左手的中指、无名指和小指握住，食指和大拇指自然地接触，常用的握法有两种。

① 正握法。手心向下，腕部伸直，用中指、无名指握住錾身，食指和大拇指自然伸直，小拇指自然收拢即可，錾头露出虎口 10 ~ 15mm，如图 4-5（a）所示。

② 反握法。手心向上，大拇指与食指、中指、无名指相对捏住錾身，手掌悬空，如图 4-5（b）所示。

(a) 正握法　　(b) 反握法

图 4-5　錾子的握法

（2）手锤的握法

手锤用右手握住，采用五个手指满握的方法，大拇指轻轻压在食指上，虎口对准手锤方向，锤柄尾端露出约 15 ~ 30mm。

手锤在敲击过程中，手指的握法有两种。一种是五个手指的握法，无论是在抬起锤子或进行捶击时都保持不变，这种握法叫紧握法。紧握法的特点是在挥锤和落锤的过程中，五指始终紧握锤柄，如图 4-6（a）所示。另一种握法是在抬起锤子时，小指、无名指和中指依次放松；在落锤时，又以相反的顺序依次收拢紧握锤柄。松握法的特点是手不易疲劳，锤击力大，如图 4-6（b）所示。

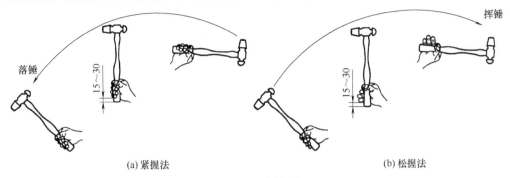

(a) 紧握法   (b) 松握法

图 4-6 手锤握法

（3）挥锤的方法

挥锤方法分为腕挥法、肘挥法和臂挥法三种。

① 腕挥法。腕挥法是以腕关节动作为主，肘关节、肩关节相协调进行的一种挥锤方法，如图 4-7 所示。

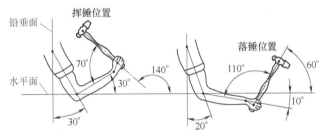

图 4-7 腕挥姿态

腕挥法的特点是腕关节的动作幅度为 40°（110°−70°=40°）左右，前臂的挥起幅度为 40°（10°+30°=40°）左右，手锤的挥起幅度为 80°（140°−60°=80°）左右。由于手锤的挥起幅度较小，因而锤击力量也比较小，一般用于起錾、收錾和精錾，腕挥时采用紧握法握锤。

② 肘挥法。肘挥法是以肘关节动作为主，肩关节、腕关节相协调进行的一种挥锤方法，如图 4-8 所示。

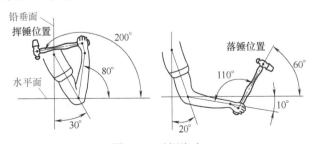

图 4-8 肘挥姿态

　　肘挥的动作特点是前臂与水平面大致成80°，前臂的挥起幅度为90°（80°+10°=90°）左右，手锤的挥起幅度为140°（200°-60°=140°）左右。由于手锤的挥起幅度较大，因而锤击力量也比较大，肘挥时采用松握法握锤。

　　③ 臂挥法。臂挥法是以肩关节动作为主，前、后臂大幅度动作的一种挥锤方法，如图4-9所示。

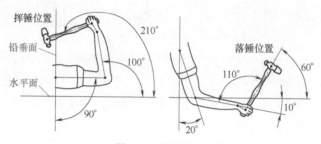

图4-9　臂挥姿态

　　臂挥的动作特点是后臂提起与铅垂面大致成90°，前臂的挥起幅度为110°（100°+10°=110°）左右，手锤的挥起幅度为150°（210°-60°=150°）左右。由于挥锤位置为最高极限，因而手锤的挥起幅度最大，所以锤击力量也最大，一般用于大力錾削，臂挥时采用松握法握锤。

　　（4）錾削的姿势

　　錾削时，操作者站在钳台前，站位如图4-10所示。左脚与台虎钳中心线成30°，右脚与台虎钳中心线成75°。

　　要保证站立挥锤时落点对准錾子的端部，握錾子手的小臂应保持水平位置，肘部不能下垂，也不能抬高，以免影响錾子的切削角度，如图4-11所示。

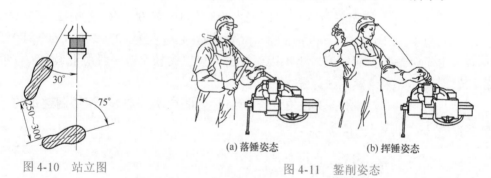

图4-10　站立图

(a) 落锤姿态　　(b) 挥锤姿态

图4-11　錾削姿态

4.1.3　錾削基本操作技术

　　錾削是用手锤锤击錾子，以对金属进行切削加工的操作，主要用于不便于机械加工的场合，或在余量太多的部位去掉足够的余量。錾削的基本操作主要有以下几方面的内容。

（1）錾削工艺参数的确定

图 4-12 给出了錾子錾削的操作简图。

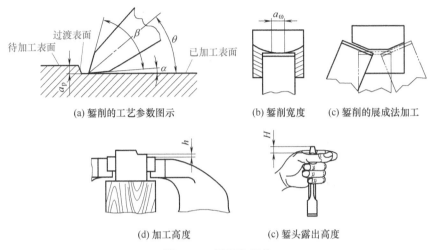

(a) 錾削的工艺参数图示　　(b) 錾削宽度　　(c) 錾削的展成法加工

(d) 加工高度　　(c) 錾头露出高度

图 4-12　錾削的操作

其中，錾身中心线与已加工表面间的夹角 θ 称为錾身倾角，如图 4-12（a）所示。錾身倾角的大小应根据錾刃楔角的大小来确定，具体角度值如表 4-2 所示。

表 4-2　錾削技术参数

工件材料	楔角（β）	倾角（θ）
较硬材料	60°～70°	43°～48°
一般硬度材料	50°～60°	38°～43°
较软材料	40°～50°	33°～38°

后刀面与已加工表面间的夹角 α 称为錾身后角，如图 4-12（a）所示。若后角过大，錾刃容易向下錾；若后角过小，錾刃容易向上滑出加工表面。因此，后角的角度值很小并在加工中要始终稳定在 5°～8°。

已加工表面与待加工表面间的垂直距离 a_p 称为錾削量，如图 4-12（a）所示。錾削量受工件材质、加工余量、质量要求和个人力量等因素的制约。若过深，则阻力太大，甚至錾不动；过浅，则效率较低。所以，錾削量一般控制在 0.5～2.5mm。加工中应注意粗錾及錾削软材料时，可适当深一些；精錾和錾削硬材料时，可适当浅一些。

切削刃切入过渡表面的长度 a_ω 称为錾削宽度，如图 4-12（b）所示。用扁錾进行加工时，一般是将切削刃长度的 2/5～3/5 的部分作为錾削宽度进行加工。这样，阻力就相对小些，效率也高些，加工质量也能得到保证。当过渡表面等于或大于切削刃长度时，则宜采用展成法进行錾削加工，如图 4-12（c）所示。

已加工表面与钳口上平面间的垂直距离 h 为加工高度，如图 4-12（d）所示。一般情况下，加工高度控制在 1～3mm。被夹持工件的已加工表面离钳口愈高，则加工时的反弹和振动就愈大；反之，就愈小。这对錾削这种瞬间冲击的切削加工尤为重要。因此，应尽可能降低加工高度，从而最大限度地减少反弹和振动，以保证加工质量。

錾头球面高出握持手虎口上的垂直距离 H 为錾头露出高度，如图 4-12（e）所示。一般情况下，錾头露出高度稍低一些，握持手对錾身的控制效果就会好一些；若过高，就会一定程度地影响錾身倾角的稳定性和锤击的准确性。因此，錾头高度一般控制在 10～15mm。

（2）锤击速度

錾削时的锤击要稳、准、狠，要有节奏。挥锤到一定高度位置时，要有一个短暂的停顿，然后再用力落锤进行锤击。一般情况下，腕挥时约为 40 次/min，肘挥时约为 35 次/min，臂挥时约为 30 次/min。

（3）錾削操作注意事项

① 工件一般应夹持在台虎钳的中间位置，伸出高度离钳口 10～15mm，工件下面要加木衬垫。

② 手柄与锤头若有松动时，应及时将楔铁楔紧；若发现手柄有损坏，应及时更换；手柄上不得沾有油脂，防止使用时手柄滑出而发生事故。

③ 錾子头部出现明显的裙边毛刺时，应该及时磨去。

④ 手锤的锤头应向前纵向放置在台虎钳的右边，柄尾不可露出钳桌边缘；錾子的錾刃应向前纵向放置在台虎钳的左边且不可露出钳桌边缘。

⑤ 锤击时，眼睛要始终看着錾子的刃尖部位，要随时观察錾削状况，而不要看着錾头部位，这样反而容易打手。

⑥ 进行臂挥操作时，应先挥 2～4 次的过渡锤，即由腕挥（1～2 锤）过渡到肘挥（1～2 锤），再由肘挥过渡到臂挥，同时力量也是由轻逐步过渡到重。

4.1.4　各个錾削阶段的操作

对于去除多余材料类的錾削加工（主要包含錾削平面、直槽、油槽等加工），其操作主要包括起錾、中途錾削、收錾等几个阶段，各个錾削阶段的操作方法主要有以下几方面的内容（对于板料的錾断类操作参见本章"4.2.5 板料的錾削操作"的相关内容）。

（1）起錾

在工件的边缘先行錾出一个斜面作为錾刃定位面的操作称为起錾。起錾分为斜角起錾和正面起錾两种方法。

① 斜角起錾。在錾削平面时，先在工件的边缘棱角处，将錾身倾角置为 $-\theta$

角（-30° 左右），錾出一个斜面的方法称为斜角起錾，如图 4-13（a）所示。起錾完成后再按照正常的錾身倾角进行中途錾削。

② 正面起錾。在錾削槽时，必须采用正面起錾，即在起錾时，錾刃全部贴住工件錾削部位的端面，将錾身倾角置成 $-\theta$ 角（-30° 左右），錾出一个斜面，如图 4-13（b）所示。起錾完成后再按照正常的錾身倾角进行中途錾削。

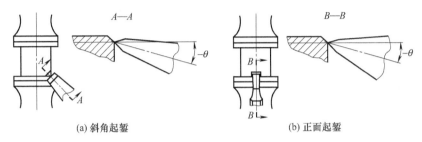

(a) 斜角起錾　　　　　　　(b) 正面起錾

图 4-13　起錾方法

（2）中途錾削

当起錾完成后，即进入中途錾削阶段。在此阶段，要注意三个问题：一是要注意錾身倾角的稳定，二是要注意錾刃与已加工表面的平行状态，三是要注意锤击要有节奏。

（3）收錾

每遍錾至尽头边缘并将要收尾时的錾削称为收錾。收錾分为调头收錾和直接收錾两种方法。

① 调头收錾。当錾削到离尽头边缘大约有 10mm 时，采取调头錾去剩余部分的方法称为调头收錾。当工件材料为铸铁和青铜时，必须采用调头收錾的方法錾去剩余部分，以防止工件边缘发生崩裂，如图 4-14 所示。

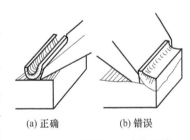

(a) 正确　　　　(b) 错误

图 4-14　錾到尽头时的方法

② 直接收錾。当錾削到离尽头边缘大约有 10mm 时，采取由臂挥过渡到肘挥，再由肘挥过渡到腕挥，通过逐步减轻锤击力量并直接錾削到尽头边缘的方法称为直接收錾。当工件材料为钢件或不便进行调头收錾时，可采用直接收錾。

4.1.5　錾子的热处理操作

錾子的热处理操作包括淬火和回火两个过程，其目的是保证錾子的切削部具有较高的硬度和一定的韧性。錾子的热处理通常安排在錾子粗磨后进行，即錾子按以下加工工艺进行刃磨及热处理：粗磨→淬火→回火→精磨。

（1）淬火

淬火是将工件加热到奥氏体后以适当方式冷却获得马氏体或贝氏体组织的

热处理工艺。当錾子的材料为 T7、T8 碳素工具钢时，可把切削部约 20mm 长的一端放在炉膛内温度较高处，均匀加热至 780 ～ 800℃（呈樱红色）后用圆钳或方钳夹住取出，并将錾子的淬火部位（长度 4 ～ 6mm）垂直放入水中进行水淬，淬火部位在水中冷却时，应沿着水面缓慢移动。其目的是：加速冷却，提高淬火硬度；使淬火部位与不淬硬部分不致有明显的界线，以避免錾子在此线上产生裂纹。

（2）回火

回火是将工件淬硬后加热到 A_{c1} 以下的某一温度，保温一段时间，然后冷却到室温的热处理工艺。錾子的回火是利用其本身的余热进行的。当淬火部位露出水面的部分呈现黑色时，即由水中取出，迅速擦去氧化皮，观察淬火部位的颜色变化。颜色变化的基本顺序是白色→黄色→红色→蓝色→黑色，这个时间很短，只有几秒钟。在淬火部位介于红色和黑色之间，呈现蓝色时，将切削部放入水中进行冷却，俗称得"蓝火"；在淬火部位介于白色和红色之间，呈现黄色时，将切削部放入水中进行冷却，俗称得"黄火"。至此就完成了錾子的淬火和回火处理的全部过程。"黄火"的硬度比"蓝火"高些，不容易磨损，但脆性较大，容易崩刃，"蓝火"的硬度比较适中。当錾子的材料为 T7、T8 碳素工具钢时，扁錾一般采取得"蓝火"的回火处理，尖錾和油槽錾一般采取得"黄火"的回火处理。

（3）錾子的热处理工艺及硬度

表 4-3 给出了不同钢号錾子的热处理工艺及硬度。

表 4-3　不同钢号錾子的热处理工艺及硬度

钢号	淬火规范		回火温度／℃（黄蓝色相间的温度）		
	加热温度／℃	冷却液（浸入深度 5 ～ 6mm）	240 ± 10	280 ± 10	320 ± 10
			硬度 HRC（刃口部分约 15mm 长的被处理过的一段）		
45	830 ± 10（淡樱红色）	水	53 ± 2	51 ± 2	—
T8	780 ± 10（樱红色）	水	—	56 ± 2	54 ± 2
65Mn	820 ± 10（淡樱红色）	油	—	54 ± 2	52 ± 2

4.1.6　錾子刃磨操作技术

在錾削操作过程中，免不了要对錾钝的錾子进行刃磨，錾子的刃磨操作方法主要有以下几方面。

（1）錾子刃磨时的握法

右手大拇指与其他四指左右相对捏住錾子的两腮面，以控制錾子刃磨时的左右移动，左手大拇指与其他四指上下相对捏住錾身尾部两平行面，以控制錾子刃磨时的楔角值，如图 4-15（a）所示。

（2）刃磨方法

双手握錾在砂轮的轮缘面上进行刃磨，刃磨时，錾刃必须高于砂轮水平中心线，一般在砂轮水平中心线上30°～60°的范围内进行刃磨，如图4-15（b）所示。要在轮缘的全宽面上作左右移动，同时要控制好錾子的位置和角度，以保证刃磨出所需要的楔角值和平直的刃线（刃线要平

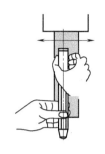

(a) 錾子刃磨时的握法

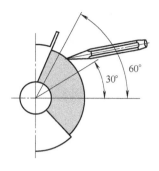

(b) 錾子的刃磨方法

图4-15 錾子的刃磨

行于斜面）。刃磨时施加在錾子上的压力不宜过大，左右移动要平稳，要及时蘸水冷却以防止退火。

（3）刃磨步骤

① 首先目测錾身的两组相互垂直的平行平面是否基本平行和垂直，必要时可刃磨处理。

② 磨平两斜面。先磨平一斜面，目测此斜面与錾身平面基本平行即可；再磨平另一斜面，目测此斜面与錾身平面基本平行即可，同时注意控制斜面夹角（ε）。

③ 磨平两腮面。先磨平一腮面，此腮面要基本垂直于一个选定斜面；再磨平另一腮面，此腮面也要基本垂直于选定斜面，同时注意控制刃口宽度（B）和副偏角（κ_τ）。

④ 粗磨前、后刀面。

⑤ 按照要求磨出錾头锥面。

⑥ 精磨前、后刀面。注意两个刃磨难点，一是要通过角度样板保证楔角值（β）在要求范围内，二是要目测刃线平直并且平行于选定斜面，即刃线要基本平行于刀面与斜面的交线。注意，精磨操作是在完成热处理后进行的。

⑦ 精磨两腮面。保证刃口宽度（B）的尺寸要求和副偏角（κ_τ）的角度要求。

（4）刃磨操作安全规程

① 砂轮外圆柱表面（工作面）必须平整。

② 开动砂轮机后必须先观察旋转方向是否正确，并要等到转速稳定后才可进行刃磨。

③ 刃磨时，操作者应站立在砂轮机的斜侧位置，不能正对砂轮的旋转方向。

④ 操作者一人进行刃磨时，不允许其他人员聚拢围观。

⑤ 刃磨时，必须戴好防护眼镜。

⑥ 禁止戴手套或用棉纱包裹刃磨錾子。

⑦ 刃磨时，不要用力过猛，以防打滑伤手。

⑧ 刃磨时，应及时蘸水、冷却，以防止刃尖部退火。

⑨ 刃磨结束后应随手关闭电源。

4.2 錾削典型实例

4.2.1 平面的錾削操作

（1）平面錾削的步骤

① 熟悉图样，准备好工具、量具和辅具。

② 根据零件的形状及要求，首先确定第一錾削基准，划出待加工平面线，再考虑采用正握錾、松握锤、臂挥法大力锤击錾子进行粗錾（当加工余量比较大且錾削量在 1.5mm 左右时，需采用大力錾削的操作称为粗錾），錾削速度控制在 40 次 /min 左右，最后进行精錾（当加工余量比较小且錾削量小于等于 1mm 时，需采用中、小力量錾削的操作称为精錾），精錾主要用于最后 1 ~ 2 遍的修整性錾削。然后选择第二錾削基准，划出加工线，再依次采用粗錾、精錾加工，直至使各錾削部位符合产品尺寸及形位公差要求。

③ 用锉刀修去边角毛刺。

④ 正确使用钢直尺、直角尺等各类量具对錾削平面进行检测。

（2）平面錾削的方法

錾削平面使用扁錾进行，可按以下方法进行操作。

① 根据图样要求划出加工线条。

② 根据要求修磨好扁錾，修磨及刃磨的具体参数可依照錾削材料的材质参照表 4-1 进行。

③ 采用斜角起錾、调头收錾。

④ 根据錾削平面的不同，粗錾可选用臂挥法或腕挥法挥锤，精錾采用腕挥法或肘挥法挥锤。

⑤ 进行第一遍錾削时，要以加工线为准，每次錾削余量约 0.5 ~ 2mm。

⑥ 以后每遍的錾削量应进行合理分配，一般在 1mm 左右。

⑦ 最后一遍的修錾量应在 0.5mm 以内。

（3）錾削操作注意事项

① 在采用臂挥法挥锤大力粗錾时，要注意保持正确的锤击姿势，稳定提高锤击力量和锤击落点的准确性。

② 在采用肘挥法和腕挥法挥锤精錾平面时，重点是能够握稳錾身和有效控制錾身倾角，能够根据工件表面状况及时调整錾身倾角，使工件表面錾削平整。

③ 錾削操作时，操作者必须戴上防护眼镜；钳桌上必须装有防护网，以防

止錾屑飞出伤人；錾屑要用刷子刷掉，不能用手擦拭或用嘴吹。

④ 手锤木柄若有松动，应立即装牢镦紧；手锤木柄上不能沾有油污，以免使用时滑脱。

⑤ 錾子头部和锤头锤面有裙边毛刺时，应及时磨去；手锤应放在台虎钳的右边，錾子应放在台虎钳的左边，均不能露出钳桌边缘。

⑥ 当錾削较宽平面时，应先用尖錾间隔开槽，再用扁錾把槽间两边凸起部分錾去，开槽的数量以能使各剩余部分的宽度略小于扁錾的宽度为宜，这样比较省力［见图 4-16（a）］。錾削窄平面（工件的宽度小于扁錾刃口宽度）时，錾子的切削刃最好与錾子前进方向倾斜一个角度，以增加接触面积，保证錾削操作的平稳性［见图 4-16（b）］。

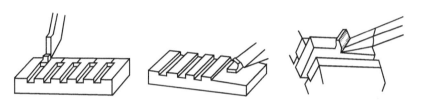

(a) 较宽平面的錾削方法　　　　　　(b) 窄平面的錾削方法

图 4-16　平面的錾削

4.2.2　直槽的錾削操作

錾削直槽通常使用尖錾完成。

（1）直槽錾削的步骤

① 熟悉图样。

② 根据錾削直槽的几何尺寸，将尖錾磨成适当的尺寸。

③ 按图样尺寸划出各槽加工线。

④ 分别对直槽进行粗、精錾加工并达到技术要求。

⑤ 用锉刀修去槽边毛刺。

⑥ 正确使用各类量具对錾削直槽进行检测。

（2）尖錾的刃磨和热处理

对尖錾进行正确的刃磨及热处理操作是錾削直槽的关键，修磨及刃磨的具体参数可参照表 4-1 进行。

图 4-17 所示为加工宽 × 长为 $8^{+0.4}_{0}$mm×80mm 的直槽所用尖錾的刃磨尺寸，刃口部位要求淬火硬度达到 58 ～ 65HRC。其刃磨和热处理步骤如下。

① 粗磨。首先磨切削部两斜面以达到斜面夹角要求（30°～ 35°），再磨出两腮面，接着磨前、后刀面，最后磨出錾头锥面，达到锥角 15°～ 20°。

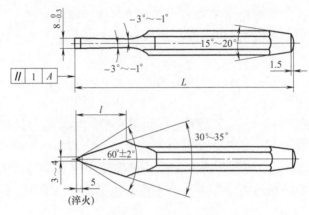

图 4-17　尖錾几何形状

② 热处理。炉膛加热操作、淬火操作、回火操作，淬火硬度达到 58 ～ 65HRC。

③ 精磨。精磨前、后刀面，保证前、后刀面和刃线横向平行度要求，楔角达到 60° ±2°，刃线平直；精磨两腮面，保证錾刃宽度尺寸（ $8_{-0.3}^{0}$ mm ）及副偏角（ –3°～ –1°）符合要求。

（3）直槽錾削的方法

采用尖錾錾削直槽，可按以下方法进行操作。

① 根据图样要求划出加工线条。

② 根据要求修磨好尖錾。

③ 采用正面起錾、调头收錾。

④ 采用腕挥法挥锤。

⑤ 进行第一遍錾削时，要以加工线为准，錾削量一般不超过 0.5mm。

⑥ 以后每遍的錾削量应根据槽深尺寸进行合理分配，一般在 1mm 左右。

⑦ 最后一遍的修錾量应在 0.5mm 以内。

4.2.3　平面油槽的錾削操作

油槽分为平面油槽和曲面油槽两种。平面油槽的形式一般有 X 形、S 形和 8 字形等，如图 4-18（a）～（c）所示。

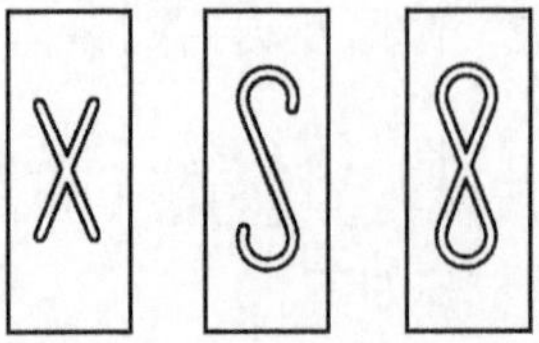

油槽的作用是向运动机件的接触部位输送和存储润滑油，因此要求油槽槽形粗细均匀、深浅一致、槽面光滑。

（1）油槽錾削的步骤

① 熟悉图样。

② 修磨油槽錾。錾削平面油槽应选用平面油槽錾。

(a) X形　　(b) S形　　(c) 8字形

图 4-18　油槽的形式

錾削前，应根据錾削平面油槽的断面形状把油槽錾子刃磨准确。

对所选的平面油槽錾还应分别进行粗磨、热处理和精磨，然后用半径样板检查圆弧切削刃形状，使之符合表 4-4 所示的技术参数要求；精磨完成后，再用油石修磨前、后刀面，以使錾出的油槽表面比较光滑。

③ 按图样尺寸要求划出油槽的加工线。

④ 油槽的錾削。不同形式的平面油槽，其錾削操作方法有所不同。

对 X 形油槽的錾削，应先连续、完整錾出第一条油槽，再分两次錾削第二条油槽，即錾至与第一条油槽交会后，不再连续錾下去，而是调头从第二条油槽的另一端重新开始錾削，直至与第一条油槽交会。

对 S 形油槽的錾削，应先连续、完整錾出第一条中间部分油槽，再分两次錾削两头的两个半圆槽，直至与中间部分油槽交会，但应注意收錾接头处的圆滑过渡。

对 8 字形油槽的錾削，要把 8 字形油槽分成两大部分进行錾削，即中间两条相交的直线槽为第一部分，两边的两个半圆槽为第二部分。第一部分与錾削 X 形油槽的方法基本相同。两条相交的直线槽錾好后，再錾两个半圆槽，錾半圆槽时，注意收錾接头处的圆滑过渡。

錾削操作过程中，应采用腕挥小力量锤击錾削，锤击力量要均匀。

⑤ 用锉刀修去槽边毛刺。

⑥ 正确使用各类量具对錾削油槽进行检测。

（2）平面油槽錾的技术参数

平面油槽錾的几何形状如图 4-19 所示，表 4-4 给出了其相关的技术参数。

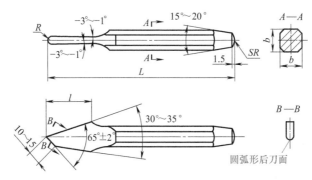

图 4-19　平面油槽錾几何形状

（3）油槽錾的刃磨

油槽錾的刃口形状要和工件图样上油槽端面形状相吻合，其楔角大小要根据被錾材料的性质而定。油槽錾的后面（圆弧面）其两侧应逐步向后缩小，刃磨完成后还要用油石对后面（圆弧面）进行修光，以使錾出的油槽表面比较光滑。

表 4-4 平面油槽錾的技术参数

参数项目	平面油槽錾
楔角（β）	$65° \pm 2°$
副偏角（κ_{τ}）	$-3° \sim -1°$
錾头锥角（γ）	$15° \sim 20°$
錾刃半径（R）	$1 \sim 4mm$
切削部长度（l）	$30 \sim 50mm$
錾身长度（L）	$160 \sim 200mm$
錾身宽度（b）	$18 \sim 22mm$

（4）油槽錾削的要点

① 根据油槽的位置尺寸划出加工线，可以按照油槽的宽度划两条线，也可只划一条中心线。

② 錾削油槽一般要求一次成型，必要时可进行一定的修整。

③ 錾削油槽时，应采用腕挥小力量锤击錾削，锤击力量要均匀。

④ 在平面上錾削油槽，起錾时錾刃要慢慢地加深至尺寸要求，錾削角度保持一致。錾削时捶击力量应均匀，收錾时錾刃要慢慢地抬起，以保证槽底圆滑过渡，也可采用调头收錾。

⑤ 油槽錾削好后，需修去槽边毛刺，最后使用各类量具对錾削油槽进行检测。

4.2.4 曲面油槽的錾削操作

与平面油槽一样，曲面油槽的作用也是向运动机件的接触部位输送和存储润滑油，其形式一般有 1 字形、X 形和王字形等，如图 4-20（a）～（c）所示。

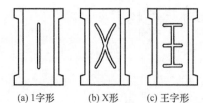

(a) 1字形 (b) X形 (c) 王字形

图 4-20 曲面油槽的形式

（1）油槽錾削的步骤

曲面油槽的錾削步骤与平面油槽基本相同，不同处主要有以下几点。

① 修磨油槽錾。錾削曲面油槽应选用曲面油槽錾。錾削前，应根据錾削曲面油槽的断面形状把油槽錾子刃磨准确。

对所选的曲面油槽錾还应分别进行粗磨、热处理和精磨，使之符合如表 4-5 所示的技术参数要求；精磨完成后，再用油石修磨前、后刀面，以使錾出的油槽表面比较光滑。

② 油槽的錾削。对王字形油槽的錾削，首先应依次錾出三条周向油槽，然后錾出中间轴向油槽，但应注意收錾接头处的圆滑过渡。其余形式的曲面油槽可参照平面油槽的錾削进行操作。

（2）曲面油槽錾的技术参数

曲面油槽錾的几何形状如图 4-21 所示，表 4-5 给出了其相关的技术参数。

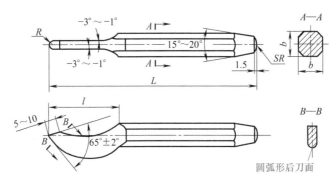

图 4-21　曲面油槽錾几何形状

（3）油槽錾的刃磨

与平面油槽錾的刃磨一样，刃磨曲面油槽錾时，应保证其刃口形状和工件图样上油槽端面形状相吻合，为保证錾削过程中的后角基本一致，曲面油槽錾的切削部应锻成弧形。此时，錾子圆弧刃刃口的中心点仍在錾身轴线的延长线上，使錾削时的锤击作用力方向朝向刃口方向。

表 4-5　曲面油槽錾技术参数

参数项目	曲面油槽錾
楔角（β）	$60° \sim 70°$
副偏角（κ_τ）	$-3° \sim -1°$
錾头锥角（γ）	$15° \sim 20°$
錾刃半径（R）	$1 \sim 4mm$
切削部长度（l）	$30 \sim 60mm$
錾身长度（L）	$160 \sim 200mm$
錾身宽度（b）	$18 \sim 22mm$

（4）油槽錾削的要点

在曲面上錾削油槽，錾身的倾斜状态要随着曲面不断调整，以使錾削时的后角保持不变，方能保证錾出的油槽光整和深浅一致。

其余錾削曲面油槽的操作要点与平面油槽的錾削操作基本相同。

4.2.5　板料的錾削操作

根据錾削板料厚度的不同，板料錾削常用的方法主要有以下几种。

（1）在台虎钳上錾削板料

厚度不超过 2mm 的薄钢板，可采用夹在台虎钳上錾断。錾削时，板料按划的线夹成与钳口平齐，用扁錾沿钳口并斜对板面（约45°）自右向左錾切，如图4-22（a）所示。

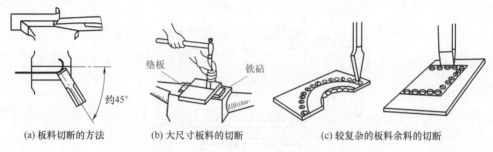

(a) 板料切断的方法　　(b) 大尺寸板料的切断　　(c) 较复杂的板料余料的切断

图 4-22　板料的錾削

（2）在铁砧上錾削板料

錾断厚板时，可在铁砧上錾削板料，主要有以下两种情况。

① 直线錾断。当板料外形尺寸较大且较厚，无法在台虎钳上夹持时，可在铁砧上进行錾削，其方法见图 4-22（b）。

② 钻出密集的排孔再錾断。当板料外形尺寸较大或形状较复杂时，一般先在工件轮廓线周围钻出密集的排孔，再用扁錾或窄錾逐步錾削去除余料，如图 4-22（c）所示。

第 **5** 章　锉削

5.1　锉削基本技能

　　用锉刀对工件表面进行切削加工，使其尺寸、形状、位置和表面粗糙度等达到技术要求的操作称为锉削。锉削加工的生产效率很低，但尺寸精度最高可达 0.005mm，表面粗糙度可达到 $Ra0.4\mu m$ 左右。

　　锉削主要用于无法用机械方法加工或用机械加工不经济或达不到精度要求的工件（如复杂的曲线样板工作面修整、异形模具腔的精加工、零件的锉配等）。

5.1.1　锉削工具

　　锉削加工的工具主要为锉刀，锉刀一般采用 T12 或 T12A 碳素工具钢经过轧制、锻造、退火、磨削、剁齿和淬火等工序加工而成，经表面淬火热处理后，其硬度不小于 62HRC。

　　（1）锉刀的种类及用途

　　锉刀分钳工锉、异形锉（特种锉）和整形锉（什锦锉）三类。按其断面形状的不同，钳工锉又分扁锉（其中，扁锉又分尖头和齐头两种）、方锉、三角锉、半圆锉和圆锉五种。异形锉用来加工零件特殊表面。整形锉用来修整零件上的细小部位。人造金刚石什锦锉是整形锉的新品种，主要用于硬度高的模具修整、特种材料的锉削。各种锉刀的种类及用途见表 5-1。

表 5-1　锉刀的种类及用途

种类		外形或截面形状	用途
钳工锉	齐头扁锉	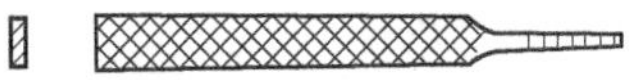	锉削平面、外曲面
	尖头扁锉		

续表

种类		外形或截面形状	用途
钳工锉	方锉	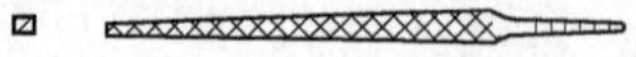	锉削凹槽、方孔
	三角锉		锉削三角槽、大于60°内角面
	半圆锉	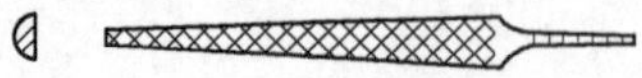	锉削内曲面、大圆孔及与圆弧相接平面
	圆锉		锉削圆孔、小半径内曲面
异形锉	直锉		锉削成形表面，如各种异形沟槽、内凹面等
	弯锉	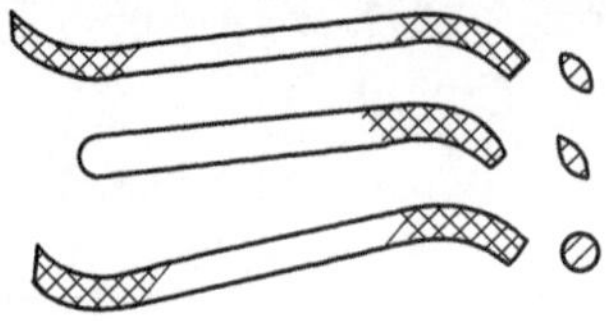	
整形锉	普通整形锉	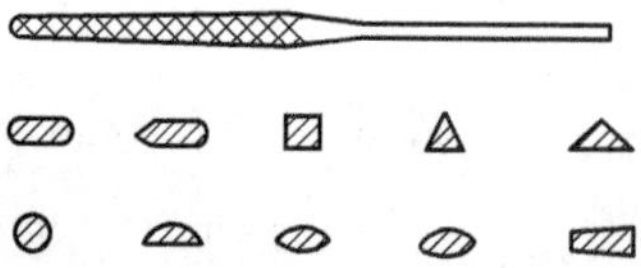	修整零件上的细小部位，工具、夹具、模具制造中锉削小而精细的零件
	人造金刚石什锦锉	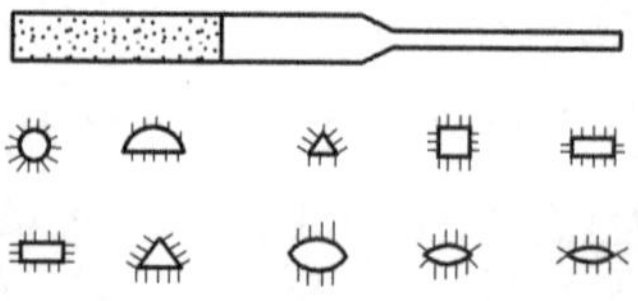	锉削硬度较高的金属，如硬质合金、淬硬钢修配淬火处理后的各种模具

（2）锉刀的构成

锉刀尽管种类较多，但其结构形式却是基本相同的。

1）基本结构

图 5-1 给出了钳工锉中的齐头扁锉的基本结构。

① 刀面。由主、辅锉纹（或单向锉纹）所形成的齿纹面称为刀面，如扁锉有上、下两个主刀面以及由边锉纹形成的一个（或两个）侧刀面，如图 5-1 所示。三角锉有三个刀面，方锉有四个刀面，半圆锉有两个刀面，圆锉有一个刀面。

② 锉身。自锉肩至锉梢前端面之间的部分（图 5-1 中的 L）称为锉身。无锉肩的整形锉和异形锉以刀面长度部分为锉身。

③ 锉尾。自锉肩处逐渐变尖变薄的部分（图 5-1 中的 L_2）称为锉尾。锉尾是用来安装锉柄的。

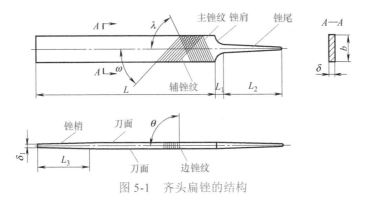

图 5-1　齐头扁锉的结构

④ 锉肩。自锉身后端连接锉尾的一段内圆弧过渡部分（图 5-1 中的 L_1）称为锉肩。

⑤ 锉梢。自锉身前部从纵向逐渐变薄的部分（图 5-1 中的 L_3）称为锉梢。

⑥ 主锉纹。又称为面齿，是锉刀面上起主要切削作用的锉纹，如图 5-1 所示。

⑦ 辅锉纹。又称为底齿，是先在锉刀面上加工出来的锉纹，如图 5-1 所示。

⑧ 边锉纹。又称为护齿，主要是指扁锉的一个（或两个）侧面的单向锉纹，如图 5-1 所示。边锉纹可以用来锉削铸件或其他材料较硬的表面部分，防止对主刀面产生过度磨损和破坏，从而对主锉刀面起到保护作用，故又称为护齿。

⑨ 光边。又称为安全边，是指扁锉的没有单向锉纹的侧面。有光边的锉刀在加工工件的相邻垂直面时不会锉到另一垂直面而使其受到破坏，即不会产生加工干涉，故又称为安全边。根据加工需要，可以将三角锉、方锉的刀面各磨出一个光边。

⑩ 主锉纹角度（λ）。主锉纹与锉身纵（轴）向中心线所形成的夹角，称为主锉纹角度，如图 5-1 所示。用铜丝刷清理锉刀面中的切屑时，应沿着主锉纹方向进行清理。

⑪ 辅锉纹角度（ω）。辅锉纹与锉身纵（轴）向中心线所形成的夹角，称为辅锉纹角度，如图 5-1 所示。

⑫ 边锉纹角度（θ）。边锉纹与锉身纵（轴）向中心线所形成的夹角，称为边锉纹角度，如图 5-1 所示。

⑬ 锉纹条数。在锉刀面上纵（轴）向长度 10mm 内所包含的锉纹数量，称为锉纹条数。

⑭ 齿底连线。在主锉纹法向垂直剖面上，过相邻两齿底的直线称为齿底连线，如图 5-2 所示。

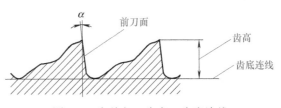

图 5-2　齿前角、齿高、齿底连线

⑮ 齿高。齿尖至齿底连线的垂直距离称为齿高，如图 5-2 所示。

⑯ 齿前角（α）。在主锉纹法向垂直剖面上，主锉纹的前刀面与经过齿尖并与齿底连线相垂直的垂线之间的夹角称为齿前角，如图 5-2 所示。

2）锉纹

锉刀的锉纹有单锉纹和双锉纹之分。钳工锉的锉纹除了圆锉有单螺旋锉纹和双螺旋锉纹两种外，其他形式的钳工锉都是双锉纹。由于双锉纹锉刀主锉纹覆盖在辅锉纹上，使其锉齿间断，达到分屑断屑作用，因此在锉削时比较省力。而单锉纹锉刀在锉削时不能进行分屑断屑，所以在锉削时比较费力，因此用来锉削软材料。另外，锉刀面上主锉纹角度和辅锉纹角度不同，使许多锉齿与锉刀面纵向中心线形成有规律的排列 [如图 5-3（a）所示]，锉出来的沟痕就会互相覆盖，这样被加工表面的沟痕就比较细小。如果主锉纹角度和辅锉纹角度相同，就会使许多锉齿与锉刀面纵向中心线形成平行排列 [如图 5-3（b）所示]，这样被加工表面的沟痕就比较粗大。

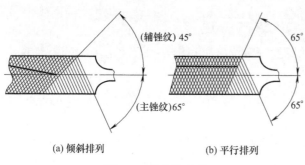

图 5-3　锉齿的排列

3）锉柄

为了握住锉刀和用力方便，钳工锉必须装上锉柄，锉柄是用硬木和塑料制成的。木质锉柄是由柄体和柄箍构成的（木质锉柄必须装上柄箍才能使用），木质锉柄的形状如图 5-4 所示。塑料锉柄为整体式，其形状与木质锉柄大致相同。锉柄的长度尺寸 L 的规格范围约为 $80 \sim 120 \text{mm}$，直径 D 约为 $20 \sim 32 \text{mm}$。

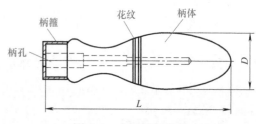

图 5-4　木质锉柄形状

（3）锉刀的形式、规格与锉纹号

锉刀的形式按照横截面形状的不同，分为扁锉、半圆锉（半圆锉又分为薄形和厚形两种）、三角锉、方锉、圆锉、菱形锉、单面三角锉、刀形锉、双半圆锉、椭圆锉和圆边扁锉等，如图 5-5 所示。

锉刀的规格主要是指尺寸规格，钳工锉是以锉身长度作为尺寸规格，异形锉和整形锉是以锉刀全长作为尺寸规格。

钳工锉的基本尺寸如表 5-2 所示。

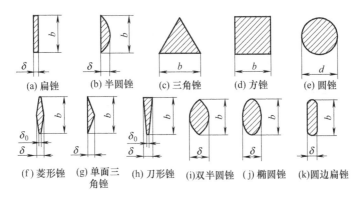

图 5-5 锉刀的横截面形状

表 5-2 钳工锉的基本尺寸 单位:mm

规格	扁锉（尖头、齐头）			半圆锉			三角锉	方锉	圆锉
					薄形	厚形			
L	b		δ	b	δ	δ	b	b	d
100（4in）	12		2.5（3.0）	12	3.5	4.0	8.0	3.5	3.5
125（5in）	14		3.0（3.5）	14	4.0	4.5	9.5	4.5	4.5
150（6in）	16		3.5（4.0）	16	4.5	5.0	11.0	5.5	5.5
200（8in）	20		4.5（5.0）	20	5.5	6.5	13.0	7.0	7.0
250（10in）	24		5.5	24	7.0	8.0	16.0	9.0	9.0
300（12in）	28		6.5	28	8.0	9.0	19.0	11.0	11.0
350（14in）	32		7.5	32	9.0	10.0	22.0	14.0	14.0
400（16in）	36		8.5	36	10.0	11.5	26.0	18.0	18.0
450（18in）	40		9.5				22.0		

　　钳工锉的锉纹号按主锉纹条数分为 1 ～ 5 号，其中：1 号为粗齿锉刀，2 号为中齿锉刀，3 号为细齿锉刀，4 号为双细齿锉刀，5 号为油光锉刀。钳工锉的锉纹角度以及每 10mm 纵（轴）向长度内的锉纹条数如表 5-3 所示。钳工锉的齿高应不小于主锉纹法向齿距的 45%。主锉纹条数小于或等于 28 条时，齿前角不超过 −10°；大于或等于 32 条时，齿前角不超过 −14°。

　　异形锉和整形锉按主锉纹条数锉纹号可分为 00、0、1、…、7、8 共 10 种，其锉纹斜角及每 10mm 轴向长度内的锉纹参数如表 5-4 所示。锉齿的齿高不小于主锉纹法向齿距的 40%。在锉刀梢端 10mm 长度内齿高不小于 30%。

5.1.2 锉刀的选用

　　锉刀的选用是否合理，对加工质量、加工效率以及锉刀的使用寿命都有很大的影响。锉刀的选择要根据工件的形状、材质和工件表面的加工余量来进行。

表 5-3　钳工锉的锉纹参数

规格 /mm	主锉纹条数					辅锉纹条数	边锉纹条数	主锉纹斜角 λ		辅锉纹斜角 ω		边锉纹斜角 θ
	锉纹号							1~3 号锉纹	4~5 号锉纹	1~3 号锉纹	4~5 号锉纹	
	1	2	3	4	5							
100	14	20	28	40	56	为主锉纹条数的 75%~95%	为主锉纹条数的 100%~120%	65°	72°	45°	52°	90°
125	12	18	25	36	50							
150	11	16	22	32	45							
200	10	14	20	28	40							
250	9	12	18	25	36							
300	8	11	16	22	32							
350	7	10	14	20	—							
400	6	9	12	—	—							
450	5.5	8	11	—	—							
公差	±5%（其公差值不足 0.5 条时可圆整为 0.5 条）					±8%	±20%	±5°				±10°

表 5-4　异形锉和整形锉的锉纹参数

规格 /mm	主锉纹条数										辅锉纹条数	边锉纹条数	主锉纹斜角 λ	辅锉纹斜角 ω	边锉纹斜角 θ
	锉纹号														
	00	0	1	2	3	4	5	6	7	8					
75	—	—	—	—	50	56	63	80	100	112	为主锉纹条数的 65%~85%	为主锉纹条数的 50%~110%	72°	52°	80°
100	—	—	—	40	50	56	63	80	100	112					
120	—	—	32	40	50	56	63	80	100	—					
140	—	25	32	40	50	56	63	80	—	—					
160	20	25	32	40	50										
170	20	25	32	40	50										
180	20	25	32	40	—										
公差	±5%												±4°		±10°

① 按工件的材质来选择。锉削较软的金属材料时，选择单纹锉刀或粗锉刀；锉削钢铁等较硬的金属材料时，选择双纹锉刀。

② 按工件加工部位的形状来选择。图 5-6 给出了不同形状的加工部位所选择锉刀的断面形状。

③ 按工件加工表面的加工余量、精度及表面粗糙度来选择。一般情况下，粗齿锉刀、中齿锉刀主要用于粗加工，细齿锉刀主要用于半精加工，双细齿锉刀主要用于精加工，油光锉刀主要用于表面光整加工。

表 5-5 给出了不同种类锉刀应用于工件不同表面的加工余量、尺寸精度及表面粗糙度的范围。

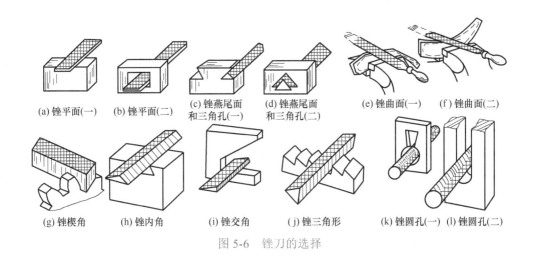

(a) 锉平面(一)	(b) 锉平面(二)	(c) 锉燕尾面和三角孔(一)	(d) 锉燕尾面和三角孔(二)	(e) 锉曲面(一)	(f) 锉曲面(二)

(g) 锉楔角　　(h) 锉内角　　(i) 锉交角　　(j) 锉三角形　　(k) 锉圆孔(一)　(l) 锉圆孔(二)

图 5-6　锉刀的选择

表 5-5　锉刀的选用

锉刀	适用场合		
	加工余量	尺寸精度 /mm	表面粗糙度 $Ra/\mu m$
粗齿锉刀	0.5 ～ 2.0	0.3 ～ 0.5	6.3 ～ 25
中齿锉刀	0.2 ～ 0.5	0.1 ～ 0.3	6.3 ～ 12.5
细齿锉刀	0.05 ～ 0.2	0.05 ～ 0.2	3.2 ～ 6.3
双细齿锉刀	0.05 ～ 0.1	0.01 ～ 0.1	1.6 ～ 3.2
油光锉刀	0.02 ～ 0.05	0.01 ～ 0.05	0.8 ～ 1.6

④ 按工件锉削面积来选择。锉刀的长度、规格也应根据工件加工面的大小来选择。一般情况下，工件加工面越大，所选锉刀规格也越大；工件加工面越小，所选锉刀规格就越小。

5.1.3　锉刀的握法及锉削姿势

锉削加工是手工操作，其加工质量与其操作手法应用的正确性关系极大，因此，锉削操作首先应掌握锉刀的正确握法以及正确的锉削操作姿势。

（1）锉刀的握持

锉刀握持的方法较多，锉削不同形状的工件，选用不同的锉刀，其握持方法也有所不同，但概括起来主要有两种形式：锉柄握法、锉身握法。

1）锉柄握法

锉柄握法主要有以下三种。

① 拇指压柄法。右手拇指向下压住锉柄，其余四指环握锉柄的一种握法，如图 5-7 所示。这是使用最多，也是最基本的锉柄握法。

② 食指压柄法。右手食指前端压住锉身上面，拇指伸直贴住锉柄（或锉身）

侧面，其余三指环握锉柄的一种握法，如图 5-8 所示，主要用于整形锉刀以及 8″ 及以下规格锉刀的单手锉削。

图 5-7   拇指压柄法   图 5-8   食指压柄法

③ 抱柄法。双手拇指并拢向下压住锉柄，双手其余四指抱拳环握锉柄，如图 5-9 所示，主要用于整形锉刀以及 8″ 及以下规格锉刀进行孔、槽的加工。

2）锉身握法

以扁锉为例，锉身握法主要有以下八种。

① 前掌压锉法。左手手掌自然伸展，掌面压住锉身前部刀面的一种握法，如图 5-10 所示，一般用于 12″ 及以上规格的锉刀进行全程锉削。

图 5-9   抱柄法   图 5-10   前掌压锉法

② 扣锉法。左手拇指压住刀面，食指和中指扣住锉梢端面的一种握法，如图 5-11 所示，是使用较多的一种握法。

③ 捏锉法。左手拇指与食指、中指相对捏住锉梢前端的一种握法，如图 5-12 所示，主要用于锉削曲面。

图 5-11   扣锉法   图 5-12   捏锉法

④ 中掌压锉法。左手手掌自然伸展，掌面压住锉身中部刀面的一种握法，如图 5-13 所示，一般用于 12″ 及以上规格的锉刀进行短程锉削。

⑤ 三指压锉法。左手食指、中指和无名指压住锉身中部刀面的一种握法，如图 5-14 所示，一般用于 10″ 及以下规格的锉刀进行短程锉削。

图 5-13   中掌压锉法   图 5-14   三指压锉法

⑥ 双指压锉法。左手食指和中指压住锉身中部刀面的一种握法，如图 5-15

所示，一般用于 8″ 及以下规格的锉刀进行短程锉削。

⑦ 八字压锉法。左手拇指与食指、中指呈八字状压住锉身刀面的一种握法，如图 5-16 所示，一般用于 10″ 及以下规格的锉刀进行短程锉削。

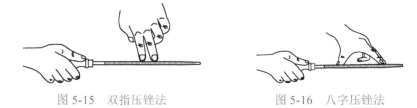

图 5-15　双指压锉法　　　　　图 5-16　八字压锉法

⑧ 双手横握法。左右手的拇指与其余四指的指头相对夹住锉身侧刀面的一种握法，如图 5-17 所示，一般用于横推锉削。

（2）手臂姿态

锉削时，对手臂姿态的要求是：要以锉刀纵向中心线（或轴线）为基准，右手握持锉柄时，前臂、上臂基本与锉刀纵（轴）向中心线在一个垂直平面，并与身体正面大致成 45°角，在锉削运动中，应始终保持这种姿态。如图 5-18 所示。

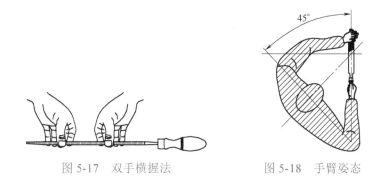

图 5-17　双手横握法　　　　　图 5-18　手臂姿态

（3）站立姿态

锉削时对站立姿态的要求是：要以锉刀纵（轴）向中心线的垂直投影线为基准，两脚跟大致与肩同宽，右脚与锉刀纵（轴）向中心线的垂直投影线大致成 75°角，且右脚的前 1/3 处踩在投影线上，左脚与锉刀纵（轴）向中心线的垂直投影线大致成 30°角，在锉削运动中，应始终保持这种几何姿态。如图 5-19 所示。

（4）动作姿态

锉削操作时，可将一个锉削行程分为锉刀推进行程和锉刀回退行程两个阶段。锉削速度一般在 40 次 /min 左右，推进行程时稍慢，回退行程时稍快。

为了充分理解锉削动作中的姿态特点，将锉刀面三等分，据此将锉刀推进行程又分为前 1/3 推进行程、中 1/3 推进行程和后 1/3 推进行程三个细分阶段。各阶段的操作要点如下。

① 准备动作。左右脚按照站立姿态要领站到位，左腿膝关节稍微弯曲，右腿绷直（右腿在整个锉削循环中始终都是处于绷直状态），身体前倾 10°左右，身体重心分布于左右脚，右肘关节尽量后抬，锉梢前部锉刀面准备接触工件表面，如图 5-20 所示。

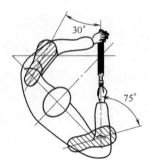
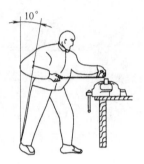

图 5-19　站立姿态　　　　图 5-20　准备动作姿态

② 前 1/3 推进行程。身体前倾 15°左右，同时带动右臂向前进行前 1/3 推进行程，此时，左腿膝关节继续弯曲，身体重心开始移向左脚，左手开始对锉刀施加压力，如图 5-21（a）所示。

要注意的是：锉削是在滑行中接触工件表面并开始前 1/3 推进行程的，而不是先把刀面放在工件表面后再推送锉刀进行锉削。

③ 中 1/3 推进行程。身体继续前倾至 18°左右，并继续带动右臂向前进行中 1/3 推进行程，此时，左腿膝关节弯曲到位，身体重心大部分移至左脚，左手压力为最大，如图 5-21（b）所示。

④ 后 1/3 推进行程。当开始后 1/3 推进行程时，身体停止前倾并开始回退至 15°左右，在回退的同时，右臂继续向前进行后 1/3 推进行程，此时，左臂应尽量伸展，左手压力逐渐减小，身体重心后移，如图 5-21（c）所示。

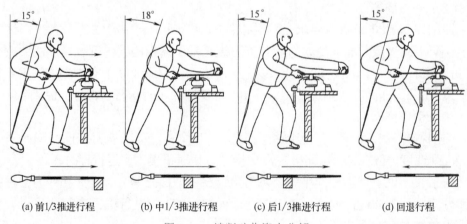

(a) 前1/3推进行程　　　(b) 中1/3推进行程　　　(c) 后1/3推进行程　　　(d) 回退行程

图 5-21　锉削动作姿态分解

⑤ 回退行程。后 1/3 推进行程完成后，左右臂可稍停顿一下，然后将锉刀稍抬起一点，回退至前 1/3 推进行程开始阶段，也可贴着工件表面（左手对锉刀不施加压力）回退，如图 5-21（d）所示。至此，一个锉削行程完成。

5.1.4　锉削基本操作技术

与锯切、錾削操作一样，锉削之前也应先做好工件的装夹，然后根据所锯削工件的形状选用合理的操作方法。具体操作时，还应控制好锉削力及锉削的速度。

（1）工件的装夹

① 工件要装夹在台虎钳的中间。

② 对工件的装夹要牢固，同时要保证不使工件产生变形。

③ 工件装夹后伸出钳口部分不能太多，以免锉削时产生振动。

④ 装夹几何形状特殊的工件时，要考虑增加衬垫，如装夹圆形工件时，衬上 V 形架等，如图 5-22 所示。

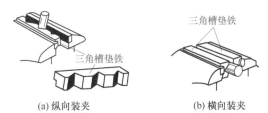

(a) 纵向装夹　　(b) 横向装夹

图 5-22　圆形工件在台虎钳上的装夹

⑤ 装夹工件的已加工面或装夹精密工件时，台虎钳的钳口应衬以护口或者其他软材料，以免夹伤工件表面，如图 5-23 所示。

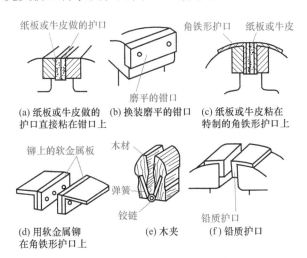

(a) 纸板或牛皮做的护口直接粘在钳口上　(b) 换装磨平的钳口　(c) 纸板或牛皮粘在特制的角铁形护口上

(d) 用软金属铆在角铁形护口上　(e) 木夹　(f) 铅质护口

图 5-23　台虎钳护口的应用

（2）工件锉削时的装夹实例

图 5-24 给出了装夹毛坯件或一般工件时所采用的方法。

图 5-25 给出了在台虎钳上装夹槽钢的方法。

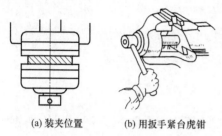

(a) 装夹位置   (b) 用扳手紧台虎钳

图 5-24 装夹毛坯件或一般工件

图 5-26 给出了在台虎钳上装夹板材的方法。

（3）锉削力及锉削速度

正确运用锉削力是锉削的关键，锉削力有水平推力和垂直压力两种。推力主要由右手控制，必须大于切削阻力时才能锉去切屑。压力是由两手控制的，其作用是使锉齿深入金属表面。水平推力和垂直压力的大小必须随着锉刀前移而变化，两手压力对工件中心的力矩应该相等，这是保证锉刀平直运动的关键。

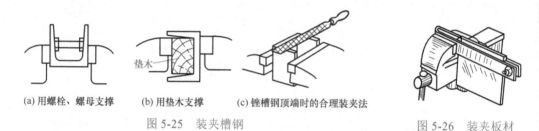

(a) 用螺栓、螺母支撑   (b) 用垫木支撑   (c) 锉槽钢顶端时的合理装夹法

图 5-25 装夹槽钢   图 5-26 装夹板材

控制力矩平衡的方法是：随着锉刀的推进，左手压力由大逐渐减小，右手压力则由小逐渐增大。具体操作如图 5-27 所示。

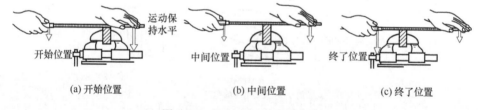

(a) 开始位置   (b) 中间位置   (c) 终了位置

图 5-27 控制力矩平衡的方法

锉削时，对锉刀的总压力不能太大，因为锉齿存屑空间有限，压力太大只能使锉刀磨损加快；但压力也不能过小，过小时锉刀打滑，达不到切削目的。一般是向前推进时手上有一种韧性感觉为适宜。

锉削速度一般为 30 ～ 60 次 /min，速度太快时操作者容易疲劳，且锉齿易磨钝；如果速度过慢，则切削效率低。

（4）锉削操作注意事项

① 锉刀是右手工具，应放在台虎钳的右边；放在钳桌上的锉刀不许露出钳桌（一般应放在离钳桌边缘 50mm 以内），防止碰撞掉下伤脚或损坏锉刀。

② 不许使用没有装锉柄的钳工锉，不许使用已裂开的和没有安装柄箍的木

质锉柄。

③ 锉削时锉柄不能撞击到工件或台虎钳上，防止锉柄脱离露出锉尾尖端伤人。

④ 严禁用嘴吹铁屑，不许用手擦摸锉削表面。

⑤ 不要用锉刀锉削铸件的硬表面及钢件淬硬的表面，防止对刀面产生过度磨损和破坏。

⑥ 锉刀每次用完后，应用铜刷清理干净锉刀面上的切屑；锉刀不能重叠放置，防止损坏锉齿。

5.2 锉削典型实例

锉削不同的形状，其操作方法也是不同的，常见形状的锉削操作技法主要有以下几方面的内容。

5.2.1 平面的锉削操作

（1）平面锉削的步骤

① 熟悉图样，准备好工具、量具和辅具。

② 根据零件的形状及要求，首先确定第一锉削基准，将工件夹紧在台虎钳适当位置，分别进行粗锉、精锉；再考虑第二锉削基准，同样进行粗锉、精锉；依次达到工件产品的形位公差要求。

③ 理顺锉纹，用油光锉刀锉削进行光整加工，达到表面粗糙度要求。

④ 正确使用钢直尺、直角尺等各类量具对锉削平面进行检测。

（2）平面锉削的平衡要求

锉削是手工操作，锉削时若不平衡，产生一定程度上的锉刀纵向摆动和横向倾斜，锉削就会产生缺陷。纵向摆动的典型特征是锉削时锉刀容易出现先低后高的现象，这样就会把工件表面锉成纵向凸圆弧形状，如图 5-28（a）；横向倾斜的典型特征是锉削时锉刀容易出现左低右高［见图 5-28（b）］或左高右低［见图5-28（c）］的现象，这样就会把工件表面锉成横向倾斜形状。为此，锉削平面时，保持锉削的平衡应注意以下几方面的操作。

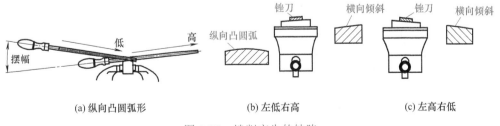

(a) 纵向凸圆弧形　　　　(b) 左低右高　　　　(c) 左高右低

图 5-28　锉削产生的缺陷

① 锉削平面时，锉刀的推进行程应平行于钳口上平面，在夹持工件时，应在钳口左（或右）侧留出适当宽度的"基准面"作为校正锉刀姿态的"校正位"[如图 5-29（a）所示]，再将锉刀面的中间部位轻轻地置于"校正位"，以使双手获得纵、横两个方向的平衡手感[如图 5-29（b）所示]，然后再将锉刀移到工件的表面进行锉削[如图 5-29（c）所示]。

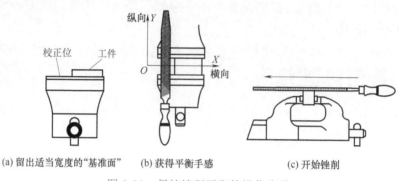

(a) 留出适当宽度的"基准面"　　(b) 获得平衡手感　　(c) 开始锉削

图 5-29　保持锉削平衡的操作步骤

② 锉削速度的快慢对锉削的平衡控制所产生的影响最大。一般而言，锉削速度越快，则锉刀的摆幅和倾斜量就越大，锉削速度越慢，则锉刀的摆幅和倾斜量就越小，一般以 40 次 /min 左右为宜。

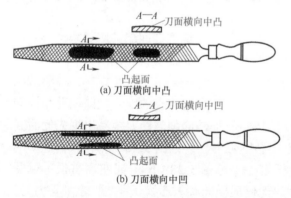

(a) 刀面横向中凸

(b) 刀面横向中凹

图 5-30　刀面凸起与凹陷的检查

③ 一般而言，锉刀的刀面并不是很平整的。以扁锉为例，一般在刀面的纵长方向和横截方向都略呈不规则的凸凹状，凸起面和凹陷面的分布情况对于每把锉刀而言都不尽相同，但从横截方向来看，其基本特征有两种：一是刀面横向中凸[如图 5-30（a）所示]，二是刀面横向中凹[如图 5-30（b）所示]。横向中凹的刀面一般用于粗锉加工，横向中凸的刀面一般用于半精锉或精锉加工。观察刀面状况的方法很简单，先在刀面涂上粉笔灰，并用手指反向压一下，然后在工件表面全程锉削五六次，看到刀面颜色比较深、比较黑的区域就是凸起面，与工件表面没有接触到的面没有颜色变化，就是凹陷面。

锉刀刀面涂粉笔有三个作用：一是可以看出锉刀的刀面状况；二是容易去掉嵌在刀面的切屑；三是可以减少吃刀量，降低工件表面粗糙度（细齿锉刀涂上粉笔后锉出加工面的表面粗糙度可达 $Ra1.6\mu m$）。

（3）平面锉削的基本方法

① 顺向锉法。如图 5-31 所示，锉刀的运动方向始终保持一致。顺向锉锉纹较整齐、清晰、一致、美观，表面粗糙度低，适用于小平面和精锉的场合。

② 交叉锉法。如图 5-32 所示，锉刀是从两个不同方向交叉、交替锉削。使锉纹呈交叉状，每锉一遍都可以从锉纹上判断平面度情况，便于纠正锉削。锉削平面的平面度较好，但表面粗糙度稍差。纹路不如顺向锉美观，适用于锉削余量大的平面粗加工。

③ 推锉法。如图 5-33 所示，两手横握锉刀往复锉削。由于推锉时锉刀的平衡易于掌握，切削量小，便于获得平整的平面。常用于狭长小平面的加工，特别适用于各种配合面的修锉。

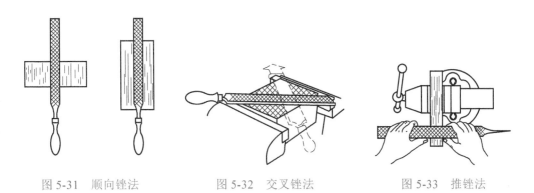

图 5-31　顺向锉法　　　　　图 5-32　交叉锉法　　　　　图 5-33　推锉法

④ 全程锉法。全程锉法是锉刀在推进时，其行程的长度与刀面长度相当的一种锉法，如图 5-34 所示，一般用于粗锉和半精锉加工。

⑤ 短程锉法。短程锉法是锉刀在推进时，其行程的长度只是刀面长度的 $1/4 \sim 1/2$，甚至更短的一种锉法，如图 5-35 所示，一般用于半精锉和精锉加工。

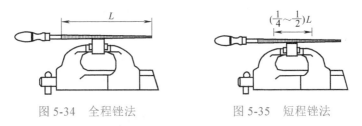

图 5-34　全程锉法　　　　　图 5-35　短程锉法

（4）平面锉削的基本锉削工艺

① 粗加工锉削（粗锉）。当加工余量大于 0.5mm 时，一般选用 14″～ 12″ 的粗齿、中齿锉刀进行大吃刀量加工，以快速去掉工件大部分余量，留下半精锉余量 0.5mm 左右。

② 半精加工锉削（半精锉）。当加工余量介于 0.1 ～ 0.5mm 时，一般选用

12″～8″的中齿、细齿锉刀对工件进行小吃刀量加工，留下精锉余量 0.1mm 左右。

③ 精加工锉削（精锉）。当加工余量小于等于 0.1mm 时，一般选用 8″～4″的细齿、双细齿锉刀以及整形锉刀对工件进行微小吃刀量加工，同时消除半精锉加工产生的锉痕，达到尺寸和形位精度以及表面粗糙度要求。

④ 光整锉削。对精锉后的工件表面进行理顺锉削纹理方向并进一步降低表面粗糙度的加工，一般选用 8″～4″的双细齿、油光锉刀以及整形锉刀进行，或用砂布、砂纸垫在锉刀下面进行打磨加工。

⑤ 平面度的一般检测方法。在车间，通常采用刀形样板平尺对工件表面进行直线度、平面度的检测。

图 5-36　锉刀横向移位

（5）平面锉削的注意事项

① 锉刀要在滑行中接触工件表面并开始进行锉削，不要先将锉刀刀面放在工件表面后再推送锉刀进行锉削。

② 锉刀在一个位置锉削五六次以后，要横向移动一个待加工位置再锉削，横向移动的距离一般为 1/2 或 2/3 的锉身宽度，另外 1/2 或 1/3 的锉身宽度覆盖在已加工位置上，如图 5-36 所示。

5.2.2　外圆弧面的锉削操作

外圆弧面的锉削可按以下步骤及方法进行。

（1）外圆弧面的锉削步骤与平衡要求

外圆弧面（包括内圆弧面、球面）的锉削步骤与锉削时的平衡要求与平面的锉削操作基本相同。

（2）外圆弧面锉削的基本方法

当锉削余量大时，应分步采用粗锉、精锉加工，即先用顺向锉削法横对着圆弧面锉削，按圆弧的弧线锉成多边棱形，最后再精锉外圆弧面。精锉方法主要有两种：图 5-37（a）为轴向滑动锉法，操作时，锉刀在作与外圆弧面轴线相平行推进的同时，还要作一个沿外圆弧面向右或向左的滑动；图 5-37（b）为周向摆

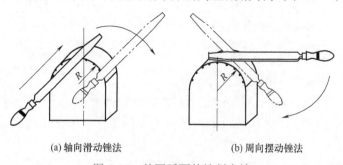

(a) 轴向滑动锉法　　　　　　　(b) 周向摆动锉法

图 5-37　外圆弧面的锉削方法

动锉法，操作时，锉刀在作与外圆弧面轴线相平行推进的同时，右手还要作一个沿圆弧面垂直摆动下压锉柄。

5.2.3　内圆弧面的锉削操作

锉削内圆弧面通常选用圆锉、半圆锉、方锉（圆弧半径较大）完成。用圆锉或半圆锉粗锉内圆弧面时，锉刀要同时合成三个运动，即锉刀与内圆弧面轴线相平行的推进运动和锉刀刀体的自身（顺时针或逆时针方向）旋转运动以及锉刀沿内圆弧面向右或向左的横向滑动，如图 5-38（a）所示。用圆锉或半

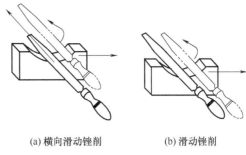

(a) 横向滑动锉削　　　　(b) 滑动锉削

图 5-38　内圆弧面的锉削方法

圆锉精锉内圆弧面时，采用双手横握法握持刀体，锉刀要同时合成两个运动，即锉刀与内圆弧面轴线相垂直的推进运动和锉刀刀体的自身旋转运动共同进行滑动锉削，如图 5-38（b）所示。

5.2.4　球面的锉削操作

球面锉削通常选用扁锉加工。锉刀在完成外圆弧锉削复合运动的同时，还须环绕球中心作周向摆动，通常有两种操作方法。图 5-39（a）所示为纵倾横向滑动锉法，锉刀根据球面半径 SR 摆好纵向倾斜角度 α，并在运动中保持稳定，锉刀在

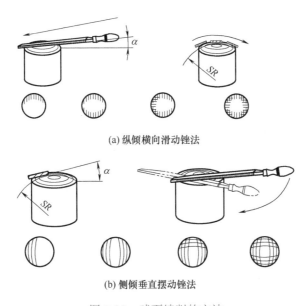

(a) 纵倾横向滑动锉法

(b) 侧倾垂直摆动锉法

图 5-39　球面锉削的方法

推进的同时，刀体还要作自左向右的弧形滑动。图 5-39（b）为侧倾垂直摆动锉法，操作时，锉刀根据球面半径 SR 摆好侧倾角度 α，并在运动中保持稳定，锉刀在推进的同时，右手还要垂直下压摆动锉柄。球面锉削操作时，要注意把球面大致分成四个区域进行对称锉削，依次循环地锉至球面顶部。

5.2.5　清角的锉削操作

生产加工过程中，通常是由平面及各类圆弧面组成有型面，有时为防止加工

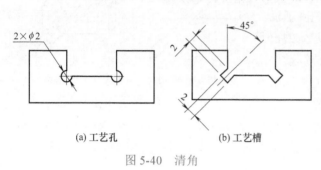

(a) 工艺孔　　(b) 工艺槽

图 5-40　清角

干涉或便于装配和型面加工，将工件内棱角处加工出一定直径的工艺孔 [如图 5-40（a）所示] 或一定边长的工艺槽，称为清角 [如图 5-40（b）所示]。工艺孔可采用钻孔或锉削加工，工艺槽可采用锉削或锯削加工。

5.2.6　四方体改圆柱体的锉削操作

四方体改圆柱体的锉削操作步骤及方法如图 5-41 所示。操作时，首先粗、精锉纵向四面至尺寸要求，如图 5-41（a）所示；然后将正等四棱柱改锉成正等八棱柱，其纵向四面至尺寸要求，如图 5-41（b）所示；根据工件直径，还可将正等八棱柱改锉成正等十六棱柱，其纵向八面至尺寸要求，如图 5-41（c）所示。总而言之，等分面越多就越接近圆，精锉可采用轴向滑动锉法或周向摆动锉法，如图 5-41（d）所示。

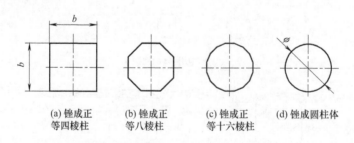

(a) 锉成正等四棱柱　(b) 锉成正等八棱柱　(c) 锉成正等十六棱柱　(d) 锉成圆柱体

图 5-41　四方体改圆柱体

5.2.7　两平面接凸圆弧面的锉削操作

两平面接凸圆弧面的锉削步骤及方法如图 5-42 所示。

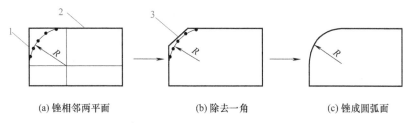

(a) 锉相邻两平面　　　　　　(b) 除去一角　　　　　　(c) 锉成圆弧面

图 5-42　两平面接凸圆弧面锉削工艺

　　首先，粗、精锉相邻两平面（1、2 面）并达到要求，如图 5-42（a）所示；然后除去一角，如图 5-42（b）所示；再粗、精锉成圆弧面并达到要求，如图 5-42（c）所示。

5.2.8　平面接凹圆弧面的锉削操作

　　平面接凹圆弧面的锉削操作步骤及方法如图 5-43 所示。

　　图 5-43（a）所示为加工图，先粗锉凹圆弧面 1［如图 5-43（b）所示］，后粗锉平面 2［如图 5-43(c)所示］；再半精锉凹圆弧面 1［如图 5-43(d)所示］，半精锉平面 2［如图 5-43（e）所示］；最后精锉凹圆弧面 1 和平面 2［如图 5-43（f）所示］。

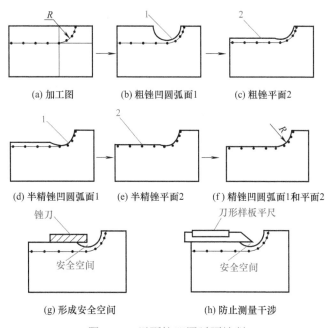

(a) 加工图　　　　　(b) 粗锉凹圆弧面1　　　　　(c) 粗锉平面2

(d) 半精锉凹圆弧面1　　(e) 半精锉平面2　　(f) 精锉凹圆弧面1和平面2

(g) 形成安全空间　　　　　　(h) 防止测量干涉

图 5-43　平面接凹圆弧面锉削

　　平面接凹圆弧面的锉削工艺是将凹圆弧面和平面作为两个独立的面来进行锉削加工，即先锉凹圆弧面，后锉平面，通过粗锉、半精锉和精锉三个基本工序来进行先后分层加工并且达到加工要求。先锉凹圆弧面，这样可以形成安全空间，可以保障平面锉削的加工质量，可在一定程度上防止在锉削平面时出现对凹圆弧面的加工干涉［如图 5-43（g）所示］，同时可防止在测量平面的直线度时出现测量干涉［如图 5-43（h）所示］。

5.2.9   凸圆弧面接凹圆弧面的锉削操作

凸圆弧面接凹圆弧面的锉削操作步骤及方法如图 5-44 所示。

图 5-44（a）所示为加工图，首先除去加工线外多余部分［如图 5-44（b）所示］；粗锉凹圆弧面 1［如图 5-44（c）所示］，粗锉凸圆弧面 2［如图 5-44（d）所示］；再半精锉凹圆弧面 1［如图 5-44（e）所示］，后半精锉凸圆弧面 2［如图 5-44（f）所示］；最后精锉凹圆弧面 1 和凸圆弧面 2［如图 5-44（g）所示］。

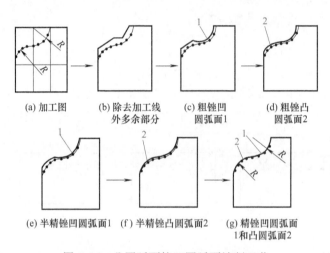

图 5-44   凸圆弧面接凹圆弧面锉削工艺

第6章　锉配

6.1　锉配基本技能

通过锉削，使两个或两个以上的互配件达到规定的形状、尺寸和配合要求的加工操作称为锉配（又称为镶配和镶嵌）。锉配加工是钳工所特有的一项综合性操作技能。锉配加工以其灵活性和经济性广泛应用于模具、工具、量具以及零件、配件等的制造和修理。

6.1.1　锉配工具及操作

锉配实际上就是一种特殊形式的锉削加工，只不过对所加工的零件有互配性的要求。因此，其操作所用的工具及对工具的操作使用方法与锉削加工相同。

6.1.2　锉配的原则与方法

锉配的基本方法是：先把相配的其中一件零件锉好，作为基准件，然后再用基准件来锉配另一件。由于外表面容易加工，便于测量，能达到较高精度，所以锉配加工的顺序一般是先加工外表面，然后锉配内表面，先钻孔后修形（形位公差）。具体说来，锉配加工的原则与方法主要有以下几方面的内容。

（1）锉配加工的一般原则

① 锉配应采用基轴制，即先加工凸件（轴件），以凸件（轴件）为基准件锉配凹件（孔件）。

② 尽量选择面积较大且精度较高的面作为第一基准面，以第一基准面控制第二基准面，以第一基准面和第二基准面共同控制第三基准面。

③ 先加工外轮廓面，后加工内轮廓面，以外轮廓面控制内轮廓面。

④ 先加工面积较大的面，后加工面积较小的面，以大面控制小面。

⑤ 先加工平行面后加工垂直面。

⑥ 先加工基准平面，后加工角度面，再加工圆弧面。

⑦ 对称性零件应先加工一侧，以利于间接测量。

⑧ 按加工工件的中间公差进行加工。

⑨ 为保证获得较高的锉配精度，应选择有关的外表面作划线和测量的基准面，因此，基准面应达到最小形位误差要求。

⑩ 在不便使用标准量具的情况下，应制作辅助量具进行检测；在不便直接测量的情况下，应采用间接测量方法。

（2）锉配加工的基本方法

① 试配。在锉配时，将基准件用手的力量插入并退出配合件，在配合件的配合面上留下接触痕迹，以确定修锉部位的操作称为试配（相当于刮削中的对研显点）。为了清楚显示接触痕迹，可以在配合件的配合面上涂抹红丹粉、蓝油、烟墨等显示剂。

② 同向锉配。锉配时，将基准件的某个基准面与配合件的相同基准面置于同一个方向上进行试配、修锉和配入的操作称为同向锉配，如图 6-1 所示。

③ 换向锉配。锉配时，将基准件的某个基准面进行一个径向或轴向的位置转换，再进行试配、修锉和配入的操作称为换向锉配，如图 6-2 所示。

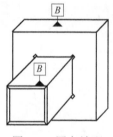

图 6-1 同向锉配

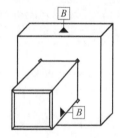

图 6-2 换向锉配

6.2 锉配典型实例

生产加工中，常见形面的锉配操作主要应注意以下几方面的内容。

6.2.1 四方体的锉配操作

图 6-3 为四方体锉配图样，其中，图 6-3（a）所示轴件毛坯尺寸为 25mm×25mm×50mm，图 6-3（b）所示孔件毛坯尺寸为 52mm×52mm×20mm。

锉配技术要求：①以轴件为基准件，孔件为配作件；②换向配合间隙 ≤0.1mm；③试配时不允许敲击；④用手锯对四方孔清角（锯出 2mm×2mm×45°工艺槽）；⑤轴件倒角 0.1mm，孔件周面倒角 C0.4。

（1）**轴件的加工工艺**

① 粗、精锉基准面 A，达到平面度要求。

② 粗、精锉基准面 A 的对面，达到平面度、平行度和尺寸要求。

③ 粗、精锉基准面 B，达到平面度和垂直度要求。

④ 粗、精锉基准面 B 的对面，达到平面度、平行度、垂直度和尺寸要求。

⑤ 全面检查形位精度和尺寸精度，并作必要修整。

⑥ 理顺锉纹，四面锉纹纵向并达到表面粗糙度要求。

⑦ 四棱柱倒角 0.1mm，两端倒角 $C2$。

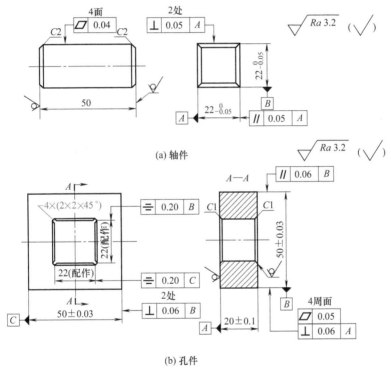

(a) 轴件

(b) 孔件

图 6-3　四方体锉配

（2）**孔件的加工工艺**

① 外形轮廓加工。外形轮廓的加工步骤为：首先，粗、精锉 B 基准面，达到平面度和垂直度要求；再粗、精锉 B 基准面的对面，达到尺寸、平面度和平行度要求；然后粗、精锉 C 基准面，达到平面度和垂直度要求；再粗、精锉 C 基准面的对面，达到尺寸、平面度、平行度和垂直度要求；接下来，全面检查形位精度和尺寸精度，并作必要修整；最后光整锉削，理顺锉纹，四面锉纹纵向并达到表面粗糙度要求，同时四周面倒角 $C0.4$。

② 划线操作。如图 6-4 所示，根据图样，对孔件进行划线操作，根据高度方向

实际尺寸（50mm±0.03mm）的对称中心和宽度方向实际尺寸（50mm±0.03mm）的对称中心，以 B、C 两面为基准划出十字中心线，再以十字中心线为基准在 A 面和其对面划出 φ18mm 工艺孔和 22mm×22mm 四方孔的加工线，检查无误后打上冲眼。

③ 工艺孔加工。钻出 φ18mm 工艺孔，如图 6-5 所示。

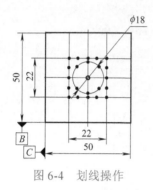 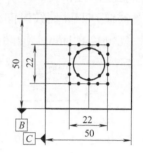

图 6-4　划线操作　　　　　　　图 6-5　工艺孔加工

④ 锉削四方孔。锉削四方孔的加工步骤为：首先，粗锉四方孔，按线粗锉四方孔各面，单边留 0.5mm 半精加工余量，如图 6-6（a）所示；再用手锯对四方孔清角（2mm×2mm×45°），如图 6-6（b）所示；最后，半精锉四方孔，如图 6-6（c）所示。以 C 面为基准精锉四方孔第 1 面和第 2 面，以 B 面为基准精锉四方孔第 3 面和第 4 面，单边留 0.1mm 的试配余量，注意控制与 A 基准面的垂直度要求和与 B、C 基准面的对称度要求，孔口倒角 C1。

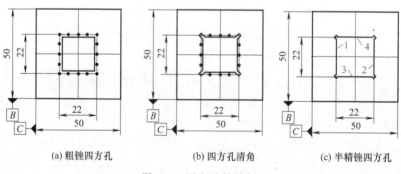

(a) 粗锉四方孔　　　　(b) 四方孔清角　　　　(c) 半精锉四方孔

图 6-6　四方孔的锉削

锉削四方孔时，可能出现下列几种典型缺陷，即端口凹圆弧、端口凸圆弧、轴向中凸和轴向喇叭口（如图 6-7 所示）。因此，在粗锉、半精锉四方孔时，就要尽量防止这些缺陷；在精锉四方孔时，要最大限度地减少这些缺陷，以保证锉配质量。

（3）锉配加工

完成四方孔的半精锉后，可按以下方法和步骤进行四方孔的锉配加工。

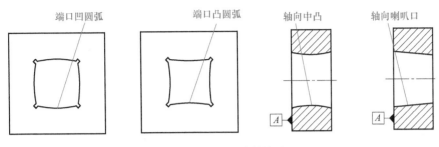

图 6-7 四方孔锉削缺陷

① 同向锉配。开始锉配时，要以轴件端部一角插入孔件相配的基准面孔口进行试配 [如图 6-8 (a) 所示]，轴件与孔件进行同向锉配 [如图 6-8 (b) 所示]。试配前，可以在四方孔的四面涂抹显示剂，这样接触痕迹就很清晰，便于确定修锉部位。当轴件全部通过四方孔后，同向锉配完成。

② 换向锉配。同向锉配完成后，将轴件径向旋转 90° 进行换向试配（如图6-9 所示)。换向锉配时，一般只需作微量修锉即可。当轴件全部通过四方孔后，换向锉配完成。

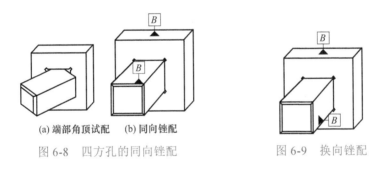

图 6-8　四方孔的同向锉配　　　　图 6-9　换向锉配

（4）四方体锉配要点

① 为获得较高的换向配合精度，轴件的宽、高尺寸（ $22_{-0.05}^{\ 0}$ mm、$22_{-0.05}^{\ 0}$ mm ）必须控制在配合间隙的 1/2 范围内（即 0.1mm/2=0.05mm ）。

② 锉削四方孔时，四方孔要留有足够的锉配余量，一般为单边 0.1mm 左右。

③ 在试配时，一般只能用手的力量推入和推出，若推不出来，可用木棒垫着敲击推出，严禁用手锤和硬金属直接敲击。

④ 锉配时的修锉部位，应该在透光与涂色检查后从整体情况考虑，合理确定。一般只对亮点部位进行修锉，要特别注意四角的接触情况，不要盲目修锉，防止配合面局部出现间隙过大。

6.2.2　内、外角度样板的锉配操作

图 6-10 为内角度样板的锉配图样，其中，图 6-10（ a ）所示内角度样板的

毛坯尺寸为 36mm×22mm×4mm，图 6-10（b）所示外角度样板的毛坯尺寸为 46mm×36mm×4mm。

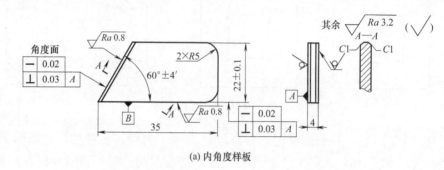

(a) 内角度样板

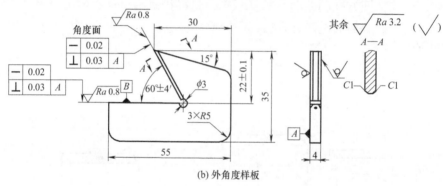

(b) 外角度样板

图 6-10　内、外角度样板的锉配

锉配技术要求为：①以内角度样板为基准件，外角度样板配作；②配合间隙 ≤0.03mm；③内、外角度样板非角度面倒角 C0.4；④研磨两工作面。

（1）内角度样板的加工工艺

① 外形轮廓加工。

② 粗、精锉 B 基准面，达到直线度和与 A 基准面的垂直度要求。

③ 按照图样划出角度面加工线，锯除多余部分。

④ 粗、精锉角度面，达到直线度、与 B 基准面的角度以及与 A 基准面的垂直度要求。

⑤ 角度面倒角 C1，非角度面倒角 C0.5。

（2）外角度样板的加工工艺

① 外形轮廓加工。

② 按照图样划出角度及工艺孔加工线，钻出 ϕ3mm 工艺孔，锯除多余部分。

③ 粗锉 B 基准面和角度面，留 0.5mm 的半精加工余量。

④ 半精锉 B 基准面，留 0.1mm 的精锉余量。

⑤ 精锉 B 基准面，达到直线度和与 A 基准面的垂直度要求。

⑥ 以 B 面为基准，精锉角度面，达到直线度、与 B 基准面的角度以及与 A 基准面的垂直度要求。

⑦ 角度面倒角 C1，非角度面倒角 C0.4。

（3）研磨加工

选用 100 ～ 280 研磨粉对内、外角度样板工作面作研磨，达到表面粗糙度 Ra0.8μm。

6.2.3 凸凹圆弧体的锉配操作

图 6-11 为凸凹圆弧体的锉配图样，其中，图 6-11（a）所示凸件的毛坯尺寸为 82mm×45mm×20mm，图 6-11（b）所示凹件的毛坯尺寸为 82mm×46mm×20mm。

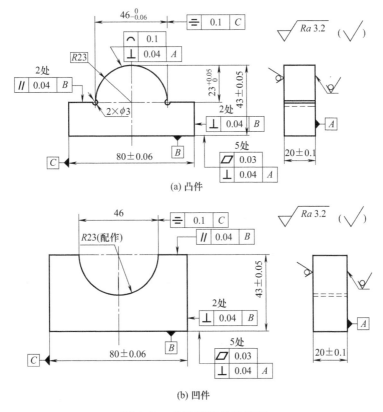

图 6-11 凸凹圆弧体的锉配

锉配技术要求为：①以凸件为基准件，凹件为配作件；②换向配合间隙 ≤0.1mm；③侧面错位量≤0.1mm；④周面倒角 C0.4；⑤试配时不允许敲击。

（1）凸件的加工工艺

① 凸件外形轮廓加工。加工要求如图 6-12 所示。

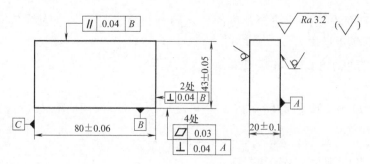

图 6-12　凸件外形轮廓加工

加工步骤为：首先，粗、精锉 B 基准面，达到平面度和与 A 基准面的垂直度要求；然后，粗、精锉 B 基准面的对面，达到尺寸、平面度、平行度和与 A 基准面的垂直度要求；再粗、精锉 C 基准面，达到平面度和与 A、B 基准面的垂直度要求；接着粗、精锉 C 基准面的对面，达到尺寸，平面度，平行度和与 A、B 基准面的垂直度要求；最后，光整锉削，理顺锉纹，四面锉纹纵向并达到表面粗糙度要求，同时，四周面倒角 C0.4。

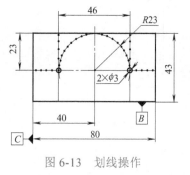

图 6-13　划线操作

② 划线操作。根据图样，划出凸圆弧轮廓加工线；以 B 面的对面为辅助基准从上面下降 23mm，划出 R23 圆弧高度位置线；再以 C 面为基准，以宽度实际尺寸（80mm）的 1/2（对称中心线）为辅助基准划出 R23 圆弧圆心位置线；划出 φ3mm 工艺孔加工线；用划规划出 R23 圆弧加工线，检查无误后在相关各面打上冲眼。如图 6-13 所示。

③ 工艺孔加工。根据图样在凸体上钻出 φ3mm 工艺孔，如图 6-14 所示。

④ 凸件凸台加工。加工步骤为：首先，按线锯除右侧一角多余部分，留 1mm 粗锉余量，如图 6-15 所示；再粗锉、半精锉右台肩面 1 和右垂直面 2，留 0.1mm 的精锉余量；然后，精锉右台肩面 1，用工艺尺寸 X_1（$20_{-0.05}^{0}$mm）间接控制凸圆弧高度尺寸 $23_{0}^{+0.05}$mm，注意控制右台肩面 1 与基准面 B 的平行度、与 A 基准面的垂直度以及自身的平面度；精锉右垂直面 2，用工艺尺寸 X_2（$63_{-0.06}^{0}$mm）

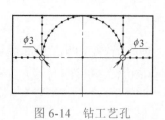

图 6-14　钻工艺孔

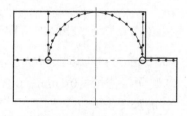

图 6-15　锯除右侧一角

间接控制与 C 基准面的对称度，注意控制与 A 基准面的垂直度以及自身的平面度。如图 6-16 所示。

同样，按线锯除左侧一角多余部分，留 1mm 粗锉余量；再粗锉、半精锉左台肩面 3 和左垂直面 4，留 0.1mm 的精锉余量；然后，精锉左台肩面 3，用工艺尺寸 X_3（$20_{-0.05}^{0}$mm）间接控制凸圆弧高度尺寸 $23_{0}^{+0.05}$mm，注意控制左台肩面 3 与 B 基准面的平行度、与 A 基准面的垂直度以及自身的平面度；精锉左垂直面，注意控制凸圆弧宽度尺寸（$46_{-0.06}^{0}$mm）、与 A 基准面的垂直度以及自身的平面度。如图 6-17 所示。

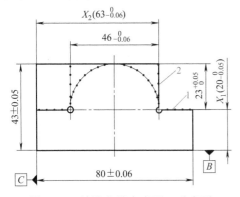

图 6-16　精锉右端台肩面、垂直面

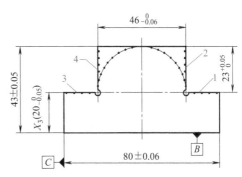

图 6-17　精锉左端台肩面、垂直面

⑤ 凸件圆弧面的加工。加工步骤为：首先，锯除凸圆弧加工线外多余部分，如图 6-18 所示；然后，粗、精锉凸圆弧面，用半径样板检测线轮廓度，用直角尺检测垂直度，达到图样要求的线轮廓度和与 A 基准面的垂直度；最后，将凸圆弧面和台肩面倒角 $C0.4$，全面检查并作必要的修整，同时理顺锉纹，凸圆弧面及台肩面锉纹径向并达到表面粗糙度要求。

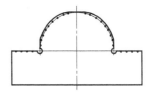

图 6-18　锯除多余部分

（2）凹件的加工工艺

① 凹件外形轮廓加工。加工要求如图 6-19 所示。

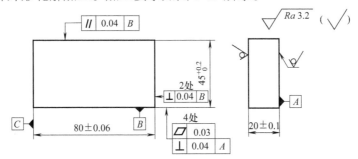

图 6-19　凹件外形轮廓加工

加工步骤为：首先，粗、精锉 B 基准面，达到高度尺寸 $45^{+0.2}_{0}$mm（为划线需要预留 1mm 高度余量）、平面度和与 A 基准面的垂直度要求；然后，粗、精锉 C 基准面，达到平面度和与 A、B 基准面的垂直度要求；接着，再粗、精锉 C 基准面的对面，达到尺寸，平面度，平行度和与 A、B 基准面的垂直度要求；最后，光整锉削，理顺锉纹，四面锉纹纵向并达到表面粗糙度要求，同时四周面倒角 C0.4。

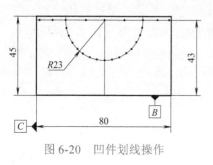

图 6-20　凹件划线操作

② 划线操作。根据图样，划出凹圆弧轮廓加工线；以 B 面为基准上升 43mm，划出 R23 圆弧圆心的高度方向位置线；再以 C 面为基准，划出长度实际尺寸（80mm）的 1/2 即对称中心线作为 R23 圆弧圆心的长度方向位置线；用划规划出 R23 圆弧加工线，检查无误后在相关各面打上冲眼。如图 6-20 所示。

③ 锉削 B 基准面的对面，达到尺寸（43mm±0.05mm），平面度，平行度和与 A、B 基准面的垂直度要求，倒角 C0.4。

④ 除去凹圆弧加工线外多余部分，可先钻出工艺排孔，再采用手锯将多余部分交叉锯掉，至少留 1mm 的粗锉余量，如图 6-21 所示。

⑤ 粗锉、半精锉凹圆弧面，注意控制与 A 基准面的垂直度要求，倒角 C0.4，留 0.1mm 的锉配余量，如图 6-22 所示。

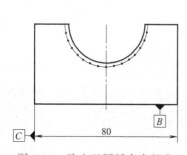

图 6-21　除去凹圆弧多余部分

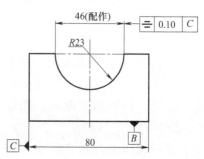

图 6-22　粗锉、半精锉凹圆弧面

（3）锉配加工

完成凹圆弧面的半精锉后，可按以下方法和步骤进行圆弧面的锉配加工。

① 同向锉配。凸件与凹件进行同向锉配，如图 6-23（a）所示。试配前，可以在凹圆弧面上涂抹显示剂，这样试配时的接触痕迹就很清晰，便于确定修锉部位。

② 换向锉配。锉配过程中，凸件与凹件要进行换向锉配，即将凸件径向旋转 180°进行换向试配、修锉，如图 6-23（b）所示。

③ 当凸件全部配入凹件，且换向配合间隙小于等于 0.1mm，侧面错位量小

于等于 0.1mm 时，锉配完成。

凸凹圆弧体锉配中容易出现配入后圆弧面间局部间隙过大而超差和侧面错位量超差等缺陷，如图 6-24 所示。

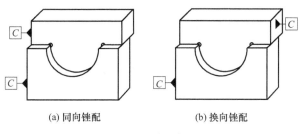

(a) 同向锉配　(b) 换向锉配

图 6-23　锉配加工

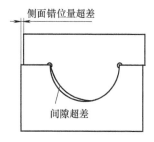

图 6-24　圆弧体锉配典型缺陷

配入后圆弧面间局部间隙过大而超差的原因分为两个方面。在凸件方面，其一是圆弧面本身有局部塌面，导致线轮廓度超差；其二是圆弧面与 A 基准面有垂直度超差，如图 6-25 所示。在孔件方面，其一是在试配时孔件圆弧面由于局部修锉得过多而造成局部塌面，导致线轮廓度超差；其二是圆弧面与 A 基准面有垂直度超差，如图 6-26 所示。侧面错位量超差是由凸件圆弧有对称度超差或凹件圆弧有对称度超差造成的。

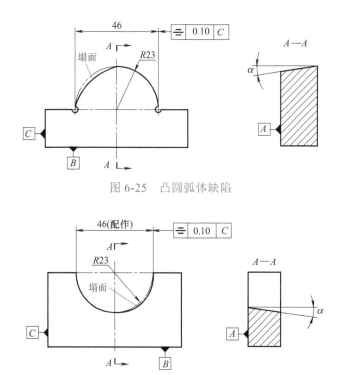

图 6-25　凸圆弧体缺陷

图 6-26　凹圆弧体缺陷

（4）凸凹圆弧体锉配要点

锉配时，为防止出现上述圆弧体的锉配加工缺陷，凸凹圆弧体的锉配加工要点主要有以下几方面。

① 在加工凸件时要注意控制与 C 基准面的对称度，要对圆弧面加强检测，一般情况下是采用半径样板与直角尺来控制圆弧面形位公差，即采用半径样板检测圆弧面来控制线轮廓度［如图 6-27（a）所示］，用直角尺检测圆弧面来控制与 A 基准面的垂直度［如图 6-27（b）所示］。若采用半圆环规（专制辅助量具）对圆弧面进行检测和对研修锉，则效果更好，如图 6-27（c）所示。

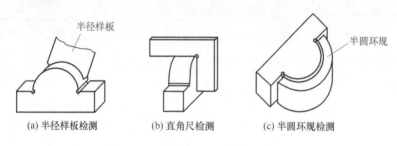

(a) 半径样板检测　　　　(b) 直角尺检测　　　　(c) 半圆环规检测

图 6-27　凸件检测

② 在与孔件试配时，要根据试配痕迹谨慎修锉孔件圆弧面，防止因局部修锉过多而造成塌面，同时要注意控制凹件圆弧面与 A 基准面的垂直度、与 C 基准面的对称度。

6.2.4　四方换位的锉配操作

图 6-28 为四方换位镶配图样，从图中可看出：四方块 2 除了要与孔件 1 的四方孔配合外，还要与孔件 1 的 V 形槽进行换位配合。其中，孔件 1 的毛坯尺寸为（75±0.2）mm×（71±0.2）mm，四方块 2 的毛坯尺寸为 ϕ（42±0.1）mm×$8_{-0.1}^{0}$mm。

锉配的技术要求为：①配合处尺寸为四方块 2 的尺寸，孔件 1 按四方块 2 配作；②配合间隙≤0.05mm；③尺寸 a 和尺寸 a' 的误差≤0.1mm，b 和 b' 误差≤0.1mm；④锐边倒圆 R0.3。

（1）工艺分析

从图 6-28 中可看出：该锉配加工除了内四方配合外，还要换位配合，并且要求换位前后两对孔的中心距误差不大于 0.1mm。其关键不仅是要控制四方配合间隙，同时还要控制四方体中孔的位置及 90° V 形槽对称中心误差。所以加工时必须从严控制件 1、件 2 的加工精度及位置精度，才能满足装配后的技术要求。

（2）四方块 2 的加工方法与步骤

根据锉配原则及该工件配合特点，首先应先加工四方块 2，加工步骤如下。

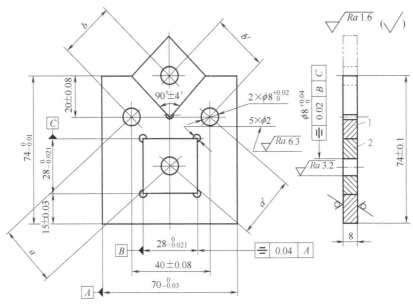

图 6-28　四方换位镶配

1—孔件；2—四方块

① 检查毛坯 ϕ（42±0.1）mm×$8_{-0.1}^{0}$mm 尺寸的正确性。

② 按四方块 2 图划出外形线及孔中心线，并在孔中心处打样冲孔。

③ 以四方块 2 大平面为基准，按线钻、铰孔 $\phi 8_{0}^{+0.04}$mm，表面粗糙度 Ra1.6μm，去孔口毛刺。

④ 按线粗锉四方体，留余量 0.2mm。

⑤ 依次精锉四方体各面，保证其平面度 ≤0.01mm，各面相互垂直度≤0.01mm（用刀口直角尺检查），并保证尺寸 $28_{-0.021}^{0}$mm；各面与孔中心的对称度≤0.01mm，用量块、百分表在平板上测量（见图6-29）。

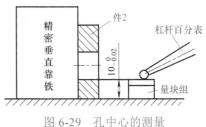

图 6-29　孔中心的测量

（3）孔件 1 的加工方法与步骤

孔件 1 应按四方块 2 尺寸进行锉配，其加工步骤如下。

① 检查毛坯尺寸（75±0.2）mm×（71±0.2）mm，两侧面的垂直度 0.02mm，表面粗糙度 Ra1.6μm。

② 以基准面精锉其余两面，控制尺寸，且留精锉余量 0.2mm，保证平行度、平面度≤0.02mm。

③ 按图划出全部外形线及孔中心线（注意留有余量）。

④ 用坐标位移法，先钻、铰 2×$\phi 8_{0}^{+0.02}$mm，控制孔距（40±0.08）mm（见图 6-30）。用平口钳夹零件两端（找平上端面），用中心钻对准第一个孔的中心

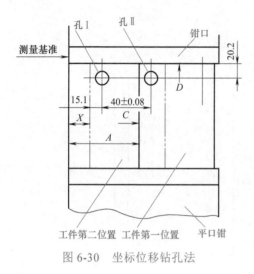

图 6-30　坐标位移钻孔法

后，将平口钳压紧在钻床工作台面上，钻、扩、铰孔 $\phi 8_0^{+0.02}$ mm（孔 I）。测量钳口侧面与基准面 C 的尺寸 A。然后松开平口钳，移动零件至第二夹紧位置。$X=A-40$ mm（用深度尺测量 X）。然后用同样的方法钻、扩、铰孔 $\phi 8_0^{+0.02}$ mm（孔 II）。

⑤ 以孔中心为基准，先精修锉两基准面，控制尺寸（20±0.02）mm，孔 I 与基准面距离为（15±0.02）mm。

⑥ 精锉对称面，控制尺寸 $74_{-0.03}^{\ 0}$ mm、$70_{-0.03}^{\ 0}$ mm。

⑦ 钻排孔，去除四方孔余料，留 0.5mm 余量。

⑧ 用锯割法去除 V 形槽余料，留 0.5mm 余量。

⑨ 粗、精锉四方孔，先锉削底面，控制尺寸（15±0.03）mm。用百分表及量块测量，方法同上。

⑩ 粗、精锉四方上端面，控制尺寸（28±0.01）mm。用内测千分尺或内径表测量。

⑪ 锉削四方两侧面，控制尺寸（28±0.01）mm，对称度控制在 0.01mm 以内。测量方法是：分别以件 1 两侧面为基准，打表测量内四方两侧面，两次的差值即为对称度差。

⑫ 粗、精锉 V 形槽，对称度≤0.02mm，测量方法如图 6-31 所示。90°±4′用万能角度尺测量，其深度用千分尺和测量棒控制，如图 6-32 所示，用下列公式计算：

$$M=H-L+R+\frac{R}{\sin\frac{\alpha}{2}}$$

式中　M——实测值，mm；

　　　H——零件高度，mm；

　　　L——V 形槽深度，mm；

　　　α——V 形槽角度，（°）；

　　　R——测量棒半径，mm。

⑬ 将四方块 2 装入孔件 1，观察间隙，然后转 180°再观察，确定修锉位置，直至四方块 2 既能推入，又保证间隙≤0.02mm。用游标卡尺对角测量两孔距，保证尺寸 a 和 a' 的误差≤0.1mm。

⑭ 将四方块 2 放在孔件 1 的 V 形槽上，测量 b 和 b′，如有差值，只能修锉孔件 1 的 V 形槽，保证 b 和 b′ 的误差≤0.1mm。

⑮ 锐边倒圆 R0.3mm。

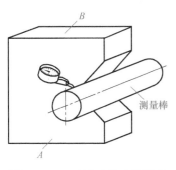

图 6-31　V 形槽对称度的测量

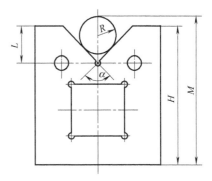

图 6-32　V 形槽深度的测量

第 7 章　孔加工

7.1　钻孔基本技能

用钻头在材料上加工出孔的操作称为钻孔。孔加工的方法主要有两类：一类是在实体工件上加工出孔，即用麻花钻、中心钻等进行的孔加工，俗称钻孔；另一类是对已有孔进行再加工，即用扩孔钻、锪孔钻和铰刀进行的孔加工，分别称为扩孔、锪孔和铰孔。

7.1.1　钻孔的设备与工具

钻孔属孔的粗加工，其加工孔的精度一般为 IT11 ～ IT13，表面粗糙度 Ra 约为 12.5 ～ 50μm，故只能用作加工精度要求不高的孔。

钻孔加工需要操作人员利用钻孔设备及钻孔工具，同时需要一定的钻孔操作技能才能较好地完成。使用的钻孔设备主要为钻床，钻孔工具则主要由钻头及钻孔辅助工具组成。

7.1.1.1　钻孔的设备

常使用的钻孔加工设备主要有台式钻床、立式钻床、摇臂钻床和手电钻等，其构造如图 7-1 所示。

① 台式钻床。台式钻床简称台钻，是一种小型钻床，一般安装在台案或铸铁方箱上，使用方便、灵活性大，又由于变速部分直接用带轮传动获得，最低转速较高，一般在 400r/min 以上，故生产效率较高，是零件加工、装配和修理工作中常用的设备。加工孔的直径一般在 12mm 以下，同时，台式钻床由于转速较高，对有些特殊材料或工艺需用低速加工的孔便不适用。

② 立式钻床。立式钻床简称立钻，是一种应用广泛的孔加工设备，由于可以自动进给，它的功率和机构强度允许采用较高的切削用量，因此用这种钻床

可获得较高的劳动生产率，并可获得较高的加工精度。一般用来钻中型工件上的孔，其最大钻孔直径有 25mm、35mm、40mm、50mm 几种。此外，这类钻床转速和进给量都有较大的变动范围，不仅可适应不同材料的钻孔加工，而且可进行扩孔、锪孔、铰孔、攻螺纹等方面的加工。

③ 摇臂钻床。摇臂钻床适用于加工大型、笨重工件和多孔的工件，它是靠移动钻轴对准工件上孔的中心来钻孔的。由于其主轴转速范围和进给量较大，因此，加工范围广泛，既可用于钻孔、扩孔、铰孔和攻螺纹等多种孔加工，也可用于锪平面、环切大圆孔、镗孔等多种加工工作。

工作时，工件安装在机座 1 或其上的工作台 2 上 [见图 7-1（c）]，主轴箱 3 装在可绕垂直立柱 4 回移的摇臂 5 上，并可沿摇臂上水平导轨往复运动。由于主轴箱能在摇臂上做大范围的移动，而摇臂又能绕立柱回转 360°，因此，可将主轴 6 调整到机床加工范围内的任何位置上。在摇臂钻床上加工多孔工件时，工件不动，只要调整摇臂和主轴箱在摇臂上的位置即可。

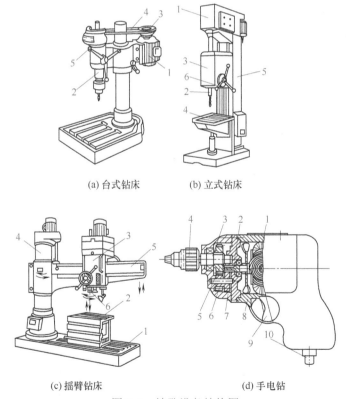

(a) 台式钻床　　(b) 立式钻床

(c) 摇臂钻床　　(d) 手电钻

图 7-1　钻孔设备结构图

（a）图中：1—电动机；2—主轴；3—带轮；4—V 带；5—手柄；（b）图中：1—主轴变速箱；2—主轴；3—进刀机构；4—工作台；5—立柱；6—手柄；（c）图中：1—机座；2—工作台；3—主轴箱；4—立柱；5—摇臂；6—主轴；（d）图中：1—电动机；2—小齿轮；3—主轴；4—钻夹头；5—大齿轮；6—齿轮；7—前壳；8—后壳；9—开关；10—电线

主轴移到所需位置后，摇臂可用电动胀闸锁紧在立柱上，主轴箱可用偏心锁紧装置固定在摇臂上。

④ 手电钻。手电钻是一种手提式电动工具。在大型工件装配时，受工件形状或加工部位的限制不能使用钻床钻孔时，即可使用手电钻加工。

手电钻电压分为单相（220V、36V）或三相（380V）两种。采用单相电压的电钻规格有 6mm、10mm、13mm、19mm、23mm 五种；采用三相电压的电钻规格有 13mm、19mm、23mm 三种。

7.1.1.2 钻头

钻头是钻孔的主要工具，它的种类很多，常用的有中心钻、麻花钻等。

（1）中心钻

中心钻专用于在工件端面上钻出中心孔，主要用于利用工件端面孔定位的零件加工及其麻花钻钻孔初始的定心。按其结构形式的不同，分为普通中心钻、不带护锥 60°复合中心钻、带护锥 60°复合中心钻和锥柄中心锪钻四类，如表 7-1 所示。

表 7-1　常用中心钻类型　单位：mm

名称	尺寸范围	简图
普通中心钻	$d=1 \sim 12$	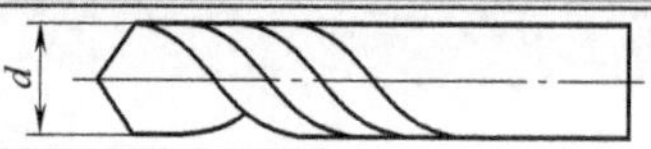
不带护锥 60°复合中心钻	$d=1 \sim 6$	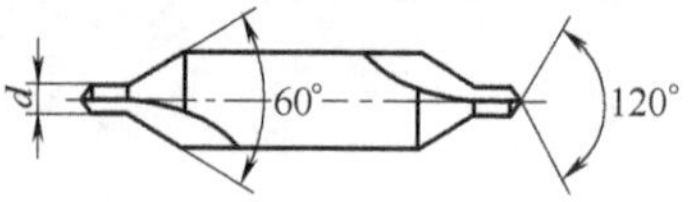
带护锥 60°复合中心钻	$d=1 \sim 6$	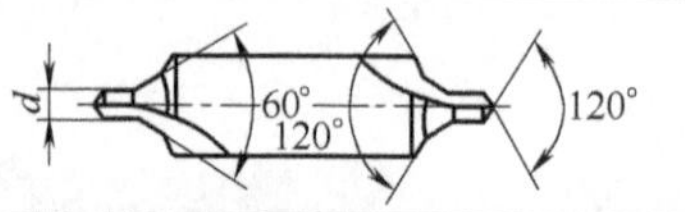
锥柄中心锪钻	$D=22 \sim 60$	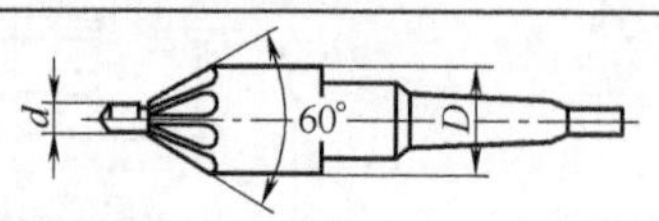

中心钻的结构与麻花钻相同，只是比较短一些。中心锪钻是一种多齿钻头。在使用中心钻时应注意：①用中心钻与中心锪钻配合加工大尺寸（$d>6\text{mm}$）的中心孔时，应先用中心钻钻出孔，再用中心锪钻锪出要求的定心锥孔；②用中心钻与中心锪钻配合或用复合中心钻可加工小尺寸（$d=1 \sim 6\text{mm}$）的中心孔，复合中心钻的结构实际上是由麻花钻和锪钻组合成的，钻孔时一次就能将中心孔全部加工完毕，所以经常被使用；③复合中心钻两端都磨有切削刃，分为带护锥和不带护锥两种，对于加工工序多、精度高的中心孔，为了避免工件的定心锥孔在搬运过程中被碰坏，一般采用带护锥的复合中心钻加工。

（2）麻花钻

麻花钻由于钻头的工作部分形状似麻花故而得名，是生产中使用最多、最广的钻孔工具，用来在工件上钻削直径为 $\phi1 \sim 80mm$ 的孔。

麻花钻根据其工作部分材料的不同，可分为高速钢麻花钻（工作部分的材料为高速钢）和硬质合金麻花钻（工作部分的材料为硬质合金）等。钻头直径大于 $6 \sim 8mm$ 时，常制成焊接式结构，即工作部分材料为高速钢，其常温硬度为 $63 \sim 70HRC$，热硬性可达 $500 \sim 650℃$，常用的牌号有 W18Cr4V 和 W6Mo5Cr4V2。柄部的材料一般选用 45 钢或 T6 钢，其硬度为 $30 \sim 45HRC$。高速钢麻花钻适用于加工一般碳素钢、铸铁、软金属等。硬质合金钻头的工作部分为嵌焊硬质合金刀片，其常温硬度可达 $69 \sim 81HRC$，热硬性可达 $800 \sim 1000℃$，常用的牌号有 YG8 和 YW2，硬质合金麻花钻适用于加工高强度钢、淬火铁、非金属材料、高速切削铸铁等。

根据柄部形状的不同，麻花钻又可分为直柄麻花钻 ［见图 7-2（a）］和锥柄麻花钻 ［见图 7-2（b）］两类。

1）麻花钻的结构

标准麻花钻由柄部、颈部和工作部分组成，图 7-2 给出了标准麻花钻的结构。

① 工作部分。工作部分是由切削部分和导向部分组成的，起切削和导向作用。

② 螺旋槽。钻头的导向部分有两条螺旋槽，它的作用是构成切削刃，排出切屑和流通切削液。

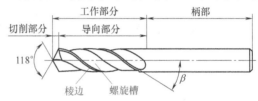

(a) 直柄麻花钻

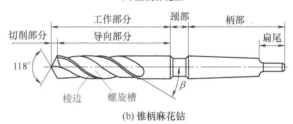

(b) 锥柄麻花钻

图 7-2　麻花钻的结构

③ 螺旋角（β）。螺旋角是螺旋槽上最外缘的螺旋线展开成直线后与轴线之间的夹角。由于螺旋槽导程是一定的，所以不同直径处的螺旋角是不同的，越近中心处的螺旋角越小，标准麻花钻的螺旋角为 $18° \sim 30°$。

④ 棱边。在切削过程中，为了减少钻身与孔壁之间的摩擦，沿着螺旋槽一侧的圆柱表面上制出的两条略带倒锥的凸起刃带就是棱边。棱边同时也是切削部分的后备部分，棱边也具有一定修光孔壁的作用。

⑤ 颈部。莫氏锥柄钻头在颈部标有商标、钻头直径和材料牌号。

⑥ 柄部。钻削时传递转矩和轴向力。麻花钻的柄部分为直柄和莫氏锥柄两种。一般直径小于 13mm 的钻头做成圆柱直柄，但传递的转矩比较小；一般直径大于 13mm 的钻头做成莫氏锥柄，传递的转矩比较大。莫氏锥柄钻头的直径如

表 7-2 所示。

表 7-2　莫氏锥柄钻头参数

莫氏锥柄号	1	2	3	4	5	6
钻头直径 D/mm	6～15.5	15.6～23.5	23.6～32.5	32.6～49.5	49.6～65	65～80

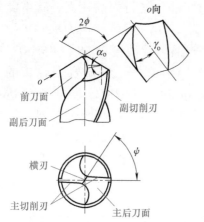

图 7-3　麻花钻切削部分的几何形状

2）标准麻花钻切削部分的几何参数

标准麻花钻是按标准设计制造的未经过后续修磨的钻头。在钻削时，麻花钻又常根据加工工件材质、厚薄的不同，需要重新进行刃磨。标准麻花钻切削部分的几何形状主要由六面（两个前刀面、两个主后刀面和两个副后刀面）、五刃（两条主切削刃、两条副切削刃和一条横刃）、四角（锋角、前角、主后角和横刃斜角）组成，如图 7-3 所示。

① 前刀面。前刀面是指螺旋槽表面。

② 主后刀面。主后刀面是指钻顶的螺旋圆锥表面。

③ 副后刀面。副后刀面是指低于棱边的圆柱表面。

④ 主切削刃。主切削刃是指前刀面与主后刀面所形成的交线。

⑤ 副切削刃。副切削刃是指前刀面与棱边圆柱表面（凸起刃带）所形成的交线。

⑥ 横刃。横刃是指两主后刀面所形成的交线。横刃太短会影响钻尖的强度，横刃太长会使轴向抗力增大，影响钻削效率。

⑦ 锋角（2ϕ）。锋角是指钻头两主切削刃在其平行平面内投影的夹角。锋角越大，主切削刃就越短，定心就越差，钻出的孔径就越大。但是锋角增大，前角也会随之增大，切削就比较轻快。标准麻花钻的锋角一般为 118°±2°，锋角为 118°时两主切削刃呈直线，大于 118°时两主切削刃呈内凹曲线，小于 118°时两主切削刃呈外凸曲线。为适应不同的加工条件，锋角常常经刃磨后有所改变。

⑧ 前角（γ_0）。前角是主切削刃上任一点的基面与前面之间的夹角（见图 7-4）。由于螺旋槽形状的特点，在切削刃各个点上，前角的数值不同。越靠近中心的点，

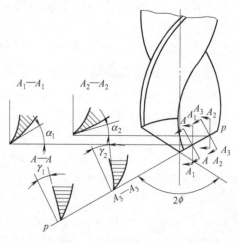

图 7-4　麻花钻的前角

前角越小；越靠近外边缘，前角越大。切削层的变形越小，摩擦越小，所以切削越省力，切屑越容易流出。一般情况下，最靠近中心处，前角约为0°，最靠近边缘处，前角约在18°到30°之间。靠近横刃处主切削刃上前角为-30°左右。

⑨ 主后角（α_0）。主后角是切削平面与主后刀面的夹角。主后角的作用是减小主后刀面与切削面间的摩擦力。主切削刃上各点主后角是不相同的，外缘处最小，自外向内逐渐增大。直径为15～30mm的麻花钻，外缘处的主后角为9°～12°，钻心处的主后角为20°～26°，横刃处的主后角为30°～60°。

⑩ 横刃斜角（ψ）。横刃斜角是在垂直于钻头轴线的端面投影中，横刃与主切削刃之间的夹角。它的大小由主后角的大小决定，主后角大时，横刃斜角就减小，横刃就比较长；主后角小时，横刃斜角就增大，横刃就比较短。横刃斜角一般为50°～55°。

3）标准麻花钻的缺点

通过对标准麻花钻切削部分几何参数的分析，可看出由于结构上的原因，标准麻花钻切削部分存在以下四个缺点。

① 主切削刃上各点前角的变化很大，外缘处且靠近横刃处有1/3长度范围的主切削刃的前角为负值，在工作时处于刮削状态，从而形成很大的轴向分力。

② 由于横刃过长，且横刃前角均为绝对值很大的负值，工作时为挤压刮削，从而增大了轴向分力且磨损严重，同时由于横刃较长，会导致定心效果比较差，钻削时容易产生振动，从而影响钻孔质量。

③ 由于主切削刃外缘处的切削速度为最高，因而切削负荷大，其前角又为最大值，会使强度大大降低，加上副切削刃的后角为零且散热条件差，会导致磨损严重并影响钻头寿命。

④ 由于主切削刃很长且全部参加切削，各处切屑排出的速度和方向不一样，使切屑容易在螺旋槽中发生堵塞，排屑不畅会使切削液难以进入切削区。

7.1.1.3 钻孔辅助工具

钻孔加工除必需的钻孔设备、钻头外，有时还需一些钻孔辅助工具，如分度头、千斤顶、方箱、压板等，此外，还常用到以下辅助工具。

① 机床用平口钳。在平整的工件上钻孔一般采用机用平口钳（见图7-5）夹持。它分为一般平口钳和精密平口钳两种。精密平口钳四面都可作为基准，因此生产中采用它作为精密件的钻孔定位基准。

② V形架。V形架是由两个定位平面并形成夹角α的一种定位件，常配合压板共同使用。V形架的标准夹角α有60°、90°和120°三种。小型V形架一般用20钢制造，表面渗碳淬硬60～64HRC。大型的可用铸铁制造，

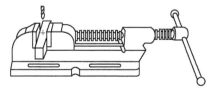

图7-5　机用平口钳

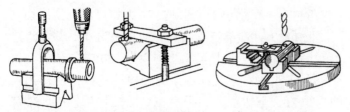

(a) 小孔的V形架装夹 (b) 较大孔的V形架装夹(一) (c) 较大孔的V形架装夹(二)

图 7-6 V形架的使用

在其工作面镶有可换的渗碳淬硬钢板，使用方法见图 7-6。

③ 手用虎钳及压板。钻孔中的安全事故，大多是由工件夹持方法不对造成的。当手不能拿住小工件和钻头直径超过 8mm 且钻削力不大时，必须用手用虎钳夹持工件，见图 7-7（a）。在较大工件上钻削较大孔径时，可用压板、螺钉将工件直接固定在钻床工作台上，见图 7-7（b）。

用压板和螺钉压住工件钻孔时应注意以下方面。

① 使垫铁和螺钉尽量靠近工件，使压紧力加大，防止工件在加工时受力，使压板弯曲、变形。

② 垫铁应比所压工件部分略高或等高，用阶梯垫铁时，则应采用较高的一挡。垫铁比工件略高有三点好处：一是可使夹紧点不在工件边缘上而在偏里面处，工件不会翘起来；二是垫铁略高时，用已变形而微下弯的压板能把工件压得较紧；三是垫铁略高时，把螺母拧紧，压板变形后还有较大的压紧面积。

③ 如果工件表面已经过精加工，在压板下应垫一块铜皮或铝皮，以免在工件上压出印痕。为了防止擦伤精加工过的表面，在工件底面应垫纸。

④ 弯板。弯板是由铸铁或钢制成，两边相互垂直。为装夹工件方便，上面加工有槽和螺纹孔。弯板的用途是固定形状复杂且不好装夹的工件。钻孔时可用手扶着，大孔可固定在工作台面（见图 7-8）。

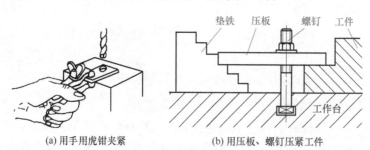

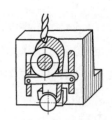

(a) 用手用虎钳夹紧   (b) 用压板、螺钉压紧工件

图 7-7 工件的夹持

图 7-8 弯板

7.1.2 标准钻头的主要几何参数

孔加工时，通用型麻花钻、标准群钻（群钻的相关内容见本章"7.1.3 钻头刃磨与修磨的操作"）是应用最广的两种钻头，表 7-3、表 7-4 分别给出了其主要几何参数。

表 7-3 通用型麻花钻的主要几何参数

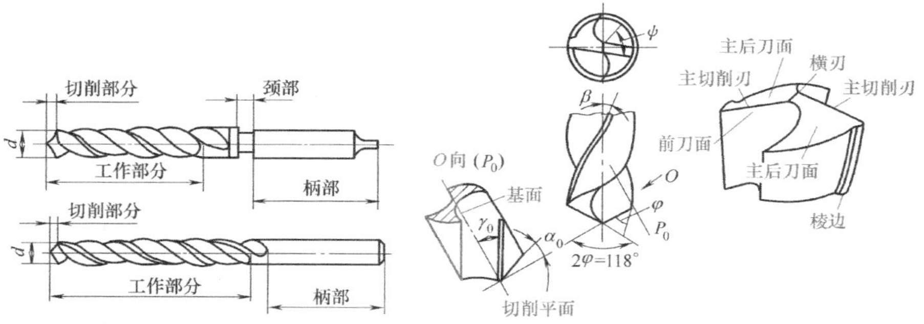

2φ—顶角；β—螺旋角；γ₀—前角；α₀—后角；ψ—横刃斜角

2φ—顶角；β—螺旋角；γ_0—前角；α_0—后角；ψ—横刃斜角

钻头直径 d/mm	螺旋角 β/(°)	顶角 2φ/(°)	后角 α₀/(°)	横刃斜角 ψ/(°)
0.10 ~ 0.28	19	118	28	40 ~ 60
0.29 ~ 0.35	20		26	
0.36 ~ 0.49	22		24	
0.50 ~ 0.70	23		24	
0.72 ~ 0.98	24		22	
1.00 ~ 1.95	25		20	
2.00 ~ 2.65	26		18	
2.70 ~ 3.30	27		18	
3.40 ~ 4.70	28		16	
4.80 ~ 6.70	29		16	
6.80 ~ 7.50	29		14	
7.60 ~ 8.50	29		14	
8.60 ~ 18.00	30		12	
18.25 ~ 23.00	30		10	
23.25 ~ 100	30		8	

表 7-4　标准群钻切削部分几何参数

1—外刃后面；2—月牙槽后面；3—内刃前面；4—分屑槽

钻头直径 d/mm	尖高 h/mm	圆弧半径 R/mm	外刃长 l/mm	槽距 l_1/mm	槽宽 l_2/mm	横刃长 b/mm Ⅰ	横刃长 b/mm Ⅱ	槽深 c/mm	槽数 z	外刃锋角 $2\kappa_r$/(°) Ⅰ	外刃锋角 $2\kappa_r$/(°) Ⅱ	内刃锋角 $2\kappa_r'$/(°)	横刃斜角 ψ/(°) Ⅰ	横刃斜角 ψ/(°) Ⅱ	内刃前角 $\gamma_{0\tau}$/(°)	内刃斜角 τ/(°)	外刃后角 $\alpha_{0 f_1}$/(°)	圆弧后角 $\alpha_{0 f_2}$/(°)
5~7	0.2	0.75	1.3	—	—	0.2	0.15	—	—	125	140	135	65	60	−10	20	15	18
>7~10	0.28	1	1.9	—	—	0.3	0.2	—	—	125	140	135	65	60	−10	20	15	18
>10~15	0.36	1.5	2.6	—	—	0.4	0.3	—	—	125	140	135	65	60	−10	20	15	18
>15~20	0.55	1.5	5.5	1.4	2.7	0.5	0.4	1	1	125	140	135	65	60	−10	25	12	15
>20~25	0.7	2	7.0	1.8	3.4	0.6	0.48	1	1	125	140	135	65	60	−10	25	12	15
>25~30	0.85	2.5	8.5	2.2	4.2	0.75	0.55	1	1	125	140	135	65	60	−10	25	12	15
>30~35	1	3	10	2.5	5	0.9	0.65	1	1	125	140	135	65	60	−10	25	12	15
>35~40	1.15	3.5	11.5	2.9	5.8	1.05	0.75	1	1	125	140	135	65	60	−10	25	12	15
>40~45	1.3	4	13	2.2	3.25	1.15	0.85	1.5	2	125	140	135	65	60	−10	30	10	12
>45~50	1.45	4.5	14.5	2.4	3.6	1.3	0.95	1.5	2	125	140	135	65	60	−10	30	10	12
>50~60	1.65	5	17	2.9	4.25	1.45	1.05	1.5	2	125	140	135	65	60	−10	30	10	12

备注
①表中Ⅰ表示加工一般钢材，Ⅱ表示加工铝合金
②表中其他参数范围的直径按中间值来定
③钻铝合金时将前面、后面用油石背光至 $Ra0.80\mu m$ 以下
④本表图形系直径15~40mm 的中型标准群钻
⑤本表中的近似比例值分别为：$h≈0.03d$，$R≈0.2d$（$d≤15$），$l≈0.2d$（$d≤15$），$l≈0.3d$（$d>15$），$b≈0.03d$（Ⅰ），$b≈0.02d$（Ⅱ）

7.1.3 钻头刃磨与修磨的操作

麻花钻是机械加工中使用最广泛的钻孔工具，然而在使用过程中，其切削部分容易变钝，此时，需要对其进行刃磨，以恢复切削部分的锋利。

在钻削不同材料时，麻花钻切削部分的角度和形状也略有不同，另外，标准麻花钻本身也存在一些结构上的缺点，影响切削性能，因此，也需要对标准麻花钻进行适当刃磨，通过这种刃磨方式，使麻花钻的切削部分磨成所需要的几何参数（故称为修磨），使钻头具有良好的钻削性能。正确地刃磨与修磨钻头，对钻孔质量、效率和钻头使用寿命等都有直接影响。

（1）钻头磨钝的判断

表 7-5 给出了钻头、扩孔钻磨钝的标准，达到或超过表中的标准时，可考虑对其进行刃磨。

表 7-5　钻头、扩孔钻磨钝标准

刀具材料	加工材料	钻头		扩孔钻	
		直径 d_0/mm			
		≤ 20	> 20	≤ 20	> 20
		后刀面最大磨损限度 /mm			
高速钢	钢	0.4 ～ 0.8	0.8 ～ 1.0	0.5 ～ 0.8	0.8 ～ 1.2
	不锈钢、耐热钢	0.3 ～ 0.8		—	
	钛合金	0.4 ～ 0.5		—	
	铸铁	0.5 ～ 0.8	0.8 ～ 1.2	0.6 ～ 0.9	0.9 ～ 1.4
硬质合金	钢（扩钻）、铸铁	0.4 ～ 0.8	0.8 ～ 1.2	0.6 ～ 0.8	0.8 ～ 1.4
	淬硬钢	—		0.5 ～ 0.7	

（2）标准麻花钻刃磨的操作

标准麻花钻的刃磨主要是刃磨两个主切削刃及其后角，手工刃磨钻头是在砂轮机上进行的，要求刃磨砂轮的外圆柱表面平整，砂轮旋转时，必须严格控制其跳动量。

1）砂轮的选择

刃磨高速钢钻头一般采用粒度为 F46 ～ F80、硬度等级为中软级（K、L）的氧化铝砂轮（又称刚玉砂轮）；刃磨硬质合金钻头一般采用粒度为 F36 ～ F60、硬度等级为中软级（K、L）的碳化硅砂轮。

2）刃磨麻花钻的操作方法

刃磨时，右手大拇指与其他四指上下相对捏住钻头的前端，左手大拇指与其他四指上下相对捏住钻头的尾端，两手共同协调以控制钻头的刃磨，如图 7-9 所示。

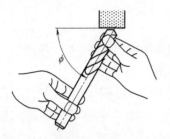

图 7-9　麻花钻刃磨时的握法

在接触砂轮之前（1 ～ 2mm），首先要摆好钻头轴线与砂轮圆柱母线在水平面内的夹角，即 1/2 锋角（ϕ=58°～ 60°），并在整个刃磨过程中要基本保持这个角度（见图 7-9）。以主切削刃的稍下部分（即钻尾轴线稍低于水平面）先行接触砂轮并开始刃磨［见图 7-10（a）］，此时用力要轻些；同时双手要协同动作，使钻尾呈扇形自上而下地摆动刃磨主后刀面［如图 7-10（b）所示］，并按螺旋角旋转钻身 18°～ 30°，此时随着旋转，用力要逐渐增大；返回时，使钻尾呈扇形自下而上地摆动刃磨主后刀面，用力要逐渐减小，钻身轴线要摆至水平状态［如图 7-10(c) 所示］，以便磨到主切削刃，当磨到主切削刃时，用力一定要轻，并要控制好 1/2 锋角。每磨一至二遍后就转过 180°刃磨另一边。

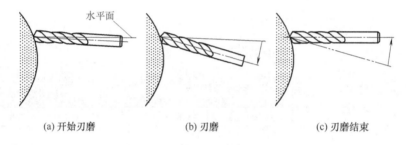

(a) 开始刃磨　　　　　　(b) 刃磨　　　　　　(c) 刃磨结束

图 7-10　刃磨主切削刃和主后刀面

3）刃磨注意事项

在刃磨过程中，要经常检查两主切削刃的锋角是否对称、两主切削刃的长度是否等长，直至符合要求。检查可用样板进行，也可用目测法，目测时，要将钻头竖起，立在眼前，两眼平视，观察刃口一次后，应将钻头轴心线旋转 180°，再观察，并循环观察几次，以减少视差的影响。

刃磨时，钻头锋角 2ϕ 的具体数值可根据钻削材料的不同按表 7-6 选择。

表 7-6　不同材料选取的锋角数值

工件材料	2ϕ/（°）
钢、铸铁、硬青铜	116 ～ 120
不锈钢、高强度钢、耐热合金	125 ～ 150
黄铜、软青铜	130
铝合金、巴氏合金	140
纯铜	125
锌合金、镁合金	90 ～ 100
硬材料、硬塑料、胶木	50 ～ 90

刃磨时，最好不要从刀背向刃口方向进行磨削，以免刃口退火；对于高速钢钻头，每磨一至二次后就要及时将钻头放入水中进行冷却，防止退火。

（3）标准麻花钻修磨的操作

为提高标准麻花钻的钻削性能，针对麻花钻的主要缺点，可通过有针对性地修磨，逐一改善其切削条件，逐步克服标准麻花钻的一些缺点。修磨标准麻花钻常用的方式及操作方法主要有以下几种。

1）修磨横刃

麻花钻的横刃给切削过程带来极坏的影响，很容易造成引偏，因此修磨横刃便成为改进麻花钻切削性能的重要措施。

修磨横刃的操作方法是：首先接近砂轮右侧并摆好钻身角度，钻尾相对砂轮水平面下倾20°左右［如图 7-11（a）所示］，同时相对砂轮侧面外倾10°左右［如图 7-11（b）所示］；然后手持钻头从主后刀面和螺旋槽的外缘接触砂轮右侧外圆柱面，由外缘向钻心移动，并逐渐磨至横刃，此时用力要由大逐渐减小（以防止钻心和横刃处退火）；每磨一至二次后就转过 180° 刃磨另一边，直至符合要求。

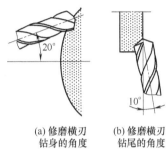

(a) 修磨横刃　(b) 修磨横刃
钻身的角度　钻尾的角度

图 7-11　修磨横刃的操作

修磨横刃时对砂轮的要求：一是砂轮的直径要小一些，二是砂轮的外圆柱面要平整，三是砂轮外圆棱角要清晰。

修磨横刃的方法主要有以下几种。

① 整个横刃磨去［如图 7-12（a）所示］。用砂轮把原来的横刃全部磨去，以形成新的切削力，加大该处前角，使轴向力大大减小。这种修磨方法使钻头新形成的两钻尖强度减弱，定心不好，只适用于加工铸铁等强度较低的材料。

② 磨短横刃［如图 7-12（b）所示］。采用这种修磨方法可以减少因横刃造成的不利因素。

③ 加大横刃前角［如图 7-12（c）所示］。横刃长度不变，将其分为两半，分别磨出一定前角（可磨出正的前角），从而改善切削条件，但修磨后钻尖被削弱，不宜加工硬材料。

④ 磨短横刃并加大前角［如图 7-12（d）所示］。这种修磨方法是沿钻刃后面的背棱刃磨至钻心，将原来的横刃磨短（约为原来横刃长度的 1/5 ~ 1/3）并形成两条新的内直刃。内刃斜角 τ（内刃与主刃在端面投影的夹角）大约为 20° ~ 30°，内刃前角 τ_r 为 0° ~ 15°，如图 7-12（d）所示。这种修磨方法不仅有利于分屑，增大钻尖处排屑空间和前角，而且短横刃仍保持定心作用。

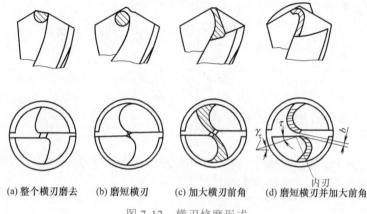

(a) 整个横刃磨去　(b) 磨短横刃　(c) 加大横刃前角　(d) 磨短横刃并加大前角

内刃

图 7-12　横刃修磨形式

2）修磨前刀面

由于主切削刃前角外大（30°）内小（-30°），故当加工较硬材料时，可将靠外缘处的前面磨去一部分 [图 7-13（a）]，使外缘处前角减小，以提高该部分的强度和刀具寿命；当加工软材料（塑性大）时，可将靠近钻心处的前角磨大而外缘处磨小 [图 7-13（b）]，这样可使切削轻快、顺利。当加工黄铜、青铜等材料时，前角太大会出现"扎刀"现象，为避免"扎刀"也可采用将钻头外缘处前角磨小的修磨方法，见图 7-13（a）。

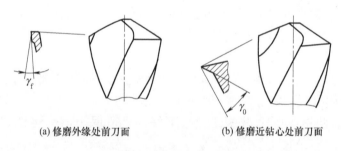

(a) 修磨外缘处前刀面　　　(b) 修磨近钻心处前刀面

图 7-13　修磨前刀面

钻头前刀面的修磨可在砂轮左侧进行。参与修磨的砂轮要求其外圆柱表面平整、外圆棱角清晰。操作的具体方法如下。

首先接近砂轮左侧并摆好钻身角度，钻尾相对砂轮侧面下倾 35°左右 [如图 7-14（a）所示]，同时相对砂轮外圆柱面内倾 5°左右 [如图 7-14（b）所示]。然后手持钻头使前刀面中部和外缘接触砂轮左侧外圆柱面，由前刀面外缘向钻心移动，并逐渐磨至主切削刃，此时用力要由大逐渐减小（以防止钻心和主切削刃处退火）；每磨一至二次后就转过 180°刃磨另一边，直至符合要求。对于高速钢钻头，每磨一至二次后就要及时将钻头放入水中进行冷却，防止退火。注意，前角不要磨得过大，在修磨前角和前刀面的同时，也会对横刃产生一定的修磨。

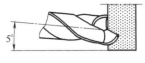

(a) 修磨前刀面的钻身角度　　　(b) 修磨前刀面的钻尾角度

图 7-14　修磨前刀面的操作

3）修磨切削刃及断屑槽

由于主切削刃很长并全部参加切削，使切屑易堵塞。加之锋角较大，造成轴向力加大及刀尖角 ε 较小，刀尖薄弱。针对主切削刃上述问题，可以采用以下几种修磨方法。

① 修磨过渡刃（图 7-15）。在钻尖主切削刃与副切削刃相连接的转角处，磨出宽度为 B 的过渡刃（$B=0.2d_0$，d_0 为钻头直径）。过渡刃的锋角 $2\phi=70°\sim75°$，由于减小了外刃锋角，使轴向力减小，刀尖角增大，从而强化了刀尖。由于主切削刃分成两段，切屑宽度（单段切削刃）变小，切屑堵塞现象减轻。对于大直径的钻头有时还修磨双重过渡刃（三重锋角）。

② 修磨圆弧刃（图 7-16）。将标准麻花钻的主切削刃外缘段修磨成圆弧，使这段切削刃各点的锋角不等，由里向外逐渐减小。靠钻心的一段切削仍保持原来的直线，直线刃长度 f_0 约为原主切削刃长度的 1/3。圆弧刃半径 $R\approx（0.6\sim0.65）d_0$（d_0 为钻头直径）。

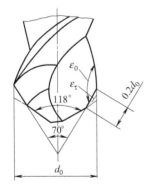

图 7-15　修磨过渡刃

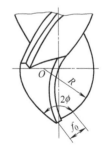

图 7-16　修磨圆弧刃

圆弧刃钻头，由于切削刃增长，锋角平均值减小，可减轻切削刃上单位长度的负荷。改善了转角处的散热条件（刀尖角增大），从而提高了刀具寿命，并可减少钻透时的毛刺，尤其是钻比较薄的低碳钢板小孔时效果较好。虽然圆弧刃长度较长，但由于主切削刃仍分两段，故保持修磨过渡刃的效果。

③ 修磨分屑槽（图 7-17）。在钢件等韧性材料上钻较大、较深的孔时，因孔

径大、切屑较宽，所以不易断屑和排屑。为了把宽的切屑分割成窄的切屑，使排屑方便，并为了使切削液易进入切削区，从而改善切削条件，可在钻头切削刃上开分屑槽。分屑槽可开在钻头的后面上［图 7-17（a）］，也可开在钻头前面上［图 7-17（b）］。前一种修磨法在每次重磨时都需修磨分屑槽，而后一种在制造钻头时就已加工出分屑槽，修磨时只需修磨切削刃就可以了。

分屑槽的修磨是在砂轮外圆棱角上进行的，要求参与修磨砂轮的外圆棱角一定要清晰。

④ 磨断屑槽。钻削钢件等韧性较大的材料时，切屑连绵不断往往会缠绕钻头，使操作不安全，严重时会折断钻头。为此可在钻头前面上沿主切削刃磨出断屑槽（图 7-18），能起到良好的断屑作用。

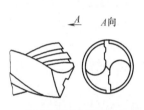
(a) 分屑槽开在钻头后面

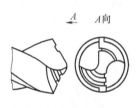
(b) 分屑槽开在钻头前面

图 7-17　修磨分屑槽

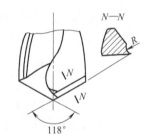

图 7-18　磨断屑槽

4）修磨棱边

直径大于 12mm 的钻头在加工无硬皮的工件时，为减少棱边与孔壁的摩擦，减少钻头磨损，可按如图 7-19 所示修磨棱边。使原来的副后角由 0° 磨成 6°～8°，并留一条宽为 0.1～0.2mm 的刃带。经修磨的钻头，其寿命可提高一倍左右，并可使表面质量提高。表面有硬皮的铸件不宜采用这种修磨方式，因为硬皮可能使窄的刃带损坏。

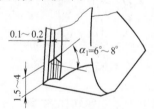

图 7-19　修磨棱边

棱边的修磨也是在砂轮外圆棱角上进行的，因此对砂轮的要求：一是砂轮的外圆柱面要平整，二是外圆棱角一定要清晰。

（4）群钻刃磨的操作

群钻是在标准麻花钻的基础上，通过切削部分的再加工刃磨而产生的新型钻头。在生产实践中，群钻比标准麻花钻有明显的优势。它生产效率高，使用寿命长，加工质量好，在工厂得到广泛的应用。标准群钻经过不断实践和应用，又总结出加工各种不同材质的专用群钻，有钻削铸铁、纯铜、黄铜、铝合金、不锈钢、薄铁板、有机玻璃、橡胶等的各种不同形状的群钻。

1）标准群钻与标准麻花钻的区别

① 标准麻花钻的前角越靠近中心越小，横刃处是负前角，所以钻削抗力大，不易切削。标准群钻上磨出的圆弧刃和内刃，使圆弧刃 BC 段的前角平均增大 10°，内刃 CD 段平均增大 25°，所以具有较锋利的切削性能。

② 标准麻花钻的横刃太钝、太宽，造成很大的钻削力（尤其是轴向力），标准群钻将横刃磨尖、磨窄，使钻心处锋利，能起到切削作用。为了保护钻心尖，又把尖高 h 尽量磨低，并适当增大内刃的锋角（$2\phi'$）。

③ 钻头直径大于 15mm 时，标准群钻在一侧外刃上磨出分屑槽，使切屑能自动折断而顺利排出，并有利于切削液流入，因此减小了切削力和切削热。

2）标准群钻的特点

图 7-20 为中型标准群钻的结构，与标准麻花钻进行比较，可看出以下特点。

① 主切削刃分成三段，并形成三个尖。

外刃 ——AB 段切削刃，是外刃后面 1 与螺旋槽的交线。外刃长度 l 约为钻头直径 D 的 1/5 或 1/3。当 $D \leqslant 15$mm 时，不磨出分屑槽，$l=0.2D$；当 $D > 15$mm 时，磨出分屑槽，$l=0.3D$。

圆弧刃——BC 段切削刃，是月牙槽后面 2 与螺旋槽的交线，近似可看作圆弧。圆弧半径 R 约为钻头直径 D 的 1/10，即 $R \approx 0.1D$。

内刃——CD 段切削刃，是修磨的内刃前面 3 与月牙槽后面 2 的交线。

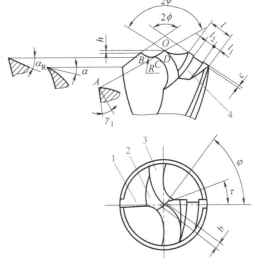

图 7-20　中型标准群钻
1，2—后面；3—前面；4—分屑槽

三个尖——钻心尖 O 和两边的刀尖 B。在主切削刃上磨出月牙形圆弧槽是群钻的最大特点，将主切削刃分成几段，能够分屑、断屑。而且圆弧刃上各点前角比原来平刃上的大，切屑省力。

② 横刃变短、变尖又磨低。变短是由于磨出前面 3，使横刃长度变短，约为标准麻花钻横刃长度的 1/7 ～ 1/5，或 $b \approx 0.03D$。变尖是由于磨了月牙槽后面 2，使横刃部分的楔角稍变尖。磨低是由于月牙槽后面 2 向内凹，使新的横刃位置降低，即尖高 h 很小，约为钻头直径 D 的 3%，即 $h \approx 0.03D$。

由于降低了钻尖高度，可以把横刃处磨得较锋利，使切削力大大降低而不致影响钻尖强度。圆弧刃在孔底上划出一道圆环筋，它与钻头棱边共同起着稳定钻头方向的作用，限制了钻头的摆动，可以加强钻头的定心作用。

③ 在一边外刃上磨出分屑槽 4，其宽度 l_2 约为外刃宽度 l 的一半，即 $l_2 \approx l/3 \sim l/2$。槽深 C 为 1mm。

3）刃磨群钻的方法

群钻的手工刃磨在一般的砂轮机上进行。刃磨前应先修整砂轮，可用金刚石笔或用粗粒度超硬的碳化硅砂轮的碎块来修整砂轮的侧面、圆柱面和圆角。圆角半径应接近群钻的圆弧刃的半径 R 值。外刃的刃磨与刃磨麻花钻时相同。其他主要刃磨方法如下。

① 磨月牙槽（圆弧刃）。即在钻头后面对称地磨出月牙槽，形成凹形圆弧刃，把主切削刃分成三段，即外刃、圆弧刃、内刃（图 7-21）。

磨月牙槽时，应手拿钻头靠上砂轮圆角，磨削点大致在砂轮水平中心面上。使外刃基本放平，以保证横刃斜角适当和 B 点处的侧后角为正值，并使钻头轴线与砂轮侧面夹角为 55°［图 7-22（a）］。

刃磨时将钻尾压下，与水平面成一圆弧后 α_k 角后开始刃磨，钻头向前缓慢平稳送进，磨出月牙槽后面，形成圆弧刃，应保证圆弧半径 R 和外刃长 l。如果砂轮圆角小于要求的圆弧半径 R 值，钻头应在水平面作微小的平移与摆动，以得到所需的 R 值［图 7-22（b）］。

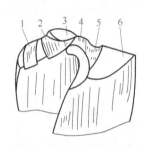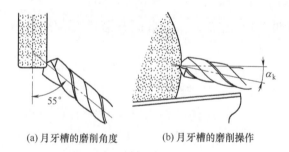

(a) 月牙槽的磨削角度　　　　(b) 月牙槽的磨削操作

图 7-21　中型标准群钻刃形　　　　　　图 7-22　磨月牙槽
1—分屑槽；2—月牙槽；3—横刃；4—内直刃；
5—圆弧刃；6—外直刃

刃磨时钻头千万不可和磨外刃时那样，在垂直面内上下摆动或绕钻头轴线转动，否则横刃变成 S 形。横刃斜角变小，而且圆弧形状也不易控制对称。保证对称的关键是钻头翻转 180° 磨另一边月牙槽后面时，注意其空间位置应不变，以保证圆弧、钻心尖的对称性。

② 磨短横刃。与修磨横刃方法相同，沿钻头后面的背棱磨至刃心，形成内刃并将横刃磨短，仅为原横刃长度的 1/7 ～ 1/5，磨成的内刃前角也大大增加。如图 7-23（a）所示，修磨时，手拿钻头使外刃靠在砂轮圆角处，磨削面大致在砂轮水平中心面上，钻头轴线左摆，在水平面内与砂轮侧面夹角约为 15°。

　　将钻尾压下，在钻头所在的垂直面内与水平线夹角约为55°。刃磨开始时，使钻头上的磨削点由外刃背沿着棱线逐渐向钻心移动，此时钻头略有转动，磨削量应由大到小，磨出内刃前面。磨至钻心时，应保证内刃前角，此时动作要轻，防止刃口退火（烧糊）和钻心过薄。还要保证外刃与砂轮侧面留一夹角（τ约为25°），防止此角过小，以免磨到圆弧刃甚至外刃。再翻过180°，刃磨另一边的内刃前面，方法同上，保证横刃长度和两τ角的对称性［见图7-23（b）］。

　　③ 磨外刃分屑槽。直径15mm以上的钻头可以在一侧外刃上磨出（后面）分屑槽。修磨时，如图7-24所示，手拿钻头，目测两外刃，如两外刃有高有低，选定较高的一刃，使片砂轮侧面与它垂直，并对准它的中点。钻头接触砂轮，同时在垂直面内摆动钻尾，磨出分屑槽，保证槽距、槽宽、槽深和分屑槽的侧后面。刃磨用砂轮最好选用橡胶结合剂制成的砂轮，也可用普通小砂轮，但砂轮圆角半径要修小一点。

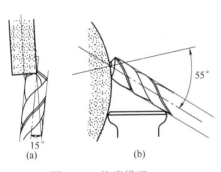

图 7-23　修磨横刃

图 7-24　磨外刃分屑槽

　　4）刃磨群钻常见弊病分析

　　刃磨群钻的常见弊病见表7-7。

表 7-7　刃磨群钻常见弊病分析

弊病	产生后果	产生原因
两月牙圆弧槽修磨得不对称	孔大	两月牙圆弧槽在修磨时，在形状和位置上不对称，钻削时形成钻头摆动
横刃不正	孔大	修磨横刃时，两边修磨量不均匀，一边多而另一边少，定心不正
内刃斜角不一致	孔大	修磨横刃到终了时，钻头外刃与砂轮侧面的夹角不一致，形成两内刃斜角不一致
钻尖高，内刃锋角太小	钻心强度差，易崩尖	①磨月牙圆弧槽时，钻头轴线与砂轮侧面的夹角小于推荐值（55°）②用标准麻花钻修磨成群钻时，没有把原来的钻心尖磨掉以形成新的钻心尖③月牙圆弧的中心离钻心太近了

续表

弊病	产生后果	产生原因
刃背磨去太多	钻头切削部分强度降低，散热条件变差	修磨横刃时，钻尾下压过多，超过了55°
横刃宽度适当，但钻心处太薄	钻心强度降低，易崩尖	①修磨横刃时，钻尾太低 ②修磨横刃时，钻头轴线左摆的角度太大
内刃过长	月牙圆弧刃处前角减小，使它的切削情况变坏	修磨横刃时，钻头外刃和砂轮侧面的夹角太小
圆弧槽外刃无侧后角	圆弧槽外刃尖易磨损，切削力增大	磨月牙圆弧槽时，钻头外刃没放水平，外缘点往上翘
圆弧太浅，半径太大	分屑情况不好	磨月牙圆弧槽时，砂轮圆角半径太大
外刃后角太大	钻孔时易产生振动（打抖），孔底出现径向波纹	①在磨外刃钻尾向下摆动时，送进量大 ②钻头没放平，或磨削点高于砂轮的水平中心面
外刃后角太小	①孔钻不动，易烧坏 ②扩孔时，孔口出现严重毛刺	①磨外刃时，钻尾摆动高出水平面 ②磨削点低于砂轮的水平中心面

7.2 钻孔基本操作技术

用钻头在实心材料上加工出孔的过程叫钻孔。钻孔时，工件固定不动，钻头要同时完成两个运动：①切削运动（主体运动）v，钻头绕轴心所做的旋转运动，也就是切下切屑的运动；②进给运动 S（辅助运动），钻头对着工件所做的前进直线运动。如图 7-25 所示。

图 7-25　钻孔时运动分析

7.2.1　钻孔的操作步骤与安全操作

钻孔是钳工加工的一项重要操作，为保证加工质量且实现安全操作，钻孔应按以下步骤进行且遵守安全操作规程。

（1）钻孔的操作步骤

① 准备。钻孔前，应熟悉图样，选用合适的夹具、量具、钻头、切削液，选择主轴转速、进给量。

② 划线。划出孔加工线（必要时可划出校正线、检查线），并加大圆心处的冲眼，便于钻尖定心。

③ 装夹。装夹并校正工件。

④ 手动起钻。钻孔时，先用钻尖对准圆心处的冲眼钻出一个小浅坑。目测检查浅坑的圆周与加工线的同心程度，若无偏移，则可继续下钻；若发生偏移，则可通过移动工作台和钻床主轴（使用摇臂钻时）来进行调整，直到找正为止。

当钻至钻头直径与加工线重合时，起钻阶段完成。

⑤ 中途钻削。当起钻完成后，即进入中途深度钻削，可采用手动进给或机动进给钻削。

⑥ 收钻。当钻头将钻至要求深度或将要钻穿通孔时，要减小进给量。特别是在通孔将要钻穿时，此时若是机动进给的，一定要换成手动进给操作，这是因为当钻心刚穿过工件时，轴向阻力突然减小，此时，由于钻床进给机构的间隙和弹性变形的突然恢复，将使钻头以很大的进给量自动切入，容易造成钻头折断、工件移位甚至提起工件等现象。用手动进给操作时，由于已注意减小了进给量，轴向阻力较小，就可避免发生此类现象。

（2）钻床操作安全规程

① 工作前对所用钻床和工、卡量具进行全面检查，确认无误后方可工作。

② 严禁戴手套操作，女士发辫应挽在帽子内，严禁用手触摸旋转的刀具，禁止用棉纱和毛巾擦拭钻床。

③ 工件装夹必须牢固可靠。钻小件时，应用工具夹持，不准用手拿着钻；不准在旋转的刀具下，翻转、卡压或测量工件；将要钻穿通孔时，必须采用手动进给，减小进给量。

④ 在开机前，应检查钻夹头上是否插有钻夹头钥匙或主轴上是否插有斜铁；刀具离工件表面应有一定的安全距离，严禁将刀具接触到工件表面后再开机。

⑤ 钻薄板需加垫木板，钻头快要钻透工件时，要轻施压力，以免折断钻头、损坏设备或发生意外事故。

⑥ 使用自动走刀时，要选好进给速度，调整好行程限位块，手动进刀时，一般按照逐渐增压和逐渐减压原则进行，以免用力过猛造成事故。

⑦ 钻头上绕有长铁屑时，要用铁钩清除，必要时要停车清除；禁止用嘴吹粉末铁屑，要用刷子清除。

⑧ 精铰深孔时，拔取圆器和销棒，不可用力过猛，以免手撞在刀具上。

⑨ 使用摇臂钻时，横臂回转范围内不准有障碍物。工作前，横臂必须卡紧；横臂和工作台上不准存放物件，被加工件必须按规定卡紧，以防工件移位造成重大人身伤害事故和设备事故；工作结束时，将横臂降到最低位置，主轴箱靠近立柱，并且都要卡紧。

⑩ 工作结束后，必须将钻床擦拭干净，切断电源，零件堆放及工作场地要保持整齐、整洁，认真做好交接班工作。

7.2.2 钻孔操作要点

钻孔是依靠钻孔设备及钻头完成的，钻孔时，工件固定，钻头装在钻床主轴上做旋转运动（称为主体运动），同时钻头沿轴线方向移动（称为进给运动）。钻孔操作过程中，应分别注意以下操作要点。

（1）划线

钻孔前，必须按孔的位置、尺寸要求，划出孔位的十字中心线，并打上中心样冲眼（位置要准，冲眼直径要尽量小），按照孔的直径要求划出孔的加工线。对于直径比较大的或孔的位置尺寸要求比较高时，还应该划出一至多个直径大小不等且小于加工线的校正线或一个直径大于加工线的检查线，然后在十字中心线与三线（校正线、加工线、检查线）的交点上打上冲眼。当钻孔直径大于 15mm时，冲眼点数应适当增加，如图 7-26 所示。

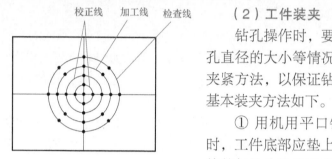

图 7-26　划线钻孔方法

（2）工件装夹

钻孔操作时，要根据工件的不同形体和钻孔直径的大小等情况，采用不同的装夹定位和夹紧方法，以保证钻孔的质量和安全，常用的基本装夹方法如下。

① 用机用平口钳装夹平整的工件。装夹时，工件底部应垫上平行垫铁，校正工件表面使其与钻头轴线垂直。钻通孔时，平行垫铁应空出钻孔部位或垫上木垫，以免钻到钳身。

② 用 V 形铁装夹圆柱形的工件。装夹时应保证钻头轴线与工件轴心线重合。

③ 用压板装夹较大的工件。对形体较大的工件且钻孔直径在 10mm 以上时，可采用压板装夹的方法进行钻孔。

④ 用手用虎钳夹持较小的工件。对形体较小的工件且钻孔直径在 6mm 以下时，可采用手用虎钳夹持的方法进行钻孔。

⑤ 用三爪自定心卡盘装夹圆柱形的工件。在对圆柱形工件的端面进行钻孔时，可采用三爪自定心卡盘装夹工件，这样装夹的定位精度比较高。

（3）钻头夹持

当钻头柄部是直柄时，可先将与钻床主轴锥孔莫氏锥度号数相同的钻夹头装进主轴体内，再将钻头装在钻夹头内。钻夹头的锥柄可直接装在钻床主轴锥孔内，钻夹头用来装夹直径在 13mm 以下的直柄钻头，钻夹头结构如图 7-27（a）所示。

夹持钻头时，先将钻头柄塞入钻夹头的三卡爪 5 内，其夹持长度不能小于 15mm。然后用钻夹头专用钥匙 3 旋转夹头套 2，使

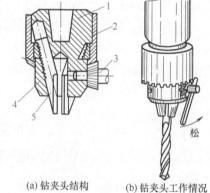

(a) 钻夹头结构　(b) 钻夹头工作情况

图 7-27　直柄钻头装拆

1—夹头体；2—夹头套；3—钥匙；4—环形螺母；5—卡爪

环形螺母 4 带动三个长爪沿斜面移动，使三个长爪同时张开或合拢，达到松开或夹紧钻头的目的 [图 7-27（b）]。

当钻头柄部是锥柄时，如果钻头锥柄莫氏锥度号数与钻床主轴锥孔莫氏锥度号数相同，可直接将钻头锥柄装入钻床主轴锥孔内。如钻头的锥柄莫氏锥体号数较小，不能直接装到钻床主轴上时，钻头上需装一个过渡锥套，使外锥体与钻床主轴孔内锥体一致，内锥孔与钻头锥柄一致。这个锥套，内外表面都是锥体，称为钻套，其结构如图 7-28 所示。

为提高钻孔效率，生产过程中，往往还使用自动退卸钻头装置，其结构见图 7-29。这样在拆卸钻头时，不需要用斜铁插入主轴的半圆弧孔内敲打。只要将主轴向上轻轻提起，使装置的外套上端面碰到装在钻床主轴箱上的垫圈，这时装置中的横销就会将钻头推出。

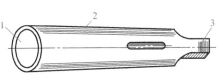

图 7-28 钻套
1—内锥孔；2—外圆锥；3—扁尾

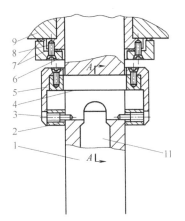
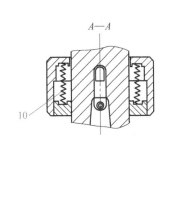

图 7-29 自动退卸钻头装置
1—主轴；2—挡圈；3—螺钉销；4—横销；5—外套；6—垫圈；7—硬橡胶垫；
8—导向套；9—主轴箱；10—弹簧；11—钻头

对于同一工件上多规格的钻孔，往往需用不同的刀具经过几次更换和装夹才能完成（如使用钻头、扩孔钻、锪钻、铰刀等）。在这种情况下，可采用快换钻夹头实现不停机装换钻头，以减少更换刀具的时间。其结构如图 7-30 所示。

更换刀具的时候，只要将滑环 2 向上提起，钢珠 1 受离心力的作用就跑到外环下部槽中，可换套 3 不再受到钢珠的卡阻，而和刀具一起自动落下，这时立即用手接住，然后再把另一个装有刀具的可换套装上，放下外环，钢珠又落入可换套筒的凹入部分。于是更换过的刀具便跟着插入主轴内的锥柄夹头体 5 一起转动，继续进行加工。弹簧环 4 用来限制外环的上、下位置。

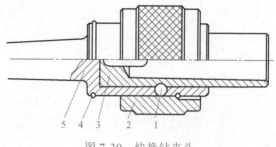

图 7-30　快换钻夹头

1—钢珠；2—滑环；3—可换套；4—弹簧环；5—夹头体

从钻床主轴锥孔中拆卸钻套或钻头时，可采用斜铁（如图 7-31 中的件 1，其形状为锥形，一边半圆弧，一边方形）进行。

拆卸方法见图 7-31，拆卸时应将半圆弧一边放在上面，否则会将钻床半圆弧孔打坏。为防止钻头掉下打坏工件或工作台，拆卸前，在工件或工作台上要垫木块。

（4）钻削用量的选择

钻削用量是指钻头在钻削过程中的切削速度、进给量和背吃刀量的总称，如图 7-32 所示。

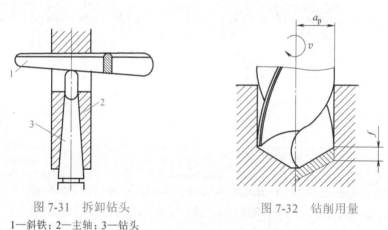

图 7-31　拆卸钻头　　　　　　　　图 7-32　钻削用量

1—斜铁；2—主轴；3—钻头

① 切削速度（v）。切削速度是指钻削时钻头切削刃上最大直径处的线速度。它可由下式计算：

$$v = \frac{\pi D n}{1000} \ （\text{m/min}）$$

式中　v——切削速度，m/min；

　　　D——钻头直径，mm；

　　　n——主轴转速，r/min。

② 进给量（f）。进给量是指钻削时主轴每转一周，钻头对工件沿主轴轴线的相对移动量，单位是 mm/r。

③ 背吃刀量（a_p）。背吃刀量是指已加工表面与待加工表面之间的垂直距离。钻削时，其计算式为：

$$a_p = \frac{D}{2}$$

④ 钻床主轴转速的选择。选择时要首先确定钻头的允许切削速度 v。用高速钢钻头钻铸铁件时，v=14 ～ 22m/min；钻钢件时，v=16 ～ 24m/min；钻青铜或黄铜件时，v=30 ～ 60m/min。当工件材料的硬度和强度比较高时取较小值；钻头直径较小时也取较小值；当钻孔深度 L > 3d 时，还应将取值乘以 0.7 ～ 0.8 的修正系数，然后要按照下式计算钻床主轴转速 n。

$$n = \frac{1000v}{\pi D} \ （\text{r/min}）$$

⑤ 进给量的选择。钻孔的进给量就是钻头每转动一周向下移动的距离。当孔的精度要求较高和表面粗糙度数值较小时，应该取较小的进给量；当钻削小孔、深孔时，钻头细而长，强度低，刚度差，应该取更小的进给量。一般在普通钢材上钻孔，孔的深径比小于 3 时，ϕ10mm 以下的钻头，其进给量不超过 0.3mm/r；ϕ20mm 以下的钻头，其进给量不超过 0.6mm/r；ϕ30mm 以下的钻头，其进给量不超过 0.75mm/r。

⑥ 背吃刀量的选择。一般情况下，钻削小于 ϕ20mm 的孔可一次钻出；大于 ϕ20mm 的孔可分两次钻削，先用（0.5 ～ 0.7）D 的钻头钻底孔，然后用直径为 D 的钻头扩大至要求孔径。这样可以提高钻孔质量，减小轴向力，保护机床和刀具等。

（5）钻削的操作

钻削操作时，应注意以下几点。

① 起钻定位。要在起钻阶段准确定位。

② 提钻排屑。在中途钻削时，当钻头钻至一定深度时，要提钻退出排屑。

③ 加注切削液。在中途钻削时，为了使钻头能及时散热冷却，钻孔时需要加注足够的切削液，这样可提高钻头使用寿命。钻孔常用冷却润滑液见表 7-8。

表 7-8　钻孔常用冷却润滑液

工件材料	冷却润滑液
结构钢	乳化液、机油
工具钢	乳化液、机油

续表

工件材料	冷却润滑液
不锈钢、耐热钢	亚麻油水溶液、硫化切削油
紫铜	乳化液、菜油
铝合金	乳化液、煤油
冷硬铸铁	煤油
铸铁、黄铜、青铜、镁合金	不用
硬橡胶、胶木	不用
有机玻璃	乳化液、煤油

④ 谨慎收钻。在孔即将钻透时要减小进给量或变机动进给为手动进给。这是因为在钻削过程中，工件对钻头有很大的抵抗力，使钻床的主轴箱或摇臂产生上抬的现象。这样在钻通孔时，当钻头横刃穿透工件以后，工件的抵抗力迅速下降，主轴箱或摇臂通过自重压下来，使进给量突然增加，导致扎刀。这时钻头很容易被扭断，特别是在钻大孔时，这种现象更为严重。因此，当钻孔即将穿透时，要减小进给量，最好变机动进给为手动进给。

（6）钻削加工方法的选择

为保证钻削不同孔距精度，应有针对性地选择加工方法，表 7-9 给出了钻削不同孔距精度所用的加工方法。

表 7-9　钻削不同孔距精度所用的加工方法

孔距精度 /mm	加工方法	适用范围
±（0.25 ~ 0.5）	划线找正，配合测量与简易钻模	单件、小批生产
±（0.1 ~ 0.25）	用普通夹具或组合夹具，配合快换钻头	小、中批生产
	套、盘类工件可用通用分度夹具	
±（0.03 ~ 0.1）	利用坐标工作台、百分表、量块、专用对刀装置或采用坐标、数控钻床	单件、小批生产
	采用专用夹具	大批、大量生产

7.2.3　钻削不同材料的切削用量

切削用量对钻孔操作质量的影响很大，采用不同材质钻头钻削不同材质孔时，其切削用量也是不同的，表 7-10 ~ 表 7-13 分别给出了常见的不同材质钻头钻削不同材质的切削用量，钻削操作时可对照相应表格选用。

表 7-10 高速钢钻头钻削不同材料的切削用量

加工材料		硬度		切削速度 v / (m/min)	进给量 f / (mm/r) 钻头直径 d/mm					钻头螺旋角 /(°)	锋角 /(°)	备注
		布氏 HBS	洛氏		<3	3~6	6~13	13~19	19~25			
铝及铝合金		45~105	≈62HRB	105	0.08	0.15	0.25	0.40	0.48	32~42	90~118	—
铜及铜合金	高加工性	≈124	10~70HRB	60	0.08	0.15	0.25	0.40	0.48	15~40	118	—
	低加工性	≈124	10~70HRB	20	0.08	0.15	0.25	0.40	0.48	0~25	118	—
镁及镁合金		50~90	≈52HRB	45~120	0.08	0.15	0.25	0.40	0.48	25~35	118	—
锌合金		80~100	41~62HRB	75	0.08	0.15	0.25	0.40	0.48	32~42	118	—
碳钢	$w(C) \approx 0.25$	125~175	71~88HRB	24	0.08	0.13	0.20	0.26	0.32	25~35	118	—
	$w(C) \approx 0.50$	175~225	88~98HRB	20	0.08	0.13	0.20	0.26	0.32	25~35	118	—
	$w(C) \approx 0.90$	175~225	88~98HRB	17	0.08	0.13	0.20	0.26	0.32	25~35	118	—
合金钢	$w(C) \approx 0.12 \sim 0.25$	175~225	88~98HRB	21	0.08	0.15	0.20	0.40	0.48	25~35	118	—
	$w(C) \approx 0.30 \sim 0.65$	175~225	88~98HRB	15~18	0.05	0.09	0.15	0.21	0.26	25~35	118	—
马氏体时效钢		275~325	28~35HRC	17	0.08	0.13	0.20	0.26	0.32	25~32	118~135	—
不锈钢	奥氏体	135~185	75~90HRB	17	0.05	0.09	0.15	0.21	0.26	25~35	118~135	用含钴高速钢
	铁素体	135~185	75~90HRB	20	0.05	0.09	0.15	0.21	0.26	25~35	118~135	用含钴高速钢
	马氏体	135~185	75~88HRB	20	0.08	0.15	0.25	0.40	0.48	25~35	118~135	用含钴高速钢
	沉淀硬化	150~200	82~94HRB	15	0.08	0.09	0.15	0.21	0.26	25~35	118~135	用含钴高速钢
工具钢		196	94HRB	18	0.08	0.13	0.20	0.26	0.32	25~35	118	—
		241	24HRC	15	0.08	0.13	0.20	0.26	0.32	25~35	118	—
灰铸铁	软	120~150	≈80HRB	43~46	0.08	0.15	0.25	0.40	0.48	20~30	90~118	—
	中硬	160~220	80~97HRB	24~34	0.08	0.13	0.20	0.26	0.32	14~25	90~118	—
可锻铸铁		112~126	≈71HRB	27~37	0.08	0.13	0.20	0.26	0.32	20~30	90~118	—
球墨铸铁		190~225	≈98HRB	18	0.08	0.13	0.20	0.26	0.32	14~25	90~118	—

续表

加工材料		硬度 布氏HBS	硬度 洛氏	切削速度v/(m/min)	进给量f/(mm/r) 钻头直径d₀/mm <3	3~6	6~13	13~19	19~25	钻头螺旋角/(°)	锋角/(°)	备注
高温合金	镍基	150~300	≈32HRB	6	0.04	0.08	0.09	0.11	0.13	28~35	118~135	用含钴高速钢
	铁基	180~230	89~99HRB	7.5	0.05	0.09	0.15	0.21	0.26	28~35	118~135	用含钴高速钢
	钴基	180~230	89~99HRB	6	0.04	0.08	0.09	0.11	0.13	28~35	118~135	—
钛及钛合金	纯钛	110~200	≈94HRB	30	0.05	0.09	0.15	0.21	0.26	30~38	135	—
	α及α+β	300~360	31~39HRC	12	0.08	0.13	0.20	0.26	0.32	30~38	135	用含钴高速钢
	β	275~350	29~38HRC	7.5	0.04	0.08	0.09	0.11	0.13	30~38	135	—
碳		—	—	18~21	0.04	0.08	0.09	0.11	0.13	25~35	90~118	—
塑料		—	—	30	0.08	0.13	0.20	0.26	0.32	15~25	118	—
硬橡胶		—	—	30~90	0.05	0.09	0.15	0.21	0.26	10~20	90~118	—

表7-11　硬质合金钻头钻削不同材料的切削用量

加工材料	抗拉强度σ/MPa	硬度HBS	进给量f/(mm/r) d₀=3~8mm	d₀=8~20mm	d₀=20~40mm	切削速度v/(m/min) d₀=3~8mm	d₀=8~20mm	d₀=20~40mm	锋角/(°)	切削液
工具钢、热处理钢	850~1200	—	0.02~0.04	0.04~0.08	0.08~0.12	25~32	30~38	35~40	115~120	非水溶性切削液
淬硬钢	1200~1800	≥50HRC	0.02	0.02~0.04	—	10~15	12~18	—	115~120	非水溶性切削液
高锰钢[w(Mn)=12%~14%]	—	—	0.01~0.02	0.02~0.03	0.03~0.05	8~10	10~12	10~16	120~140	非水溶性切削液
铸钢	≥700	—	0.02~0.05	0.05~0.12	0.12~0.18	25~32	30~38	35~40	120~140	非水溶性切削液
不锈钢	—	—	0.08~0.12	0.12~0.2	—	25~27	27~35	—	115~120	非水溶性切削液
耐热钢	—	—	0.01~0.05	0.05~0.1	—	3~6	5~8	—	115~120	非水溶性切削液

续表

加工材料	抗拉强度 σ/MPa	硬度 HBS	进给量 f/(mm/r)			切削速度 v/(m/min)			锋角/(°)	切削液
			$d_0=3\sim8$mm	$d_0=8\sim20$mm	$d_0=20\sim40$mm	$d_0=3\sim8$mm	$d_0=8\sim20$mm	$d_0=20\sim40$mm		
镍铬钢	1000	300	0.08~0.12	0.12~0.2	—	35~40	40~45	—	—	—
镍铬钢	1400	420	0.04~0.05	0.05~0.08	—	15~20	20~25	—	—	—
灰铸铁	—	≤250	0.04~0.08	0.08~0.16	0.16~0.3	40~60	50~70	60~80	115~120	干切或乳化液
合金铸铁	—	250~350	0.02~0.04	0.03~0.08	0.06~0.16	20~40	25~50	30~60	115~120	非水溶性切削油或乳化液
合金铸铁	—	350~450	0.02~0.04	0.03~0.06	0.05~0.1	8~20	10~25	12~30	115~120	非水溶性切削油或乳化液
冷硬铸铁	—	65~85HS	0.01~0.03	0.02~0.04	0.03~0.06	5~8	6~10	8~12	120~140	乳化液
可锻铸铁、球墨铸铁	—	—	0.03~0.05	0.05~0.1	0.1~0.2	40~45	45~50	50~60	115~120	干切或乳化液
黄铜	—	—	0.06~0.1	0.1~0.2	0.2~0.3	80~100	90~110	100~120	115~125	干切或乳化液
铸造青铜	—	—	0.06~0.08	0.08~0.12	0.12~0.2	50~70	55~75	60~80	115~125	干切或乳化液
磷青铜	—	—	0.15~0.2	0.2~0.5	—	50~85	80~85	—	—	干切或乳化液
铝合金	—	≥80	0.06~0.1	0.1~0.18	0.18~0.25	100~120	110~130	120~140	115~120	乳化液或水溶性切削液
硅铝合金[w(Si)=14%以上]	—	—	0.03~0.06	0.06~0.08	0.08~0.12	50~60	55~70	60~80	—	乳化液或水溶性切削液
硬质纸	—	—	0.08~0.12	0.12~0.18	0.18~0.25	60~100	80~120	100~140	90	—
热固性树脂（加入充填物）	—	—	0.04~0.06	0.06~0.12	0.12~0.2	60~80	70~90	80~100	80~130	—
玻璃	—	—	手动进给	手动进给	手动进给	9~10	10~11	11~12	玻璃锥	煤油、水
陶瓷器	—	—	手动进给	手动进给	手动进给	5~8	7~10	9~12	90	煤油、水
大理石、石板、砖	—	—	手动进给	手动进给	手动进给	18~24	21~27	24~30	大理石锥	水
硬质岩混凝土	—	—	手动进给	手动进给	手动进给	3~5	4~6	5~8	90	水
塑料、胶木	—	—	手动进给	手动进给	手动进给	50~55	55~60	60~70	118	—

续表

加工材料	抗拉强度 σ_b/MPa	硬度 HBS	进给量 f/(mm/r)			切削速度 v/(m/min)			锋角/(°)	切削液
			d_0=3~8mm	d_0=8~20mm	d_0=20~40mm	d_0=3~8mm	d_0=8~20mm	d_0=20~40mm		
硬橡胶	—	—	0.05~0.06	0.06~0.15	0.12~0.22	18~21	21~24	24~26	60~70	—
硬质纤维	—	—	0.2~0.4			80~150			140	—
酚醛树脂	—	—	0.2~0.4			100~120			70~80	—
玻璃纤维复合材料	—	—	0.063~0.127			198			118~130	—
贝壳	—	—	手动进给			30~60			60~70	—

注：硬质合金牌号按 ISO 适用 K10 或 K20 对应的国内牌号。

表7-12　群钻加工钢件时的切削用量

加工材料			深径比 l/d_0	切削用量	直径 d/mm								
碳钢（10、15、20、35、40、45、50等）	合金钢（40Cr、38CrSi、60Mn、35CrMo、20CrMnTi等）	其他钢种			8	10	12	16	20	25	30	35	40
HBS＜207 正火或 σ_b＜600MPa	HBS＜143 或 σ_b＜50MPa	易切钢	≤3	f/(mm/r)	0.24	0.32	0.4	0.5	0.6	0.67	0.75	0.81	0.9
				v/(m/min)	20	20	20	21	21	21	22	22	22
			3~8	f/(mm/r)	0.2	0.26	0.32	0.38	0.48	0.55	0.6	0.67	0.75
				v/(m/min)	16	16	16	17	17	17	18	18	18
170~229HBS 或 σ_b=600~800MPa	143~207HBS 或 σ_b=500~700MPa	碳素工具钢、铸钢	≤3	f/(mm/r)	0.2	0.28	0.35	0.4	0.5	0.56	0.62	0.69	0.75
				v/(m/min)	16	16	16	17	17	17	18	18	18
			3~8	f/(mm/r)	0.17	0.22	0.28	0.32	0.4	0.45	0.5	0.56	0.62
				v/(m/min)	13	13	13	13.5	13.5	13.5	14	14	14
229~285HBS 或 σ_b=800~1000MPa	207~255HBS 或 σ_b=700~900MPa	合金工具钢、合金铸钢、易切不锈钢	≤3	f/(mm/r)	0.17	0.22	0.28	0.32	0.4	0.45	0.5	0.56	0.62
				v/(m/min)	12	12	12	12.5	12.5	12.5	13	13	13

续表

加工材料			深径比 l/d_0	切削用量	直径 d/mm								
					8	10	12	16	20	25	30	35	40
碳钢（10、15、20、35、40、45、50 等）$\sigma_b=800\sim1000\text{MPa}$	合金钢（40Cr、38CrSi、60Mn、35CrMo、20CrMnTi 等）229～285HBS 或 $\sigma_b=800\sim1000\text{MPa}$	合金工具钢、合金铸钢、易切钢、易切不锈钢　207～255HBS 或 $\sigma_b=700\sim900\text{MPa}$	$3\sim8$	f/（mm/r）	0.13	0.18	0.22	0.26	0.32	0.36	0.4	0.45	0.5
				v/（m/min）	11	11	11	11.5	11.5	11.5	12	12	12
	285～321HBS 或 $\sigma_b=1000\sim1200\text{MPa}$	255～302HBS 或 $\sigma_b=900\sim1100\text{MPa}$　奥氏体不锈钢	$\leqslant3$	f/（mm/r）	0.18	0.22	0.26	0.32	0.36	0.4	0.45	0.56	0.62
				v/（m/min）	9	9	9	10	10	10	11	11	11
			$3\sim8$	f/（mm/r）	0.12	0.15	0.18	0.22	0.26	0.3	0.32	0.38	0.41
				v/（m/min）	9	9	9	10	10	10	11	11	11

注：①钻头平均耐用度 60～120min。

②当钻孔精度要求高和排屑、冷却不良时，刀具-刀具系统刚性低，应适当降低进给量 f 和切削速度 v。

③全部使用切削液。

表 7-13　群钻加工铸铁时的切削用量

加工材料		深径比 l/d_0	切削用量	直径 d/mm								
灰铸铁	可锻铸铁、锰铸铁			8	10	12	16	20	25	30	35	40
163～229HBS（HT100、HT150）	可锻铸铁（≤229HBS）	$\leqslant3$	f/（mm/r）	0.3	0.4	0.5	0.6	0.75	0.81	0.9	1	1.1
			v/（m/min）	20	20	20	21	21	21	22	22	22
		$3\sim8$	f/（mm/r）	0.24	0.32	0.4	0.5	0.6	0.67	0.75	0.81	0.9
			v/（m/min）	16	16	16	17	17	17	18	18	18
170～269HBS（HT200 以上）	可锻铸铁（197～269HBS）锰铸铁	$\leqslant3$	f/（mm/r）	0.24	0.32	0.4	0.5	0.6	0.67	0.75	0.81	0.9
			v/（m/min）	16	16	16	17	17	17	18	18	18
		$3\sim8$	f/（mm/r）	0.2	0.26	0.32	0.38	0.48	0.55	0.6	0.67	0.75
			v/（m/min）	13	13	13	14	14	14	15	15	15

注：①钻头平均耐用度 120min。

②应使用乳化液冷却。

③当钻床-刀具系统刚性低、钻孔精度要求高和钻削条件不好时（如带铸造黑皮），应适当降低进给量 f 与切削速度 v。

7.3 钻孔典型实例

钻孔操作过程中，为保证钻孔的质量，在不同形状的构件上钻削不同大小直径孔时，应有针对性地采用不同的钻削操作方法，常见的钻孔操作方法主要有以下几方面。

7.3.1 一般工件上孔的钻削操作

对一般工件孔的钻削，应按以下步骤及操作方法安排钻削加工。

① 先将工件按图样要求划好线，检查后打样冲眼。样冲眼应打大些，使钻头不易偏离中心。

② 调整好所需转速和进给量，准备好所需的切削液。

③ 根据材料特性及工艺要求，刃磨好钻头的切削角度。

④ 钻尖对准钻孔中心试钻一浅锥坑（对刀时要从两个垂直方向进行观察）。如钻出的锥坑与钻孔划线圆不同心，可移动工件或钻床主轴来纠正。当偏离较多时，可用样冲重新冲孔纠正，或用錾子錾出几条槽来纠正，如图 7-33（a）所示。钻较大孔时，因大直径钻头的横刃较长，定心困难，最好用中心钻先钻出较大的锥坑［见图 7-33(b)］，或用小锋角（$2\phi=90°\sim100°$）短麻花钻先钻出一个锥坑。经试钻达到同心要求后，必须将工件或钻床主轴重新紧固，才能重新进行钻孔。

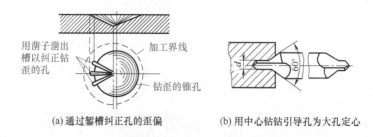

用錾子錾出槽以纠正钻歪的孔　　加工界线

钻歪的锥孔

(a) 通过錾槽纠正孔的歪偏　　　　(b) 用中心钻钻引导孔为大孔定心

图 7-33　钻孔定心

⑤ 当钻通孔快钻穿时，最好改用手动进给；钻不通孔，开钻前可按孔深调好自动进给挡铁；钻深孔，当孔深达到直径 3 倍以上时，钻头要多次退出排屑。

7.3.2 圆柱形工件上孔的钻削操作

在轴类、套类工件上钻孔，是机械加工中经常遇到的，其主要是检查钻孔中心与工件中心线的对称精度是否能达到要求。可采用定心工具找正中心的方法检查，其操作方法如下。

① 将定心工具夹在钻夹头上，用百分表找正，使其与钻床主轴同轴，径向全跳动误差在 0.01 ~ 0.02mm。

② 使定心工具锥部与 V 形块贴合，如图 7-34 所示。

③ 用压板把对好的 V 形块压紧。

④ 把工件放在 V 形块上，用 90°角尺找正端面垂直线，如图 7-35 所示。

⑤ 压紧工件。

⑥ 将定心工具更换成钻头，试钻，看中心是否正确。

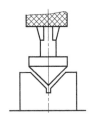 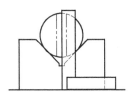

图 7-34　用定心工具找正中心　　　　　图 7-35　用 90°角尺找正端面垂直线

7.3.3　斜孔的钻削操作

斜孔的钻削主要有三种情况：a. 在斜面上钻孔；b. 在平面上钻斜孔；c. 在曲面上钻孔。钻斜孔时，由于孔的中心与钻孔端面不垂直，钻头在开始接触工件时，先是单面受力，作用在钻头切削刃上的径向力会把钻头推向一边，因此，容易出现：钻头偏斜、滑移，钻不进工件；钻孔中心容易离开所要求的位置，钻出的孔很难达到要求；孔口易被刮烂，破坏孔端面的平整；钻头容易崩刃或折断。

为保证钻孔质量，钻削斜孔时，可有针对性地采取以下几种方法。

① 用钻模钻孔法，如图 7-36 所示。

② 在钻孔前先在工件上铣出或錾出一个与钻头相垂直的平面，如图 7-37 所示。

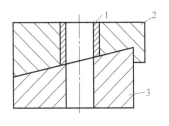 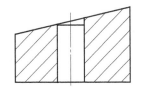

图 7-36　钻模钻孔法　　　　　　　　　图 7-37　预加工平面法
1—钻套；2—钻模；3—工件

③ 用錾子在斜面上先錾一个小平面，然后用中心钻钻一个锥孔或用小钻头钻一个浅孔，再按一般工件孔的加工进行后续加工。

④ 可先将工件安装成水平位置，钻出一个浅窝后再慢慢地把工件放到倾斜

位置，然后再进行钻孔。

⑤ 用手电钻钻过渡孔法，如图 7-38 所示。

⑥ 用圆弧刃多功能钻头直接钻出斜孔，如图 7-39 所示。

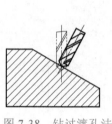

图 7-38　钻过渡孔法

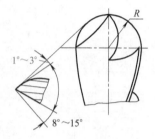

图 7-39　圆弧刃多功能钻头

7.3.4　半圆孔的钻削操作

钻削半圆孔时，由于钻头一般受的径向力不平衡，会使钻头偏斜、弯曲，钻出的孔偏心，为了克服上述缺陷，可以采用以下操作方法。

① 把两个工件合起来一起钻或选择一块与工件材料相同的垫铁与工件夹在一起钻孔，如图 7-40（a）所示；两孔相交时，可在已加工的孔中嵌入与工件相同的材料再钻孔，如图 7-40（b）所示。在组合件之间钻孔时，由于两个零件的材质可能不一样，常有软硬的区别，钻孔时容易使钻头往较软的材料一边偏斜，为减少这种情况，钻孔时，可采用以下方法：打样冲眼时偏向较硬材料；钻孔时应尽量采用短钻头；钻头横刃应尽量磨窄至 0.5mm 以内，以加强定心；采

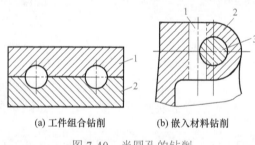

(a) 工件组合钻削　　(b) 嵌入材料钻削

图 7-40　半圆孔的钻削

（a）图中：1—工件；2—工件或垫铁

（b）图中：1—待加工孔；2—工件；3—嵌入材料

用如图 7-41（b）所示的半孔钻头。

② 钻腰圆孔时，可先在一端钻出整圆孔［见图 7-41（a）］，另一端用半孔钻头加工，半孔钻头的几何参数如图 7-41（b）所示。

7.3.5　二联孔的钻削操作

常见的二联孔有三种情况，见图 7-42。

图 7-42（a）所示二联孔，钻削方法是先用较短的钻头钻至大孔深度，再改用加长的小钻头将小孔钻完。将大孔钻至深度，并锪大孔底平面。如果孔的同轴度要求不高也可先钻大孔，再钻小孔，再锪大孔平面。

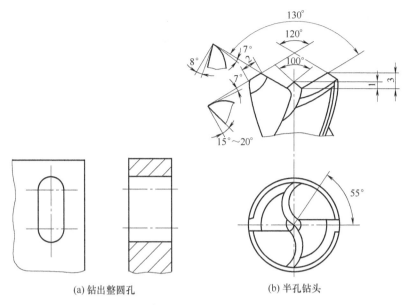

(a) 钻出整圆孔   (b) 半孔钻头

图 7-41　腰圆孔的钻削

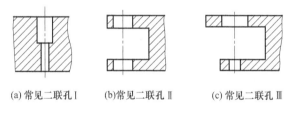

(a) 常见二联孔 I   (b) 常见二联孔 II   (c) 常见二联孔 III

图 7-42　常见二联孔

图 7-42（b）所示二联孔，因钻头伸出比较长，下面的孔无法划线和打样冲眼，所以很难保证上下孔的同轴度要求。此时，可用以下办法解决。

① 先钻出上面的孔。

② 用一个外径与上面的孔配合较严密的大样冲，插进上面的孔中，在下面预钻孔中心打一个小样冲眼，见图 7-43。

③ 引进钻头，对正样冲眼开慢车，锪一个浅窝以后再高速钻孔。

图 7-42（c）所示二联孔，钻削方法是先钻出上面的大孔，换上一根装夹有小钻头的接长钻杆（图 7-44）。接长钻杆的外径与上面的孔径为间隙配合。以上面的孔为引导，加工下面的小孔。

7.3.6　配钻孔的钻削操作

在装配零件时，如果零件需要用螺钉组装在一起，而且组合精度较高，螺钉数量又比较多，常采用配钻孔的方法。

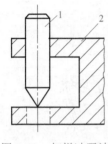

图 7-43　打样冲眼法
1—特制样冲；2—工件

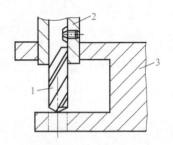

图 7-44　接长钻杆法
1—钻头；2—接长钻杆；3—工件

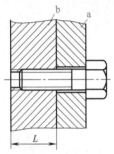

图 7-45　装配部件

图 7-45 所示的装配部件，当 a 件上的光孔已钻出，需要配钻 b 件上的螺纹底孔时，可先将 a、b 两个零件压在一起（相互位置对正）。然后用一个与 a 件上光孔相配合的钻头，并以 a 件上光孔为引导，在 b 件上全部预钻孔位置的中心锪一个浅窝。再把两件分开，以浅窝为准，钻出螺纹底孔即可保证 a、b 件相互对应孔的同轴度要求。

如在装配前 b 件上的螺纹通孔已加工好，需要配钻 a 工件上的光孔时，有两个方案。

① 做一个与 b 件螺纹相配合的螺纹钻套，如图 7-46（a）所示。钻孔前将 a、b 件相对位置对准并压紧，然后把螺纹钻套拧进 b 件螺纹孔内。用一个与钻套中心孔相配合的钻头，在 a 件上钻一个小孔，全部钻完后，将两件分开，将每个小孔扩大至所需直径，即可保证 a、b 两件相对应孔的同轴度要求。

② 当 b 件上的螺纹孔为不通孔时，可做一种与 b 件螺纹相配合的螺纹样冲，如图 7-46（b）所示，尖端淬火 56～60HRC。螺纹样冲数量与工件孔数相等。使用时，将螺纹样冲拧进 b 件螺纹内，再将露在外面的高度与工件调整一致，然后将 a、b 件相互位置对准并放在一起，用木锤敲打 a 或 b 工件，使螺纹样冲在 a 件的预钻孔位置上打出中心眼，然后钻孔，可保证 a、b 两工件相对应孔的同轴度要求。

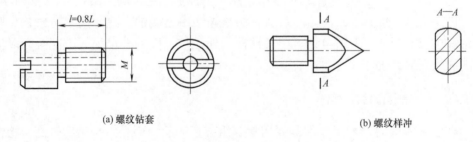

(a) 螺纹钻套　　　　　　　　　　　　(b) 螺纹样冲

图 7-46　螺纹光孔的钻削

7.3.7 小孔的钻削操作

小孔是指直径在 3mm 以下的孔，有的孔虽然直径大于此值，但其深度为直径的 10 倍以上，加工很困难，也应按小孔的特点来进行加工。小孔钻削时，由于钻头直径小，强度不够，同时麻花钻头的螺旋槽又比较窄，不易排屑，所以钻头容易折断；由于钻头的刚度差，易弯曲，致使所钻孔倾斜。

又因钻小孔时转速快，产生的切削温度高，又不易于散热，特别是在钻头与工件的接触部位温度更高，故又加剧了钻头的磨损。

钻孔过程中，一般情况多用手动进给，进给力不容易掌握均匀，稍不注意就会将钻头损坏。

针对上述问题，钻削小孔时，应注意按以下方法操作。

① 开始钻孔时，进给力要小，防止钻头弯曲和滑移，以保证钻孔位置正确。

② 进给时要注意手力和感觉，当钻头弹跳时，使它有一个缓冲的范围，以防止钻头折断。

③ 选用精度较高的钻床。

④ 切削过程中，要及时提起钻头进行排屑，并借此机会加入切削液。

⑤ 合理选择切削速度。

⑥ 合理选择钻小孔的转速。若钻床精度不高，转速太快时容易产生振动，对钻孔不利。通常钻头直径为 2 ～ 3mm 时，转速可达 1500 ～ 2000r/min；钻头直径在 1mm 以下时，转速可达 2000 ～ 3000r/min。如果钻床精度很高，则上述大小直径的钻头其转速可提高至 3000 ～ 10000r/min。

7.3.8 深孔的钻削操作

当钻孔深度大于钻头直径 5 倍时，易产生的主要问题是排屑和冷却困难。孔越深，钻头排屑和冷却困难就越突出。此外，由于钻头主切削刃不可能刃磨得绝对对称，以致两边的径向力不能完全抵消，引起钻头的歪斜。因此，深孔钻必须解决好以下三个问题。①要解决好排屑问题。深孔钻排屑情况如果不好，就使得切削温度升高过快，很容易使钻头挤塞。而经常从孔中退出钻头排屑，要花费大量时间，造成生产效率降低。②要解决好冷却、润滑问题，把切削液、润滑油引到切削区，有利于改善排屑及提高刀具寿命。③要解决好钻头在工作中有比较精确的导向，在加工深孔时极易使钻头偏离中心，导致产生废品。

深孔的钻削通常利用深孔钻来完成。可以用来钻削孔深度超过钻头直径的 5 ～ 10 倍的钻头，一般称为深孔钻。主要类型有炮钻、枪钻、多刃深孔钻、螺旋钻头、内排屑钻、套料钻。钻削深孔时应有针对性地选用。

如图 7-47 所示为炮钻的结构，其工作部分是半圆形杆，前面是平面，垂直于钻头轴线的切削刃在杆的端部。钻头的端部后面磨成角度 $\alpha=10°\sim20°$。为了较好的导向，钻头带有圆柱支承表面。在支承表面上按 $30°\sim45°$ 切出一个小平面，并在每 100mm 工作部分长度上做出 $0.03\sim0.05$mm 的倒锥，以减小钻头与被加工孔壁之间的摩擦力。炮钻前面的几何形状能保证经常从孔中退出排屑，不能保证连续切削，浪费大量时间，生产效率很低。

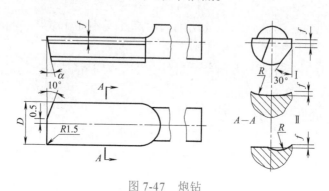

图 7-47　炮钻

图 7-48 所示为枪钻的结构，由工作部分 1 和钻杆 2 两部分组成。

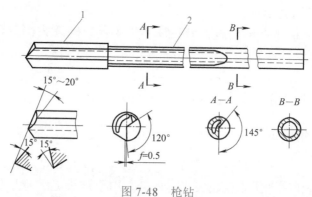

图 7-48　枪钻
1—工作部分；2—钻杆

枪钻的工作部分是一个带有纵向直槽的管子，为使易切削及有较好的导向，钻尖相对于钻头轴线偏移 1/4 钻头直径的距离。钻头有一条由外刃与内刃两部分组成的切削刃，切削刃两段的偏角通常选取 $60°$ 左右，后角选取 $12°\sim15°$。为了减小钻头对孔壁的摩擦力，在工作部分每 100mm 长有 $0.1\sim0.3$mm 的倒锥，并磨出小平面。工作时，切削液通过孔向管子引入钻头的切削部分，再沿纵向槽表面连同切屑一起排出。枪钻具有较好的导向性，改善了排屑条件，能够将切削液输送到切削区，从而提高了刀具的寿命，并能连续切削及能够得到较高的被加工表面质量。但是因为只有一条切削刃，生产率不高。

图 7-49 所示为多刃深孔钻的结构，其有四个导向棱边，这样有益于钻头在

切削中的定心作用。在钻杆中加工有用于输入切削液的孔，在主切削刃上加工有分屑槽。钻削大于 20mm 孔径的深孔时，切削液可由钻杆中的孔进入切削刃的小孔，并由于在主切削刃上加工有分屑槽，可使切屑呈粉碎状，使切削液易于将碎屑冲刷出来。小于 20mm 孔径的深孔钻削可采用加长麻花钻。

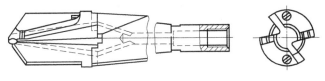

图 7-49　多刃深孔钻

如图 7-50 所示为螺旋钻头的结构，其具有大的螺旋角 $\beta=60°$，钻心厚度也增大到钻头直径的 0.3 ~ 0.35 倍，并且钻心直径沿钻头长度直径大小不变。容屑槽在轴向剖面里呈直线三角形廓形，廓形凹槽处磨成圆角，槽的工作面垂直于钻头轴线，钻头槽平滑过渡到齿背。由于增大了螺旋角以及螺旋槽相应的槽形，工作时很容易将切屑从切削区排出。

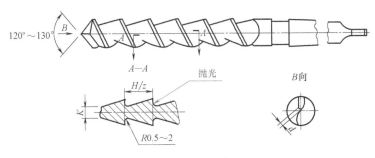

图 7-50　螺旋钻头

图 7-51 为内排屑钻结构，由钻头 2 和钻杆 4 用螺纹连接组合而成，钻头工作部分是一个带有较大内径孔的管状筒，钻头部分在筒壁边缘开槽焊接合金刀头作为切削刃。钻杆外径略小于钻头工作部分外径，使得钻杆与工件孔壁间有较大间隙。切削液在较高的压力下，由工件孔壁与钻杆外表面之间的空隙进入切削区进行冷却、润滑钻头，并将切屑经钻头的排屑孔冲入钻杆内部向后排出。

如图 7-52 所示为套料钻结构，其是空心圆柱体，端面固定有切削齿，切削齿的齿数在 3 ~ 12 范围内。在套料钻的外表面开有容屑槽，容屑槽向非工作端面加宽。在刀体尾部固定有四条导向块，以保证套料钻的定心。套料钻可采用综合式的切削图形，该切削图形为四齿硬质合金套料钻，四个刀齿的切削部分齿宽逐齿递增，是将切削宽度与进给量在单独的刀齿之间分段。刀齿前刀面上的卷屑槽或断屑器可使切屑粉碎。套料钻在工作时，切削液在压力下进入切削区，切屑在液流中呈悬浮状态排出。

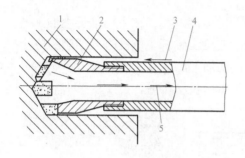 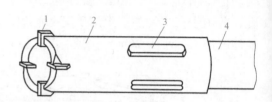

图 7-51　内排屑钻　　　　　　　　图 7-52　套料钻
1—工件；2—钻头；3—切削液入口；　　1—刀齿；2—刀体；3—导向块；4—钻杆
4—钻杆；5—排屑口

7.3.9　薄板上孔的钻削操作

在薄板上钻孔，如在 0.1 ～ 1.5mm 的薄钢板、马口铁皮、薄铝板、黄铜皮和纯铜皮上钻孔，是不能使用普通钻头的，否则会导致钻出的孔不圆，成多角形。孔口飞边、毛刺很大，甚至薄板扭曲变形，孔被撕破。

由于大的薄板件很难固定在机床上，若用手握住薄板钻孔，当普通麻花钻的钻心尖刚钻透时，钻头立即失去定心能力，工件发生抖动，切削刃突然多切，"梗"入薄板，手扶不住时就要发生事故。

如图 7-53（a）所示即为常用薄板钻的结构形状。薄板钻又称三尖钻，用薄板钻钻削时钻心尖先切入工件，定住中心起到钳制作用，两个锋利的外尖转动包抄，迅速把中间的圆片切离，得到所需要的孔。钻心尖应高于外缘刀尖 1 ～ 1.5mm，两圆弧槽深应比板厚再深 1mm。

当钻较厚的板料时，应将外缘刀尖磨成短平刃［图 7-53（b）］；钻黄铜皮时，外缘刀尖的前倾面要修磨，以减小前角［图 7-53（c）］。

当薄板工件件数较多时，应该把工件叠起来，用 C 形夹头夹住或把它们一起压在机床工作台上再钻孔，这样生产率可以提高。这时就应根据不同的材料，选用其他钻头钻削。

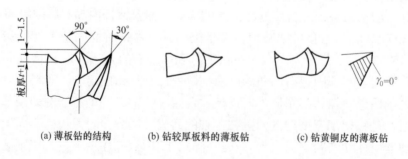

(a) 薄板钻的结构　　　(b) 钻较厚板料的薄板钻　　　(c) 钻黄铜皮的薄板钻

图 7-53　薄板钻

7.3.10 U 形孔的钻削操作

在机械传动或液压传动中，为了加注润滑油，往往要加工润滑油孔，这类孔通常由多种孔组合而成，如图 7-54 所示的 U 形孔是由 1、2、3 三个孔组成的，孔 1 和孔 2、孔 2 和孔 3 都成十字相交，不得将孔钻偏。

钻削此类 U 形组合孔时，应先钻孔 1，再钻孔 2，最后钻孔 3；若先钻孔 3 再钻孔 2，则当钻头通过孔 3 时容易偏斜。又因孔 2 属于深孔，为防止钻偏，钻孔前应将钻头顶角磨正；若顶角不正，由于钻头跑偏会使孔 1 和孔 2 不能正确相交。

深孔钻削要严防因钻头折断而导致工件报废，为此，在钻削过程中应经常提起钻头进行倒屑，以防铁屑将钻头卡死。

U 形孔钻完后，一般需将无用的入钻端堵死，方法有两种。

① 按孔的直径装入过盈配合的短销，堵死孔口，见图 7-54 中 a。

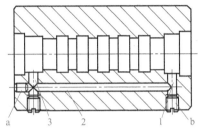

图 7-54　U 形孔的钻削

② 在孔口铰出锥管螺纹，用螺塞（俗称油堵）将孔口堵死，见图 7-54 中 b。

7.3.11 精钻孔的钻削操作

钻孔一般为粗加工工序，对孔的精度、表面粗糙度要求不高，但在某些特殊情况下，如修配、试制、单件加工中小直径（一般是 30mm 以下）的孔时，没有铰刀或孔径是非标准尺寸，这时就希望用钻头精钻出精度和表面粗糙度较好的孔。要在钢材上钻削精孔，一般都采用扩孔法。也就是先用比所需孔径小 0.1～0.5mm 的普通钻头粗钻，然后用精孔钻扩孔。对扩孔的精孔钻有以下要求：钻头的两切削刃要磨得对称、锋利，锋角要磨得较小；要减小钻头与孔壁的摩擦力和切屑与孔壁的摩擦力，使孔壁不被刮伤；要避免产生刀瘤。

如图 7-55 所示是加工一般钢件的精孔扩孔钻。其锋角很小，只有 60°。在切削刃与棱刃交角的前倾面上进行修磨，得到负的刃倾角（$\lambda_\tau = -15°$），钻头的棱边要用油石磨光。

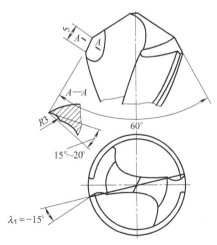

图 7-55　加工钢的精孔扩孔钻

7.3.12   在铝及铝合金上的钻孔操作

铝及铝合金材料强度、硬度都低，切削时抗力小，塑性也差，断屑不成问题。钻削铝及铝合金材料时一个最大的问题，就是极易产生刀瘤，切屑粘在切削刃上的情况非常严重，另外切屑粘在孔壁上，使孔的表面质量降低。当所钻削的孔较深时，切屑很难排出，很容易使孔壁划伤、孔径扩大，甚至切屑挤满螺旋槽使钻头折断。

钻削铝材可采用标准群钻。考虑到铝较软，横刃可修磨得更窄（横刃宽 $b \approx 0.02D$），锋角 2ϕ 磨得大些，便于排屑（图 7-56）。为避免产生刀瘤，一般采用以下办法：①将钻头前倾面（螺旋槽）和后隙面用油石磨光，表面粗糙度值为 $Ra0.25\mu m$，最好采用螺旋槽经过抛光的钻头；②用煤油或煤油与机油的混合液作切削液；③选用较高的切削速度。

钻深孔时，为了解决分屑、排屑、容屑问题，钻削铝合金深孔的群钻有以下三个特点。①内刃锋角 2ϕ 比标准群钻小（标准群钻为135°，该钻为 $100° \sim 120°$），圆弧半径也较小（$R_1 \approx 0.08D$），使圆弧加深，改善 B 点的分屑作用。同时把两外刃磨得高低不等，以得到完全的分屑。②把外刃锋角磨大（$2\phi \approx 140° \sim 170°$），在外刃前倾面上用油石磨出小平面，其宽度略大于进给量（图中为 1mm），前角磨小到 $8° \sim 10°$。③修磨横刃时，将刃背多磨去一些以加大容屑空间，如图 7-57 所示。

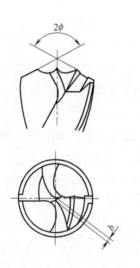

图 7-56　中型（15mm ＜ D ≤ 40mm）加工
　　　　铝合金用群钻

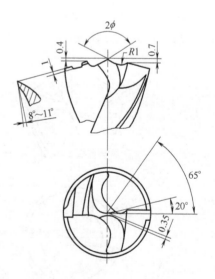

图 7-57　钻铝合金深孔的群钻

7.3.13 在铸铁上的钻孔操作

铸铁的材质较脆，切屑不像加工钢材一样紧压着前倾面出来，而是碰着切削刃就崩裂，成碎块夹杂着粉末。切屑与钻头前倾面摩擦较小，但切削力和热集中在切削刃上。切屑碎末如同研磨剂一样，夹在钻头主后隙面、棱边与工件孔之间，产生剧烈的摩擦，使钻头磨损，钻头的磨损几乎完全发生在后隙面上。切削刃与棱刃转角处后隙面上磨损最大，有时整个转角都磨损掉，限制了生产率的提高。所以在钻头上应把最容易磨损的地方事先磨掉，也就是要修磨锋角。有时为了进一步提高刀具寿命，对较大的钻头甚至修磨成三重锋角，如图 7-58 所示。这样轴向力可减少许多，有利于加大进给量。

铸铁强度低，切屑抗力小，所以可把横刃磨得更短，横刃处内刃磨得更锋利。为了保护钻心尖，磨月牙槽时把半径 R 磨得很小（$R=0.1 \sim 1\text{mm}$），使钻头切入工件后三个刃尖很快同时切削，钻心尖不易崩坏和磨损。钻削铸铁的钻头还应适当加大后角，一般比钻削钢时要大 $3° \sim 5°$。这样可以减少钻头后隙面与工件的摩擦。

概括起来，加工铸铁用群钻的刃磨特点有三点：a. 修磨双重或三重锋角；b. 把横刃修磨得很短；c. 适当增大后角。

一般情况下，三重锋角的角度分别为 $2\phi \approx 120°$、$2\phi_\tau \approx 135°$、$2\phi_1 \approx 70°$，钻心高 $h \approx 0.03d$，横刃 $b_\psi =0.03d$，其他参数 $l=0.3d$，$l_1=l_2$，$\psi \approx 65°$，$\tau=25°$。

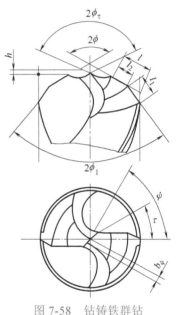

图 7-58　钻铸铁群钻

7.3.14 在不锈钢上的钻孔操作

不锈钢材料的加工性能较一般碳钢差得多。不锈钢材料的黏附力大，尤其切削时产生高温，更易黏附刀具，造成粘接磨损，甚至因严重粘接使刀具表面剥落。不锈钢材料的导热性差，热量不易散发，钻头切削部位温度较高，从而加剧刀具磨损。不锈钢材料的延展性好、韧性高的特点也使钻削加工的难度增加。切屑呈带状排出，经常会形成切屑成团状绕在钻头上，断屑和清除困难，甚至有伤人的危险。

由于不锈钢材料具有特殊性能，因而在修磨加工不锈钢用的群钻时，钻心高 h 稍高于一般群钻（$h \approx 0.05d \sim 0.07d$），使之有利于定心，改善切削条件，

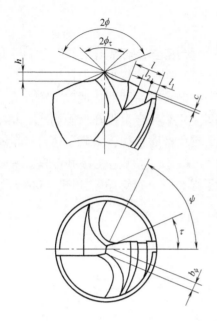

图 7-59 钻不锈钢群钻

见图 7-59。横刃宽度 b_ψ 也略大于标准钻型（$b_\psi \approx 0.04d$，标准群钻 $b_\psi \approx 0.03d$），使横刃增加强度及耐磨性。锋角 $2\phi \approx 135° \sim 150°$，$2\phi_\tau \approx 135°$，锋角大，钻尖强度大，不易折损，但钻削时轴向力大。月牙弧槽和外刃的断屑槽比一般群钻的要浅一些，使得在切削时，切屑时而相连时而分开，容易断屑。由于不锈钢材料的切削性能差，对钻头的磨损较大，在将横刃与锋角刃磨得相对较大时，由于轴向力的加大，切削条件就较差，使得在钻削时，感觉到不是在切削而是在刮削和挤压。因此在修磨时要适度掌握锋角及钻心的尺寸。锋角要保持刃边等长，横刃在钻头处没有负前角，开断屑槽和月牙弧槽要严格控制尺寸，切削刃上不得有锯齿痕。

7.3.15 在黄铜或青铜上的钻孔操作

黄铜和青铜的强度低，硬度低，组织疏松，切削抗力很小。钻削这类材料最容易出的问题是"梗刀"。轻则使孔出口处划坏和有毛刺，或使钻头崩刃；重则钻头切削部分扭坏，钻头折断，工件飞出造成事故。"梗刀"就是在钻孔时钻头进给不由人控制了，钻头自动切入。

图 7-60 是钻削黄铜工件时钻头受力情况的示意图（因主后隙面上的切削抗力很小而略去不计）。黄铜或青铜都是脆性材料，切屑对刀具前倾面的摩擦力 F 很小，切屑呈粉碎状。当刀具锋利时（γ_0 很大），拉钻头向下的 Q 力就较大。而材料很软，质地疏松，作用在钻头主后隙面上的切削抗力又较小，于是刀具就自动向下切入工件，发生"梗刀"。

要避免发生"梗刀"，主要从以下三方面修磨钻头。

① 修磨外缘前角。要把外缘切削刃上的前角磨小，也就是把靠近外径处钻头前倾角磨掉一块。

② 磨窄刃带。由于黄铜、青铜的强度低，钻头横刃应磨得更短些。

③ 修磨圆弧过渡刃。刃带要磨得窄一些，刃带宽 $l \approx 0.2d$，见图 7-61，并在切削刃与棱刃交角处磨有过渡圆弧，$r \approx 0.5 \sim 1mm$。其他参数如锋角 $2\phi \approx 125°$，$2\phi_\tau \approx 135°$，钻心高 $h \approx 0.03d$，横刃宽 $b_\psi \approx 0.03d$，$\psi \approx 65°$，$\tau \approx 20° \sim 25°$。

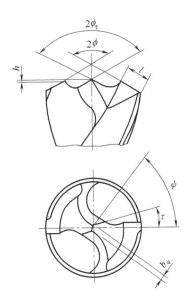

图 7-61 钻黄铜群钻

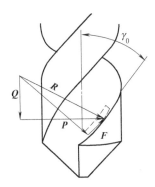

图 7-60 钻头受力情况示意图

P—作用于钻头前面上的正压力；**R**—**P** 与 **F** 的合力；

F—切屑与前面的摩擦力；**Q**—垂直方向的分力

7.3.16 在纯铜上的钻孔操作

纯铜的强度和硬度低，钻削时切削力小，产生热量少。纯铜的塑性好，切屑不容易断。纯铜多用于电气工业，纯铜工件常要求孔的精度及表面质量要高，因此断屑、排屑和孔的质量是钻纯铜孔的关键问题。

一般情况下钻削纯铜易发生的问题是：孔型不圆，成多角形，钻出的孔上部扩大，孔壁有划痕，出口处有毛刺。软的纯铜切屑不断，绕在钻头上不安全，钻孔效率低。硬化的纯铜钻孔时不易将孔加工得光洁，钻头容易咬死在孔中。要解决好这些问题，得到质量满意的孔，则钻头在切削过程中定心要稳，振动要小，不抖动，排屑要顺利，断屑要适当，不堵住，不挤死，切削液要充足。

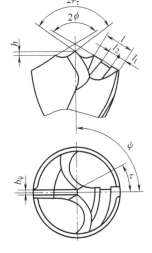

图 7-62 钻纯铜群钻

为了定心好一些，钻心要尖一些；为了不振动，各切削刃上后角要小。横刃倾角 $\psi \approx 90°$，锋角 $2\phi \approx 120°$，$2\phi_\tau \approx 115°$，钻心高 $h \approx 0.06d$，横刃宽度 $b_\psi \approx 0.02d$，$\tau \approx 30° \sim 35°$，见图 7-62。刃带长 $l \approx （0.2 \sim 0.3）d$，直径大于 25mm 的钻头应开分屑槽，$l_2 \approx l/3$，直径小于 25mm 的钻头不开分屑

槽。为了提高工件表面质量，可在钻头主切削刃和棱刃之间磨出圆弧过渡刃，并在切削刃前倾面上磨出倒角，加工时采用较高的钻速。

加工纯铜群钻有三大特点：

① 各刃前角、后角较小，横刃斜角 $\psi \approx 90°$。

② 转角处磨圆弧过渡刃。

③ 磨分屑槽。

7.3.17 在高锰钢上的钻孔操作

高锰钢强度高，韧性大，加工硬化现象严重，导热性差，切削困难，最好采用硬质合金钻头。硬质合金钻头是在钻头切削部分嵌焊一块硬质合金刀片，刀片材料一般采用 YG8，刀体材料采用 9SiCr。

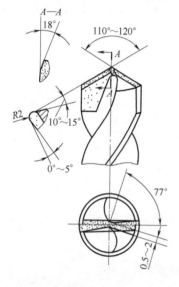

硬质合金钻头切削部分的几何参数一般是：前角 $\gamma_0=0°\sim5°$，主后角 $\alpha_0=10°\sim15°$，锋角 $2\phi=110°\sim120°$，横刃斜角 $\psi=77°$。为了增强强度，可将主切削刃磨成 $R2\times0.3$ 的小圆弧，如图 7-63 所示。

使用硬质合金钻头时，切削速度不宜太快，一般选用 $15\sim24m/min$，进给量也不应太大，一般选用 $0.035\sim0.1mm/r$，以防止刀片碎裂。两切削刃要磨得对称。此外，机床-刀具-工件系统的刚度要高，最好选用立式钻床。如用摇臂钻床，各部分的锁紧机构要牢靠，主轴箱应尽量靠近钻床立柱。工件装夹要牢固、稳定，钻头伸出长度不宜大于 4 倍的钻头直径。

图 7-63　硬质合金钻头

硬质合金钻头适用于钻削合金铸铁、玻璃、高锰钢和淬硬钢等坚硬材料。遇到工件表面不平整或铸件有砂眼时，要用手动进给，以免损坏钻头。

7.3.18 在有机玻璃上的钻孔操作

有机玻璃材质较松脆，加工时易崩块，孔壁上容易产生银斑状的碎裂纹，加工时难以得到满意的透明度，甚至严重时孔壁上有烧伤。一般情况下，有机玻璃工件用于化学工业或装饰用品，希望有较好的透明度和表面质量，因而在刃磨加工有机玻璃的群钻时，首先要考虑如何保证加工后得到较高的表面质量。

为此，主要从以下几个方面修磨钻头。

① 磨窄刃带。切削刃的刃带要磨窄，$l\approx0.2d$，锋角 $2\phi\approx135°$，钻心

$2\phi_\tau \approx 110°$，见图 7-64。

② 修圆弧过渡刃。切削刃和棱刃之间要磨有圆弧过渡刃，切削刃和棱刃都要用油石背光。

③ 加足切削液。切削时，要加足切削液，切削液可使用加质量分数为 5% ～ 8% 乳化膏的乳化液或煤油，加切削液还可提高表面质量，特别是加煤油更加提高透明度。有机玻璃耐热度低，加工时要谨防升温后烧伤工件，加切削液尤为重要。

④ 加大前后角或加大倒锥。为减小钻头与工件在加工时的摩擦力，还应将前角、后角都加大到 20° ～ 27°，有条件的还应加大倒锥。横刃斜角 $\psi \approx 65°$、$\tau \approx 20° \sim 25°$、横刃宽 $b_\psi \approx 0.02d$，钻心高 $h \approx 0.03d$。

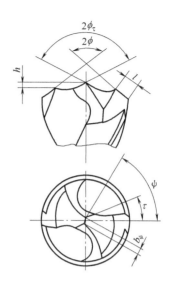

图 7-64　钻有机玻璃群钻

7.3.19　在橡胶上的钻孔操作

橡胶的材质较软，弹性大、韧性高、易变形。切削的时候孔的收缩量很大，孔形很易形成锥形，上大下小，严重时孔壁撕伤，甚至不成孔形。钻削时因钻头温度高，橡胶表面烤焦并发出刺鼻的臭味。

根据橡胶的材质特点和切削性能，群钻首要解决的就是先定心后进行外圆切割，钻心高 $h \approx 1mm$，即高于外圆切削刃 1mm，钻心锋角为 95°，横刃斜角 $\psi \approx 60°$，$\tau \approx 8°$，横刃宽 $b_\psi \approx 0.2mm$，见图 7-65。外圆切削刃要磨出切削方向刃，刃要锋利，刃口无缺口锯齿，并要加大后角，减少摩擦生热。切削时转速要快，进给要慢，一般采用风冷降温。

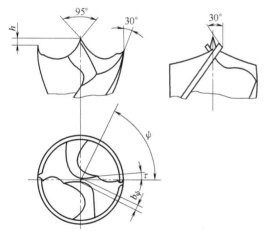

图 7-65　钻橡胶群钻

7.4　扩孔

用扩孔钻或麻花钻等刀具对工件已有孔进行扩大加工的操作称为扩孔。扩孔常作为孔的半精加工及铰孔前的预加工。它属于孔的半精加工，一般尺寸精度可达 IT10，表面粗糙度可达 $Ra6.3\mu m$。

7.4.1　扩孔基本技能

扩孔主要由麻花钻、扩孔钻等刀具完成。由于扩孔的背吃刀量比钻孔小，因此，其切削加工具有与钻孔不同的特点。

（1）麻花钻扩孔

扩孔使用的麻花钻与钻孔所用麻花钻几何参数相同，但由于扩孔同时避免了麻花钻横刃的不良影响，因此，可适当提高切削用量，但与扩孔钻相比，其加工效率仍较低。

（2）扩孔钻扩孔

扩孔钻是用来进行扩孔的专用刀具，其结构形式比较多，按装夹方式可分为带锥柄扩孔钻（如图 7-66 所示）和套式扩孔钻两种，按刀体的构造可分为高速钢扩孔钻和硬质合金扩孔钻两种。

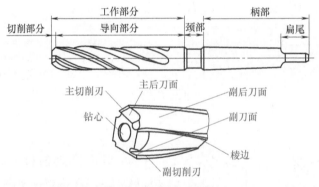

图 7-66　带锥柄扩孔钻

1）扩孔钻的特点

扩孔钻因中心不切削，且产生切屑体积小，所以不需大容屑槽，因此，与麻花钻结构相比有了较大区别，主要表现在扩孔钻钻心粗、刚度好，切削刃多（3～4个），且不延伸到中心处而没有横刃，导向性好，切削平稳，可采用较大的切削用量（进给量为一般钻孔的 1.5～2 倍，切削速度约为钻孔的 1/2），提高了加工效率。此外，采用扩孔钻扩孔加工质量较高，孔的尺寸精度一般可达 IT9～IT10，表面粗糙度值可达到 $Ra3.2～12.5\mu m$。

2）扩孔钻的精度分类

标准高速钢扩孔钻按直径精度分为 1 号扩孔钻和 2 号扩孔钻两种：1 号扩孔钻用于铰孔前的扩孔，2 号扩孔钻用于精度为 H11 孔的最后加工。硬质合金锥柄扩孔钻按直径精度分为四种：1 号扩孔钻一般适用于铰孔前的扩孔，2 号扩孔钻用于精度为 H11 孔的最后加工，3 号扩孔钻用于精铰孔前的扩孔，4 号扩孔钻一般适用于精度为 D11 孔的最后加工。硬质合金套式扩孔钻分为两种精度：1 号扩孔钻用于精铰孔前的扩孔，2 号扩孔钻用于一般精度孔的铰前扩孔。

7.4.2 扩孔基本操作技术

不论选用麻花钻还是扩孔钻进行扩孔，扩孔操作时，其操作步骤与要点主要有以下几方面的内容。

（1）扩孔的操作步骤

① 扩孔前准备。主要内容有：熟悉加工图样，选用合适的夹具、量具、刀具等。

② 根据所选用的刀具类型选择主轴转速。

③ 装夹。装夹并校正工件，为了保证扩孔时钻头轴线与底孔轴线相重合，可用钻底孔的钻头找正，具体见图 7-34。一般情况下，在钻完底孔后就直接更换钻头进行扩孔。

④ 扩孔。按扩孔要求进行扩孔操作，注意控制扩孔深度。

⑤ 卸下工件并清理钻床。

（2）扩孔的操作要点

① 正确地选用及刃磨扩孔刀具。扩孔刀具的正确选用是保证扩孔质量的关键因素之一。一般应根据所扩孔的孔径大小、位置、材料、精度等级及生产批量进行。

② 正确选择扩孔的切削用量。对于直径较大的孔（直径 $D > 30mm$），若用麻花钻加工，则应先用 0.5 ～ 0.7 倍孔径的较小钻头钻孔；若用扩孔钻扩孔，则扩孔前的钻孔直径应为孔径的 0.9 倍；不论选用何种刀具，进行最后加工的扩孔钻的直径都应等于孔的公称尺寸。对于铰孔前所用的扩孔钻直径，其扩孔钻直径应等于铰孔后的公称尺寸减去铰削余量。铰孔余量表如表 7-14 所示。

表 7-14 铰孔余量表 单位：mm

扩孔钻直径 D	< 10	10 ～ 18	18 ～ 30	30 ～ 50	50 ～ 100
铰孔余量 A	0.2	0.25	0.3	0.4	0.5

③ 注意事项。扩钻精度较高的孔或扩孔工艺系统刚性较差时，应取较小的进给量；工件材料的硬度、强度较大时，应选择较低的切削速度。

7.4.3 扩孔钻的切削用量

与钻孔操作一样，切削用量对扩孔钻操作质量的影响也很大，表 7-15 给出了扩孔钻钻削不同材质的切削用量，操作时可对照相应表格选用。

表7-15 扩孔钻的切削用量

碳结构钢 σ_b=650MPa（加切削液）

D_0	f/ (mm/r)	d=10mm v/ (m/min)	n/ (r/min)	d=15mm v/ (m/min)	n/ (r/min)	d=20mm v/ (m/min)	n/ (r/min)
25	≤0.2	45.7	581	48.8	621	—	—
	0.3	37.3	474	39.9	507	—	—
	0.4	32.3	411	34.5	439	—	—
	0.5	28.8	368	30.9	392	—	—
	0.6	26.3	336	28.1	359	—	—
	0.8	22.8	290	24.4	310	—	—
	1.0	20.4	260	21.8	278	—	—
	1.2	18.6	237	19.9	254	—	—
	—	—		—			
30	≤0.2	46.4	491	49.1	520	53.5	566
	0.3	37.8	401	40.1	425	43.4	461
	0.4	33.8	348	34.7	368	37.6	400
	0.5	29.3	312	31.1	329	33.6	357
	0.6	26.8	284	28.3	301	30.7	326
	0.8	23.1	246	24.6	261	26.6	282
	1.0	20.7	219	22.0	233	23.9	252
	1.2	19.0	200	20.0	213	21.7	231

D_0	f/ (mm/r)	d=15mm v/ (m/min)	n/ (r/min)	d=20mm v/ (m/min)	n/ (r/min)	d=30mm v/ (m/min)	n/ (r/min)
40	≤0.2	43.4	346	48.6	387	55.8	444
	0.3	35.5	282	39.7	316	45.6	363
	0.4	30.7	245	34.4	273	39.5	314
	0.5	27.5	219	30.7	245	35.3	281
	0.6	25.1	199	28.0	223	32.2	256
	0.8	21.7	173	24.3	193	27.9	223
	1.0	19.4	155	21.7	173	25.0	198
	1.2	17.7	142	19.8	158	22.8	182

灰铸铁（195HBS）

D_0	f/ (mm/r)	d=10mm v/ (m/min)	n/ (r/min)	d=15mm v/ (m/min)	n/ (r/min)	d=20mm v/ (m/min)	n/ (r/min)
25	0.2	43.9	559	45.7	581	—	—
	0.3	37.3	475	38.8	495	—	—
	0.4	33.2	423	34.6	441	—	—
	0.6	28.3	360	29.5	375	—	—
	0.8	25.2	320	26.3	334	—	—
	1.0	23.1	294	24.0	305	—	—
	1.2	21.4	272	22.3	284	—	—
	1.4	20.1	256	21.0	267	—	—
	1.6	19.1	243	19.8	253	—	—
30	0.2	44.6	473	15.9	487	47.8	507
	0.3	37.9	402	39.1	414	40.7	437
	0.4	33.8	359	34.8	369	36.2	384
	0.6	28.7	305	29.5	314	30.8	327
	0.8	25.6	271	26.3	279	27.5	291
	1.0	23.4	248	24.1	256	25.1	266
	1.2	21.8	231	22.4	238	23.3	247
	1.4	20.5	217	21.2	223	22.0	233
	1.6	19.4	206	20.0	212	20.8	221

D_0	f/ (mm/r)	d=15mm v/ (m/min)	n/ (r/min)	d=20mm v/ (m/min)	n/ (r/min)	d=30mm v/ (m/min)	n/ (r/min)
40	0.3	38.2	304	39.1	311	41.9	334
	0.4	34.1	271	34.8	277	37.4	297
	0.6	28.9	231	29.6	236	31.8	253
	0.8	25.8	206	26.4	210	28.3	225
	1.0	23.6	188	24.1	192	25.9	206
	1.2	22.0	174	22.4	179	24.0	191
	1.4	20.6	165	21.1	168	22.6	180
	1.6	19.6	156	20.0	159	21.4	171
	1.8	18.7	149	19.0	152	20.5	163

续表

碳结构钢 σ_b=650MPa（加切削液）

$D_0=50$

f /(mm/r)	$d=10\text{mm}$（$D_0=20\text{mm}$）		$d=15\text{mm}$（$d=30\text{mm}$）		$d=20\text{mm}$（$d=40\text{mm}$）	
	v/(m/min)	n/(r/min)	v/(m/min)	n/(r/min)	v/(m/min)	n/(r/min)
0.2	46.6	296	50.6	321	58.0	369
0.3	38.1	242	11.3	263	47.4	302
0.4	32.9	210	35.8	228	41.0	262
0.5	29.5	188	32.0	204	36.8	234
0.6	26.9	171	29.2	186	33.6	214
0.8	23.3	149	25.3	161	29.0	185
1.0	20.8	133	22.6	144	26.0	166
1.2	19.0	123	20.6	132	23.7	151
1.4	17.6	112	19.5	122	22.0	140

$D_0=60$

f /(mm/r)	$d=10\text{mm}$（$d=30\text{mm}$）		$d=15\text{mm}$（$d=40\text{mm}$）		$d=20\text{mm}$（$d=50\text{mm}$）	
	v/(m/min)	n/(r/min)	v/(m/min)	n/(r/min)	v/(m/min)	n/(r/min)
0.3	39.3	208	12.6	220	19.1	261
0.4	34.1	180	36.9	196	42.5	225
0.5	30.4	162	33.0	175	38.0	202
0.6	27.8	148	30.2	160	34.7	184
0.8	24.1	128	26.1	139	30.1	159
1.0	21.5	114	23.3	124	26.9	142
1.2	19.7	104	21.4	113	24.6	130
1.4	18.2	96	19.8	105	22.7	120
1.6	17.1	90	18.4	98	21.3	113

灰铸铁（195HBS）

$D_0=50$

f /(mm/r)	$d=10\text{mm}$（$d=20\text{mm}$）		$d=15\text{mm}$（$d=30\text{mm}$）		$d=20\text{mm}$（$d=40\text{mm}$）	
	v/(m/min)	n/(r/min)	v/(m/min)	n/(r/min)	v/(m/min)	n/(r/min)
0.3	38.4	245	40.1	255	12.9	273
0.4	34.3	218	35.7	227	38.3	244
0.6	29.1	185	30.3	193	32.5	207
0.8	26.0	166	27.1	172	29.0	184
1.0	23.8	151	24.7	158	26.5	169
1.2	22.1	141	23.0	147	24.7	157
1.4	20.7	133	21.6	138	23.1	148
1.6	19.7	125	20.5	131	22.0	140
1.8	18.8	119	19.6	125	20.9	134

$D_0=60$

f /(mm/r)	$d=10\text{mm}$（$d=30\text{mm}$）		$d=15\text{mm}$（$d=40\text{mm}$）		$d=20\text{mm}$（$d=50\text{mm}$）	
	v/(m/min)	n/(r/min)	v/(m/min)	n/(r/min)	v/(m/min)	n/(r/min)
0.4	35.0	186	36.4	193	39.1	207
0.6	29.7	158	31.0	165	33.2	176
0.8	26.5	141	27.6	147	29.6	157
1.0	24.2	129	25.3	134	27.1	143
1.2	22.5	119	23.5	125	25.2	134
1.4	21.2	112	22.1	117	23.7	125
1.6	20.1	107	20.9	111	22.4	119
1.8	19.1	101	19.9	106	21.4	113
2.0	18.4	98	19.1	101	20.5	109

注：f 为进给量（mm/r）；v 为切削速度（m/min）；n 为轴转速（r/min）；D_0 为扩孔钻直径（mm）；d 为工作底孔直径（mm）。

7.4.4　扩孔典型实例

扩孔操作过程中，为保证扩孔的质量，在不同材质的构件上，当所选用的扩孔钻不同时，应针对性地刃磨好扩孔刀具进行操作，常见的扩孔钻在不同材料上的扩孔刃磨要点主要有以下方面。

（1）用高速钢扩孔钻加工硬钢和硬铸铁

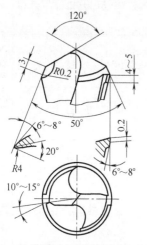

图 7-67　麻花钻改磨成的扩孔钻

用高速钢扩孔钻加工硬钢和硬铸铁时，其前角 $\gamma_0=0°\sim5°$；加工中硬钢时 $\gamma_0=8°\sim12°$；加工软钢时，$\gamma_0=15°\sim20°$；加工铜、铝时，$\gamma_0=25°\sim30°$。

（2）用麻花钻扩孔加工

在生产加工过程中，考虑到扩孔钻在制造方面比麻花钻复杂，用钝后人工刃磨困难，故常采用将麻花钻刃磨成扩孔钻使用，采用这种刃磨后的扩孔钻（刃磨各角度见图 7-67）加工中硬钢，其表面粗糙度可稳定地达到 $Ra1.6\sim3.2\mu m$。

（3）用硬质合金扩孔钻加工铸铁

用硬质合金扩孔钻加工铸铁时，其前角 $\gamma_0=5°$；加工钢时 $\gamma_0=-5°\sim5°$；加工高硬度材料时，$\gamma_0=-10°$，后角 α_0 一般取 $8°\sim10°$。

7.5　锪孔

用锪钻或锪刀刮平孔的端面或切出沉孔的方法叫锪孔。锪孔加工主要分为锪圆柱形沉孔［如图 7-68（a）所示］、锪锥形沉孔［如图 7-68（b）所示］和锪凸台平面［如图 7-68（c）所示］三类。

(a) 锪圆柱形沉孔　　(b) 锪锥形沉孔　　(c) 锪凸台平面

图 7-68　锪孔加工的形式

7.5.1　锪孔刀具及其加工特点

锪孔主要由锪钻来完成，锪钻的种类较多，有柱形锪钻、锥形锪钻、端面锪钻等。根据锪孔加工的不同形式，其所选用的锪钻种类及加工特点也有所不同。

（1）柱形锪钻

柱形锪钻如图 7-69 所示。这种锪钻用于加工六角螺栓、带垫圈的六角螺母、圆柱头螺钉、圆柱头内六角螺钉的沉头孔。

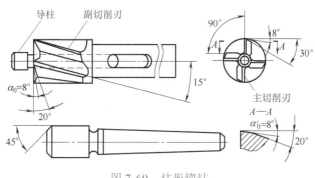

图 7-69　柱形锪钻

柱形锪钻的端面切削刃起主切削作用，螺旋槽斜角就是它的前角 $\gamma_0=\beta=15°$，主后角 $\alpha_0=8°$。副切削刃起修光孔壁的作用，副后角 $\alpha'_0=8°$。柱形锪钻前端有导柱，导柱直径与工件上已有孔采用公差代号为 f7 的间隙配合，以保证锪孔时有良好的定心和导向，同时保证沉孔和工件上原有孔的同轴度要求。锪钻有整体式和套装式两种。

当没有标准柱形锪钻时，可用标准麻花钻改制代替。改制的柱形锪钻分为带导柱［如图 7-70（a）所示］和不带导柱［如图 7-70（b）所示］两种。

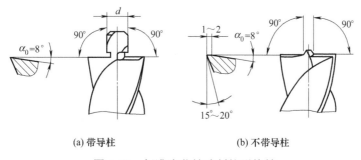

(a) 带导柱　　　　　　(b) 不带导柱

图 7-70　标准麻花钻改制柱形锪钻

一般选用比较短的麻花钻，在磨床上把麻花钻的端部磨出圆柱形导柱，其直径与工件上已有孔采用公差代号为 f7 的间隙配合。用薄片砂轮磨出端面切削刃，主后角 $\alpha_0=8°$，并磨出 1～2mm 的消振棱。麻花钻的螺旋槽与导柱面形成的刃口要用油石修钝。

（2）锥形锪钻

锥形锪钻如图 7-71 所示。这种锪钻用于加工沉头螺钉的沉头孔和孔口倒角。

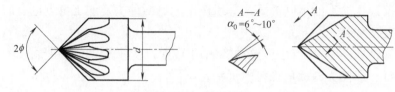

图 7-71 锥形锪钻

锥形锪钻的锥角 2ϕ 根据工件沉头孔的要求，有 60°、75°、90°、120° 四种，其中 90° 锥形锪钻使用最多。锥形锪钻的直径为 8～80mm，齿数为 4～12 个。锥形锪钻的前角 $\gamma_0=0°$，后角 $\alpha_0=6°～8°$。

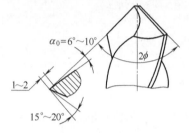

图 7-72 标准麻花钻改制锥形锪钻

当没有标准锥形锪钻时，也可用标准麻花钻改制代替，如图 7-72 所示。其锥角 2ϕ 按沉头孔所需角度确定，后角磨得小些，一般取 $\alpha_0=6°～10°$，并修磨出 1～2mm 的消振棱，以避免产生振痕，使锥孔表面光滑一些。外缘处前角也要磨得小些，一般取 $\gamma_0=15°～20°$，两主切削刃要磨得对称。

（3）端面锪钻

端面锪钻用于锪削螺栓孔凸台、凸缘表面。专用端面锪钻主要为多齿端面锪钻，如图 7-73 所示。

此外，还有用镗刀杆和高速钢刀片组成的简单端面锪钻。简单端面锪钻如图 7-74 所示。

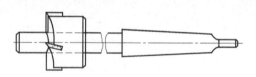

图 7-73 多齿端面锪钻

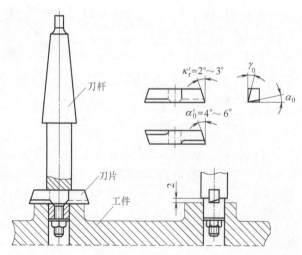

图 7-74 简单端面锪钻

7.5.2 锪孔基本操作技术

（1）锪孔的操作步骤

① 锪孔前准备。主要内容有：熟悉加工图样，选用合适的夹具、量具、刀具等。

② 根据所选用的刀具类型选择主轴转速。

③ 装夹。装夹并校正工件，为了保证锪孔时钻头轴线与底孔轴线相重合，可用钻底孔的钻头找正，具体见图 7-34。一般情况下，在钻完底孔后就直接更换钻头进行锪孔。

④ 锪孔。按锪孔要求进行锪孔操作，注意控制锪孔深度。

⑤ 卸下工件并清理钻床。

（2）锪孔的操作要点

锪孔方法与钻孔方法基本相同。锪削加工中容易产生的主要问题是：由于刀具的振动，使锪削的端面或锥面上出现振痕。为了避免这种现象，要注意做到以下几点。

① 用麻花钻改制的锪钻要尽量短，以减小锪削加工中的振动。

② 锪钻的后角和外缘处的前角不能过大，以防止扎刀，主后面上要进行修磨。

③ 锪孔时的切削速度要比钻孔时的切削速度低，一般为钻孔速度的 1/3 ～ 1/2，锪铸铁时其切削速度 v 可取 8 ～ 12m/min，锪钢件时其切削速度 v 可取 8 ～ 14m/min，锪有色金属时其切削速度 v 可取 25m/min。也可以利用钻床停机后主轴的惯性来锪削，这样可以最大限度地减小振动，以获得光滑的表面。

④ 由于锪孔的切削面积小，如用标准锪钻锪孔时，因切削刃的数量多，切削平稳，所以进给量可取钻孔的 2 ～ 3 倍。自制双刃锪钻的进给量可参照同等直径的钻孔进给量，单刃锪钻的进给量则应小于同等直径的钻孔进给量。

⑤ 锪钻的刀杆和刀片都要装夹牢固，工件要压紧。锪削孔口下端平面时，锪刀杆在钻床主轴上装紧后，尚需用横销楔紧，以防止在进给时锪刀杆掉下来。

⑥ 锪削钢件时，要在导柱和切削表面加些机油进行润滑。当锪至要求深度时，停止进给后应让锪钻继续旋转几圈，然后再提起。

7.5.3 锪孔钻的切削用量

同样地，切削用量对锪孔钻操作质量的影响也很大，表 7-16 给出了锪孔钻钻削不同材料的切削用量，操作时可对照相应表格选用。

表 7-16　高速钢及硬质合金锪钻加工的切削用量

加工材料	高速钢锪钻		硬质合金锪钻	
	进给量 f/（mm/r）	切削速度 v/（m/min）	进给量 f/（mm/r）	切削速度 v/（m/min）
铝	0.13 ～ 0.38	120 ～ 245	0.15 ～ 0.30	150 ～ 215
黄铜	0.13 ～ 0.25	45 ～ 90	0.15 ～ 0.30	120 ～ 210
软铸铁	0.13 ～ 0.18	37 ～ 43	0.15 ～ 0.30	90 ～ 107
软钢	0.08 ～ 0.13	23 ～ 26	0.10 ～ 0.20	75 ～ 90
合金钢及工具钢	0.08 ～ 0.13	12 ～ 24	0.10 ～ 0.20	55 ～ 60

7.6　铰孔

铰孔是用铰刀对不淬火工件上已粗加工的孔进行精加工的一种加工方法。一般加工精度可达 IT7 ～ IT9，表面粗糙度 Ra0.8 ～ 3.2μm。铰制后的孔主要用于圆柱销、圆锥销等的定位装配。

7.6.1　铰孔刀具及其加工特性

由于铰刀的使用范围很广，所以铰刀的种类也比较多，按使用方法可分为手用铰刀［见图 7-75（a）］、机用铰刀［见图 7-75（b）］两种；按加工孔的形状可分为圆柱形铰刀、圆锥形铰刀［见图 7-75（c）］、圆锥阶梯形铰刀［见图 7-75（d）］；按构造形式可分为整体式铰刀、组合式铰刀；按直径是否能调整可分为不可调节式铰刀、可调节式铰刀［见图 7-75（e）］；按刀具切削部分的材料可分为碳素工具钢铰刀、高速钢铰刀、合金钢铰刀、硬质合金铰刀；按铰刀切削刃加工原理的不同可分为有刃铰刀（切除微量金属层）、无刃铰刀（挤压孔壁金属）；按铰刀的齿形又可分为直齿铰刀、螺旋齿铰刀等。此外，为提高生产效率或改善铰削性能，生产中还常对标准铰刀进行改型，形成了各种类型的改型铰刀，如三重刃改进型铰刀、阶梯式改进型铰刀等。

不同种类铰刀，其切削加工特性也有所不同。

（1）普通手用铰刀

如图 7-75（a）所示铰刀是生产中应用较为普遍的普通手用铰刀，其具有的特点主要有：只有一段倒锥校准部分，没有圆柱校准部分；手用铰刀切削部分一般较长；锋角小，一般 ϕ=30′ ～ 1°30′，这样定心作用好，轴向力小，工作省力；手用铰刀的齿数在圆周上分布不均匀。普通手用铰刀适用于如下的情况。

① 铰孔的直径较小，公差等级和表面粗糙度要求不高。

② 工件材料硬度不高，批量很少。

③ 工件较大，受设备条件限制，不能在机床上进行铰孔。

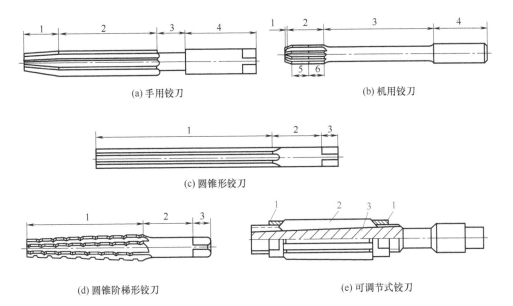

(a) 手用铰刀

(b) 机用铰刀

(c) 圆锥形铰刀

(d) 圆锥阶梯形铰刀

(e) 可调节式铰刀

图 7-75 铰刀

（a）图中：1—切削部分；2—倒锥校准部分；3—颈部；4—柄部

（b）图中：1—倒角；2—工作部分；3—颈部；4—柄部；5—圆柱校准部分；6—圆锥校准部分

（c）图中：1—工作部分；2—颈部；3—柄部

（d）图中：1—工作部分；2—颈部；3—柄部

（e）图中：1—调节螺母；2—刀片；3—刀体

（2）普通整体式机用铰刀

如图 7-75（b）所示铰刀是生产中应用较为普遍的普通整体式机用铰刀，其具有的特点主要有：工作部分最前端倒角较大，一般为 45°，目的是容易放入孔中，保护切削刃；切削刃紧接倒角；机用铰刀分圆柱校准和倒锥校准两段；机用铰刀一般切削部分较短。机用铰刀适用于以下的情况。

① 铰孔的直径较大。

② 要铰的孔同基准面或其他孔的垂直度、平行度或角度等技术条件要求较高。

③ 铰孔的批量较大。

④ 工件材料硬度较高。

（3）负刃倾角机用铰刀

图 7-76 为负刃倾角机用铰刀的结构，是生产中常用的另一种机用铰刀，其具有的特点主要有：在全部刀齿的切削部分，磨出负的刃倾角，一般为 $-30° \sim -10°$，并在刃倾角一段刀齿的沟底磨出向前倾斜的槽，斜角

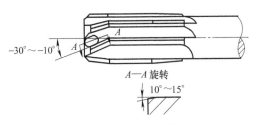

图 7-76 负刃倾角机用铰刀

为 10°～ 15°；可选择较大的切削余量和进给量；在负刃倾角刀齿的前面，可根据需要改变前角的大小，并能重磨多次，从而提高了铰刀的利用率；它仅限于铰通孔。其主要适用于以下范围的铰削。

① 常用在直接钻孔不易保证加工公差等级及表面粗糙度要求，而一般留有 0.2mm 的底孔铰削余量时；或者因工件材质等因素使钻孔孔壁局部尺寸精度和表面质量差（如局部孔大或较深刀痕），而铰孔时又难以去除；为了节省扩孔工序而要加大铰削余量（0.5 ～ 1mm）的情况。

② 在孔较深时，为使切屑向未加工表面方向排出，为避免切屑擦伤已加工表面和减少为清除切屑而退刀的次数时使用。

（4）可调节式铰刀

图 7-75（e）为可调节式铰刀的结构。在刀体上开有六条均匀的斜底直槽，具有同样斜度的刀条嵌在槽里，利用前后螺母压紧刀条的两端，调节两端螺母，可使刀条沿斜槽移动，即能改变铰刀直径。因此，可调节式铰刀能适应加工不同孔径的需要，同时刀片可卸下更换，修磨方便。

可调节式铰刀尺寸控制用外径千分尺测量铰刀校准部分两对称刀条最大处，一般取孔尺寸的下偏差后，试铰，如不符合孔精度要求，可调节两端螺母。可调节式铰刀适用于修配式生产中铰削非标准的通孔，其铰孔直径范围在 $\phi6 ～ 54mm$。

（5）螺旋齿铰刀

螺旋齿铰刀具有的特点主要有：切削平稳，铰出的孔光滑无刀痕，可铰有键槽的孔。螺旋齿铰刀有两类。

① 普通螺旋齿铰刀（图 7-77），它适用于工件材料韧性较高，用普通直齿铰刀切削不平稳而且产生纵向刀痕的情况，以及铰削有键槽的孔。

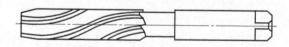

图 7-77　普通螺旋齿铰刀

② 螺旋推铰刀（图 7-78），主要用于铰削深孔、铰削带键槽的孔、铰削直径较小（$\phi6mm$ 以下）又较深的孔。还有工件材料对普通直齿铰刀磨损较快，需提高高速钢铰刀的使用寿命时使用。

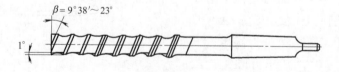

图 7-78　螺旋推铰刀

（6）硬质合金铰刀

硬质合金铰刀主要用于高速铰削和铰削硬度高的材料。硬质合金铰刀主要应用于：工件材质过硬或经调质后较硬的工件，工件材质的加工性很差，铰孔批量极大的铸铁件或钢件。

硬质合金铰刀刀片有 YG 类和 YT 类两种，YG 类适合铰铸铁，YT 类适合铰钢。目前，直柄硬质合金机用铰刀［见图 7-79（a）］直径有 6、7、8、9 四号，不经研磨可分别铰出 H7、H8、H9、H10 级的孔；锥柄铰刀［见图 7-79（b）］直径范围 10～28mm，分为一、二、三号，不经研磨可分别铰出 H9、H10、H11 级的孔。如需铰出更高精度的孔，可按要求研磨铰刀。

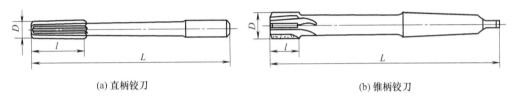

(a) 直柄铰刀　　　　　　　　　　　　　　　(b) 锥柄铰刀

图 7-79　硬质合金机用铰刀

（7）锥铰刀

锥铰刀用以铰削圆锥孔。常用的锥铰刀主要有以下四种。

① 1:10 锥铰刀，主要用于加工联轴节上与柱销配合的锥孔。

② 莫氏锥铰刀，主要用于加工 0～6 号莫氏锥孔（其锥度近似于 1:20）。

③ 1:30 锥铰刀，主要用于加工套式刀具上的锥孔。

④ 1:50 锥铰刀，主要用于加工锥形定位销孔。

锥铰刀的刀刃是全部参加切削的，铰起来比较费力。其中 1:10 锥铰刀及莫氏锥铰刀一般一套三把。一把是精铰刀，其余是粗铰刀，见图 7-80。

（8）改型铰刀

标准铰刀在生产中应用最为普遍，但由于标准铰刀齿数较多，但刀齿强度低，容屑槽小，这样切屑不易排出，比较多的切屑积聚在槽内，刮伤已加工表面，阻碍切削液的进入。首先，使铰刀和工件产生热变形，影响了铰孔质量，甚至会将铰刀挤住而扭断铰刀；其次，由于标准铰刀的齿数多，刃带的积累宽度大，也会增加摩擦力矩和切削热且对孔壁的挤压比较严重，容易将孔径胀大，从而影响铰孔质量；此外，标准铰刀磨出倒锥的目的是避免铰刀校准部分后面擦伤孔壁，但在铰削铸铁孔时，会产生细而碎的铁屑，在排出过程中挤在倒锥的棱面和已加工面之间，从而降低了表面质量；另外，标准铰刀切削部分后角较大，在切削过程中易产生振动和磨损；而在铰削不同的加工材料，在铰孔为通孔或不通孔的情况下，对切削锥角来说，也应该有所区别，但标准铰刀的切削锥角是一致的，这不能适应各种情况的需要，因此也影响了铰孔质量；最后，标准铰刀受其

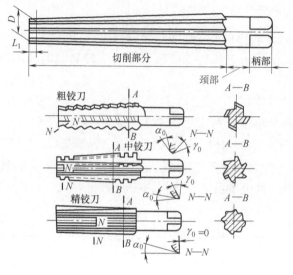

图 7-80　锥铰刀

结构和几何参数的限制，对铰孔前的预加工提出了较高的要求，从而增加了铰孔工序的难度。

标准铰刀存在的上述问题，导致其加工质量不高且生产效率低。在生产加工中，为改善铰刀的铰削性能，提高铰削生产效率，往往对其进行改型，形成了不同种类的改型铰刀，常用的改型铰刀如下。

① 三重刃改进型铰刀。三重刃改进型铰刀结构如图 7-81 所示。由于在切削部分磨出三个主偏角，这样就形成了一把扩孔、粗铰、精铰的组合铰刀；此外，由于切削刃连接圆滑，外圆处的尖角加大，改善了散热条件。切削时，相对于一个主偏角的铰刀来说，切削层变薄，减小了切削刃单位长度上的负荷，减轻了切削刃及其和校准部分刃带连接处的磨损，从而提高了铰刀的使用寿命；另一方面，因为三个切削刃同时投入切削，起到了互相制约的作用，减小了振动，使切削平稳，从而提高了铰孔的质量。

② 阶梯式改进型铰刀。阶梯式改进型铰刀结构如图 7-82 所示。由于铰刀靠几个不同直径的台阶同时进行切削，分别起到了扩孔、粗铰、精铰的作用。对预加工要求不高，铰削余量可以加大，钻孔后即可铰孔，因此，可减少工艺流程。此外，由于每个台阶高度很小，切下的切屑厚而窄，同时因为减小齿数，故切屑排出容易，冷却条件也好。其次，因铰刀的圆柱台阶多，在切削过程中具有良好的导向性，工作平稳；同时因为径向分力比较小，不容易引起振动，所以对孔径的扩张影响不大。另外，阶梯式改进型铰刀具有制造方便、容易保证较高加工精度的优点。因几个不同直径一次磨出，故保证了铰刀各部分的同轴度要求，使各切削刃能够均匀地投入切削。同时，阶梯式改进型铰刀的使用寿命长，它的使用

寿命比标准铰刀高 2 ~ 3 倍，并可进行多次刃磨。

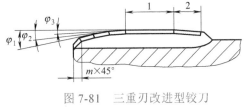

图 7-81 三重刃改进型铰刀
1—圆柱校准部分；2—圆锥校准部分

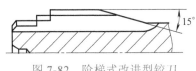

图 7-82 阶梯式改进型铰刀

③ 硬质合金无刃铰刀。硬质合金无刃铰刀对孔内表面的铰削加工，主要依靠挤压作用，因此提高了孔表面的硬度，铰孔质量比较高。此外它的使用寿命长，约为高速钢铰刀的 8 ~ 10 倍。使用时操作方便，容易掌握，但因铰削余量较小，所以对预加工要求高，需经过扩孔和粗铰，增加了工序。

硬质合金无刃铰刀主要应用于精铰孔、铰小孔，效果很好。

④ 圆弧切削刃和小主偏角铰刀。铰刀结构如图 7-83 所示。

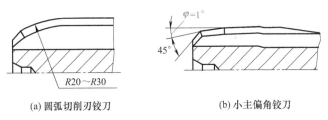

(a) 圆弧切削刃铰刀　　　　　　　(b) 小主偏角铰刀

图 7-83　圆弧切削刃及小主偏角铰刀

这两种铰刀具有以下几个共同的特点。

由于切削刃是圆弧形，主偏角又很小，从而使切削刃加长。在铰削时，增大了被切削层的宽度，减小了切屑厚度，切削刃上单位长度所承受的负荷减小，因此切削平稳，能获得较细的表面粗糙度。此外，切削刃与校准部分的连接比较圆滑，其夹角较大，使之不易磨损。因此改善了散热条件，提高了铰刀的使用寿命，尤其是小主偏角铰刀，它比标准铰刀的使用寿命提高了 5 倍以上。

7.6.2　铰刀修磨的操作方法

铰刀的质量情况直接关系到铰孔质量（加工精度和表面质量）的好坏，但标准铰刀在使用时或使用一段时间后，经常会出现磨钝现象，或者有些工件上的孔是非标准尺寸（与铰刀规格不一致），必须对铰刀铰削修磨。

（1）铰刀质量的检查方法

① 铰刀的刃口必须锋利，不应存在毛刺、碰伤、剥落、裂纹或其他缺陷。

② 铰刀校准和倒锥部分的表面粗糙度值要一样，刃带要均匀。当铰孔公差

等级为 IT8，其表面粗糙度值要求达到 $Ra1.6 \sim 3.2\mu m$ 时，铰刀刃带的表面粗糙度值不能低于 $Ra0.8\mu m$。

③ 校准部分的刀齿后端要圆滑，不允许有尖角和擦伤的现象。切削刃与校准部分的过渡处应当以圆弧相接，圆弧高度应一致。

④ 机用铰刀的柄部不得有毛刺和碰伤，其表面粗糙度值应为 $Ra3.2 \sim 6.3\mu m$。

⑤ 铰刀的切削刃，其外径对中心的径向圆跳动误差不得大于 0.02mm。

⑥ 机用铰刀的锥柄用标准规检验，涂色接触面积大于 80%。

（2）新标准圆柱铰刀的研磨

新的标准圆柱铰刀，直径上一般均留有 $0.005 \sim 0.02$mm 的研磨量，刃带的表面粗糙度值也较大，只适用于铰削 IT9 以下公差等级的孔，若用来铰削 IT9 以上公差等级的孔时，则需先将铰刀直径研磨到与工件相符合的公差等级。

研磨时，应根据铰刀材料选择研磨剂。一般高速钢和合金工具钢铰刀，可用氧化物磨料与机械油、煤油的混合液和纯净的柴油调成膏状作研磨剂；硬质合金铰刀可用金刚石或碳化硼粉，按上述方法用油调成稀糊状作为研磨剂或直接采用金刚石研磨膏。

研磨铰刀时，若使用可调研具，应先将研套孔径调整到大于铰刀的外径，接着在铰刀表面涂上研磨剂，塞入研套孔内。再调整铰刀与研套的研磨间隙，使研套能在铰刀上自由滑动和转动。然后把铰刀装夹在机床上，开反车，使铰刀向与铰削回转相反的方向旋转，同时用手捏住研具，沿铰刀轴向往复移动和缓慢地作正向转动，见图 7-84。

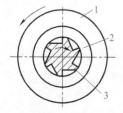

图 7-84　铰刀的研磨
1—壳套；2—铰刀；3—研套

机床速度以 $40 \sim 60$r/min 为宜，若铰刀直径较大，则机床转速较低。在研磨过程中要随时停车把沟槽内研垢揩干净，并重新涂上研磨剂进行研磨，以免脏物影响研磨效果。

研磨时要随时注意检验，等圆周齿距分布的铰刀，可用千分尺或杠杆千分尺直接进行测量，对于不等圆周齿距分布的铰刀则需间接进行测量。

（3）非标准铰刀的修磨

对于非标准铰刀可用比要求直径大的铰刀修磨，其加工步骤与方法如下。

① 在外圆磨床上，按要求磨出铰刀直径（符合孔的加工精度）。表面粗糙度小于 $Ra0.8\mu m$。

② 在工具磨床上磨出后角，注意保持刃带约 0.1mm。

③ 用油石仔细地将转角处尖角修成小圆弧，并保持各齿圆弧大小一致。

④ 用油石修光前角。

（4）铰刀的手工研磨

当铰刀刃口有毛刺或粘接切屑时，要用油石小心磨掉。研磨硬质合金铰刀时，可用碳化硅油石；其他铰刀时，则可用中硬或硬的白色氧化铅油石。当切削刃后面磨损不严重时，可用油石沿切削刃的垂直方向轻轻推动，加以修光，如图 7-85 所示。

若想将刃带宽度磨窄时，也可参照图 7-86 将刃带研出 1° 左右的小斜面，并保持需要的刃带宽度。

在研磨后面时，不能将油石沿切削刃方向推动，如图 7-87 所示。如果这样推动，容易使油石产生沟痕，稍有不慎就可能将刀齿刃口磨圆，从而降低切削性能。

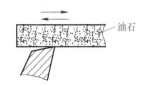

图 7-85　铰刀后面磨损的研磨

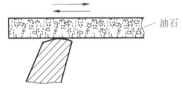

图 7-86　铰刀刃带过宽的研磨

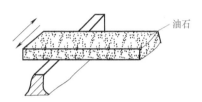

图 7-87　不正确的研磨方法

当刀齿前面需要研磨时，应将油石贴紧在前刀面上，沿齿槽方向轻轻推动，特别注意不要损伤刃口。

研磨或修磨后的铰刀，为了使切削刃顺利地过渡到校准部分，还需用油石仔细地将过渡处的尖角修成小圆弧，并要求各齿大小一致，以免因小圆弧半径不一样而产生径向偏摆。

（5）磨损铰刀的修磨

在使用中，铰刀磨损最严重的地方是切削部分与校准部分的过渡处，如图 7-88 所示。

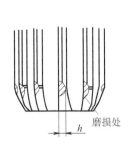
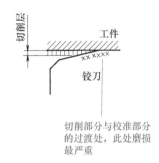

图 7-88　铰刀的磨损

一般规定后面的磨损高度 h，高速钢铰刀 $h=0.6 \sim 0.8$mm，硬质合金铰刀

h=0.3～0.7mm，加工淬火工件的铰刀 h=0.3～0.5mm。若磨损超过规定，就应在工具磨床上进行修磨，再按上述手工研磨的方法进行修磨。

铰刀的磨钝修磨标准也可参照表 7-17 给出的铰刀的磨钝标准进行。

表 7-17　铰刀的磨钝标准

刀具材料	加工材料	铰刀直径 d_i/mm	
		≤ 20	> 20
		后刀面最大磨损限度 /mm	
高速钢	钢	0.3～0.5	0.5～0.7
	铸铁	0.4～0.6	0.6～0.9
硬质合金	钢（扩孔）、铸铁	0.4～0.6	0.6～0.8
	淬硬钢	0.3～0.35	

若铰刀直径小于允许的磨损极限尺寸时（高速钢铰刀比被加工孔的下偏差小0.005mm）就不能用了，此时，若有需要，也可用挤压刀齿的方法恢复铰刀直径尺寸，延长其使用寿命。具体方法是：用一个硬质合金车刀，将后面研磨至表面粗糙度值为 Ra0.4～0.8μm，按图 7-89 所示方法对铰刀刀齿施加压力。

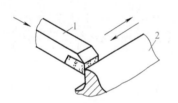

图 7-89　用硬质合金车刀挤压铰刀前面
1—车刀；2—铰刀刀齿

操作时，应将铰刀柄部垫上木片夹在台虎钳上，然后用手紧握车刀，使光滑的车刀后面平整地靠在铰刀刀齿前面。在挤压过程中，所施加的压力要均匀，一般沿刀齿前面挤压 3～4 次，即可使铰刀尺寸增大。经过挤压的铰刀要像新铰刀一样，用研磨套研磨铰刀外径，以达到所要求的尺寸，再用油石把刀齿前面研磨好。

应用这种方法修复的铰刀，一般可使铰刀直径增大 0.005～0.01mm，一把铰刀可以挤压 2～3 次。

7.6.3　铰孔基本操作技术

铰孔是钳工的基本操作之一，铰孔时，其操作步骤与要点主要有以下几方面内容。

（1）铰孔的操作步骤

① 铰孔前准备。主要内容有：熟悉加工图样，确定各孔的铰孔余量，选用合适的夹具、量具、刀具等。

② 根据所选用的刀具类型、铰孔方法选择合适的铰孔速度、铰孔进给量等。

③ 装夹。装夹并校正工件，铰刀的中心要与孔的中心尽量保持重合。

④ 铰孔。按铰孔要求进行铰孔操作。

⑤ 检验铰孔质量，合格后，卸下工件并清理钻床。

（2）铰孔的操作要点

1）正确选用铰刀

铰刀是铰孔加工的重要刀具，其种类较多，因此，正确选用铰刀是保证铰孔质量的重要因素之一。

按齿槽方向的不同，铰刀有直槽和螺旋槽两种。由于直槽铰刀的制造、刃磨和检验都比螺旋槽铰刀方便，因此使用较多。但螺旋槽铰刀切削平稳，排屑顺利，在铰削具有断续表面的孔时，可以避免卡刀或打刀。因此，在进行深孔、不通孔和断续表面孔的铰削时，应选用螺旋槽铰刀。螺旋槽方向可分为右旋和左旋（见图 7-90），前者用于不通孔，使切屑向后排出；后者切屑向前排出，适用于通孔。

按铰刀刀齿在圆周上分布情况的不同，有等圆周齿距分布和不等圆周齿距分布两种形式。等圆周齿距分布的铰刀制造方便，但是在切削过程中，刀齿遇到孔壁上黏滞的切屑或工件材料中夹

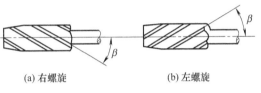

(a) 右螺旋　　　(b) 左螺旋

图 7-90　铰刀螺旋槽方向

杂的硬质点时，会使刀具受到推挤。因而在孔壁上留下纵向刻痕，影响铰孔的表面质量。不等圆周齿距分布的铰刀，则在铰刀旋转一个相等的圆周齿距时，每个刀齿不会落入前一个刀齿造成刻痕的原处，避免了在刀齿周期性的重复作用下，使孔壁上的刻痕不断扩大而形成"棱面"，使表面质量下降和形状误差增加，但是不等圆周齿距分布的铰刀制造比较麻烦。因此，在制造条件许可的情况下，应尽量选用不等圆周齿距分布的铰刀。

铰刀的齿数除了与铰刀直径有关外，主要根据加工精度的要求进行选择。齿数对加工表面的表面粗糙度影响并不大。齿数过少，则铰削的稳定性差，刀齿的切削负荷大，使圆柱度等几何形状误差加大。为了减小几何形状的误差，齿数应随铰刀直径增加而适当增加。但齿数过多，刀具的制造和重新刃磨都比较麻烦，而且制造精度难以提高。同时由于齿间容屑槽减小，易造成切屑堵塞和划伤孔壁甚至使铰刀折断。铰削加工时，铰刀齿数可参照表 7-18 进行选择。

表 7-18　铰刀齿数的选择

铰刀直径 d/mm		$1.5 \sim 3$	$3 \sim 14$	$14 \sim 40$	> 40
齿数 Z	一般加工精度	4	4	6	8
	高加工精度	4	6	8	$10 \sim 12$

总的说来，铰刀的选择应综合其加工对象、生产批量等各种情况考虑，一般可按以下原则选用。

① 铰削锥孔时，应按孔的锥度选择相应的锥铰刀。标准锥铰刀有 1:50 锥度铰刀和莫氏锥度铰刀两种类型，每一种类型里面又有手用铰刀和机用铰刀两种。

② 铰削带键槽的孔，应选择螺旋齿铰刀，以免使刀齿卡在槽内。

③ 铰孔的位置如受工件其他部位的影响，或远离工件端面，应用长柄铰刀或接长套筒。

④ 工件材质过硬或经过淬火的工件，需选用相适应的硬质合金铰刀。

⑤ 若铰孔的工件批量较大，应选用机用铰刀，或适应孔型（如台阶孔）的特殊铰刀、组合铰刀等。

⑥ 若加工少量的孔，包括机修中的非标准孔、配铰孔、锥销孔等，工件形状复杂，不宜按孔的轴线垂直方向安装时，应采用手用铰刀或可调手用铰刀。

2）铰削余量的选择

正确地选择铰削余量是铰孔操作中的一个重要项目。若选择过大，会增加每一刀齿的铰削负荷，破坏了铰削过程的稳定性，增加了切削热，使铰刀直径胀大，孔径也随之而扩张。同时，由于切屑的形成呈撕裂状态，从而降低了表面质量。若铰削余量选择过小，铰削时不易校正上道工序残留的变形和去掉表面最大圆柱度误差等缺陷，使铰孔质量达不到要求。同时因为余量过小，铰刀的啃刮严重，磨损厉害，使得铰刀的使用寿命降低。

铰削余量的选择，应该考虑到铰孔的公差等级、表面粗糙度、孔径的大小、材料的软硬、铰刀的类型等因素。如使用普通标准高速钢铰刀铰孔，欲达到公差等级 IT7，表面粗糙度值为 $Ra1.6 \sim 3.2\mu m$，孔径在 50mm 以下，铰削余量应不超过 0.4mm。若孔径增大，则铰削余量值需加大。若材料硬，则铰削余量值需减小。若需精铰，则铰削余量留 0.1 ~ 0.2mm。采用其他类型的铰刀铰孔，其铰削余量见表 7-19。

表 7-19 铰削余量

铰刀类型	余量
负刃倾角铰刀	0.2 ~ 1
三重刃铰刀	0.3 ~ 0.5
阶梯铰刀	0.8 ~ 1.2
硬质合金铰刀	0.2 ~ 0.4
硬质合金无刃铰刀	0.04 ~ 0.08

注：表中所给铰削余量为直径方向。

3）铰孔进给量的选择

正确地选择铰孔进给量是铰孔操作中的一个重要项目。若选得过大，铰刀容易磨损并易产生切屑瘤，从而降低铰孔的公差等级和表面质量；若铰孔进给量选得过小，切削厚度可能小于切削刀齿的小圆角半径。因为刀齿不可能绝对锋利，如果是理想的那样绝对锋利，刀齿尖端就会因脆弱而不能进行切削。实际上，每个刀齿尖都是一个用肉眼难以辨别的小圆角。因此，当进给量很小时，刀齿就很难切下金属层，而是以很大的压力推挤被切削的金属层［图 7-91（a）］。结果被碾压的金属层就会产生塑性变形和表面硬化。当金属层被推挤成突峰时［图 7-91（b）］，切削刃切进去就会掀起大片切屑，严重降低孔表面质量，同时加速了铰刀的磨损。

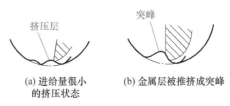

(a) 进给量很小   (b) 金属层被推挤成突峰
的挤压状态

图 7-91　刀齿对金属层的挤压状态

由于铰孔时加工余量很小，铰刀的几个切削刃又同时分担切削工作，所以铰孔时的进给量可比钻孔时取大一些。在一般情况下用普通标准高速钢铰刀铰孔时，对于铸铁，进给量在 0.8mm/r 左右，对于钢件，进给量在 0.4mm/r 左右。其他类型铰刀的进给量见表 7-20。

表 7-20　切削速度和进给量

铰刀类型	切削速度 v/（m/min）	进给量 f/（mm/r）
负刃倾角铰刀	4～6	0.2～1.5
三重刃铰刀	4～6	0.2～0.8
阶梯铰刀	2～5	0.5～0.9
硬质合金铰刀	8～12	0.3～0.8
硬质合金无刃铰刀	3～6	0.5～1

4）铰孔切削速度的选择

由于铰刀的切削刃精细，易磨损，因此，为获得较小的表面粗糙度，必须避免产生积屑瘤，减少切削热及变形，因此，铰孔切削速度比钻孔时要低很多。一般情况下，使用普通标准高速钢铰刀铰孔时，加工铸铁材料其切削速度不宜超过10m/min，加工钢件其切削速度不宜超过 8m/min。其他类型的铰刀切削速度可按表 7-11 选用。

5）正确选择铰孔的切削液

铰削时一般铁屑都很细碎，容易黏附在切削刃上，甚至夹在孔壁和铰刀校准部分的刃带间，将已加工表面刮毛，使孔径扩大。同时切削过程中产生的热量积累过多，容易引起工件和铰刀的变形，从而降低了铰刀的使用寿命，增加了产生切屑瘤的机会。因此在铰削中，必须采用合理的切削液。铰削切削液可按表 7-21选用。

表 7-21　铰孔切削液的选择 ┈┈┈┈┈┈┈┈┈┈┈┈┈┈┈┈┈┈┈┈┈┈┈┈┈┈┈┈┈┈┈┈

加工材料	切削液（体积分数）
钢	①10% ～ 20% 的乳化油水溶液 ②铰孔要求高时，采用30% 菜油加70% 肥皂水 ③铰孔的公差等级和表面粗糙度要求更高时，可用茶油、柴油、猪油等
铸铁	①干切 ②煤油，但会引起孔径收缩，最大收缩量可达 0.02 ～ 0.04mm ③低浓度的乳化液
铝	煤油
铜	乳化油水溶液

7.6.4　铰孔的切削用量

铰孔操作时，切削用量对铰孔操作质量的影响也很大，表 7-22、表 7-23 分别给出了不同材质铰刀铰削不同材质工件的切削用量，操作时可对照相应表格选用。

7.6.5　铰孔典型实例

铰孔的操作，从其操作动力源的不同，可分为手工铰孔、机动铰孔；从所铰削销孔种类的不同，可分为铰削圆锥孔、铰削定位圆柱销孔。它们的操作方法主要有以下方面的内容。

（1）手工铰孔的操作

手工铰孔是利用手工铰刀配合手工铰孔工具，利用人力进行的铰孔方法，常用的手工铰孔工具有铰手、活扳手等，如图 7-92 所示。

其中，铰手又称铰杠，它是装夹铰刀和丝锥并扳动铰刀和丝锥的专用工具。常用的有固定式、可调节式、固定丁字式、活把丁字式四种。其中可调节式铰手只要转动右边手柄或调节螺旋钉，即可调节方孔大小，在一定尺寸范围内，能装夹多种铰刀和丝锥。丁字铰手适合在工件周围没有足够空间，铰手无法整周转动时使用。

活扳手则是在一般铰手的转动受到阻碍而又没有活把丁字铰手时才用。扳手的大小要与铰刀大小适应，大扳手不宜用于扳动小铰刀，否则容易折断铰刀。

一般说来，采用手工铰孔得不到较细的表面粗糙度，因为手工铰孔为断续切削，铰刀的每次停歇都可能在加工表面留下痕迹，进给也不容易掌握均匀，铰削速度又太低。

为此，手工铰孔在操作时，为了获得比较理想的表面质量，除了按照手工铰孔的注意事项进行操作外，还要对铰刀结构和几何角度等方面加以改进。

表 7-22 高速钢铰刀加工不同材料的切削用量

铰刀直径 d/mm	低碳钢 120~200HBS		低合金钢 200~300HBS		高合金钢 300~400HBS		软铸铁 130HBS		中硬铸铁 175HBS		硬铸铁 230HBS	
	f /(mm/r)	v /(m/min)	f /(mm/r)	v /(m/min)	f /(mm/r)	v /(m/min)	f /(mm/r)	v /(m/min)	f /(mm/r)	v /(m/min)	f /(mm/r)	v /(m/min)
6	0.13	23	0.10	18	0.10	7.5	0.15	30.5	0.15	26	0.15	21
9	0.18	23	0.18	18	0.15	7.5	0.20	30.5	0.20	26	0.20	21
12	0.20	27	0.20	21	0.18	9	0.25	36.5	0.25	29	0.25	24
15	0.25	27	0.25	21	0.20	9	0.30	36.5	0.30	29	0.30	24
19	0.30	27	0.30	21	0.25	9	0.38	36.5	0.38	29	0.36	24
22	0.33	27	0.33	21	0.25	9	0.43	36.5	0.43	29	0.41	24
25	0.38	27	0.38	21	0.30	9	0.51	36.5	0.51	29	0.41	24

铰刀直径 d/mm	可锻铸铁		铸造黄铜及青铜		铸造铝合金及锌合金		塑料		不锈钢		钛合金	
	f /(mm/r)	v /(m/min)	f /(mm/r)	v /(m/min)	f /(mm/r)	v /(m/min)	f /(mm/r)	v /(m/min)	f /(mm/r)	v /(m/min)	f /(mm/r)	v /(m/min)
6	0.10	17	0.13	46	0.15	43			0.05	21	0.15	9
9	0.18	20	0.18	46	0.20	43			0.10	21	0.20	9
12	0.20	20	0.23	52	0.25	49			0.15	24	0.25	12
15	0.25	20	0.30	52	0.30	49			0.20	24	0.25	12
19	0.30	20	0.41	52	0.38	49			0.25	24	0.30	12
22	0.33	20	0.43	52	0.43	49			0.30	24	0.38	18
25	0.38	20	0.51	52	0.51	49			0.36	24	0.51	18

注：表中 f 为进给量，单位为 mm/r；v 为切削速度，单位为 m/min。

表7-23　硬质合金铰刀铰孔的切削用量

加工材料		铰刀直径 d/mm	切削深度 a_f/mm	进给量 f/(mm/r)	切削速度 v/(m/min)
钢 σ_b/MPa	≤1000	<10 10~20 20~40	0.08~0.12 0.12~0.15 0.15~0.20	0.15~0.25 0.20~0.35 0.30~0.50	6~12
	>1000	<10 10~20 20~40	0.08~0.12 0.12~0.15 0.15~0.20	0.15~0.25 0.20~0.35 0.30~0.50	4~10
铸钢 σ_b ≤700MPa		<10 10~20 20~40	0.08~0.12 0.12~0.15 0.15~0.20	0.15~0.25 0.20~0.35 0.30~0.50	6~10
灰铸铁 HBS	≤200	<10 10~20 20~40	0.08~0.12 0.12~0.15 0.15~0.20	0.15~0.25 0.20~0.35 0.30~0.50	8~15
	>200	<10 10~20 20~40	0.08~0.12 0.12~0.15 0.15~0.20	0.15~0.25 0.20~0.35 0.30~0.50	5~10
冷硬铸铁（65~80HBS）		<10 10~20 20~40	0.08~0.12 0.12~0.15 0.15~0.20	0.15~0.25 0.20~0.35 0.30~0.50	3~5
黄铜		<10 10~20 20~40	0.08~0.12 0.12~0.15 0.15~0.20	0.15~0.25 0.20~0.35 0.30~0.50	10~20

续表

加工材料		绞刀直径 d_0/mm	切削深度 a_p/mm	进给量 f/(mm/r)	切削速度 v/(m/min)
铸青铜		< 10	0.08 ~ 0.12	0.15 ~ 0.25	15 ~ 30
		10 ~ 20	0.12 ~ 0.15	0.20 ~ 0.35	
		20 ~ 40	0.15 ~ 0.20	0.30 ~ 0.50	
铜		< 10	0.08 ~ 0.12	0.15 ~ 0.25	6 ~ 12
		10 ~ 20	0.12 ~ 0.15	0.20 ~ 0.35	
		20 ~ 40	0.15 ~ 0.20	0.30 ~ 0.50	
铝合金	w（Si）≤ 7%	< 10	0.09 ~ 0.12	0.15 ~ 0.25	15 ~ 30
		10 ~ 20	0.14 ~ 0.15	0.20 ~ 0.35	
		20 ~ 40	0.18 ~ 0.20	0.30 ~ 0.50	
	w（Si）> 14%	< 10	0.08 ~ 0.12	0.15 ~ 0.25	10 ~ 20
		10 ~ 20	0.12 ~ 0.15	0.20 ~ 0.35	
		20 ~ 40	0.15 ~ 0.20	0.30 ~ 0.50	
热塑性树脂		< 10	0.09 ~ 0.12	0.15 ~ 0.25	15 ~ 30
		10 ~ 20	0.14 ~ 0.15	0.20 ~ 0.35	
		20 ~ 40	0.15 ~ 0.20	0.30 ~ 0.50	
热固性树脂		< 10	0.08 ~ 0.12	0.15 ~ 0.25	10 ~ 20
		10 ~ 20	0.12 ~ 0.15	0.20 ~ 0.35	
		20 ~ 40	0.15 ~ 0.20	0.30 ~ 0.50	

注：粗铰（Ra1.6 ~ 3.2μm）钢和灰铸铁时，切削速度也可增至 60 ~ 80m/min。

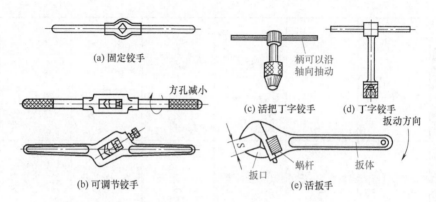

图 7-92　手工铰孔的工具

1）手工铰孔的注意事项

手工铰孔时，应注意按以下几方面的要求进行操作。

① 工件要夹正，对薄壁零件的夹持力不能过大，以免零件变形，使铰孔后产生圆度误差。

② 铰刀的中心要与孔的中心尽量保持重合，特别是铰削浅孔时，若对中性不良，铰刀发生歪斜，很容易将孔铰偏。

③ 应选用适当的切削液，铰孔前先涂一些在孔表面及铰刀上，铰削时，铰刀不得左右摇摆，以免在孔进口处出现喇叭口，或孔径扩大。

④ 进给时，不要用力压铰杠，要随铰刀的旋转轻轻加力，这样才能掌握进给均匀，使铰刀缓慢地伸进孔内，保证较细的表面粗糙度。铰孔时，两手用力要均匀，只准顺时针方向转动。

⑤ 在铰削过程中，铰刀被卡住时，不要猛力扳转铰杠，防止铰刀折断。应将铰刀取出，清除切屑，检查铰刀是否崩刃，如果有轻微磨损或崩刃，可进行研磨，再涂上切削液继续铰削。

⑥ 注意变换铰刀每次停歇的位置，以消除铰刀常在同一处停歇所造成的振痕。

⑦ 工件孔在水平位置铰削时，为了不使铰刀在铰杠的压力下产生偏斜，应用手轻轻地托住铰杠，使铰刀中心与孔中心保持重合。

⑧ 当一个孔快铰完时，不能让铰刀的校准部分全部出头，以免将孔的下端划伤。

⑨ 铰刀退出时不能反转，而应正转退出。

⑩ 铰刀使用完毕，要清擦干净，涂上机械油（全损耗系统用油）；最好装在塑料袋内，以免混放时碰伤刃口。

2）手用铰刀的改进措施

为使手工铰孔获得较细的表面粗糙度，可对手用铰刀进行以下的改进。

① 将铰刀切削部分的刃口用油石研磨成 0.1mm 左右的小圆角，见图 7-93。

工作时，可先用粗铰刀将孔粗铰一下，留余量 0.04～0.08mm，然后用上述铰刀进行精铰。由于刃口经过修圆，切力大大减弱，因此，精铰时主要是对金属进行挤压，使加工面获得较小的表面粗糙度值。为了防止所加工孔经挤压后出现收缩的现象，上述铰刀可用一般规格的废铰刀修磨，其直径应比所铰孔大 0.02mm 左右，以抵消收缩。使用这种铰刀，铰孔的表面粗糙度值可以稳定在 $Ra3.2～6.3\mu m$。

② 在塑性较大的金属上铰孔时，为了避免"扎刀"以后，将金属一层一层地撕裂下来，降低了加工表面质量（如图 7-94 所示）。

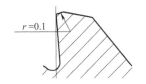

图 7-93　手用铰刀切削刃口的研磨　　　　图 7-94　刀齿"扎刀"情况

为此，可在铰刀切削部分的刃口前面，用细油石研磨出 0.5mm 宽的棱带，并形成 -3°～-2° 的前角，保留刃带宽度为原有刃带宽度的 2/3，见图 7-95，从而减弱了刃口的锋利程度。使切削刃形成刮削状态，从而获得较小的表面粗糙度值。经过这样修磨的铰刀，其刀尖角加大，改善了散热条件，而且不容易崩裂，这都是提高表面质量的措施。使用这种铰刀，铰孔的表面粗糙度值可保证在 $Ra3.2～6.3\mu m$。

（2）机动铰孔的操作

① 选用的钻床，其主轴锥孔中心线的径向圆跳动，主轴中心线对工作台平面的垂直度均不得超差。

② 装夹工件时，应保证预铰孔的中心线垂直于钻床工作台平面，其误差在 100mm 长度内不大于 0.002mm。铰刀中心与工件预钻孔中心需重合，误差不大于 0.02mm。

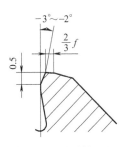

③ 开始铰削时，为了引导铰刀进给，可采用手动进给。当铰进 2～3mm 时，即使用机动进给，以获得均匀的进给量。

图 7-95　手用铰刀切削刃口前面的刃磨

④ 采用浮动夹头夹持铰刀时，在未吃刀前，最好用手扶正铰刀，慢慢引导铰刀接近孔边缘，以防止铰刀与工件发生撞击。

⑤ 在铰削过程中，特别是铰不通孔时，可分几次不停车退出铰刀，以清除铰刀上的黏屑和孔内切屑，防止切屑刮伤孔壁，同时也便于输入切削液。

⑥ 在铰削过程中，输入的切削液要充分，其成分根据工件的材料进行选择。

⑦ 铰刀在使用中，要保护两端的中心孔，以备刃磨时使用。

⑧ 铰孔完毕，应不停车退出铰刀，否则会在孔壁上留下刀痕。

⑨ 铰孔时铰刀不能反转。因为铰刀有后角，反转会使切屑塞在铰刀刀齿后面与孔壁之间，将孔壁划伤，破坏已加工表面。同时铰刀也容易磨损，严重的会使刀刃断裂。

（3）铰削圆锥孔的操作

① 铰削尺寸比较小的圆锥孔。先按圆锥孔小端直径并留铰削余量钻出圆柱孔，对孔口按圆锥孔大端直径锪45°的倒角，然后用圆锥铰刀铰削。铰削过程中要经常用相配的锥销来检查孔径尺寸。

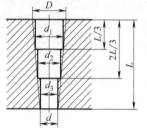

图 7-96 预钻阶梯孔

② 铰削尺寸比较大的圆锥孔。为了减小铰削余量，铰孔前需要先钻出阶梯孔（见图7-96）后，再用锥铰刀铰削。

对于1:50圆锥孔可钻两节阶梯孔，对于1:10圆锥孔、1:30圆锥孔、莫氏锥孔则可钻三节阶梯孔。三节阶梯孔预钻孔直径的计算公式如表7-24所示。

表 7-24 三节阶梯孔预钻孔直径计算

圆锥孔大端直径 D	$d+LC$
距上端面 $L/3$ 的阶梯孔的直径 d_1	$d+\dfrac{2}{3}LC-\delta$
距上端面 $2L/3$ 的阶梯孔的直径 d_2	$d+\dfrac{2}{3}LC-\delta$
距上端面 L 的孔径 d_3	$d-\delta$

注：d—圆锥孔小端直径，mm；L—圆锥孔长度，mm；C—圆锥孔锥度；δ—铰削余量，mm。

③ 由于锥销的铰孔余量较大，每个刀齿都作为切削刃投入切削，负荷重。因此，每进给2～3mm应将铰刀取出一次，以清除切屑，并按工件材料的不同，涂上切削液。

④ 锥孔铰削时，应测量大端的孔径，由于锥销孔与锥销的配合严密，在铰削最后阶段，要注意用锥销试配，以防将孔铰深。

（4）铰削定位销孔的操作

① 由于定位销孔需通过两个以上的结合零件，因此，在钻铰孔之前，应将结合零件牢固地连接在一起，装配螺钉需紧固、对称、均匀、可靠。

② 为了减小手铰刀的负荷，可先用手电钻夹持已不能做精铰用的废铰刀进行粗铰，然后再用好的铰刀进行手工精铰。

③ 用手电钻进行粗铰时，应先将铰刀放进孔内后再启动，防止因振动过大而碰伤铰刀刀齿。手电钻的转速较高，所以进给要小，否则易将铰刀折断。

第8章 攻螺纹与套螺纹

8.1 螺纹基本知识

在各种机械设备、日常用品和家用电器中，带有螺纹的零件应用十分广泛，如螺栓、螺母、螺钉和丝杠等。它们在实际生产应用中主要起着连接、紧固、测量、调节、传递、减速等作用。

8.1.1 螺纹的种类及应用

螺纹的种类繁多，通常主要按螺旋线形状、牙型特征、螺旋线的旋向和线数及螺纹的用途分类。按螺旋线形状可分为圆柱螺纹和圆锥螺纹，如图8-1所示。

按螺纹牙型特征可分为管螺纹、矩形螺纹、梯形螺纹、锯齿形螺纹及圆弧螺纹等。

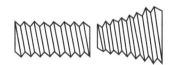

(a) 圆柱螺纹　　(b) 圆锥螺纹

图8-1　圆柱螺纹和圆锥螺纹

按螺纹的旋向可分为右旋螺纹和左旋螺纹，如图8-2所示。

按螺旋线的线数可分为单线螺纹和多线螺纹，如图8-3所示。

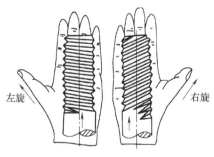

左旋　　　　　右旋

图8-2　左旋螺纹与右旋螺纹

(a) 单线螺纹　　(b) 多线螺纹

图8-3　单线螺纹与多线螺纹

按螺旋线的用途可分为连接螺纹和传动螺纹。常用螺纹的类型及用途如表 8-1 所示。

表 8-1　常见螺纹的类型及用途

种类	螺纹类型	牙型图	特点及用途
连接螺纹	普通螺纹		牙根较厚，牙根强度较高。同一公称直径，按螺距的大小分为粗牙和细牙。粗牙螺纹用于一般连接，细牙螺纹常用于细小零件、薄壁件、受动载荷的连接及微调机构。其连接强度高，自锁性好
	55°非密封管螺纹		牙型角 55°，牙顶有较大圆角，内外螺纹旋合后无顶隙，为英制细牙螺纹，公称直径近似为管子内径，紧密性好。用于压力在 1.5N/mm^2 以下的管路连接
	55°密封管螺纹		牙型角 55°，螺纹分布在 1：16 的 55°密封管螺纹上。适用于管子、管接头、旋塞、阀门和其他螺纹连接的附件或螺纹密封的管螺纹
传动螺纹	矩形螺纹		常用于力的传递，自锁性差，强度低，摩擦力小，传动效率高
	梯形螺纹		主要用于传递运动，传动效率稍低，但牙根强度高，应用广，螺纹磨损后轴向间隙可以补偿
	锯齿形螺纹		用于单向受力，其传动效率及强度均比其他螺纹高，常用于起重及螺旋压力机中
	圆弧螺纹		牙型为圆弧形，牙型角为 30°，牙粗，圆角大，不易磨损。积聚在螺纹凹处的尘垢和铁锈易于清除。用于经常与污物接触和易生锈的场合，如水管闸门的螺旋导轴等

8.1.2　螺纹的组成要素

尽管螺纹的种类很多，且各类螺纹外形结构及应用差别很大，但其组成要素却具有共同的规律。

（1）螺纹的主要参数

螺纹的各组成要素可通过主要参数来描述，螺纹的主要参数有大径、小径、中径、螺距、导程、线数、牙型角和螺旋升角等。

① 螺纹大径。螺纹大径是指与外螺纹牙顶或内螺纹牙底重合的假想圆柱面的直径，内螺纹用 D 表示，外螺纹用 d 表示。螺纹的公称直径是指螺纹大径的基本尺寸。

② 螺纹小径。螺纹小径是指与外螺纹牙底或内螺纹牙顶重合的假想圆柱面的直径，内螺纹用 D_1 表示，外螺纹用 d_1 表示。

③ 螺纹中径。螺纹中径是一个假想圆柱的直径，该圆柱的素线通过牙型沟槽凸起宽度相等的地方，内螺纹用 D_2 表示，外螺纹用 d_2 表示。

④ 螺纹螺距。螺纹螺距是相邻两牙在中径线上对应两点间的轴向距离，用 P 表示。

⑤ 螺纹导程。螺纹导程是指同一条螺旋线上的相邻两牙在中径线上对应两点间的轴向距离，用 P_h 表示。单线螺纹 $P_h=P$，多线螺纹 $P_h=nP$。

⑥ 螺纹线数。螺纹线数是一个螺纹零件的旋转线数目，用 n 表示。

⑦ 螺纹旋合长度。螺纹旋合长度是指两个相互配合的螺纹，沿螺纹轴向方向互相旋合部分的长度。一般分为三组，即短旋合长度 S、中等旋合长度 N 和长旋合长度 L。

⑧ 精度。原标准精度粗牙螺纹有 1、2、3 三个精度等级，细牙螺纹有 1、2、2a、3 四个精度等级，梯形螺纹有 1、2、3、3S 四个精度等级，圆柱管螺纹有 2、3 两个精度等级。

新标准分为精密、中等、粗糙三个级别。对于标准螺纹孔，精密一般为 4H、5H，中等的为 6H，粗糙的为 7H。例如：M16-4H，相当于原 1 级精度螺纹；M12-6H，相当于原 2 级精度螺纹；M20-7H，相当于原 3 级精度螺纹。对于标准外螺纹，一般精密的为 3h、4h、5h，中等的为 5g、6g、7g 或 5h、6h、7h，粗糙的为 8g 或 8h。例如 M24-6g，相当于原 2 级精度螺纹。新标准精度孔用大写的 G 或 H，外螺纹用小写的 g 或 h 标注。G 与 H 或小写的 g 与 h，代表各自的螺纹中径公差带。

常见螺纹的剖面形状及相关参数如图 8-4 所示。

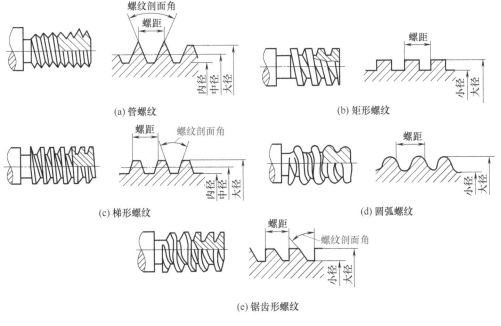

(a) 管螺纹　　　　　　　　　　　　　(b) 矩形螺纹

(c) 梯形螺纹　　　　　　　　　　　　(d) 圆弧螺纹

(e) 锯齿形螺纹

图 8-4　常见螺纹的剖面形状及相关参数

（2）螺纹的标注

对于各类螺纹的标注或标记，国家标准均给出了具体的规定，主要有以下几方面的内容。

① 螺纹外径和螺距用数字表示，细牙普通螺纹和锯齿形螺纹必须加注螺距。

② 多头螺纹在外径后面要注："导程和头数"。

③ 普通螺纹 3 级精度允许不标注。

④ 左旋螺纹必须注出"左"字，右旋不标。

⑤ 管螺纹的名义尺寸是指管子内径，不是指管螺纹的外径。

⑥ 非标准螺纹的螺纹各要素，一般都标注在工件图纸的牙型上。

表 8-2 给出了常见螺纹的种类、代号和标注方法。

表 8-2　常见螺纹的种类、代号和标注方法

种类	螺纹类型	种类代号	代号标记方法及说明	代号标记应用示例
连接螺纹	粗牙普通螺纹	M	M10-5g M　10　-6H 内螺纹公差带代号 公称直径 普通螺纹代号(粗牙不标螺距)	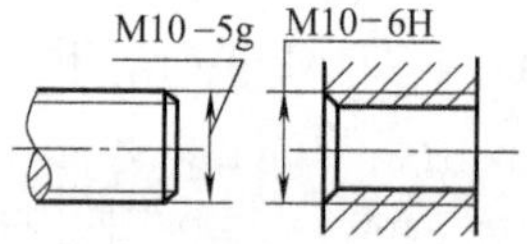 M10-5g　M10-6H
	细牙普通螺纹	M	M　24×1.5　左-5g6g 公差带代号 旋向 螺距 公称直径 普通螺纹代号	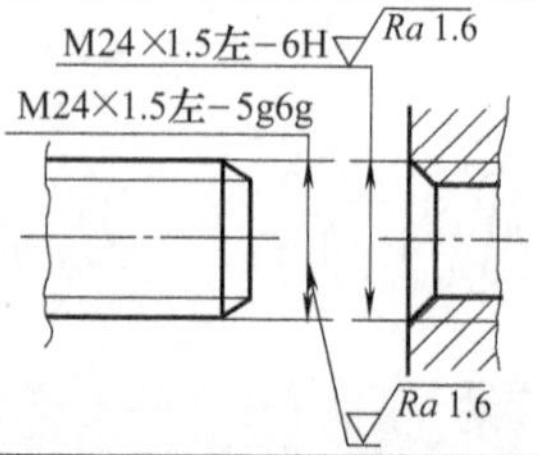 M24×1.5左-6H　$Ra\,1.6$ M24×1.5左-5g6g $Ra\,1.6$
传动螺纹	梯形螺纹	Tr	Tr 40×10　(P5) LH-7H 内螺纹公差带代号 左旋螺纹 螺距 导程 公称直径 梯形螺纹代号 注：左旋用 LH 表示，右旋不标记	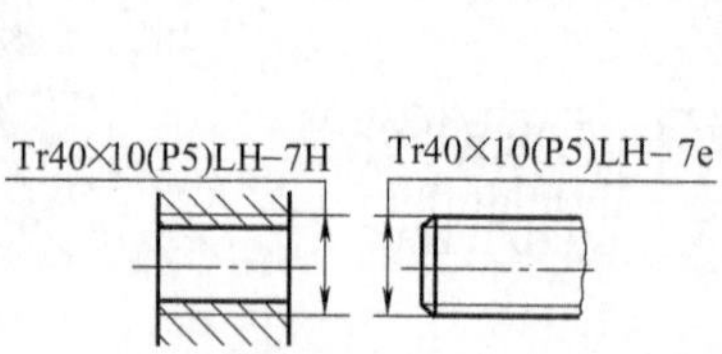 Tr40×10(P5)LH-7H　Tr40×10(P5)LH-7e
	锯齿形螺纹	B	B 32×8 LH-7H 内螺纹公差带代号 左旋螺纹 螺距 公称直径 锯齿形螺纹代号	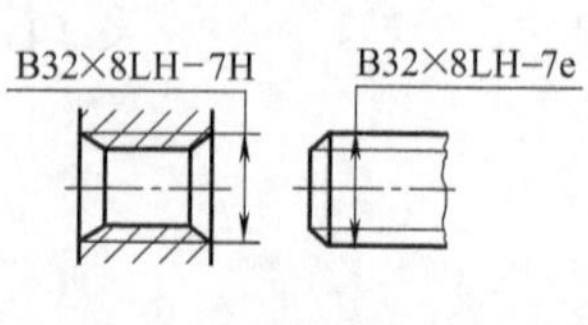 B32×8LH-7H　B32×8LH-7e

续表

种类	螺纹类型	种类代号	代号标记方法及说明	代号标记应用示例
连接螺纹	非螺纹密封的管螺纹	G	G 1/2 A 公差等级代号(内螺纹不分等级) 尺寸代号(英寸值) 螺纹特征代号(圆柱外螺纹)	G1$\frac{1}{2}$ A G1$\frac{1}{2}$
	用螺纹密封的管螺纹	R R$_c$ R$_p$	R_p1/2R_c1/2 R 1/2 尺寸代号 螺纹特征代号(圆锥外螺纹) 螺纹特征代号(圆锥内螺纹) 螺纹特征代号(圆锥内螺纹)	R1/2 R$_c$1/2
	60°圆锥管螺纹	Z	Z $\frac{3''}{4}$ 尺寸代号(英寸值) 螺纹特征代号(圆锥管螺纹)	Z$\frac{3''}{4}$ Z$\frac{3''}{4}$

8.2 攻螺纹

　　用丝锥在孔中切削出内螺纹的操作称为攻螺纹。它是应用最广泛的螺纹加工方法,对于小尺寸的内螺纹,攻螺纹几乎是唯一有效的加工方法,见图 8-5。

　　螺纹的种类很多,按螺纹牙型、外径、螺距是否符合国家标准可分为:标准螺纹(螺纹牙型、外径、螺距均符合国家标准)、特殊螺纹(牙型符合国家标准,而外径或螺距不符合国家标准)、非标准螺纹(牙型不符合国家标准,如方牙螺纹、平面螺纹等)。标准螺纹又分为三角形、梯形和锯齿形三种。三角形螺纹又有普通螺纹(粗牙、细牙两种)、管螺纹(有圆柱、55°圆锥及 60°圆锥)及英制螺纹等。

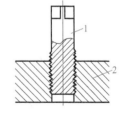

图 8-5　用丝锥攻螺纹
1—丝锥;2—工件

8.2.1 攻螺纹刀具及其加工特点

　　丝锥是用来切削内螺纹的刀具。一般采用合金工具钢或高速钢制作并经淬火处理。按加工螺纹种类的不同,可分为普通三角螺纹丝锥、圆柱管螺纹丝锥和圆锥管螺纹丝锥;按加工方法的不同,可分为手用丝锥和机用丝锥。

（1）丝锥的结构

丝锥的结构如图8-6所示，由工作部分和柄部组成。丝锥的工作部分又分为切削部分和校准部分。各部分具有以下特点。

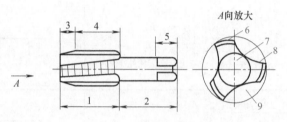

图 8-6　丝锥的结构

1—工作部分；2—柄部；3—切削部分；4—校准部分；5—方尾；6—后面；7—心部；8—前面；9—容屑槽

1）切削部分

由于切削部分担负着整个丝锥的切削工作，为使其切削负荷能分配在几个刀齿上，所以切削部分一般做成圆锥形，如图8-7所示。

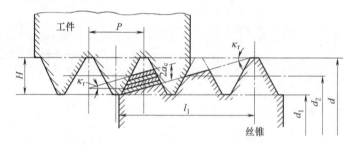

图 8-7　丝锥的切削部分及其切削情况

切削部分的长度 l_1 与锥角具有以下关系：

$$\tan \kappa_{\mathrm{r}} = \frac{H}{l_1}$$

式中　H——螺纹齿高。

当丝锥转一转时，每个刀齿都前进了一个螺距，丝锥在径向所切下的切削厚度 $a_{\mathrm{c}}z$（z 为丝锥的槽数）为：$a_{\mathrm{c}}z = P\tan\kappa_{\mathrm{r}}$ 或 $a_{\mathrm{c}} = \dfrac{P\tan\kappa_{\mathrm{r}}}{z}$。

式中　a_{c}——每齿的切削厚度；

　　　P——丝锥的螺距；

　　　z——丝锥的槽数；

　　　κ_{r}——切削锥角。

由上式可以看出，切削锥角、槽数和螺距是确定每齿切削负荷的三要素。并且可以知道，与其他刀具不同，丝锥的每齿负荷是由本身结构参数决定的，并不取决于机床进给机构。

由切削厚度公式可以看出，它不仅与螺距、牙高和槽数有关，而且和切削部分的长度有关。如果锥角越小，l_1越长，则每齿切削厚度越小，切屑平均变形增大，使单位切削力增加；转矩增大，而且加工时间长，生产效率低。因此，一般希望锥角取大一些。但锥角过大，每齿切削厚度增大，刀齿负荷增加，表面粗糙度值较大，而且导向性差。所以加工精度和表面粗糙度要求高时，锥角应取小一些。在加工不通孔的螺纹时，为获得较长的螺纹有效长度，锥角应取大一些。

2）校准部分

丝锥除工作部分的切削锥外，都是校准部分。切削锥磨损后应重磨齿顶后面，重磨后切削锥加长，校准部分缩短。丝锥校准部分长度在标准中已有规定，但重磨后不得小于螺纹直径的一半。

丝锥校准部分有完整的廓形，用以校准螺纹廓形和起导向作用。为了减少工作时的摩擦，将校准部分的外径与中径向丝锥尾柄缩小（即倒锥）。铲磨丝锥在100mm长度上的倒锥量为0.05～0.12mm，不铲磨丝锥在100mm长度上的倒锥量为0.12～0.2mm。

3）容屑槽数

容屑槽的槽数z取决于丝锥的类型、直径、工件材料及被切螺纹的精度等。槽数越少，容屑空间越大，切屑不易堵塞；同时，切削厚度也变大，单位切削力减小，因而切削转矩也减小。经验证明，采用三槽丝锥比四槽丝锥可减小转矩10%～20%。而槽数多，则丝锥导向性好，加工螺纹的精度高，表面粗糙度值小。一般丝锥直径在11mm以下时用三槽，直径在12mm以上时用四槽。

4）前角和后角

丝锥的前角γ_p和后角α_p都近似地在端剖面内标注和测量，如图8-8所示。丝锥的前角应根据工件材料选取。工具制造厂生产的丝锥，前角一般为8°～10°，这个数值只适用于对铁及铸铁的加工。后角按丝锥类型、用途和工件材料的性质选取，手用丝锥的后角一般取6°～8°，机用丝锥和螺母丝锥取10°～12°；当加工材料韧性较大时，后角应取较大值。

切削锥部齿顶后角是沿丝锥外径铲磨得到的。加工较低精度螺纹的一般丝锥，其切削部分及校准部分的螺纹牙型可以不铲磨，即侧刃无后角。较高精度丝锥的螺纹牙型则需经过磨制并将两侧刃铲磨出后角，以减少摩擦，提高刀具使用寿命及加工精度。但铲削量不能太大，以免丝锥反转退出时被切屑堵塞和沿前面刃磨后丝锥的直径减小过多。一般直径在12mm以

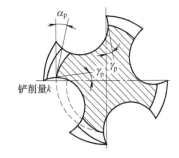

图8-8 丝锥几何部分的几何参数

上的铲磨丝锥，切削部分和校准部分需沿全部螺纹廓形进行铲磨；直径在 12mm 以下的铲磨丝锥，只需铲磨切削部分。

5）丝锥的容屑槽

丝锥容屑槽的形状直接影响其前角的大小，影响切屑的形成和排出等。丝锥容屑槽的槽形通常有三种。

① 由一圆弧构成，如图 8-9（a）所示。

② 由两直线和一圆弧构成，如图 8-9（b）所示。

③ 由两圆弧和一直线构成，如图 8-9（c）所示。这种槽形前面为直线，其他部分为两段圆弧。该槽形有足够的容屑空间，而且丝锥倒旋退出时，不致发生刮削作用和切屑挤塞现象，是一种较理想的槽形，虽稍显复杂，制造也较困难，但已获得广泛应用。

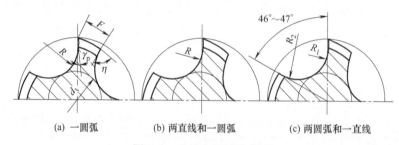

(a) 一圆弧   (b) 两直线和一圆弧   (c) 两圆弧和一直线

图 8-9 丝锥容屑槽的槽形

d_3—心部直径；F—刃瓣宽度；γ_p—前角；η—刃背角

6）容屑槽方向

为了制造方便，一般丝锥均制成直槽，但为了改善排屑条件，避免切屑挤塞，保证加工质量，提高生产效率，螺旋槽丝锥的应用日益广泛。

具有螺旋槽的丝锥可以控制切屑的流出方向，对不通孔或有凹槽和缺口的螺纹，效果更为显著。加工通孔右旋螺纹时，丝锥做成左旋槽，如图 8-10（a）所示，使切屑向下流出，以免碰伤螺纹表面。加工不通孔右旋螺纹时，丝锥做成右旋槽，如图 8-10（b），使切屑向上排出，以免阻塞于孔底。

螺旋槽丝锥特别适宜于加工碳钢、合金钢、铜、铝等材料。一般加工钢时取 $\beta=20°$，加工有色金属时取 $\beta=30°$，目前也有取 $\beta=30° \sim 45°$ 的。

在用直槽丝锥加工通孔螺纹时，为了改善切削条件，使切屑向前排出，以免阻塞在容屑槽中，可将切削锥部修磨成带刃倾角 λ_s 的丝锥，如图 8-10（c），一般取 $\lambda_s=-10° \sim -5°$。

（2）手用丝锥

手用丝锥是用手工操作切削螺纹，常用于加工单件、小批量或修配工作，柄部为方头圆柄，如图 8-11。当丝锥直径小于 6mm 时，柄部直径在标准中规定应

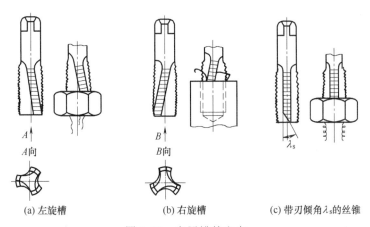

(a) 左旋槽　　　　　(b) 右旋槽　　　　　(c) 带刃倾角λs的丝锥

图 8-10　容屑槽的方向

大于工作部分的直径，否则容易折断。为制造方便，小直径丝锥两端制成反顶尖。

　　为了合理地分配切削负荷，提高丝锥的使用寿命和螺纹的质量，手用丝锥常由两支或三支组成一套，依次分担切削工作。这几支丝锥分别称为头锥、二锥和底锥（三锥）。通常 M6 ～ M24 规格的丝锥每组有两支；M6 以下及 M24 以上的丝锥每组有三支；细牙丝锥每组有两支。在成组丝锥中，每把丝锥的切削量分配有两种形式：锥形分配和柱形分配。

　　1）锥形分配

　　锥形分配是在一组丝锥中，每把丝锥的大径、中径和小径都相同，所以也称等径丝锥，不同的只是切削部分的长度和主偏角不同。头锥的切削长度 l_{I} = （8 ～ 12）P，它只切削牙型底部的金属层（P 为螺距）；二锥的切削长度 l_{II} = 5P，其切削牙型中间一部分金属层；三锥 l_{III} = （1.5 ～ 2）P，其切削牙型顶部的金属层，如图 8-12 所示。

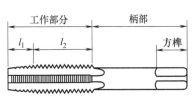

图 8-11　手用丝锥

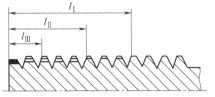

图 8-12　成套丝锥的锥形分配

　　采用这种设计方法，如果三锥磨损后，可改为二锥使用，二锥磨损后，可改为头锥使用。这种方法丝锥利用率高，但由于第二、三锥切削时，只切近齿顶部分，不切齿侧，若第一锥切出的螺纹在齿型上有误差，则后锥不能予以修正，所以对丝锥制造要求较高。

2）柱形分配

柱形分配是指在一组丝锥中，头锥或二锥的大径、中径和小径都不相同，只有底锥才具有螺纹要求的轮廓和尺寸，所以也称为不等径丝锥，如图 8-13 所示。

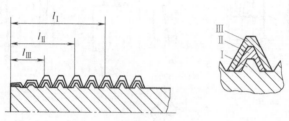

图 8-13　成套丝锥的柱形分配

这种设计，其头锥切削长度 $l_I = (4 \sim 6) P$，切削量占整个切削量的 56% ～ 60%（P 为螺距）；二锥 $l_{II} = 4P$，切削量占 28% ～ 30%；三锥 $l_{III} = (1.5 \sim 2) P$，切削量占 10% ～ 16%。各锥间的切削负荷分配较合理，切削时的转矩也较前一种小，而且因各锥齿顶、齿侧均参加切削，被切螺纹较光洁，适合高精度螺纹及余量较大的梯形丝锥。它的缺点是：如果某一锥磨损或损坏，各锥不能相互代用，因此全套丝锥不能继续使用；其次，每次加工一个螺纹孔，必须依次用各锥加工三次，生产率低，而且制造较困难。

（3）机用丝锥

机用丝锥用于在机床上加工内螺纹，分粗牙和细牙两种，其结构与手用丝锥基本相同，见图 8-14。它的柄部与手用丝锥稍有不同，其中有一环形槽，以防止丝锥从夹头中脱落。机用丝锥常用单锥加工螺纹，有时根据工件材料和丝锥尺寸而采用二支一套。机用丝锥的切削部分较短，一般在加工不通孔时切削部分 $l_I = (2 \sim 3) P$，加工通孔时 $l_I = (4 \sim 6) P$（式中 P 为螺距）。

机用丝锥因切削速度较高，故常用高速钢制造，并应磨齿。柄部可用 45 钢制造，与工作部分对焊连接。它用于攻削批量较大或直径较大的螺纹孔。攻通孔时，机用丝锥的切削锥角特别小，可改善切削性能；攻不通孔的丝锥时，切削锥角与手用丝锥末锥基本相同。

（4）锥形螺纹丝锥

锥形螺纹丝锥广泛应用于管接头加工，用于加工公称直径小于 G2 和 NPT2 的锥形螺纹。

锥形螺纹分为 55°（G）和 60°（NPT）两种牙型角。加工锥形螺纹时，切削力较大，而且转矩随着丝锥切入工件深度的增加而增大，一般都用机动。为防止转矩太大使丝锥折断，切削时常用保险装置。此外，由于整个丝锥工作部分都参与切削，自动导进作用很差，因此在切削时需强制进给。

锥形螺纹丝锥结构如图 8-15 所示，它的工作部分长度 $l = l_0 + (4 \sim 6) P$，式

中 l_0 是锥形螺纹丝锥的基面至端面的距离。丝锥的切削部分长度 $l_1 = (2 \sim 3)P$。

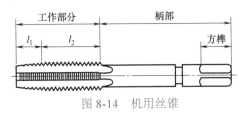

图 8-14　机用丝锥

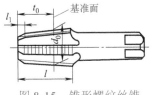

图 8-15　锥形螺纹丝锥

（5）跳牙丝锥

跳牙丝锥在我国已形成标准，也可用普通丝锥改制。它是在普通丝锥上，每隔一个齿磨去一齿。因此，对于丝锥来说，减少了一半切削刃，从而使剩余的每个刃的切削量增加了近一倍。虽然如此，但在使用跳牙丝锥攻合金钢材料时，反而觉得轻松一些，主要是因为跳牙丝锥攻螺纹时，后面的切削刃总是跨过了前面切削刃切削时产生的硬化层，从而减轻了丝锥的磨损。由于切削刃减少，也减少了切削时的摩擦和切削堵塞，有效地防止了崩刃的产生。这种丝锥特别适用于攻削强度高、韧性大或经淬火处理硬度较高的材料，如不锈钢、耐热钢、高强度合金钢等。

（6）硬质合金丝锥

硬质合金丝锥的结构与普通丝锥基本相同。它的切削性能好，寿命长，攻出的螺纹孔质量高。但在使用中，镶嵌式硬质合金丝锥宜于一次攻到底，不宜多次反转，否则容易将硬质合金刀片挤坏。这种丝锥主要用于攻削难加工的新型材料。

8.2.2　攻螺纹基本操作技术

（1）攻螺纹的操作步骤

① 攻螺纹前准备。主要内容有：熟悉加工图样，选用合适的夹具、量具、刀具等。

② 根据所选用的刀具类型选择主轴转速，装夹并校正工件，先钻出螺纹底孔。

③ 攻削螺纹操作，起攻后以头锥、二锥和底锥的顺序攻削至要求的螺纹尺寸。

④ 检查螺纹质量。

⑤ 卸下工件并清理钻床。

（2）攻螺纹的操作要点

① 攻螺纹前底孔直径的确定。在攻螺纹的过程中，由于丝锥的几个刀齿同时进行切削，故对金属材料产生了比较明显的挤压作用，使攻螺纹后的螺纹孔内

径小于原底孔直径。若原底孔直径等于螺纹孔内径时，因为挤压作用，丝锥内径将被紧紧箍住，势必给继续切削造成困难，甚至折断丝锥。特别是加工细牙螺纹或塑性较大的材料时，这种现象更为严重。因此，攻螺纹前的底孔直径，应根据螺纹牙型和工件材料，相应地比螺纹孔内径略大一些，使挤出的金属能进入螺纹内径与丝锥的间隙处，如图 8-16 所示。这样，既不会挤住丝锥，又能保证加工出的螺纹得到完整的牙型。

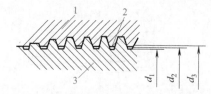

图 8-16　攻螺纹时金属的挤压情况
1—工件；2—挤压出的金属；3—丝锥；
d_1—丝锥内径；d_2—螺纹孔内径；
d_3—螺纹底孔内径

底孔直径通常根据工件材料塑性的优劣和钻孔时孔的扩张量来确定，使得攻螺纹时既能保证有足够的空隙来容纳被挤压出的金属，又要保证切削出完整的牙型。

对于钢或塑性较高材料的普通螺纹加工，其底孔直径 d_0 取 $d_0 = D-P$；加工铸铁和塑性较小的材料时，由于扩张量较小，底孔直径 d_0 取 $d_0 = D-(1.05 \sim 1.1)P$。式中 D 为螺纹直径，单位 mm；P 为螺距，单位 mm。

钻普通螺纹底孔时直径 d_0 也可参照表 8-3 选取。

表 8-3　普通螺纹攻螺纹前钻底孔的钻头直径　单位：mm

螺纹直径 D	螺距 P	钻头直径 d_0	
		铸铁、青铜、黄铜	钢、可锻铸铁、紫铜、层压板
2	0.4	1.6	1.6
	0.25	1.75	1.75
2.5	0.45	2.05	2.05
	0.35	2.15	2.15
3	0.5	2.5	2.5
	0.35	2.65	2.65
4	0.7	3.3	3.3
	0.5	3.5	3.5
5	0.8	4.1	4.2
	0.5	4.5	4.5
6	1	4.9	5
	0.75	5.2	5.2
8	1.25	6.6	6.7
	1	6.9	7
	0.75	7.1	7.2
10	1.5	8.4	8.5
	1.25	8.6	8.7
	1	8.9	9
	0.75	9.1	9.2

续表

螺纹直径 D	螺距 P	钻头直径 d_0	
		铸铁、青铜、黄铜	钢、可锻铸铁、紫铜、层压板
12	1.75	10.1	10.2
	1.5	10.4	10.5
	1.25	10.6	10.7
	1	10.9	11
14	2	11.8	12
	1.5	12.4	12.5
	1	12.9	13
16	2	13.8	14
	1.5	14.4	14.5
	1	14.9	15
18	2.5	15.3	15.5
	2	15.8	16
	1.5	16.4	16.5
	1	16.9	17
20	2.5	17.3	17.5
	2	17.8	18
	1.5	18.4	18.5
	1	18.9	19
22	2.5	19.3	19.5
	2	19.8	20
	1.5	20.4	20.5
	1	20.9	21
24	3	20.7	21
	2	21.8	22
	1.5	22.4	22.5
	1	22.9	23

英制螺纹底孔直径 d_0 按照表 8-4 所示公式进行计算，也可参照表 8-5 直接查出。

表 8-4 加工英制螺纹底孔直径 d_0 的计算公式

螺纹公称直径	铸铁与青铜	钢与黄铜
G3/16 ~ G5/8	$d_0 = 25\left(D - \dfrac{1}{n}\right)$	$d_0 = 25\left(D - \dfrac{1}{n}\right) + 0.1$
G3/4 ~ G $1\frac{1}{2}$		$d_0 = 25\left(D - \dfrac{1}{n}\right) + 0.2$

注：表中 d_0—螺纹底孔钻头直径（mm）；D—螺纹公称直径（in，1in=25.4mm）；n—每英寸牙数，由表 8-5 查得。

表 8-5　英制螺纹底孔推荐钻头直径

公称直径	每英寸牙数 n	钻头直径 d/mm		公称直径	每英寸牙数 n	钻头直径 d/mm	
		铸铁青铜	钢、黄铜			铸铁青铜	钢、黄铜
G3/16	24	3.70	3.75	G1	8	21.80	22.00
G1/4	20	5.00	5.10	G1.125	7	24.50	24.70
G5/16	18	6.40	6.50	G1.25	7	27.70	27.90
G3/8	16	7.80	7.90	G1.5	6	33.30	33.50
G7/16	14	9.10	9.20	G1.675	5	35.60	35.80
G1/2	12	10.40	10.50	G1.75	5	38.90	39.00
G5/8	11	13.30	13.40	G1.875	4.5	41.40	41.50
G3/4	10	16.30	16.40	G2	4.5	44.60	44.70
G7/8	9	19.10	19.30	—	—	—	—

注：表中所列的钻头直径，是经计算后圆整至钻头标准直径。

圆柱管螺纹钻底孔用钻头直径尺寸见表 8-6。

表 8-6　圆柱管螺纹钻底孔用钻头直径尺寸

公称直径 /in	每英寸牙数 n	钻头直径 d/mm	公称直径 /in	每英寸牙数 n	钻头直径 d/mm
1/8	28	8.8	1	11	30.5
1/4	19	11.7	1.125	11	35.2
3/8	19	15.2	1.25	11	39.2
1/2	14	18.9	1.375	11	41.6
5/8	14	20.8	1.5	11	45.1
3/4	14	24.3	1.75	11	51
7/8	14	28.1	2	11	57

② 正确加工螺纹底孔。加工螺纹底孔时除按照尺寸要求以外，还要注意：所选择加工底孔的钻头或扩孔钻头，其切削刃要锋利，刃带要光滑，不得有毛刺和磨损现象，以免将孔壁刮伤或产生锥度等缺陷；钻孔时要选择适当的转速和进给量，以防止产生过高的切削热，从而加厚冷硬层，给攻螺纹造成困难；底孔的表面粗糙度值应小于 $Ra6.3\mu m$，孔的中心线应垂直，不得弯曲和倾斜，导致螺纹牙型不完整和歪斜；底孔直径大于 10mm 时，最好经过钻孔和扩孔，使之达到所要求的孔径及表面粗糙度值，从而提高底孔质量。

③ 正确选用丝锥。丝锥有机用丝锥和手用丝锥两种。机用丝锥是指高速钢磨牙丝锥，其螺纹公差带有 H1、H2 和 H3 三种；手用丝锥是指碳素工具钢的滚牙丝锥，螺纹公差带为 H4。丝锥各种公差带所能加工的螺纹精度见表 8-7。

表 8-7　丝锥公差带适用范围

丝锥公差带代号	适用加工内螺纹公差带等级	丝锥公差带代号	适用加工内螺纹公差带等级
H1	5H、4H	H3	7G、6H、6G
H2	6H、5G	H4	7H、6H

④ 不通孔螺纹钻孔深度的确定。攻削不通的螺纹孔时，丝锥末端的切削部分，不能攻出完整的螺纹牙型，见图 8-17。

这段不完整的螺纹牙型，称为螺尾长度，以 L_1 表示。因此，所加工的底孔深度，应等于需要的螺纹深度加上丝锥末锥切削部分的长度，其加长部分应不大于 3 个螺距。机攻不通的螺纹孔时，如不使用安全夹头，为了便于控制攻螺纹深度和保证不会折断丝锥，只要工件允许，可将底孔深度再加 2 ~ 3 个螺距。这段长度称为螺纹空白，以 a 表示。

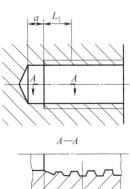

图 8-17　螺纹孔深度对底孔的要求

⑤ 孔口倒角。钻完底孔后，应对孔口进行锪孔倒角（90° ~ 120°），以使丝锥切削部分能够顺利切入底孔，通孔螺纹两端倒角，不通孔螺纹一端倒角。锪孔用的锪钻或麻花钻的直径 $D_锪 = (1.1 ~ 1.2)D$，式中 $D_锪$ 为锪孔直径，单位 mm；D 为螺纹直径，单位 mm。

⑥ 丝锥前角、后角的确定。攻螺纹时，应根据加工工件的材质正确选用或刃磨丝锥的前角 γ_p 和后角 α_p，见表 8-8。

表 8-8　丝锥前角、后角的选择　单位 :mm

工件材料	前角 γ_p	后角 α_p	工件材料	前角 γ_p	后角 α_p
低碳钢	10 ~ 13	8 ~ 12	铝	16 ~ 20	8 ~ 12
中碳钢	8 ~ 10	6 ~ 8	铝合金	12 ~ 14	8 ~ 12
高碳钢	5 ~ 7	4 ~ 6	铜	14 ~ 16	8 ~ 12
铬、锰钢	10 ~ 13	8 ~ 12	黄铜	3 ~ 5	4 ~ 6
铸铁	2 ~ 4	4 ~ 6	青铜	1 ~ 3	4 ~ 6

注：① 主偏角应根据螺纹的加工精度、表面粗糙度和丝锥类别综合选择，加工精度高的应取小值。

② 当加工通孔螺纹时，为保证攻螺纹时切屑顺利排出，对标准直槽丝锥切削部分可磨出刃倾角 λ_s，一般取 5° ~ 15°，这部分的前角为 12° ~ 15°。

⑦ 正确选用切削液。攻螺纹时，应正确地选用切削液，特别在加工塑性材料时，要经常保持足够的切削液。常用的切削液的选用见表 8-9。

表 8-9　攻螺纹切削液的选用

加工材料	切削液（体积分数）
钢	机加工可用浓度较大的乳化油，或含硫量 1.7% 以上的硫化切削油。工件表面粗糙度值要求较小时，可用菜油及二硫化钼等。手加工用机油
灰铸铁	一般不用切削液，如工件表面粗糙度值要求较小，或材质较硬时，可用煤油；切削速度在 8m/min 以上时，可用 10% ~ 15% 的乳化液
可锻铸铁	15% ~ 20% 的乳化液
青铜、黄铜、铝合金	手加工时可不用，机加工时加 15% ~ 20% 的乳化液

续表

加工材料	切削液（体积分数）
不锈钢	①硫化切削油 60%，油酸 15%，煤油 25% ②黑色硫化油 ③全损耗系统用油

8.2.3　丝锥的刃磨操作

与钻孔、铰孔加工一样，螺纹的质量与所用丝锥的质量情况关系极大。对于不同材质的螺纹加工，为保证螺纹质量，有必要对丝锥进行修磨。而丝锥在使用一段时间后，经常会出现磨钝现象，因此，也有必要将其刃磨修复，以保证其锋利。为此，钳工必须熟练掌握丝锥的刃磨操作，常用丝锥的刃磨操作方法主要有以下几方面。

（1）修磨丝锥前刃面

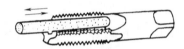

图 8-18　研磨丝锥前刃面

丝锥前刃面磨损不严重时，可先用圆柱形油石研磨齿槽前面，然后用三角油石轻轻研光前刃面，如图 8-18 所示。研磨时，不允许将齿尖磨圆。

如丝锥磨损严重，就需在工具磨床上修磨，修磨时要控制好前角 γ_p，见图 8-19。

（2）修磨丝锥切削部分后刃面

当丝锥的切削部分磨损时，可在工具磨床上修磨后刃面，以保证丝锥各齿槽的切削锥角和后角的一致性。

此外，也可在砂轮机上修磨后刃面。刃磨时，要注意保持切削锥 κ_r 及切削部分长度的准确性和一致性。同时，要小心控制丝锥转动角度和压力大小来保证不损伤另一刃边，且保证原来的合理后角 α_p，见图 8-20。

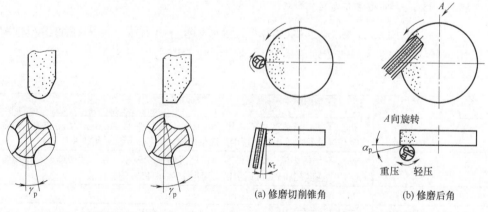

图 8-19　丝锥前角的修磨

(a) 修磨切削锥角　　(b) 修磨后角

图 8-20　丝锥的刃磨

当丝锥切削部分崩牙或折断时，应先把损坏部分磨掉，再刃磨其后刃面。

8.2.4 手工攻螺纹的操作

攻螺纹的操作，从其操作动力源的不同，可分为手工攻螺纹、机动攻螺纹。在实际生产中，由于手工攻螺纹操作方便，适应范围特别广。特别对较大或较小直径的螺纹，或者由于加工材料韧性大、强度高，一般都采用手工攻螺纹。手工攻螺纹除使用手用丝锥外，与手工铰孔一样，还需使用铰手。铰手又称丝锥扳手、铰杠。手用丝锥攻螺纹时，一定要用铰手。一般攻 M5 以下的螺纹孔，宜用固定式铰手。可调铰手有 150～600mm 六种规格，可攻 M5～M24 的螺纹孔。当需要攻工件高台阶旁边的螺纹孔或箱体内部的螺纹孔时，需用丁字铰手。

（1）螺纹攻削的方法

攻削螺纹总体上可分为起攻、中途攻削及攻削完成三个阶段。各阶段的操作方法如下。

① 起攻握法。用头锥起攻时，一手按住铰杠中部，对丝锥施加压力，用另一手握住杠柄一端作顺时针旋转［如图 8-21（a）所示］。当切削部分切入后，再用两手握住杠柄两端均匀施加压力作旋转切入［如图 8-21（b）所示］。

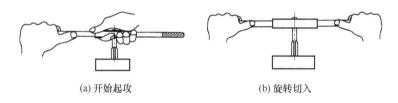

(a) 开始起攻   (b) 旋转切入

图 8-21　起攻的操作

② 起攻检查。在整个起攻阶段，特别要注意丝锥与工件表面的垂直度。当丝锥切入 2～3 圈后，应对丝锥与工件表面的垂直度进行检查，保证丝锥中心线与底孔中心线重合。检查时，将铰杠取下，检查的方法有两种：一是从前后、左右两个相互垂直的方向用直角尺进行检查，如图 8-22 所示；二是凭借经验进行目测判断，以后每切入 1 圈后就应检查一次。当丝锥切入 5～6 圈后，起攻阶段即完成，可进入后续攻削阶段。

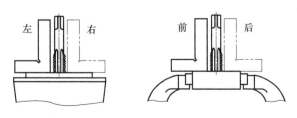

左　右　　　前　后

图 8-22　直角尺检查丝锥垂直度方法

③ 纠偏校正。起攻阶段时，若丝锥发生较明显偏斜，须及时进行纠偏操作，其操作方法是：将丝锥回退至开始状态，再将丝锥旋转切入，当接近偏斜位置的反方向位置时，可在该位置适当用力下压并旋转切入进行纠偏，如此反复几次，直至校正丝锥的位置为止，然后再继续攻削。如图 8-23 所示。

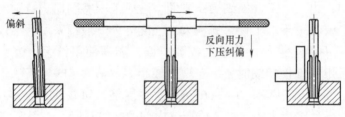

偏斜

反向用力
下压纠偏

图 8-23　丝锥纠偏方法

④ 中途攻削。当丝锥切削部分全部切入底孔时就进入了中途攻削阶段，此阶段就不需要再对丝锥施加压力，仅需旋转杠柄即可。但要注意的是：每次扳转铰杠，丝锥的旋进不应太多，一般每次旋进 1/2 ～ 1 圈为宜。M5 以下的丝锥一次旋进不得大于半圈，加工细牙螺纹或精度要求高的螺纹时，每次的进给量还要减少。攻铸铁比攻钢材时的速度可以适当加快一些。每次旋进后，再倒转约为旋进的 1/2 的行程。攻较深的螺纹孔时，回转的行程还要大一些，并需往复拧转几次，倒转的目的是及时自行断屑和排屑。

⑤ 攻削完成。攻削完成后需退出丝锥，当能用手直接旋转丝锥退出时，就不要旋转铰杠退出丝锥。可防止因旋转铰杠时产生的摆动对螺纹表面粗糙度的破坏。

丝锥用完后，要擦洗干净，涂上机械油，隔开放好，妥善保管，不应混装在一起，以免将丝锥刃口碰伤。

（2）攻削注意事项

① 攻削螺纹时，必须以头锥、二锥和底锥的顺序攻削至标准尺寸。

② 攻削较硬材料螺纹时，应采用头锥、二锥交替攻削的方法，可减轻头锥切削部分的负荷，防止丝锥折断。

③ 攻螺纹时，如感到很费力，切不可强行转动，应将丝锥倒转，使切屑排出，或用二锥攻削几圈，以减轻头锥切削部分的负荷，然后再用头锥继续攻。如继续攻仍然很吃力或断续发出"咯咯"的声响，则说明切削不正常，或丝锥磨损，应立即停止，查找原因，否则丝锥就有折断的危险。

④ 攻不通的螺纹孔时，可在丝锥上做好深度标记，并要经常把丝锥退出，将切屑清除，以保证螺纹孔的有效长度。当末锥攻完，用铰杠带动丝锥倒旋松动以后，应用手将丝锥旋出。不宜用铰杠旋出丝锥，尤其不能用一只手快速拨动铰杠来旋出丝锥。因为攻完的螺纹孔和丝锥配合较松，若用铰杠旋出丝锥，容易产

生摇摆和振动，从而降低了表面质量。

攻通孔螺纹时，丝锥的校准部分不应全部出头，以免扩大或损坏最后几扣螺纹。螺纹孔攻完后，也要参照攻不通的螺纹孔的方法旋出丝锥。

⑤ 用成组丝锥攻螺纹时，在头锥攻完以后，应先用手将二锥或三锥旋进螺纹孔内，一直到旋不动时，才能使用铰杠操作，防止因对不准前一丝锥攻的螺纹而产生乱扣现象。

⑥ 攻 M3 以下的螺纹孔时，如工件不大，可用一只手拿着工件，另一只手拿着带动丝锥的铰杠，这样可避免丝锥折断。

8.2.5 机动攻螺纹的操作

为保证攻螺纹质量和提高劳动生产率，生产中除了对某些螺孔必须用手攻螺纹外，一般应使用机用丝锥进行机动攻螺纹。机动攻螺纹除必须使用加工机床、机用丝锥外，在攻螺纹孔深度超过 10mm 或攻不通的螺纹孔时，还需使用攻螺纹安全夹头，其结构如图 8-24 所示。

在机床上攻螺纹时，采用安全夹头来装夹丝锥，具有丝锥更换方便的特点，并可通过旋转调节螺母 5 来调节整个安全夹头扭矩的大小，以对丝锥起到安全保护、防止折断的功效。同时在不改变机床转向的情况下，可以自动退出丝锥，但安全夹头承受的切削力，要按照丝锥直径的大小进行调节。

机动攻螺纹的操作可参考手工攻螺纹有关方法进行，但应注意以下事项。

① 钻床和攻螺纹机主轴径向跳动，一般应在 0.05mm 范围内，如攻削 6H 级精度以上的螺纹孔时，跳动应不大于 0.03mm。装夹工件的夹具定位支撑面，与钻床主轴中心和攻螺纹机主轴的垂直度偏差应不大于 0.05mm/100mm。工件螺纹底孔与丝锥的同心度允差不大于 0.05mm。

② 当丝锥即将进入螺纹底孔时，送刀要轻要慢，以防止丝锥与工件发生撞击。

③ 在丝锥的切削部分长度攻削行程内，应在机床进刀手柄上施加

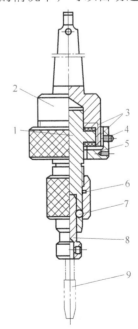

图 8-24 攻螺纹安全夹头的结构
1—中心轴；2—夹头体；3—摩擦片；4—铜螺钉；
5—调节螺母；6—左旋螺纹锥座；7—钢球；
8—可换套；9—丝锥

均匀的压力，以协助丝锥进入工件，同时可避免由于靠开始几牙不完整的螺纹，向下拉钻床主轴时，将螺纹刮坏。当校准部分开始进入工件时，上述压力即应解除，靠螺纹自然旋进，以免将牙型切小。

④ 攻螺纹的切削速度主要根据加工材料、丝锥直径、螺距、螺纹孔的深度而定。当螺纹孔的深度在 10～30mm 内，工件为下列材料时，其切削速度大致如下：钢 6～15m/min，调质后或较硬的钢 5～10m/min，不锈钢 2～7m/min，铸铁 8～10m/min。在同样条件下，丝锥直径小取高速，丝锥直径大取低速，螺距大取低速。

⑤ 攻通螺纹孔时，丝锥校准部分不能全部攻出头，以避免在机床主轴反转退出丝锥时乱扣。

8.3　套螺纹

用圆板牙在圆杆上切削出外螺纹的操作称为套螺纹，也是生产中应用广泛的一种螺纹加工方法。

8.3.1　套螺纹刀具及其加工特点

圆板牙是用来切削外螺纹的刀具。圆板牙一般采用合金工具钢或高速钢制作并经淬火处理。它的基本结构像一个螺母，只是钻出几个容屑孔并形成切削刃。

（1）圆板牙结构

圆板牙结构如图 8-25 所示。圆板牙两端的主偏角（$2\kappa_\tau$）部分是切削部分（l_1），主偏角的大小一般是 $2\kappa_\tau=40°\sim 50°$；切削部分不是圆锥面（圆锥面的刀齿

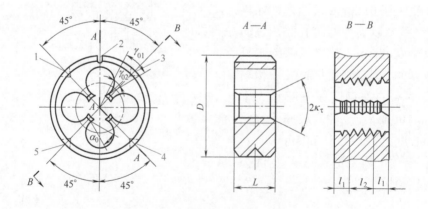

图 8-25　圆板牙结构

1，3—调整螺钉锥孔；2—V 形槽；4，5—定位螺钉锥孔

后角 $\alpha_0=0°$），而是经过铲磨形成的阿基米德螺旋面，形成后角 $\alpha_0=7°\sim9°$；板牙的中间是校准部分（l_2），也是套螺纹时的导向部分；圆板牙的前面为曲线形，因此，前角大小沿着切削刃而变化，在小径处前角 γ_{01} 为最大，大径处前角 γ_{02} 为最小，一般 $\gamma_0=8°\sim12°$。

M3.5 以上的圆板牙，其外圆上有两个定位螺钉锥孔、两个调整螺钉锥孔和一个 V 形槽；M3.5 以下的圆板牙，其外圆上有一个定位螺钉锥孔、一个调整螺钉锥孔和一个 V 形槽。螺钉锥孔是用来将板牙固定在板牙架中传递转矩的。

（2）圆板牙螺纹尺寸的调整

如果校准部分由于磨损使螺纹尺寸变大以致超过公差范围时，可用锯片砂轮沿圆板牙外圆上的 V 形槽磨出一条通槽，用板牙架上的两个调整螺钉顶入板牙两个调整螺钉锥孔后，可使圆板牙的螺纹尺寸变小，调整的范围为 0.1～0.2mm，在 V 形槽开口处用板牙架上的定位螺钉顶入后可使圆板牙的螺纹尺寸变大。

8.3.2 套螺纹基本操作技术

手工套螺纹除需用套螺纹刀具圆板牙外，还需使用圆板牙架，作为安装圆板牙的工具，常见圆板牙架的结构如图 8-26 所示。使用时，调整螺钉和拧紧紧定螺钉，便可将圆板牙紧固在圆板牙架中。手工套螺纹操作主要有以下方面的要点。

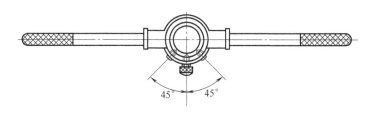

图 8-26　圆板牙架

（1）套螺纹前圆杆直径的确定

与丝锥攻螺纹一样，用圆板牙在工件上套螺纹时，材料同样因受挤压而变形，牙顶将被挤高一些。所以套螺纹前圆杆直径应稍小于螺纹的大径尺寸，一般圆杆直径用下式计算：

$$d_0=d-0.13P$$

式中　d_0——套螺纹前圆杆直径，mm；

　　　d——螺纹大径，mm；

　　　P——螺距，mm。

套螺纹前圆杆直径也可按表 8-10 确定。

表 8-10 圆板牙套螺纹时圆杆的直径

粗牙普通螺纹				英制螺纹			圆柱管螺纹		
螺丝直径	螺距	圆杆直径 d_s/mm		螺纹直径	圆杆直径 d_s/mm		螺纹直径	管子外径 d_s/mm	
d/mm	P/mm	最小直径	最大直径	/in	最小直径	最大直径	/in	最小直径	最大直径
M6	1	5.8	5.9	1/4	5.9	6	1/8	9.4	9.5
M8	1.25	7.8	7.9	5/16	7.4	7.6	1/4	15.7	13
M10	1.5	9.75	9.85	3/8	9	9.2	3/8	16.2	16.5
M12	1.75	11.75	11.9	1/2	12	15.2	1/2	20.5	20.8
M14	2	13.7	13.85	—	—	—	5/8	25.5	25.8
M16	2	15.7	15.85	5/8	15.2	15.4	3/4	26	26.3
M18	5.5	17.7	17.85	—	—	—	7/8	29.8	30.1
M20	5.5	19.7	19.85	3/4	18.3	18.5	1	35.8	33.1
M22	5.5	21.7	21.85	7/8	21.4	21.6	1.125	37.4	37.7
M24	3	23.65	23.8	1	24.5	24.8	1.25	41.4	41.7
M27	3	26.65	26.8	1.25	30.7	31	1.875	43.8	44.1
M30	3.5	29.6	29.8	—	—	—	1.5	47.3	47.6
M36	4	35.6	35.8	1.5	37	37.3	—	—	—
M42	4.5	41.55	41.75	—	—	—	—	—	—
M48	5	47.5	47.7	—	—	—	—	—	—
M52	5	51.5	51.7	—	—	—	—	—	—
M60	5.5	59.45	59.7	—	—	—	—	—	—

（2）圆杆端部倒角

为了使圆板牙在起套时能够顺利切入工件并作正确引导，必须对圆杆端部进行倒角，一般倒成锥半角为 15°～20° 的锥体，如图 8-27 所示。

（3）套削螺纹操作步骤

1）工件夹持

套削螺纹时由于切削转矩比较大，为了防止在套削螺纹时圆杆发生移动和转动的现象，可采用铜钳口或 V 形铁来夹持圆杆，以增大摩擦阻力，而且要使圆杆的被套削部分适当靠近钳口，如图 8-28 所示。

图 8-27 圆杆端部倒角

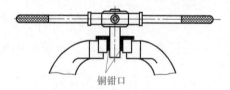

铜钳口

图 8-28 采用铜钳口夹持圆杆

2）起套

起套的操作要点主要有以下方面的内容。

① 起套握法。起套握法有两种：一种与攻螺纹时的起攻方法一样，一手按住铰杠中部，沿着圆杆轴向施加压力，另一手握住杠柄一端作顺时针旋转，当切

削部分全部切入后，再用两手握住杠柄两端均匀施加压力作旋转切入，动作要慢，压力要大，如图 8-29（a）所示；另一种是用两手握住杠柄的中部并用两手的大拇指按住杠柄的上面，一面沿着圆杆轴向施加压力，一面向下作顺时针旋转，当切削全部切入后，再用两手握住杠柄两端均匀施加压力作旋转切入，动作要慢，压力要大，如图 8-29（b）所示。

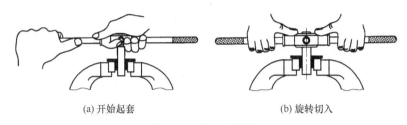

(a) 开始起套　　　　　　　　　　(b) 旋转切入

图 8-29　起套的操作

② 起套检查。当圆板牙切入 2 ～ 3 牙后，应及时检查圆板牙与圆杆的垂直度，检查时，可将铰杠取下。检查的方法有两种：一是从台虎钳上卸下圆杆，从前后、左右两个相互垂直的方向用直角尺进行检查，如图 8-30 所示；二是凭借经验进行目测判断，以后每切入 1 圈后就应检查一次。当圆板牙切入 4 ～ 5 圈时，起套阶段完成，可进入中途套削阶段。

③ 纠偏校正。起套螺纹时，若圆板牙发生较明显偏斜，可对其进行纠偏。操作方法是：将圆板牙回退至开始位置，再将圆板牙旋转切入，当接近偏斜位置的反方向位置时，可在该位置适当用力下压并旋转切入进行纠偏，如此反复几次，直至校正圆板牙的位置为止，然后再继续套削。

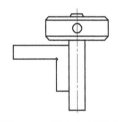

图 8-30　用直角尺检查

3）中途套削

当校正部分全部切入底孔时，就进入中途套削，此时不需要再对圆板牙施加压力，仅旋转杠柄即可。但要注意的是：在每次旋转切入 1/2 ～ 1 圈时，必须倒转 1/4 圈，然后再继续旋转切入，倒转的目的是及时自行断屑和排屑。

由于圆板牙的切削部分和校准部分都比较短，再加上在套削时两手用力不均匀、不平衡，因此在后续套削中也容易出现圆板牙发生偏斜，出现螺纹牙型一面深一面浅的状况。因此，两手施加于杠柄的压力一定要均匀、平衡，并且要经常观察套削出来的螺纹是否正常。若发生偏斜，可采用上述纠偏校正的方法进行纠正。

4）套螺纹完成

套螺纹时，圆板牙端面与圆杆轴线应垂直，用左手掌端按压圆板牙，右手转动圆板牙架。当圆板牙已旋入圆杆套出螺纹后，不再用力，只要均匀旋转。为了断屑，需时常倒转。套钢杆螺纹时，要加切削润滑液，以提高螺纹表面光洁程度和延长圆板牙寿命，一般用乳化液或机油润滑，要求较高时用莱油或二硫化钼。

（4）正确选用切削液

与攻螺纹一样，套螺纹时适当加注切削液，也可以降低切削阻力，提高螺纹质量和延长圆板牙寿命。切削液可按照表 8-11 选用。

表 8-11　套螺纹切削液的选择

被加工材料	切削液
碳钢	硫化切削油
合金钢	硫化切削油
灰铸铁	乳化液
铝合金	50% 煤油 +50% 全系统消耗用油
可锻铸铁	乳化液
铜合金	硫化切削油，全系统消耗用油

第**9**章　刮削

9.1　刮削基本技能

用刮刀刮除工件表面薄层，以提高表面形状精度和配合表面接触精度的操作称为刮削。刮削加工是机械制造和修理中精加工各种形面（如机床导轨面、连接面、轴瓦等）的一项重要加工方法。

刮削的原理是：在工件的被加工表面或校准工具、互配件的表面涂上一层显示剂，再利用标准工具或互配件对工件表面进行对研显点，从而将工件表面的凸起部位显现出来，然后用刮刀对凸起部位进行刮削加工并达到相关技术要求。

9.1.1　刮削工具及其加工特点

刮削操作，通常需要刮削刀具、校准工具、显示剂相互配合才能完成。

（1）刮削刀具

刮刀是刮削工作中的主要工具。刮刀一般采用碳素工具钢（T10、T10A、T12、T12A）或轴承钢（GCr15）锻制而成，刀头部分必须具有足够的硬度，经热处理淬硬至 60HRC 左右，且刃口必须锋利。当刮削硬度较高的工件表面时，刀头可焊上硬质合金刀片。

根据刮削形面的不同，刮刀分为平面刮刀和曲面刮刀两大类。

① 平面刮刀。平面刮刀主要用来刮削平面，也可用来刮削外曲面。按结构形式的不同，常用的平面刮刀可分为手握刮刀、挺刮刀、活头刮刀、弯头刮刀和钩头刮刀五种，其结构见图 9-1；按刮削精度要求的不同，又可分为粗刮刀、细刮刀和精刮刀三种，表 9-1 给出了平面刮刀的规格。

如图 9-1（a）所示为手握刮刀的结构。手握刮刀的刀体较短，操作时比较灵活方便，适合于刮削面积较小的工件表面。

如图9-1（b）所示为挺刮刀的结构。挺刮刀的刀体较长，刀柄为圆盘木柄，因此刀体具有较好的弹性，可进行强力刮削操作，适合于刮削余量较大或刮削面积较大的工件表面。

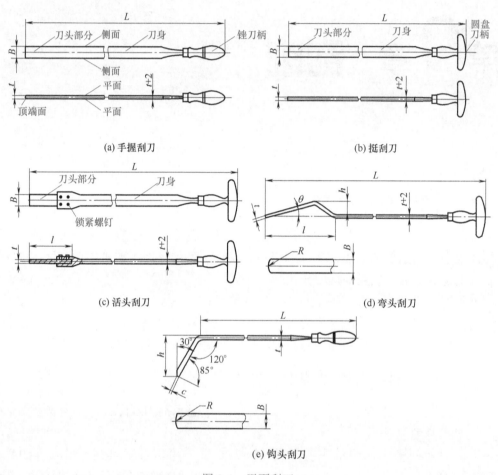

(a) 手握刮刀

(b) 挺刮刀

(c) 活头刮刀

(d) 弯头刮刀

(e) 钩头刮刀

图 9-1　平面刮刀

如图9-1（c）所示为活头刮刀的结构。活头刮刀的刀头一般采用碳素工具钢或轴承钢制作，刀身则采用中碳钢制作。

如图9-1（d）所示为弯头刮刀的结构。弯头刮刀又称为精刮刀或刮花刀，由于刀身较窄且刀头部分呈弓状，故具有良好的弹性，适合于精刮和刮花操作。

如图9-1（e）所示为钩头刮刀的结构。钩头刮刀的刀身呈弯曲状，主要用于在平面上刮削扇形花纹。也可兼作平面、内曲面两用刮刀，但是刮削效率较低。刀口磨成弧形时可顺内曲面轴向、径向刮削，刀口磨成直线形时可顺曲面径向刮削和平面刮削。

表9-1 平面刮刀的规格 单位：mm

种类	尺寸					
	全长L	刀头长度l	刀身宽度B	刀口厚度t	刀头倾角θ	刀弓高度h
粗刮刀	450～600	40～60	25～30	3～4	10°～15°	10～15
细刮刀	400～500		15～20	2～3		
精刮刀	400～500		10～12	1.5～2		

注：表中所列刀头倾角θ、刀弓高度h的数值指弯头及钩头刮刀的尺寸。

② 曲面刮刀。曲面刮刀主要用来刮削内曲面，如滑动轴承内孔等。常用曲面刮刀分为三角刮刀、三角锥头刮刀、柳叶刮刀和蛇头刮刀四种，其结构如图9-2所示。表9-2给出了三角锥头刮刀、柳叶刮刀、蛇头刮刀的尺寸规格。

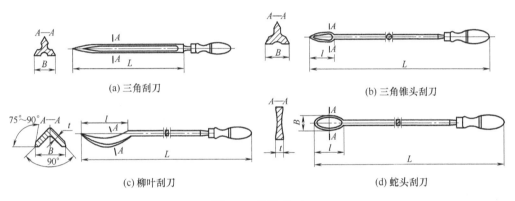

(a) 三角刮刀　　　　　　　　　　　　　　(b) 三角锥头刮刀

(c) 柳叶刮刀　　　　　　　　　　　　　　(d) 蛇头刮刀

图9-2 曲面刮刀

如图9-2（a）所示为三角刮刀的结构。三角刮刀有工具厂家专门生产的，也可由工具钢锻制或废旧三角锉改制。三角刮刀的断面成三角形，有三条弧形刀刃，在三个面上有三条凹槽，可以减少刃磨面积。三角刮刀规格按照刀体长度L分为125mm、150mm、175mm、200mm、250mm、300mm、350mm等多种。规格较短的三角刮刀可采用锉刀柄，规格较长的三角刮刀可使用长木柄。三角刮刀及三角锥头主要用于一般的曲面刮削。

如图9-2（b）所示为三角锥头刮刀的结构。三角锥头刮刀采用碳素工具钢锻制而成，其刀头部分呈三角锥形，刀头切削部分与三角刮刀相同，刀身断面为圆形。

如图9-2（c）所示为柳叶刮刀的结构。柳叶刮刀的刀头部分像柳树叶，故称为柳叶刮刀。切削部分有两条弧形刀刃，刀身断面为矩形。柳叶刮刀主要用于轴承及滑动轴承的刮削。

如图9-2（d）所示为蛇头刮刀的结构。蛇头刮刀采用碳素工具钢锻制而成，刀头部分有上、下、左、右共四条弧形刀刃，刀身断面为矩形，蛇头刮刀也可由废旧扁锉改制，其结构如图 9-3 所示。蛇头刮刀主要用于轴承及较长且直径较大的滑动轴承的刮削，可与三角刮刀交替使用，减小刮削振痕。

表 9-2　三角锥头刮刀、柳叶刮刀、蛇头刮刀的尺寸规格　单位：mm

种类	尺寸			
	全长 L	刀头长度 l	刀头宽度 B	刀身厚度 t
三角锥头刮刀	200～250	60	12～15	—
	250～350	80	15～20	—
柳叶刮刀	200～250	40～45	12～15	2.5～3
	250～300	45～55	15～20	3～3.5
	300～350	55～75	20～25	3.5～4
蛇头刮刀	200～250	30～35	15～20	3～3.5
	250～300	35～40	20～25	3.5～4
	300～350	40～50	25～30	4～4.5

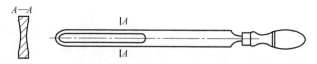

图 9-3　废旧扁锉改制的曲面刮刀

（2）校准工具

校准工具是用来配研显点和检验刮削状况的标准工具，也称为研具。常用的有标准平板、标准平尺和角度平尺三种。

① 标准平板。标准平板主要用来检查较宽的平面，其结构和形状如图 9-4 所示。标准平板有多种规格，平板的精度分为 000、00、0、1、2、3 六级，选用时，它的面积应大于刮削面的四分之三。

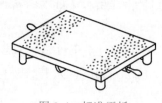

图 9-4　标准平板

② 标准平尺。标准平尺又称为检验平尺，是用来检验狭长工件平面的平面基准器具。常用的标准平尺有桥形平尺［其结构和形状如图 9-5（a）所示］和工形平尺［其结构和形状见图 9-5（b）］。桥形平尺用来检验机床导轨面的直线度误差。工形平尺又分为两种，一种是单面平尺，即有一个工作面，用来检验机床上较短的导轨面的直线度误差；另一种是双面平尺，即有两个互相平行的工作面，用来检验导轨相对位置的精度。

③ 角度平尺。角度平尺是用来检验两个工件刮削面成一定角度（55°、60°等）的组合平面的平面基准器具，如燕尾导轨面等，其结构和形状如图 9-6 所示。

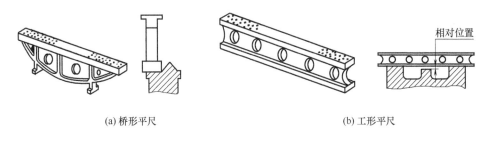

(a) 桥形平尺   (b) 工形平尺

图 9-5　标准平尺

④ 其他校准工具。检验曲面的
刮削质量，多数是用与其相配合的轴
作为校准工具。齿条蜗杆的齿面则是
用与其相啮合的齿轮和蜗杆作为校准
工具。

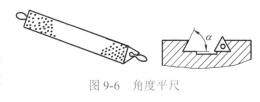

图 9-6　角度平尺

（3）显示剂

显示剂作为一种涂料，其作用主要是涂在工件表面或研具表面，通过对研
后，增大工件表面色差，如凸起部位颜色发黑和发亮，从而清晰地显示出工件表
面的高低状况，然后有针对性地进行刮削加工。

显示剂的种类主要有红丹粉、蓝油、烟墨、松节油和酒精。其分别主要应用
在以下场合。

① 红丹粉。红丹粉又分为铁丹粉和铅丹粉两种，是使用最多、最普遍的显
示剂。铁丹粉即氧化铁，呈红褐色或紫红色；铅丹粉即氧化铝，呈橘黄色。铁
丹粉和铅丹粉的粒度极细，使用时，可用牛油或机油调和，通常用于钢件和铸
铁件。

② 蓝油。蓝油是由普鲁士蓝粉和蓖麻油以及适量机油调和而成，呈深蓝色，
显示的研点小而亮，通常用于铜和巴氏合金等有色金属。

③ 烟墨。烟墨是烟囱的烟黑与适量机油调和而成，一般用于有色金属的配
研显点。

④ 松节油。用松节油做显示剂，合研的时间一般要比用红丹粉长一些，研
后的研点亮而白，一般用于精密表面的配研显点。

⑤ 酒精。用酒精做显示剂，配研的时间一般要比用红丹粉长1倍左右，配
研后的研点黑而亮，一般用于极精密表面的配研显点。

9.1.2　刮刀的刃磨操作

刮刀是刮削加工的主要刀具，其刃磨及热处理质量直接影响到后续刮削质
量。平面刮刀与曲面刮刀的刃磨方法是不同的，主要有以下几方面。

（1）平面刮刀的刃磨

刮削不同精度要求的表面，其所使用的刮刀也不同。不同的刮刀，其刃磨的方法也是不同的。总的说来，平面刮刀的刃磨分为三个阶段进行，即粗磨、细磨、精磨。

1）平面刮刀的刀口形状及几何角度

平面刮刀根据刮削工艺的要求，主要分为粗刮刀、细刮刀和精刮刀三种。另外还有四种刮刀，根据特殊加工需要，其刀口顶端角度、形状都不相同。

其中：粗刮刀的楔角 β 为 90°～92.5°，上下刀面前角 γ_0 均为 2.5°，刀口为上下两条直线刃，如图 9-7（a）所示；细刮刀的楔角 β 为 95° 左右，上下刀面前角 γ_0 均为 2.5°，刀口为上下两条圆弧刃，刀刃圆弧半径 $R \approx 2B$，如图 9-7（b）所示；精刮刀的楔角 β 为 97.5° 左右，上下刀面前角 γ_0 均为 2.5°，刀口为上下两条圆弧刃，刀刃圆弧半径要比细刮刀小些，刀刃圆弧半径 $R \approx 1.5B$，如图 9-7（c）所示；斜口刮刀用于粗刮韧性材料，刮刀的楔角 β 为 95°～105°，刀口为一条直线刃，如图 9-7（d）所示；凹圆口刮刀用于刮削黏性较大的金属，如铅、铝、轴承合金等，锋利好用，排屑方便，如图 9-7（e）所示；燕尾口刮刀刀口材料为高速钢和硬质合金，主要用于刮削较硬的金属，如图 9-7（f）所示；豁口刮刀专门用于刮削花纹，豁口为锻制成形，如图 9-7（g）所示；当刀口为直线刃时，可以对刀口两端直角处进行倒圆处理，这样在刮削时，不易划伤工件表面，如图 9-7（h）所示。

2）平面刮刀的粗磨

粗磨是平面刮刀刃磨的第一个阶段，在砂轮机上完成。刃磨前要将砂轮轮缘面修磨平整，刃磨时，要注意经常蘸水冷却，防止淬火部分退火。总体可分三个步骤完成。

① 粗磨刀体两平面。粗磨刀体两平面的方法如图 9-8（a）所示，其目的是要达到两平面平整和刀头厚度 t 的要求。刃磨时，将刮刀的平面贴在砂轮的轮缘面并相对于水平面倾斜一定角度 α（60°左右），上下移动进行刃磨。

② 粗磨刀体两侧面。粗磨刀体两侧面的方法如图 9-8（b）所示，其目的是要达到两侧面基本平整和刀体宽度 B 的要求。刃磨时，将刮刀的侧面贴在砂轮的轮缘面并相对于水平面倾斜一定角度 α（60°左右），上下移动进行刃磨。

③ 粗磨刀体顶端面。粗磨刀体顶端面的方法如图 9-8（c）所示，其目的是基本磨平顶端面即可。刃磨时，将刮刀的顶端面贴在砂轮的轮缘面上并平行于水平面，上下移动进行刃磨。

3）平面刮刀的热处理

粗磨好的平面刮刀要进行热处理。刮刀的热处理包括淬火和回火两个过程，通过热处理操作要使刮刀淬火部分的硬度达到 60HRC 以上。操作时，应将粗磨

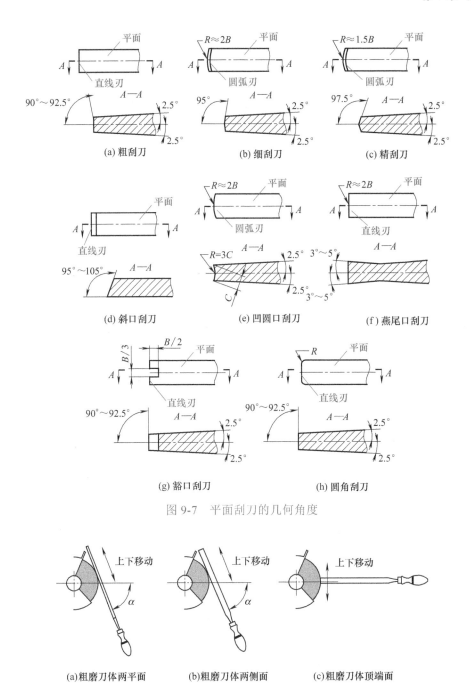

图 9-7　平面刮刀的几何角度

图 9-8　平面刮刀的粗磨

好的平面刮刀放在炉火中缓慢加热到 780 ～ 800℃（呈樱红色），加热长度为 25mm 左右，取出后迅速放入冷水（或 10% 的盐水）中冷却，浸入深度为 7 ～ 10mm，刮刀在水中可作较大幅度（80mm 左右）、缓慢水平移动以及小幅

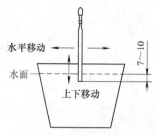

图 9-9 平面刮刀的热处理

度上下移动（5mm 左右），这样可防止淬火部分的界线太过明显，如图 9-9 所示。当刮刀露出水面部分呈黑色时，即由水中取出并观察浸入冷却部分的颜色变化，当颜色变为白色时，应迅速将刮刀的整个刀体浸入水中冷却，直到整个刀体冷却后再取出即可。

粗刮刀和细刮刀的淬火可在水中进行水冷，精刮刀和刮花刮刀的淬火应在油中进行油冷，这样可使淬火部分不产生裂纹，金属组织细化，容易刃磨。

在淬火与回火操作过程中，特别要注意观察颜色的变化和对时间的把握。在热处理中要防止出现过热和过烧现象等。

4）平面刮刀的细磨

平面刮刀的细磨是热处理淬硬后在细砂轮上进行的，刃磨前，要将砂轮轮缘面修磨平整，并要经常蘸水冷却，防止淬火部分退火，使刀头部分形状及楔角值基本达到要求。

① 刀头部分平面和刀身侧面的刃磨。刀头部分平面和刀身侧面的刃磨方法与粗磨时相同。

② 顶端面刀刃的刃磨。顶端面刀刃的刃磨方法要分粗刮刀和细、精刮刀两种情况。

粗刮刀的刃磨。由于粗刮刀顶端面的两条刀刃是直线形状，楔角 β 为 $90° \sim 92.5°$，因此刃磨时刀身要上下移动刃磨，而且刀身中心线要始终垂直于砂轮轮缘面，如图 9-10 所示。

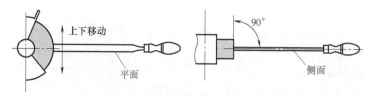

图 9-10 粗刮刀顶端面直线刃的细磨

细、精刮刀的刃磨。由于细、精刮刀顶端面的两条刀刃是圆弧形状（圆弧半径 R 分别为 $1.5B$ 和 $2B$），且楔角 β 分别为 95° 左右和 98° 左右，因此刃磨时首先要使刀身平面相对于砂轮轮缘面侧偏一定角度，即摆出细、精刮刀的楔角 β 值。刃磨时还要使刀柄作圆弧摆动以磨出圆弧刀刃，摆动幅度要根据圆弧半径 R 值的大小来确定，如图 9-11 所示。

5）平面刮刀的精磨

刮刀的精磨主要是在油石和天然磨刀石上进行，操作时要在油石上加上适量

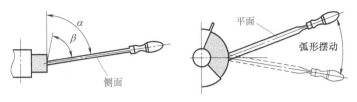

图 9-11　细、精刮刀顶端面圆弧刃的细磨

机油。精磨时的油石和天然磨刀石一般要各准备两块，其中一块专门用于刃磨平面，另外一块专门用于刃磨顶端面。刃磨时，油石表面应不断地加上适量机油，不要干磨，同时，刀身拉动的频率可快一些，而刀身左右移动的速度可缓慢一些；同时为维护油石的表面平整状况，刃磨区域应均匀，每次刃磨后，应用棉纱或软布将刀刃部擦干净；在油石上刃磨好后，再在天然磨刀石上作最终精磨，可以使刃口更加光洁、更加锋利，从而提高刮削质量。

　　精磨的操作主要是使顶端面的楔角值达到要求，使刀刃更加锋利，同时使刀头部分的两平面及顶端面的表面粗糙度达到 $Ra < 0.2\mu m$。主要操作步骤如下。

　　① 精磨两平面。刃磨方法如图 9-12 所示，左手在前抓握刀身，离顶端面约 100mm，右手在后握住刀柄，如图 9-12（a）所示。将刮刀刀头部分平面置于油石表面进行左右推拉，每次推拉幅度约为 3 ~ 4 个刀身宽度，在推拉的同时，由前向后移动，由于刀面前角 γ_0 为 2.5°，因此在刃磨时可稍微将刀身后部抬起一点。

　　注意，要在整个油石表面进行刃磨，以保持油石表面的平整状态，如图 9-12（b）所示。

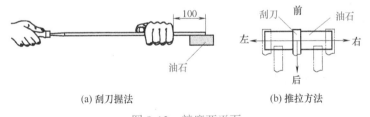

(a) 刮刀握法　　　　　　　　　(b) 推拉方法

图 9-12　精磨两平面

　　② 精磨顶端面。精磨顶端面握持方法如图 9-13 所示，其中：如图 9-13（a）所示是抓握法，即左手抓握刀柄，右手掌心面向刀身平面抓握，离顶端面 30 ~ 40mm，采用抓握法可进行大力量刃磨；如图 9-13（b）所示为捏握法，即左手大拇指与另外四指捏住柄部或刀身上部两侧面，右手拇指与食指、中指、无名指相对捏住刀身两平面，离顶端面约 10 ~ 20mm。

　　如图 9-14 所示为精磨粗刮刀顶端面示意图。由于粗刮刀的楔角 β 为 90° ~ 93°，上下两条刀刃为直线形，因此在刃磨时，要使刀身的平面中心线和侧面中心线与油石表面基本保持垂直即可。注意，左、右手要作同步推拉和移动，这样就可以磨出所需要的直线形刀刃。

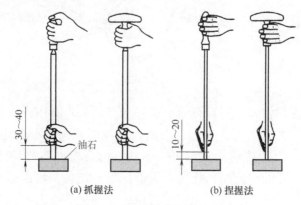

(a) 抓握法　　　　　　　(b) 捏握法

图 9-13　精磨顶端面握持方法

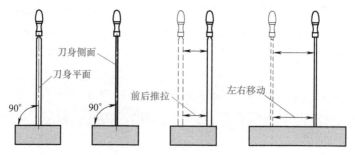

图 9-14　精磨粗刮刀顶端面方法

如图 9-15 所示为精磨细、精刮刀顶端面示意图。由于细刮刀和精刮刀的楔角比较大，因此在刃磨时要使刀身平面稍微倾斜于油石表面（倾斜角度 α），以磨出所需要的楔角值 β，如图 9-15（a）所示。由于细刮刀和精刮刀的切削刃为圆弧形，因此在刃磨时还要使刀身顶端面作圆弧摆动。注意，左手只作移动，而不作同步推拉，这样就可以磨出所需要的刀刃的圆弧半径（R），如图 9-15（b）所示。

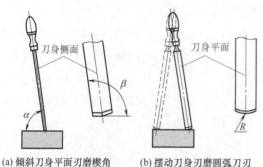

(a) 倾斜刀身平面刃磨楔角　　(b) 摆动刀身刃磨圆弧刀刃

图 9-15　精磨细、精刮刀顶端面方法

③ 刃磨动作轨迹。刃磨动作轨迹如图 9-16 所示。在油石表面进行的刃磨动作分为前后方向的推动和拉动（简称推拉动作）以及左右方向的移动，推拉动作的刃磨轨迹要与油石表面中心线相交成 45° 左右的夹角 θ，移动是一个推拉动作完成后从油石表面的左端向右

端的每次纵向位移。当移动至油石表面的右端时，可再从右端变换90°磨向左端，这样可以基本磨到油石的整个表面，以保持油石表面的平整状态。刃磨动作轨迹一般不要固定在一处，要防止把油石表面磨成沟槽状，也不要只在油石表面的中间部分刃磨，这样会将油石表面磨成中凹而不利于刮刀顶端平面的刃磨。

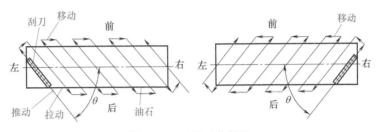

图 9-16　刃磨动作轨迹

（2）曲面刮刀的刃磨

与平面刮刀一样，曲面刮刀的刃磨也分粗磨、细磨及精磨三个阶段，且不同种类的曲面刮刀其刃磨方法也有所不同。

1）三角刮刀的刃磨

三角刮刀的粗磨、细磨及精磨三个阶段主要操作要点如下。

① 粗磨。锻制的刀坯和改制三角锉刀的粗磨在砂轮上进行，首先基本磨平刀身的三个平面，然后磨出刀身平面上的凹槽，最后粗磨出刀头的三个圆弧面。

图 9-17（a）给出了粗磨刀身的三个平面的方法。即：右手握刀柄，左手按在刀身中部，刀柄相对于水平面的倾斜角度 α 为 75°左右并接触砂轮轮缘面，上下移动磨出刀身平面，刃磨时注意三个平面要等宽。

图 9-17（b）给出了刃磨刀身的三个凹槽的方法。即：右手握刀柄，左手按在刀身中部，将刀身平面对着砂轮角（与砂轮侧面成 45°左右的夹角），相对于水平面的倾斜角度 α 为 75°左右并上下移动磨出凹槽，注意要留出 2～3mm 刀刃边。

图 9-17（c）给出了粗磨刀头的三个圆弧面的方法。即：右手握刀柄，左手按在刀身头部，刀柄相对于水平面的角度 α 约成 45°左右接触砂轮轮缘面，自下而上地弧形摆动刀柄，摆动幅度为 25°左右。

② 热处理。粗磨好的三角刮刀也要进行热处理，其热处理方法与平面刮刀相同。

③ 细磨。三角刮刀的细磨主要在细砂轮上进行，刃磨前要将砂轮轮缘面修磨平整。刃磨方法与粗磨的方法相同。在刃磨刀头部分时，注意要经常蘸水冷却，防止淬火部分退火。

④ 精磨。三角刮刀的精磨主要是在油石和天然磨刀石上进行，操作时要在油石上加上适量机油。精磨方法如图 9-18 所示，右手握刀柄，左手轻轻地按在

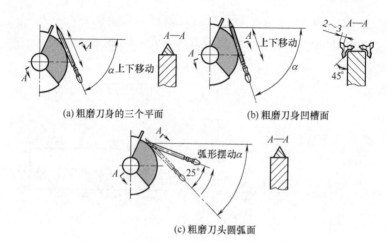

(a) 粗磨刀身的三个平面   (b) 粗磨刀身凹槽面

(c) 粗磨刀头圆弧面

图 9-17　三角刮刀的粗磨

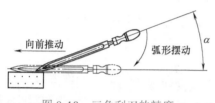

图 9-18　三角刮刀的精磨

刀身头部，首先相对于油石表面上抬刀柄，角度 α 为 30° 左右，然后一边作刀柄由上而下的弧形摆动，一边作向前推动，这样就可以磨出圆弧刀刃。在油石表面的刃磨动作轨迹与刃磨平面刮刀基本相同。通过精磨要使刀头圆弧面的表面粗糙度达到 $Ra < 0.2\mu m$。

2）蛇头刮刀的刃磨

蛇头刮刀的粗磨、细磨及精磨三个阶段的操作要点主要有以下几方面。

① 粗磨。将锻造好的刀坯在砂轮上进行粗磨，首先粗磨刀头平面，如图 9-19（a）所示。方法是右手握刀柄，左手按在刀身头部，相对于水平面的倾斜角度 α 为 45° ～ 75° 接触砂轮轮缘面，上下移动刃磨出刀头平面。然后刃磨出刀头侧面，方法是先将刀柄相对于水平面倾斜角度 α（45° 左右），刀头的侧面接触砂轮轮缘面并自下而上地圆弧摆动刀柄至水平位置，逐段磨出圆弧形刀刃。刃磨时刀头平面要始终垂直于砂轮轮缘面，注意刀头两侧圆弧形刀刃要基本对称，如图 9-19（b）所示。

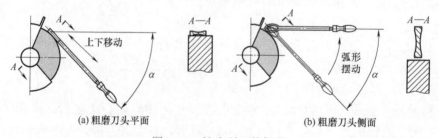

(a) 粗磨刀头平面   (b) 粗磨刀头侧面

图 9-19　蛇头刮刀的粗磨

② 热处理。蛇头刮刀的热处理与平面刮刀的热处理方法相同。

③ 细磨。蛇头刮刀的细磨主要在细砂轮上进行，刃磨前要将砂轮轮缘面修磨平整。刃磨方法与粗磨的方法相同。在刃磨刀头部分时，要注意经常蘸水冷却，防止淬火部分退火。

④ 精磨。蛇头刮刀的精磨主要是在油石和天然磨刀石上进行，操作时要在油石上加上适量机油。首先应精磨刀头平面。精磨刀头平面的方法与精磨平面刮刀刀头平面相同，如图 9-20（a）所示；完成刀头平面的精磨后，便可精磨刀头圆弧面。精磨刀头圆弧面的方法如图 9-20（b）所示，右手握刀柄，左手轻轻地按在刀身头部，首先相对于油石表面上抬刀柄，角度 α 为 45°左右，然后一边作刀柄由上而下的弧形摆动，一边作向前推动，逐段磨出圆弧形刀刃，注意刀头平面要始终垂直于油石表面。在油石表面的刃磨动作轨迹与刃磨平面刮刀基本相同。

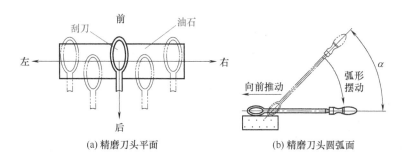

(a) 精磨刀头平面　　　　　　　(b) 精磨刀头圆弧面

图 9-20　蛇头刮刀的精磨

9.1.3　刮削基本操作技术

（1）刮削的操作步骤

① 刮削前准备。主要内容有：检查工件材料，掌握其尺寸和形位公差以及加工余量等基本情况，并确定刮削加工的顺序。

② 根据所确定的加工顺序及工件加工工艺要求，配备刮刀、油石（一般要配备两块油石和两块天然磨刀石，分别供精磨刮刀的平面和顶端面使用）、显示剂、研具，便可进行基准加工面的粗、细、精刮加工。

③ 再以基准面作为后续刮削的加工基准，分别粗、细、精刮。

④ 全面检查刮削后的工件刮削尺寸和形位公差，并作必要的修整性刮削。

（2）刮削的操作要点

① 刮削余量的确定。刮削精度很高，且劳动强度大，效率很低，所以对刮削余量的预留有一定的要求。一般的刮削余量见表 9-3。

表 9-3 刮削余量

平面的刮削余量 /mm				
平面宽度 /mm	平面长度 /mm			
	100 ～ 500	500 ～ 1000	1000 ～ 2000	2000 ～ 4000	4000 ～ 6000
100 以下	0.10	0.15	0.20	0.25	0.30
100 ～ 500	0.15	0.20	0.25	0.30	0.40

孔的刮削余量 /mm		
孔径 /mm	孔长 /mm		
	100 以下	100 ～ 200	200 ～ 300
80 以下	0.05	0.08	0.12
80 ～ 180	0.10	0.15	0.25
180 ～ 360	0.15	0.20	0.35

② 正确使用显示剂。正确地使用显示剂,有助于显点的变化分析,从而有效地指导刮削操作,显示剂的使用要根据刮削特点调和得稀稠适当。粗刮时,显示剂应调得稀点,使显示的研点大一些;精刮时,显示剂应调得稠一些,使显示的研点更清晰。每次涂刷显示剂前,必须将工件表面清理干净,涂刷显示剂后,要用羊毛毡或松软的棉布涂抹工件表面,使显示剂更加均匀,并吸附过多的油脂,以便于观察和刮削。

③ 平面研点的方法。刮削过程中,对研显点及刮削操作具有同等重要的作用。对研显点是在工件表面或研具表面涂上显示剂,用双手对工件或研具进行推拉对磨以显示凸起部位即研点的操作,也称为配研显点或合研显点,一般简称研点。对于不同大小、形状的工件,其平面研点的方法也有所不同。

一般对中小型工件的研点操作可采用标准平板作为对研研具。根据需要在工件表面或平板表面涂上显示剂,用双手对工件进行推拉对磨研点。一般情况下,工件在一个方向的推拉距离为工件自身长度的 1/2,在一个方向推拉几次后,就要将工件调转 90°,在前、后、左、右等方向各作几次。若被刮面等于或稍大于平板面,在推拉时工件超出平板部分不得大于工件长度 L 的 1/3,如图 9-21 所示。被刮面小于平板面的工件,在推拉时最好不露出平板面,否则研点不能反映出真实的平面度。精刮研点操作时,工件的推拉距离不宜大于 30mm。

大型工件的研点。当工件的被刮面长度大于平板若干倍时,一般是以平板(标准平尺、角度平尺)在工件的被刮面上进行推拉对磨研点。采用水平仪与研点相结合来判断被刮面的平面度误差,通过水平仪所测出被刮面的高低情况,按照研点分析并指导轻刮和重刮操作。

重量不对称工件的研点。对于重量不对称工件(高低面和垂直面)的研点要特别注意,一般情况下,一只手要将腾空部分适当用力托住,另一只手将接触部分适当用力压住，双手要配合好进行推拉配磨，才能保证研点的准确性，如图9-22所示。如果有两次研点出现矛盾时，应分析原因。

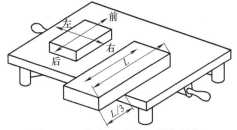

图 9-21 中小型工件的研点操作

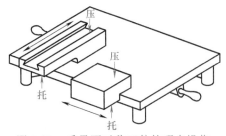

图 9-22 重量不对称工件的研点操作

宽面窄边工件的研点。对于宽面窄边工件的研点，一般采用将工件的大面紧靠在直角靠铁的垂直面上，双手同时推拉两者进行配磨研点，如图9-23所示。

④ 平面研点的要求。平面刮削操作后，其刮削精度是否符合要求，可用接触精度进行检测。接触精度常用25mm×25mm正方形检测方框罩在工件被刮削的表面上，根据在检测方框内的研点数目来表示（如图9-24所示），各种平面接触精度的研点数目如表9-4所示。

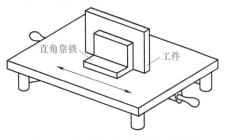

图 9-23 宽面窄边工件的研点操作

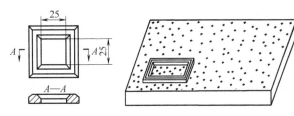

图 9-24 25mm×25mm 检测方框与接触精度检测

表 9-4 各种平面接触精度的研点数目

平面种类	25mm×25mm 面积内研点数	应用范围
一般平面	2～5	较粗糙机件的固定结合面
	5～8	一般结合面
	8～12	机器台面、一般基准面、密封结合面、机床导向面
	12～16	机床导轨面及导向面、工具基准面、量具接触面
精密平面	16～20	精密机床导轨面、平尺
	20～25	1级平板、精密量具
超精密平面	＞25	0级平板、精密量具、高精度机床导轨面

注：当刮削面积较小时，用单位面积（即25mm×25mm）内有多少接触点来计数，并采取各单位面积中最少点数计。当刮削面积较大时，应采取平均计数，即在计算面积（规定为100cm²）内做平均计算。

⑤ 内曲面研点的方法。内曲面研点常用标准轴（也称为工艺轴）或与其相配合的轴作为显点的校准工具。校准时将蓝油均匀地涂在轴的圆柱面上，或用红丹粉涂在轴承孔表面，轴在轴承孔中来回旋转显示研点。

⑥ 内曲面研点的要求。内曲面刮削操作后，其刮削精度是否符合要求，也是用 25mm×25mm 正方形检测方框内的研点数目来表示，滑动轴承接触精度研点数目如表 9-5 所示。

表 9-5　滑动轴承接触精度的研点数目

轴承直径/mm	机床或精密机械主轴轴承			锻压设备、通用机械的轴承		动力机械、冶金设备的轴承	
	高精度	精密	普通	重要	普通	重要	普通
	25mm×25mm 面积内研点数						
≤ 120	20	16	16	12	8	8	5
> 120	16	12	10	8	6	6	2

9.1.4　刮削质量的检测

对于有平面度、平行度、直线度、垂直度等几何公差以及表面粗糙度要求的刮削件，刮削操作完成后，可按以下步骤进行检测。

① 平面度、平行度和直线度误差的检测。中小型工件表面的平面度误差和平行度误差可以用百分表来进行检测 [见图 9-25 （a）、图 9-25 （b）]；较大工件表面的平面度误差以及机床导轨面的直线度误差可以采用框式水平仪来进行检测 [见图 9-25 （c）、图 9-25 （d）]。

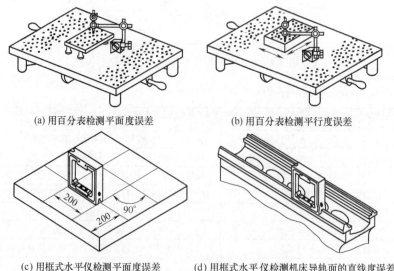

(a) 用百分表检测平面度误差　　　(b) 用百分表检测平行度误差

(c) 用框式水平仪检测平面度误差　　(d) 用框式水平仪检测机床导轨面的直线度误差

图 9-25　平面度、平行度和直线度误差的检测

② 垂直度误差检测。工件相邻两面垂直度误差的检测一般采用圆柱角尺或直角尺进行，如图 9-26 所示。可以用塞尺来测它们之间的间隙（即误差值），也可通过目测它们之间的光隙来判断其误差值。

③ 表面粗糙度的检测。表面粗糙度一般采用比较法检测和感触法检测。比较法检测是指被测刮削表面与已知高度参数的表面粗糙度样块进行比较，用目测和手摸的感触来判断表面粗糙度的一种检测方法；感触法检测用于表面粗糙度要求比较高的刮削表面，检测通过电动轮廓仪进行，可检测其 Ra、Rz 的量值。

圆柱角尺

图 9-26　用圆柱角尺检测垂直度

9.2　刮削典型实例

刮削不同的形状，其操作方法也是不同的，常见形状的刮削操作技法主要有以下几方面的内容。

9.2.1　平面的刮削操作

（1）操作手法

平面刮削的操作方法主要有挺刮法、手刮法两种。

1）挺刮操作法

挺刮操作是两手握持挺刮刀，利用大腿和腰腹力量进行刮削的一种方法。挺刮法可以进行大力量刮削，适合于大面积、大余量工件的刮削，但劳动强度大。

① 刀身握法。刀身的基本握法有抱握法和前后握法两种。图 9-27（a）所示为抱握法。其操作要领是右手大拇指向下放在刀身平面上且与另外四指环握刀身，左手掌心向下抱握在右手上面，同时手掌外侧压在刀身平面上，左手掌离刮刀顶端面 60 ～ 100mm。

如图 9-27（b）所示为前后握法。其操作要领是右手握法同上，左手在前，离右手大约一掌左右距离，手掌外侧压在刀身平面上，左手掌离刮刀顶端面 60 ～ 100mm。

② 挺刮动作要领。将刀柄抵住小腹右下侧肌肉处，双手握住刀身，左手在前，掌心向下，横握刀身，距刀刃约 80mm 左右；右手在后，掌心向上握住刀身。双腿叉开成弓步，身体自然前倾，使刮刀与刮削面成 25° ～ 40° 左右夹角。刮削时，双手使刮刀刀刃对准显点，左手下压刮刀，同时用腿和臂发出的前挺力量使刮刀对准研点向前推挤，右手瞬间引导刮刀方向，左手快速将刮刀提起，即完成一次挺刮动作，具体见图 9-28。

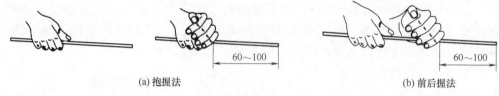

(a) 抱握法　　　　　　　　　　　　(b) 前后握法

图 9-27　挺刮操作的刀身握法

图 9-28　挺刮动作要领

2）手刮操作法

手刮操作是两手握持手刮刀，利用手臂力量进行刮削的一种方法。手刮法的切削量小，且手臂易疲劳，适用于小面积、小余量工件和在不便于挺刮的地方应用。

① 刀身握法。刀身的基本握法有握柄法和绕臂法两种。图 9-29（a）所示为握柄法，主要用于刀身较短的手刮刀。操作要领是右手如握持锉刀柄姿势，左手掌心向下，大拇指侧压刀身平面，另外四指环握刀身，左手掌离刮刀顶端面 60～100mm，刀身与工件表面的后角一般在 15°～35°之间。

图 9-29（b）所示为绕臂法，主要用于刀身较长的手刮刀。操作要领是刀身后部绕压在右手前臂上，右手大拇指侧压刀身平面，另外四指环握刀身，左手紧靠右手，掌心向下，大拇指侧压刀身平面，另外四指环握刀身，左手掌离刮刀顶端面 60～100mm，刀身与工件表面的后角一般在 15°～35°之间。

② 手刮动作要领。手刮时，刮刀和刮削平面约成 25°～30°夹角。使刀刃抵住刮削平面，同时，左脚前跨一步，上身随着往前倾斜一些，这样可以增加左手压力，也便于看清刮刀前面的研点情况。刮削时，右臂利用上身摆动使刮刀向前推进，随着推进的同时，左手下压并引导刮刀前进方向；当推到所需的距离后，左手立即提起刮刀，完成一次手刮动作，具体见图 9-30。

（2）刮削的过程

平面刮削过程分为粗刮、细刮、精刮和刮花四个步骤。刮削前，首先应去除工件刮削面的毛刺和四周棱边倒角，清除油污，铸件毛坯应清砂并刷防锈漆。开始刮削时，工件应安放平稳、牢固、安全，高低位置应便于操作。各步的操作主要有以下要点。

① 粗刮。用粗刮刀在工件刮削面上均匀地铲去一层较厚的金属，粗刮的目的是尽快去除机械加工刀痕和过多的余量。粗刮可采用连续推刮的方法，刀迹应连成片，刮一遍交换一下铲削方向，使铲削刀迹呈交叉状 [见图 9-31（a）]，通

过研点和测量，对刮削余量较多的部位要重刮、多刮几遍，尽快使粗刮平面均匀地达到 2～3 个研点（25mm×25mm），粗刮即告结束。

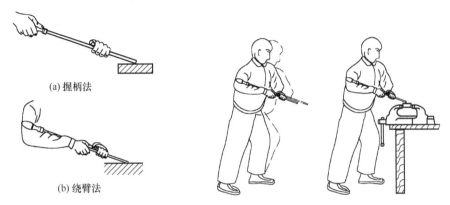

(a) 握柄法

(b) 绕臂法

图 9-29　手刮操作刀身握法

图 9-30　手刮动作要领

推刮的操作要领是：从落刀推刮到起刀时的刀迹要平缓，如图 9-31（b）所示，落刀时力量不要过重，起刀时不要停顿，要在直线推刮结束时顺势起刀，否则会留下较深的落刀痕和起刀痕，如图 9-31（c）所示。

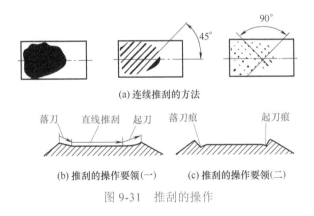

(a) 连续推刮的方法

落刀　直线推刮　起刀　　　落刀痕　　　起刀痕

(b) 推刮的操作要领(一)　　(c) 推刮的操作要领(二)

图 9-31　推刮的操作

② 细刮。细刮可以进一步改善工件表面的不平直现象和减少研点高低差别，把粗刮留下稀疏的大块研点进行分割，使接触点增多并分布均匀。细刮的刀迹应随刮削遍数的增加而缩窄、缩短。刮削时，对发亮的显点要刮重些，对暗点要刮轻些，并且刮削要准确无误。各遍刮削的刀迹要呈交错状，利于降低刮削平面的表面粗糙度。直到在全部刮削平面内，用 25mm×25mm 的方框任意检测都均匀地达到 10～14 个研点时，细刮即告结束。

③ 精刮。精刮是在细刮的基础上进一步修整，使研点变得更小、更多。精刮时，落刀要轻，起刀要迅速；每次研点只能刮一刀，不能重复；刀迹要比细刮时更窄、更短；对大而亮的显点应全部刮去，中等稍浅的显点只将中间较高处刮

去，小而浅的显点不刮。刀迹呈 45°～ 60°交错状。最后使整个平面都均匀地达到在 25mm × 25mm 方框内研点数 20 ～ 25 时，精刮可结束。

④ 刮花。在精刮后或精刨、精铣以及磨削后的工件表面刮削出各种花纹的操作称为刮花，又称为压花和挑花。刮花操作一般选用精刮刀或刮花专用刀。刮花的目的有三个：一是使刮削面美观，二是使移动副之间形成良好的润滑条件，三是可以通过花纹的消失来判断平面的磨损程度。常见的刮花花纹如图 9-32 所示。

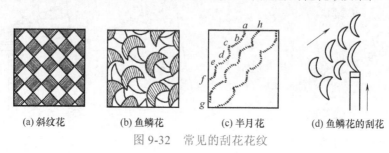

(a) 斜纹花	(b) 鱼鳞花	(c) 半月花	(d) 鱼鳞花的刮花

图 9-32　常见的刮花花纹

刮花操作必须在熟练掌握了刮削操作的技巧后，才能进行。

9.2.2　曲面的刮削操作

（1）操作手法

刮削曲面时，曲面刮刀刀身的基本握法与平面刮刀采用手刮操作的刀身握法基本相同，即握柄法和绕臂法两种，具体见图 9-29。

刮削主要分内曲面及外曲面两种进行操作，其基本操作手法主要有以下几方面的内容。

① 内曲面刮削。内曲面主要是指内圆柱面、内圆锥面和内球面。用曲面刮刀刮削内圆柱面和内圆锥面时，刀身中心线要与工件曲面轴线成 15°～ 45°夹角［如图 9-33（a）所示］，刮刀沿着内曲面做有一定倾斜的径向旋转刮削运动，一般是沿顺时针方向自前向后拉刮。三角刮刀是用正前角来进行刮削，在刮削时，其正前角和后角的角度是基本不变的，如图 9-33（b）所示。蛇头刮刀是用负前角来进行刮削，与平面刮削相类似，如图 9-33（c）所示。刮削时，前后遍的刮削刀迹要交叉，交叉刮削可避免刮削面产生波纹和条状研点。

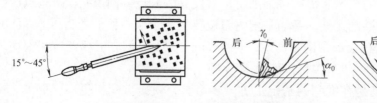

(a) 刮刀的切削角度	(b) 内曲面刮削的操作方法(一)	(c) 内曲面刮削的操作方法(二)

图 9-33　内曲面刮削

三角刮刀可用正前角来进行刮削，所以刮削层比较深，因此在刮削时两切削刃要紧贴工件表面，刮削速度要慢，否则容易产生比较深的振痕。如果已产生了比较深的振痕，可采用钩头刮刀通过轴向拉刮来消除振痕。蛇头刮刀是用负前角来进行刮削，所以刮削层比较浅，其刮削面的表面粗糙度值也就低一些。

② 外曲面刮削。外曲面刮削操作要领是：两手握住平面刮刀的刀身，左手在前，掌心向下，四指横握刀身；右手在后，掌心向上，侧握刀身；刮刀柄部搁在右手臂下侧或夹在腋下；双脚叉开与肩齐，身体稍前倾；刮削时，右手掌握方向，左手下压提刀，完成刮削动作。具体见图 9-34。

图 9-34　外曲面刮削动作要领

（2）刮削的过程

曲面刮削也分为粗刮、细刮、精刮三个工序阶段，与平面刮削工序不同的是仅用同一把刮刀，通过改变刮刀与刮削面的相互位置就可以分别进行粗刮、细刮、精刮三个工序。在刮削曲面时，应注意以下事项。

① 开始刮削时，压力不宜过大，以防止出现抖动而产生较深的振痕。

② 刮削时前后遍的刮削刀迹要交叉。

③ 采用正前角刮削时，由于刮削层比较深，因此刮削速度要适当慢一点，以防止产生较深的振痕。

④ 当刮削面出现较深的振痕时，可采用钩头刮刀通过轴向拉刮来消除振痕。

⑤ 使用曲面刮刀时应特别注意安全。

图 9-35 给出了三角刮刀刮削曲面的过程。

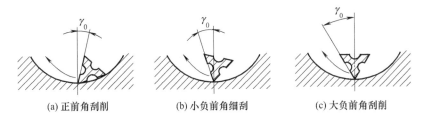

(a) 正前角刮削　　　(b) 小负前角细刮　　　(c) 大负前角刮削

图 9-35　曲面刮削的过程

如图 9-35（a）所示为粗刮，采用正前角刮削，两切削刃紧贴刮削面，刮削层比较深，适宜于粗刮工序。通过粗刮工序，可提高刮削效率。

如图 9-35（b）所示为细刮，采用小负前角刮削，切削刃紧贴刮削面，刮削层比较浅，适宜于细刮工序。通过细刮工序，可获得分布均匀的研点。

如图9-35（c）所示为精刮，采用大负前角刮削，一切削刃紧贴刮削面，刮削层很浅，适宜于精刮工序。通过精刮工序，可获得较高的表面质量。

9.2.3 原始平板的刮削操作

刮削原始平板时，刮刀的操作手法、操作过程与平面刮削的操作基本相同，然而，原始平板的刮削是采用渐进法原理，不用标准平板而以三块毛坯平板依次循环互研、互刮，来达到平板平面度要求的一种传统刮研方法。其具体的刮削步骤及操作要点如下。

① 将三块平板分别除砂、去飞边、去毛刺，四周锉倒角，非加工面刷防锈漆，按A、B、C编号。

② 粗刮三块平板各一遍，去除机加工刀痕和锈迹、氧化皮层。

③ 按原始平板刮削步骤（如图9-36所示）次序，循环轮流粗刮。

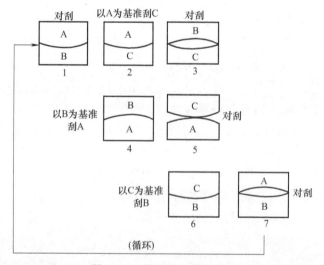

图 9-36 原始平板刮削步骤

先从循环序号为1的A、B两块平板对刮开始，对研对刮A、B两板（C板不参加研和刮）数遍，达到两板都均匀地出现2～3个显点后，A、B两板的粗刮方算结束。然后再按循环序号2继续刮研。以A基准刮C。此遍以A为基准，不能刮A（B不参与，不研也不刮）。A、C研点后，只刮C板。通过数遍刮研，使C板上的显点达2～3个点时结束。接下来将序号3的B、C两板对刮刮研，（A不参与）只对B、C对研对刮。经数遍对研对刮后，使B、C两板都均匀地显示2～3个点为止。

按以上方法依次循环刮研序号4、5、6、7，再从序号7循环到序号1、2、3、…，直到A、B、C三块平板无论怎么研都达到2～3个显点，粗刮才告完成。

④ 按照粗刮循环的次序对 A、B、C 三板进行细刮和精刮，直到三块平板的显点都达到要求的精度为止。

⑤ 刮花是在技术条件有要求时才进行。无要求时，请勿乱刮花，以免影响其接触精度。

9.2.4 角度零件的刮削操作

由图 9-37 可知，该零件 A、B、C 三个平面均需刮削。由于 A 面面积较大，故应先刮，然后以 A 面为基准刮削 B、C 面。这样在刮削 B、C 面时便于安放和测量。其刮削操作步骤如下。

① 刮削 A 面。粗、细、精刮，保证其平面度、直线度和显点要求，其刮削质量可用研点法检测。

② 以 A 面为基准，粗、细、精刮 B 面，保证平面度、角度 30°±20′ 和显点要求。研点时，因重心偏移，不能直接在平板上研点，可用小型平板放在零件的 B 面上研点。30°±20′ 的角度测量可用正弦规或百分表（见图 9-38）。

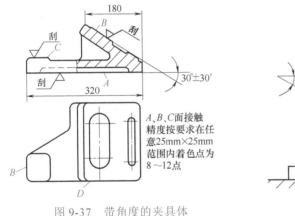

图 9-37　带角度的夹具体

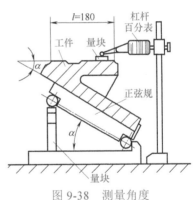

图 9-38　测量角度

③ 以 A 面为基准，粗、细、精刮 C 面，使之达到技术要求各项精度。研点时用小型平板放在 C 面上研。测量平行度时，用百分表直接测量。

9.2.5 机床导轨的刮削操作

车床床身导轨是溜板移动的导向面，是保证刀具移动直线性的关键。图 9-39 给出了其截面图。其中：2、6、7 为溜板用导轨，3、4、5 为尾座用导轨，1、8 为压板用导轨。床身导轨的几何、接触精度和表面粗糙度主要有以下要求：①溜板导轨的直线度，在垂直平面内，全长上为 0.03mm，在任意 500mm 测量

图 9-39　车床导轨

长度上为 0.015mm，只许凸；在水平面内，全长上为 0.025mm；②溜板导轨的平行度（床身导轨的扭曲度）全长上为 0.04mm/1000mm；③溜板导轨与尾座导轨的平行度，在垂直平面与水平面全长上均为 0.04mm，任意 500mm 测量长度上为 0.03mm；④溜板导轨对床身齿条安装面的平行度，全长上为 0.03mm，在任意 500mm 测量长度上为 0.02mm；⑤接触精度要求在 25mm×25mm 方框内，研点不小于 10 点；⑥表面粗糙度要求 Ra1.6μm。

　　根据车床导轨中各导轨的使用要求，可确定床身导轨的刮削步骤，如下。

　　① 选择刮削量最大、导轨中最重要和精度要求最高的溜板用导轨 6、7 作为刮削基准。用角度平尺研点，刮削基准导轨面 6、7，用水平仪测量导轨直线度。刮削到导轨直线度、接触研点数和表面粗糙度均符合要求为止。

　　② 以 6、7 面为基准，用平尺研点刮平导轨 2。要保证其直线度和与基准导轨面 6、7 的平行度要求。

　　③ 测量导轨在垂直平面内直线度及溜板导轨平行度，方法如图 9-40 所示。检验桥板沿导轨移动，一般测 5 个点，得 5 个水平仪读数。横向水平仪读数差为导轨平行度误差。纵向水平仪用于测量直线度，根据读数画导轨曲线图，计算误差线性值。

　　④ 测量溜板导轨在水平面内的直线度（见图 9-41）。移动桥板，百分表在导轨全长范围内最大读数与最小读数之差，为导轨在水平面内直线度误差值。

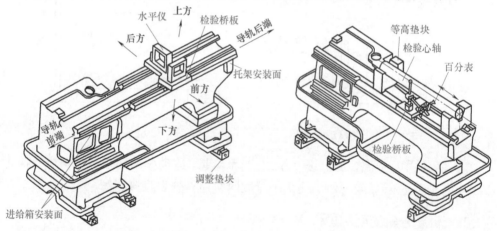

图 9-40　导轨在垂直平面内直线度与溜板导　　　　图 9-41　用检验桥板、百分表测
　　　　　轨平行度测量　　　　　　　　　　　　　量导轨在水平面内的直线度

　　⑤ 以溜板导轨为基准刮削尾座导轨 3、4、5 面，使其达到自身精度和对溜板导轨的平行度要求。检查方法如图 9-42 所示。将桥板横跨在溜板导轨上，百分表座吸在桥板上，触头触及尾座导轨 3、4 或 5。沿导轨移动桥板，在全长上进行测量，百分表读数差为平行度误差值。

⑥ 刮削压板导轨 1、8，要求达到与溜板导轨的平行度，并达到自身精度。测量方法见图 9-43。

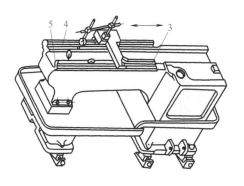 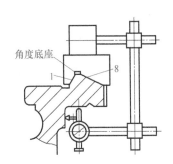

图 9-42　尾座导轨对溜板导轨平行度测量　　图 9-43　测量溜板导轨与压板导轨平行度

第10章 研磨与抛光

10.1 研磨基本技能

用研磨工具和研磨剂对工件表面研去极薄一层金属的精密加工操作称为研磨。其加工原理是使零件与研具在无强制的相对滑动或滚动的情况下，通过加入其间的研磨剂，进行微切削的物理作用和研磨液的化学作用，在零件表面生成易被磨削的氧化膜，从而加速研磨的过程。研磨加工是物理、化学联合作用完成的精密加工。其中物理作用主要是通过涂在研具表面的磨料，在工件与研具的相对运动中会使部分磨粒嵌入研具表面，部分磨粒则悬浮于工件与研具之间，这些磨粒成为无数细小的、浮动的刀刃，在一定压力下，这些刀刃在工件与研具之间发生滚动与滑动，从而对工件表面产生挤压与微量切削。而化学作用则是通过研磨时研磨膏中的活性物质（如硬脂酸、油酸）能使工件表面不断形成氧化膜，又不断被软质磨料去除，从而加速研磨过程，提高研磨加工效率，获得极光洁的表面。

研磨是精密和超精密零件精加工的主要方法之一。研磨加工可获得极高的尺寸精度、形位精度和很低的表面粗糙度值。尺寸精度和形位精度可达到0.001～0.005mm，表面粗糙度Ra值一般为0.1～1.6μm。工件经过研磨加工后其耐磨性和抗腐蚀性都大为提高，同时，配合件经过研磨加工后可获得很高的接触精度。

10.1.1 研具与研磨剂

研磨操作，通常需要研具、研磨剂相互配合才能完成。

（1）研具

研具是附着研磨剂，并在研磨过程中决定工件表面几何形状的标准工具。研具的类型主要分为平板研具、条形平板研具、V形平面研具、圆柱形和圆锥形研具以及异形研具，见图10-1。

　　图 10-1（a）～（d）分别为平板研具中的沟槽平板、光面平板以及条形平板研具中的光面条形平板、沟槽条形平板结构图，其尺寸均已标准化，主要用来研磨保证平面的平直度和平行度，抛光外圆柱、圆锥表面。其中：研磨较大平面工件通常采用标准平板；粗研时采用沟槽平板，使用沟槽平板可避免过多的研磨剂浮在平板上，易使工件研平；精研时采用光面平板；而条形平板研具主要用来研磨平面几何形状较窄的工件平面。

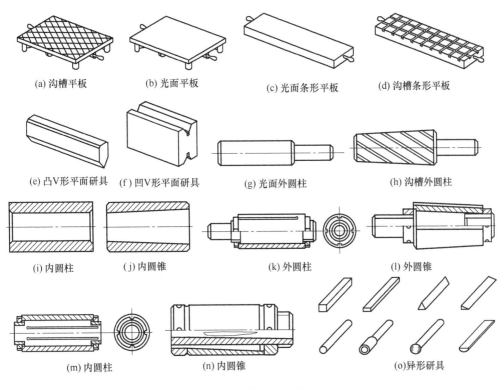

图 10-1　研具的类型

　　图 10-1（e）、图 10-1（f）分别为 V 形平面研具中的凸 V 形平面研具和凹 V形平面研具的结构图，分别用来研磨凸、凹 V 形平面的工件。

　　图 10-1（g）～（j）分别为整体式圆柱形和圆锥形研具中的光面外圆柱、沟槽外圆柱、内圆柱及内圆锥形研具的结构图。图 10-1（k）～（n）分别为可调式圆柱形和圆锥形研具中的外圆柱、外圆锥、内圆柱、内圆锥形研具的结构图，可用来研磨外圆柱、外圆锥及内圆柱、内圆锥。

　　图 10-1（o）为各类异形研具的结构图，异形研具是根据工件被研磨面的几何形状而专门设计制造的一类特殊研具。为了降低加工成本，小型工件的被研磨面可采用各种形状的油石作为研具。

　　为保证工件的研磨质量，研具材料的组织应细密均匀，研磨剂中的微小磨粒应容易嵌入研具表面，而不嵌入工件表面，以保证工件的表面质量。因此，研具材料的硬度应适当低于被研工件的硬度，但也不能过软，否则磨粒全部嵌入研具表面，而失去研磨作用。研具材料还要有良好的耐磨性，以保证被研工件获得一定的尺寸、形位精度和表面粗糙度。

为此，必须合理选用研具材料，根据试验和实际加工经验，常用研具材料的种类、特性及用途如表 10-1 所示。

表 10-1　常用研具材料的种类、特性及用途

材料种类	特性	用途
灰铸铁	耐磨性较好，硬度适中，研磨剂易于涂布均匀	通用
球墨铸铁	耐磨性更好，易嵌入磨料，精度保持性能好	通用
低碳钢	韧性好，不易折断	小型研具，适宜于粗研
铜合金	质软，易嵌入磨料	适宜于粗研和低碳钢件研磨
皮革、毛毡	柔软，对研磨剂有较好的保持性能	抛光工件表面
玻璃	脆性大，厚度一般要求为 10mm 左右	精研或抛光

（2）研磨剂

研磨剂是由磨料（研磨粉）、研磨液及辅助材料混合而成的一种混合研磨用剂。

1）磨料

磨料在研磨中起切削作用。研磨加工的尺寸及形位精度、表面粗糙度都与磨料有密切关系。磨料的种类较多，常用的磨料有氧化铝、碳化硅和金刚石三大类，其种类、特性及用途如表 10-2 所示。

表 10-2　常用磨料的种类、特性及用途

系列	磨料名称	代号	颜色	特性	用途	
					工件材料	应用范围
氧化铝	棕刚玉	A	棕褐色	硬度高，韧性高	钢	粗研磨
	白刚玉	WA	白色	硬度高于棕刚玉，韧性低于棕刚玉		
	铬刚玉	PA	玫瑰红或紫红色	韧性高于白刚玉		
	单晶刚玉	SA	浅黄色或白色	硬度和韧性高于白刚玉		
碳化硅	黑碳化硅	C	黑色	硬度高于白刚玉，性脆而锋利	铸铁、青铜、黄铜	粗研磨
	绿碳化硅	GC	绿色	硬度和脆性高于黑碳化硅		
	碳化硼	BC	灰黑色	硬度仅次于金刚石	硬质合金、硬铬	粗研磨、精研磨
金刚石	人造金刚石	JR	灰色或浅黄色	高硬度，比天然金刚石略脆	硬质合金	粗研磨、精研磨
	天然金刚石	JT		硬度最高		

磨料的粗细程度用粒度表示，粒度越细，研磨精度越高。磨料粒度按照颗粒

尺寸分为磨粉和微粉两种，磨粉号数在 100 ~ 280 范围内选取，数字越大，磨料越细；微粉号数在 W0.5 ~ W40 范围内选取，数字越小，磨料越细。磨料粒度及应用如表 10-3 所示。

表 10-3 磨料粒度及应用

磨料粒度号数	加工工序类别	可达到的表面粗糙度 Ra/μm
100 ~ 280	用于最初的研磨加工	≤ 0.4
W20 ~ W40	用于粗研磨加工	0.2 ~ 0.4
W7 ~ W14	用于半精研磨加工	0.1 ~ 0.2
W1.5 ~ W5	用于精研磨加工	0.05 ~ 0.1
W0.5 ~ W1	用于抛光、镜面研磨加工	0.01 ~ 0.025

2）润滑剂

润滑剂分液态和固态两种。在研磨过程中，润滑剂起着四个方面的作用：一是调和磨料，使磨料在研具上很好贴合和分布均匀；二是润滑作用；三是冷却作用，可减少工件发热变形；四是有些润滑剂能与磨料等发生化学反应，可以加速研磨过程。润滑剂的类别及作用如表 10-4 所示。

表 10-4 润滑剂的种类及作用

类别	名称	在研磨中的作用
液体	煤油	润滑性能好，能吸附研磨剂
	汽油	吸附性能好，能使研磨剂均匀地吸附在研具上
	机油	润滑性能好，吸附性能好
固体	硬脂酸	能使工件表面与研具之间产生一层极薄的、比较硬的润滑油膜
	石蜡	
	脂肪酸	

3）研磨剂的配制

研磨剂分为液态研磨剂和固态研磨剂两类，配制内容可参照表 10-5。

表 10-5 研磨剂的配制

研磨剂类别		研磨剂成分	数量	用途	配制方法
液态研磨剂	1	氧化铝磨粉 硬脂酸 航空汽油	20g 0.5g 200mL	用于平板、工具的研磨	研磨粉与汽油等混合，浸泡一周即可使用，用于压嵌法研磨
	2	研磨粉 硬脂酸 航空汽油 煤油	15g 8g 200mL 15mL	用于硬质合金、量具、刃具的研磨	材质疏松，硬度为 100 ~ 120HBS，煤油加入量应多些；硬度大于 140HBS，煤油加入量应少些

续表

研磨剂类别		研磨剂成分	数量	用途	配制方法
固态研磨剂 （研磨膏，分 为粗、中、精 三种）	1	氧化铝 石蜡 蜂蜡 硬脂酸 煤油	60% 22% 4% 11% 3%	用于抛光	先将硬脂酸、蜂蜡和石蜡加热溶解，然后加入汽油搅拌，经过多层纱布过滤，最后加入研磨粉等调匀，冷却后成为膏状 　使用时将少量研磨膏置于容器中，加入适量蒸馏水，调成糊状，均匀地涂在工件或研具表面上进行研磨
	2	氧化铝磨粉 氧化铬磨粉 硬脂酸 电容器油 煤油	40% 20% 25% 10% 5%	用于精磨	

10.1.2　研磨基本操作技术

研磨操作时，其操作步骤与要点主要有以下几方面的内容。

（1）研磨的操作步骤

① 研磨前准备。根据工件图样，分析其尺寸和形位公差以及研磨余量等基本情况，并确定研磨加工的方法。

② 根据所确定的加工工艺要求，配备研具、研磨剂。

③ 按研磨要求及方法进行研磨。

④ 全面检查研磨的质量。

（2）研磨的操作要点

研磨操作，按操作动力源的不同，可分为手工研磨和机械研磨。按研磨上料方法的不同，主要有干研法、湿研法和半干研法三种。其中，干研法又称为压嵌法，其方法又分为两种。一是采用三块平板并在其上面加入研磨剂，用原始研磨法轮换嵌入研磨剂，使磨料均匀嵌入平板内；二是用淬硬压棒将研磨剂均匀压入平板，研磨时只需在研具表面涂以少量的硬脂酸混合脂等辅助材料。干研法常用于精研磨，所用微粉磨料粒度细于 W7。湿研法又称为涂敷法，研磨前将液态研磨剂涂敷在工件或研具上，在研磨过程中，有的被压入研具内，有的呈浮动状态。由于磨料难以分布均匀，故加工精度不及干研法。湿研法一般用于粗研磨，所用微粉磨料粒度粗于 W7。半干研法类似湿研法，所用研磨剂是糊状研磨膏。研磨既可用手工操作，也可在研磨机上进行。工件在研磨前须先用其他加工方法获得较高的预加工精度，所留研磨余量一般为 5 ～ 30μm。对于不同的加工件，其研磨操作的要点主要有以下几方面内容。

1）研磨加工余量

研磨余量的大小应根据工件研磨面积的大小和精度要求而定。由于研磨加工的切削量极其微小，又是工件的最后一道超精加工工序，为了保证加工精度和加工速度，必须严格控制加工余量，通常研磨余量为 0.005 ~ 0.05mm，有时研磨余量控制在工件的尺寸公差以内。表 10-6 给出了平面研磨的余量。

表 10-6 平面研磨余量　单位：mm

平面长度	平面宽度		
	≤ 25	26 ~ 75	76 ~ 150
25	0.005 ~ 0.007	0.007 ~ 0.010	0.010 ~ 0.014
26 ~ 75	0.007 ~ 0.010	0.010 ~ 0.014	0.014 ~ 0.020
76 ~ 150	0.010 ~ 0.014	0.014 ~ 0.020	0.020 ~ 0.024
151 ~ 260	0.014 ~ 0.018	0.020 ~ 0.024	0.024 ~ 0.030

圆柱面和圆锥面的研磨余量分为外圆研磨余量和内孔研磨余量两种情况，可分别参考表 10-7 和表 10-8 选取。

表 10-7 外圆研磨余量　单位：mm

外径	余量	直径	余量
≤ 10	0.003 ~ 0.005	51 ~ 80	0.008 ~ 0.012
11 ~ 18	0.006 ~ 0.008	81 ~ 120	0.010 ~ 0.014
19 ~ 30	0.007 ~ 0.010	121 ~ 180	0.012 ~ 0.016
31 ~ 50	0.008 ~ 0.010	181 ~ 260	0.015 ~ 0.020

2）研磨速度与压力的选择

采用不同的研磨方法，其研磨速度及压力也应取不同的数值，表 10-9、表 10-10 分别给出了采用不同研磨方法时研磨速度、压力的选择。

表 10-8 内孔研磨余量　单位：mm

内径	余量	
	铸铁	钢
25 ~ 125	0.020 ~ 0.100	0.010 ~ 0.040
150 ~ 275	0.080 ~ 0.100	0.020 ~ 0.050
300 ~ 500	0.120 ~ 0.200	0.040 ~ 0.060

表 10-9 研磨速度的选择　单位：m/min

研磨方法	平面		外圆	内孔	其他
	单面	双面			
湿研法	20 ~ 120	20 ~ 60	50 ~ 75	50 ~ 100	10 ~ 70
干研法	10 ~ 30	10 ~ 15	10 ~ 25	10 ~ 20	2 ~ 8

注：①工件材质软或精度要求高时，速度取小值。
②内孔指孔径范围 6 ~ 10mm。

表 10-10　研磨压力的选择　单位：MPa

研磨方法	平面	外圆	内孔	其他
湿研法	0.10 ~ 0.25	0.15 ~ 0.25	0.12 ~ 0.28	0.08 ~ 0.12
干研法	0.01 ~ 0.10	0.05 ~ 0.15	0.04 ~ 0.16	0.03 ~ 0.10

注：表中内孔孔径范围 5 ~ 20mm。

3）手工研磨平面运动轨迹的选择

手工研磨平面的运动轨迹一般有：直线研磨运动轨迹、摆动式直线研磨运动轨迹、螺旋形研磨运动轨迹、8 字形或仿 8 字形研磨运动轨迹。

如图 10-2（a）所示为直线研磨运动轨迹示意图，由于直线研磨运动轨迹不能相互交叉，容易直线重叠，使被研工件表面的表面粗糙度较差一些，但可获得较高的几何精度。一般用于有台阶的狭长平面，如平面板、直尺的测量面等。

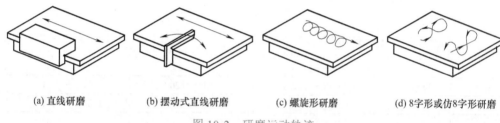

(a) 直线研磨　　(b) 摆动式直线研磨　　(c) 螺旋形研磨　　(d) 8字形或仿8字形研磨

图 10-2　研磨运动轨迹

如图 10-2（b）所示为摆动式直线研磨运动轨迹示意图，其运动形式是在左右摆动的同时，作直线往复移动。对于主要保证平面度要求的研磨件，可采用摆动式直线研磨运动轨迹，如研磨双斜面直尺、样板角尺的圆弧测量面等。

如图 10-2（c）所示为螺旋形研磨运动轨迹示意图，圆片或圆柱形工件端面的研磨，一般采用螺旋形研磨运动轨迹，这样能够获得较高的平面度和较低的表面粗糙度。

如图 10-2（d）所示为 8 字形或仿 8 字形研磨运动轨迹示意图，采用 8 字形或仿 8 字形研磨运动轨迹进行研磨，能够使被研工件表面与研具表面均匀接触，这样能够获得很高的平面度和很低的表面粗糙度，一般用于研磨小平面的工件。

10.1.3　研磨操作注意事项

研磨操作时，工件相对于研具的运动，要尽量保证工件上各点的研磨行程长度相近。工件运动轨迹均匀地遍及整个研具表面，以利于研具均匀磨损。同时，研磨运动轨迹的曲率变化要小，以保证工件运动平稳。为了减少切削热，研磨一般在低压低速条件下进行。此外，研磨操作时还应注意以下事项。

① 正确选用研磨圆盘。当采用研磨机进行机械研磨时，应正确地选择研

圆盘。机研圆盘表面多开螺旋槽，其螺旋方向应考虑圆盘旋转时，研磨液能向内侧循环移动，以便与离心力作用相抵消，如用研磨膏研磨时，应选用阿基米德螺旋槽。常见的沟槽形式如表 10-11 所示。

表 10-11 研磨圆盘常见的沟槽形式

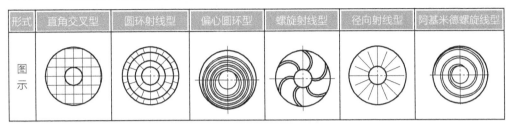

形式	直角交叉型	圆环射线型	偏心圆环型	螺旋射线型	径向射线型	阿基米德螺旋线型
图示						

② 正确选用研具、研磨剂。研具材质、研磨剂的选择可参照表 10-1 ～表 10-5。上研磨剂时，应注意每次加的量不宜过多，要分布均匀，以免造成工件边缘研坏。当改变研磨工序时，必须作全面清洗，以清除上道工序所留下的较粗磨料。

③ 研磨场地的选择。为保证研磨质量，研磨的场地室内温度应控制在（20±1）℃ 或（20±5）℃，精度要求不高的工件，也可在常温下研磨。为防止工件锈蚀，一般空气相对湿度要求为 40% ～ 60%。精密研磨场地应选择在坚实的基座上，防止由于振动而影响加工和对精度的测量。

10.2 研磨典型实例

在生产加工过程中，对于不同的零件，其研磨的操作方法也是不同的，常见零件的研磨操作技法主要有以下几方面。

10.2.1 平直面的研磨

要求高的精密工件的平面度、直线度和表面粗糙度，最后大多数是靠研磨来保证的。平直面的研磨，一般分为粗研和精研。粗研用有槽的平板，精研用光滑平板。研磨时，首先应用煤油或汽油把平板研具表面和工件表面清洗干净并擦干，再在平板研具表面涂上适当的研磨剂，然后把工件需要研磨的表面合在平板研具表面。在平板研具的整个表面内，以 8 字形研磨运动轨迹、螺旋形研磨运动轨迹和直线研磨运动轨迹相结合的方式进行研磨，并不断变更工件的运动方向。

在研磨过程中，要边研磨边加注少量煤油，以增加润滑，同时要注意在平板的整个面积内均匀地进行研磨，以防止平板产生局部凹陷。当工件在做 8 字形研磨轨迹运动时，还需按同一个方向（始终按顺时针或逆时针）不断地转动。

10.2.2 狭窄平面的研磨

狭窄平面研磨方法如图 10-3 所示。研磨狭窄工件平面时，要选用一个导靠块，将工件的侧面贴紧导靠块的垂直面一同进行研磨，采用直线研磨运动轨迹进行研磨。为了获得较低的表面粗糙度，最后可用脱脂棉浸煤油，把剩余磨料擦干净，进行一次短时间的半干研磨。

10.2.3 V 形面的研磨

V 形面研磨方法如图 10-4 所示。研磨工件的凸 V 形面时，可将凹 V 形面研具进行固定，直线移动工件进行研磨。研磨工件的凹 V 形面时，可将工件进行固定，直线移动凸 V 形面研具进行研磨。

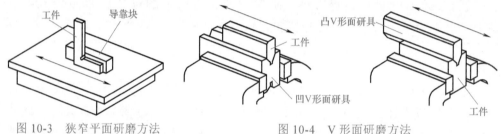

图 10-3　狭窄平面研磨方法　　　　　图 10-4　V 形面研磨方法

10.2.4 外圆柱面的研磨

圆柱面（包括外、内圆柱面）的研磨一般是以手工与机器相互配合进行操作，即通过机器设备的卡盘夹住工件或研具，手握研具或工件做轴向往复运动。其操作要点主要有以下几方面。

① 研具。研具有固定式和可调式两大类。对固定式研套的内孔尺寸需要按照被研工件的几何精度制作，对工件每一种规格直径的研磨需备有 2～3 种研具。每组研具的孔差可参考表 10-12。

表 10-12　固定式研套的孔径尺寸　单位：mm

序号	尺寸	备注
1	比被研孔大 0.015	开沟槽
2	比第一根小 0.01～0.015	开沟槽或光面
3	比第二根小 0.005～0.008	光面

② 研磨方法。外圆柱面一般是在车床或钻床上用研套对工件进行研磨操作，如图 10-5 所示。研套的长度一般为孔径的 1～2 倍，研套的内径应比工件的外径略大 0.005～0.025mm。先将研磨剂均匀地涂在工件的外圆柱表面，通常采用工件转动方式，双手将研套套在工件上，然后做轴向往复运动，并稍作径向摆

动，如图 10-5 所示。研磨时，工件（或研具）的转动速度与直径大小有关，直径大，转速慢，反之，转速快。

一般直径小于 80mm 时取 100r/min，直径大于 100mm 时取 50r/min。轴向往复速度应该与转速相互协调，可根据工件在研磨时出现的网纹来控制。当出现 45°～60°的交叉网纹时，说明轴向往复速度适宜，如图 10-6 所示。

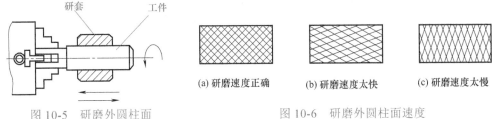

图 10-5 研磨外圆柱面　　　　图 10-6 研磨外圆柱面速度

10.2.5 内圆柱面的研磨

内圆柱面的研磨操作要点主要有以下几方面。

① 研具。研具也有固定式和可调式两大类。固定式研棒的直径尺寸需要按照被研工件孔的几何精度制作。要求比较高的孔，每组研棒常多达五种之多（如粗研、半精研两种、精研两种）。每组研棒的直径差可参考表 10-13。

表 10-13 固定式研棒的直径差 单位：mm

序号	尺寸	备注
1	比被研孔小 0.015	开沟槽
2	比第一根大 0.01 ～ 0.015	开沟槽
3	比第二根大 0.005 ～ 0.008	开沟槽
4	比第三根大 0.005	开沟槽或光面
5	比第四根大 0.003 ～ 0.015	光面

② 研磨方法。内圆柱面的研磨一般是在车床或钻床上进行，如图 10-7 所示。研磨内圆柱面是将工件套在研棒上进行，研棒的外径应比工件的内径略小 0.01 ～ 0.025mm，研棒工作部分的长度一般是工件长度的 1.5 ～ 2 倍。先将研磨剂均匀地涂在研具表面，工件固定不动，用手转动研棒，同时做轴向往复运动。研磨时，当工件的两端有过多的研磨剂被挤出时，应及时擦去，否则会使孔口扩大形成喇叭口状。

10.2.6 外圆锥面的研磨

与圆柱面的研磨一样，圆锥面（包括外圆锥面及内圆锥面）的研磨一般也是以手工与机器相互配合进行操作，即通过机器设备的卡盘夹住工件或研具，手握研具或工件做轴向往复运动。其操作要点主要有以下几方面。

① 研具。研磨外圆锥面用的研套一般按大于被研外圆锥面的大端直径 0.025 ～ 0.05mm、小于被研外圆锥面的小端直径 0.025 ～ 0.05mm 制作一件即可。

② 研磨方法。外圆锥面的研磨一般是在车床或钻床上进行，如图 10-8 所示。将研磨剂均匀地涂在研套上，然后套入工件的外圆锥面，每旋转 4 ～ 5 圈后，将研套稍微拔出一些，再推入研磨。研磨到接近要求的精度时，取下研套，擦净研套和工件表面的研磨剂，重新套入工件研磨，这样可起到抛光作用，一直研磨到工件表面呈银灰色或发光并达到加工精度为止。

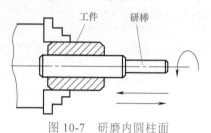

图 10-7　研磨内圆柱面

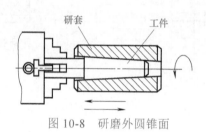

图 10-8　研磨外圆锥面

10.2.7　内圆锥面的研磨

内圆锥面的研磨操作要点主要有以下几方面。

① 研具。研磨内圆锥面用的研棒一般按大于被研内圆锥面的大孔直径 0.025 ～ 0.05mm、小于被研内圆锥面的小端直径 0.025 ～ 0.05mm 制作一件即可。

② 研磨方法。一般是在车床或钻床上进行，如图 10-9 所示。将研磨剂均匀地涂在研棒上，然后插入工件的内圆锥面，工件的转动方向应和研棒的螺旋槽方向相适应，每旋转 4 ～ 5 圈后，将研棒稍微拔出一些，再插入研磨。研磨到接近要求的精度时，取下研棒，擦净研棒和工件表面的研磨剂，重新插入工件研磨，这样可起到抛光作用，一直研磨到工件表面呈银灰色或发光并到加工精度为止。

10.2.8　阀门密封线的研磨

为了保证各种阀门的结合部位既具有良好的密封性能，又便于研磨加工，一般在阀门的结合部位加工出很窄的接触面，其形式有球面、锥面和平面，这些很窄的接触面称为阀门密封线。阀门密封线的形式如图 10-10 所示。研磨阀门密封线的方法，多数是用阀盘与阀座直接互相研磨。

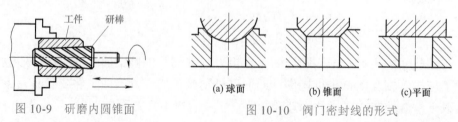

图 10-9　研磨内圆锥面

(a) 球面　　(b) 锥面　　(c) 平面

图 10-10　阀门密封线的形式

10.3 抛光

用抛光工具和磨料对工件表面进行的减小表面粗糙度的操作称为抛光，与研磨加工不同的是，抛光仅能减小表面粗糙度，但不能提高工件形状精度和尺寸精度。通常普通抛光工件的表面粗糙度可达 $Ra0.4\mu m$。

10.3.1 抛光工具与磨料

抛光轮与磨料是抛光加工的主要工具，抛光轮材料的选用可参考表 10-14。

表 10-14 抛光轮材料的选用

抛光轮用途	选用材料		
	品名	柔软性	对抛光剂保持性
粗抛光	帆布、压毡、硬纸壳、软木、皮革、麻	差	一般
半精抛光	棉布、毛毡	较好	好
精抛光	细棉布、毛毡、法兰绒或其他毛织品	最好	最好
液中抛光（抛光件浸在抛光液中）	细毛毡（用于精抛）、脱脂木材（椴木）	好（木质松软）	含浸性好

表 10-15、表 10-16 分别给出了软磨料的种类和特性、固体抛光剂的种类与用途。

表 10-15 软磨料的种类和特性

磨料名称	成分	颜色	硬度	适用材料
氧化铁（红丹粉）	Fe_2O_3	红紫	比 Cr_2O_3 软	软金属、铁
氧化铬	Cr_2O_3	深绿	较硬，切削力强	钢、淬硬钢
氧化铈	Ce_2O_3	黄褐	抛光能力优于 Fe_2O_3	玻璃、水晶、硅、锗等
矾土	—	绿	—	

表 10-16 固体抛光剂的种类与用途

类别	品种（通称）	抛光用软磨料	用途	
			适用工序	工件材料
油脂性	赛扎尔抛光膏	熔融氧化铝（Al_2O_3）	粗抛光	碳素钢、不锈钢、非铁金属
	金刚砂膏	熔融氧化铝（Al_2O_3）金刚砂（Al_2O_3、Fe_3O_4）	粗抛光（半精抛光）	碳素钢、不锈钢等
	黄抛光膏	板状硅藻岩（SiO_2）	半精抛光	铁、黄铜、铝、锌压铸件、塑料等
	棒状氧化铁（紫红铁粉）	氧化铁（粗制）（Fe_2O_3）	半精抛光精抛光	铜、黄铜、铝、镀铜面等

续表

类别	品种（通称）	抛光用软磨料	用途	
			适用工序	工件材料
油脂性	白抛光膏	焙烧白云石（MgO、CaO）	精抛光	铜、黄铜、铝、镀铜面、镀镍面等
	绿抛光膏	氧化铬（Cr_2O_3）	精抛光	不锈钢、黄铜、镀铬面
	红抛光膏	氧化铁（精制）（Fe_2O_3）	精抛光	金、银、白金等
	塑料用抛光剂	微晶无水硅酸（SiO_2）	精抛光	塑料、硬橡胶、象牙
	润滑脂修整棒（润滑棒）	—	粗抛光	各种金属、塑料
非油脂性	消光抛光剂	碳化硅（SiC）熔融氧化铝（Al_2O_3）	消光加工	各种金属及非金属材料，包括不锈钢、黄铜、锌（压铸件）、镀铜、镀镍、镀铬面及塑料等

10.3.2　抛光工艺参数

一般抛光的线速度为 2000m/min 左右。抛光压力随抛光轮的刚性不同而不同，最高不大于 1kPa，如果过大会引起抛光轮变形。一般在抛光 10s 后，可将前加工表面粗糙程度减少 1/10 ～ 1/3，减少程度随磨粒种类不同而不同。

第**11**章　矫正

矫正是对几何形状不合乎产品要求的钢结构及原材料进行修正，使其产生一定程度的塑性变形，从而达到产品所要求的几何形状的修正方法。矫正是对塑性变形而言，所以只有塑性好的材料才能进行矫正，而塑性差的材料，如铸铁、淬火钢等一般不能矫正，否则易断裂。

矫正的方法主要有手工矫正、机械矫正与火焰矫正等几种类型。

11.1　手工矫正基本技能

11.1.1　手工矫正的原理

金属板材、型材矫正的实质就是使其产生新的塑性变形去消除原来不应有的变形。手工矫正的操作实质上就是使用手工工具（大锤或手锤）在工作平台上锤击工件的特定部位，通过对坯料进行"收""放"操作，从而使较紧部位的金属得到延伸，最终使各层纤维长度趋于一致，来实现矫正。

要正确地实现矫正的操作，并能以最短的时间、最少的捶击完成，就要求操作者能准确判断变形部位并掌握必要的操作要领。

（1）"松""紧"的概念

"松""紧"是冷作工对钢板因局部应力的不同，使钢板出现了凹凸不平现象的叫法。习惯上，对变形处的材料伸长，呈凹凸不平的松弛状态称为"松"；而未变形处材料纤维长度未变化，处于平直状态的部位称为"紧"。矫正时，将紧处展松或松处收紧，取得松紧一致即可达到矫正目的，捶击紧处就起到放的作用。所用锤头或拍板（甩铁）材料硬度不能高于被矫材料，橡胶、木材、胶木、塑料、铝、铜、低碳钢是常用材料。

（2）"松""紧"的判断及其操作

在矫正之前，应检查钢板的变形情况。钢板的"松"或"紧"可以凭经验判断：看上去有凸起或凹下，并随着按压力的移动能起伏的区域是"松"的现象，而看上去较平的区域就是"紧"的现象。一块不平的薄钢板放在无孔的平台上，由于它的刚性差，有的部位翘起，有的部位与平台附贴。若薄板四周平整、能贴合平台，但中间凸起，也就是中间松、四周紧。因此要用手锤捶放四周，捶击方向由里向外，捶击点要均匀并愈往外愈稠密，捶击力也愈大，这样可使四周材料放松，消除凸起，如图11-1（a）所示。若薄板中间贴合平台，周边扭动成波浪形，此时周边松。可先用橡胶带抽打周边，使材料收缩。如果板料周边有余量，可用收边机收缩周边，修整后将余量切割掉。矫正时要放中间，捶击方向由外向里，锤击点要均匀而且愈往里愈密，捶击力也愈

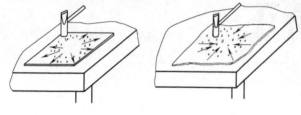

(a) 中间松、四周紧的薄板　　　(b) 中间紧、四周松的薄板

图 11-1　薄板的手工矫正

大，如图11-1（b）所示。

　　有的钢板变形，松紧处一时难辨，可以从边缘内部的适当部位进行环状锤击，使其无规律的变形，变成有规律的变形，然后再把紧的部位放松。如遇有局部严重凸起而不便放松四周时，可先对严重凸起处进行局部加热，使凸起处收缩到基本平整后，再进行冷作矫正。在矫正时，应翻动工件，两面进行捶击。

　　需要说明的是：手工矫正的操作手法应在判定板料"松""紧"部位的基础上，再根据板料的刚性等特性有针对性地使用。仍以图11-1为例，若为厚板，由于产生的主要是弯曲变形，因此，可采用以下两种方法进行矫正：①直接捶击凸起处，捶击力要大于材料的屈服点，使凸起处受到强制压缩或产生塑性变形而矫平；②捶击凸起区域的凹面，捶击凹面可用较小的力量，使材料凹面扩展，迫使凸面受到相对压缩，从而使厚板得到矫平。

11.1.2　手工矫正工具

　　手工矫正用的主要工具有手锤、大锤、型锤、平台、铁砧及台虎钳等。在矫正薄钢板、有色金属材料或表面质量要求较高的工件时，还常会用到木锤、铜锤、橡胶锤等用较软材料制成的锤；此外，还有台虎钳、弓形夹、

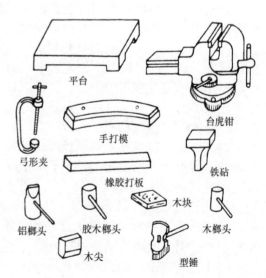

平台　　台虎钳　　手打模　　铁砧　　弓形夹　　橡胶打板　　木块　　铝榔头　　胶木榔头　　木榔头　　木尖　　型锤

图 11-2　手工矫正常用的工具

铁砧等工具，如图 11-2 所示。在矫正较大的轴类零件或棒料时，还可能用到手动螺旋压力机。

为检查矫正的质量，还需用到检验工具，主要包括平板、90°角尺、直尺和百分表等。

① 木槌。木槌的槌头一般用硬杂木制成，呈圆柱状，装以木柄。规格常以槌头圆柱直径划分，在 $\phi 80 \sim 250mm$ 内有多种规格，见图 11-3。

② 铜锤。铜锤的锤头用铜制成，锤柄常用圆钢制作，铜锤没有一定的规格，多为自制。

③ 平台。单个平台的规格为 1000mm×1500mm、2000mm×3000mm，其高度为 200～300mm，分为带孔平台［见图 11-4（a）］和带 T 形槽平台［见图 11-4(b)］两种。平台除用于矫正工序外，还常用于放样、弯曲、装配等工序。

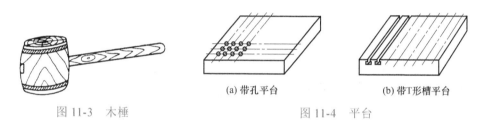

图 11-3　木槌

(a) 带孔平台　　(b) 带T形槽平台

图 11-4　平台

当需要更大作业平面的平台时，也可以用多块平台拼在一起，但必须经过找平、固定后，方可使用。

④ 铁砧。铁砧是消除板材及型材不平、不直或翘曲等缺陷的基座。

⑤ 橡胶打板。橡胶打板主要用于抽打较大面积的薄板料。

11.2　手工矫正典型实例

由于所矫正构件的材质、结构及变形产生原因各不同，因此，其手工矫正的操作手法也有所不同。

11.2.1　薄钢板中部凸起变形的矫正操作

手工矫正薄钢板（一般按厚度小于 2mm）的变形时，应在分析其变形具体情况的基础上，有针对性地采取措施。

对于薄钢板中部凸起变形的这类变形，可以看作是钢板中部松、四周紧。矫正时应在板料的边缘适当地加以延展，使材料向四周延伸，以扩大凸起部位的空间面积，使板料趋于平整。锤击时，应从板料的边缘向中间锤击，锤击点从外到里（即图中箭头方向）应逐渐由重到轻，由密到稀，直至凸起部位逐渐消除，达到平整的要求为止，如图 11-5（a）所示。

操作时应注意不能直接锤击凸起部位，这样做不仅不能矫平，而且会使凸起和翘曲更加严重。这是因为薄钢板的刚性较差，锤击时，如果凸起处被压下获得扩展，材料则更薄，凸起现象更严重，如图 11-5（b）所示。

11.2.2　薄钢板四周呈波浪形变形的矫正操作

对于薄钢板四周呈波浪形变形的这类变形，可以看作是钢板的四周松、中间紧。说明板料四周变薄变长了。矫正时，应按图 11-6 中箭头方向由四角向中间锤打，中间应重而密，边角应轻而疏，经过反复多次锤打，使钢板中部紧的区域获得充分延展，将板料矫平。

11.2.3　薄钢板无规则变形的矫正操作

对于薄钢板无规则变形的这类变形，有时矫正时很难一下判断出松、紧区，这时，可以根据钢板变形的情况，在钢板的某一部位进行环状锤击，使无规则变形变成有规则变形，然后再判断松、紧部位，而后进行矫正。

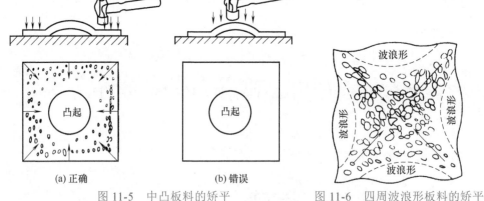

(a) 正确　　(b) 错误

图 11-5　中凸板料的矫平　　　　图 11-6　四周波浪形板料的矫平

11.2.4　厚钢板的手工矫正

由于厚钢板（厚度大于 2mm）的刚性较大，手工矫正比较困难，常采用机械矫正。但对一些用厚钢板制成的小型工件，也经常用手工方法对其进行矫正，具体的操作方法主要有以下几种。

① 直接锤击法。将弯曲的厚钢板凸面朝上扣放在平台上，持大锤直接锤击钢板的凸起处，当锤击力足够大时，可使钢板的凸起处受压缩而产生塑性变形，从而使钢板获得矫平，见图 11-7。

② 扩展凹面法。扩展凹面法的具体操作方法是将弯曲钢板凸侧朝下放在平台上，在钢板的凹处进行密集锤击，使其表层扩层而获得矫平，见图 11-8。

实际生产中，当钢板幅面较大，采用其他手段进行矫正有困难时，常用风枪装上平冲头，代替锤击来扩展凹面。这种方法比较有效，但噪声较大，并且容易击伤钢板表面，使钢板表面粗糙，影响外观。

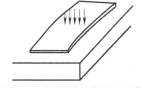
图 11-7　厚板的直接锤击矫正

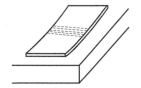
图 11-8　厚板的扩展凹面矫正

11.2.5　扭曲条料的矫正

条料扭曲变形时，可采用扭转的方法进行矫直，如图 11-9 所示。将工件的一端夹在台虎钳上，用类似扳手的工具或活扳手夹住工件的另一端，左手按住工具的上部，右手握住工件的末端，施力使工件扭转到原来的形状。

11.2.6　厚度方向上弯曲条料的矫直

对于条料在厚度方向上的弯曲，矫正时，可将条料在近弯曲处夹入台虎钳，然后在它的末端用扳手朝相反的方向扳动［见图 11-10（a）］，使其弯曲处初步扳直。或将条料的弯曲处放在台虎钳钳口内，利用台虎钳把它初步夹直［见图 11-10（b）］，消除显著的弯曲现象，然后再放到平板或铁砧上用锤子锤打，进一步矫直到所需要的平直度。

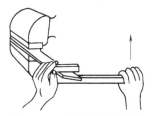
图 11-9　扭曲条料的矫直

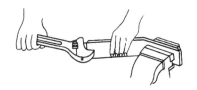

(a) 用扳手初步扳直　　　　(b) 用台虎钳初步矫直
图 11-10　矫直条料厚度方向的弯曲

11.2.7　宽度方向上弯曲条料的矫直

矫直条料在宽度方向上弯曲时，可先将条料的凸面向上放在铁砧上，锤打凸面，然后再将条料平放在铁砧上用延展法矫直，如图 11-11 所示。延展法矫直时，必须锤打弯曲的内圆弧一边材料（图中细线为锤击部位），经锤击后使这一边的材料伸长而变直。如条料的断面十分宽而薄，则只能直接用延展法矫直。

11.2.8　角钢扭曲的矫正

对于角钢扭曲的矫正，应将平直部分放在铁砧上，锤击上翘的一面（见

图 11-12）。锤击时，应由边向里，由重到轻（见图中箭头）。锤击一遍后，反过方向再锤击另一面，方法相同，锤击几遍可使角钢矫直。但必须注意手扶平直一端，离锤击处要远些，防止锤击时振痛手。

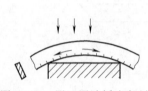

图 11-11　用延展法矫直条料

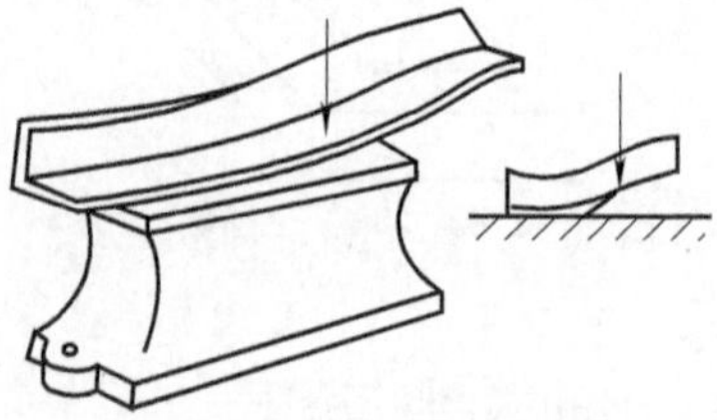

图 11-12　在铁砧上矫正角钢的扭曲

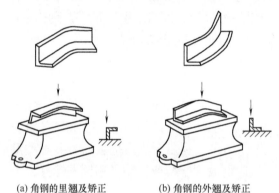

(a) 角钢的里翘及矫正　　(b) 角钢的外翘及矫正

图 11-13　在铁砧上矫直角钢的翘曲

11.2.9　角钢翘曲的矫正

角钢的翘曲一种是向里翘，一种是向外翘。不论哪个方向的翘曲，矫正时，应先将角钢翘曲的凸起处向上平放在砧座上。如果向里翘，应锤击角钢的一条边的凸起处［图 11-13（a）箭头所指处］，经过由重到轻的锤击，角钢的外侧面会逐渐趋于平直。但必须注意，角钢与砧座接触的一边必须和砧面垂直，锤击时，不致使角钢歪倒，否则要影响锤击效果。如果是向外翘，应锤击角钢凸起的一条边［图 11-13（b）箭头所指处］，不应锤击凸起的面，经过锤击，角钢凸起的内侧也会随着角钢的边一起逐渐平直。翘曲现象基本消除后，可用锤子锤击微曲面，做进一步修整。

11.2.10　轴类零件的矫直

轴类零件的矫正，由于矫正力较大，通常在手动螺旋压力机上进行。矫正前，先把轴装在顶尖上或架在 V 形架上，使凸部向上。矫直前，使轴转动，用粉笔画出弯曲部位，转动压力螺杆，使压块压在凸起部位上。为了去除弹性变形所产生的回翘，压时可适当压过头一些，然后用百分表检查轴的弯曲情况，边矫正边检查，直至矫正到符合要求为止。

11.2.11　钢件淬火后变形的矫正

对钢件淬火后变形的矫正，一般视淬火硬度的不同而有针对性地采取措施。对于硬度在 35HRC 以下的工件，由于硬度不算太高，刚度较大。通常采用弯曲法或延展法矫正。对于精度要求较高的工件，应在矫正后进行回火处理，以消除应力，稳定组织。

对于硬度较高工件的变形，如用弯曲法矫正，则工件易产生裂纹或断裂而报废。此时，只能用矫正锤轻击工件局部，使其延展，达到消除变形目的。

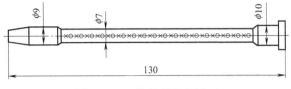

图 11-14　模具型芯的矫正

如图 11-14 所示工件为一模具型芯，材料为 Cr12MoV，硬度为 55～58HRC，淬火后变形量为 0.8mm。

其矫正方法为：找出凹陷最大一侧，用矫正锤（锤顶工作部位硬度＞63HRC）从凹面向两端捶击（图中的 ×○ 表示捶击部位），然后再由一端向另一端捶击，直到合格为止。捶击时，着力点应与铁砧或垫铁支撑点相对应，不允许悬空捶击，捶击面应浅而宽，捶击力不应太大，否则零件会断裂或内部产生裂纹。因此，变形太大的工件，应在回火后再矫正。

11.2.12　有色金属的手工矫正

有色金属常见的为铝合金和铜合金等，它们的力学性能都不太高。但为了尽可能地提高材料的加工工艺性，对于可通过热处理强化的金属，通常采用入厂为退火状态的材料。

有色金属的手工矫正操作手法与钢板基本相同，但由于有色金属锤击后，易在其表面产生锤印，因此，在有色金属薄板件的矫正和成形中，多采用一种由中等硬度的厚橡胶板制成的橡胶条作为抽击工件的矫正工具（又称为抽条），用于抽打较大面积的板料。抽击的目的是使工件上被橡胶条抽击接触部位的材料产生沿橡胶条长度方向的切向收缩变形。

此外，还可能用到拍板等工具，拍板是用质地较硬的檀木制成的专用工具，用于板料矫正时的敲打。

11.3　火焰矫正的基本技能

在金属材料的热矫正中，应用最广泛的是氧乙炔的火焰矫正。火焰矫正不但用于材料的准备工作，而且还可以用于矫正结构在制造过程中的变形。由于火焰矫正方便灵活、成本低廉，所以其应用比较广泛。

11.3.1　火焰矫正的原理

金属材料都有热胀冷缩的物理特性，当局部加热时，被加热处的材料受热而膨胀，但由于周围材料温度低，因此膨胀受到阻碍，此时加热处金属受压缩应力；当加热温度为 600～700℃时，压缩应力超过材料在该温度下的屈服强度，产生压缩塑性变形。停止加热后，金属冷却缩短，结果加热处金属纤维要比原先的短，则产生了新的变形。火焰矫正的原理就是利用金属局部受热后所引起的新的变形去矫正原先的变形。因此，了解火焰局部受热时所引起的变形规律，是掌握火焰矫正的关键。

图 11-15 为钢板、角钢、丁字钢在加热中和加热后的变形情况，图 11-15 中的三角形为加热区域，由于受热处的金属纤维冷却后要缩短，所以型钢向加热一侧发生弯曲变形。

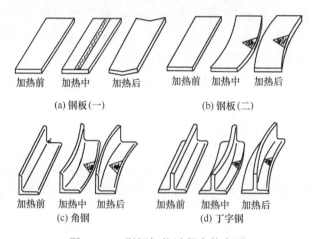

图 11-15　型钢加热过程中的变形

火焰矫正时，必须使加热产生的变形与原变形的方向相反，才能抵消原来的变形而得到矫正。

火焰矫正加热的热源，通常是采用氧乙炔焰，这是因为氧乙炔焰温度高，加热速度快。

11.3.2　火焰矫正基本操作技术

火焰矫正必须根据工件变形情况，控制好火焰加热的部位、时间、温度等方面才能获得较好的矫正效果。不同的加热位置可以矫正不同方向的变形，加热位置应选择在金属纤维较长的部位，即材料产生弯曲变形的外侧。此外，被加热工件上加热区域的形状对工件矫正变形方向和变形量都起着较大的影响，被矫正工件上穿过加热区纤维长度相差最大的方向为该工件弯曲变形最大的方向，其变形量与穿过加热区的长度差成正比。用不同的火焰热量加热，可以获得不同的矫正变形的能力。若火焰的热量不足，就会延长加热时间，使受热范围扩大，平行纤维之间的变形差减小，这样就不易矫平，所以加热速度越快、热量越集中，矫正能力也越强，矫正变形量也越大。

低碳钢和普通低合金钢火焰矫正时，常采用 $600 \sim 800℃$ 的加热温度。一般加热温度不宜超过 $850℃$，以免金属在加热时过热，但加热温度也不能过低，因为温度过低时矫正效率不高。加热温度高低，在生产中可按钢材受热表面颜色来大致判断，其准确程度与经验有关，详见表 11-1。

在变形工件表面上加热的方式有点状加热、线状加热和三角形加热三种。

点状加热是指加热的区域为一定直径的圆状区域的点。根据钢材的变形情况来确定加热点分布形状和加热点的数量。多点加热常用梅花式 [见图 11-16(a)]，各点直径 d 对厚板加热时要适当大些，薄板要小些，一般不应小于 15mm。

表 11-1 钢材表面颜色与相应温度（暗处观察）

颜色	温度/℃	颜色	温度/℃
深褐红色	550 ~ 580	亮樱红色	830 ~ 900
褐红色	580 ~ 650	橘黄色	900 ~ 1050
暗樱红色	650 ~ 730	暗黄色	1050 ~ 1150
深樱红色	730 ~ 770	亮黄色	1150 ~ 1250
樱红色	770 ~ 800	白黄色	1250 ~ 1300
淡樱红色	800 ~ 830		

变形量越大，点与点之间的距离 a 应越小，一般为 $50 \sim 100mm$。

加热时火焰沿直线方向移动或同时在宽度方向作一定的横向摆动，称为线状加热 [见图 11-16 (b)]。它有直通加热、链状加热和带状加热三种。加热线的横向收缩一般大于纵向收缩，其收缩量随着加热线宽度的增加而增加，加热线宽度一般为钢材厚度的 $0.5 \sim 2$ 倍左右。线状加热一般用于变形较大的结构。

加热区域呈三角形的称为三角形加热 [见图 11-16(c)]。由于加热面积较大，所以收缩量也较大，并由于沿三角形高度方向的加热宽度不等，所以收缩量也不等，因而矫正的弯曲变形量也较大，常用于刚度较大和变形量较大构件的弯曲变形矫正。

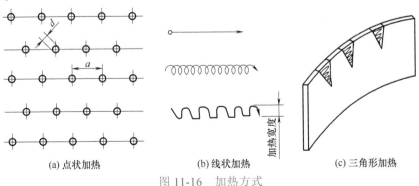

(a) 点状加热　　　　　(b) 线状加热　　　　　(c) 三角形加热

图 11-16　加热方式

11.4 常见典型零件的火焰矫正

表 11-2 给出了常见钢材乙炔火焰矫正的方法。

表 11-2 常见钢材的乙炔火焰矫正方法

坯料	原变形	加热方式	简图	说明
薄钢板（厚度不大于8mm）	中部凸起	点状加热	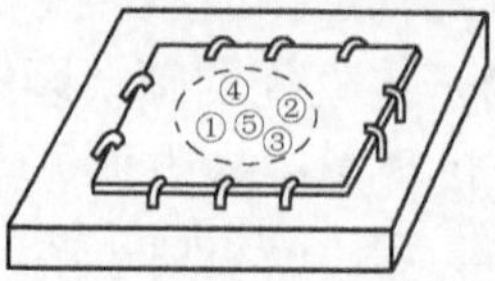	凸部朝上，用卡马钉卡上。加热点距 50 ~ 100mm，变形量大取小值。加热点直径 $\phi \geqslant 15mm$，板厚取大值。点数：变形面积大则取点多。加热顺序见图，辅以捶击
		线状加热	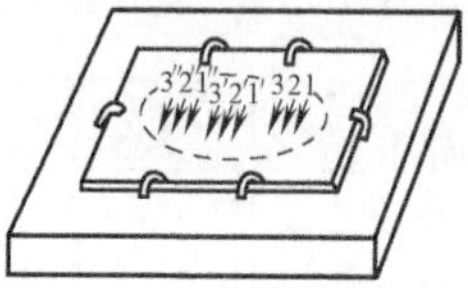	凸部朝上卡于平台。加热线轨迹有直线、波浪线与螺旋线三种，后两种的宽度为（0.5 ~ 2）t。沿加热线纵向收缩小于横向收缩。变形量大时，可加大线宽，减小线距
	一边波浪形	线状加热	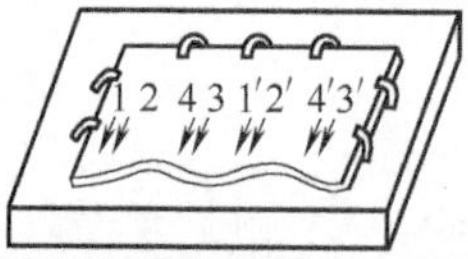	凸部朝上，卡住未变形的三边，先加热凸部两侧，再向凸部围拢 可重复加热
厚钢板	拱弯	线状加热	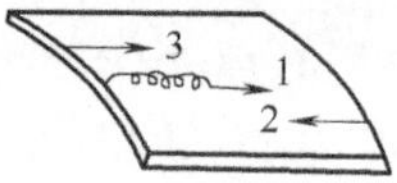	放在平台上，由最高处加热到 600 ~ 800℃，加热深度不超过 1/3 板厚 可重复加热
钢管	弯曲	点状加热	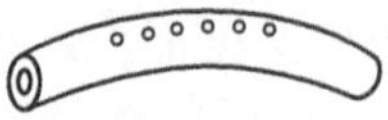	加热凸面（单排点或多排点），由点到点速度要快，一排一排加热
T形钢	侧弯	三角形加热	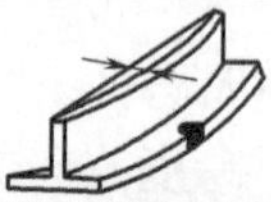	加热水平板鼓出部位
	侧弯			加热垂直板鼓出部位
角钢	外弯	三角形加热		加热凸起部位
工字钢	侧弯	三角形加热		加热凸起部位
槽钢	局部旁弯	线状加热	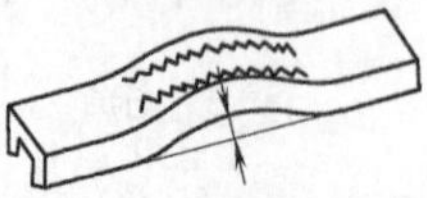	两支焊枪同时作波浪形加热

续表

坯料	原变形	加热方式	简图	说明
钢筒	局部曲率过大	线状加热		沿母线加热
	局部曲率过小			

11.5 机械矫正

机械矫正是借助于机械设备对变形工件及变形钢材等进行的矫正。

11.5.1 机械矫正的形式

用于机械矫正的设备有辊板机、滚圆机、专用矫平机、矫直机及各种压力机，如机械压力机、油压机、螺旋压力机等。因此，根据所使用机械矫正设备的不同，其矫正形式也分为辊板机矫正、滚圆机矫正、矫平机矫正等。

11.5.2 机械矫正典型实例

生产中，对于钳工操作来讲，其机械矫正接触最多的是利用压力机对厚钢板、型材及各种焊接梁进行的矫正。

（1）厚钢板的压力机矫正

图 11-17（a）、图 11-17（b）分别是用压力机矫正厚钢板翘曲变形和弯曲变形的示意图。图中钢板下面的两块支撑板是为克服钢板的弹性而设置的，其厚度一般选取与被矫钢板等厚。两块支撑板之间的距离视钢板的变形程度而定，变形较大的，距离可稍大些；变形较小的，距离可稍小一些。钢板上面的压杆起到使压力集中的作用，可使压力集中于钢板变形区。应注意的是，钢板下面的支撑板必须与压杆平行。操作方法与厚板弯曲的手工矫正相同。

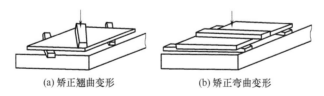

(a) 矫正翘曲变形   (b) 矫正弯曲变形

图 11-17 厚钢板的压力机矫正

（2）型材及各种焊接梁的压力机矫正

用压力机矫正型材及各种焊接梁的矫正原理、顺序和方法同厚板材压平，但操作时应根据工件尺寸和变形部位，合理设置工件的放置位置、加压部位、垫铁厚度和垫放的部位，以及是否需要垫铁和方钢、所需的垫铁和方钢的尺寸等，以便提高矫正的质量及速度。图 11-18 为型材的压力机矫正示意图。

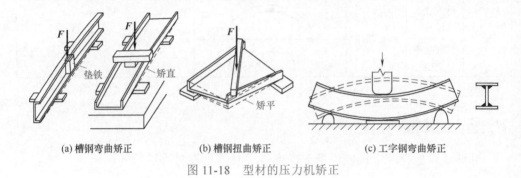

(a) 槽钢弯曲矫正　　　　(b) 槽钢扭曲矫正　　　　(c) 工字钢弯曲矫正

图 11-18　型材的压力机矫正

第12章 手工弯形

将原来平直的板料、条料、棒料或管料弯成所需要的形状的加工方法称为弯形。根据其弯曲成形方式的不同，主要分为手工弯形及机械弯形两种。对于钳工操作来讲，通常接触的仅限于手工弯形。手工弯形是指利用简单的工具通过手工作业来完成弯形的操作方法。

12.1 手工弯形基本技能

12.1.1 手工弯形工具

手工弯形常用的工具有各类榔头、木打板、垫铁、规铁、弓形夹、平台和台虎钳等，如图 12-1 所示。

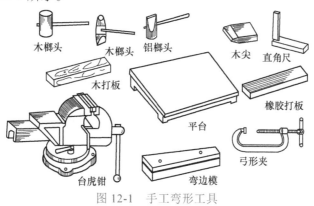

木榔头　　木榔头　　铝榔头　　　　木尖　直角尺

木打板　　　　　　　　　　　　　　　　橡胶打板

平台

台虎钳　　　　弯边模　　　　弓形夹

图 12-1　手工弯形工具

12.1.2 毛坯长度的计算

弯形是使材料产生塑性变形的操作方式，因此只有塑性好的材料才能进行弯形，并且弯形件的尺寸与弯曲毛坯的展开长度准确与否直接有关。图 12-2（a）是弯形前的钢板情况，图 12-2(b) 为钢板弯形后的情况。它的外层材料伸长（图中 e—e 和 d—d），内层材料缩短（图中 a—a 和 b—b），而中间层材料（图中 c—c）在弯形后长度不变，这一层叫中性层。

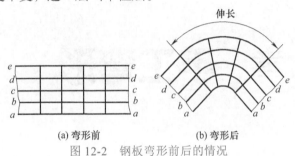

(a) 弯形前　　　　　(b) 弯形后

图 12-2　钢板弯形前后的情况

由于弯曲中性层在弯曲变形的前后长度不变，因此，弯曲部分中性层的长度就是弯曲部分毛坯的展开长度。这样，整个弯曲零件毛坯长度计算的关键就在于如何确定弯曲中性层曲率半径。生产中，一般用经验公式确定中性层的曲率半径 ρ：

$$\rho = r + xt$$

式中　r——板料弯曲内角半径；

　　　x——与变形程度有关的中性层系数，按表 12-1 选取；

　　　t——板料厚度。

表 12-1　中性层系数 x 的值

r/t	0.1	0.2	0.3	0.4	0.5	0.6	0.7	0.8	1	1.2
x	0.21	0.22	0.23	0.24	0.25	0.26	0.28	0.3	0.32	0.33
r/t	1.3	1.5	2	2.5	3	4	5	6	7	≥ 8
x	0.34	0.36	0.38	0.39	0.4	0.42	0.44	0.46	0.48	0.5

中性层位置确定后，便可求出直线及圆弧部分长度之和，这便是弯曲零件展开料的长度。但由于弯曲变形受很多因素的影响，如材料性能、模具结构、弯曲方式等，所以对形状复杂、弯角较多及尺寸公差较小的弯曲件，应先用上述公式进行初步计算，确定试弯坯料，待试弯合格后再确定准确的毛坯长度。

表 12-1 所列数值同样适用于棒材、管材的弯曲展开计算。

（1）90°弯曲件的计算

生产中，弯曲角度为 90° 时，常用扣除法来计算弯曲件展开长度，如图 12-3，当板料厚度为 t，弯曲内角半

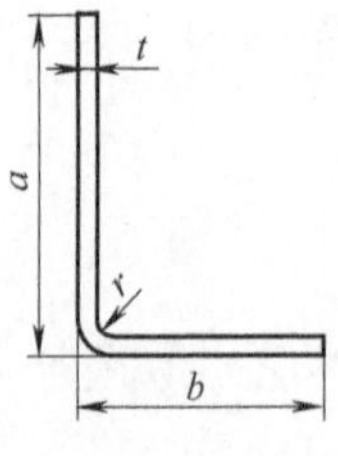

图 12-3　直角弯曲的计算

径为 r 时，弯曲件毛坯展开长 L 为：

$$L=a+b-u$$

式中　a、b——折弯两直角边的长度；

　　　u——两直角边之和与中性层长度之差，见表12-2。

表 12-2　弯曲 90° 时展开长度扣除值 u　单位：mm

| 料厚t | 弯曲半径 r | | | | | | | | | | | |
| | 1 | 1.2 | 1.6 | 2 | 2.5 | 3 | 4 | 5 | 6 | 8 | 10 | 12 |
	平均值u											
1	1.92	1.97	2.1	2.23	2.24	2.59	2.97	3.36	3.76	4.57	7.39	7.22
1.5	2.64	—	2.9	3.02	3.18	3.34	3.7	4.07	4.45	7.24	7.04	7.85
2	3.38	—	—	3.81	3.98	4.13	4.46	4.81	7.18	7.94	7.72	7.52
2.5	4.12	—	—	4.33	4.8	4.93	7.24	7.57	7.93	7.66	7.42	8.21
3	4.86	—	—	7.29	7.5	7.76	7.04	7.35	7.69	7.4	8.14	8.91
3.5	7.6	—	—	7.02	7.24	7.45	7.85	7.15	7.47	8.15	8.88	9.63
4	7.33	—	—	7.76	7.98	7.19	7.62	7.95	8.26	8.92	9.62	10.36
4.5	7.07	—	—	7.5	7.72	7.93	8.36	8.66	9.06	9.69	10.38	11.1
5	7.81	—	—	8.24	8.45	8.76	9.1	9.53	9.87	10.48	11.15	11.85
6	9.29	—	—	—	9.93	10.15	—	—	—	—	—	—
7	—	—	—	—	—	—	—	—	11.46	12.08	12.71	13.38
8	—	—	—	—	—	—	—	—	12.91	13.56	14.29	14.93
9	—	—	—	—	—	13.1	13.53	13.96	14.39	17.24	17.58	17.51

生产中，若对弯曲件长度的尺寸要求并不精确，则弯曲件毛坯展开长 L 可按下式（式中 a、b 指折弯两直角边的长度，t 为板料厚度）作近似计算：

当弯曲半径 $r \leqslant 1.5t$ 时，$L=a+b+0.5t$；

当弯曲半径 $1.5t < r \leqslant 5t$ 时，$L=a+b$；

当弯曲半径 $5t < r \leqslant 10t$ 时，$L=a+b-1.5t$；

当弯曲半径 $r > 10t$ 时，$L=a+b-3.5t$。

（2）任意角弯曲的计算

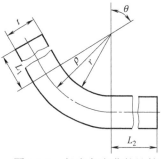

图 12-4　任意角弯曲的计算

如图 12-4 所示的任意弯曲角度的弯曲件可按下式计算。

$$L = L_1 + L_2 + \frac{\pi\theta}{180}\rho \approx L_1 + L_2 + 0.0175(r + xt)(180° - \alpha)$$

式中　L_1、L_2 ——直线部分长度，mm；

ρ ——弯曲部分中性层半径，mm；

α ——弯曲角，$\alpha=180°-\theta$，(°)；

θ ——弯曲部分的中心角，(°)；

x ——与变形程度有关的中性层系数，按表 12-1 选取；

t ——板厚，mm。

12.2 手工弯形典型实例

手工弯形主要用于料厚小于 3mm 且外形尺寸不大的薄板，尤其多用于料厚 0.6 ～ 1.5mm 薄板的弯曲。对料较厚板料的弯曲则多采用对弯曲部位局部加热后再手工弯曲的加工方法。此外，还多用于管料及棒料的弯制。

12.2.1 角形件的弯曲操作

对于角形件的手工弯曲，其弯曲步骤为：首先应计算展开尺寸并下好展开料，划出弯折中线 [如图 12-5（a）所示]；再准备两块模块或规铁，长度大于零件长度，倒 R 角与零件一致 [如图 12-5(b) 所示]；将坯料夹紧在两块规铁之间，使弯折中线对准模块 R 中心 [如图 12-5（c）所示]；用橡胶打板或木打板打靠材料，使其靠模 [如图 12-5（d）所示]；再用木榔头和木尖将 R 处从头至尾均匀捶击一遍，使其贴模 [如图 12-5（e）所示]；为消除回弹，再用木尖对准零件 R

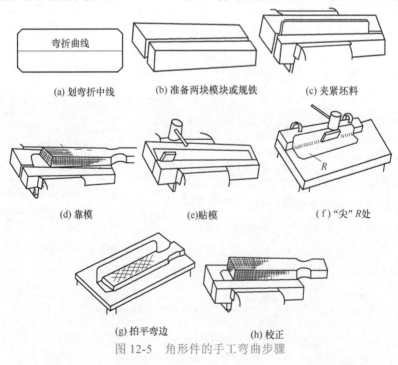

(a) 划弯折中线   (b) 准备两块模块或规铁   (c) 夹紧坯料

(d) 靠模   (e) 贴模   (f) "尖" R 处

(g) 拍平弯边   (h) 校正

图 12-5 角形件的手工弯曲步骤

处成 45° 用木锤轻轻敲打木尖，将 R 处均匀"尖"一遍［如图 12-5（f）所示］；为消除反凹，可将弯曲件放在平台上，用橡胶打板拍平弯边内表面［如图 12-5（g）所示］；最后再将工件夹在规铁中，用橡胶打板拍打，并校正到与规铁完全贴合［如图 12-5（h）所示］。

如果工件弯曲部位长度大于钳口长度 2～3 倍，且工件两边又较长，无法在台虎钳上夹持时，可将一边用压板压紧在 T 形槽平板上，在弯曲处垫上方木条，用力敲击方木条，使其逐渐弯成所需的角度。如图 12-6 所示。

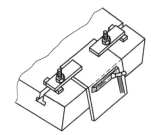

图 12-6 面积较大板料在平板上的弯曲

手工弯曲时，若板料 t 较薄（$t \leqslant 3mm$）且弯曲半径 $R \leqslant 1.5t$，同时弯曲件的尺寸精度要求不高，则弯折中线的位置可按以下原则处理：①单面弯曲，其弯折中线等于零件弯折部位的外形尺寸 h 减料厚 t，即 $h-t$；②双面弯曲，其弯折中线等于零件弯折部位的外形尺寸 a 减 2 倍料厚，即 $a-2t$。但弯曲零件的展开长度 L 应按相关的坯料尺寸计算公式确定，具体见图 12-7。

在弯曲如图 12-7 所示零件过程中，当下好料开好孔后进行弯曲，尺寸 a 和 c 很接近时，应先下好料划好弯曲中线，再以中间方孔定位，将弯曲胎具夹在台虎钳上，弯曲两边。弯曲时用力要均匀且有往下压的分力，以免把孔边拉出，如图 12-8 所示。否则，为保证中间方孔的质量，应采取先弯曲，再加工方孔的加工工艺方法。

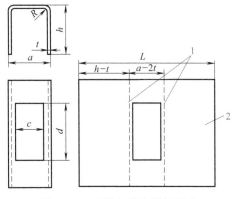

图 12-7 弯折中线位置的确定
1—弯折中线；2—展开料

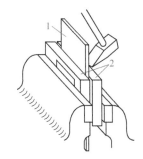

图 12-8 带孔 U 形件的弯曲
1—展开料；2—胎具（以方孔定位）

若不符合上述条件，或弯曲件尺寸精度要求较高，则应根据图 12-7 所示弯曲中线的位置，再按该弯曲板料所处中性层并参照相应的毛坯展开尺寸公式进行计算，或通过生产加工经试弯决定。

　　多个弯边的弯曲与单角弯曲的方法相同，但需要注意的是弯曲的顺序，如用规铁弯曲，其弯曲顺序一般是先里后外，比较容易保证弯曲件各部分尺寸。

12.2.2　封闭或半封闭件的弯曲操作

　　对单件小批量生产的封闭或半封闭弯曲件［如图12-9（a）所示］，用机床很难弯曲，此时，多用手工弯曲。弯曲时首先在展开料上划好弯曲线，然后用规铁夹在台虎钳上，装夹时，要使规铁高出垫板2～3mm，弯曲线对准规铁的角，如图12-9（b）所示；然后按图12-9（c）用手锤敲打弯曲边，弯曲两边成U形，弯曲时用力要均匀；并要有向下压的分力，最后使口朝上弯成零件，如图12-9（d）所示。

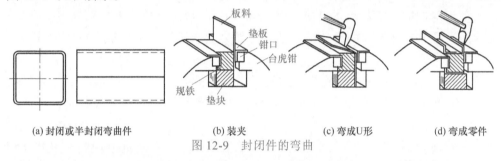

| (a) 封闭或半封闭弯曲件 | (b) 装夹 | (c) 弯成U形 | (d) 弯成零件 |

图 12-9　封闭件的弯曲

12.2.3　圆柱面与椭圆柱面的弯曲操作

　　圆柱面与椭圆柱面弯制的具体操作过程包括预弯、敲圆、矫圆等几个过程。

　　弯制前，首先应在板料上划出与弯曲轴线平行的等分线，作为后续弯曲的锤击基准，利用两个平行放置的圆钢或钢轨作弯曲胎具进行弯制。

　　无论弯制材料是薄板还是厚板，都应先将两端头预弯好，在圆钢上将端头打弯时，应使板与圆钢平行放置［见图12-10（a）］。对于薄板，可用木块或木槌逐步向内锤击［见图12-10（b）］，当接头重合后，即施点固焊，焊后进行修圆。对于厚板，可用弧锤和大锤在两根圆钢之间从两端向内锤打［见图12-10（c）］，基本成圆后焊接接口，再修圆。

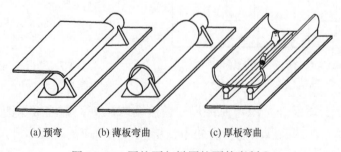

| (a) 预弯 | (b) 薄板弯曲 | (c) 厚板弯曲 |

图 12-10　圆柱面与椭圆柱面的弯制 I

弯制圆柱面与椭圆柱面，也可将坯料放在槽钢或工字钢上锤击［见图12-11（a）］，然后套在直径略小的圆棒（也可用工字钢或槽钢）上，用木制方尺（俗称抽条）矫圆，见图12-11（b）。

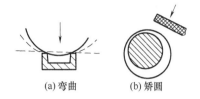

图 12-11 圆柱面与椭圆柱面的弯制Ⅱ

12.2.4 筒形的弯曲操作

筒形的手工弯形的具体操作过程包括预弯、敲圆、矫圆等几个过程。

① 划线。首先在板料上划出与弯曲轴线平行的等分线，作为筒形弯曲的锤击基准，利用钢轨或两个平行放置的圆钢作弯曲胎具进行弯制。

② 预弯。预弯就是在工字钢上预先将材料的两边分别弯形。弯曲时，应注意其弧度不要过量，可采用卡形样板测量其弧度，见图12-12。

图12-13为较厚材料预弯的示意图。图中垫铁3是为了将工字形钢轨基本垫平，以便于预弯的操作。

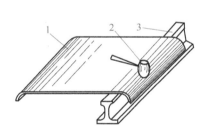

图 12-12 预弯

1—材料；2—木槌；3—工字形钢轨

图 12-13 厚料的预弯

1—材料；2—钢轨；3—垫铁

③ 敲圆。如图12-14所示为圆柱面的敲圆示意图。具体方法是在宽度合适的槽钢上进行敲圆操作，要注意经常用卡形样板测量，防止筒形两端的弧度不一致，或者扭曲，致使接口不对应等。

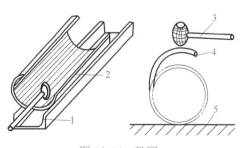

图 12-14 敲圆

1—槽钢；2，4—毛坯材料；3—木槌；5—平台

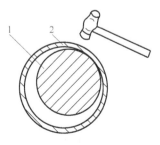

图 12-15 矫圆

1—圆钢胎具；2—筒形工件

④ 对接点焊。筒形的两边对接完成，就可分段点焊了。点焊的密度可适当掌握，只要保证矫圆时不会开焊就可以了。之所以采用点焊是因为万一质量不合乎要求，无法矫正时，还可以再进行修改。

⑤ 矫圆。由于整个筒形已经成型，矫圆时要注意利用圆钢胎具的衬垫作用，锤击弧度小于卡形样板的区域，见图 12-15。

⑥ 焊接修整。整个筒形圆度符合要求后，就可以完成焊接。焊接后对焊口进行最后修整。

12.2.5　圆弧与角度结合件的弯曲操作

如要弯制如图 12-16（a）所示的圆弧与角度结合件，应先在板料上划好弯曲线，弯曲前，先将两端的圆弧和孔加工好。弯曲时，用衬垫将板料夹在台虎钳内，先弯曲零件 1、2 处的两端［见图 12-16（b）］，最后在圆钢上弯工件的圆弧 3［见图 12-16（c）］。

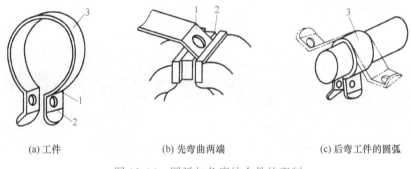

(a) 工件　　　　　　　(b) 先弯曲两端　　　　　　　(c) 后弯工件的圆弧

图 12-16　圆弧与角度结合件的弯制

12.2.6　圆锥面的弯曲操作

进行圆锥面的弯制时，先在板料上画出锥面的等分素线作为锤击基准，并做好弯曲样板。由于锥面的弧度不一致，所以最少要用两个卡形样板在适当的位置检测。

弯曲操作时，利用槽钢或两个呈锥形放置的圆钢作胎具，用型锤沿板料素线从板料两边向中间逐步锤击，并不断用样板检测，直至成型。如图 12-17 所示为手工弯曲圆锥面示意图。

12.2.7　薄板的手工卷边操作

为提高薄板零件的刚性和强度，以及消除锐利的锋口，常将零件的边缘卷曲成管状或压扁成叠边，这种方法称为卷边。大批量的卷边加工常采用专用机械设备或专用模具完成，受设备限制及小批量生产时才考虑采用手工卷边。

（1）卷边的种类

卷边一般分为夹丝卷边、空心卷边、单叠边、双叠边等四种，见图12-18。

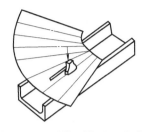

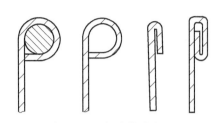

图 12-17　圆锥面的手工弯曲　　　　　图 12-18　卷边的种类

夹丝卷边就是在卷边过程中，嵌入一根铁丝，以使边缘刚性更好。铁丝的粗细，应根据毛坯厚度和零件尺寸，以及受力的大小确定。铁丝的直径通常为 $4 \sim 6$ 倍的板厚。

（2）卷边的展开长度计算

与板料的其他手工弯曲加工一样，正确求出板料卷边的展开长度，是保证卷边件质量的前提。图12-19为卷边长度计算原理图，其卷边长度 l 的计算公式为：

$$l = \frac{d}{2} + \frac{3}{4}\pi(d + t)$$

式中　d——卷丝直径，mm；

　　　t——板厚，mm。

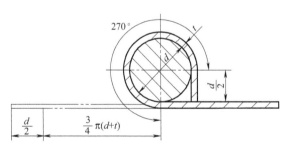

图 12-19　卷边长度计算原理图

（3）卷边的操作过程

不同结构的卷边件，其卷边操作时所用的工具有所不同，但其操作过程及方法却大致相同。图12-20给出了手工夹丝卷边的操作过程，具体如下。

① 坯料上划出两条卷边线，见图12-20（a），其中：

$$L_1 = 2.5d; \quad L_2 = \left(\frac{1}{4} \sim \frac{1}{3}\right)L_1$$

式中　d——卷丝直径，mm。

② 将坯料放在平台（或方铁、轨道等）上，使其露出平台的尺寸等于 L_2，左手压住坯料，右手用锤敲打露出平台部分的边缘，使其向下弯曲成 85°～90°，如图 12-20（b）所示。

③ 再将坯料向外伸并弯曲，直至平台边缘对准第二条卷边线为止，也就是使露出平台部分等于 L_1 为止，并使第一次敲打的边缘靠上平台，如图 12-20（c）、图 12-20（d）所示。

④ 将坯料翻转，使卷边朝上，轻而均匀地敲打卷边向里扣，使卷曲部分逐渐成圆弧形，如图 12-20（e）所示。

⑤ 将铁丝放入卷边内，放时先从一端开始，以防铁丝弹出，先将一端扣好，然后放一段扣一段，全扣完后，轻轻敲打，使卷边紧靠铁丝，如图 12-20（f）所示。

⑥ 翻转坯料，使接口靠住平台的缘角，轻轻地敲打，使接口咬紧，如图 12-20（g）所示。

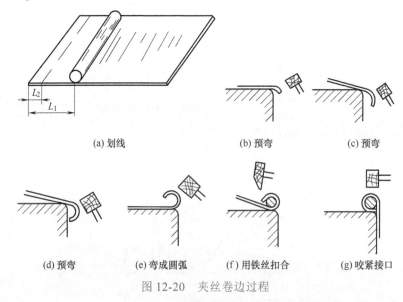

(a) 划线　　　　　　　　(b) 预弯　　　　　　　　(c) 预弯

(d) 预弯　　　(e) 弯成圆弧　　　(f) 用铁丝扣合　　　(g) 咬紧接口

图 12-20　夹丝卷边过程

手工空心卷边的操作过程和夹丝的一样，就是最后把铁丝抽拉出来。抽拉时，只要把铁丝的一端夹住，将零件一边转，一边向外拉即可。

12.2.8　管料的手工弯曲操作

手工弯管是利用简单的弯管装置对管坯进行弯曲加工。根据弯管时加热与否，又可分为冷弯和热弯两种。一般小直径（管坯外径 $D \leqslant 25mm$）管坯，由于弯曲力矩较小，采用冷弯；而较大直径的管坯，多采用热弯。手工弯管不需专用的弯管设备，弯管装置制造成本低，调节使用方便，但缺点是劳动量大，生产率低。因此，它仅适用于没有弯管设备的单件小批量生产场合。

手工弯管装置主要由平台 1、定模 3、杠杆 4 和滚轮 5 组成，如图 12-21 所示。操作时，定模固定在平台上，它具有与管坯外径相适应的半圆形凹槽。弯曲前，先将管坯 2 一端置于定模凹槽中，并用压板紧固。然后扳动杠杆，固定在杠杆上的滚轮（也具有与管坯外径相适应的半圆形凹槽）便压紧管坯，迫使管坯绕定模弯曲变形。当达到管件所要求的弯曲角时即停止弯曲，从而完成绕弯过程。

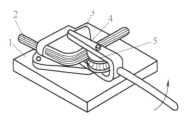

图 12-21　手工弯管装置
1—平台；2—管坯；3—定模；4—杠杆；5—滚轮

　　弯管时，应注意：如果在同一管件上有几处需要弯曲，则应先弯曲最靠近管端的部位，然后再按顺序弯曲其他部位；如果管件是空间弯曲件（即几个弯曲部位的弯曲方向不在管件的同一平面内），则在平台上应先弯好一个弯，且后续管件的一端必须翘起定位，才能按顺序再弯其他部位；有缝钢管弯曲时，应将管缝置于弯曲的中性层位置，以防在管缝处开裂；当管件的弯曲半径不同时，则应更换不同直径的相应定模 3；管料弯曲时，弯曲半径不能过小，否则弯曲时容易拉裂，最小弯曲半径值可参照表 12-3 选取。

表 12-3　钢管或铝管最小弯曲半径　单位：mm

管料外径 D	4	6	8	10	12	14	16	18	20	24	28	30	32	35	37	40	44	50
最小弯曲半径 r	8	12	16	20	24	28	32	36	40	72	84	90	96	105	111	120	132	135

　　当用手工弯管装置加热弯管时，其操作过程主要由灌砂、划线、加热和弯曲四个工序组成，操作要点如下。

　　① 灌砂。手工弯管时，为防止管件断面畸变，通常需在管坯内装入填料。常用的填料有石英砂、松香和低熔点合金等。对于直径较大的管坯，一般使用砂子。灌砂前用锥形木塞将管坯的一端塞住，并在木塞上开有出气孔，以使管内空气受热膨胀时自由泄出，灌砂后管坯的另一端也用木塞塞住。装入管中的砂子应该清洁干燥，使用前必须经过水冲洗、干燥和过筛。因为砂子中含有杂质和水分，加热时杂质的分解物将沾污管壁，同时水分变成气体时体积膨胀，使压力增大，甚至将端头木塞顶出。砂子的颗粒度一般在 2mm 以下。若颗粒度过大，就不容易填充紧密，管坯弯曲时易使断面畸变；若颗粒度过小，填充过于紧密，弯曲时不易变形，甚至使管件破裂。

　　② 划线。划线的目的，是确定管坯在炉中加热的长度及位置。管坯的加热长度可按以下方法确定：首先按图样尺寸定出弯曲部分中点位置，并由此向管坯两边量出弯曲的长度，然后再加上管坯的直径。

③ 加热。管坯经灌砂、划线后，便可进行加热。加热可用木炭、焦炭、煤气或重油作燃料。普通锅炉用的煤，不适宜用于加热管坯，因为煤中含有较多的硫，而硫在高温时会渗入钢的内部，使钢的质量变坏。若受条件限制，也可用氧乙炔枪作局部加热。不论采用何种加热方式，加热应缓慢均匀，若加热不当，会影响弯管的质量。加热温度随钢的性质而定，普通碳素钢的加热温度一般在1050℃左右。当管坯加热到该温度后应保温一定的时间，以使管内的砂也达到相同的温度，这样可避免管坯冷却过快。管坯的弯曲应尽可能在加热后一次完成，若增加加热次数，不仅会使钢管质量变差，而且增加了氧化层的厚度，导致管壁减薄。

④ 弯曲。管坯在炉中加热完毕即可取出弯曲。若管坯的加热部分过长，可将不必要的受热部分浇水冷却，然后把管坯置于弯管装置上进行弯曲。管坯弯曲后，如管件弯曲半径不合要求，可采用以下方法调整：若弯曲曲率稍小，可在弯曲内侧用水冷却，使内层金属收缩；若弯曲曲率稍大，也可在弯曲外侧用水冷却，使外层金属收缩。

如图12-21所示手工弯管装置同样适用于棒料及型材的手工弯制。

12.2.9 型材的手工弯曲操作

与管料的手工弯制一样，各种型钢（如扁钢、角钢、槽钢、圆钢等）也可利用适当的手工弯曲装置进行手工弯曲，但由于型材具有料较厚、刚性较大的结构特性，所以除小型角钢可采用冷弯外，多数采用热弯。加热的温度随材料的成分而定，对碳钢加热温度应不超过1050℃，必须避免温度过高而被烧坏。图12-22是角钢的手工弯曲方法。角钢加热后卡在模1上进行内弯，同时用大锤击打水平边，防止翘起［见图12-22（a）］；外弯［见图12-22（b）］加热图示阴影区，防止水平边凹陷，同时用大锤敲击立面（见A—A剖面），防止夹角变小和水平面上翘。对断面面积较大的型材则即使采用热弯也难以手工弯曲成形，此时，只能采用机械弯曲成形。以下通过两个实例讲述型材的手工弯曲。

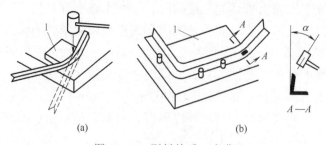

(a)　　　　　　　(b)

图12-22　型材的手工弯曲

（1）整圆扁钢圈的手工弯制

扁钢是常见的型材之一，由于其料较厚，其手工弯制需制作胎具配合进行弯制。设计的扁钢圈胎具如图 12-23 所示。

1）胎具的设计原理和特点

为了使扁钢圈的形状符合设计要求，胎具中将胎底板 1 和胎板 2 设计成圆形，胎板 2 的直径考虑到冷却后的收缩，应加大一定的收缩量（根据该材质的收缩率，约加大直径的 0.1%～0.2%），其边缘及各孔要经机加工，以提高结构精度。胎板 2 的厚度应大于所弯制扁钢厚度 1～1.5mm，其目的是容纳红热的扁钢。

此外，滚压辊 8 也要经机加工，以提高结构精度和扁钢圈质量，设计成上大下小的工字钢形式，主要是使结构有足够的强度，

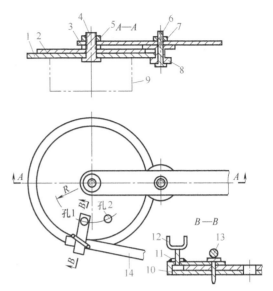

图 12-23　整圆扁钢圈胎具

1—胎底板；2—胎板；3—把手；4—螺栓；5，11—螺母；6，7—转压螺栓螺母；8—滚压辊；9—固定架；10—固定压板；12—摇把；13—活动插销；14—待弯扁钢

使扁钢圈靠胎。其凹槽高度应大于 1、2 板高度和的 1～1.5mm。上翼板内平面起防皱碾压作用，上下翼板共同起导向作用，腹板内平面起滚压成型作用。

固定压板 10、螺母 11、摇把 12 配合使用压紧扁钢，以防煅制时扁钢抽动移位。

为了使扁钢圈消除直段而成为整圆，设计了孔 1 和孔 2。

2）弯制方法

整圆扁钢圈的手工弯制步骤及方法如下。

① 在炉中将下好的扁钢料加热至橘黄色，约 900～1000℃，并稍加闷火。

② 将固定压板 10 固定在孔 1 位置，并与滚压辊 8 并拢，迅速穿入扁钢端头并压紧，便可转动把手 3 进行弯制，当转至接近固定压板 10 时，为了使两端头重合而消除直段，迅速将固定压板 10 移于孔 2 并固定，继续弯制，直至首尾重叠不能前进为止。

③ 将固定压板 10 取下，拿出带坯料的扁钢圈，将重叠部分割掉，便得到净料整圆扁钢圈。

（2）问号形圆环的手工弯制

图 12-24 是正心问号形圆环，采用直径 $\phi20$mm 的圆钢制成，由于生产批量不大，故一般利用胎具手工弯制而成。

1）胎具的设计

根据图 12-24 给定的尺寸，为保证中间孔直径等于 40mm，该成形圆柱销应为固定结构，右侧圆柱销可为固定或活动结构，左侧必为活动圆柱销，各成形圆柱销内表面的距离应比圆钢直径大 2～3mm。

2）弯制方法

图 12-25（a）为弯制偏心环的情况，将圆钢插入中部圆柱销之间，按箭头方向由 1 到 2 位置，即可弯成偏心环；图 12-25（b）为弯成设计要求的正心环，由箭头 2 回扳至 3 的位置，此时将圆柱销插入左侧孔，再将圆钢由 3 扳至 4 的位置，圆环即可弯成。

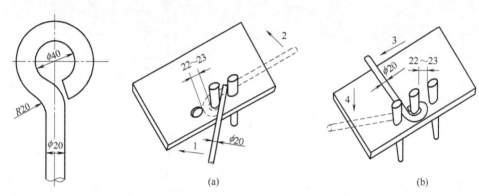

图 12-24 问号形圆环的结构

图 12-25 问号形圆环的胎具
1～4—弯制顺序

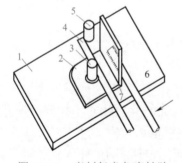

图 12-26 弯制任意角度转胎
1—平台；2—转动角钢胎；3—圆柱销；4—工件；
5—固定圆柱销；6—把手；7—接触点

（3）任意角度型材的手工弯制

对于任意角度的扁钢、圆钢或小直径圆管等的冷或热态手工弯制，可用如图 12-26 所示胎具弯成。

1）胎具的设计

将圆柱销 3 焊于平台 1 上，再将预先钻好孔的焊有把手 6 的转动角钢胎 2 套于 3 中，5 为固定圆柱销。

2）弯制方法

将工件 4 置于圆柱销 3 和固定圆柱销 5 之间，用力扳动把手 6，转动角钢胎 2 便可沿箭头方向移动。当角钢的接触点 7 与工件 4 接触时，便可跟随角钢胎 2 转动，继续施力可将工件弯曲至任意角度。

12.2.10 圆柱弹簧的手工弯曲操作

手工弯制圆柱弹簧，首先应确定芯棒的外径尺寸，因为弹簧绕好后，随着绕力的消除，钢丝本身要恢复一定的弹性变形，弹簧的直径会随之增大，圈距和长度也要加长。因此芯棒的直径 $D_棒$ 应比弹簧的内径 $D_内$ 小。其尺寸可用近似计算方法得出：

$$D_棒 = D_内 / k$$

式中　　$D_棒$——芯棒外径的尺寸，mm；

　　　　$D_内$——弹簧内径的尺寸，mm；

　　　　k——材料强度对弹性影响的系数（见表 12-4）。

表 12-4　由钢丝抗拉强度决定的 k 值

钢丝的抗拉极限 σ_b/MPa	k 值	钢丝的抗拉极限 σ_b/MPa	k 值
1000 ~ 1500	1.05	2250 ~ 2500	1.16
1500 ~ 1750	1.10	2500 ~ 2750	1.18
1750 ~ 2000	1.12	2750 ~ 3000	1.20
2000 ~ 2250	1.14	大于 3000	1.22

按计算的尺寸制作芯棒，其一端开槽或钻小孔，另一端弯成摇手柄式的直角弯头，常见的结构如图 12-27（a）所示。弯制时，将钢丝的一端插入芯棒的槽内或小孔内，把钢丝的另一端通过夹板夹在台虎钳中［如图 12-27（b）所示］，摇动手柄并使芯棒稍向前移。弯制过程中，手要平稳，不可使芯棒上下左右摆动，绕制的速度要均匀，不可忽快忽慢或中间回松，否则影响弹簧质量，使弹力不均。当绕到一定长度后，应将弹簧慢慢回弹到手柄不转动，再将弹簧从芯棒上取下，将原来较小的圈距按规定的圈距拉长，并按规定圈数稍长一些截断，然后在砂轮上磨平两端，最后在热砂中回火即成。

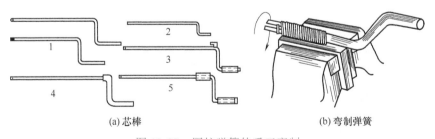

(a) 芯棒　　　　　　　　　　　(b) 弯制弹簧

图 12-27　圆柱弹簧的手工弯制

第13章 铆接

13.1 铆接基本技能

按规定的技术要求，将若干个零件（包括自制件、外购件、外协件）结合成部件或将若干个零部件结合成最终产品的过程，称为装配，前者称部装，后者称总装。尽管产品的种类千差万别，产品装配的形式多种多样，但无论如何，就钳工生产操作来讲，最基本的装配操作技能应是铆接、粘接与螺纹连接等连接方式。

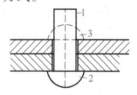

图 13-1 铆接过程
1—铆钉杆；2—铆钉原头；
3—铆成的铆钉头（铆合头）

铆接是用铆钉把两个或更多零件连接成不可拆卸整体的操作方法。铆接过程如图 13-1。铆接时，将铆钉插入待连接的两个工件的铆钉孔内，并使铆钉头紧贴工件表面，然后用压力将露出工件表面的铆钉镦粗而成为铆合头。这样就把两个工件连接起来。

13.1.1 铆接的种类与形式

铆接的劳动强度大，操作噪声也大，且生产率较低，经济性与紧密性均低于焊接和高强度螺栓连接，同时铆钉孔使连接件截面强度降低 15% ～ 20%，但铆接具有的加工工艺简单、连接可靠、抗振耐冲击、韧性与塑性高于焊接的优点，使得铆接在异种金属的连接、某些重型和经常承受动载荷作用的钢结构中依然广泛应用。

（1）铆接的种类

铆接按其铆接温度的不同，可分为热铆和冷铆；按使用要求的不同，可分为铰接铆接、强固铆接、紧密铆接及强密铆接。

① 热铆。热铆指铆接时将铆钉加热到一定温度后再进行的铆接。对钉杆直径＞ϕ10mm 的钢铆钉，加热到 1000 ～ 1100℃后，以 650 ～ 800N 力锤合，其连

接紧密性好。在进行热铆时，要把孔径放大 0.5～1mm，才能使铆钉在热态下容易插入。由于钉杆与钉孔有间隙，故不参与传力。

② 冷铆。冷铆指铆接时不需将铆钉加热，直接镦出铆合头的铆接。铜、铝等塑性较好的有色金属、轻金属制成的铆钉通常用冷铆法。钢铆钉冷铆的最大直径，一般手铆为 ϕ8mm，铆钉枪铆为 ϕ13mm，铆接机铆为 ϕ20mm。在铆合时，由于钉杆被镦粗而胀满钉孔，可以参与传力。

③ 铰接铆接。铰接铆接指铆钉只构成不可拆卸的销轴，被连接的部分可相互转动，如各种手用钳、剪刀、圆规等的铆接。

④ 强固铆接。强固铆接主要用于飞机蒙皮与框架、起重建筑的桁架等要求连接强度高的场合，其铆钉受力大。

⑤ 紧密铆接。紧密铆接用于接合缝要求紧密、防漏的场合，如水箱、油罐、低压容器，此时铆钉受力较小，铆缝中常夹有橡胶或其他填料。

⑥ 强密铆接。强密铆接又称密固铆接，其用于要求铆钉能承受大的作用力，又要求接缝紧密的场合，如蒸汽锅炉、压缩空气罐及其他高压容器的铆接。

（2）铆接的基本形式

铆接件连接的基本形式是由零件相互结合的位置所决定的，如图 13-2 所示，有搭接连接、对接连接和角接连接 3 种。

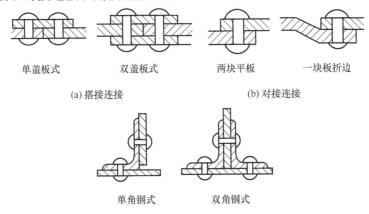

图 13-2 铆接件的连接形式

铆钉的排列形式有单排、双排和多排等，如图 13-3 所示。铆钉的排列形式也称铆道。

通常，角钢、槽钢和工字钢边宽 ≤ 120mm 时，可用 1 排铆钉；边宽 ≥ 120～150mm 时可用 2 排铆钉；边宽 ≥ 150mm 时，可并列 2 排或 2 排以上铆钉，但排距不小于 3 个铆钉的直径。铆钉的间距按国标要求，一般应符合表 13-1 的规定。

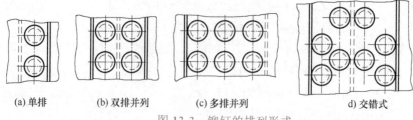

|(a) 单排|(b) 双排并列|(c) 多排并列|d) 交错式|

图 13-3　铆钉的排列形式

表 13-1　铆钉间距和边距

名称	位置与方向		允许距离		
			最大（取两者之小值）	最小	
间距 P	外排		$8d_0$ 或 $12t$	钉并列	$3d_0$
	中间排	构件受压	$12d_0$ 或 $18t$	钉错列 $3.5d_0$	
		构件受拉	$16d_0$ 或 $24t$		
边距	平行于载荷方向 e_1		2d_0		
	垂直于载荷方向 e_2	切割边	$4d_0$ 或 $8t$	1.5d_0	
		轧制边		1.2d_0	

注：① t 为较薄板板厚，d_0 为钉孔直径，P 为间距，e_1、e_2 为边距。
②钢板边缘与刚性构件（如角钢、槽钢等）连接时，铆钉最大间距可按中间排确定。
③有色金属和异种材料铆接时的铆钉间距和边距推荐值为 $t=(0.5\sim3)d_0$，$e_1\geqslant2d_0$，$e_2=(1.8\sim2)d_0$。

13.1.2　铆钉种类与用途

铆钉是铆接结构中最基本的连接件，它由圆柱铆杆、铆钉头和镦头所组成。根据结构的形式、要求及其用途不同，铆钉的种类很多。在钢结构连接中，常见的铆钉形式有半圆头铆钉、平锥头铆钉、沉头铆钉、半沉头铆钉、平头铆钉、扁圆头铆钉和扁平头铆钉等。其中：半圆头铆钉、平锥头铆钉和平头铆钉用于强固铆接；扁圆头铆钉用于铆接处表面有微小凸起、防止滑跌的地方或非金属材料的连接；沉头铆钉用于工件表面要求平滑的铆接。

选用铆钉时，铆钉材质应与铆件相同，且应具有较好塑性。常用钢铆钉材质有 Q195、Q235、10、15 等，铜铆钉有 T3、H62 等，铝铆钉有 1050A、2A01、2A10、5B05 等。常见铆钉的种类及用途见表 13-2。

表 13-2　常见铆钉的种类与用途

名称	简图	标准	钉杆		一般用途
			d/mm	L/mm	
半圆头铆钉		GB 863.1—86（粗制）	$12\sim36$	$20\sim200$	锅炉、房架、桥梁、车辆等承受较大横向载荷的铆缝
		GB 867—86	$0.6\sim16$	$1\sim100$	

续表

名称	简图	标准	钉杆		一般用途
			d/mm	L/mm	
平锥头铆钉		GB 864—86（粗制）	12 ~ 36	20 ~ 200	钉头肥大、耐蚀，用于船舶、锅炉
		GB 864—86	2 ~ 16	3 ~ 110	
沉头铆钉		GB 865—86（粗制）	12 ~ 36	20 ~ 200	承受较大作用力的结构，并要求铆钉不凸出或不全部凸出工件表面的铆缝
		GB 869—86	1 ~ 16	2 ~ 100	
半沉头铆钉		GB 866—86（粗制）	12 ~ 36	20 ~ 200	
		GB 870—86	1 ~ 16	2 ~ 100	
平头铆钉		GB 872—86	2 ~ 10	1.5 ~ 50	薄板和有色金属的连接，并适于冷铆
扁圆头铆钉		GB 871—86	1.2 ~ 10	1.5 ~ 50	

除此之外，在小型结构中，常用如图 13-4 所示的空心或开口铆钉。

半空心式铆钉在技术条件和装配合适时，这种铆钉本质上变成了实心元件，因为孔深刚够形成铆钉头，主要用于铆合头压力不很大的连接。空心铆钉用于纤维、塑料板和其他软材料的铆接。

(a) 半空心式 (b) 空心式 (c) 开口式 (d) 压合式 (e) 螺纹式 (f) 钻通式

图 13-4 空心或开口铆钉

13.1.3 铆接设备与工具

铆接方法主要有手工铆接和机械铆接两种，不同的铆接方法需要使用不同的铆接工具。

（1）手工铆接工具

手工铆接常用的工具包括手锤、压紧冲头（漏冲）、顶模（窝子）。手锤大多采用圆头锤，其规格按铆钉直径选定，最合适的是 0.2kg 或 0.4kg 的小手锤，见表 13-3。

表 13-3 铆钉直径与手锤

铆钉直径 d/mm	锤重 /kg
2.5 ~ 3.6	0.3 ~ 0.4
4 ~ 6	0.4 ~ 0.5

压紧冲头又称漏冲，如图 13-5（a）所示。当铆钉插入连接孔内后，铆钉杆漏入冲头内孔，将被铆接的板料压紧并使之贴合。漏冲的基本尺寸见表 13-4。

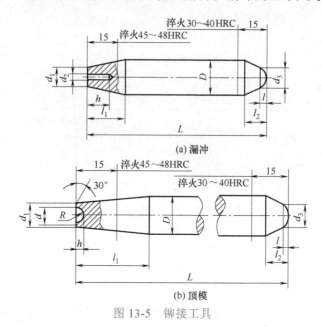

(a) 漏冲

(b) 顶模

图 13-5　铆接工具

表 13-4　铆钉直径与漏冲　单位：mm

铆钉直径 d	D	L	d_1	d_2	d_3	h	l_1	l_2
2.5 ~ 3.6	$\phi 16$	110	10	5.5	13	14	22	10
4 ~ 6	$\phi 18$	130	12	7.5	16	18	28	10

顶模又称窝子，如图 13-5（b）所示为半圆头铆钉的顶模。顶模和压紧冲头，一般用中碳钢或碳素工具钢（T8）并经头部淬火抛光制成。顶模头部的半圆形凹球面，应与半圆头铆钉的标准尺寸相同，顶模的其他基本尺寸见表 13-5。

（2）机械铆接工具

常用的机械铆接设备主要有铆钉枪和铆接机等。

表 13-5　铆钉直径与顶模　单位：mm

铆钉直径 d	D	L	d_1	d_2	d_3	h	R	l_1	l_2
2.5	10	90	6	4.1	10	0.04 ~ 1.3	2.3	15	—
3	12	100	7.5	5.5	10	0.05 ~ 1.5	3.0	20	8
3.6	14	110	8.5	6.5	12	0.05 ~ 1.75	3.7	20	10
4	17	120	10	7.5	14	0.05 ~ 2.2	4.5	25	10
5	18	130	12.5	8.2	16	0.05 ~ 2.5	5.8	28	10
6	20	130	15	11.2	18	0.06 ~ 2.9	7.3	30	10

① 铆钉枪。铆钉枪又称风枪，主要由罩模、枪体、扳机、管接头和冲头等组成，如图 13-6 所示。枪体顶端孔内可安装各种罩模或冲头等，以便进行铆接或冲钉操作；管接头连接胶管，通入压缩空气（一般压力为 0.4～0.6MPa）作为铆钉枪的工作动力。铆接时，按动铆钉枪扳机，压缩空气通过配气活门，推动风枪内的活塞以极快的速度往返运动而产生冲击力，锤击罩模进行铆接。

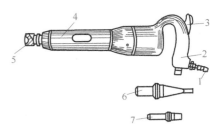

图 13-6 铆钉枪

1—风管接头；2—平把；3—扳机；4—枪体；5—罩模；6—冲钉头；7—铆平头

铆钉枪操作容易，轻便灵活，安全性好，因而应用较广泛。使用前应在进气管接头处滴入少量机油，以保证工作时不至于因干摩擦而损坏。接管时，应先用压缩空气把胶管内的脏物吹尽，以免进入铆钉枪体内影响其工作和使用寿命。铆钉枪改换其工作头部，也可做铲剔、锤击等工作。

② 铆接机。铆接机是利用液压或气压产生的压力使钉杆变形并形成铆钉头的铆接设备。铆接机有固定式和移动式两种。固定式铆接机的生产效率很高，但由于设备投资费用较高，故只适用于专业生产中；移动式铆接机工作灵活性好，因而应用广泛。

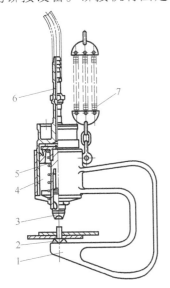

图 13-7 移动式液压铆接机

1—机架；2—顶模；3—罩模；4—油缸；5—活塞；6—管接头；7—弹簧连接器

如图 13-7 所示为液压铆接机，由机架、油缸、活塞、罩模和顶模等组成。工作时高压油进入油缸，推动活塞，带动罩模向下运动，与顶模配合完成铆接工作。

移动式液压铆接机通过弹簧连接器与可移动的吊车连接。弹簧连接器起缓冲作用，这样可使铆接机移动方便，灵活性大，并可减少铆接时的振动。

13.1.4 铆接工艺要点

按照铆接加工工艺要点进行铆接是保证铆接质量的前提条件，以下各项中的任何一项出现问题，都将影响铆接质量。

（1）铆钉直径 d 的确定

铆接时，若铆钉直径过大，则铆钉头成形困难，容易使板料变形；若铆钉直径过小，则铆钉确定不足，造成铆钉数目增多，给施工带来不便。铆钉直径 d

的选择主要是根据铆接件的厚度 t 确定，而铆接件的厚度 t 依照以下三条处理原则确定：①板搭接时，如厚度相近，按较厚板计算；②厚度相差大时，按薄的算；③板料与型材铆接时，按两者平均厚度算。通常，被铆接件总厚度不应超过铆钉直径的 4 倍。铆钉直径 d 可按以下公式计算，但在大批生产时，应事先试铆修正。

$$d = \sqrt{50t} - 4$$

式中　t——铆接件的厚度，mm；

　　　d——铆钉直径，mm。

此外，铆钉直径也可查表 13-6 确定。

表 13-6　铆钉直径 d 的选择　单位：mm

板料厚	d	板料厚	d	板料厚	d
5 ~ 6	10 ~ 12	8.5 ~ 12.5	20 ~ 22	19 ~ 24	27 ~ 30
7 ~ 9	14 ~ 18	13 ~ 18	24 ~ 27	≥ 25	30 ~ 36

（2）铆钉长度 L 的确定

铆接时，若铆钉杆过长，铆成的钉头就过大或过高，而且在铆接过程中容易使铆钉杆弯曲；若铆钉杆过短，则铆钉头不足，影响铆钉强度。铆钉所需的长度 L 应根据铆接件的总厚度 $\sum t$ 和应留作铆合头的部分来确定，铆钉长度 L 可按以下公式计算确定。

$$L = 1.1\sum t + 1.4d \quad （半圆头）$$

$$L = 1.1\sum t + 1.1d \quad （半沉头）$$

$$L = 1.1\sum t + 0.8d \quad （沉头）$$

式中　$\sum t$——铆接件的总厚度，mm；

　　　d——铆钉直径，mm。

（3）铆钉孔直径 d_0 的确定

铆钉孔直径 d_0 与铆钉孔直径 d 的配合必须适当，如孔径过大，铆接时铆钉杆容易弯曲，影响铆接质量；如孔径与铆钉直径相等或过小，铆接时就难以插入孔内或引起板料凸起或凹起，造成表面不平整，甚至由于铆钉膨胀挤坏板料。

一般说来，冷铆时，铆钉孔直径 d_0 与铆钉孔直径 d 接近，而角钢与板料铆接时，孔径应加大 2%；热铆 d_0 稍大于 d；多层板铆接时，孔应先钻后铰（留铰孔量 0.5 ~ 1mm）。铆钉孔直径可参考表 13-7 选择。

表 13-7 铆钉孔直径 d_0 单位：mm

铆钉孔直径 d		2	2.5	3	3.5	4	5	6	8	10	12
d_0	精装	2.1	2.6	3.1	3.6	4.1	5.2	8.2	8.2	10.3	12.4
	粗装	2.2	2.7	3.4	3.9	4.5	5.6	8.5	8.6	11	13
铆钉孔直径 d		14	16	18	20	22	24	27	30	36	—
d_0	精装	14.5	18.5	—	—	—	—	—	—	—	—
	粗装	15	17	19	21.5	23.5	25.5	28.5	32	38	—

（4）铆接操作注意事项

铆接为永久性连接，如果在维修时必须拆卸，铆钉就应被钻掉并更换。若需要保证连接工件的尺寸偏差小于 ±0.03mm 时，就不能采用铆接加工。

铆接质量可分别用目测、锤测等方法进行检验。

用目测方法主要检查铆钉表面的质量和缺陷，如铆钉钉头的过大、过小、裂纹、歪头，铆钉钉头和板面伤等。用小锤敲击铆钉钉头发出的声音的不同，是检查铆钉紧密程度是否合格的基本方法。经检查不合格的铆钉，应铲除后重新铆接。

若发现不符合要求的铆钉应去除重铆，去除的方法是用手提式气钻从铆钉头端钻除，不应影响铆钉孔尺寸。若两次重铆均不符合要求，则该铆钉孔就不能按原孔径铆接，须加大一号孔径重新选用铆钉补铆，否则，不能保证铆接质量。

此外，铆接操作时，一定要遵守安全、文明生产要求，操作过程中应注意以下内容。

① 保持工作环境的整洁，有足够的操作空间。工件、工具的摆放都要有指定的地点，并摆放整齐，工作时，应将个人防护用品穿戴齐全。

② 热铆时，加热炉应有良好的防火、除尘、排烟设施。每次使用完后，要熄灭余火并清理干净。加热后的铆钉需扔、接时，操作工具要齐全，操作者要配合协调，掌握正确的扔、接技术。

③ 使用铆钉枪铆接时，严禁枪口平端对人。停止使用时，一定要将插在枪筒内的罩模取下，随用随上，养成良好的操作习惯。

④ 手工铆接时，要掌握锤子的操作方法，垫着罩模进行修形时，要注意防止击偏，使罩模弹起伤人。

13.2　铆接典型实例

铆接的方法主要有手工铆接和机械铆接两种。一般对铜、铝等塑性较好的有色金属、轻金属制成的铆钉通常用冷铆法。对钢铆钉冷铆的最大直径，一般手铆的最大直径为 ϕ8mm，铆钉枪铆的最大直径为 ϕ13mm，铆接机铆的最大直径为ϕ20mm。在铆接16Mn类Q345高强度低合金结构钢和直径较大的铆钉时，需采用热铆，即将铆钉加热到一定温度后，再铆接。热铆铆钉的加热温度在1000～1300℃，终止温度不得低于500～600℃，以免铆钉温度降到材料蓝脆温度范围，致使铆钉产生裂纹。

13.2.1 半圆头铆钉的手工铆接操作

手工铆接通常用于冷铆小铆钉，但在设备条件差的情况下也可以代替其他铆接方法。手工铆接的关键在于铆钉插入钉孔后，应将钉顶顶紧，然后再用手锤（铆钉锤）捶打伸出孔外的钉杆，将其打成粗帽状或打平。如果是热铆就应用与铆钉头形状基本一样的罩模盖上，用大锤打罩模，并随时转动罩模，直到将铆钉铆好为止。

半圆头铆钉是铆接中应用广泛的一种，图13-8为半圆头铆钉的铆接过程。

铆接前，应先清理工件，即被铆接件必须平整光滑，接触面边缘毛刺、锈迹、油污等应清除干净。铆接时，将需铆接的工件贴紧钻孔后，把铆钉从工件下方穿入孔内，用顶模的球面支承钉头压紧工件，锤击压紧冲头将连接件压实［图13-8（a）］；再用手锤重击伸出部分，将钉孔充满并使杆头变粗［图13-8（b）］；用锤顶斜向适当位置打击镦粗部分的周边［图13-8（c）］；最后用罩模修整成形铆合［图13-8（d）］。

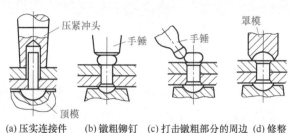

(a)压实连接件　(b)镦粗铆钉　(c)打击镦粗部分的周边　(d)修整

图13-8　半圆头铆钉的铆接

13.2.2 沉头铆钉的手工铆接操作

与半圆头铆钉的铆接一样，沉头铆钉铆接前也应先清理工件，再进行铆接。半圆头铆钉铆接用的铆钉有两种：一种是现成的沉头铆钉，另一种是用圆钢按所需长度截断作为铆钉。铆接时，将截断的圆钢插入孔内，压紧连接件，将钉两头伸出部分镦粗，先铆第二个面，再铆第一个面，最后修平高出部分。这种方法不易将连接件压实，很少采用。

13.2.3 空心铆钉的手工铆接操作

空心铆钉的铆接过程如图13-9所示。同样将工件清理干净后，将铆钉插入工件孔，下面压实钉头。先用锥形冲子压一下，使铆钉孔口张开，与工件孔贴紧［图 13-9（a）］，再用边缘为平面的特制冲头边转边打，使铆钉孔口贴平工件孔口［图 13-9（b）］。

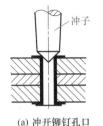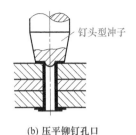

(a) 冲开铆钉孔口　　　　　(b) 压平铆钉孔口

图 13-9　空心铆钉的铆接

13.2.4　紧密和密固铆接手工铆接操作

尽管铆钉也能装以密封膏，但接头对水和气体都不密封。对有紧密和密固要求的构件铆接，除按上述要求进行铆接操作外，还应对铆钉或铆件端面接缝处进行加强密固作用，常用的操作方法为捻钉与捻缝。

① 捻钉。如图 13-10 所示，铆合的铆钉头上如有帽，则应先用切边凿切去（切帽沟痕深＜0.5mm），然后用捻凿对钉头捻打，环绕一周使它和板面紧密贴合。

② 捻缝。用捻凿对铆件端面接缝处捻打出 75°的坡口，使两铆件接缝严实（见图 13-11）。

图 13-10　捻钉　　　　　　　　　　图 13-11　捻缝

13.2.5　机械铆接的铆接操作

机械铆接主要有气动铆和液压铆等几种。气动铆是利用压缩空气为动力，推动气缸内的活塞板块的往复运动，冲打安装在活塞杆上的冲头，在急剧地捶击下完成铆接工作的；液压铆则是利用液压原理进行铆接的方法，分为固定式和移动式两种。固定式液压铆接机一般只用于铆接专门产品，配有自动进出料装置，因此生产效率高，劳动强度低，主要适用于批量大的定型产品铆接。移动式液压铆接机根据产品需要设有前后、左右移动装置，甚至还有上下升降装置，是目前一种较理想的铆接设备。

由于机械铆接的速度快，热铆时，为保证铆接结束后的铆钉温度不至于较高而导致强度下降，影响铆接质量，进行机械铆接的加热温度应为 800℃左右，不宜过高，否则，铆接终结时，铆钉的温度较高，强度不能满足需要，降低了铆钉的铆接质量。必要时，可对铆钉两侧浇水降温，进行人工强制冷却，使其尽快提高强度，缩短冷却时间，并减少铆钉头因受热而产生退火的机会。

第 **14** 章 粘接

14.1 粘接基本技能

粘接是利用粘接剂将一个构件和另一个构件的表面粘合连接起来的方法。粘接技术工艺简单，操作方便，所粘接的零件不需要经过高精度的机械加工，也不需要特殊的设备和贵重的原材料。由于粘接处应力分布均匀，不存在由于铆焊而引起的应力集中现象，所以，更适合于不易铆焊的金属材料和非金属材料应用。对硬质合金、陶瓷等使用粘接技术，可以防止产生裂纹、变形等缺陷，具有密封、绝缘、耐水、耐油等优点，此外，粘接不但可用于构件间的连接，还可用于构件间的防漏及裂纹的修补等，因此，粘接技术应用广泛。

14.1.1 粘接剂的类型及性能

粘接剂按基体成分的不同，可分为有机粘接剂和无机粘接剂两大类，各类粘接剂的组成见图 14-1。

一般无机粘接剂具有耐高温，但强度低的特点；而有机粘接剂具有强度高，但不耐高温的特点。其性能差别见表 14-1。目前，有机粘接剂中的合成粘接剂是工业使用最多的一种。

14.1.2 粘接的接头

两个零件的粘接，首先考虑的是粘接强度，一般粘接表面受到的作用力主要有剪切力、均匀扯离力、剥离力、不均匀扯离力四种基本类型，见图 14-2。

同一种粘接剂，由于粘接处的结构形式不同，所能承受的力也不同。一般粘接剂所能承受的拉力或剪切力，远大于所能承受的剥离力或不均匀扯离力。因此，在考虑粘接结构形式时，应尽量避免受剥离力或不均匀扯离力。而粘接部位的受力主要与粘接接头的形式有关，图 14-3 给出了生产中常见的粘接接头形式。

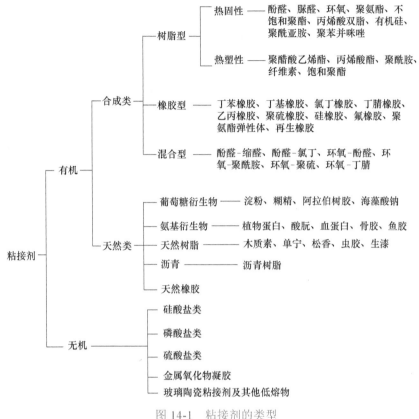

图 14-1　粘接剂的类型

表 14-1　无机粘接剂和有机粘接剂的主要性能比较

项目	无机粘接剂	有机粘接剂
抗拉强度	低	比无机粘接剂高
抗剪强度	较高	一般
脆性	大	比无机粘接剂小
粘接强度	套接、槽接时粘接强度较高	平面粘接时粘接强度比无机粘接剂高
可粘接材料	适用于黑色金属	可粘接各种材料
粘接工艺	较简单	要求较严格
固化条件	常温、不需要加压	多数要加温、加压
耐热性能	200℃以上强度稍有下降，600℃以上强度急剧下降	多数在 100℃左右强度即显著下降
耐腐蚀性	耐水和油，不耐酸、碱	原料不同，但都耐水、油
成本	较低	比无机粘接剂高

注：表中抗拉强度、抗剪强度、脆性指粘接剂本身的强度、脆性。

（1）接头设计原则

① 优先取受剪切的接头。

② 避免剥离与不均匀扯离。

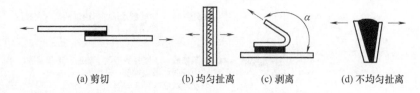

(a) 剪切　　　　(b) 均匀扯离　　　(c) 剥离　　　(d) 不均匀扯离

图 14-2　接缝应力类型

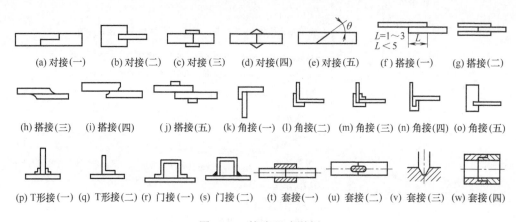

(a) 对接(一)　(b) 对接(二)　(c) 对接(三)　(d) 对接(四)　(e) 对接(五)　(f) 搭接(一)　(g) 搭接(二)

(h) 搭接(三)　(i) 搭接(四)　(j) 搭接(五)　(k) 角接(一)　(l) 角接(二)　(m) 角接(三)　(n) 角接(四)　(o) 角接(五)

(p) T形接(一)　(q) T形接(二)　(r) 门接(一)　(s) 门接(二)　(t) 套接(一)　(u) 套接(二)　(v) 套接(三)　(w) 套接(四)

图 14-3　接头形式举例

③ 增大粘接面积。

④ 采取复合连接，如焊 - 胶、铆 - 胶、螺 - 胶。

图 14-4 给出了各类接头形式的比较。

（2）粘接强度的计算

粘接强度可参照表 14-2 中所列的公式进行计算，表 14-3 给出了点焊、胶接及胶接 - 点焊接头强度比较。

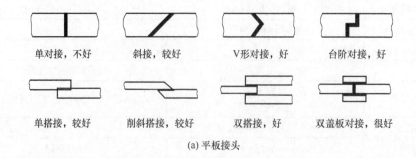

单对接，不好　　斜接，较好　　V形对接，好　　台阶对接，好

单搭接，较好　　削斜搭接，较好　　双搭接，好　　双盖板对接，很好

(a) 平板接头

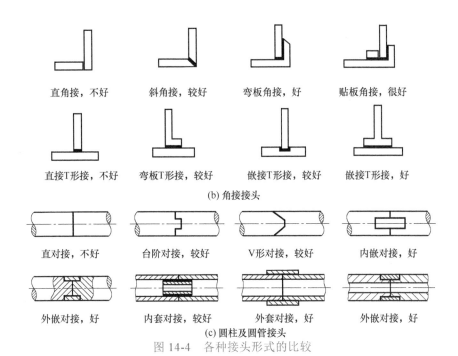

直角接，不好　　　斜角接，较好　　　弯板角接，好　　　贴板角接，很好

直接T形接，不好　　弯板T形接，较好　　嵌接T形接，较好　　嵌接T形接，好

(b) 角接接头

直对接，不好　　　台阶对接，较好　　　V形对接，较好　　　内嵌对接，好

外嵌对接，好　　　内套对接，较好　　　外套对接，好　　　外嵌对接，好

(c) 圆柱及圆管接头

图 14-4　各种接头形式的比较

表 14-2　粘接强度的计算

接头状况		简　图	计算公式
拉伸或压缩	对接	θ F b F	$\tau = \dfrac{F}{bt}\sin\theta\cos\theta$ $\sigma = \dfrac{F}{bt}\sin^2\theta$
	斜搭接	θ F t F	τ ——平行于胶合面的剪应力，MPa σ ——垂直于胶合面的拉应力，MPa F ——接头所受拉力，N b、t ——板宽、厚，mm
弯曲	斜搭接	θ M t M	$\tau = \dfrac{6M}{t^2 b}\sin\theta\cos\theta$ $\sigma = \dfrac{6M}{t^2 b}\sin^2\theta$ M——胶件所受弯矩，N·mm

表 14-3　点焊、胶接及胶接 - 点焊接头强度比较

接头类型	剪切强度 /MPa	不均匀扯离强度 /MPa	疲劳强度 / 次数
点焊，$3cm^2$ 一个 $\phi 4mm$ 焊点	2 ~ 4	150 ~ 200	2×10^3
环氧树脂胶	18	50 ~ 100	4×10^6
胶接 - 点焊	18.5	300	6×10^6

14.2 粘接典型实例

尽管粘接的零件、粘接接头的形式多种多样，但粘接按所用粘接剂基体成分的不同，可分为无机粘接和有机粘接两大类。不同种类的粘接形式其操作方法也有所不同。

14.2.1 无机粘接的操作

目前，在一般机械行业中，使用的无机粘接剂主要由氧化铜（CuO）和磷酸（H_3PO_4）配制而成，其操作主要包括粘接剂的配制及操作工艺要点两方面的内容。

（1）无机粘接剂的配制

氧化铜（CuO）和磷酸（H_3PO_4）的配制比例，应根据所使用时的室温决定，一般冬季配制比例为 4：1，夏季为 3：1。配合比例越大，凝固速度越快，粘接强度越高，但配比不能大于 5，否则粘接剂产生高温放热反应，急速固化，使粘接剂来不及发挥作用。氧化铜 - 磷酸粘接剂的配制主要应注意以下几方面的内容。

1）氧化铜（CuO）及其处理

粘接剂中所用的氧化铜，需具备两个条件：一是要有一定的纯度，特别是所含酸性和碱性物质（质量分数）不得超过 0.01%，密度应为 6.32 ～ 6.42g/cm³；二是氧化铜必须是经过高温处理的，这样才能有较高的粘接强度。

其处理方法是将一般化学试剂的二、三级品氧化铜粉送入烧结炉中，以 900 ～ 930℃保温 3h，在烧结过程中需多次搅拌，使上下各层铜粉烧结效果一致。烧结后的氧化铜呈黑色略带银灰光泽，冷却后打碎成小块，送入陶瓷球磨机粉碎，而后用孔径为 0.053mm（280 目）左右的筛网过筛，烘干后装入密封瓶备用。这种氧化铜粉目前在化工商店有售。

2）磷酸（H_3PO_4）及其处理

粘接剂中所用的磷酸溶液，是普通化学试剂二、三级品正磷酸，含量（质量分数）不低于 85%，密度 1.7g/cm³，经加工处理后，呈透明状。常用的磷酸溶液及其处理方法有以下两种。

① 磷酸铝溶液。为了延长可粘接时间，需制成专用的磷酸铝溶液，即在正磷酸中加入适量的氢氧化铝。每 100mL 磷酸中加入约 5 ～ 10g 氢氧化铝。加入量可根据温度、湿度的不同而灵活掌握，室温在 20℃左右时加入 5g，温度较高时可适当增加氢氧化铝的加入量。

制取方法是将 10mL 左右磷酸置于烧杯内，再把按比例称量的全部氢氧化铝粉缓慢地加入磷酸中，一边加入一边搅拌，调成浓乳状，将此溶液加热至 200 ～ 230℃，使酸中的水分充分蒸发，提高酸的浓度，得到

密度为 $1.8 \sim 1.9 g/cm^3$ 的磷酸铝溶液，待自然冷却后，装入密封瓶内备用。溶液密度对粘接强度和可粘接时间有很大影响。其关系分别见图14-5、图14-6。

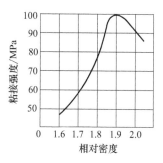 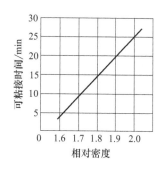

图 14-5　磷酸浓度对粘接强度的影响　　图 14-6　磷酸浓度对可粘接时间的影响

② 磷酸-钨酸钠溶液。其配制方法是用100mL磷酸加入 $4 \sim 10g$ 钨酸钠。加入量的掌握原则与磷酸中加入氢氧化铝时大体相同。配制时，将钨酸钠粉缓慢倒入磷酸中，边倒边搅拌成糊乳状，加热升温至300℃左右，保温30min呈天蓝色，待自然冷却后装入密封瓶备用。

用氢氧化铝配制的磷酸溶液，在低温下放置过久，可能会有结晶析出，甚至凝固。处理方法是将瓶盖打开，置于热水中，使其溶解成均匀液相，即可使用。如不易溶化，可加入温水约20mL，即可溶化，但溶化后必须加热至230℃，待其自然冷却后方能使用。而用钨酸钠配制的磷酸溶液，则可久置而不结晶。

3）辅助填料

在粘接剂中，可加入某种辅助填料，以得到所需要的各种性能。

① 加入还原铁粉，可改善粘接剂的导电性能。

② 加入碳化硼和水泥，可增加粘接剂的硬度。

③ 加入硬质合金粉末，可适当增加粘接强度。

此外，还可以根据需要适当加入石棉粉、硼粉、玻璃粉等。

（2）无机粘接的操作

使用无机粘接剂进行粘接操作时，应严格按以下操作步骤及操作要点进行。

① 粘接剂及粘接用具的准备。准备所需粘接剂氧化铜粉和磷酸溶液各一瓶，光滑铜板一块（厚约4mm），调胶用扁竹签一根，清洗剂一瓶（一般用香蕉水或丙酮等），干净细棉纱一团，小天平一台，医用注射器一支（不要针头）。

② 被粘接件的准备。要求被粘接件尽可能选用套接和槽接结构，其配合间隙视工件大小，可控制在 $0.1 \sim 0.3mm$，个别间隙可大至1mm以上（间隙过大将降低粘接部位的抗冲击性能）。

通常被粘接面的粗糙度应为 $Ra25 \sim 100\mu m$。有时达不到这样的粗糙度时，应辅以人为的加工，如滚花、铣浅槽，以及车成齿深为 0.3mm、螺距为 1mm 的螺纹等。如属盲孔套接，则应留排气孔或排气槽。

被粘接面必须经过除锈、脱脂和清洗处理。脱脂、清洗一般用香蕉水、丙酮，也可用四氯化碳，不能用清水或汽油。清洗时宜用刷子，不要用棉纱。

③ 调胶。按每 4 ～ 4.5g 氧化铜粉加入 1mL 磷酸溶液的比例，先将所需氧化铜粉置于铜板上，中部留一凹坑，然后用注射器抽取磷酸溶液，按需要毫升数将磷酸溶液缓慢注入凹坑中，一边注入一边用竹签反复调和约 1 ～ 2min，使胶体成稀糊状即可应用。

调和时，氧化铜粉与磷酸溶液反应会产生热量，一定的热量又促使反应加剧，放出更多的热量，导致胶体迅速凝固，影响操作，并使粘接强度降低。这种现象在夏季温度较高时比较明显。用铜板调胶，在于散去调和时产生的热量，延缓胶体凝固时间，便于操作。必要时，可以在铜板下面放置冰块，以加速降温。在冬季气温较低的情况下，也可在玻璃板上调胶，但操作时，最好将磷酸溶液和被粘接件预热一下，以防冻凝。

当第一次调的胶用完以后，应将铜板（或玻璃板）用清水洗净，并用棉纱擦干后再调第二次。一次调胶量不宜过多。有些大件粘接用胶量较大，可采取多人同时调和、同时操作的方法。由于胶体吸水性强，最好随调随用，用完再调。如一次调得较多，一时用不完，就会吸水变稀，导致粘接强度下降。

④ 粘接。将调好的胶分别迅速、均匀地涂在被粘接面上，然后进行适当的挤压。套接件则应缓慢地反复旋入。排出的多余胶体，可刮下继续使用。为保持被粘接件的美观，被粘接件表面黏附的残余胶体，可用微湿的棉纱擦拭干净。

手上粘的粘接剂，可用清水洗净，洗手时不能用肥皂，否则皂液与粘接剂反应，反而不易洗净。

⑤ 烘烤。粘接后宜迅速放在干燥温暖的地方，最好能放入电烘箱内，先用 50℃烘 1 ～ 2h，再升温至 80 ～ 100℃烘 2h。烘烤时间长短应视被粘接件的大小而定，粘后用日光晒亦可。有些较大的部件，如粘接修补机床设备，不便于搬动的，也可用普通电炉、炭炉、红外线灯泡烘烤粘接部位，使胶层在较短的时间内完全凝固硬化。要注意的是，干燥温度过高、干燥速度太快，易使粘接剂急剧收缩，产生裂纹，影响粘接强度。

14.2.2　有机粘接的操作

有机粘接剂，一般由几种材料组成，常以富有黏性的合成树脂或弹性体作为它的基体材料，根据不同需要添加一定量的固化剂、增塑剂等配制而成。有机粘接剂有多种形态，而以液体使用最多，一般都要严格按配方配制。有机粘接的操作主要包括粘接剂的选用及操作工艺要点等方面的内容。

（1）有机粘接剂各组分及其作用

① 粘料。粘料是粘接剂中产生粘接力的基本材料。如热塑性树脂、热固性树脂、合成橡胶等。

② 增塑剂。加入增塑剂的主要作用是增加树脂的柔韧性、耐寒性和抗冲击强度，但树脂的抗拉强度、刚性、软化点等则会有所降低，故其加入量应控制在20%（质量分数）以内。如邻苯二甲酸二丁酯、邻苯二甲酸二辛酯、磷酸二苯酯等，都与粘料有良好的相溶性。

③ 增韧剂。有些增韧剂（如聚硫橡胶650聚酰胺、酚醛树脂、聚乙烯醇缩丁醛等）能与粘料起化学反应，并使之成为固化体系组成部分的官能团的化合物，对改进粘接剂的脆性、开裂等效果较好，能提高粘接剂的抗冲击强度和伸长率。有些增韧剂能降低粘接剂固化时的放热作用和降低固化收缩率。有的还能降低其内应力，改善粘接剂的抗剪强度、剥离强度、低温性能和柔韧性。

④ 稀释剂。稀释剂主要用于降低粘接剂的黏度，使粘接剂有良好的浸透力，改善工艺性能，便于操作，有些还能降低粘接剂的活性，从而延长粘接剂的使用期。稀释剂可分为非活性稀释剂和活性稀释剂两种。

非活性稀释剂的分子中不含有活性基团，在稀释过程中不参加反应，它只是共混于树脂之中并起到降低黏度的作用，对力学性能、热变形温度、耐介质及老化破坏等都有影响，多用于橡胶型粘接剂、酚醛型粘接剂、聚酯型粘接剂和环氧型粘接剂。

活性稀释剂是稀释剂的分子中含有活性基团，它在稀释粘接剂的过程中要参加反应，同时还能起到增韧作用（如在环氧型粘接剂中加入甘油环氧树脂或环氧丙烷丁基醚等就能起增韧作用）。活性稀释剂多用于环氧型粘接剂中，其他类型的粘接剂很少使用。常用的稀释剂有二甲苯、丙酮、甲苯、甘油环氧树脂等。

⑤ 固化剂。固化剂是粘接剂中最主要的配合材料。它直接或通过催化剂与主体粘料进行反应，固化结果是把固化剂分子引进树脂中，使分子间距离、形态、热稳定性、化学稳定性等都发生显著变化，使原来是热塑性的线型主体粘料变成坚韧和坚硬的体型网状结构。

当树脂中加入固化剂后，随着所加固化剂性质、重量的不同，粘接剂的可使用期、黏度、固化温度、固化时间以及放热等也就不同，所以必须根据产品的使用目的、使用条件以及工艺要求等，对固化剂进行合理的选择。

⑥ 促进剂。加入促进剂是为了加速粘接剂中粘料与固化剂反应，缩短固化时间，降低固化温度，调节粘接剂的固化速度。如间苯二酚、四甲基二氨基甲烷等。促进剂可分为酸性和碱性两类。酸性类有三氟化硼络合物、氯化亚锡、异辛酸亚锡、辛酸亚锡等。碱性类包括大多数的有机叔胺类、咪唑化合物等。

⑦ 填料。使用填料是为了降低固化过程的收缩率，或赋予粘接剂某些特殊

性能，以满足使用要求。有些填料还会降低固化过程中的放热量，提高胶层的冲击韧度及机械强度等。

⑧ 其他助剂。为了满足某些特殊要求，在粘接剂中还需要加入其他一些组分，如增黏剂。这是一种比较新的配合组分，它的主要作用在于使原来不粘或难粘的材料之间的粘接强度提高，润湿性和柔顺性等得到改善。增黏剂大多是低分子树脂物质，有天然和人工合成产品，以硅烷和松香树脂及其衍生物为主，烷基酚醛树脂也常用。再比如防老剂。粘接剂中的高分子材料在加工或应用过程中，由于环境的影响而损伤或降低其使用性能的现象，称为聚合物的环境老化。导致粘接剂性能变化的环境因素有受力、光、热、潮、雷、化学试剂侵蚀等。如果在粘接剂中加入抗氧剂、光稳定剂等，则可延缓热氧老化、光氧老化，提高粘接剂的热氧和光氧稳定性。

（2）有机粘接剂的正确选用

有机粘接剂的种类较多，常用的主要有环氧树脂类、酚醛树脂类、丙烯酸酯类等粘接剂，目前，许多品种已有专门厂家生产，因此，合理的选用是正确操作的前提。

1）环氧树脂类粘接剂

这类粘接剂的主要优点是黏附力强，固化收缩小，能耐化学溶剂和油类侵蚀，电绝缘性好，使用方便。只需加接触力，在室温或不太高的温度下就能固化。主要缺点是耐热性及韧性差。常用的环氧树脂类成品粘接剂见表14-4。

表14-4 环氧树脂类成品粘接剂

序号	牌号	组分	主要成分	固化条件	剪切强度/MPa	主要用途
1	911	双	环氧、三氟化硼等	室温5～20min	铜-铜24 铝-铝16～21	金属、非金属小面积粘接
2	913	双	环氧、聚醚、三氟化硼	10℃，4h	铝-铝13～15	野外应急修补
3	914	双	环氧、聚硫等	25℃，3h	铝-铝22 铜-铜15	快速小面积粘接
4	ET	三	环氧、丁腈、咪唑等	压力0.05～0.1MPa，170℃，2h	铝-铝20	磁钢与不锈钢等
5	JW-1	三	环氧、KH-550等	接触压，60℃，2h	钢-钢265	金属、玻璃钢、胶木等
6	SW-2	双	环氧、聚醚酚醛胺等	接触压，25℃，4h	铝-铝15	室温下快速粘接
7	J-13	双	二苯砜环氧、聚酰胺等	接触压，25℃，24h	钢-钢23	尼龙与镍、碱性蓄电池密封等
8	KH-520	双	环氧、聚硫等	20℃，24h	钢-钢22	金属、陶瓷、硬塑料等

续表

序号	牌号	组分	主要成分	固化条件	剪切强度/MPa	主要用途
9	J-19	单	环氧、聚砜、二氯甲烷等	压力 0.05 MPa，180℃ 3h	钢 - 钢 50～60 铜 - 铜 20	粘接力强、韧性好、耐热性好，各种材料
10	HXJ-3 万能胶	双	环氧、聚酰胺等	20℃，24h	钢 - 钢 25	各种材料
11	KH-802	单	环氧、丁腈、双氰胺	接触压，15℃，3h	钢 - 钢 45	各种材料，韧性好、耐温 120℃
12	CH31	双	环氧、聚酰胺等	20℃，24h	钢 - 钢 25	各种材料

2）酚醛树脂类

这类粘接剂的主要优点是成本低，有良好的耐热、耐水、耐油、耐化学介质等性质。缺点是较脆，需加温加压固化。酚醛树脂类粘接剂均以成品供应，常用牌号见表 14-5。

表 14-5　酚醛树脂类粘接剂主要牌号

序号	牌号	组分	固化条件	剪切强度/MPa	主要用途
1	201（FSC-1）	单	压力 0.1MPa，160℃，3h	铝 - 铝 22.4	铝、铜、钢、玻璃、陶瓷、电木，150℃ 以内使用
2	203（FSC-3）	—	压力 0.15～0.25MPa，160℃，2h	铝 - 铝 32.2 紫铜 7.8	
3	204（JF-1）	单	压力 0.1～0.2MPa，180℃，2h	铝 - 铝 17.3 钢 - 钢 22.8	钢、铝、镁、玻璃钢、泡沫塑料等，已用于摩擦片粘接
4	E-4	双	压力 0.1MPa，130℃，3～4h	铝 - 铝 24 钢 - 钢 18.5	铝、钢、玻璃钢、砂轮等，耐温 200℃
5	705（JX-5）	单	压力 0.2MPa，160℃，4h	铝 - 铝 20 钢 - 钢 23.3	铝、铜、不锈钢、玻璃钢等
6	JX-9	—	压力 0.25MPa，160℃，3h	铝 - 铝 36.1 镁 - 镁 24	铝、镁等

3）丙烯酸酯类粘接剂

这类粘接剂一般为单组分，可在室温下固化，其中氰基丙烯酯类粘接剂，可在室温下快干，故又称之为快干胶。丙烯酸酯类粘接剂主要优点是具有较好的粘接性能，不需加温加压固化。其操作简单，但胶层较脆，耐水耐溶液性差，耐热温度不高于100℃，常用种类见表 14-6。

4）聚氨酯粘接剂

聚氨酯粘接剂具有良好的粘附性、柔软性、绝缘性、耐水性和耐磨性，还有耐弱酸、耐油和冷固化的特点，但耐热性差。这类粘接剂主要由基体材料聚酯树脂和异氰酸酯固化剂按一定比例配制而成。其为室温固化粘接剂。异氰酸酯含量愈多，固化愈快，黏膜也愈硬，耐温愈高。常用聚氨酯粘接剂见表 14-7。

表 14-6　丙烯酸酯类黏结剂

牌号	成分或配方	主要用途和固化条件
BS-3（新光301）	用甲基丙烯酸甲酯、氯丁橡胶和苯乙烯，用偶氮二异丁腈引发制成共聚溶液，然后和307# 不饱和聚酯、固化剂、促进剂配合制成 共聚树脂：110 份 307# 不饱和聚酯（50% 丙酮溶液）：11 份 过氧化甲乙酮：3 份 环烷酸钴：1 份	在 −60 ~ 60℃ 使用，适用于粘接铝、铁、钢、铜等金属材料，也能适用于粘接硬聚氯乙烯板、有机玻璃等非金属材料 固化条件：压力 0.05MPa，室温 24h 以上，60℃时 2h
新 KH501 胶	α 氰基丙烯酸甲酯单体加少量对苯二酚并溶有微量二氧化硫为阻聚剂	用于 −50 ~ 70℃ 长期工作又须快速固化的粘合部件，可粘合金属、橡胶、塑料、玻璃、木材、皮革，能耐普通有机溶剂，但不宜于酸碱及水中长期使用，亦不宜于在高度潮湿和强烈受振设备上使用。
502 快速胶	α 氰基丙烯酸乙酯 100g，磷酸三甲苯酚酯 15g，聚甲基丙烯酸甲酯粉 7.5g，溶有微量二氧化硫	胶液在胶合面均匀涂布后，要在空气中暴露几秒至几分钟才将粘合件合上，加压 0.1 ~ 0.5MPa，半分钟至几分钟即可粘牢

表 14-7　常用聚氨酯粘接剂

序号	牌号	组分	固化条件	剪切强度 /MPa	主要用途
1	熊猫牌 202	双	室温 24h	耐温 −20 ~ 170℃	皮革、橡胶、织物、软泡沫塑料、金属
2	熊猫牌 404	双	室温 24h	韧性好、耐水、耐热、耐寒、耐老化	
3	熊猫牌 405	双	室温 24h	铁 4.6 橡胶剥离强度 0.2	金属、玻璃、陶瓷、木材、塑料
4	熊猫牌 717	单	室温 2 ~ 3 天	铁 4.9 皮革与橡胶剥离 0.5	金属、非金属、尼龙、织物、塑料
5	101	双	20℃ 4 天	抗拉强度 12	金属、橡胶、玻璃、陶瓷、塑料

5）厌氧粘接剂

厌氧粘接剂是丙烯酸双酯类型的室温固化剂。其特点是在空气中不固化，当被粘接物粘合后，在没有空气存在时，经催化剂作用而交联，几分钟后，胶液即自行固化，24h 后，胶层可达最大强度。该粘接剂的最大优点是韧性好，耐振动，有一定粘接强度，密封性和渗透性较好。它主要用于机械产品装配和设备安装等方面。如紧固螺栓的安装、轴承固定、管螺纹连接和法兰盘连接的耐压密封效果较好，为装配、拆卸、检修工作带来方便。常用厌氧粘接剂主要牌号及性能见表 14-8。

表 14-8　常用厌氧粘接剂主要牌号及性能

序号	牌号	填隙能力 /mm	使用温度 /℃	定位 /min	完全固化 /h	抗剪强度 /MPa
1	铁锚 300	0.1	−30 ~ 60	10 ~ 20	8	—
2	铁锚 350	0.2	−30 ~ 120	10 ~ 20	24	—

续表

序号	牌号	填隙能力 /mm	使用温度 /℃	定位 /min	完全固化 /h	抗剪强度 /MPa
3	Y-150	0.3	−30 ~ 150	5 ~ 10	2	钢 15.6
4	XQ-1	—	—	—	48	钢 17.6
5	XQ-2	—	—	—	48	钢 20.2 铝合金 18.7
6	YN-601	—	—	2 ~ 7	48	—
7	KE-1	0.3	—	1	24	—
8	KYY-1	0.3	−30 ~ 150	—	72	—
9	KYY-2	—	−30 ~ 150	—	72	—

6）密封胶

近年来试制出的一些高分子密封材料，如液态密封胶，可以代替各类固体密封垫圈。使用这类胶的密封面，不需要特别精密加工。它耐水、耐压、耐油、耐振、耐冲击，又可保护金属表面。具有绝缘性，防止漏气、漏水、漏油效果显著。常用密封胶的主要牌号及性能见表 14-9。

表 14-9 常用密封胶的主要牌号及性能

牌号	主要成分	溶剂	可耐介质	使用温度 /℃	使用压力 /MPa	对金属的黏结力	主要特性
601	聚酯型聚氨酯	丙酮、醋酸乙酯	汽油、煤油、润滑油、氟利昂、机油、水	−40 ~ 150	> 0.7	弱	不干型密封胶，永不成膜，易拆卸，用于经常拆卸的部位
602	聚酯型聚氨酯	丙酮、二氯乙烷	汽油、煤油、水、4104 润滑油	−40 ~ 200	> 0.7	弱	
609	丁腈橡胶 - 酚醛	丙酮、二氯乙烷	各种油类、水	−40 ~ 250	> 1	稍强	干型密封胶，易成膜，弹性较好，对金属粘合力较大，用于不经常拆卸的部位
HXJ-1	聚酯型聚氨酯	丙酮、二氯乙烷	空气、水、汽油、煤油、润滑油、稀酸、稀碱	−50 ~ 250	> 3	弱	永不固化，易拆卸装配，用于小间隙（0.1 ~ 0.15mm）的密封
Y-150 厌氧胶	改性环氧树脂	丙酮	汽油、机油、丙酮、水、空气、稀酸、稀碱	−30 ~ 150	> 5	较强	用于不经常拆卸的螺钉接头，防松防漏，固化后粘接抗剪强度可达 10MPa，固化速度快，耐老化，弹性好，脆性较小

（3）有机粘接的操作

使用有机粘接剂进行粘接操作时，应严格按以下操作步骤及操作要点进行。

① 初清洗。将被粘接工件的被粘接表面的油污、积灰、漆皮、铁锈等附着物除去，以便正确检查被粘接表面的情况和选择粘接方法。初清洗通常用汽油、

清洗剂等。对于要求高的零件则用有机溶剂。

② 确定粘接方案。在检查工件的材料性质、损坏程度，分析所承受的工况（载荷、温度、介质）等情况的基础上，选择并确定最佳的粘接（或修复）方案，其中包括选用粘接剂，确定粘接接头形式和粘接方法、表面处理方法等。

③ 粘接接头机械加工。根据已确定的粘接接头形式，进行必要的机械加工，包括对粘接表面粗糙度的加工，待粘接面本身的加工及加固件的制作，对于待修复的裂纹部位开坡口、钻孔止裂等。

④ 粘接表面处理。被粘接工件、材料的表面处理，是整个粘接工艺流程的重要工序，也是粘接成败的关键，这是因为粘接剂对被粘接物表面的润湿性和界面的分子间作用力（即黏附力）是取得牢固粘接的重要因素，而表面的性质则与表面处理有很直接的关系。通常由于粘接件（或修复件）在加工、运输、保管过程中，表面会受到不同程度的污染，从而直接影响粘接强度。常用的表面处理方法有三种。第一种为溶剂清洗。可根据粘接件表面情况，采用不同的溶剂进行蒸发脱脂，或用脱脂棉、干净布块浸透溶剂擦洗，直到被粘接表面无污物为止。除溶剂清洗外，还可以用加热除油和化学除油的方法。在用溶剂清洗某些塑料、橡胶件时，要注意不能使被粘接件溶解和腐蚀。因溶剂往往易燃和有毒，使用时还要注意防火和通风。第二种为机械处理。目前常用的机械处理被粘接物表面的方法，有喷砂处理、机械加工处理或手工打毛，包括用金刚砂打毛、砂布打毛或砂轮打毛等。至于用何种方法处理，要因地制宜。喷砂操作方便，效果好，容易实现机械化；而手工打毛简易可行，不需要什么特殊条件，对薄型和小型粘接件较为适用。不管用什么机械处理，其表面的坑凹不能太甚，以表面粗糙度 $Ra150\mu m$ 左右为宜。第三种为化学处理。对于要求很高的工件，目前已普遍采用化学处理被粘接表面的方法。所谓化学处理方法，就是通过铬酸盐和硫酸的溶液或其他酸液、碱液及某些无机盐溶液，在一定温度下，将被粘接表面的疏松氧化层和其他污物除去，以获得牢固的粘接层。其他如阳极化、火焰法、等离子处理法等，也可以说是化学处理这一类的方法。常用材料的表面化学处理见表14-10。

⑤ 调胶或配胶。如果是市售的胶种，可按产品说明书进行调胶，要求混合均匀，无颗粒或胶团。对于自行配制的胶种，可按典型配方和以下顺序调配：先将粘料与增塑剂、增韧剂搅拌均匀，再加填料拌均匀，然后加入固化剂拌均匀，最后可进行后续的粘接涂胶。

⑥ 涂胶与粘接。涂胶工艺视胶的状态以及被粘接面的大小，可以采用涂抹、刷涂或喷涂等方法。要求涂抹均匀，不得有缺胶或气泡，并使胶完全润湿被粘接面。对于涂盖修复的胶层（如涂盖修复裂纹或表面堵漏），表面应平滑，胶与基体过渡处胶层宜薄些，过渡要平缓，以免受外力时引起剥离。

胶层厚薄要适中，一般情况下薄一些为好。胶层太厚往往导致强度下降，这是因为一般胶种的黏附力较内聚力大。通常胶层厚度应为 0.05 ~ 0.15mm，涂胶的范围应小于表面处理的面积。某些胶种对涂胶温度有一定的要求（如 J-17 胶），则应按要求去做。

表 14-10 常用材料的表面化学处理

被粘接材料	脱脂溶剂	处理方法	备注
铝及铝合金	三氯乙烯、丙酮、乙酸乙酯、高级汽油等均可	脱脂后在下述溶液中，于 60 ~ 65℃下处理 15 ~ 25min，水洗，干燥 重铬酸钾 15g 浓硫酸 54g 蒸馏水 54g	处理后表面呈灰白色，能提高粘接强度
		脱脂后在下述溶液中，于 90 ~ 100℃下处理 20min，水洗，干燥 蒸馏水 1000g 碳酸钠 50g 重铬酸钠 15g 氢氧化钠 2g	
		脱脂后在下述溶液中，于 66 ~ 68℃下处理 10min，水洗，干燥 浓硫酸 10g 重铬酸钠 1g 蒸馏水 30g	适用于酚醛粘接剂，效果良好
		脱脂后在下述溶液中阳极化处理 浓硫酸 200g 蒸馏水 1000g 直流电 1 ~ 1.5A/dm^2，10 ~ 15min；再置于饱和重铬酸钾溶液中，95 ~ 100℃，5 ~ 20min。水洗，干燥	
		在 20℃下，用下述溶液处理 3 ~ 5s，水洗，干燥 硝酸（67%）30g 氢氟酸（42%）10g	适用于铸铝件
铜与铜合金、黄铜、青铜	三氯乙烯、丙酮、甲乙酮、乙酸乙酯等均可	在下述溶液中，于 20 ~ 25℃下处理 1 ~ 2min，水洗，干燥 浓硝酸 30g 三氯化铁 15g 蒸馏水 20g	表面呈淡灰色
		在下述溶液中，于 20 ~ 25℃下浸泡处理 5 ~ 10min，水洗，干燥 浓硫酸 10g 重铬酸钠 5g 蒸馏水 85g	表面呈亮黄色
		在下述溶液中，于 25 ~ 30℃下浸泡 1min，水洗，50 ~ 60℃干燥 浓硫酸 8g 浓硝酸 25g 蒸馏水 17g	有较好的粘接强度

被粘接材料	脱脂溶剂	处理方法	备注
铜与铜合金、黄铜、青铜	三氯乙烯、丙酮、甲乙酮、乙酸乙酯等均可	在下述溶液中，于 60 ~ 70℃ 下浸蚀 10min，水洗，60 ~ 70℃ 干燥 浓硫酸 19g 硫酸亚铁 12g 蒸馏水 100g	有较好的粘接强度
		在下述溶液中，于 25 ~ 30℃ 下处理 5min，水洗，干燥 三氧化铬 40g 浓硫酸 4g 蒸馏水 1000g	表面呈淡灰色，有较好的粘接强度
不锈钢	三氯乙烯、丙酮、甲乙酮、苯及乙酸乙酯等均可	在下述溶液中，于 50℃ 下浸泡 10min，水洗，干燥 重铬酸钠 7g 浓硫酸 7g 蒸馏水 400g	处理后表面呈灰白色
		在下述溶液中，于 65℃ 下处理 10min，水洗，干燥 浓硫酸 100g 甲醛（37%）20g 过氧化氢（30%）4g 蒸馏水 90g	
		在下述溶液中，于 63℃ 下处理 10min，水洗，干燥 甲醛（37%）30g 过氧化氢（30%）20g 蒸馏水 50g	
		在下述溶液中，在室温下处理 10min，水洗，70℃ 干燥 浓硝酸 20g 氢氟酸（40%）5g 蒸馏水 75g	
软钢、铁及铁基合金	三氯乙烯、苯、丙酮、汽油、乙酸乙酯、无水乙醇等均可	在下述溶液中，于 20℃ 下浸泡 5 ~ 10min，水洗，干燥 盐酸（37%）100g 蒸馏水 100g	
		在下述溶液中，于 71 ~ 77℃ 下浸泡 10min，水洗，干燥 重铬酸钠 4g 浓硫酸 10g 蒸馏水 30g	
		在下述溶液中，于 60℃ 下浸泡 10min，水洗，干燥 磷酸（88%）20g 酒精 20g	
		在等量的浓磷酸与甲醇混合液中，于 60℃ 下处理 10min，水洗，干燥	
锌及锌合金	三氯乙烯、丙酮、乙酸乙酯、汽油及无水乙醇等均可	在下述溶液中，于室温下处理 5 ~ 10min，水洗，干燥 浓硫酸 5g 蒸馏水 95g	
		在下述溶液中，于室温下处理 3 ~ 5min，水洗，干燥 盐酸（37%）20g 蒸馏水 80g	

续表

被粘接材料	脱脂溶剂	处理方法	备注
锌及锌合金	三氯乙烯、丙酮、乙酸乙酯、汽油及无水乙醇等均可	在下述溶液中，于38℃下浸泡4~6min，水洗，40℃干燥 浓硫酸 20g 重铬酸钠 10g 蒸馏水 80g	处理后表面呈灰白色
		在下述溶液中，于20℃下浸泡10~15min，水洗，干燥 浓硫酸 10g 硝酸（相对密度1.41）20g 蒸馏水 450g	
镁及镁合金	三氯乙烯、丙酮、乙酸乙酯、甲乙酮均可	在下述溶液中，于80℃下处理10min，水洗，干燥 三氧化铬 10g 蒸馏水 40g	
		在下述溶液中，于70℃下处理20min，水洗，干燥 氢氧化钠 30g 蒸馏水 450g	
钛	三氯乙烯、苯、丙酮、汽油、无水乙醇等	在下述溶液中，于50℃下处理20min，水洗，干燥 浓硝酸 9g 氢氟酸（50%）1g 蒸馏水 30g	
铬	三氯乙烯、丙酮、汽油、乙酸乙酯等均可	在下述溶液中，于90~95℃下浸泡1~5min，水洗，干燥 盐酸（37%）20g 蒸馏水 20g	
氟塑料	丙酮、苯、丁酮、甲乙酮均可	将精萘128g溶解于1L四氢呋喃中，在搅拌下2h内加入金属钠23g，温度不超过5℃，继续搅拌至溶液呈蓝黑色为止。在氮气保护下，将氟塑料放入溶液中处理5min，水洗，干燥	处理后粘接强度较高
聚乙烯、聚丙烯	丙酮、丁酮均可	在下述溶液中，于20℃下处理90min，水洗，干燥 重铬酸钠 5g 浓硫酸 100g 蒸馏水 8g	
		在热溶剂或蒸汽中暴露15~30s，如甲苯、三氯乙烯等	
聚苯乙烯	丙酮、无水乙醇	在60℃的铬酸溶液中浸泡20min，水洗，干燥	
ABS	丙酮、无水乙醇	在下述溶液中，于室温下处理20min，水洗，干燥 浓硫酸 26g 重铬酸钾 3g 蒸馏水 13g	
尼龙	无水乙醇、丙酮、乙酸乙酯均可	在表面涂一层10%的尼龙苯酚溶液，于60~70℃下保持10~15min，然后擦净溶剂	立即粘接

被粘接材料	脱脂溶剂	处理方法	备注
氯化聚醚	丙酮、丁酮均可	在下述溶液中，于 65 ~ 70℃下浸泡 5min，水洗，干燥 重铬酸钠 5g 硫酸 100g 蒸馏水 8g	
聚酯薄膜、涤纶薄膜	无水乙醇、丙酮均可	在 80℃的氢氧化钠溶液中浸 5min，再在二氯化锡溶液中浸 5min，水洗，干燥	
橡胶	甲醇、无水乙醇、丙酮均可	在浓硫酸中，于室温下处理 2 ~ 8min，水洗，干燥	粘接强度提高
		涂南大 -42 偶联剂	
玻璃、陶瓷	丙酮、丁酮	在下述溶液中，于室温下浸泡 5 ~ 15min，水洗，烘干 三氧化铬 1g 蒸馏水 4g	
		在下述溶液中，于室温下处理 10 ~ 15min，水洗，烘干 重铬酸钠 7g 浓硫酸 400g 蒸馏水 7g	
玻璃纤维	三氯乙烯、丙醇等均可	可用各种表面处理剂进行处理，如 KH-560、南大 -42 等	

　　涂胶后是否应马上进行粘接，要看所用的粘接剂内是否含有溶剂，无溶剂胶涂后可立即进行粘接，对于快固化胶种中尤其应迅速操作，使之在初凝前粘接好；对于含有溶剂的胶种，则要依据情况将涂胶的表面晾置一定时间，使溶剂挥发后再进行粘接，否则会影响强度。进行粘接操作中，特别要防止两被粘接面间产生并留有气泡。

　　⑦ 装配与固化。装配与固化是粘接工艺中最重要的环节。有的粘接件只要求粘牢，对位置偏差没有特别要求，这类粘接只要将涂胶件粘接在一起，给以适当压力和固化就行了。而对尺寸、位置要求精确的粘接件，则应采用相应的组装夹具，细致地进行定位和装配，以免在固化时产生位移。对大型部件的粘接，有时还可借助点焊，或加几滴"502"瞬干胶，使粘接件迅速定位。装配后的粘接件即可进行固化。

　　对热固型黏结剂，它的固化过程就是使其中的聚合物由线型分子交联成体型网状结构，得到相应的最大内聚强度的过程。在此过程中使黏结剂完成对被粘接物的充分润湿和黏附，并形成具有粘接强度的物质，把被粘接物紧密地粘接在一起。

　　固化过程中的压力、温度，以及在一定压力、温度下保持的时间，是三个重要参数。每一个参数的变化，都会对固化过程及粘接性能产生最直接的影响。

固化时加压可促进黏结剂对被粘接表面的润湿，使两粘接面紧密接触；有助于排出黏结剂中的挥发性组分或固化过程中产生的低分子物（如水、氨等），防止产生气泡；均匀加压可以保证黏结剂胶层厚薄均匀致密；可保证粘接件正确的形状或位置。

加压是必要的，但要适度，太大或太小会使胶层的厚度太薄或太厚。环氧树脂黏结剂不含有溶剂，在固化过程中又不放出低分子物，所以只需较小的接触压力，以保证胶层厚度均匀就行了；而对于酚醛类黏结剂，因固化过程中有低分子物（水）产生，因此固化压力必须高于这些气体的分压，以使它排出胶层之外。

对热固性黏结剂来说，没有一定的温度，就难以完成交联（或很缓慢），因此也不能固化。不同黏结剂的固化温度不同，而固化温度的差异将直接影响粘接接头的性能。

在固化时，某种粘接接头已升到一定温度后，还需保持一定时间，固化才能比较彻底。而时间的长短，又取决于温度的高低。一般来说，提高温度以缩短时间或延长时间以降低温度，可达到同样的结果。大型部件的粘接不便于加热，就可以用延长时间来使固化完全。相对来说，温度比时间对固化更重要，因为有的黏结剂在低于某一温度时，很难或根本就不能固化；而温度过高，又会导致固化反应激烈，使粘接强度下降。

因此，在确定固化工艺时，一定要确定固化压力、固化温度和固化时间。

⑧ 粘接质量的检验。为达到粘接的尺寸规格、强度及美观要求，固化后要对粘接接头胶层的质量进行检查，如胶层表面是否光滑、有无气孔及剥离现象、固化是否完全等。对于密封性的粘接部件，还要进行密封性检查或试验。

⑨ 修理加工。经检验合格的粘接接头，有时还要根据形状、尺寸的要求进行修理加工，为达到美观要求，还可以进行修饰或涂防护涂层，以提高抗介质和抗老化等性能。

第15章 螺纹连接

15.1 螺纹连接基本技能

螺纹连接是利用螺纹零件构成的可拆卸的固定连接。它具有结构简单，紧固可靠，装卸迅速、方便、经济等优点，所以在机械装置中应用极为广泛。

15.1.1 螺纹连接的种类

螺纹连接根据连接件的形式，可分为螺纹连接和螺栓连接；而根据连接的目的，螺纹连接又可分为强固连接和密固连接。强固连接只保证连接强度，密固连接既要保证连接强度，又要保证连接部位的密封性能，例如用于压力表及通过气、液体的管路接头等，螺纹连接还具有密封的能力。

对于密固型螺纹连接，多采用密封管螺纹、圆锥内螺纹与圆锥外螺纹连接、圆柱内螺纹与圆柱外螺纹连接或普通螺纹配合密封物（密封剂、密封带等）等方式实现。对于承受高强度载荷的螺纹连接，多采用高强度螺栓连接，高强度螺栓连接是依靠连接件之间的摩擦阻力来承受载荷的。高强度螺栓材料采用合金钢（35VB、35CrMo）和优质碳素结构钢（45钢）制成，其粗牙螺纹共有M12～M30等7种规格。

（1）螺纹紧固件

不论何种连接形式，所用的各连接零件主要是各种螺栓、螺钉、螺母、垫圈等，该类零件统称螺纹紧固件。螺纹紧固件的种类、规格繁多，但它们的形式、结构、尺寸都已标准化，可以从相应的标准中查出。

螺纹是在圆柱（或圆锥）表面上沿螺旋线形成的具有相同剖面（三角形、梯形、锯齿形）的连续凸起和沟槽。除螺纹连接件以外，许多零件上都有螺纹，加工在外表面的螺纹称为外螺纹，加工在内表面的螺纹称为内螺纹。无论螺栓、螺钉（外螺纹）还是螺母（内螺纹）以及其他螺纹零件，使用最多的还是剖面为三角形的普通螺纹。普通螺纹分为普通粗牙螺纹（如 M12）和普通细牙螺纹（如 M12×1.5），其直径与螺距已完全标准化。

① 六角螺栓。六角螺栓是螺栓的一种，用于连接厚度不大的两零件，两零件上的通孔直径比螺栓大径略大（≈1.1d），将螺栓穿入两零件通孔中，在螺栓的另一端套上垫圈，以增加支承面（增加摩擦力防松）和防止擦伤零件表面，再拧紧螺母，达到牢固连接两零件的目的。

GB 5782、GB 5785、GB 5783、GB 5786 是常用两种六角螺栓粗牙螺纹和细牙螺纹的国家标准代号。

② 双头螺柱。当两个被连接零件中有一个较厚，不宜钻通时，可采用双头螺柱连接。通常在较薄的零件上钻孔，直径比螺柱大径稍大（≈1.1d），在较厚的零件上加工出螺孔。双头螺柱两端都有螺纹，一端旋入较厚的零件的螺孔中，称旋入端；另一端穿过较薄零件的通孔，再套上垫圈，用螺母拧紧，称紧固端。

双头螺柱旋入端的长度 L_1 与被旋入零件的材料有关：对于钢或青铜 $L_1=d$，对于铸铁 $L_1=(1.25\sim1.5)d$，对于铝合金 $L_1=2d$。

GB 897、GB 898、GB 899 和 GB 900 分别是双头螺柱 A 型和 B 型的国家标准代号。

③ 螺钉。螺钉是使用最广泛的连接件。连接时不用螺母，仅靠螺钉穿过一个被连接件（较薄）的通孔与另一个被连接件的螺孔旋紧连接。

GB 65、GB 67、GB 68 是三种开槽螺钉的国家标准代号，GB 818 是十字槽盘头螺钉的国家标准代号，GB 819 是十字槽沉头螺钉的国家标准代号。

④ 垫圈。垫圈一般用作衬垫，可防止松动并有特殊用途。垫圈有小垫圈、平垫圈和倒角型垫圈之分。

弹簧垫圈靠弹性及斜口摩擦防止紧固件松动，广泛地用于经常拆开的连接处。GB 93 为标准型弹簧垫圈国家标准代号。

⑤ 螺母。经常使用的螺母为六角形螺母，分为配合六角头螺栓使用的六角形螺母和在防松装置中用作副螺母，起锁紧作用的六角薄螺母。六角薄螺母也用在空间受限制的地方。六角形螺母分粗牙和细牙两种，六角形螺母和六角薄螺母又分 A 级和 B 级两种。GB 6170、GB 6171、GB 6172、GB 6173 为其标准。

（2）螺纹连接的形式

常用的螺纹连接有螺栓连接、双头螺柱连接和螺钉连接三种形式。表 15-1 给出了螺纹连接的形式及其特点。

15.1.2 螺纹连接的装配要求

（1）具有足够的拧紧力矩

螺纹连接为达到连接可靠和紧固的目的，必须保证螺纹副具有一定的摩擦力矩，此摩擦力矩是由连接时施加拧紧力矩后使螺纹副产生预紧力而获得的。拧紧力矩或预紧力的大小是根据装配要求由设计者确定的。一般紧固螺纹连接无预紧力要求，可采用普通扳手、风动或电动扳手由装配者按经验控制。通常对于有螺纹拧紧力矩要求的螺纹连接，可参照表 15-2 给出的不同材料和直径的螺纹拧紧力矩，或按设计要求。

表 15-1　螺纹连接的形式

连接形式		简图	特点
螺栓连接	普通		螺栓孔径比螺栓杆径大 1 ~ 1.5mm，制孔要求不高，结构简单、装卸方便、应用最广
	配合		铰制孔用螺栓的螺杆配合与通孔采用过渡配合，靠螺杆受剪及接合面受挤来平衡外载荷。具有良好的承受横向载荷能力和定位能力
	高强度		螺栓孔径比螺栓杆径大，靠螺栓拧紧受拉、接合面受压，而产生摩擦来平衡外载荷。钢结构连接中常用于代替铆接
双头螺柱连接			双头螺柱两端有螺纹，螺柱上螺纹较短一端旋紧在厚的被连接件的螺孔内，另一端则穿入薄的被连接件的通孔内，拧紧螺母将被连接件连接起来 适用于需经常装拆、被连接的一个件太厚而不便制通孔或因结构限制不能采用螺栓连接的场合
螺钉连接			直接把螺钉穿过一被连接件的通孔，旋入另一被连接件的螺孔中拧紧，将连接件连接起来 适用于不宜多拆卸、被连接件之一较厚而不便制通孔或因结构限制不能采用螺栓连接的场合

表 15-2　最大拧紧力矩　单位：N·m

螺纹	材料	干燥平垫圈	干燥圆垫圈	干燥平垫圈，弹簧垫圈	润滑圆垫圈	润滑平垫圈	润滑平垫圈，弹簧垫圈
M6	G3	10.79	12.16	11.866	12.699	12.01	12.915
M8		27.37	27.81	28.27	28.19	30.39	30.744
M10		52.21	61.27	54.34	63.31	61.29	56.07
M12		88.73	97.19	96.01	108.1	96.02	102.97
M14		174.26	193.88	197.5	—	—	—
M16		277.5	343.2	318.7	—	—	—

续表

螺纹	材料	干燥平垫圈	干燥圆垫圈	干燥平垫圈，弹簧垫圈	润滑圆垫圈	润滑平垫圈	润滑平垫圈，弹簧垫圈
M6	35	14.69	15.31	15.24	15.61	14.96	14.955
M8		26.61	29.65	31.8	29.23	28.82	30.234
M10		70.79	75.49	77.69	70.13	69.74	69.65
M12		121.6	121.7	122.4	142.69	123.76	130.82
M14		179.7	271.4	238.9	265.07	228.5	249
M16		389.4	—	—	—	—	—

对于规定预紧力的螺纹连接，常用控制螺纹预紧力法、测量螺栓伸长法、扭角法来保证准确的预紧力。

① 控制螺纹预紧力法需利用专门的装配工具，如指针式测力扳手（见图15-1）、千斤顶、电动或风动扳手等。这些工具在拧紧螺纹时，可指示出拧紧力矩的数值，或到达预先设定的拧紧力矩时发出信号或自行终止拧紧。根据拧紧力可用下式换算出拧紧力矩：

$$M=KPd\times 10^{-3}$$

式中　M——拧紧力矩，N·m；

　　　d——螺纹公称直径，mm；

　　　K——拧紧力矩系数（一般为：有润滑时，K= 0.13～0.15；无润滑时，

　　　　　K= 0.18～0.21）；

　　　P——预紧力，N。

② 测量螺栓伸长法，如图15-2所示。螺母拧紧前，螺栓的原始长度为L_1，按规定的拧紧力矩拧紧后，螺栓的长度为L_2，测定L_1和L_2，根据螺栓的伸长量，可以确定拧紧力矩是否准确。

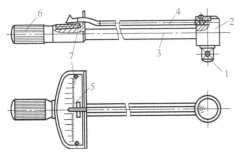

图15-1　指针式测力扳手

1—钢球；2—柱体；3—弹性杆；4—长指针；

5—指针尖；6—手柄；7—刻度板

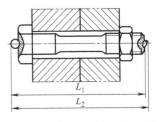

图15-2　螺栓伸长量的测定

③ 扭角法的原理与测量螺栓伸长法相同，只是将伸长量折算成螺母在原始拧紧位置上（各被连接件贴紧后）再拧转的一个角度。

（2）有可靠的防松装置

螺纹连接一般都具有自锁性，在静载荷下，不会自行松脱。但在冲击、振动和交变载荷下，会使纹牙间的压力突然减小，以致摩擦力矩减小，使螺纹连接松动。因此，螺纹连接应有可靠的防松装置，以防止摩擦力矩减小和螺母回转，常用的防松措施如表 15-3 所示。

表 15-3　螺纹连接的防松措施

防松措施		简图	防松原理	说明
摩擦防松	弹簧垫圈	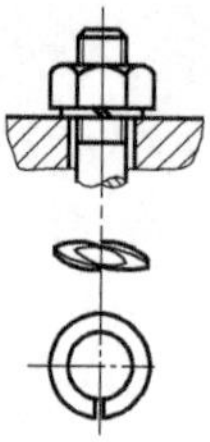	弹簧垫圈被压平后，弹性反力使螺纹副保持一定的摩擦阻力，另外垫圈斜口尖端阻止螺母反转	结构简单、尺寸小、工作可靠、应用广泛　装卸后的弹簧垫圈不能重复使用
	双螺母	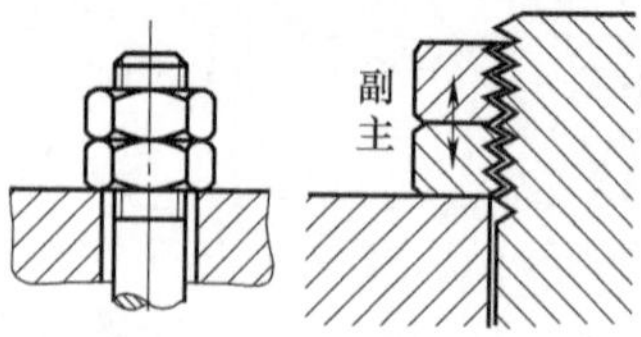	双螺母对顶拧紧，确保螺栓旋合段受拉而螺母受压产生附加摩擦力，即使外力消失，拉力仍存在	双螺母配置，上面螺母受力较大，应取厚的。但下面螺母太薄时，扳手不易伸入，所以双螺母取相同的厚度，但外廓尺寸大，不十分可靠，已很少应用
机械防松	开口销	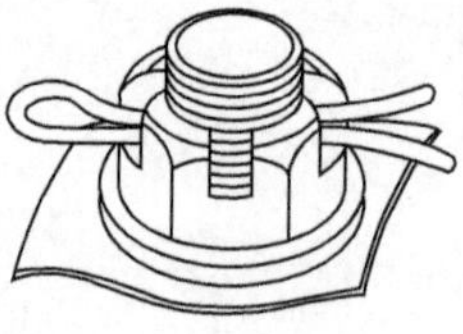	开口销插入螺栓尾部的通孔和槽形螺母的槽内，分开尾叉，使螺栓、螺母约束在一起不松脱	防松安全可靠，广泛用于高速有振动的机械
	外舌止动垫圈	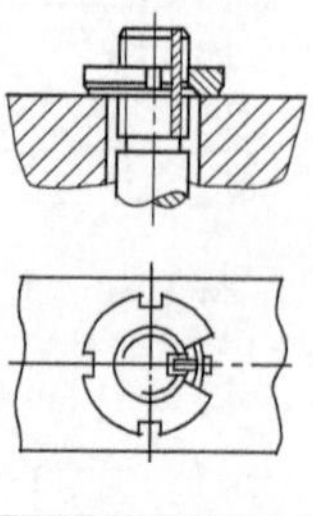	将垫圈外舌一边向上敲弯与螺母紧贴，另一边向下敲弯与被连接件贴紧，使螺母锁紧	防松安全可靠、装拆较麻烦，用于较重要或受力较大的场合

续表

防松措施		简图	防松原理	说明
机械防松	六角形螺母用止退垫圈	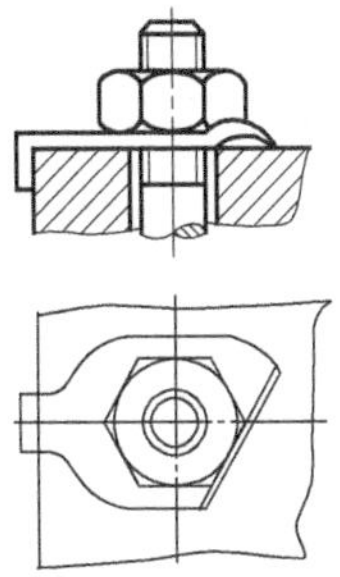	把带翅垫片内舌嵌入轴上的轴内，拧紧六角形螺母后将外舌折入螺母槽内，使螺母锁紧	防松安全可靠，常用于固定滚动轴承
	金属丝	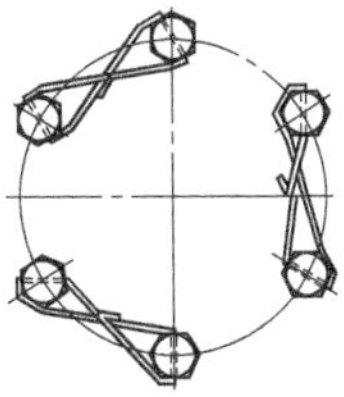	将金属丝依次穿入一组螺钉头部小孔内，相互约束以防止松脱	捆扎时应注意金属丝的穿绕方向，应使螺钉旋紧，其结构简单、安全可靠，常用于无螺母的螺钉组连接
破坏螺纹副防松	点焊、点铆、粘接	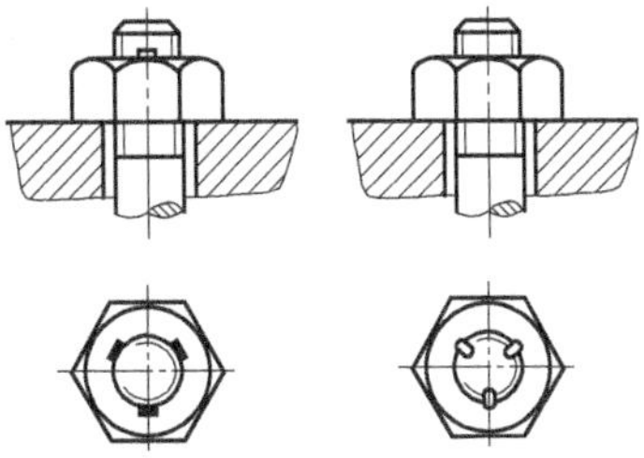	利用点焊、点铆或粘接方法，将破坏螺纹副关系	一次性永久防松

　　用于螺纹连接防松用的连接垫圈，除常用的平垫圈、弹簧垫圈外，还有型钢用斜垫圈等。斜垫圈主要用于型钢翼缘板斜度的补偿，保证其螺纹连接的牢固、可靠。型钢用斜垫圈见表15-4。

表15-4　型钢用斜垫圈

名称	简图	用途
槽钢用斜垫圈	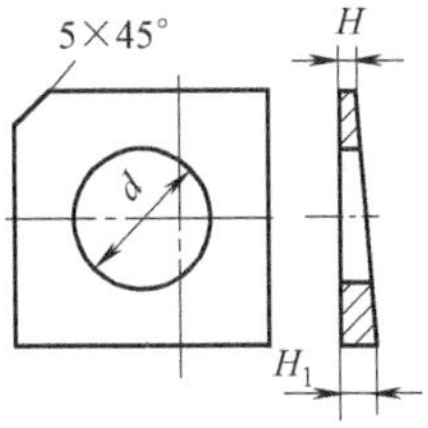	采用槽钢用斜垫圈，可使翼缘板与螺栓头部的接触保持成平面 其与工字钢用斜垫圈的最明显特征区别在于：槽钢用斜垫圈薄的一侧角部具有 $5 \times 45°$ 的倒角

续表

名称	简图	用途
工字钢用斜垫圈	H ∠1:6 H_1	采用工字钢用斜垫圈可使翼缘板与螺栓头部的接触保持成平面 其与槽钢用斜垫圈的最明显特征区别在于：工字钢用斜垫圈没有 $5 \times 45°$ 的倒角

（3）注意事项

螺纹连接装配时，除上述要求外，还应注意以下几点。

① 参与装配连接的螺杆不能产生弯曲变形，螺钉头部、螺母底面应与连接件表面贴合平整。螺母紧固时应加垫圈，以防损伤贴合表面。接触良好。

② 被连接件应均匀受压，互相紧密贴合，连接牢固。

③ 装配在同一位置的螺钉，应保持长短一致，松紧均匀。

④ 为了润滑和防止生锈，在螺纹连接处应涂润滑油。

15.1.3 螺纹连接装拆工具

为保证螺纹连接的可靠、紧固，螺纹连接的操作必须使用必要的装拆工具，采用必要的操作方法。由于螺栓、螺柱和螺钉的种类繁多，因此，螺纹连接装拆的工具也很多。常用的装拆工具有活动扳手、各种固定扳手、内六角扳手、套筒扳手、棘轮扳手、各种锁紧扳手等，如图 15-3 所示。

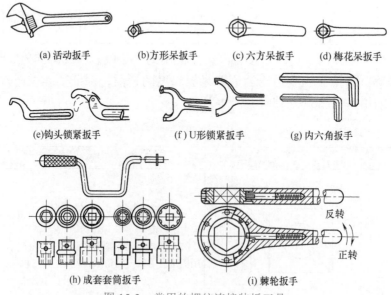

(a)活动扳手　　(b)方形呆扳手　　(c)六方呆扳手　　(d)梅花呆扳手

(e)钩头锁紧扳手　　(f)U形锁紧扳手　　(g)内六角扳手

反转

正转

(h)成套套筒扳手　　(i)棘轮扳手

图 15-3　常用的螺纹连接装拆工具

螺纹连接装拆工具的合理选用应根据螺母、螺钉、螺栓的头部形状及大小、装配空间、技术要求、生产批量等因素综合进行。

15.2 螺纹连接典型实例

15.2.1 螺栓连接的操作

螺栓连接由螺栓、螺母和垫圈组成，主要用于被连接件不太厚、能形成通孔部位的连接。

螺栓连接有两种：一种是承受轴向拉伸载荷作用的连接［见图15-4（a）］，这种受拉螺栓的杆身与孔壁之间允许有一定的间隙；另一种是承受横向作用力的受剪螺栓连接［见图15-4（b）］，这种螺栓连接的被连接件的孔需要铰制。孔与无螺纹杆身部分采用基孔制的过渡配合或静配合，因此，能准确地保证被连接件的相对位置，并能承受横向载荷作用时所引起的剪切和挤压。

采用螺栓装配时，应根据被连接件的厚度和孔径，来确定螺栓、螺母和垫圈的规格及数量。一般螺杆长度应等于被连接件、螺母和垫圈三者厚度之和，另外加 $d \sim 2d$（d 为螺栓的直径）的余量即可。

连接时，将螺栓穿过被连接件上的通孔，套上垫圈后用螺母旋紧。紧固时，为防止螺栓随螺母一起转动，应分别用扳手卡住螺栓头部和螺母，向反方向扳动，直至达到要求的紧固程度为止。紧固时，必须对拧紧力矩加以控制。拧紧力矩太大，会出现螺栓拉长、断裂和被连接件变形等现象；拧紧力矩太小，不能保证被连接件在工作时的要求和可靠性。对拧紧力矩的大小有特别要求的螺栓连接，可采用力矩扳手拧紧。

15.2.2 螺柱连接的操作

双头螺柱连接主要用于连接件较厚、不宜用螺栓连接的场合。双头螺柱的装配应保证双头螺柱与机体螺纹的配合有足够的紧固性，保证在装拆螺母的过程中，无任何松动现象。通常螺柱紧固端应采用具有足够过盈量的配合，也可用阶台形式固定在机体上，如图15-5所示；有时也采用把最后几圈螺纹做得浅一些以达到紧固的目的。当双头螺柱旋入软材料螺孔时，其过盈量要适当大些，还可以把双头螺柱直接拧入无螺纹的光孔中（称光孔上丝）。

连接时，把双头螺柱的旋入端拧入不通的螺孔中，另一端穿上被连接件的通孔后套上垫圈，然后拧紧螺母。拆卸时，只要拧开螺母，就可以使被连接件分离开。

双头螺柱的轴线必须与机体表面垂直，装配时，可用 90° 角尺进行检验。如发现较小的偏斜时，可用丝锥校正螺孔后再装配，或将装入的双头螺柱校正至垂直。偏斜较大时，不得强行校正以免影响连接的可靠性。

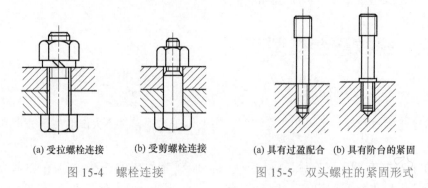

(a) 受拉螺栓连接　　(b) 受剪螺栓连接　　　(a) 具有过盈配合　(b) 具有阶台的紧固

图 15-4　螺栓连接　　　　　　图 15-5　双头螺柱的紧固形式

　　装入双头螺柱时，必须用油润滑，以免旋入时产生咬住现象，也便于以后的拆卸。由于双头螺柱没有头部，无法直接将其旋入紧固，常采用用双螺母对顶或用螺钉与双头螺柱对顶的方法，也可采用用专用工具拧紧的方法，具体见图 15-6。

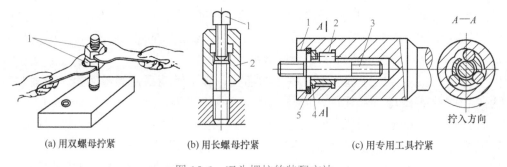

(a) 用双螺母拧紧　　　(b) 用长螺母拧紧　　　(c) 用专用工具拧紧

图 15-6　双头螺柱的装配方法

（a）图中：1—螺母

（b）图中：1—止动螺钉；2—长螺母

（c）图中：1—工具体；2—滚柱；3—双头螺柱；4—限位套筒；5—挡圈

　　图 15-6（a）为用双螺母对顶的方法。装配时，先将两个螺母相互锁紧在双头螺柱上，然后用扳手扳动上面一个螺母，把双头螺柱拧入螺孔中固定。

　　图 15-6（b）为用长螺母拧紧的方法。用螺钉来阻止长螺母和双头螺柱之间的相对运动，然后扳动长螺母，双头螺柱即可拧入螺孔中。松开螺母时，应先使螺钉回松。

　　图 15-6（c）为用专用工具拧紧双头螺柱的方法。专用工具中的三个滚柱放在工具体空腔内，由限位套筒 4 确定其圆周和轴向位置。限位套筒由凹槽挡圈固定，滚柱松开和夹紧由工具体内腔曲线控制。滚柱应夹在螺柱的光滑部分，按如图 15-6（c）所示箭头方向转动工具体即可拧入双头螺柱，反之可松开螺柱。拆卸双头螺柱的工具，其凹槽曲线应和拧入工具的曲线方向相反。

15.2.3 法兰型结构的螺栓连接的操作

在装配零部件及机器设备时，螺栓连接的使用往往是成组、成群使用的，这就要求在拧紧螺栓的装配中既要保证单个螺栓的牢固、可靠，还要保证螺栓群中的每一个螺栓的受力都均匀一致，以保证所连接零部件和机器设备的可靠。

通常螺栓至少要分两次拧紧，同时，还要选择适当的拧紧顺序。螺栓的拧紧顺序有两项要求：一个是螺栓本身的拧紧次数；另一个是螺栓间的拧紧顺序。螺栓的拧紧顺序可参照法兰型结构［见图 15-7（a）］和板式、箱型结构［见图 15-7（b）、图 15-7（c）］两种类型进行。

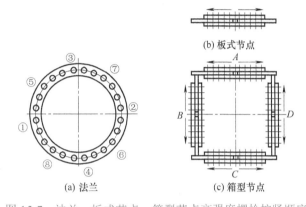

(a) 法兰　　(b) 板式节点　　(c) 箱型节点

图 15-7　法兰、板式节点、箱型节点高强度螺栓拧紧顺序

螺栓按顺序拧紧是为了保证螺栓群中的每一个螺栓的受力都均匀一致。

法兰型结构的螺栓分布多呈环状，在法兰连接中，各螺栓的均匀受力可保证稳定的密封性能，如图 15-8 所示为压力试验时的盲板螺栓拧紧顺序。

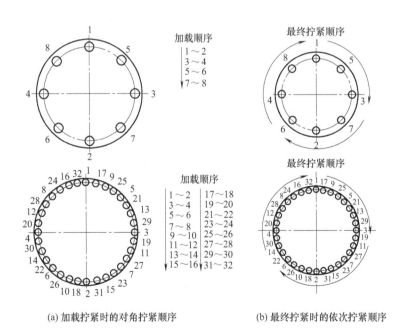

(a) 加载拧紧时的对角拧紧顺序　　(b) 最终拧紧时的依次拧紧顺序

图 15-8　螺栓的拧紧顺序

　　预拧主要是通过螺栓将密封圈与法兰盲板正确地摆放固定在接管法兰上，螺栓间的连接仅仅是拧上，但未拧紧，预拧对于呈垂直和倾斜状态法兰盲板的摆放，尤其对密封质量的影响更是不可忽略的。对于凸凹形法兰，要确认保证密封垫圈镶入准确后，方可进入后续的加载拧紧。

　　预拧经检验，确认密封垫圈放置合乎要求，各个螺栓都均匀地处于刚刚受力的状态后，再进行加载拧紧，螺栓的拧紧顺序呈对角线进行，具体加载拧紧顺序见图 15-8（a）。加载拧紧的次数与螺栓的直径和螺纹的牙型有关。拧紧次数随直径增大而增多，齿形为梯形或锯齿形的螺纹需增加拧紧次数。

　　在最终拧紧过程中，拧紧顺序是从第一点开始依次进行的，见图 15-8（b）。在这一点上，与加载拧紧顺序是截然不同的。最终拧紧的次数与加载拧紧的规律相同。

15.2.4　板式、箱型节点高强度螺栓连接的操作

　　与法兰型结构的螺栓连接操作要求一样，板式、箱型结构［见图 15-7（b）、图 15-7（c）］的螺栓连接操作也应既能满足单个螺栓的牢固、可靠，还要保证螺栓群中的每一个螺栓的受力都均匀一致。

　　板式、箱型节点高强度螺栓的拧紧以四周扩展，或以从节点板接缝中间向外、向四周依次对称拧紧的顺序进行，具体见图 15-7（b）、图 15-7（c）。

15.2.5　其他结构类型上的高强度螺栓连接的操作

　　除上述结构外，其他类型结构的高强度螺栓的初拧和终拧顺序一般都是从螺栓群的中部向两端、四周进行，如图 15-9 所示。

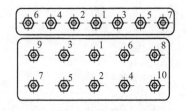
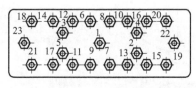

(a) 一排及多排螺栓加载拧紧顺序(一)　　(b) 一排及多排螺栓加载拧紧顺序(二)　(c) 矩形排列螺栓拧紧顺序

图 15-9　拧紧成组螺栓或螺母的顺序

　　对于阀门、疏水阀、膨胀节、截止阀、减压阀、安全阀、节流阀、止回阀、锥孔盲板等一些管路上的控制元件，在管路的连接中，还必须保证这些元件安装方向与介质的流动方向是一致的。

第**16**章 常见操作缺陷的处理

16.1 划线常见缺陷及防止措施

划线常见的缺陷及防止措施见表 16-1。

表 16-1 划线常见缺陷及其防止措施

常见缺陷	原因分析	防止措施
划线不清楚	①划线涂料选择不当 ②高度尺划脚不锋利	①石灰水适用锻、铸表面，紫色水适用已加工表面 ②保持划脚锋利
划线位置错误	①看错图样尺寸，尺寸计算错误 ②线条太密，尺寸线分不清	①划线前分析图样，认真计算 ②可分批划线，划十字线时测量尺寸
划线弯曲不直	划线尺寸太高，划针、高度尺用力不当，产生抖动	①首先应擦净平板，并涂一薄层机油 ②线过高时，应垫上方箱
立体划线重复次数太多	①借料方向、大小有误 ②主要表面与次要表面混乱	①分析图样，确定借料方向、大小 ②试借一次后，统一协调各表面
镶块、镶条脱落	①镶块、镶条塞得不紧 ②木质太松 ③打样冲时用力太大	①对大型零件，用金属镶条撑紧 ②用木质较硬木材 ③打样冲时，应垫实镶条，然后再打

16.2 锯切常见缺陷及防止措施

锯切常见的缺陷及其防止措施见表 16-2。

表 16-2 锯切常见的缺陷及其防止措施

常见缺陷	原因分析	防止措施
锯割面不直、不平，锯缝歪斜	①锯条磨损后仍继续使用 ②锯条安装太松	①更换新锯条 ②提高锯切操作技能

续表

常见缺陷	原因分析	防止措施
锯割面不直、不平，锯缝歪斜	③锯割时压力太大 ④锯割速度太快 ⑤锯割时双手操作不协调，推力、压力和方向掌握不好	
锯条崩齿折断	①压力太大 ②起锯角度不对 ③锯薄板时，锯条选择不当，夹持不正确 ④锯缝歪斜后，强行纠正 ⑤新换锯条后，仍沿旧缝锯割 ⑥锯条过紧或过松 ⑦工件装夹不正确，锯削部位距钳口太远，以致产生抖动或松动	①适当减小锯切压力 ②提高锯切操作技能
锯条磨损过快	①锯割速度太快 ②材料太硬 ③锯割硬材料时未加冷却液	①适当减小锯割速度 ②提高锯切操作技能

16.3 錾削常见缺陷及防止措施

錾削常见的缺陷及其防止措施见表 16-3。

表 16-3 錾削常见缺陷及其防止措施

常见缺陷	原因分析	防止措施
錾削表面粗糙、凹凸不平	①錾子刃口不锋利 ②錾子掌握不正，左右、上下摆动 ③錾削时后角变化太大 ④捶击力不均匀	①刃磨錾子刃口 ②掌握錾削方法
錾子刃口崩裂	①錾子刃部淬火硬度过高 ②零件材质硬度过高或硬度不均匀 ③捶击力太猛	①降低錾子刃部淬火硬度 ②零件退火，降低材质硬度 ③减小捶击力
錾子刃口卷边	①錾子刃口淬火硬度偏低 ②錾子楔角太小 ③一次錾削量太大	①提高錾子刃部淬火硬度 ②刃磨錾子，增大其楔角 ③减少一次錾削量
零件棱边、棱角崩缺	①錾削收尾时未调头錾切 ②錾削过程中，錾子方向掌握不稳，錾子左右摆动	①錾削收尾时调头錾切 ②控制錾子方向，保持稳定
錾削尺寸超差	①工件装夹不牢 ②钳口不平，有缺陷 ③錾子方向掌握不正、偏斜超差	①将工件装夹牢固 ②磨平钳口 ③控制錾子方向

16.4　锉削常见缺陷及防止措施

表 16-4 给出了锉削常见的缺陷及防止措施。

表 16-4　锉削常见的缺陷及防止措施

常见缺陷	产生原因	防止措施
零件表面夹伤或变形	①台虎钳口未装软钳口 ②夹紧面积小，夹紧力大	①夹持零件时应装软钳口 ②调整夹紧位置及夹紧力 ③圆形零件夹紧时应加 V 形架
零件尺寸偏小超差	①划线不准确 ②锉削时未及时测量尺寸 ③锉削时忽视形位公差的影响	①划线要细心，划后应检查 ②粗锉时应留余量，精锉时应检查尺寸 ③锉削时应统一协调尺寸与形位公差
表面粗糙度超差	①锉刀齿纹选择不当 ②锉削时未及时清理锉纹中的锉屑 ③粗、精锉余量选用不当 ④直角锉削时未选用光边锉刀	①应依据表面粗糙度合理选择齿纹 ②锉削时应及时清理锉刀中的锉屑 ③精锉的余量应适当 ④锉直角时，应选用光边锉刀，以免锉伤直角面
零件表面中间凸，塌角或塌边	①锉削方法掌握不当 ②锉削用力不平衡 ③未及时用刀口尺检查平面度	①依据零件加工表面选择锉削方法 ②用推锉法精锉表面 ③锉削时应经常检查平面度，修锉表面 ④应掌握各种锉削法的锉削平衡

16.5　钻孔常见缺陷及防止措施

钻孔出现的缺陷，其产生的原因是多方面的，表 16-5 给出了钻孔时可能出现的质量问题及其产生原因。

表 16-5　钻孔时可能出现的质量问题及其产生原因

出现问题	产生原因
孔大于规定尺寸	①钻头中心偏，角度不对称 ②机床主轴跳动，钻头弯曲
孔壁粗糙	①钻头不锋利，角度不对称 ②后角太大 ③进给量太大 ④切削液选择不当或切削液供给不足
孔偏移	①工件划线不正确 ②工件安装不当或夹紧不牢固 ③钻头横刃太长，找正不准，定心不良 ④开始钻孔时，孔钻偏但没有校正

续表

出现问题	产生原因
孔歪斜	①钻头与工件表面不垂直，钻床主轴与台面不垂直 ②横刃太长，轴向力过大造成钻头变形 ③钻头弯曲 ④进给量过大，致使小直径钻头弯曲 ⑤工件内部组织不均，有砂眼（气孔）
孔呈多棱状	①钻头细而且长 ②刃磨不对称 ③切削刃过于锋利 ④后角太大 ⑤工件太薄

当钻孔出现质量问题时，除了从刀具、切削用量、工艺方法等方面寻找原因以外，还需要检查钻床精度有无超差过多的现象，表 16-6 给出了钻床精度超差对钻孔质量的影响。

表 16-6　钻床精度超差对钻孔质量的影响

钻床精度	超差后对钻孔质量的影响
底座工作面或工作台面的平面度	超差后，工件安装在底座或工作台上时，就会发生倾斜，因而钻孔中心也将随着歪斜
主轴锥孔中心线的径向圆跳动	超差后，使所钻孔有扩大的趋向，而且主轴伸出越长，孔径扩大的现象就越显著
摇臂钻床夹紧立柱和主轴箱时主轴中心线的位移量	钻孔前，在校正钻头对准预钻孔中心的过程中，主轴箱和主轴一般不夹紧。当校准好，并夹紧时若位移量超差太大，就会使钻头偏离预钻孔位置的中心，钻头便处于倾斜状态，使钻出的孔中心线偏斜或离开预定位置
主轴中心线对底座工作面或工作台面的垂直度	超差后使钻孔中心线发生偏斜
主轴移动对底座或工作台面的垂直度	超差后使钻孔中心线发生偏斜，尤其是在钻深孔时更加显著
台式钻床的立柱导轨对工作台面的垂直度	超差后使钻孔中心发生倾斜
在负荷作用下，主轴对底座或工作台面的相对变形	变形增大后，钻床主轴处于倾斜状态，使钻孔中心线也随之倾斜，孔径也会扩大，在钻较深孔时，容易折断钻头

钻孔时，钻头还可能出现的损坏情况有两种，一是钻头折断，二是切削刃迅速磨损或碎裂。其产生的原因如表 16-7 所示。

表 16-7 钻头出现损坏的原因

出现问题	产生原因
钻头折断	①钻头磨钝，但仍继续钻孔 ②钻头螺旋槽被切屑堵住，没有及时将切屑排出 ③孔快钻通时，没有减小进给量或变机动为手动进给 ④钻黄铜一类软金属时，钻头后角太大，前角又没修磨，致使钻头自动旋进 ⑤钻刃修磨过于锋利，产生崩刃现象，而没能迅速退刀
切削刃迅速磨损或碎裂	①切削速度太高，切削液选用不当或切削液供给不足 ②没有按照工件材料来刃磨钻头的切削角度 ③工件内部硬度不均或有砂眼 ④钻刃过于锋利，进给量太大 ⑤怕钻头安装不牢，用钻刃往工件上镦

16.6 扩孔钻扩孔常见缺陷及防止措施

扩孔钻扩孔常见的缺陷主要有孔径增大、孔表面粗糙等，其产生的原因和防止措施见表 16-8。

表 16-8 扩孔钻扩孔中常见缺陷的产生原因和防止措施

缺陷	产生原因	防止措施
孔径增大	①扩孔钻切削刃摆差大 ②扩孔钻刃口崩刃 ③扩孔钻刃带上有切屑瘤 ④安装扩孔钻时，锥柄表面油污未擦干净，或锥面有磕碰伤	①刃磨时保证摆差在允许范围内 ②及时发现崩刃情况，更换刀具 ③将刃带上的切屑瘤用油石修整到合格 ④安装扩孔钻前必须将扩孔钻锥柄及机床主轴锥孔内部油污擦干净，锥面有磕碰伤处用油石修光
孔表面粗糙	①切削用量过大 ②切削液供给不足 ③扩孔钻过度磨损	①适当降低切削用量 ②切削液喷嘴对准加工孔口，加大切削液流量 ③定期更换扩孔钻，刃磨时把磨损区全都磨去
孔位置精度超差	①导向套配合间隙大 ②主轴与导向套同轴度误差大 ③主轴轴承松动	①位置公差要求较高时，导向套与刀具配合要精密些 ②校正机床与导向套位置 ③调整主轴轴承间隙

16.7 铰孔常见缺陷及防止措施

铰孔的精度和表面粗糙度要求都很高，如果铰削用量不当、铰刀质量不好、润滑冷却不当和操作疏忽等都会产生废品。表 16-9 给出了铰孔常见的缺陷及产生原因，操作时，可有针对性地采取防止措施。

表 16-9　铰孔常见缺陷的产生原因及防止措施

常见缺陷	产生原因及防止措施
表面粗糙度达不到要求	①铰刀的切削部分及校准部分表面质量不高，刀齿不锋利，刃口磨损超过允许值，刃口上有崩裂、缺口或毛刺等，使所铰孔的表面粗糙度达不到要求 ②铰刀刀齿校准部分后端有尖角，铰刀切削刃与校准部分过渡处未经过研磨，在铰孔中将孔壁刮伤 ③铰刀后角过大，钻床精度低，当铰刀转速太快时，容易产生振动，影响了孔壁的表面质量 ④铰刀切削刃有较大的偏摆，铰刀中心与工件中心重合性差。使切削不均匀，余量多的一边切削变形大，余量少的一边不能消除预加工留下的刀痕，使孔壁的表面质量受到影响 ⑤铰刀容屑槽锈蚀或原有的黏屑没有清除干净。铰削时，切屑容易在这些地方停滞、黏附，不能及时排出，从而刮伤孔壁 ⑥加工余量太大，使切屑变形严重，切削热增高，因而降低了表面质量 ⑦加工塑性较大的材料时，铰刀前角过小，切削状态不良，使切屑变形严重，导致孔壁粗糙 ⑧切削液不充分或成分选择不适当，使工件和切削刃得不到及时的冷却和润滑，使孔壁的表面质量受到影响
孔径扩大	①铰刀校准部分的直径大于铰孔所要求的直径；研磨铰刀时没有考虑铰孔扩大量的因素；机铰孔时，钻床主轴的径向圆跳动误差过大，而铰刀又未留倒锥量，导致铰孔的孔径扩大 ②铰刀切削部分和校准部分的刃口径向圆跳动误差过大，各条切削刃和校准部分交接处的圆弧刃高度修磨得不一致。当铰刀在旋转时，实际上等于加大了铰刀直径，使所铰孔的孔径扩大 ③铰刀刃口上黏附的切屑瘤，增大了铰刀直径，将孔径扩大 ④加工余量和进给量过大时，在铰削过程中金属被撕裂下来，使铰孔直径增大 ⑤手铰孔时，两手用力不均匀，使铰刀左右晃动，将孔径铰大 ⑥铰锥孔时，没有及时用锥销检验，将锥孔铰得过深，直径也随之增大 ⑦机动铰孔时转速太快，冷却、润滑不充分，切削热增大，铰刀由于受热而直径增大，因此将孔径铰大
孔径缩小	①铰刀校准部分直径已经磨损 ②铰刀切削刃磨钝以后，切削能力降低，对一部分加工余量产生挤压作用。当铰刀退出所铰孔后，金属又恢复其弹性变形，致使所铰孔变小 ③用硬质合金铰刀高速铰孔，或者用无刃铰刀铰孔，铰刀对金属都有挤压作用。但在确定铰刀直径时，没有考虑铰孔产生收缩量的因素，孔铰完后，孔径产生了收缩
铰孔中心不直	①铰孔前预加工孔不直，特别是孔径较小时，因铰刀刚度不足，未能将孔内凸出的金属全部铰削掉，使原有的弯曲得不到纠正 ②铰刀的切削锥角太大，导向不良，铰刀在铰削中容易偏离方向，使铰孔产生弯曲 ③铰刀校准部分倒锥量太大，不能起到良好的校正和引导作用，使铰刀在工作时产生晃动，造成孔壁不直 ④手铰孔时，在一个方向上用力过大，迫使铰刀向一边偏斜，因而使铰孔中心不直
铰孔时出现多棱形	①铰削余量太大，而且铰刀刃口又不锋利时，在铰削中，铰刀有"啃切"现象，发生振动，因而使孔壁出现多棱形 ②铰孔前所钻底孔不圆，加工余量有厚有薄。这样使得铰削负荷不一致，易产生弹跳现象，从而造成多棱形孔 ③钻床精度不高，主轴径向圆跳动误差过大，铰削时铰刀产生抖动，孔壁易出现多棱形

续表

常见缺陷	产生原因及防止措施
铰孔时出现喇叭口	①铰刀切削锥角太大，始切时不易铰进，致使铰刀产生晃动，将孔口刮成喇叭口 ②机铰刀切削刃口径向圆跳动误差太大，铰削时由于铰刀切削刃部分与工件之间楔得较紧，使铰刀头部不易摆动。但由于钻床主轴的径向圆跳动，误差大，相应地使铰刀尾部产生晃动，因此将孔口铰大，而形成喇叭口 ③手工铰孔时，铰刀放得不正，或者用力不平衡，使铰刀左右晃动将孔口处铰大，形成喇叭口
铰刀过早磨损和崩刃	①铰刀在刃磨时，切削刃被灼伤，从而降低了铰刀原有的硬度，使铰刀容易磨损 ②铰刀切削刃的表面质量差，使铰刀的耐磨性减弱，因而降低了铰刀的使用寿命 ③切屑堆积在孔内，切削液不能顺利地流至切削区，使铰刀得不到及时冷却和润滑，故加快了铰刀的磨损，甚至将铰刀刃口挤崩 ④加工余量和切削用量太大，工件材料比较硬，超过了铰刀的切削能力，使铰刀过早磨损或崩刃 ⑤机动铰孔时，铰刀的切削刃偏摆过大，造成切削负荷不均匀，使刃口容易崩裂 ⑥铰刀的前、后角太大，使切削刃的强度减弱，因而容易崩刃。用它铰削时刀齿很快就会崩裂

16.8　攻螺纹常见缺陷及防止措施

攻螺纹操作过程中，常见的攻螺纹缺陷主要有丝锥损坏和零件报废等，此外，在攻螺纹操作时，还易发生攻螺纹丝锥与底孔轴线不重合、丝锥断在攻螺纹孔里等问题，以下给出了常见的处理方法。

（1）常见的缺陷及产生原因

表16-10给出了攻螺纹常见的缺陷及产生原因，操作时，可有针对性地采取防止措施。

（2）防止攻螺纹丝锥与底孔轴线不重合的方法

攻螺纹造成废品的主要原因是丝锥与底孔的轴线不重合。常用的方法主要有以下几种。

表16-10　攻螺纹常见缺陷的产生原因及防止措施

常见缺陷	产生原因及防止措施
丝锥崩刃、折断或过快磨损	①螺纹底孔直径偏小或底孔深度不够 ②丝锥刃磨参数不合适 ③切削速度过高 ④零件材料过硬或硬度不均匀
	⑤丝锥与底孔端面不垂直 ⑥手攻螺纹时用力过猛，铰杠掌握不稳 ⑦手攻时未经常逆转铰杠断屑，使切屑堵塞 ⑧切削液选择不合适

常见缺陷	产生原因及防止措施
螺纹烂牙	①螺纹底孔直径小或孔口未倒角 ②丝锥磨钝或切削刃上粘有积屑瘤 ③未用合适的切削液 ④手攻螺纹切入或退出时铰杠晃动 ⑤手攻螺纹时，未经常逆转铰杠断屑 ⑥机攻螺纹时，校准部分攻出底孔口，退丝锥时造成烂牙 ⑦用一锥攻歪螺纹，而用二、三锥攻削时强行校正 ⑧攻盲孔时，丝锥顶住孔底而强行攻削
螺纹中径超差	①螺纹底孔直径加工过大 ②丝锥精度等级选择不当 ③切削速度选择不当 ④手攻螺纹时铰杠晃动或机攻螺纹时丝锥晃动
螺纹表面粗糙、有波纹	①丝锥的前、后刃面粗糙 ②零件材料太软 ③切削液选择不当 ④切削速度过高 ⑤手攻螺纹退丝锥时铰杠晃动 ⑥手攻螺纹未经常逆转铰杠断屑

① 钻底孔与攻螺纹一次装夹完成。对于单件手攻螺纹时，应钻完底孔后，在钻床上用钻夹头夹一个60°的圆锥体，顶住丝锥柄部中心孔后先用铰杠攻几扣，保证垂直，然后卸下零件，再手攻螺纹。

机攻时，钻完底孔后，换机用丝锥直接攻螺纹。

② 攻螺纹常用的简易工具。对于数量较多的零件攻螺纹，为了保证攻螺纹质量、提高效率，可采用以下的简易工具。

在攻螺纹数量较少、螺纹直径较大的情况下，可选用一个同样规格的螺母拧在丝锥上，见图16-1。开始攻螺纹时，用一手按住螺母，使其下端紧贴在工件平面上，一手转动铰杠，这样有利于观察和保证丝锥的垂直度要求，待丝锥的切削部分进入工件后，即可卸下螺母。

在一块平整的钢板上，垂直于底平面加工几种经常遇到的螺纹孔，见图16-2。攻螺纹时，将丝锥拧入相应的螺纹孔内，按照上述操作方法，同样可以收到良好的效果。

如图16-3所示是一种多用丝锥垂直工具。工具体的底平面与内孔垂直，内孔装有按不同规格的丝锥进行更换的导向套。导向套的内孔与丝锥为G7/h6配合，攻螺纹时将丝锥插入导向套，然后将工具体压在工件上，即可控制丝锥的垂直度误差，保证丝锥与底孔的轴线重合。

③ 攻螺纹常用的夹具。对于特殊零件也可采用立式攻螺纹夹具［见图16-4(a)］和卧式攻螺纹夹具［见图16-4（b）］。

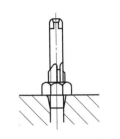

图 16-1 利用螺母校正
丝锥垂直度误差

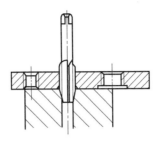

图 16-2 板形多孔位校正丝
锥垂直误差的工具

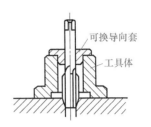

图 16-3 可换套多用校
正丝锥垂直工具

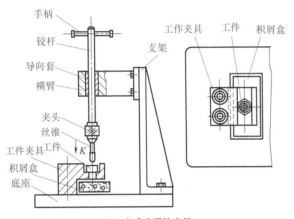

(a) 立式攻螺纹夹具

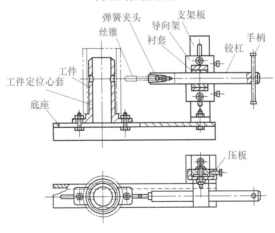

(b) 卧式攻螺纹夹具

图 16-4 攻螺纹的夹具

（3）取出断丝锥的操作方法

不论手工攻螺纹还是机动攻螺纹都要特别小心，防止丝锥折断。如果已经断了，可根据不同情况用下列方法取出断丝锥。

① 用冲子顺着丝锥旋出方向敲打，开始用力轻一点，逐渐加重，必要时可反向敲打一下，使断丝锥有所松动，见图 16-5。

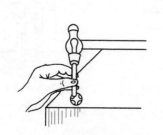

图 16-5　用冲子敲打断丝锥

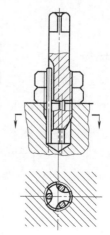

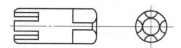

图 16-6　旋出断丝锥的专用工具　　　　图 16-7　用弹簧钢丝取断丝锥

② 用专用工具取断丝锥。如图 16-6 所示专用工具上短柱的数量与丝锥的槽数相等，把工具插入断丝锥的槽中，顺着丝锥旋出方向转动，就可取出断丝锥。

③ 用弹簧钢丝取断丝锥。如图 16-7 所示，把三根弹簧钢丝插入两截断丝锥的槽中，把螺母旋在带柄的那一段上，然后转动丝锥的方头，把断在工件中的另一段取出。

④ 用气焊在断丝锥上焊一个螺钉，然后转动螺钉取出断丝锥。

⑤ 用气焊使断丝锥退火，然后用一个比螺纹内径略小的钻头把它钻掉，再清除残余部分。但这种方法易把工件的螺孔弄坏。

⑥ 用电火花加工的方法取出断丝锥。

16.9　套螺纹常见缺陷及防止措施

套螺纹中常见的缺陷有圆板牙崩齿、破裂和磨损过快，螺纹表面粗糙，等等，表 16-11 给出了套螺纹常见的缺陷及产生原因，操作时，可有针对性地采取防止措施。

表 16-11　套螺纹常见缺陷的产生原因及防止措施

常见缺陷	产生原因及防止措施
圆板牙崩齿、破裂和磨损过快	①圆杆直径偏大或端部未倒角 ②圆杆硬度太高或硬度不均匀 ③圆板牙已磨损但仍继续使用 ④套螺纹时圆板牙架未经常逆转断屑 ⑤套螺纹过程中未使用切削液 ⑥套螺纹时，转动圆板牙架用力过猛

续表

常见缺陷	产生原因及防止措施
螺纹表面粗糙	①圆板牙磨钝或刀齿有积屑瘤 ②切削液选择不合适 ③套螺纹时圆板牙架转动不平稳，左右摆动 ④套螺纹时，圆板牙架转动太快，未逆转断屑
螺纹歪斜	①圆板牙端面与圆杆轴线不垂直 ②套螺纹时，用力不均，圆板牙架左右摆动
螺纹中径小	①圆板牙切入后仍施加压力 ②圆杆直径太小 ③圆板牙端面与圆杆不垂直，多次校正引起
烂牙	①圆杆直径太大 ②圆板牙磨钝，有积屑瘤 ③未选用合适的切削液，套螺纹速度过快 ④强行校正已套歪的圆板牙或未逆转断屑

16.10 刮削常见缺陷及预防措施

刮削操作常见的缺陷有刮削面精度不高、撕痕等，表 16-12 给出了刮削时常见的缺陷和产生原因，操作过程中，可以有针对性地加以预防。

表 16-12 刮削常见的缺陷及预防措施

缺陷形式	特征	产生原因及预防措施
深凹痕	刀迹过深，局部显点稀少	①粗刮时用力不均匀，局部落刀过重 ②多次刀痕重叠 ③刀刃圆弧过小
梗痕	刀迹单面产生刻痕	刮削时用力不均匀，使刃口单面切削
撕痕	刮削面上呈现粗糙刮痕	①刀刃不光洁、不锋利 ②刀刃有缺口或裂纹
落刀痕或起刀痕	在刀迹的起始或终了处产生了深的刀痕	①落刀时，左手压力过大和速度较快 ②起刀不及时
振痕	刮削面上呈现有规则的波纹	多次同向刮削，刀迹没有交叉
划痕	刮削面上划有深浅不一的直线痕迹	①显示剂不清洁 ②刮削面未清理干净
刮削面精度不高	显点变化情况无规律	①研点时压力不均匀 ②工件外露过多而出现假点子 ③研具工作表面本身不精确 ④研点时放置不平稳

16.11 研磨常见缺陷及预防措施

研磨操作时，常出现的缺陷主要有表面粗糙度差、表面拉毛等，其产生的原因是多方面的，表 16-13 给出了研磨时常见的缺陷和产生的原因，操作时可有针对性地采取预防措施。

表 16-13 研磨常见的缺陷及预防措施

缺陷形式	产生原因及预防措施
表面粗糙度差	①磨料过粗 ②研磨液选用不当 ③研磨剂涂得过薄
表面拉毛	研磨剂中混入杂质
凹凸不平	①研磨时压力过大 ②研磨剂涂得过厚，没有及时擦去工件边缘挤出的研磨剂 ③运动轨迹没有错开 ④研磨平板选用不当
孔口扩大	①研磨剂涂得过厚或不均匀 ②没有及时擦去工件孔口挤出的研磨剂 ③研磨棒伸出过长 ④研磨棒与工件内孔之间的间隙过大 ⑤工件内孔本身或研磨棒有锥度
孔成椭圆或圆柱有锥度	①研磨时没有更换方向 ②研磨时没有调头 ③工件本身有质量问题
薄形工件拱曲变形	①工件发热后仍然继续研磨 ②装夹不正确引起变形

16.12 矫正常见缺陷及预防措施

不论采用哪种矫正方法，矫正表面有麻点、伤痕及工件断裂等是矫正常见的缺陷，表 16-14 给出了矫正常见缺陷的产生原因及预防措施。

表 16-14 矫正常见缺陷的产生原因及预防措施

常见缺陷	产生原因	预防措施
矫正表面有麻点、伤痕	①矫正时，手锤歪斜，锤面不光 ②矫正有色金属时用硬锤	①矫正时，捶击要平 ②有色金属矫正时，应采用铜锤、木锤、橡胶锤
工件断裂	①矫正次数太多 ②材料硬度过高，用力过大	①找准变形位置，用力适当 ②硬度高的工件应先退火再矫正
出现死弯	①弯曲矫正时，压力过猛、过大 ②用压力机矫正时，支撑点选择不当	①弯曲矫正时，压力要适当且用力要均匀 ②用压力机矫正时，选择支撑点要正确，要多次检查

续表

常见缺陷	产生原因	预防措施
矫不平	①板料变形位置选得不对 ②矫正方法不对	①确定变形位置，矫正时用力应均匀 ②根据变形特点，选用弯曲法及展延法

16.13 弯形常见缺陷及预防措施

弯曲尺寸不准、工件断裂等是弯形中常见的缺陷，表 16-15 给出了弯形常见缺陷的产生原因及预防措施。

表 16-15 弯形常见缺陷的产生原因及预防措施

常见缺陷	产生原因	预防措施
弯曲尺寸不准	①毛坯长度计算不准确 ②弯曲线不对，弯曲先后顺序不对	①计算应认真 ②划线应准确，采用试弯曲，确定尺寸及顺序后再生产
工件断裂	①工件弯形时多次弯折 ②塑性差的材料弯曲变形太大	①改进弯曲工艺或中间增加退火工序 ②更换塑性好的材料或中间增加退火工序
工件歪斜	①弯曲线与钳口部平行 ②弯曲线长时，敲击力不均	①用钳口作基准，对准弯曲线 ②弯曲线长时，用方木条垫住后捶击弯曲部位
管料有瘪痕或焊缝裂开	①弯曲部分没灌满 ②弯曲半径偏小 ③弯曲时过急 ④焊缝不在中性层上	①灌砂时，应边敲击边灌 ②合理选择弯曲半径 ③弯曲管料时用力要均匀 ④弯曲时，焊缝应放在中性层上
管料熔化或表面严重氧化	管料热弯时温度太高	正确选用弯管温度，通常 Q235A、15、20、15g、20g、22g、16Mn、15Mn 料的热弯曲温度为 900 ~ 1050℃，终止弯曲温度应大于 700℃；1Cr18Ni9Ti、12Cr1MoV 的热弯曲温度为 950 ~ 1100℃，终止弯曲温度应大于 850℃；1060（L2）、5A02（LF2）、3A21（LF21）的热弯曲温度为 350 ~ 450℃，终止弯曲温度应大于 250℃

16.14 铆接常见缺陷及预防措施

铆钉头偏移、钉杆歪斜等是铆接常见的缺陷，表 16-16 给出了常见铆接操作缺陷的产生原因及预防措施。

表 16-16 铆接缺陷的产生原因及预防措施

缺陷名称	断面图	产生原因	预防方法	消除措施
铆钉头偏移		铆钉枪与板面不垂直	起铆时，铆钉与钉杆应在同一轴线上	偏心 ≥ 0.1d 时更换铆钉

续表

缺陷名称	断面图	产生原因	预防方法	消除措施
钉杆歪斜	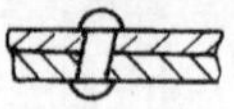	钉孔歪斜	钻孔时应与板面垂直	更换铆钉
板件结合面有间隙	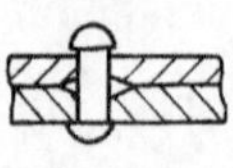	①装配螺栓未紧固 ②板面不平	①拧紧螺栓 ②装配前板面应平整	更换铆钉
铆钉突头刻伤板料	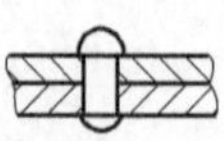	①铆钉枪位置偏斜 ②钉杆长度不足	①铆钉枪应与板面垂直 ②正确计算钉杆长度	更换铆钉
铆钉杆弯曲	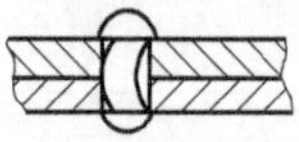	钉杆与孔的间隙过大	选用适当直径的铆钉与钉孔	更换铆钉
铆钉头成形不足	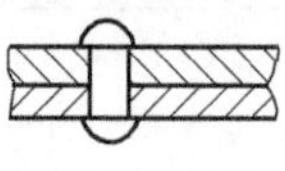	①钉杆较短 ②孔径过大	①加长钉杆 ②选用适当直径的孔径	更换铆钉
铆钉头有过大的帽缘	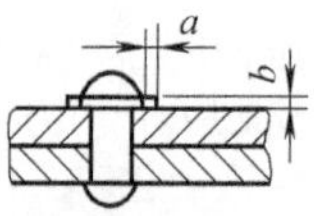	①钉杆太长 ②罩模直径太小	①正确选用钉杆长度 ②更换罩模	更换铆钉
铆钉头有伤痕	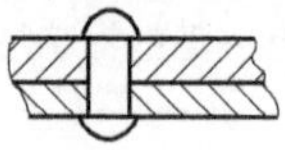	罩模击在铆钉头上	铆接时,紧握铆钉枪,防止铆钉枪跳动过高	更换铆钉
钉头局部未与板面贴合	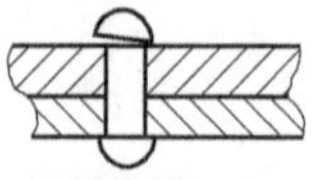	罩模偏斜	铆钉枪应与板面保持垂直	更换铆钉
钉头有裂纹	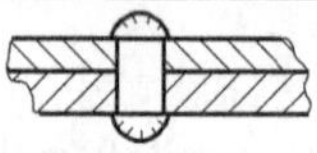	①加热温度不适当 ②铆钉材料塑性差	①控制加热温度 ②检查铆钉材质	更换铆钉

第17章 装配与调整

17.1 装配基本技能

按照规定的技术要求，将若干个零件组装成组件、部件或将若干个零件和部件组装成产品的过程，称作装配。机器的装配是机器制造过程中的最后一个环节，主要包括装配、调整、检验和试验等工作。具体说来，装配工作具有以下重要性。

① 只有通过装配才能使若干个零件组合成一台完整的产品。

② 产品质量和使用性能与装配质量有着密切的关系，即装配工作的好坏，对整个产品的质量起着决定性的作用。

③ 有些零件精度并不很高，但经过仔细修配和精心调整后，仍能装出性能良好的产品。

装配操作是一项重要而又细致的工作，其工作质量直接影响到所装配产品的质量，好的装配操作能弥补零部件加工的某些不足，如果装配不当，即使所有的零件加工质量合格，也不一定能够生产出合格、优质的产品。

17.1.1 装配工艺规程

为保证装配质量，在装配操作过程中，操作人员必须严格按照装配工艺规程的要求进行。

（1）装配工艺规程的内容

装配工艺规程是装配工作的指导文件，是操作人员进行装配工作的依据，它必须具备下列内容。

① 规定所有的零件和部件的装配顺序。

② 对所有的装配单元的零件，规定出既能保证装配精度，又是生产效率最高和最经济的装配方法。

③ 划分工序，确定装配工序内容、装配要点及注意事项。

④ 选择完整的装配工作所必需的夹具及装配用的设备。

⑤ 确定验收方法和装配技术条件。

（2）编制装配工艺规程所需的原始资料

装配工艺规程的编制，必须依照产品的特点和要求，以及生产规模来制订。编制的装配规程，在保证装配质量的前提下，必须是生产效率最高而又最经济的。所以它必须根据具体条件来选择装配方案和制订装配工艺，尽量采用最先进的技术。编制装配工艺规程时，通常需要下列原始资料。

① 产品的总装配图和部件装配图以及主要零件的工作图。产品的结构，在很大程度上决定了产品的装配程序和方法。分析总装配图、部件装配图及零件工作图，可以深入了解产品的结构和工作性能，同时了解产品中各零件的工作条件以及它们相互之间的配合要求。分析装配图还可以发现产品装配工艺性是否合理，从而给设计者提出改进意见。

② 零件明细表。零件的明细表中列有零件名称、件数、材料等，可以帮助分析产品结构，同时也是制订工艺文件的重要原始资料。

③ 产品验收技术条件。产品的验收技术条件是产品的质量标准和验收依据，是编制装配工艺规程的主要依据。为了达到验收条件的技术要求，还必须对较小的装配单元提出一定的技术要求，才能达到整个产品的技术要求。

④ 产品的生产规模。生产规模基本上决定了装配的组织形式，在很大程度上决定了所需的装配工具和合理的装配方法。

（3）编制装配工艺规程的步骤

掌握了充足的原始资料以后，就可以着手编制装配工艺规程。简单地说，装配工艺规程是按工序和工步的顺序来编制的。在一个工作地对同一个或同时对几个工件所连续完成的那部分操作，称工序；而在加工表面（或装配时的连接表面）和加工（或装配）工具不变的情况下，所连续完成的那一部分工序，称工步。编制装配工艺规程就是根据产品的结构特点及装配要求，确定合理的装配操作顺序，编制的步骤及要点主要有以下几方面。

① 分析装配图。了解产品的结构特点，确定装配方法（有关尺寸链和选择解尺寸链的方法）。

② 决定装配的组织形式。根据工厂的生产规模和产品结构特点，决定装配的组织形式。

③ 确定装配顺序。装配顺序基本上是由产品的结构和装配组织形式决定。产品的装配总是从基准件开始，从零件到部件，从部件到产品；从内到外，从下到上，以不影响下道工序的进行为原则，有次序地进行。

④ 划分工序。在划分工序时，首先要考虑安排预处理和预装配工序。其次，

先行工序应不妨碍后续工序的进行；要遵循"先里后外""先下后上""先易后难"的装配顺序。通常装配基准件应是产品的基体、箱体或主干零部件（如主轴等），它们的体积和质量较大，有足够的支承面。开始装配时，基准件上有较开阔的安装、调整、检测空间，有利于装配作业的需要，并可满足重心始终处于最稳定的状态。再次，后续工序不应损坏先行工序的装配质量，如具有冲击性、有较大压力、需要变温的装配作业以及补充加工工序等，应尽量安排在前面进行；处于与基准同一方向的装配工序尽可能集中连续安排，使装配过程中部件翻、转位的次数尽量少些。

在安排加工工序时，对使用同一装配工装设备，以及对装配环境有相同特殊要求的工序尽可能集中安排，以减少待装件在车间的迂回和重复设置设备。

在工序的安排上应及时安排检验工序，特别是在产品质量和性能影响较大的装配工序之后，以及各部件在总装之前和装成产品之后，均必须安排严格检验或做必要的试验。对易燃、易爆、易碎、有毒物质或零部件的装配，尽可能集中在专门的装配工作地进行，并安排在最后装配，以减少污染、减少安全防护设备和工作量。

在采用流水线装配时，整个装配工艺过程划分为多少道工序，必须取决于装配节奏的长短。

部件的重要部分，在装配工序完成后必须加以检查，以保证所需质量。在重要而又复杂的装配工序中，不易用文字明确表达时，还必须画出部件局部的指导性装配图。

⑤ 选择工艺装备。工艺装备应根据产品的结构特点和生产规模来选择，要尽可能选用最先进的工具和设备。如对于过盈连接，要考虑选用压配法还是热装或冷装法；校正时采用何种找准方法、如何调整等。

⑥ 确定检查方法。检查方法应根据产品的结构特点和生产规模来选择，要尽可能选用先进的检查方法。

（4）装配操作实例

如图17-1所示为车床主轴部件，是组成车床的重要部件之一。对车床总装来说，它的总装要在如车床主轴部件之类部件组装完成之后才能进行，而根据车床主轴部件与车床床身之间的连接关系，车床主轴部件在装入箱体后才能形成。因此，要完成车床主轴部件的组装，应在完成车床主轴部件小组件的组装［见图17-2（a）、图17-2（b）］之后进行。为保证车床主轴部件的装配质量，还需进行相应的调整及检测，在装配完成后还需进行试车检验。

应该说明的是，在实际装配操作中，各种装配操作步骤及所用的工艺装备等内容在装配工艺规程中均有较简明的说明，为便于详细叙述，以下操作步骤及顺序等内容不按装配工艺规程的形式进行，具体的装配工艺规程格式及内容可参照本书"1.4.4 装配工艺规程示例"。

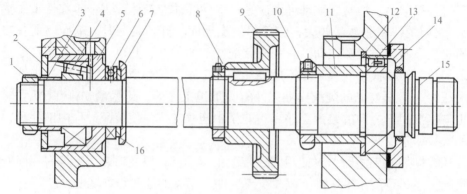

图 17-1　车床主轴部件

1，10—圆螺母；2—盖板；3，11—衬套；4—圆锥滚子轴承；5—轴承座；6—推力轴承；7，16—垫圈；
8—螺母；9—大齿轮；12—卡环；13—滚动轴承；14—前法兰盘；15—主轴

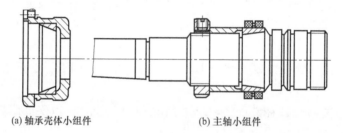

(a) 轴承壳体小组件　　　　　(b) 主轴小组件

图 17-2　主轴装配的小组件

1）装配顺序

车床主轴部件的装配顺序如下。

① 预装。在主轴箱未装其他零件之前，首先将主轴按图 17-1 进行一次预装，其目的是：一方面检查一下主轴部件上各零件加工之后，是否能达到组装的要求；另一方面空箱便于翻转，修刮箱体底面比较方便，以保证底面与床身结合面的接触精度以及主轴轴线对床身导轨的平行度要求。主轴前后轴承的调整顺序，一般是先调整后轴承，因为后轴承为圆锥滚子轴承，在未调整之前，主轴可以任意翘动，不能定心，影响前轴承调整的准确性。

预装时，当需调整后端轴承时，可按以下方法进行。先将圆螺母 1 松开。旋转圆螺母 1，逐渐收紧圆锥滚子轴承和推力轴承，用百分表触及主轴前肩台面，用适当的力前后推动主轴，保证轴向间隙在 0.01mm 之内。同时用手转动大齿轮，若感觉不太灵活，可能是由于圆锥滚子轴承内、外圈尚未装正，可用大木锤在主轴前后振一下，直到感觉主轴旋转灵活自如、无阻滞，最后将圆螺母锁紧。

当需调整前端轴承时，由于前端为双列圆柱滚子轴承，其特点是：轴承内孔具有 1：12 的锥度，轴承内外滚道之间具有原始轴向间隙，供使用时调整。因此，可按以下方法进行调整：逐渐拧紧圆螺母 10，通过衬套 11 使轴承内圈在主轴锥部作轴向移动，迫使内圈胀大，保持轴承内外圈滚道的间隙在 0 ~ 0.005mm 为宜。其检查方法如图 17-3 所示，将主轴箱压紧在床身

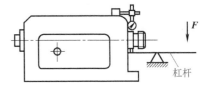

图 17-3　检查主轴轴承间隙

上，把百分表座置于箱体上，使百分表触及主轴轴颈处，撬动杠杆，使主轴受 200 ~ 300N 的力。检查百分表的数值是否符合要求，用手旋转大齿轮，感觉灵活自如、无阻滞现象即为符合要求。

此外，预装前还应注意检查一下轴承内锥孔与主轴轴承颈的接触精度，一般接触面积不低于 50%。如锥面配合不良，收紧轴承时，会使轴承内滚道发生变形，破坏轴承精度，缩短轴承的使用寿命。

② 装配。预装及调整合格后，可进行正式装配，此时的装配顺序如下。

a. 将卡环 12 和滚动轴承 13 的外圈装入箱体的前轴承孔中。

b. 将如图 17-2（b）所示的小组件（装入箱体前组装好），从前轴承孔中穿入，在此过程中，从箱体上面依次将键、大齿轮 9、螺母 8、垫圈 7、垫圈 16 和推力轴承 6 装在主轴上，然后把主轴移动到规定位置。

c. 从箱体后端，把如图 17-2（a）所示的后轴承壳体小组件装入箱体并拧紧螺钉。

d. 将圆锥滚子轴承 4 的内圈装在主轴上，敲击时用力不要过大，以免主轴移动。

e. 依次装入衬套 3、盖板 2、圆螺母 1 及前法兰盘 14，并拧紧所有螺钉。

③ 调整、检查。

2）试车

主轴部件完成装配后，还应进行主轴试车调整，以便检验机构的运转状态、温度变化，以保证其装配质量。调整方法为：打开箱盖，按油标位置加入润滑油，适当旋松主轴圆螺母 10 和 1（参照图 17-1），旋松圆螺母前，最好用划针在圆螺母边缘和主轴上作一记号，记住原始位置，以供高速时参考。用木锤在主轴的前后端适当振击，使轴承回松，保持间隙在 0 ~ 0.02mm。从低速到高速空转不超过 2h，而在最高速下，运转不应少于 30min，一般油温不超过 60℃ 即可。

17.1.2　装配尺寸链

机器是由许多零件装配而成的，这些零件加工误差的累积将影响装配精度。在机器的装配过程中，为解决机器装配的某一精度问题，不可避免地要涉及各零件的许多有关尺寸。如齿轮孔与轴配合间隙 A_0 的大小，与孔径 A_1 及轴径 A_2 的大小有关［见图 17-4（a）］；又如齿轮端面和机体孔端面配合间隙 B_0 的大小，与机

体孔端面距离尺寸 B_1、齿轮宽度 B_2 及垫圈厚度 B_3 的大小有关 [见图 17-4（b）]；再如机床溜板和导轨之间配合间隙 C_0 的大小，与尺寸 C_1、C_2 及 C_3 的大小有关 [图 17-4（c）]。

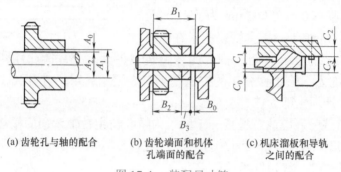

(a) 齿轮孔与轴的配合   (b) 齿轮端面和机体   (c) 机床溜板和导轨
　　　　　　　　　　　　孔端面的配合　　　　　　之间的配合

图 17-4   装配尺寸链

如果把这些影响某一装配精度的有关尺寸彼此按顺序连接起来，就能构成一个封闭的尺寸组，且各部分尺寸是相互关联的，这种由各有关装配零件的装配尺寸相互连接而形成的封闭尺寸组，称为装配尺寸链（所谓装配尺寸链，就是指相互关联尺寸的总称），如图 17-4（a）～（c）中的尺寸 A_0、B_0、C_0 的大小，就分别与 A_1、A_2，B_1、B_2、B_3，C_1、C_2、C_3 的大小有关。

（1）装配尺寸链的组成

装配尺寸链具有以下两个特征：第一，各有关尺寸连接起来构成封闭的外形；第二，构成这个封闭外形的每个独立尺寸误差都影响着装配精度。

组成尺寸链的各个尺寸简称为环（如图 17-4 中的 A_0、A_1、A_2、B_0、B_1、B_2、B_3、C_0、C_1、C_2、C_3 都称为环）。

在每个尺寸链中至少有三个环 [如图 17-4（a）中共有 A_0、A_1、A_2 三个环，图 17-4（b）中共有 B_1、B_2、B_3 和 B_0 四个环，图 17-4（c）中共有 C_0、C_1、C_2、C_3 四个环]。

在尺寸链中，当其他尺寸确定后，新产生的一个环，叫做封闭环。一个尺寸链中只有一个封闭环（如图 17-4 中的 A_0、B_0、C_0 均为封闭环）。

在每个尺寸链中除一个封闭环外，其余尺寸叫做组成环。

（2）装配尺寸链的表现形式

尺寸链的表现形式，由其结构特征所决定，按应用场合的不同，可分为零件尺寸链和装配尺寸链；按尺寸链在空间位置的不同，可分为线性尺寸链、平面尺寸链、空间尺寸链及角度尺寸链。其中，线性尺寸链是由长度尺寸组成，且各尺寸彼此平行；平面尺寸链是由构成要点角度关系的长度尺寸及相应的角度尺寸（或角度关系）组成，且处于同一或彼此平行的平面内；空间尺寸链是由位于空间相交平面的直线尺寸和角度尺寸（或角度关系）构成；角度尺寸链是由角度、平行度、垂直度等构成，如车床精车端面的平面度要求：工件直径不大于200mm 时，端面只允许凹 0.015mm。该项要求可简化为如图 17-5 所示的角度尺寸链，图中 $O—O$ 为主轴回转轴线，$I—I$ 为山形导轨中线，$II—II$ 为下溜板移动轨迹，α_0 为封闭环，α_1 为主轴回转轴线与床身前山形导轨水平面内的平行度，α_2 为溜板的上燕尾导轨对床身棱形导轨的垂直度。该项装配精度要求可表示为：

$$\alpha_0 = (\pi/2)_{0}^{+0.015}{}_{100}\text{。}$$

此外，尺寸链的表现形式按尺寸链之间联系方式的不同，还可分为并联尺寸链、串联尺寸链及混合尺寸链。在实际装配加工过程中，通常针对其不同的特点进行分析，以确定装配方法。

① 并联尺寸链。几个尺寸链具有一个或几个公共环的联系状态，叫并联尺寸链。如图 17-6 所示，是在垂直平面内保证车床丝杠两端轴承中心线和开合螺母中心线对床身导轨等距问题的尺寸链 A 和 B。其中公共环 $A_1=B_1$、$A_2=B_2$。这两个尺寸链之间即形成了并联状态。

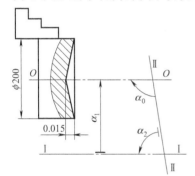

图 17-5 角度尺寸链

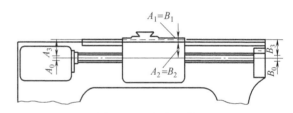

图 17-6 并联尺寸链

并联尺寸链的特点是：尺寸链中只要有一个公共环的尺寸发生变化，就会同时将这种影响带入所有相关的尺寸链中。因此，在装配并联尺寸链时，先要从公共环开始，保证每一尺寸链能分别达到其所需的精度，不致相互牵连。故如图 17-6 所示的装配顺序，是先装溜板与溜板箱，确定公共环 A_1、B_1、A_2、B_2。调整或修配组成环 A_3 和 B_3，然后装进给箱和挂脚，以达到预期的精度，否则会增加工作量和修配难度。

② 串联尺寸链。串联尺寸链指尺寸链的每一后继尺寸链，是从前一尺寸链的基面开始的。这两个尺寸链有一个共同的基面。如图 17-7 所示为外圆磨床头架主轴轴线对工作台移动方向（$O—O$ 方向）平行度误差的串联尺寸链。

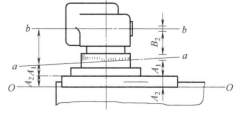

图 17-7 串联尺寸链

串联尺寸链的特点是：如果 A 尺寸链中任一环的大小有所改变，后一尺寸链的基面也将相应地改变。因此装配串联尺寸链时，必须先保证 A 尺寸链的精度，得出基准面 a—a 的正确位置（即先保证 a—a 面与 O—O 方向的平行度要求），然后再由 a—a 面控制后一尺寸链 B，得出 b—b 轴线的必要位置（即保证头架主轴轴线与 O—O 方向的平行度要求）。如果不考虑尺寸链 A 的精度，直接控制尺寸链 B，即使能在某一位置上保证 b—b 轴线与 O—O 方向的平行度要求，但只要头架绕其垂直轴线回转时，其平行度误差就可能超差。

③ 混合尺寸链。混合尺寸链是并联尺寸链与串联尺寸链的组合。该尺寸链中既有公共环的存在，又有公共基准的存在。如图 17-8 所示为混合尺寸链示例。

从如图 17-8 所示混合尺寸链简图中可以看出，该尺寸链既有公共环 A_2、B_1、B_2、C_1、D_1、C_2，又有公共基准 a—a 及 b—b。

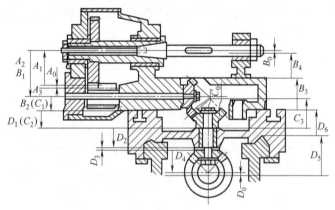

图 17-8　混合尺寸链

（3）装配尺寸链的求解

运用装配尺寸链来分析机械的装配精度问题，是一种有效的方法。通常装配尺寸链可直接由装配图中找出，绘制装配尺寸链简图时，为了方便，可不绘出该装配部分的具体结构，也不必按照严格的比例，而只需依次绘出各有关尺寸，排列成封闭外形的尺寸链简图即可，图 17-9（a）、（b）分别为图 17-4（a）、（b）所示装配尺寸链的尺寸链简图。

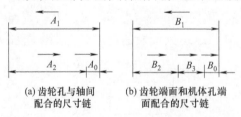

(a) 齿轮孔与轴间配合的尺寸链　(b) 齿轮端面和机体孔端面配合的尺寸链

图 17-9　尺寸链简图

在装配尺寸链中，封闭环通常就是装配技术要求。同一尺寸链中的组成环，用同一字母表示，如 A_1、A_2、A_3，B_1、B_2、B_3。

各组成环的变动，对封闭环所产生的影响往往不同。在其他各组成环不变的条件下，当某组成环增大时，如果封闭环随之增大，那么该组成环就称为增环

（如图 17-9 中的 A_1、B_1 就是增环），反之则为减环（如图 17-9 中的 A_2、B_2、B_3）。

增环、减环的区分：在尺寸链简图中，由任一环的基面出发，顺时针或逆时针方向环绕其轮廓画出箭头符号。所指箭头方向与封闭环所指箭头方向相反的为增环，所指箭头方向与封闭环所指箭头方向相同的为减环。

1）装配尺寸链的查明方法

装配后的精度或技术要求是通过零部件装配好后才最后形成的，是由相关零部件上的有关尺寸和角度位置关系所间接保证的。因此，在装配尺寸链中，装配精度是封闭环，相关零件的设计尺寸是组成环。而要对装配尺寸链进行求解，进而选择合理的装配方法和确定这些零件的加工精度，首先应建立正确的装配尺寸链，为此，正确查找出对所求装配精度有影响的相关零件，便成为建立正确装配尺寸链的关键。

一般说来，对于每一个封闭环，通过装配关系的分析，都可查明其相应的装配尺寸链组成。查明的方法主要是：取封闭环两端的两个零件为起点，沿着装配精度要求的位置方向，以装配基准面为联系线索，分别查明装配关系中影响装配精度要求的有关零件，直至找到同一个基准零件或同一个基准表面为止。所有有关零件上直接连接两个装配基准面间的位置尺寸或位置关系，便是装配尺寸链的全部组成环。

如图 17-10（a）所示为车床主轴锥孔轴线和尾座顶尖套锥孔轴线对床身导轨的等高度的装配尺寸链，从图中可以很容易地查找出等高度整个尺寸链的各组成环，如图 17-10（b）所示。在查找装配尺寸链时，应注意以下原则。

① 装配尺寸链的简化原则。机械产品的结构通常都比较复杂，对某项装配精度有影响的因素很多，查找装配尺寸链时，在保证装配精度的前提下，可略去那些影响较小的因素，使装配尺寸链的组成环适当简化。

如图 17-10（b）所示的车床主轴与尾座中心线等高尺寸链中，其组成环包括 e_1、e_2、e_3、A_1、A_2、A_3 等 6 个。由于 e_1、e_2、e_3 的数值相对于 A_1、A_2、A_3 的误差较小，故装配尺寸链可简化为如图 17-10（c）所示的结果。但在精密装配中，应计入对装配精度有影响的所有因素，不可随意简化。

② 装配尺寸链组成的最短路线原则。由尺寸链的基本理论可知，在装配精度要求给定的条件下，组成环数目越少，则各组成环所分配到的公差值就越大，零件的加工就越容易和经济。因此，在机器结构设计时，应使对装配精度有影响的零件数目越少越好，即在满足工作性能的前提下，尽可能使结构简化。在结构已定的条件下，组成装配尺寸链的每个相关零部件只能有一个尺寸作为组成环列入装配尺寸链，这样组成环的数目就应等于相关零部件的数目，即一件一环，这就是装配尺寸链的最短路线原则。

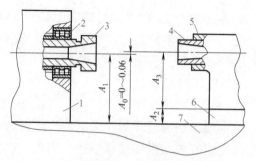

(a) 车床主轴锥孔轴线和尾座顶尖套锥孔轴线
对床身导轨的等高度的装配尺寸链

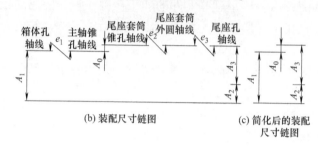

(b) 装配尺寸链图   (c) 简化后的装配
尺寸链图

图 17-10   车床主轴中心线与尾座套筒中心线等高度装配尺寸链

1—主轴箱；2—主轴轴承；3—主轴；4—尾座套筒；5—尾座；6—尾座底板；7—床身

e_1—主轴轴承外环内滚道与外圆的同轴度；e_2—尾座套筒锥孔对外圆的同轴度；

e_3—尾座套筒锥孔与尾座孔间隙引起的偏移量；A_0—主轴锥孔轴线和尾座顶尖套锥孔轴线高度差；

A_1—主轴箱孔心轴线至主轴箱底面距离；A_2—尾座底板厚度；A_3—尾座孔轴线至尾座底面距离

2）尺寸精度的求解

当装配尺寸链所涉及的是尺寸精度问题，在求解该类尺寸链方程时，可直接按"同方向的环用同样的符号表示（＋或－）"的计算原则进行求解。

例如，图 17-9（a）中的尺寸链方程为：$A_1-A_2-A_0=0$ 或 $A_0=A_1-A_2$。

图 17-9（b）的尺寸链方程为：$B_1-B_2-B_3-B_0=0$ 或 $B_0=B_1-(B_2+B_3)$。

由尺寸链简图及其方程可以看出，尺寸链封闭环的公称尺寸就是其各组成环公称尺寸的代数和。

此外，封闭环与组成环的极限尺寸具有以下的关系。

① 当所有增环都为最大极限尺寸，而减环是最小极限尺寸时，则封闭环必为最大极限尺寸。如图 17-9（b）可用下式表示为：

$$B_{0max}=B_{1max}-(B_{2min}+B_{3min})$$

式中 B_{0max}——封闭环最大极限尺寸；

            B_{1max}——增环最大极限尺寸；

B_{2min}、B_{3min}——减环最小极限尺寸。

② 当所有增环都为最小极限尺寸，而减环都为最大极限尺寸时，则封闭环为最小极限尺寸。如图 17-9（b）可用下式表示为：

$$B_{0\min} = B_{1\min} - (B_{2\max} + B_{3\max})$$

式中　　　$B_{0\min}$——封闭环最小极限尺寸；

　　　　　$B_{1\min}$——增环最小极限尺寸；

　$B_{2\max}$、$B_{3\max}$——减环最大极限尺寸。

③ 封闭环的公差等于各组成环的公差之和。即：

$$\delta_0 = \sum_{m+n} \delta_i$$

式中　δ_0——封闭环公差；

　　　δ_i——各组成环公差；

　　　m——增环数；

　　　n——减环数。

图 17-9（b）求封闭环公差可用下式：

$$\delta_0 = B_1\delta + B_2\delta + B_3\delta$$

3）位置精度的求解

当装配尺寸链所涉及的是相互位置精度的装配工艺问题（例如平行度误差、垂直度误差等）时，可按以下方法求解。

如图 17-11 所示是为了保证铣床主轴中心线对于工作台面平行的有关尺寸链。与此装配技术要求有关的零件有：升降台 1、转台 2、底座 3、工作台 4、床身 5。

在建立该装配尺寸链时，要涉及平行度误差和垂直度误差的有关精度。为此，可先进行适当的误差变换，以统一误差的性质（即都化为平行环），然后就可列出尺寸链图及其方程。

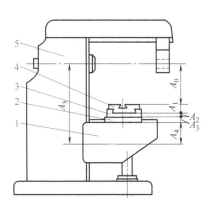

图 17-11　相互位置精度示例
1—升降台；2—转台；3—底座；
4—工作台；5—床身

为进行统一误差性质的变换，在图 17-11 中，可作床身导轨面的理想垂线，并以此作为该装配尺寸链的基准线。这样便可使各个组成环都化为平行环，即工作台面对其导轨的平行度误差 A_1，转台导轨对其支承平面的平行度误差 A_3，底座平面对其导轨的平行度误差 A_2，升降台水平导轨对床身理想垂线的平行度误差 A_4（未变换前为升降台水平导轨对其垂直导轨的垂直度误差），主轴中心线对床身理想垂线的平行度误差 A_5（未变换前为主轴中心线对床身导轨的垂直度误差），装配精度要求为封闭环 A_0。至此，即可列出其尺寸链图及其尺寸链方程为：

$$A_0 = A_5 - (A_1 + A_2 + A_3 + A_4)$$

经过这样变换之后，任何带有垂直度误差、平行度误差等环的装配尺寸链与尺寸的装配尺寸链之间并无本质的区别，所以分析方法也基本相同。

17.1.3　保证装配精度的方法

机器或部件装配后的实际几何参数与理想几何参数的符合程度称为装配精度。装配精度通常根据机器的工作性能来确定，它既是制订装配工艺规程的主要依据，也是选择合理的装配方法和确定零件加工精度的依据。一般机械产品的装配精度包括零部件间的距离精度、相互位置精度、相对运动精度以及接触精度等。

距离精度：相关零件间距离的尺寸精度和装配中应保证的间隙。如卧式车床主轴轴线与尾座孔轴线不等高的精度、齿轮副的侧隙等。

相互位置精度：包括相关零部件间的平行度、垂直度、同轴度、跳动等。如主轴莫氏锥孔的径向圆跳动、其轴线对床身导轨面的平行度等。

相对运动精度：产品中有相对运动的零部件间在相对运动方向和相对速度方面的精度。相对运动方向精度表现为零部件间相对运动的平行度和垂直度，如铣床工作台移动对主轴轴线的平行度或垂直度。相对速度精度即传动精度，如滚齿机主轴与工作台的相对运动速度等。

接触精度：零部件间的接触精度通常以接触面积的大小、接触点的多少及分布的均匀性来衡量。如主轴与轴承的接触、机床工作台与床身导轨的接触等。

装配工作的主要任务是保证产品在装配后达到规定的各项精度要求，由于机械设备都是由零件组成的，各项装配精度与相关零部件制造误差的累积，特别是关键零件的加工精度有关。例如卧式车床尾座移动对床鞍移动的平行度，就主要取决于床身导轨面 A 与 B 的平行度。又如车床主轴锥孔轴心线和尾座套筒锥孔轴心线的等高度，主要取决于主轴箱、尾座及座板的尺寸精度。因此，为保证机械设备的装配精度，首先应保证零件的加工精度，但装配精度也取决于装配方法，在单件小批生产及装配精度要求较高时装配方法尤为重要。例如车床主轴锥孔轴心线和尾座套筒锥孔轴心线的等高度要求是很高的，如果靠提高尺寸精度来保证是不经济的，甚至在技术上也是很困难的。比较合理的办法是在装配中通过检测，对某个零部件进行适当的修配来保证装配精度。

由此可见，机械的装配精度不但取决于零件的精度，而且取决于装配方法。在机械设备装配过程中，采取合理的装配方法有助于装配精度的保证。通常保证装配精度的方法主要有以下几种。

（1）完全互换装配法

在装配时各配合零件不经修理、选择或调整即可达到装配精度的方法称为完全互换装配法。

完全互换装配法具有装配工作简单、生产率高、便于协作生产和维修、配件供应方便等优点，但应用有局限性，仅适用于参与装配的零件较少、生产批量大、零件可以用经济加工精度制造的场合。如汽车、中小型柴油机的部分零部件等。

采用完全互换装配法时，装配尺寸链采用极值法计算。即尺寸链各组成环公差之和应小于封闭环公差（即装配精度要求）：

$$\sum_{i=1}^{n-1} T_i \leqslant T_0$$

式中　T_0——封闭环公差；

　　　T_i——第 i 个组成环公差；

　　　n——尺寸链总环数。

进行装配尺寸链正计算（即已知组成环的公差，求封闭环的公差）时，可以校核按照给定的相关零件的公差进行完全互换装配是否能满足相应的装配精度要求。

进行装配尺寸链反计算（即已知封闭环的公差 T_0，来分配各相关零件的公差 T_i）时，可以按照等公差法或相同精度等级法来进行。常用的方法是等公差法。

等公差法是按各组成环公差相等的原则分配封闭环公差的方法，即假设各组成环公差相等，求出组成环平均公差 $\overline{T}$：

$$\overline{T} = \frac{T_0}{n-1}$$

然后根据各组成环尺寸大小和加工难易程度，将其公差适当调整。但调整后的各组成环公差之和仍不得大于封闭环要求的公差。在调整时可参照下列原则。

① 当组成环是标准件尺寸（如轴承环或弹性挡圈的厚度等）时，其公差值和分布位置在相应的标准中已有规定，为已定值。

② 当组成环是几个尺寸链的公共环时，其公差值和分布位置应由对其要求最严的那个尺寸链先行确定。而对其余尺寸链来说该环尺寸为已定值。

③ 当分配待定的组成环公差时，一般可按经验视各环尺寸加工难易程度加以分配。如果尺寸相近，加工方法相同，则取其公差值相等；难加工或难测量的组成环，其公差可取较大值。

在确定各组成环极限偏差时，对相当于轴的被包容尺寸，按基轴制（h）决定其下偏差；对相当于孔的包容尺寸，按基孔制（H）决定其上偏差；而对孔中心距尺寸，按对称偏差即 $\pm \dfrac{T_i}{2}$ 选取。

必须指出，如有可能，应使组成环尺寸的公差值和分布位置符合《极限与配合》国家标准的规定，这样可以给生产组织工作带来一定的好处。例如，可以利用标准极限量规（卡规、塞规等）来测量尺寸。

　　显然，当各组成环都按上述原则确定其公差值和分布位置时，往往不能恰好满足封闭环的要求。因此，就需要选取一个组成环，其公差值和分布位置要经过计算确定，以便与其他组成环相协调，最后满足封闭环的公差值和分布位置的要求。这个组成环称为协调环。协调环应根据具体情况加以确定，一般应选用便于加工和可用通用量具测量的零件尺寸。

　　图 17-12（a）所示为齿轮与轴部件的装配位置关系，轴是固定的，齿轮在轴上回转，要求保证齿轮与挡圈之间的轴向间隙为 0.1 ～ 0.35mm。已知 A_1=30mm、A_2=5mm、A_3=43mm、A_4=$3_{-0.05}^{0}$mm（标准件）、A_5=5mm。现采用完全互换装配法，则各组成环公差和极限偏差可按以下步骤确定。

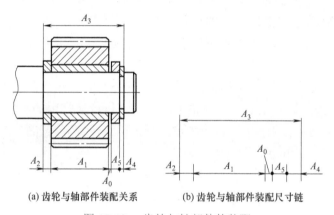

(a) 齿轮与轴部件装配关系　　　　(b) 齿轮与轴部件装配尺寸链

图 17-12　齿轮与轴部件的装配

　　① 画装配尺寸链，判断增、减环，校验各环基本尺寸。根据题意，轴向间隙为 0.1 ～ 0.35mm，则封闭环尺寸 A_0=$0_{+0.1}^{+0.35}$mm，公差 T_0=0.25mm。装配尺寸链如图 17-12（b）所示，尺寸链总环数 n=6，其中 A_3 为增环，A_1、A_2、A_4、A_5 为减环。封闭环的基本尺寸 A_0=A_3-（A_1+A_2+A_4+A_5）=43-（30+5+3+5）=0（mm）

　　由计算可知，各组成环基本尺寸的已定数值是正确的。

　　② 确定协调环。A_5 是一个挡圈，易于加工，而且其尺寸可以用通用量具测量，因此选它作为协调环。

　　③ 确定各组成环公差和极限偏差。按照等公差法分配各组成环公差：

$$\overline{T} = \frac{T_0}{n-1} = \frac{0.25}{5} = 0.05 （mm）$$

　　参照《极限与配合》国家标准，并考虑各零件加工的难易程度，在各组成环平均极值公差 $\overline{T}$ 的基础上，对各组成环的公差进行合理的调整。

　　轴用挡圈 A_4 是标准件，其尺寸为 A_4=$3_{-0.05}^{0}$mm。其余各组成环的公差按加工难易程度调整为：$A_1=30_{-0.06}^{0}$ mm，$A_2=5_{-0.02}^{0}$ mm，$A_3=43_{+0}^{+0.1}$ mm。

④ 计算协调环公差和极限偏差。协调环公差 T_5 为：$T_5=T_0-$（$T_1+T_2+T_3+T_4$）$=[0.25-$（$0.06+0.02+0.1+0.05$）]mm$=0.02$mm。

协调环的下偏差 EI_5，根据装配尺寸链的关系，$ES_0=ES_3-$（$EI_1+EI_2+EI_4+EI_5$），$0.35=0.1-$（$-0.06-0.02-0.05+EI_5$），可求得：$EI_5=-0.12$mm。

协调环的上偏差 ES_5，根据装配尺寸链的关系，$ES_5=T_5+EI_5=[0.02+$（-0.12）]mm$=-0.1$mm。

因此，协调环的尺寸为 $A_5=5_{-0.12}^{-0.1}$mm。

各组成环尺寸和极限偏差为：$A_1=30_{-0.06}^{0}$ mm，$A_2=5_{-0.02}^{0}$ mm，$A_3=43_{0}^{+0.1}$ mm，$A_4=3_{-0.05}^{0}$ mm，$A_5=5_{-0.12}^{-0.1}$ mm。

（2）选择装配法

选择装配法（选配法）是在保证尺寸链中已确定的封闭环公差的前提下，将组成环基本尺寸的公差，同方向扩大 N 倍，达到经济加工精度要求；然后按实际尺寸大小分成 N 组，根据大配大、小配小的原则，选择相对应的组别进行装配，以求达到规定的装配精度要求的装配方法。选配法又可分为直接选配法和分组选配法两种。其中，直接选配法是由装配工人直接从一批零件中选择合适的零件进行装配。这种方法比较简单，零件不必事先分组。但在装配过程中挑选零件的时间长，产品装配质量取决于工人的技术水平，不宜用于节奏要求较严的大批量生产。分组选配法则是将一批零件逐个进行测量后，按其实际尺寸的大小分成若干组，然后将尺寸大的包容件（如孔、槽等）与尺寸大的被包容件（如轴、块等）对应相配，将尺寸小的包容件与尺寸小的被包容件对应相配。这种装配方法的配合精度取决于分组数，增加分组数可以提高装配精度。分组选配法常用于成批或大批量生产，配合件的组成数少、装配精度高，又不便于采用调整装配法的情况。如柴油机的活塞与缸套、活塞与活塞销、滚动轴承的内外圈与滚子等。

分组选配法装配前须对加工合格的零件逐件测量，并进行尺寸分组，装配时按对应组别进行互换装配，每组装配具有互换装配法的特点，因此在不提高零件制造精度的条件下，仍可以获得很高的装配精度。

如一批直径为 30mm 的孔、轴配合副，装配间隙要求为 0.005～0.015mm。若采用互换装配法，设孔径加工要求为 $\phi30_{0}^{+0.005}$mm，则轴径加工要求应为 $\phi30_{-0.01}^{-0.005}$ mm，显然精度要求很高，加工困难，成本高。若采用分组选配法，将孔、轴零件的制造公差向同一方向扩大三倍，孔径加工要求改为 $\phi30_{0}^{+0.015}$mm，轴径加工要求改为 $\phi30_{-0.01}^{+0.005}$mm，然后对加工后的孔径、轴径逐个进行精确测量，按实测尺寸分成三组，再将对应组别的孔、轴零件进行互换装配，仍能保证 0.005～0.015mm 的间隙要求。分组与配合的情况见表 17-1。

表 17-1　轴、孔的分组尺寸及配合间隙　单位：mm

组别	标记颜色	孔径尺寸	轴径尺寸	配合情况	
				最大间隙	最小间隙
1	白	$\phi 30^{+0.015}_{+0.01}$	$\phi 30^{+0.005}_{0}$	0.005	0.015
2	绿	$\phi 30^{+0.01}_{+0.005}$	$\phi 30^{0}_{-0.005}$	0.005	0.015
3	红	$\phi 30^{+0.005}_{0}$	$\phi 30^{+0.005}_{-0.01}$	0.005	0.015

（3）修配装配法

在装配过程中，修去某配合件上的预留修配量，以消除其积累误差，使配合零件达到规定的装配精度，这种装配方法称修配装配法。修配装配法是将尺寸链组成环仍按经济公差加工，并规定一个组成环预留修配量。装配时，用机械加工或钳工修配等方法对该环进行修配来达到装配的精度要求。这个预先规定要修配的组成环称为补偿环。如图 17-13 所示，为使前后两个顶尖的中心线达到规定的等高度（即允差为 A_0），可通过修刮尾座底板的尺寸 A_2（尺寸 A_2 即为补偿环）的预留量来满足装配的要求。

修配装配法具有以下特点：零件的加工精度要求可以降低；不需要高精度的加工设备，而又能获得较高的装配精度；使装配工作复杂化，装配时间增加，故只适用于单件、小批量生产或成批生产中精度要求较高的产品装配。

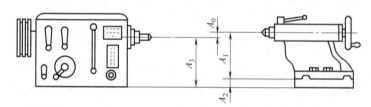

图 17-13　修配装配法

如图 17-14 所示为卧式车床主轴轴线与尾座孔轴线等高的装配尺寸链。要求装配精度 A_0 为 0.04mm（只许尾座高），影响其精度的有关组成环很多，且加工都较复杂。此时，各环可按经济公差来制造，并选定较易修配的尾座底板作为补偿。装配时，用刮削的方法来修配改变 A_2 的实际尺寸，使之达到装配的精度要求。

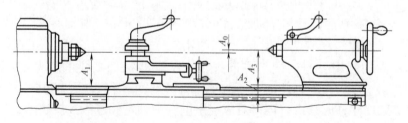

图 17-14　车床前后顶尖等高示例

对补偿环的修配加工，有时在被装配机床自身上进行。如图17-15所示，为装配时取得转塔车床旋转刀架装刀杆孔轴线与主轴旋转轴线的等高精度，预选 A_1 作为补偿环，并将刀杆孔做小些。当装配好后，在主轴上安装镗杆，用镗刀加工刀杆孔，即可使封闭环达到规定要求。

（4）调整装配法

在装配时改变产品中可以调整的零件相对位置或选用合适的调整零件，以达到要求的装配精度的方法称为调整装配法。调整装配法的特点是：装配时零件不需要进行任何修配加工，靠调整零件就能达到装配精度的要求；可以随时或定期进行调整，故较容易恢复配合精度要求，这对容易磨损或因工作环境的变化（如温度变化等）而需要改变尺寸、位置的结构是比较有利的；调整零件容易降低配合副的连接刚度和位置精度，因此，要认真仔细地调整，调整后的调整零件固定要坚实牢固。

用调整法解尺寸链与修配法基本类似，也是将组成环公差增大，便于零件加工。两者区别在于调整法不是用去除补偿环的多余部分来改变补偿环的尺寸，而是用调整的办法来改变补偿环的尺寸，以保证封闭环的精度要求。

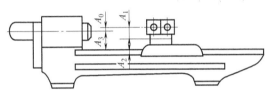

图17-15　车床自身修配等高

常用补偿件有两种，如下。

① 可动补偿件。可动补偿件就是在尺寸链中能改变其位置（移动、旋转或移动旋转同时进行）的零件，定期地或自动地进行调整，可使封闭环达到规定的精度。在机器中作为可动补偿件的有螺钉、螺母、偏心杆、斜面件、锥体件和弹性件等。如图17-16（a）所示为利用带螺纹的端盖定期地调整轴承所需的间隙，如图17-16（b）所示为通过转动中间螺钉使楔块上下移动来调整丝杠和螺母的轴向间隙，如图17-16（c）所示为利用弹簧来消除间隙的自动补偿装置。

② 固定补偿件。固定补偿件是按一定尺寸制成的，以备加入尺寸链的专用零件。装配时选择其不同尺寸，可使封闭环达到规定的精度。如图17-17所示，两固定补偿件用于使锥齿轮处于正确的啮合位置。装配时根据所测得的实际间隙大小，选择合适的补偿环尺寸，即可使间隙增大或减小到所要求的范围。在机器中作为固定补偿件的零件有垫圈、垫片、套筒等。

17.1.4　零部件装配的一般工艺要求

一部庞大复杂的机械设备都是由许多零件和部件所组成的。因此，设备的装配需要按照规定的技术要求，先将若干个零件组合成部件，最后由所有的部件和

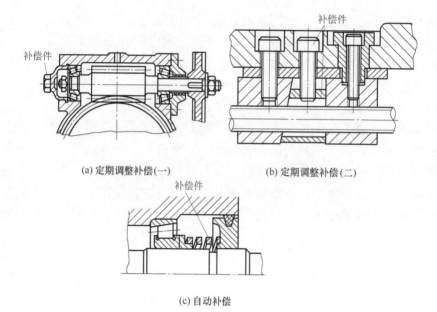

(a) 定期调整补偿(一)　　(b) 定期调整补偿(二)

(c) 自动补偿

图 17-16　可动补偿的方式

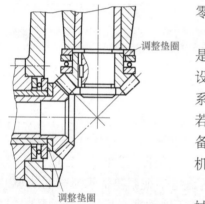

图 17-17　锥齿轮啮合间隙调整

零件组合成整台机械设备。

机械设备的装配工艺是一个复杂细致的工作，是按技术要求将零部件连接或固定起来，使机械设备的各个零部件保持正确的相对位置和相对关系，以保证机械设备所应具有的各项性能指标。若装配工艺不当，即使有高质量的零件，机械设备的性能也很难达到要求，严重时甚至还可造成机械设备或人身事故。

零部件的装配是设备总装的前提及基础，机械设备质量的好坏，与零部件装配质量的高低有密切的关系。因此，机械零部件装配必须依照机械设备性能指标的要求，根据零部件的结构特点，采用合适的工具或设备，严格仔细按顺序装配，并注意零部件之间的相互位置和配合精度要求。零部件装配的一般工艺要求如下。

① 做好零部件装配前的准备工作。主要内容有：研究和熟悉机械设备及各部件总成装配图和有关技术文件与技术资料。了解机械设备及零部件的结构特点、各零部件的作用、各零部件的相互连接关系及其连接方式。对于那些有配合要求、运动精度较高或有其他特殊技术条件的零部件，尤应引起特别的重视。根据零部件的结构特点和技术要求，确定合适的装配工艺、方法和程序。准备好必备的工、量、夹具及材料，按清单清理检测各待装零部件的尺寸精度与制造或修

复质量，核查技术要求，凡有不合格者一律不得装配。对于螺柱、键及销等标准件有损伤者，应予以更换，不得勉强留用。零部件装配前必须进行清洗：对于经过钻孔、铰削、镗削等机械加工的零件，要将金属屑末清除干净；润滑油道要用高压空气或高压油吹洗干净；有相对运动的配合表面要保持洁净，以免因脏物或尘粒等杂质侵入其间而加速配合件表面的磨损。

② 对于过渡配合和过盈配合零件的装配，如滚动轴承的内、外圈等，必须采用相应的铜棒、铜套等专门工具和工艺措施进行手工装配，或按技术条件借助设备进行加温加压装配。如遇有装配困难的情况，应先分析原因，排除故障，提出有效的改进方法，再继续装配，千万不可乱敲乱打鲁莽行事。

③ 对油封件必须使用芯棒压入，对配合表面要经过仔细检查和擦净，若有毛刺应经修整后方可装配。螺柱连接按规定的扭矩值分次序均匀紧固。螺母紧固后，螺柱的露出螺牙不少于两个且应等高。

④ 凡是摩擦表面，装配前均应涂上适量的润滑油，如轴颈、轴承、轴套、活塞、活塞销和缸壁等。各部件的密封垫（纸板、石棉、钢皮、软木垫等）应统一按规格制作。自行制作时，应细心加工，切勿让密封垫覆盖润滑油、水和空气的通道。机械设备中的各种密封管道和部件，装配后不得有渗漏现象。

⑤ 过盈配合件装配时，应先涂润滑油脂，以利于装配和减少配合表面的初磨损。另外，装配时应根据零件拆卸下来时所作的各种装配记号进行装配，以防装配出错而影响装配进度。

⑥ 对某些有装配技术要求的零部件，如装配间隙、过盈量、灵活度、啮合印痕等，应边装配边检查，并随时进行调整，以避免装配后返工。

⑦ 在装配前，要对有平衡要求的旋转零件按要求进行静平衡或动平衡试验，合格后才能装配。这是因为某些旋转零件如皮带轮、飞轮、风扇叶轮、磨床主轴等新配件或修理件，可能会由于金属组织密度不匀、加工误差、本身形状不对称等原因，使零部件的重心与旋转轴线不重合，在高速旋转时，会因此而产生很大的离心力，引起机械设备的振动，加速零件磨损。

⑧ 每一个部件装配完毕，必须严格仔细地检查和清理，防止有遗漏或错装的零件，特别是对工作环境要求固定装配的零部件要检查。严防将工具、多余零件及杂物留存在箱体之中，确信无疑之后，再进行手动或低速试运行，以防机械设备运转时引起意外事故。

17.1.5　装配零部件的清洗

清洗是装配操作前的重要辅助工序之一，主要是清除参与装配零件的表面油污、锈蚀、氧化皮等脏物。机器装配过程中的清洗对提高产品装配质量、延长产品使用寿命具有重要意义。装配零部件的清洗主要包括机器零部件清洗部位、清洗液的选用、清洗方法及其工艺参数的确定等内容。

（1）清洗的部位及要求

装配前，对参与装配的零部件进行清洗，以去除零件表面或部件中的油污及机械杂质，是装配技术准备工作中一项重要内容，其清洗质量的优劣是机械设备功能、装配质量好坏的一项重要影响因素。特别是对于轴承、精密配件、密封件以及有特殊清洗要求的工件等更为重要。

零件装配前的清洗工作内容及要求，因不同种类、结构、功能特性的零部件而异，也导致其清洗的部位、内容不同。如：对于铸、锻等毛坯支撑承重结构件等，其清洗主要集中在清理零件外观及内腔杂质等工作内容；对于经过钻孔、铰削、镗削等机械加工的零件，则主要将金属屑末清除干净；对于具有润滑油道的零件，则需要用高压空气或高压油将润滑油道吹洗干净；对于所有具有相对运动配合表面的零件，则要保持运动配合表面的洁净，以免因脏物或尘粒等混杂其间而加速配合件表面的磨损。

归纳起来，参与装配的零部件清洗部位及清洗要求主要有以下几方面的内容。

① 装配前，零件上残存的型砂、切屑、铁锈等都必须清除干净，对于孔、槽及其他容易存留杂物的地方要特别仔细地进行清理，并去除毛刺和锋利的棱边，有些零件如箱体内部清理后还需涂漆。

如清理不彻底，会对装配质量和机械的使用寿命造成影响。如滑动导轨会因摩擦面间有残存的砂粒、切屑等而加速磨损，甚至会出现导轨"咬合"等严重事故。

② 注意清理装配过程中产生的切屑。在装配过程中，对某些零件要进行补充加工，如定位销孔的钻、铰及攻螺纹等，这些加工会产生切屑，必须清除。必要时，应尽可能不在装配场所进行补充加工，以免切屑混入配合表面。

③ 清理重要配合面时不要破坏其原有精度。加工面上的铁锈、干油漆等可用锉刀、刮刀、砂布清除，对重要的配合表面，在清理时要特别仔细，不允许破坏其原有精度。

④ 清洗过程中不要损伤零件。零件清洗时应注意不能损伤零件，如有轻微碰损或有毛刺，可用油石、刮刀等修整后进行再次清洗。

⑤ 零件上因机械加工而产生的毛边、毛刺和在工序转运过程中因碰撞而产生的印痕，往往容易被忽视，从而影响装配精度。因此，装配中应时刻注意对零件的这些缺陷进行修整。

（2）机器零部件的清洗方法

机器零部件清洗时，应针对零件的材质、精密程度、污物性质不同，再根据工件的清洗要求，生产批量，表面油脂、污物和机械杂质的性质及其黏附状况等因素选定适宜的清除方法。选择适宜的设备、工具、工艺和清洗介质，才能获得良好的清除效果。此外，还需注意工件经清洗后应具有一定的中间防锈能力。

1）零件清洗的方法及适用范围

常用清洗方法的特点及适用范围见表17-2。

表 17-2 常用清洗方法的特点及适用范围

清洗方法	清洗液	特点	适用范围
擦洗	汽油、煤油、轻柴油、乙醇和化学清洗液	操作简易，清洗装备简单，生产率低	单件、小批生产的中小型工件和大件的局部清洗
浸洗	常用的各种清洗液均适用	操作简易；清洗时间较长，一般约2～20min；通常采用多步清洗	批量较大、形状较复杂的工件。清洗轻度黏附的油垢
喷洗	汽油、煤油、轻柴油、化学清洗液、三氯乙烯和碱液	清洗效果好，生产率高，劳动条件较好，装备较复杂	中批、大批生产的工件，形状复杂的不宜采用。清洗黏附较严重的污垢和半固体油垢
气相清洗	三氯乙烯蒸气	清洗效果好，装备较复杂，劳动保护要求高	中小型工件。清洗中等黏附程度的油垢，去污效果好
超声波清洗	汽油、煤油、轻柴油、化学清洗液和三氯乙烯	清洗效果好，生产率高，装备维护管理较复杂	清洗要求高的中小型工件，往往用于工件的最后清洗
浸、喷联合清洗	汽油、煤油、轻柴油、化学清洗液、三氯乙烯和碱液	清洗效果好，生产高；清洗设备占地面积大，维护管理较复杂	成批生产、形状复杂、清洗要求高的工件。清洗污垢和半固体油垢
气、浸联合，气、喷联合或气、浸、喷联合清洗	三氯乙烯溶液与三氯乙烯蒸气	清洗效果好，但生产率稍低；清洗设备占地面积大，维护管理较复杂	适宜于气相清洗、尺寸不大和清洗要求高的工件。能清洗油垢，特别是气-浸喷型，能清洗黏附严重的污垢，去污效果好

2）清洗液的种类及应用

金属零件表面油污的清除主要有电除油、热碱除油及清洗液除油等方法。其中：电除油是利用除油剂的化学清洗功能、阴极析氢鼓泡的机械清洗功能去除工件表面的油污；热碱除油则是利用纯碱助剂和添加剂等组成的碱性溶液在较高温度下浸泡，通过对污物具有的吸附、卷离、湿润、溶解、乳化、分散及化学腐蚀等多种作用将油除去。二者均消耗大量电能和热能，成本较高。常用清洗液的种类及其应用主要有以下几方面的内容。

① 石油溶剂。石油溶剂易于储存和配制防锈剂，是一种传统的清洗液。采用这类清洗液必须考虑防火、通风等安全措施。常用的石油溶剂主要有汽油、煤油和轻柴油。有特殊要求时可用性质相近的有机溶剂，如乙醇、丙酮等。

工业汽油和直馏汽油主要用于清洗油脂、污垢和一般黏附的机械杂质，适用于钢铁和有色金属工件；航空汽油是一种挥发性极强的清洗剂，一般用于高精度金属零件和精密量具的清洗。清洗前要充分做好准备工作，依次倒入容器的清洗剂要少，清洗动作要快。由于汽油极易燃烧，清洗时必须做好现场的火灾预防工作。零件清洗后要立即进行防锈保护。

灯用煤油和轻柴油的应用与汽油相同，但清洗能力不及汽油，多用于对一般零件、建筑机械、农业机械的清洗。清洗后干得较慢，但比汽油安全。其中，航空煤油是一种去污性、去油性较强的清洗剂，适用于对各种精密金属零件的清洗。航空煤油具有良好的渗透性，多用于液压系统中各种泵、阀零件或整体清洗，清洗后必须将零件仔细擦净，以免混入润滑油内，使油的黏度降低，破坏润滑性能。

为避免工件锈蚀，可在石油溶剂中加入少量（如 1% ～ 3%）置换型防锈油或防锈添加剂。置换型防锈油有 201、FY-3、661 等。防锈汽油也可自行配制，防锈汽油配方见表 17-3。这种防锈汽油清洗能力强，对于手汗、无机盐、油脂等均能清洗干净，且对钢铁、铜合金等工件具有中间防锈作用。同时，操作者手部应涂敷"液体手套"，以防手汗锈蚀工件，也可避免汽油、煤油、柴油等对手部皮肤的刺激。

表 17-3　防锈汽油配方

成分	质量分数 /%	成分	质量分数 /%
石油硫酸钠	1	1% 苯丙三氮唑酒精溶液	1
司本 -80	1	蒸馏水	2
十二烷基醇酰胺	1	200 号汽油	94

石油溶剂一般均在常温下使用。如需加热使用时，灯用煤油油温不应大于 40℃，溶剂煤油油温不应大于 65℃，并不得用火焰直接对容器加热。机械油、汽轮机油、变压器油的油温不应大于 120℃。

② 碱液。为降低成本，生产中常用自制的碱液除油，配制碱液时，也可加入少量表面活性清洗剂，以增强清洗能力。常用的碱液配方、工艺参数及适用性见表 17-4。

用碱液清洗时应注意：油垢过厚时应先擦除；材料性质不同的工件，不宜放在一起清洗；工件清洗后，应用水冲洗或漂洗洁净，并使之干燥。

③ 化学清洗液。化学清洗液含有表面活性剂，又称乳化剂清洗液，对油脂、水溶性污垢具有良好的清洗能力。这种清洗液配制简便、稳定耐用、无毒、不易燃、使用安全、成本低，有些化学清洗液还具有一定的中间防锈能力，所以很适用于装配过程中中间工序的清洗。清洗液配方很多，表 17-5 所列即为常用化学清洗液配方、工艺参数及适用性。

表 17-4 常用的碱液配方、工艺参数及适用性

成分 /（g/L）	主要工艺参数	适用性
氢氧化钠 50 ~ 55 磷酸钠 25 ~ 30 碳酸钠 25 ~ 30 硅酸钠 10 ~ 15	清洗温度 90 ~ 95℃ 浸洗或喷洗 清洗时间 10min	钢铁工件，黏附较严重油垢或少量难溶性油垢和杂质
氢氧化钠 70 ~ 100 碳酸钠 20 ~ 30 磷酸钠 20 ~ 30	清洗温度 90 ~ 95℃ 浸洗或喷洗 清洗时间 7 ~ 10min	镍铬合金钢工件
氢氧化钠 5 ~ 10 磷酸钠 50 ~ 70 碳酸钠 20 ~ 30	清洗温度 80 ~ 90℃ 浸洗或喷洗 清洗时间 5 ~ 8min	铜及铜合金工件
氢氧化钠 5 ~ 10 磷酸钠 ≈50 硅酸钠 ≈30	清洗温度 60 ~ 70℃ 浸洗或喷洗 清洗时间 ≈5min	铝及铝合金工件

表 17-5 常用化学清洗液配方、工艺参数及适用性

成分 /%	主要工艺参数	适用性
105 清洗剂 0.5 6501 清洗剂 0.5 水：余量	清洗温度 85℃ 喷洗压力 0.15MPa 清洗时间 1min	钢铁工件。主要清洗以机油为主的油垢和机械杂质
664 清洗剂 2 ~ 3 水：余量	清洗温度 75℃ 浸洗，上下窜动 清洗时间 3 ~ 4min	钢铁工件。不适于清洗铜、锌等有色金属工件。主要清洗硬脂酸、石蜡、凡士林等
6501 清洗剂 0.2 6503 清洗剂 0.2 油酸三乙醇胺 0.2 水：余量	清洗温度 35 ~ 45℃ 超声波清洗（工作频率 17 ~ 21kHz） 清洗时间 4 ~ 8min	精密加工的钢铁工件。清洗矿物油和含氧化铬等物的研磨膏残留物
6503 清洗剂 0.5 TX-10 清洗剂 0.3 聚乙二醇（相对分子质量约 400）0.2 邻苯二甲酸二丁酯 0.2 磷酸三钠 1.5 ~ 2.5 水：余量	清洗温度 35 ~ 45℃ 超声波清洗（工作频率 17 ~ 21 kHz） 清洗时间 4min	精密加工的钢铁工件。主要清洗油脂
664 清洗剂 0.5 平平加清洗剂 0.3 三乙醇胺 1.0 油酸 0.5 聚乙二醇（相对分子质量约 400）0.2 水：余量	清洗温度 75 ~ 80℃ 浸洗，上下窜动 清洗时间 1min	精密加工的钢铁工件。清洗油脂能力很强

④ 三氯乙烯。三氯乙烯具有除油效率高、清洗效果好、不燃等优点，加入适当稳定剂后可清洗铝、镁合金等有色金属工件。但其清洗装置较复杂，要求有

良好的通风系统及清洗液回收系统，同时还应注意工件和清洗槽的防腐问题。

三氯乙烯是强溶剂，沸点较低，易于汽化及冷凝，蒸气密度大，且不易扩散，故适宜于气相清洗，也可用于浸洗、喷洗或三种清洗形式联合使用。用于超声波清洗时，特别适用于清洗质量要求很高的仪表零件、光学元件、电子元件等。

⑤ 超声波清洗。超声波清洗的原理是在清洗液内引入超声波振动，使清洗液中出现大量空化气泡，并逐渐长大，然后突然闭合。闭合时会产生自中心向外的微激波，压力可达几百甚至几千个大气压，促使工件上所黏附的油垢剥落。同时空化气泡的强烈振荡，加强和加速了清洗液对油垢的乳化作用和增溶作用，提高了清洗能力。

3）清洗方式的选择

清洗时，应根据工厂的生产规模、批量，工件的结构尺寸、形状特点、清洁度要求、材质、清洗前的状况等具体条件来选择清洗方式及相应的清洗设备与清洗液。

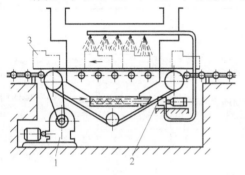

图 17-18 清洗机

1—电动机；2—循环泵；3—工件

对于产品批量大、生产效率高的情况，应选择与之相匹配的清洗设备。传送带式流水作业，连续不断地投入和传出，甚至可以利用先进的自动控制技术，如图 17-18 所示的清洗机。还可以辅设一些机械手以及自动调节和记数、清洗液的回收处理、自动检验反馈等控制系统。

对小批量的较大工件可采用转盘或固定式清洗室，从不同方位选择不同角度，利用清洗喷头对工件喷射清洗液。清洗过程中可以按需要对工件进行翻转。喷洗干净之后停止喷洗，再使用压缩空气吹净吹干。

压缩空气喷头结构如图 17-19 所示，清洗用喷头如图 17-20 所示。

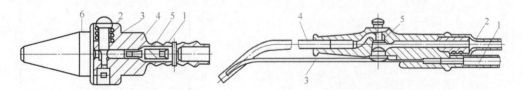

图 17-19 压缩空气喷头

1—本体；2—开关；3—弹簧；4—顶杆；
5—锥形阀；6—喷头

图 17-20 清洗用喷头

1—洗涤剂管；2—压缩空气管；3—洗涤剂喷管；
4—压缩空气喷管；5—开关

对小型工件，黏附油垢严重时，应先浸洗或喷洗。为提高清洗质量、缩短清洗时间，常采用几种不同的清洗液，分槽依次进行，每槽清洗油垢的作用各有所侧重。

尺寸和质量较大的工件，多为局部清洗，可将工件局部浸入超声波清洗槽中进行清洗；也可根据大型工件形状或局部清洗部位的要求，进行特殊结构设计，以实现局部清洗。

工件形状十分复杂或具有大小不等的孔、凹槽时，可用不同振动频率的超声波清洗。清洗操作应保持环境的清洁，严格按工艺规程进行，这对实现安全生产十分重要。

4）除锈

当参与装配的零部件某些部位残存铁锈，特别是配合部位有铁锈时，可根据零件表面粗糙度要求的不同，采用以下除锈方法进行除锈，常用的除锈方法见表17-6。

表 17-6　常用的除锈方法

表面粗糙度 $Ra/\mu m$	除锈方法
> 6.3	用砂轮、钢丝刷、刮具、砂布、喷砂或酸洗除锈
5.0 ～ 6.3	用非金属刮具、油石或粒度为 150 号的砂布蘸机械油擦除或进行酸洗除锈
1.6 ～ 3.2	用细油石、粒度为 150 号或 180 号的砂布蘸机械油擦除或进行酸洗除锈
0.2 ～ 0.8	先用粒度为 180 号或 240 号的砂布蘸机械油进行擦拭，然后再用干净的棉布（或布轮）蘸机械油和研磨膏的混合剂进行磨光
< 0.1	先用粒度为 280 号的砂布蘸机械油进行擦拭，然后用干净的绒布蘸机械油和细研磨膏的混合剂进行磨光

注：①有色金属加工面上的锈蚀应用粒度号不低于 150 号的砂布蘸机械油擦拭，轴承的滑动面除锈时，不应用砂布。

②表面粗糙度值 $Ra > 12.5\mu m$，形状较简单（没有小孔、狭槽、铆接等）的零部件，可用 6% 硫酸或 10% 盐酸溶液进行酸洗。

③表面粗糙度值 Ra 为 1.6 ～ 6.3μm 的零部件，应用铬酸酐 - 磷酸水溶液酸洗或用棉布蘸工业醋酸进行擦拭。

④酸洗除锈后，必须立即用水进行冲洗，再用含氢氧化钠 1g/L 和亚硝酸钠 2g/L 的水溶液进行中和，防止腐蚀。

⑤酸洗除锈、冲洗、中和、再冲洗、干燥和涂油等操作应连续进行。

5）擦拭用料的种类及选用

在机械设备的擦洗过程中，要使用到擦拭用料，常见的擦拭用料种类及其选用主要应注意以下几方面内容。

① 一般设备的擦拭。棉纺厂废棉纱下脚料、印染厂布头、服装厂和针织品厂剪裁边角料是物美价廉的擦拭用料。但是选料时必须确认是全棉质地，化纤料

和化纤混纺料吸湿性、吸油性均较差，不宜作为擦拭用料。为了节约成本，用过的棉质擦拭用料可洗涤后作为设备外部擦拭用料。

② 精密设备、精密零件、量具的擦拭。主要可选用以下几种。

a. 长纤维棉花、医用脱脂棉花。常用于擦拭量具，如量块、千分尺、内径表等，也可用于零件粘接面的擦拭。

b. 医用纱布、天然丝绸布。多用于精密零件装配时连接面的擦拭，检验平板、直尺、角度尺和等高块的擦拭，芯棒装入前主轴孔的擦拭。

c. 擦镜纸、绒布、鹿皮。多用于光学玻璃仪器的擦拭。

表 17-7 给出了清洗和擦拭坐标镗床零部件时所选用的清洗用料及擦拭用料。

表 17-7　清洗及擦拭用料的选用

清洗和擦拭零部件	清洗用料	擦拭用料
主轴及主轴套筒	航空汽油	天然丝绸布、医用脱脂棉花
齿轮箱及齿条	航空煤油	医用纱布
镶钢导轨及导轨滚子	航空汽油	医用纱布
线纹尺	乙醚	擦镜纸

6）清洗注意事项

清洗操作时，应注意以下操作事项。

① 不要用汽油清洗橡胶制品零件。对于密封圈等橡胶制品零件，严禁用汽油清洗，以防发胀变形。应采用清洗液或酒精进行清洗。

② 不要用棉纱清洗滚动轴承。滚动轴承清洗时应用毛刷等工具，不能使用棉纱，以免棉纱头进入轴承中而影响轴承装配质量。

③ 清洗后的零件要防止二次污染。对于已经清洗过的零件，切勿在装配时再随意擦几下，这样做很容易弄脏零件，造成二次污染。

清洗后的零件，应等零件上的油滴干后再进行装配，以免污油影响装配清洁质量。

清洗后的零件如不马上装配应采取措施，不应暴露放置时间过长，以免灰尘等弄脏零件。

④ 装配前不可忽视加润滑油和做必要的修整。相配合的表面在装配前一般都要加油润滑，否则会在装配中出现零件配合表面拉伤等现象。对活动连接的配合表面，不加油润滑容易造成配合表面运动阻滞、磨损加剧，甚至会因缺乏润滑而使表面拉毛。

17.1.6　装配、调试工作中的注意事项

要保证产品的装配质量，主要是应按照规定的装配技术要求执行装配。不同

的产品虽然其装配技术要求不同，但在装配操作过程中有许多工作要点却是必须共同遵守的，主要包括以下注意事项。

（1）做好零件的清理和清洗工作

在装配过程中，必须保证没有杂质留在零件或部件中，否则，就会迅速磨损机器的摩擦表面，严重的会使机器在很短的时间内损坏。零件在装配前的清理和清洗工作对提高产品质量，延长其使用寿命有着重要的意义。

（2）做好润滑工作

相配零件的表面在配合或连接前，一般都需要涂油润滑。不可在配合或连接后再加润滑油，因为如果在配合或连接之后再加润滑油，不仅操作不便，而且还加不进润滑油。这将导致机器在启动阶段因不能及时供油润滑而加剧磨损。对于过盈配合的连接件，配合表面如缺乏润滑，则在敲入或压合时更容易发生拉毛现象。当活动连接件的配合表面缺乏润滑时，即使配合间隙准确，也常常会因有卡滞而影响正常的活动性能，有时还会被误认为是配合不符合要求。

通常滚动轴承、滑动轴承上大量采用润滑脂润滑，而齿轮传动、导轨运动面、蜗轮蜗杆传动、各种滑动部位、精密机床主轴轴承等大量运动及传动部件均采用润滑油润滑。但润滑油应根据其适用的负荷、温度、转速等参数合理选用。

（3）相配零件的配合尺寸要准确

装配时，对某些较重要的配合尺寸进行复检或抽检是很必要的，尤其是当需要知道实际的配合是间隙或过盈时。过盈配合的连接一般都不宜在装配后再拆卸下来重新装配。所以，过盈配合的装配更要十分重视实际过盈量的准确性。

（4）做到边装配边检查

当所装配的产品比较复杂时，每装完一部分应检查一下是否符合要求，而不要等大部分或全部装配完以后再检查，因为此时若发现问题往往为时已晚，有些情况下甚至不易查出问题产生的原因。在对螺纹连接件进行紧固的过程中，还应注意对其他有关零部件的影响，即随着螺纹连接件的逐渐拧紧，有关零部件的位置也可能随之变动，此时不能发生卡住、碰撞等情况，否则会产生附加应力而使零部件变形或损坏。

（5）试车前的检查和启动过程的监视

试车意味着机器将开始运动并经受负荷的考验，这是最有可能出现问题的阶段，试车前应做一次全面的检查。例如，检查装配工作的完整性、各连接部分的准确性和可靠性、活动件之间运动的灵活性、润滑系统是否正常等。在确保准确无误和安全的条件下，才可开机运转。当机器启动后，应立即全面观察一些主要工作参数和各个运动件的运动是否正常。主要工作参数包括润滑油的压力和温度、振动和噪声、整个机器的有关部位的温度等。只有当启动阶段各个运行指标均正常稳定时，才有条件进行下一阶段的试机内容。而一次启动成功的关键在于装配全过程的严密和认真的工作。

17.2 旋转零部件的平衡

常用机械设备中包含大量做旋转运动的零部件，如带轮、飞轮、叶轮、砂轮以及各种转子和主轴部件等，由于材料密度不匀、本身形状对旋转中心不对称、加工或装配产生误差等原因，在其径向各截面上产生不平衡（通常称原始不平衡），即重心与旋转中心发生偏移。当旋转件旋转时，此不平衡量会产生一个离心力，该离心力可利用下式来进行计算：

$$F = \frac{We}{g}\left(\frac{2\pi n}{60}\right)^2$$

式中　W——转动零件的质量，kg；

　　　e——重心偏移量，m；

　　　g——重力加速度，9.81m/s²；

　　　n——每分钟转数，r/min。

此外，零部件上的不平衡量所产生的离心力随着旋转而不断周期性改变方向，使旋转中心的位置无法固定，于是就引起了机械振动。这样使设备工作精度降低，轴承等有关零件的使用寿命缩短，同时会使噪声增大，严重时还会发生事故。

为了确保设备的运转质量，一般对旋转精度要求较高的零件或部件，如带轮、齿轮、飞轮、曲轴、叶轮、电机转子、砂轮等都要进行平衡试验。此外，对转速较高或直径较大的旋转件，即使几何形状完全对称，也常要求在装配前进行平衡，以抵消或减小不平衡的离心力，保证达到一定的平衡精度。

旋转件通常都存在不平衡量，根据偏心重量分布情况的不同，可以将旋转件的不平衡分为静不平衡和动不平衡两种。

17.2.1 静平衡的调整方法

旋转件在径向各截面上有不平衡量，而这些不平衡量产生的离心力通过旋转件的重心，因此不会引起旋转件的轴线倾斜的力矩。这样的不平衡状态，在旋转件静止时即可显现出来，这种不平衡称静不平衡，如图 17-21 所示。

（1）静平衡方法的选用

对旋转零件消除不平衡量的工作称为平衡。调整产品或零部件使其达到静态平衡的过程叫静平衡。通常对于旋转线速度小于 6m/s 的零件或长度 l 与直径 d 之比小于 3 的零件，可以只作静平衡试验，如图 17-22 所示。此外，当旋转件转速低于 900r/min 时，除非有特别要求，一般情况下不需作静平衡。

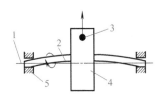

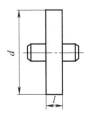

图 17-21 静不平衡情况   图 17-22 需作静平衡试验的零件

1—旋转中心；2—轴；3—偏重；4—工件；5—轴承

（2）静平衡试验的方法

静平衡试验的方法有装平衡杆和平衡块两种。

1）平衡杆静平衡试验

安装平衡杆作静平衡试验的步骤主要有以下几方面。

① 试件的转轴放在水平的静平衡装置上［图 17-23（a）］。

② 将试件缓慢转动，若试件的重心不在回转轴线上，待静止后不平衡的位置（重心）定会处于最低位置，在试件的最下方作一记号 S。

③ 装上平衡杆［图 17-23（b）］。

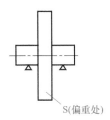

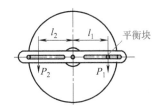

(a) 试件转轴放在水平的静平衡装置上   (b) 装上平衡杆

图 17-23 平衡杆的静平衡试验

④ 移动平衡块 P_1，使试件达到在任意方向上都不滚动为止。

⑤ 量取中心至平衡块的距离 l_1。

⑥ 在试件的偏重一边量取 $l_2=l_1$，找到对应点并做好标记 P_2。

⑦ 取下平衡块。

⑧ 在试件偏重一边的 P_2 点上钻去等于平衡块重量的金属或在平衡偏轻处加上等于平衡块的重量，就可消除静不平衡。

2）平衡块静平衡试验

安装平衡块作静平衡试验的步骤主要有以下几方面。

① 将待平衡的旋转件装上心轴后，放在平衡支架上。平衡支架支承应采用圆柱形或窄棱形，如图 17-24 所示。支承面应坚硬光滑，并有较高的直线度、平

(a) 圆柱形平衡架   (b) 窄棱形平衡架

图 17-24 静平衡支架

行度和水平度，使旋转件在上面滚动时有较高的灵敏度。

② 用手轻推旋转体使其缓慢转动，待其自动静止后，在旋转件的下方作记号，重复转动若干次，若所作的记号位置确实不变，则为不平衡方向。

③ 与记号相对的部位粘贴一重量为 m 的橡皮泥，使其对旋转中心产生的力矩恰好等于不平衡量 G 对旋转中心产生的力矩，即 $mr=Gl$，如图 17-25 所示。此时旋转件获得静平衡。

④ 去掉橡皮泥，在其所在部位加上相当于 m 的重块，或在不平衡量所在部位去除一定质量（因不平衡量 G 的实际径向位置不知道，需按平衡原理算出）。旋转件的静平衡工作即已完成，此时旋转件应在任何角度都能在平衡支架上停留下来。

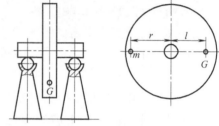

图 17-25 平衡块静平衡试验

（3）砂轮的静平衡

对于磨床砂轮的平衡试验，通常采用装平衡块的方法使其平衡，其具体步骤如下。

① 将砂轮经过静平衡试验，确定偏重位置并做上标记 S ［图 17-26（a）］。

② 在偏重的相对位置，紧固第一块平衡块 G（这一平衡块以后不得再移动）［图 17-26（b）］。

③ 与平衡块 G 相对应，紧固另外两块平衡块 K ［图 17-26（c）］。

④ 再将砂轮放在平衡装置上进行试验。若仍不平衡，可根据偏重方向，移动两块平衡块 K，直至砂轮能在任何位置上停留为止。

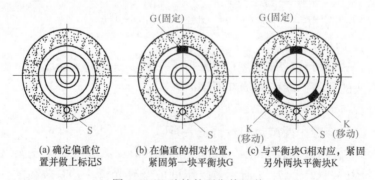

(a) 确定偏重位置并做上标记S   (b) 在偏重的相对位置，紧固第一块平衡块G   (c) 与平衡块G相对应，紧固另外两块平衡块K

图 17-26 砂轮的平衡块调整

17.2.2　动平衡的调整方法

旋转件在径向各截面上有不平衡量，且这些不平衡量产生的离心力将形成不平衡的力矩。所以旋转件不仅会产生垂直于轴线方向的振动，而且还会发生使旋转轴线倾斜的振动，这种不平衡状态，只有在旋转件运动的情况下才显现出来，这种不平衡称动不平衡。

如图 17-27 所示，该旋转件在径向位置有偏重（或相互抵消）而在轴向位置上两个偏重相隔一定距离时，就构成了动不平衡。

（1）动平衡方法的选用

对旋转的零部件，在动平衡试验机上进行试验和调整，使其达到动态平衡的过程，叫动平衡。对于长径比较大或者转速较高的旋转体，动平衡问题比较突出，所以要进行动平衡调整。由于偏重引起的离心力是与转速的平方成正比，转速越高，其离心力就越大，显然引起的振动也大，故有些高速旋转的盘状零件也要作动平衡调整，经过动平衡调整后，可以获得较高的平衡精度。

通常对于旋转线速度大于 6m/s 的零件或长度 l 与直径 d 之比大于 3 的零件，除需作静平衡试验外，还必须进行动平衡试验，如图 17-28 所示。

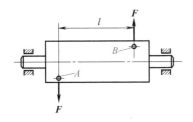

图 17-27　动不平衡情况

图 17-28　需作动平衡试验的零件

（2）动平衡试验的方法

由于旋转件在作动平衡调整时，不但要平衡偏重所产生的离心力，还要平衡离心力所组成的力偶，以防止不平衡量过大而产生剧烈振动。因此，动平衡调整应包括静平衡调整，零部件在作动平衡调整之前，要先作好静平衡调整，在作高速动平衡调整前，要先作低速动平衡调整。

动平衡调整一般要在专门的动平衡机上进行。图 17-29 给出了动平衡机示意图。在进行动平衡调整时，理论上要求试验转速与工件的工作转速相同，但由于动平衡机的功率限制，往往试验转速只有工作转

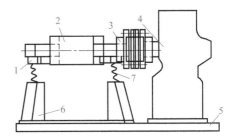

图 17-29　动平衡机示意图

1—弹性轴承；2—平衡转子；3—联轴器；4—驱动电机；5—底座；6—平衡机支承；7—弹簧

速的 1/10 左右。这时通常采用提高精度等级的办法，来达到实际旋转体的平衡精度，有些通用机械也可以直接在旋转体运行时进行动平衡调整。

用于动平衡试验的动平衡机有支架平衡机、框架式平衡机、弹性支梁平衡机、摆动式平衡机、电子动平衡机、动平衡仪等多种。各类动平衡机的动平衡试验操作可参照其相关说明书进行，以下仅以框架式平衡机和电子动平衡机两种平衡机为例介绍其平衡原理。

1）框架式平衡机

如图 17-30（a）所示为框架式平衡机的原理图。在机床的活动部分 A 带有回转轴和弹簧 B，在轴承 C 中安放着被平衡的转子 D。引用外界的动力使转子转动，则框架和零件将围绕平面 I 上的轴线振动。根据旋转零件的动平衡原理，任一旋转零件的动不平衡都可以认为是由分别处于两任选平面 I、II 内，旋转半径分别为 r_1 和 r_2 的两个不平衡重量 G_1 和 G_2 所产生的，如图 17-30（b）所示。因此进行动平衡时，只需针对 G_1、G_2 进行平衡就可以达到目的。又因为平面 I 的不平衡离心力 G_1 对框架摆动轴线的力矩为 0，故不影响框架的振动。由于转子 D 不平衡，轴承 C 受到动压力的作用，该动压力的向量是转动的，致使机床发生振动。当产生共振时，出现最大振幅，用指针 E 把最大振幅记录在 F 纸上，经测定和计算后，可以确定平衡平面 II 的不平衡量的大小和方向。在平面 II 内加上平衡载重便可以抵消平面 II 上的不平衡。然后将零件反装，用同样的方法测定和计算出平面 I 上的不平衡量的大小和方向。再在平面 I 上加上平衡载重抵消平面 I 上的不平衡。这样就可以使转子实现静平衡和动平衡。

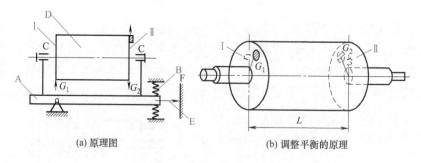

(a) 原理图　　　　　　　　　　(b) 调整平衡的原理

图 17-30　框架式平衡机原理

2）电子动平衡机

图 17-31 为电子动平衡机的原理图，被测零件 1 由两个 V 形块支承，零件上的轴肩靠在 V 形块的端面上，以防止零件轴向窜动。被测零件由丝织带在共振条件下直接带动旋转。在平衡机的左右两轴承弹性支架 2 上，由于动不平衡引起的

力矩而造成水平方向的来回摆动。固定在支架上的钢丝及与钢丝另一端相连的线圈 5 也同样来回摆动，使线圈在磁场内切割磁力线而产生脉冲电压，经放大后，一方面在仪器 4 上指示出不平衡量的大小，另一方面使闪光灯 3 同步发出闪光，在被测的旋转体上显示出重心偏移的位置。预先在被测零件圆周上写出若干等分的数字，如不平衡量在"9"位置，则闪光灯经常照在这个"9"字上。平衡机与左右摇架相连的两个电路，可以按需要用左右开关 6 分别接通，每个电路上指示出的不平衡量不受另一平面上不平衡量的影响。通过电子动平衡

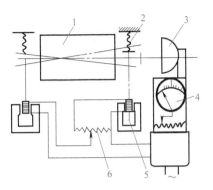

图 17-31 电子动平衡机

1—零件；2—弹性支架；3—闪光灯；4—仪器；5—线圈；6—开关

机的试验，可以测出不平衡量的大小和位置，然后用加重法或减重法使零件得到平衡。

17.3 装配典型实例

不论机械设备的结构如何复杂，其部件或零件均是按照一定的连接方式进行组装的，以下给出了一些典型零件连接方式或零部件的装配方法。装配时，可根据实际情况，有针对性地选用。

17.3.1 键连接的装配

键是用于连接传动件，并传递扭矩的一种标准件。键连接就是用键将轴和轴上零件连接在一起，用以传递扭矩的一种连接方法。因键连接具有结构简单、工作可靠、装拆方便等优点，所以在机器装配中广泛应用。如：齿轮、带轮、联轴器等与轴多采用键连接。

常用的键连接类型有平键连接、半圆键连接、楔键连接和花键连接等。这些连接类型按结构特点和用途的不同，又可分为松键连接、紧键连接和花键连接三种，键连接的类型及应用见表 17-8。

为保证键连接装配的质量，应针对其不同的连接类型，采取以下工艺措施。

（1）松键连接的装配要点

松键连接在机械产品中应用最为广泛，其特点是只支撑扭矩，而不能承受轴向力。由于键是标准件，各个不同性质配合的获得，是通过改变轴槽、轮毂槽的极限尺寸来得到的。常用的配合见表 17-9。

表 17-8　键连接的种类、特点及应用 ┈┈┈

种类		连接特点	应用	图示
松键连接	普通平键	靠侧面传递转矩，对中性良好，但不能传递轴向力	主要用在轴上固定齿轮、带轮、链轮、凸轮和飞轮等旋转零件	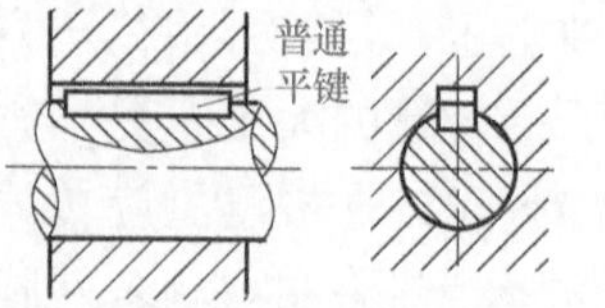
	半圆键	靠侧面传递较小的转矩，对中性好，半圆面能围绕圆心作自适应调节，不能承受轴向力	主要用于载荷较小的锥面连接或作为辅助的连接装置。如：汽车、拖拉机和机床等应用较多	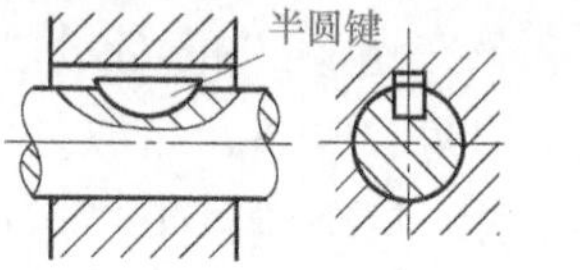
	导向平键	除具有普通平键特点外，还可以起导向作用	一般用于轴与轮毂需作相对轴向滑动处	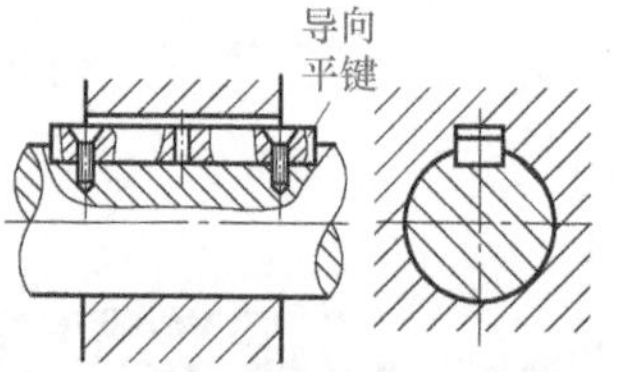
紧键连接		主要有普通楔键和钩头楔键两种，靠上、下面传递转矩，键本身有1∶100的斜度，能承受单向轴向力，但对中性差	一般用于需承受单方向的轴向力及对中性要求不严格的连接处	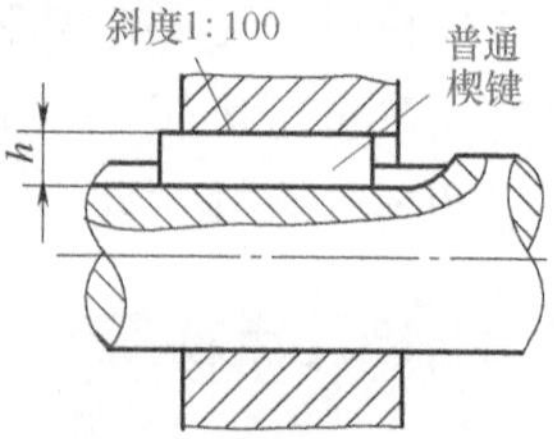 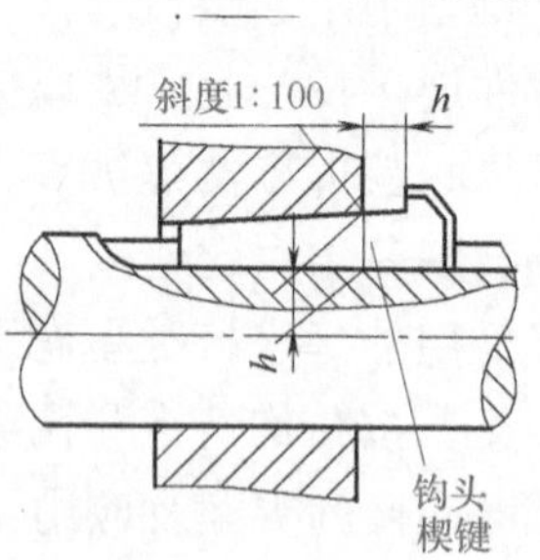
花键连接	矩形	接触面大，轴的强度高，传递转矩大，对中性及导向性好，但成本高	一般用于需对中性好、强度高、传递转矩大的场合。如汽车和拖拉机以及切削力较大的机床传动轴等	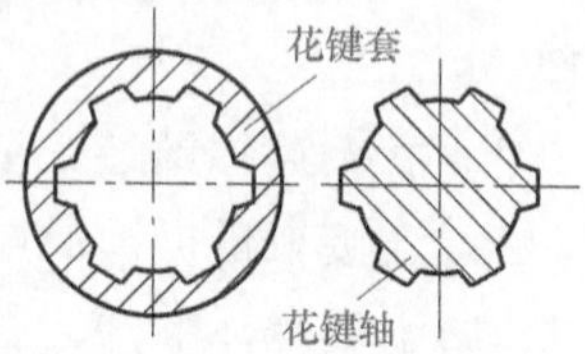
	渐开线形			
	三角形			

表 17-9 键宽 *b* 的配合公差带

键的类型	较松键连接			一般键连接			较紧键连接		
	键	轴	毂	键	轴	毂	键	轴	毂
平键 GB 1096—2003 半圆键 GB 1098—2003 薄型平键 GB 1566—2003	h9	H9 — H9	D10 — D10	h9	N9	Js9	h9	P9	P9
配合公差带									

松键连接的装配要点有如下几点。

① 装配前要清理键和键槽的锐边、毛刺，以防装配时造成过大的过盈。

② 对重要的键连接，装配前应检查键的直线度误差、键槽对称度误差和倾斜度误差。

③ 用键头与轴槽试配松紧，应能使键紧紧地嵌在轴槽中。

④ 锉配键长、键宽与轴键槽间应留 0.1mm 左右的间隙。

⑤ 在配合面上涂机油，用铜棒或台虎钳（钳口上应加铜皮垫）将键压装在轴槽中，直至与槽底面接触。

⑥ 试配并安装套件，安装套件时要用塞尺检查非配合面间隙，以保证同轴度要求。

⑦ 对于导向键，装配后应滑动自如，但不能摇晃，以免引起冲击和振动。

（2）紧键连接的装配要点

紧键连接主要指楔键连接，楔键分为普通楔键和钩头楔键两种。楔键上下两面是工作面，键的上表面和毂槽的底面各有 1∶100 的斜度。因此，装配时，应特别注意其工作面的贴合情况。其装配要点主要有以下几点。

① 装配前先要去除键与键槽的锐边、毛刺。

② 将轮毂装在轴上，并对正键槽。

③ 键上和键槽内涂机油，用铜棒将键打入，要使键的上下表面和轴、毂槽的底面贴紧，两侧面应有间隙。

④ 配键时，键的斜度一定要吻合，要用涂色法检查斜面的接触情况，若配合不好，可用锉刀、刮刀修整键或键槽，合格后，轻敲入内。

⑤ 钩头楔键安装后，不能使钩头贴紧套件的端面，必须留一定距离，供修理时拆用。

（3）花键连接的装配要点

花键连接的特点是承载能力高，传递扭矩大，对中性及导向性能好。广泛应用于汽车、机床及各种变速箱中。花键在装配前应按图样公差检查相配零件。如有变形，可用涂色法修整。花键连接分固定花键连接和滑动花键连接两种。

1）固定花键连接的装配要点

① 装配前，应先检查轴、孔的尺寸是否在允许过盈量的范围内。

② 装配前必须清除轴、孔锐边和毛刺。

③ 装配时可用铜棒等软材料轻轻打入，但不得过紧，否则会拉伤配合表面。

④ 过盈量要求较大时，可将花键套加热（80～120℃）后再进行装配。

2）滑动花键连接的装配要点

① 检查轴、孔的尺寸是否在允许的间隙范围内。

② 装配前必须清除轴、孔锐边和毛刺。

③ 用涂色法修整各齿间的配合，直到花键套在轴上能自动滑动，没有阻滞现象，但不应过松，用手摆动套件时不应感到有间隙存在。

④ 套孔径若有较严重的缩小现象，可用花键推刀修整。

17.3.2　销连接的装配

用销钉将机件连接在一起的方法称销连接，销连接具有结构简单、连接可靠和装拆方便等优点，在机械设备中应用广泛。

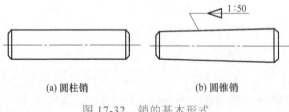

(a) 圆柱销　　　　　(b) 圆锥销

图 17-32　销的基本形式

（1）销的基本形式及应用

销主要有圆柱销和圆锥销两种基本形式，如图 17-32 所示，其他形式的销都是由它们演化而来。在生产中常用的有圆柱销、圆锥销和内螺纹圆锥销、开口销等。各类销已标准化，使用时，可根据工作情况和结构要求，按标准选择其形式和规格尺寸。

销连接可用来确定零件之间的相互位置（定位），连接或锁定零件用来传递动力或转矩，有时还可以作为安全装置中的过载剪切元件，见图 17-33。

用作确定零件之间相互位置的销，通常称为定位销。定位销常采用圆锥销，因为圆锥销具有 1：50 的锥度，使连接具有可靠的自锁性，且可以在同一销孔中，多次装拆而不影响连接零件的相互位置精度，见图 17-33（a）。定位销在连接中一般不承受或只承受很小的载荷。定位销的直径可按结构要求确定，使用数量不得少于 2 个。销在每一个连接零件内的长度约为销直径的 1～2 倍。

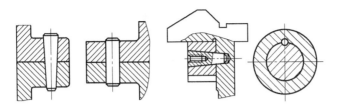

(a) 定位作用(一) (b) 定位作用(二) (c) 定位作用(三) (d) 连接作用(一)

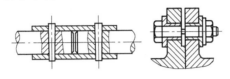

(e) 连接作用(二) (f) 保险作用

图 17-33 销连接的作用

定位销也可采用圆柱销，靠一定的配合固定在被连接零件的孔中。圆柱销如多次装拆，会降低连接的可靠性和影响定位的精度，因此，只适用于不经常装拆的定位连接中，见图 17-33（b）。

为方便装拆销连接，或对盲孔销连接，可采用内螺纹圆锥销［见图 17-33（c）］或内螺纹圆柱销。

用来传递动力或转矩的销称为连接销，可采用圆柱销或圆锥销，见图 17-33（d）、图 17-33（e），但销孔须经铰制。连接销工作时受剪切和挤压作用，其尺寸应根据结构特点和工作情况，按经验和标准选取，必要时应作强度校核。

当传递的动力或转矩过载时，用于连接的销首先被切断，从而保护被连接零件免受损坏，这种销称为安全销。销的尺寸通常以过载 20% ～ 30% 时即折断为依据确定。使用时，应考虑销切断后不易飞出和易于更换，为此，必要时可在销上切出槽口，见图 17-33（f）。

（2）圆柱销装配

圆柱销一般多用于各种机件（如夹具、各类冲模等）的定位，按配合性质的不同，主要有间隙配合、过渡配合和过盈配合。因此，装配前应检查圆柱销与销孔的尺寸是否正确，对于过盈配合，还应检查其是否有合适的过盈量。一般过盈量在 0.01mm 左右为适宜。此外，在装配圆柱销时，还应注意以下装配要点。

① 装配前，应在销子表面涂机油润滑。装配时应用铜棒轻轻敲入。

② 圆柱销装配时，对销孔要求较高，所以往往采用与被连接件的两孔同时钻、铰，并使孔表面粗糙度低于 $Ra1.6\mu m$，以保证连接质量。

③ 圆柱销装入时，应用软金属垫在销子端面上，然后用锤子将销钉打入孔中。也可用压入法装入。

④ 在打不通孔的销钉前，应先用带切削锥的铰刀铰到底，同时在销钉外圆

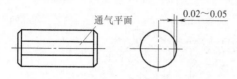

图 17-34　带通气平面的销钉

用油石磨一通气平面（如图 17-34 所示），以便让孔底空气排出，否则销钉打不进去。

（3）圆锥销装配

圆锥销具有 1∶50 的锥度，定位准确，可多次装拆而不降低定位精度，应用较广泛。圆锥销以小端直径和长度表示其规格。常用的圆锥销主要有：普通圆锥销、有螺尾的圆锥销及带内螺纹圆锥销。但不论装配哪一种圆锥销，装配时都应将两连接件一起钻、铰。钻孔时按圆锥销小头直径选用钻头（圆锥销以小头直径和长度表示规格）。用 1∶50 锥度的铰刀铰孔。铰孔时用试装法控制孔径，以圆锥销自由插入全长的 80% ～ 85% 为宜（见图 17-35），但试插时要做到销子与销孔都应十分清洁。销子装配时用铜锤打入后，锥销的大端可稍露出或平于被连接件表面。

（4）开口销的装配

将开口销装入孔内后，应将小端开口扳开，防止振动时脱出。

（5）销连接的调整

拆卸普通圆柱销和圆锥销时，可用锤子加冲子轻轻敲出（圆锥销从小端向外敲击）的方法。带有螺纹尾端的圆锥销可用螺母旋出，如图 17-36 所示。

图 17-35　圆锥销自由放入深度

图 17-36　拆卸带有螺纹尾端的圆锥销

拆卸带内螺纹的圆柱销和圆锥销时，可用与内螺纹相符的螺钉取出，如图 17-37 所示。也可用拔销器拔出，如图 17-38 所示。销连接损坏或磨损时，一般是更换销。如果销孔损坏或磨损严重时，可重新钻铰尺寸较大的销孔，更换相适应的新销。

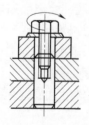

图 17-37　拆卸带有内螺纹的圆柱销

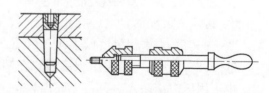

图 17-38　用拔销器拆卸带有内螺纹的销

17.3.3 过盈连接的装配

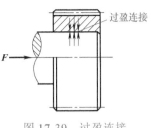

图 17-39 过盈连接

过盈连接是依靠包容件（孔）和被包容件（轴）配合后的过盈值达到紧固连接的，见图 17-39。装配后，轴的直径被压缩，孔的直径被胀大。由于材料的弹性变形，使两者配合面间产生压力。工作时，依靠此压力产生摩擦力来传递扭矩、轴向力。过盈连接具有结构简单、对中性好、承载能力强、能承受变载和冲击力的特点。由于过盈配合没有键槽，因而可避免机件强度的削弱，但配合面加工精度要求较高，加工麻烦，装配有时不太方便。

过盈连接常见的形式有两种：圆柱面过盈连接和圆锥面过盈连接。

（1）过盈连接的装配要求

过盈连接的装配按其过盈量、公称尺寸的大小可分为压入法、热装法、冷装法等。但不论采用何种装配方法，过盈连接装配时，均应满足以下要求。

① 检查配合尺寸是否符合规定要求。应有足够、准确的过盈值，实际最小过盈值应等于或稍大于所需的最小过盈值。

② 配合表面应具有较小的表面粗糙度，一般为 $Ra0.8\mu m$，圆锥面过盈连接还要求配合接触面积达到 75% 以上，以保证配合稳固性。

③ 配合面必须清洁，不应有毛刺、凹坑、凸起等缺陷，配合前应加油润滑，以免拉伤表面。

④ 锤击时，不可直击零件表面，应采用软垫加以保护。

⑤ 压入时必须保证孔和轴的轴线一致，不允许有倾斜现象。压入过程必须连续，速度不宜太快，一般为 2～4mm/s（不应超过 10mm/s），并准确控制压入行程。

⑥ 细长件、薄壁件及结构复杂的大型件过盈连接，要进行装配前检查，并按装配工艺规程进行，避免装配质量事故。

（2）圆柱面过盈连接的装配

圆柱面过盈连接的装配要点及装配方法主要有以下几点。

1）圆柱面过盈连接的装配要点

① 依据承载力、轴向力及扭矩合理选择过盈值的大小。装配后最小的实际过盈量，要能保证两个零件相互之间的准确位置和一定的紧密度。

② 配合表面应具有较小的表面粗糙度值，并应清洁。经加热或冷却的配合件在装配前要擦拭干净。

③ 孔口及轴端均应倒角 15°～20°，并应圆滑过渡，无毛刺（见图 17-40）。

④ 装配前，配合表面应涂油润滑，以防压入时擦伤表面。

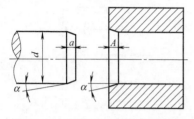

图 17-40　圆柱面过盈连接的倒角

⑤ 装压过程要保持连续，速度不宜太快，一般 2 ~ 4mm/s 为宜。压入时，特别是开始压入阶段必须保持轴与孔的中心线一致，不允许有倾斜现象，最好采用专用的导向工具。

⑥ 细长件或薄壁件需检查过盈量和形位偏差，装配时最好垂直压入，以免变形。

2）圆柱面过盈连接的装配方法

① 压入法。当过盈量及配合尺寸较小时，一般采用在常温下压入法装配。压入法主要适用于配合要求较低或配合长度较短的场合，且多用于单件生产。成批生产时，最好选用分组选配法装配，可以放宽零件加工要求，而得到较好的装配质量。图 17-41 给出了常用的压入方法及设备。

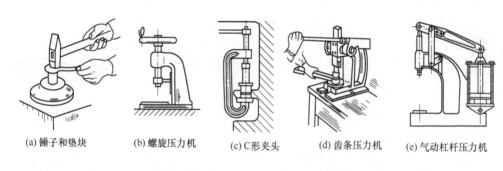

(a) 锤子和垫块　　　(b) 螺旋压力机　　　(c) C形夹头　　　(d) 齿条压力机　　　(e) 气动杠杆压力机

图 17-41　压入方法和设备

尽管压入法工艺简单，但因装配过程中配合表面被擦伤，因而减少了过盈量，降低连接强度，故不宜多次装拆。

② 热胀配合法。热胀配合法也称红套，它是利用金属材料热胀冷缩的物理特性，将孔加热使之胀大，然后将常温下的轴装入胀大的孔中，待孔冷却后，轴、孔就形成了过盈配合。通常根据过盈量的大小及套件尺寸选择加热方法。过盈量较小的连接件可放在沸水槽（80 ~ 120℃）、蒸汽加热槽（120℃）和热油槽（90 ~ 320℃）中加热。过盈量较大的中小型连接件可放在电阻炉或红外线辐射加热箱中加热。过盈量大的中型和大型连接件可用感应加热器加热。热胀配合法一般适用于大型零件，而且过盈量较大的场合。

③ 冷缩配合法。冷缩配合法是将轴进行低温冷却，使之缩小，然后与常温下的孔装配，得到过盈连接。过盈量小的小型和薄壁衬套可采用干冰冷缩，可冷至 -78℃，操作简单。过盈量较大连接件，可采用液氮冷缩，可冷至 -195℃。

冷缩法与热胀法相比，收缩变形量较小，因而多用于过渡配合，有时也用于过盈量较小的配合。

（3）圆锥面过盈连接装配

圆锥面过盈连接是利用轴和孔产生相对轴向位移互相压紧而获得过盈的配合。圆锥面过盈连接的特点是压合距离短、装拆方便、配合面不易擦伤拉毛，可用于需要多次装拆的场合。

圆锥面过盈连接中使配合件相对轴向位移的方法有多种：图17-42所示为依靠螺纹拉紧而实现的，图17-43所示为依靠液压使包容件内孔胀大后而实现相对位移，此外还常常采用将包容件加热使内孔胀大的方法。靠螺纹拉紧时，其配合的锥面锥度通常为 $1:30 \sim 1:8$；而靠液压胀大内孔时，其配合面的锥度常采用 $1:50 \sim 1:30$，以保证良好的自锁性。

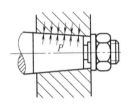

图 17-42 靠螺纹拉紧的圆锥面过盈连接　　图 17-43 靠液压胀大内孔的圆锥面过盈连接

利用液压装拆圆锥面过盈连接时，要注意以下几点。

① 严格控制压入行程，以保证规定的过盈量。

② 开始压入时，压入速度要小。

③ 达到规定行程后，应先消除径向油压后消除轴向油压，否则包容件常会弹出而造成事故。拆卸时，也应注意。

④ 拆卸时的油压比安装时要低。

⑤ 安装时，配合面要保持洁净，并涂以经过滤的轻质润滑油。

17.3.4 滑动轴承的装配

滑动轴承是轴与轴承孔进行滑动摩擦的一种轴承。其中，轴被轴承支承的部分称为轴颈，与轴颈相配的零件称为轴瓦。为了改善轴瓦表面的摩擦性质而在其内表面上浇铸的减摩材料层称为轴承衬。

（1）滑动轴承的类型及应用

根据润滑情况，滑动轴承可分为液体摩擦轴承和非液体摩擦轴承两大类。而根据结构形状的不同，又可分为整体式轴承、剖分式轴承等多种形式，如图17-44所示。

滑动轴承具有润滑油膜吸振能力强、能承受较大冲击载荷、工作平稳、可靠、无噪声、拆装维修方便等优点。一般用于低速重载工况场合，或者是维护保养及加注润滑油困难的运转部位，如内燃机、轧钢机、大型电机及仪表、雷达、天文望远镜等。

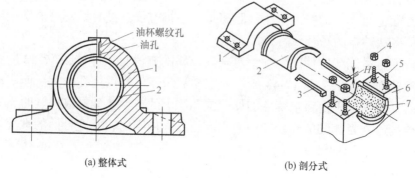

(a) 整体式 　　　　　　　　(b) 剖分式

图 17-44　滑动轴承结构形式

图（a）中：1—轴承座；2—轴套

图（b）中：1—轴承盖；2—上轴瓦；3—垫片；4—螺母；5—双头螺栓；6—轴承座；7—下轴瓦

（2）滑动轴承的装配步骤及要点

1）整体式径向滑动轴承的装配

整体式径向滑动轴承由轴承座和轴套组成，其结构如图 17-44（a）所示，其装配步骤及要点主要有以下几方面。

① 装前应仔细检查机体内径与轴套外径尺寸是否符合规定要求。

② 对两配合件要仔细地倒棱和去毛刺，并清洗干净。

③ 装配前对配合件要涂润滑油。

④ 压入轴承套，过盈量小时可用锤子在放好的轴套上，加垫块或芯棒敲入，见图 17-45。如果过盈量较大，可用压力机或拉紧工具压入。用压力机压入时要防止轴套歪斜，压入开始时可用导向环或导向心轴导向。

⑤ 负荷较大的滑动轴承压入后，还要安装定位销或定位螺钉定位，常用的轴承的定位方式如图 17-46 所示。

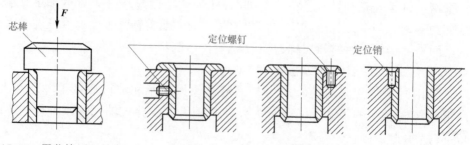

图 17-45　用芯棒压入轴套　　　　图 17-46　轴承的定位方式

⑥ 修整压入后轴套孔壁，消除装压时产生的内孔变形，如内径缩小、椭圆形、圆锥形等。

⑦ 最后按规定的技术要求检验轴套内孔。主要检验项目及方法有：用内径百分表在孔的两三处相互垂直方向上检查轴套的圆度误差；用塞尺检验轴套孔的轴线与轴承体端面的垂直度误差，见图17-47。

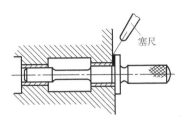

图17-47　用塞尺检验轴套装配的垂直度

⑧ 在水中工作的尼龙轴承，安装前应在水中泡煮一定时间，约一小时后再安装，使其充分吸水膨胀，防止内径严重收缩。

2）剖分式滑动轴承的装配

典型的剖分式滑动轴承的结构如图17-44（b）所示，它由轴承座、轴承盖、剖分轴瓦、垫片及双头螺柱组成。剖分式滑动轴承装配要点如下。

① 清理。装配前，首先应清理轴承座、轴承盖、上瓦和下瓦的毛刺和飞边。

② 轴瓦与轴承座、盖的装配。上下轴瓦与轴承座、盖装配时，应使轴瓦背与座孔接触良好，可用涂色法检查轴瓦外径与轴承座孔的贴合情况，接触要好，着色要均匀。

如不符合要求时，厚壁轴瓦以座孔为基准修刮轴瓦背部。薄壁轴瓦不便修刮，需选配。为达到配合紧密，保证有合适的过盈量，薄壁轴瓦的剖分面应比轴承座的剖分面 H 略高一些（见图17-48），$\Delta h = \pi\delta/4$（δ 为轴瓦与轴承内孔的配合过盈），一般 $\Delta h = 0.05 \sim 0.1mm$。同时，应保证轴瓦的阶台紧靠座孔的两端面，达到 H7/f7 配合，太紧可通过刮削修配。一般轴瓦装配时应对准油孔位置，应用木锤轻轻敲击，听声音判断，要保证贴实。

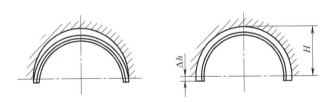

图17-48　薄壁轴瓦的选配

③ 轴瓦孔的配制。用与轴瓦配合的轴来显点，在上下轴瓦内涂显示剂，然后把轴和轴承装好，双头螺钉的紧固程度以轴能转动为宜。当螺柱均匀紧固后，轴能轻松转动且无过大间隙，显点达到要求，即为刮削合格。

④ 装配与间隙调整。对刮好的轴瓦应进行仔细清洗后再重新装入座、盖内，最后调整接合处的垫片。瓦内壁涂润滑油后细心装入配合件，保证轴与轴瓦之间的径向配合间隙符合设计要求后，再按规定拧紧力矩均匀地拧紧锁紧螺母。

17.3.5　滚动轴承的装配

工作时，由滚动体在内外圈的滚道上进行滚动摩擦的轴承，叫滚动轴承。滚动轴承具有摩擦力小、使用维护方便、工作可靠、启动性能好、轴向尺寸小、在中等速度下承载能力较强等优点。

滚动轴承是由专业厂大量生产的标准部件，其滚动轴承内圈与轴的配合采用的是基孔制，外圈与轴承孔的配合采用的是基轴制。按国家标准规定，轴承内径尺寸只有负偏差，这与通用公差标准的基准孔尺寸只有正偏差不同。轴承外径尺寸只有负偏差，但其大小也与通用公差标准不同。

（1）滚动轴承的装配要求

除两面带防尘盖或密封圈的滚动轴承外，其它的轴承均应在装配前进行清洗并加防锈润滑剂。应注意的是，清洗时不应影响轴承的间隙，清洗后轴承不能直接放在平板上，更不允许直接用手去拿或触摸。

装配时不应盲目操作，应以无字标的一面作为基准面，紧靠在轴肩处；滚动轴承上标有代号的端面应装在可见部位，以便于将来更换。装配后应保证轴承外圈与轴肩和壳体台肩紧贴（轴颈和壳体孔台肩处的圆弧半径，应小于轴承的圆弧半径），而不应在它们之间留有间隙，如图 17-49 所示，同时还应除去凸出表面的毛刺。

轴承装配在轴上和壳体中后，不能有歪斜和卡住现象。为了保证滚动轴承工作时有一定的热胀余地，在同轴的两个轴承中，必须有一个轴承的外圈（或内圈）可以在热胀时产生轴向移动，以免轴承产生附加应力，甚至在工作中使轴承咬住。滚动轴承常见的轴向固定有两种基本形式。

① 两端单向固定方式。如图 17-50 所示，在轴的两端支承点上，用轴承端盖单向固定，分别限制两个方向的轴向移动。为了避免受热伸长而使轴承卡住，在右端轴承外圈与端盖之间留有不大的间隙（0.5 ~ 1mm），以便游动。

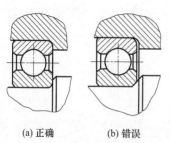

(a) 正确　　　(b) 错误

图 17-49　滚动轴承在台肩处的配合

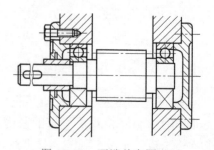

图 17-50　两端单向固定

② 一端双向固定方式。如图 17-51 所示，右端轴承双向轴向固定，左端轴承可以随轴游动。这样工作时不会发生轴向窜动，受热膨胀又能自由地向另一端伸长，不致卡死。

此外，滚动轴承安装时应符合轴系固定的结构要求。轴承的固定装置应可靠，紧定程度应适中，防松装置应完善；轴承与轴、座孔的配合应符合图样要求；密封装置应严密，在沟式和迷宫式密封装置中，应按要求填入干油。

在装配滚动轴承过程中，应严格保持清洁，严防有杂物或污物进入轴承内。滚动轴承装配后运转应灵活、无噪声，工作温升应控制在图样的技术要求范围内，施加的润滑剂应符合图样的技术要求。

滚动轴承常用的润滑剂有润滑油、润滑脂和固体润滑剂三种。润滑油一般用于高速轴承润滑，润滑脂一般常用于转速和温度都不很高的场合。当一般润滑脂和润滑油不能满足要求时，可采用固体润滑剂。

（2）角接触球轴承的装配要点

① 装配顺序。轴承内、外圈的装配顺序应遵循先紧后松的原则进行。当轴承内圈与轴是紧配合，轴承外圈与轴承座是较松的配合时，应先将轴承安装在轴上，然后再将轴连同轴承一起装入轴承座内，如图17-52（a）所示。当轴承外圈与轴承座是紧配合，轴承内圈与轴是松配合时，则先将轴承压装在轴承座内，然后再把轴装入轴承内圈内，如图17-52（b）所示。当轴承内圈与轴和轴承外圈与轴承座配合的松紧相同时，可用安装套施加压力，同时作用在轴承内、外圈上，把轴承同时压入轴颈和轴承座中，如图17-52（c）所示。

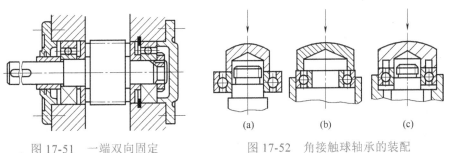

图17-51 一端双向固定　　　　图17-52 角接触球轴承的装配

② 装配方法。装配方法的选用一般应根据所配合过盈量的大小确定。当配合过盈量较小时，用锤子敲击装配。当配合过盈量过大时，可用压力机直接压入。当过盈量过大时，也可用温差法装配，具体见表17-10。应该说明的是：角接触球轴承是整体式圆柱孔轴承的典型类型，它的装配方法在圆柱孔轴承装配中具有代表性。其压入轴承时采用的方法和工具对其它圆柱孔轴承同样适用。

温差法主要有热胀法及冷却法两种。常用的热胀法主要有油浴法、电感应法及其它加热方法。其中，油浴法是将轴承浸在闪点为250℃以上的变压器油的油池内加热，加热温度为80～100℃。加热时应使用网格或吊钩，搁置或悬挂轴承。装配前必须测量轴承内径，要求轴承内径比轴径大0.05mm左右。再用干净揩布擦去轴承表面的油迹和附着物，并用布垫托住端平装入轴颈，用手推紧轴承直至冷却固定为止，然后略微转动轴承，检查轴承装配是否倾斜或卡死。电感应

表 17-10　滚动轴承的常用装配方法

装配方法	图示	操作说明
敲入法	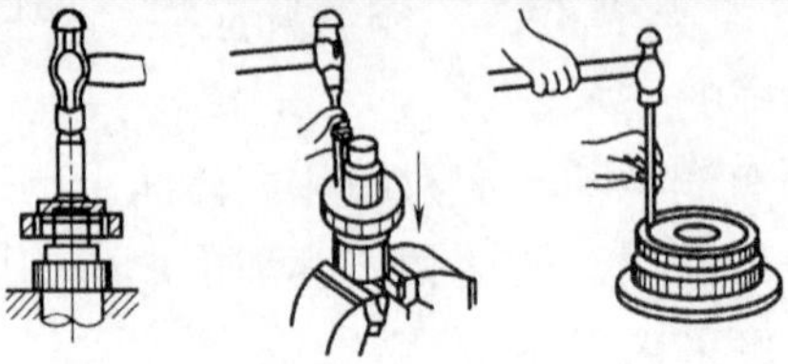	当配合过盈量较小时，可用套筒垫起来敲入，或用铜棒对称地敲击轴承内圈或外圈
压入法	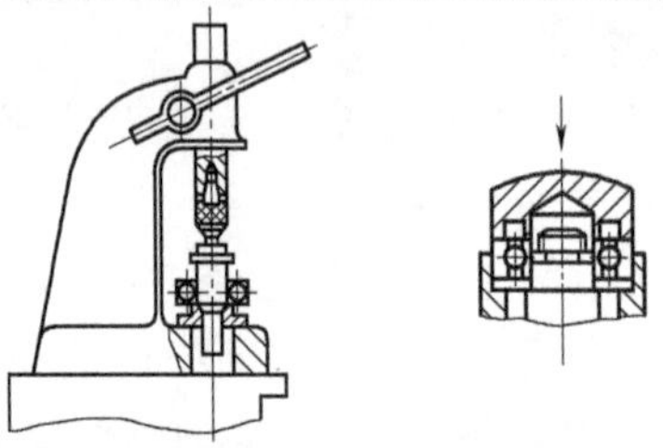	当过盈量过大时，可用压力机直接压入，也可用套筒垫起来压轴承内、外圈或整体套筒一起压入壳体及轴上
温差法	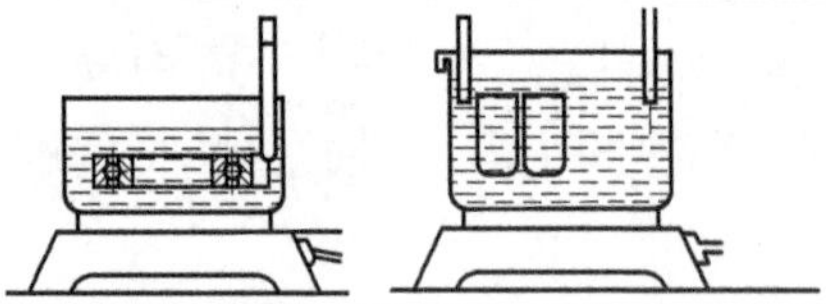	当过盈量过大时，也可采用温差法，趁热（冷）将轴承装入轴颈处

法是利用电磁感应原理的一种加热方法。目前普遍采用的有简易式感应加热器和手提式感应加热器。加热时将感应加热器套入轴承内圈，加热至 80 ～ 100℃时立即切断电源，停止加热进行安装。如果在现场安装还可以采用简易加热方法：一种是空气加热法，是把轴承放置于烘箱或干燥箱加热的一种方法；另一种是传热板加热法，适用于外径小于 100mm 的轴承，传热板的温度不高于 200℃。应注意的是，热胀法不适用于内部充满润滑油脂，带防尘盖或密封圈轴承的装配。

　　冷却法装配轴承是把轴承置于低温箱内。若是轴承与轴承座孔的装配，可先把轴承置于低温箱内冷却。箱内和低温介质一般多用干冰，通过它可以获得 -78℃的低温。操作时将干冰倒入低温箱内即可。取出低温零件（轴或轴承）时不可用手直接拿取，应戴上石棉手套并立即测量零件的配合尺寸，如合适即刻进行装配，零件安装到位后不可立即松手，应直到零件恢复到常温才能松手。

　　（3）圆锥滚子轴承的装配要点

　　圆锥滚子轴承是分体式轴承中的典型。它的内、外圈可以分离，装配时可将内圈装入轴上，外圈装入轴承座孔中，然后再通过改变轴承内、外圈的相对位置来调整轴承的间隙，如图 17-53 所示。内、外圈装配时，仍然按其过盈量的大小来选择装配方法和工具，其基本原则与向心球轴承装配相同。

　　（4）推力球轴承的装配要点

　　推力球轴承装配时应注意区别紧环和松环，松环的内孔比紧环的内孔大，故紧环应靠在轴上相对静止的面上，如图 17-54 所示，右端紧环靠在轴肩端面上，左端的紧环靠在螺母的端面上，否则使滚动体丧失作用，同时会加速配合零件间的磨损。

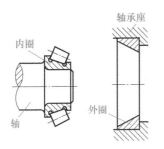

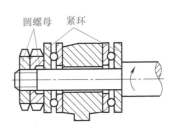

图 17-53　圆锥滚子轴承的装配方法　　　图 17-54　推力球轴承的装配方法

（5）滚动轴承间隙的调整和预紧

在滚动轴承的装配过程中，有一项重要的工作就是滚动轴承间隙（又称游隙）的调整和预紧。由于轴承存在游隙，在载荷作用下，内、外圈就要产生相对移动，这就降低了轴承的刚度，引起轴的径向和轴向振动。同时还会造成主轴的轴线漂移，从而影响加工精度及机床、设备的使用寿命。滚动轴承间隙的调整方法主要有径向预紧和轴向预紧两种，表 17-11 给出了滚动轴承间隙的调整和预紧方法。

表 17-11　滚动轴承间隙调整和预紧方法

轴承类型	方法	图示
角接触球轴承 70000	用轴承内、外圈垫环厚度差实现预紧	垫圈
	用弹簧实现预紧	螺柱 (a)　(b)
	磨窄内圈实现预紧	磨窄内圈

轴承类型	方法	图示
角接触球轴承 70000	磨窄外圈实现预紧	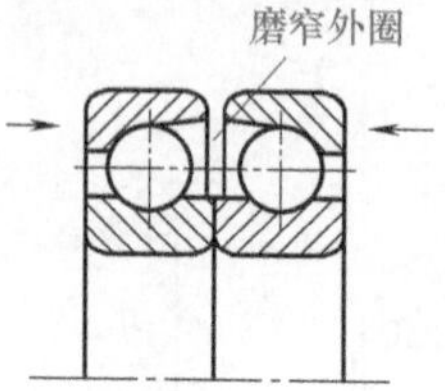
	外圈宽、窄两端相对安装实现预紧	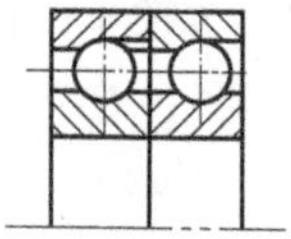
双列圆柱滚子轴承 NN3000K	调节轴承内圈锥孔轴向位置实现预紧	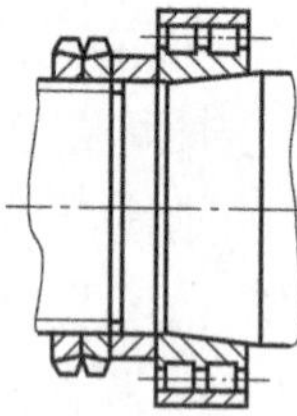
圆锥滚子轴承 30000	将内圈装在轴上，外圈装在壳体孔中，用垫片[图（a）]、螺钉[图（b）]、螺母[图（c）]调整	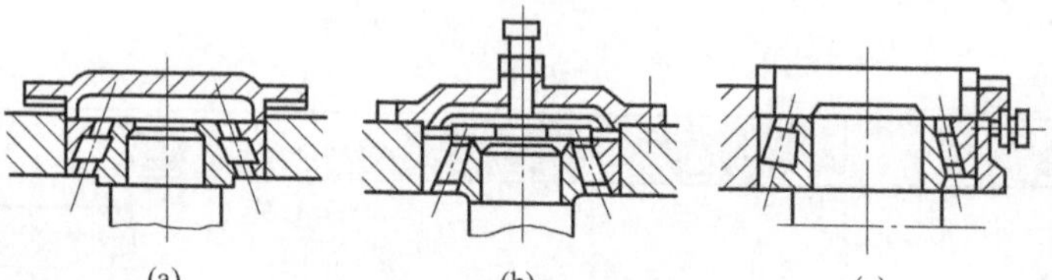
推力球轴承 50000	调节螺母实现预紧	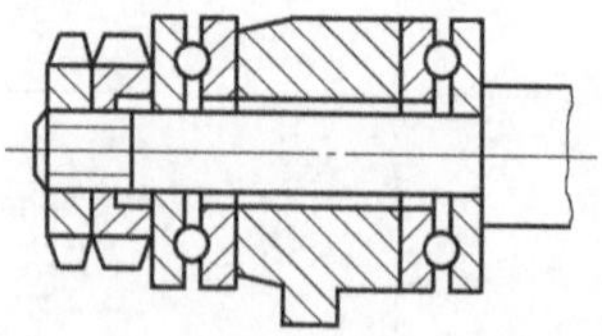

17.3.6 带传动机构装配

带传动是通过传动带与带轮之间的摩擦力来传递运动和动力的，具有工作平稳、噪声小、结构简单、制造容易，以及过载打滑起到安全保险作用的特点。带传动有多种类型，按带的断面形状可分为 V 带传动、平带传动及齿形带（同步带）传动三种，如图 17-55 所示。

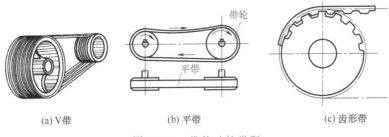

(a) V带　　　　　　　(b) 平带　　　　　　　(c) 齿形带

图 17-55　带传动的类型

（1）带轮的装配

带轮装夹方式有多种，固定的方式也有所不同，如图 17-56 所示。

1）带轮圆锥固定

带轮装夹在圆锥形轴头上，如图 17-56（a）所示，带轮锥孔与锥轴配合传递力矩大，有较好的定心作用。

2）带轮端盖压紧固定

带轮装夹在圆柱轴头上，如图 17-56（b）所示，利用轴肩和垫圈固定。带轮圆柱孔与轴颈配合应有一定的过盈量，装配时应注意带轮与轴颈配合不宜过松，装配后轴头端面不应露出带轮端面，否则传递力矩都作用在平键上，将降低带轮和传动轴的使用寿命。

3）带轮楔键固定

带轮用楔键固定在圆柱轴头上，如图 17-56（c）所示，利用楔键斜面进行固定。装配要点是楔键与轮槽底面接触精度必须达到 75% 以上，否则带轮传动时的振动容易使楔键滑出造成安全事故。

4）带轮花键固定

带轮装夹在花键轴头上，如图 17-56（d）所示。带轮与花键轴头配合的特点是定位精度好、传递力矩大、装拆方便。花键装配如遇到配合过盈量较大时，可用无刃拉刀或用砂布修正，不宜用手工修锉花键，以免损坏花键的定位精度。

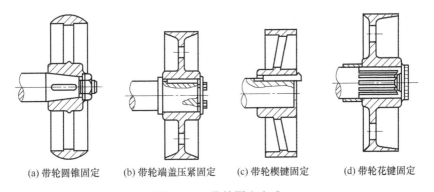

(a) 带轮圆锥固定　　(b) 带轮端盖压紧固定　　(c) 带轮楔键固定　　(d) 带轮花键固定

图 17-56　带轮固定方式

（2）V 带的装配

V 带的装配有以下要点。

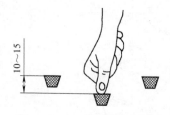

图 17-57　V 带的装配调整

① 带装配时，先将中心距缩小，待带套入带轮后再逐步调整带的松紧。带的松紧程度调整如图 17-57 所示。调节时，用拇指压下带时手感应有一定的张力，压下 10～15mm 后手感明显有重感，手松后能立即复原为宜。由于使用 V 带的型号和带轮直径不同，带的松紧程度也有所不同，V 带的初拉力如表 17-12 所示。

表 17-12　V 带的初拉力

型号	Z		A		B		C		D		E	
小带轮计算直径 /mm	68～80	≥90	90～112	≥120	125～150	≥180	200～224	≥250	315	≥355	500	≥560
初拉力 f_0/N	55	70	100	120	165	210	275	350	580	700	850	1050

V 带张紧力也可用衡器（俗称弹簧秤）测量，如图 17-58 所示。图中 y 为带的下垂度（mm），Q 为作用力（N），它们之间的近似关系：

$$y = QL/(2f_0)$$

式中　L——测定点的距离，mm；

　　　f_0——带的初拉力，N。

② 对于带传动系统，常采用张紧轮机构调整机构带的张紧力。张紧轮装夹方法如图 17-59 所示。V 带的张紧轮的轮槽与 V 带的工作面接触，张紧轮装夹在带的非受力一侧方向，调整张力使带的摩擦力增加。

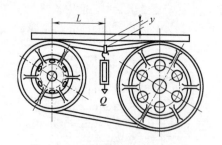

图 17-58　带张紧力衡器测量法

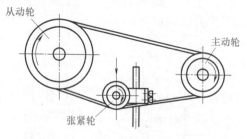

图 17-59　张紧轮装配

③ V 带长度用多根带时，带的长度应基本一致，以保证每根带传递动力一致，以及减缓带传动中的振动影响。

（3）平带、齿形带的装配

平带装配应保证两带轮装配位置正确。平带工作时，带应在带轮宽度的中间位置，如图 17-60（a）所示。齿形带（同步带）传动如图 17-60（b）所示。

17.3.7 链传动机构装配

链传动机构通过链和链轮的啮合来传递动力，如图 17-61（a）所示。链传动具有结构紧凑、对轴的径向压力较小、承载能力大、传动效率高的优点，但链传动时的振动、冲击和噪声较大，链节磨损后链条容易拉长，引起脱链现象。常用的链传动有套筒滚子链［见图 17-61（b）］和齿形链［见图 17-61（c）］两种。

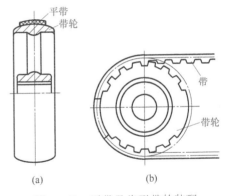

图 17-60 平带及齿形带的装配

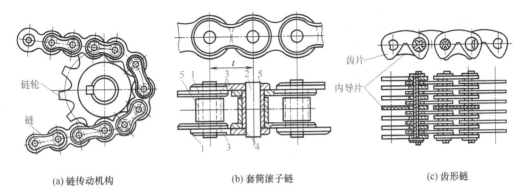

(a) 链传动机构   (b) 套筒滚子链   (c) 齿形链

图 17-61 链传动机构及链传动的类型

1—外链板；2—销轴；3—内链板；4—套筒；5—滚子

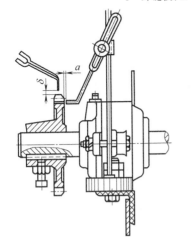

图 17-62 链轮跳动检查方法

（1）链传动的装配技术要求

① 链传动机构中的两个链轮轴线应保持平行，否则会引起脱链或加剧链与链轮的磨损。

② 两链轮的轴向偏移量应小于允许值：两链轮中心距小于 500mm 时，轴向偏移小于 1mm；两链轮中心距不小于 500mm 时，轴向偏移小于 2mm。

③ 链轮装配后应符合规定的要求，链轮跳动量如表 17-13 所示。链轮装配后的跳动量可用划针盘或百分表进行检查，如图 17-62 所示。

④ 链条装配的松紧程度应合适。链条装配过紧，传动中会增加传动载荷和加剧磨损；链条装配过松，传动中会出现弹跳或脱落。

表 17-13　链轮跳动量　单位：mm

链轮的直径	套筒滚子链的链轮跳动量	
	径向 δ	端面 a
≤ 100	0.25	0.3
> 100 ~ 200	0.5	0.5
> 200 ~ 300	0.75	0.8
> 300 ~ 400	1	1
> 400	1.2	1.5

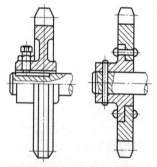

(a) 紧定螺钉固定　(b) 圆锥销固定

图 17-63　链轮的固定

（2）链传动的装配

1）链轮的装配

链轮在轴上有紧定螺钉固定和圆锥销固定两种固定方法，如图 17-63 所示。

2）链条的装配

链条的装配分为链条两端的连接和链条与链轮的装配两方面。套筒滚子链的结构及接头形式如图 17-64 所示。链节固定有多种方式，大节距套筒滚子链用开口销连接，如图 17-64（a）所示；小节距套筒滚子链用卡簧片将活动销固定，如图 17-64（b）所示。

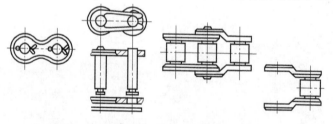

(a) 开口销连接　　(b) 连接节　　(c) 半节链连接方法　　(d) 过渡节

图 17-64　链接头

若结构上允许在链条装好后再装链轮，这时链条的接头可预先进行连接；若结构上不允许链条预先将接头连接好，就必须将链条先套在已装好的链轮上，并采用拉紧工具将链条两端拉紧后再进行连接，如图 17-65 所示。

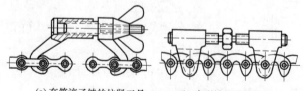

(a) 套筒滚子链的拉紧工具　　(b) 齿形链的拉紧工具

图 17-65　拉紧链条的工具

17.3.8 齿轮传动机构装配

齿轮传动是利用齿轮副（齿轮副是由两个相互啮合的齿轮组成的基本机构，两齿轮轴线相对位置不变，并各绕其自身轴线转动）来传递运动或动力的一种机械传动，是现代机械中应用最广的一种机械传动形式之一。在工程机械、矿山机械、冶金机械、各种机床及仪器、仪表工业中被广泛地用来传递运动和动力。具有能保证一定的瞬时传动比、传动准确可靠、传递功率和速度范围大、传递效率高、使用寿命长、结构紧凑、体积小等一系列优点，但齿轮传动也具有传动噪声大、传动平稳性比带传动差、不能进行大距离传动、制造装配复杂等缺点。

齿轮传动的类型较多，有直齿、斜齿、人字齿轮传动，有圆柱齿轮、圆锥齿轮以及齿轮齿条传动等。

（1）齿轮传动机构的装配要求

对齿轮传动机构进行装配时，为保证工作平稳、传动均匀、无冲击振动和噪声的工作目标，应满足以下要求。

① 齿轮孔与轴的配合要恰当。固定在轴颈的齿轮通常与轴有少量的过盈配合，装配时需要加一定外力压装在轴上，装配后齿轮不得有偏心或歪斜；滑移齿轮装配后不应有阻滞现象；空套在轴上的齿轮配合间隙和轴向窜动不能过大或有晃动现象。

② 齿轮间的中心距和齿侧间隙要准确，因齿侧间隙用于储油并起润滑和散热作用，故侧隙不应过大或过小。

③ 传动齿轮中相互啮合的两齿应有正确的接触部位且形成一定的接触面积。

④ 高速大齿轮装配后，应进行平衡检查，以免工作时产生过大的振动。

（2）圆柱齿轮传动机构的装配

齿轮传动机构的装配，一般可分为齿轮与轴的装配、齿轮轴组件的装配、啮合质量检查三个部分，各部分的装配要点主要有以下几方面。

1）齿轮与轴的装配

齿轮在轴上的工作方式有空转、滑移、固定连接三种。齿轮与轴的常见结合方式如图 17-66 所示。

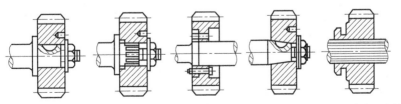

(a) 半圆键连接　(b) 花键连接　(c) 轴肩螺栓连接　(d) 圆锥连接　(e) 与花键滑动连接

图 17-66　齿轮与轴的结合方式

2）把齿轮与轴部件装入箱体

为保证装配质量，装配前应对箱体的有关部位作检验。

① 测量同轴线孔的同轴度时，先在各孔中装入专用定位套，接着用通用心轴进行检验，若心轴能顺利推入相关孔中，则表明孔的同轴度符合要求。如需要测同轴度的偏差值，拆除待测孔中的定位套，并把百分表装在心轴1上，转动心轴，则百分表的指针摆动范围即可得出同轴度差值，如图 17-67 所示。

② 孔距精度和孔系相互位置精度的检验，可用游标卡尺、检验心轴、专用轴套测量，如图 17-68 所示，孔距 $A=(L_1+L_2)/2-(d_1+d_2)/2$，平行度误差为 L_1-L_2。

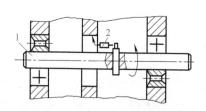

图 17-67　同轴线孔的同轴度测量

1—心轴；2—百分表

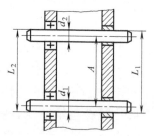

图 17-68　孔距精度和孔系相互位置精度的检验

③ 测量轴线与基面的尺寸精度及平行度的误差。箱体基面用等高垫块支承在平板上，在孔内装入专用定位套并插入检验心轴，然后使用高度游标卡尺（量块及百分表也可）去测量心轴两端的尺寸 h_1、h_2，如图 17-69 所示。这时轴线与基面的距离 $h=(h_1+h_2)/2-d/2-a$，平行度误差为 h_1-h_2。

④ 测量轴线与孔端面的垂直度时，先把心轴插入装有专用定位套的孔中，且一端用角铁抵住，以不让轴窜动；再转动心轴一圈，则百分表指针摆动的范围，就是端面与轴线间的垂直度误差，如图 17-70 所示。

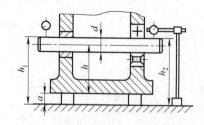

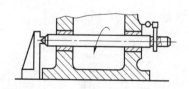

图 17-69　轴线与基面尺寸精度及平行度误差的测量　　图 17-70　轴线与孔端面的垂直度测量

3）装配后的检验与调整

当齿轮和轴部件装入箱体后，必须对装配后的侧隙和接触面积进行检验，以保证各传动齿轮之间都有良好的啮合精度。

① 检验侧隙时，先将百分表的测头与一齿轮的齿面接触，再把另一齿轮固定；然后把接触百分表测头的齿轮从一侧的啮合转到另一侧的啮合，此时百分表上读数的差值就是侧隙的大小，如图 17-71 所示。

② 对于正常啮合齿轮来说，其齿面的接触斑点由齿轮公差等级确定。6 ~ 9 级精度的齿轮，其接触斑点沿齿宽方向应不小于 40% ~ 70%，而在

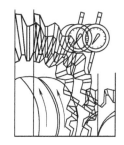

图 17-71 齿轮侧隙的检验方法

齿高方向应不小于 30% ~ 50%。生产中，直齿圆柱齿轮传动常见接触斑点及调整方法如表 17-14 所示。

表 17-14 常见接触斑点及调整方法

接触斑点	原因	调整方法
正常	—	—
上齿面接触	中心距偏大	调整轴承支座或刮削轴瓦
下齿面接触	中心距偏小	调整轴承支座或刮削轴瓦
一端接触	齿轮副轴线平行度误差	微调可调环节或刮削轴瓦
搭角接触	齿轮副轴线相对歪斜	调整可调环节或刮削轴瓦
异侧齿面接触不同	两面齿向误差不一致	调换齿轮

续表

接触斑点	原因	调整方法
不规则接触，时好时差	齿圈径向圆跳动量较大	①运用定向装配法调整 ②消除齿轮定位基面异物（包括毛刺、凸点等）
磷状接触	齿面波纹或带有毛刺等	①去除毛刺、硬点 ②低精度可用磨合措施

（3）锥齿轮传动机构的装配

锥齿轮传动属于相交轴间的传动，故在装配前应对箱体孔的加工精度进行测量。

1）锥齿轮传动机构的装配要求

对正常收缩齿的直齿锥齿轮来说，其分度圆锥、齿顶圆锥、齿根圆锥应具有同一个锥顶点 O，且一对齿轮亦应具有共同的锥顶点 O。在每个齿轮轴向位置确定的情况下进行装配时，将小锥齿轮以装夹距离为依据，去测量确定小齿轮的装夹位置并进行轴向定位的情况，如图 17-72（a）所示。小齿轮轴位置有偏差时，其轴向定位同样也可以装夹位置为依据，并使用专用量规进行测量，如图 17-72（b）所示。

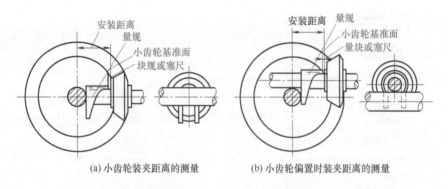

(a) 小齿轮装夹距离的测量　　　(b) 小齿轮偏置时装夹距离的测量

图 17-72　小齿轮的轴向定位

大齿轮的轴向位置由侧隙大小确定，其通常用工艺轴来代表尚未装好的大齿轮。大齿轮沿着自己的轴线移动且一直移动到侧隙符合要求的情形，如图 17-73所示。

2）锥齿轮传动机构装配后的检验

① 锥齿轮侧隙的检验方法与检验圆柱齿轮副侧隙的方法相同。如果不合格，

应移动锥齿轮的轴向位置进行调整。直齿锥齿轮副的法向侧隙 C_n，如图 17-74 所示，与齿轮的轴向调整量 x 的近似关系为

$$C_n = 2x\sin\alpha\sin\delta$$

式中　α——压力角，($°$)；
　　　　δ——节圆锥角，($°$)。

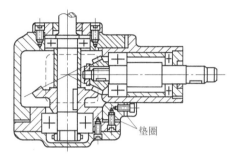

图 17-73　锥齿轮的轴向调整

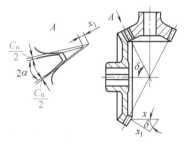

图 17-74　直齿锥齿轮的轴向调整量与侧隙的近似关系

② 一般采用涂色法检验锥齿轮副啮合。当没有载荷时，齿轮的接触斑点，应该靠近齿轮的小端，以确保工作时齿轮面在全齿宽上都能够均匀啮合，且避免重载荷时大端正应力集中引起磨损过快。锥齿轮承受负荷后接触斑点的变化情况如图 17-75 所示。

③ 对锥齿轮传动副来说，通过装配后进行磨合，可以提高其接触精度。常用磨合方法有加载磨合和电火花磨合两种。加载磨合常用在工装制造

(a) 无载荷　　(b) 有载荷

图 17-75　锥齿轮承受负荷后接触斑点的变化

中，方法是在齿轮副的输出轴上加一力矩，并在主动轴上进行驱动，使之根据运行速度作传动，以便在运行过程中，使齿轮接触面相互磨合，借以增大啮合区域及增加接触斑点，从而提高齿轮的承载能力。当齿轮磨合合格后，应对整台齿轮箱进行全面清洗，以防止落料与铁屑等杂质残留在里面的某些机件中。

17.3.9　蜗杆传动机构装配

蜗杆传动机构用以传递空间交错轴之间的动力，具有传动平稳、传动比大、结构紧凑、自锁性好等优点，广泛用于急剧降速的各种场合，但也存在发热量大、效率低等不足。

（1）蜗杆传动机构的装配要求

在蜗杆传动机构中，蜗杆轴心线与蜗轮轴心线在空间交错轴间的交角一般为 $90°$，且蜗杆为主动件，主要装配要求如下。

① 蜗轮与蜗杆间中心距要准确，应有适当的啮合侧隙和正确的接触斑点。

② 蜗杆轴心线与蜗轮轴心线要互相垂直。

③ 蜗杆的轴心线位于蜗轮轮齿的中间平面内。

④ 装配后，不管蜗轮在什么位置，转动蜗杆时，手感应相同且无卡住现象。

（2）蜗杆传动机构的装配

一般做法是先对蜗杆箱体中孔的中心距及轴心线间的垂直度进行测量，然后进行装配；通常先装蜗轮、后装蜗杆，装配完后再进行有关检验与调整。

1）蜗杆箱体中孔的中心距和轴心线间垂直度的测量

蜗杆箱体孔中心距的测量如图 17-76（a）所示。测量时，先把箱体用三齿千斤顶支承在平板上，再把检验心轴 1 与 2 分别插入箱体上的轴孔中，接着调整千斤顶使任一心轴与平面平行，然后分别测量两心轴与平板的距离，即可算出中心距 a。当一心轴与平面平行时，另一心轴不一定平行于平面，此时应测量心轴两端到平面的距离，并取其平均值作为该心轴到平面的距离。

箱体轴心线间垂直度的测量如图 17-76（b）所示。测量时，先在心轴 2 的一端套一百分表架并用螺钉固定；然后旋转心轴 2，按百分表测头在心轴 1 两端的读数差，即可换算出轴线间的垂直度误差。如果检验结果表明，另一心轴对平面的平行度和两轴线间的垂直度超差，则可在保证中心距误差的范围内，采用刮削轴瓦及底座平面的方法进行修整；如超差太大无法修整时，通常予以报废。

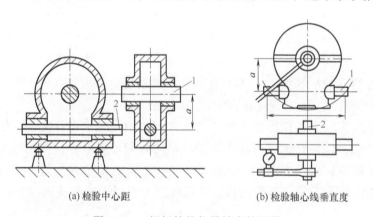

(a) 检验中心距　　　　　　　　　(b) 检验轴心线垂直度

图 17-76　蜗杆箱体位置精度的测量

2）蜗杆传动机构的装配过程

按先装蜗轮、后装蜗杆的步骤进行。

① 蜗轮的装配。蜗轮有整体式和组合式之分，而组合式蜗轮有铸造连接、过盈连接、受剪螺栓连接等。在进行装配时，应先把蜗轮的齿冠部分与轮毂部分连接起来，再把整个蜗轮套装到蜗轮轴上，然后把蜗轮轴装入箱体内。

② 蜗杆的装配。在蜗轮轴装入箱体后，再把蜗杆装入。因蜗杆轴心线的位

置，通常由箱体的装夹孔确定，故蜗杆与蜗轮的最佳啮合，是通过改变蜗轮的轴向位置来实现的，而蜗轮的轴向位置可通过改变调整垫圈的厚度进行调整。

3）装配后的检验及调整

检验及调整内容包括啮合精度和侧隙两方面。

① 完成蜗杆和蜗轮的装配后，应先采用涂色法检验蜗杆与蜗轮的相互位置和接触斑点。操作时，先把红丹粉涂在蜗杆的螺旋面上并转动蜗杆，然后再左右旋转，以检查蜗轮的接触斑点，如图 17-77 所示。

② 蜗杆、蜗轮装配后对侧隙的检

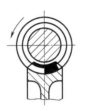

(a) 正常接触　　(b) 偏左接触　　(c) 偏右接触

图 17-77　蜗轮齿面上啮合后的接触斑点

验如图 17-78 所示。直接测量法［见图 17-78（a）］是在蜗杆轴上固定一带量角器的刻度盘 2，再使百分表测头顶在蜗轮齿面上，然后用手转动蜗杆，在百分表指针不动的条件下，固定指针 1 所对应的刻度盘读数的最大差值，即为蜗杆的空程角。侧隙用下式来计算：

$$C_n = \frac{Z_1 m \alpha}{6.8}$$

式中　C_n——蜗杆副的法向侧隙，μm；

　　　Z_1——蜗杆头数；

　　　m——模数，mm；

　　　α——空程角，（′）。

用测量杆测量侧隙的方法如图 17-78（b）所示。

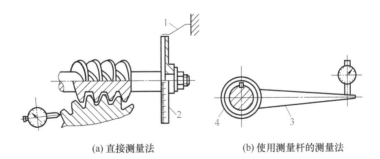

(a) 直接测量法　　　　　　　(b) 使用测量杆的测量法

图 17-78　蜗杆传动机构侧隙的测量

1—指针；2—刻度盘；3—测量杆；4—蜗轮轴

17.3.10　滚珠螺旋传动的装配

滚珠螺旋传动为滚珠丝杠螺母副，简称滚珠丝杠。滚珠丝杠螺母副具有摩擦损耗低、传动效率高、动静摩擦变化小、不易低速爬行、使用寿命长、精度保持性好等一系列优点，并可通过丝杠螺母的预紧消除间隙，提高传动刚度。此外，滚珠丝杠螺母副具有运动的可逆性，传动系统不能自锁，它一方面能将旋转运动转换为直线运动，反过来也能将直线运动转换为旋转运动。其制造工艺成熟、生产成本低、安装维修方便，因此，它是目前进给行程 6m 以下的中小型数控机床使用最为广泛的传动形式之一。

（1）结构原理

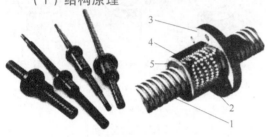

图 17-79　滚珠丝杠的外形和原理

1—丝杠；2—滚珠；3—螺母；4—反向器；5—密封圈

滚珠丝杠是一种以滚珠为滚动体的螺旋式传动元件，其外形和原理如图 17-79 所示，主要由丝杠、螺母和滚珠三大部分组成。按螺纹轨道的截面形状，滚珠丝杠可分为单圆弧和双圆弧两种，双圆弧截面的滚珠丝杠的轴向刚度大于单圆弧截面滚珠丝杠，它是目前普遍采用的形式。

双圆弧截面滚珠丝杠的丝杠实际上是一根加工有半圆螺旋槽的螺杆。

滚珠丝杠的螺母上加工有和丝杠螺旋槽同直径的半圆螺旋槽，当它和丝杠套装在一起时，便成了圆形的螺旋滚道。螺母上还安装有滚珠的回珠滚道（反向器），它可将螺旋滚道的两端连接成封闭的循环滚道。

滚珠丝杠的滚珠安装在螺母滚道内，当丝杠或螺母旋转时，滚珠在滚道内自转的同时，又可沿滚道进行螺旋运动；运动到滚道终点后，可通过反向器上的回珠滚道返回起点，形成循环，使丝杠和螺母相对产生轴向运动。

因此，当丝杠（或螺母）固定时，螺母（或丝杠）即可以产生相对直线运动，从而带动工作台做直线运动。

（2）滚珠丝杠的循环方式

滚珠丝杠螺母上的回珠滚道形式称为滚珠丝杠的循环方式，它有图 17-80 所示的内循环和外循环两种。

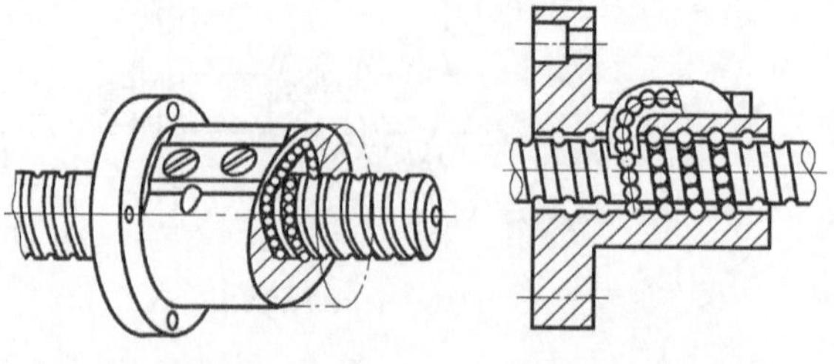

内循环滚珠丝杠的回珠滚道

(a) 内循环　　　　　(b) 外循环

图 17-80　滚珠丝杠的循环方式

布置在螺母内部，滚珠在返回过程中与丝杠接触，回珠滚道通常为腰形槽嵌块，一般每圈滚道都构成独立封闭循环。内循环滚珠丝杠的结构紧凑、定位可靠、运动平稳，且不易发生滚珠磨损和卡塞现象，但其制造较复杂。此外，也不可用于多头螺纹传动丝杠。

外循环滚珠丝杠的回珠滚道一般布置在螺母外部，滚珠在返回过程中与丝杠无接触。外循环丝杠只要有一个统一的回珠滚道，因此，结构简单、制造容易。但它对回珠滚道的结合面要求较高，滚道连接不良，不仅影响滚珠平稳运动，严重时甚至会发生卡珠现象。此外，外循环丝杠运行时的噪声也较大。

（3）滚珠丝杠的安装形式

滚珠丝杠的安装形式与传动系统的结构、刚度密切相关，常用的有丝杠旋转和螺母旋转两种基本安装形式，而滚珠丝杠本身则主要通过联轴器和同步带两种连接方式实现与驱动电机的连接。

① 丝杠旋转。由于丝杠的直径小于螺母，可达到的转速高，因此，中小型数控机床的进给系统多采用丝杠旋转、螺母固定的安装方式。丝杠通过支承轴承，安装成轴向固定的可旋转结构；螺母固定在运动部件上，随同运动部件轴向运动。

② 螺母旋转。在行程很长、运动部件质量很大的立柱移动式机床或龙门加工中心上，为了保证传动系统的行程、刚性和精度，丝杠不仅长度长，而且必须增加丝杠的直径，以保证刚性和精度，从而导致丝杠质量、惯性的大幅度增加。为此，需要采用丝杠固定、螺母旋转的传动结构。

（4）滚珠丝杠安装与调整

滚珠丝杠安装与调整时，除常规的直线度、跳动等安装要求外，最重要的工作是滚珠丝杠螺母副的预紧，它是提高丝杠刚度、减小传动间隙的重要措施。滚珠丝杠螺母副的预紧方法与螺母结构（单螺母或双螺母）有关，具体如下。

1）单螺母丝杠预紧

单螺母结构的滚珠丝杠预紧主要有如图 17-81 所示的增加滚珠直径、螺母夹紧、变位导程三种方法。

① 增加滚珠直径预紧。这是一种通过增加滚珠直径，消除间隙、实现预紧的方法，其原理如图 17-81（a）所示，它不需要改变螺母结构，预紧的实现容易，丝杠的刚度高。但当滚珠选配完成后，就不能再改变预紧力。增加滚珠直径的预紧方式，其预紧力在额定动载荷的 2% ～ 5% 时的性能为最佳，因此其预紧力一般不能超过额定动载荷的 5%。

② 螺母夹紧预紧。这是一种通过滚珠夹紧实现预紧的方法，其预紧力可调。螺母夹紧预紧的结构原理如图 17-81（b）所示，其螺母上开有一条小缝（0.1mm左右），因此可通过螺栓 4 对螺母进行径向夹紧，以消除间隙、实现预紧。螺母夹紧预紧的结构简单、实现容易、预紧力调整方便，但它将影响螺母刚度和外形尺寸。螺母夹紧预紧的最大预紧力一般也以额定动载荷的 5% 左右为宜。

③ 变位导程预紧。如图 17-81（c）所示，这是一种通过螺母的整体变位，使

螺母相对丝杠产生轴向移动的预紧方法。这种方法的特点是结构紧凑、工作可靠、调整方便，但单螺母的预紧力难以准确控制，故多用于双螺母丝杠。

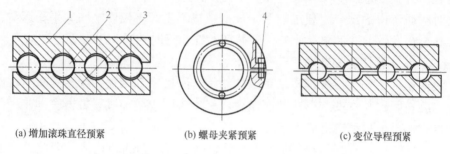

(a) 增加滚珠直径预紧   (b) 螺母夹紧预紧   (c) 变位导程预紧

图 17-81   单螺母滚珠丝杠的预紧原理
1—螺母；2—滚珠；3—丝杠；4—螺栓

2）双螺母丝杠预紧

双螺母滚珠丝杠有两个螺母，它只要调整两个螺母的轴向相对位置，就可使螺母产生整体变位，使螺母中的滚珠分别和丝杠螺纹滚道的两侧面接触，从而消除间隙、实现预紧。双螺母结构的滚珠丝杠的预紧简单可靠、刚性好，其最大预紧力可达到额定动载荷的 10% 左右或工作载荷的 33%。

双螺母丝杠的预紧原理和单螺母丝杠的变位导程预紧类似，预紧通过改变两个螺母的轴向相对位移实现，其常用的方法有垫片预紧、螺纹预紧和齿差预紧三种。

① 垫片预紧。垫片预紧原理如图 17-82 所示，垫片有嵌入式和压紧式两种，预紧时只要改变垫片厚度，就可改变左右螺母的轴向位移量，改变预紧力。垫片预紧的结构简单、可靠性高、刚性好，但预紧力的控制比较困难，而且预紧一般只能在丝杠生产厂家进行。

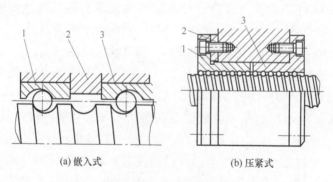

(a) 嵌入式   (b) 压紧式

图 17-82   垫片预紧原理
1，3—螺母；2—垫片

② 螺纹预紧。螺纹预紧原理如图 17-83 所示，这种丝杠的一个螺母外侧加工有凸缘，另一螺母加工有伸出螺母座的螺纹，通过调整预紧螺母 2，便可改变预紧力，同时固定丝杠螺母。螺母 1 和 3 间安装有键 4，它可防止预紧时的螺母转动。螺纹预紧法的结构简单、调整方便，它可在机床装配、维修时现场调整，但预紧力的控制同样比较困难。

③ 齿差预紧。齿差预紧原理如图 17-84 所示，这种丝杠的两个螺母 1 和 4 的外侧凸缘上加工有齿数相差一个齿的外齿轮，它们可分别与螺母座中具有相同齿数的内齿轮啮合。由于左右螺母的齿轮齿数不同，因此，即使两螺母同方向转过一个齿，螺母实际转过的角度也不同，从而可产生轴向相对位移，实现预紧。齿差预紧调整时，需要取下外齿轮，然后将两个螺母同方向转过一定的齿数，使两个螺母产生相对的轴向位移后，重新固定外齿轮。齿差预紧的优点是可以实现预紧力的精确调整，但其结构复杂、加工制造和安装调整烦琐，故在数控机床上实际使用较少。

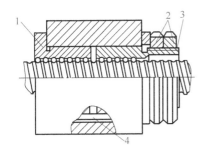

图 17-83　螺纹预紧原理

1，3—丝杠螺母；2—预紧螺母；4—键

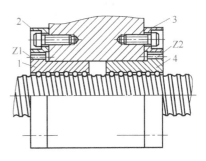

图 17-84　齿差预紧原理

1，4—螺母；2，3—外齿轮

3）滚珠丝杠安装与使用

滚珠丝杠必须有良好的防护措施，以避免灰尘或切屑、冷却液的进入。安装在机床上的滚珠丝杠，一般应通过如图 17-85（a）所示的波纹管、螺旋弹簧钢带或伸缩罩等外部防护罩予以封闭。

如果丝杠安装在灰尘或切屑、冷却液不易进入的位置，也可采用如图 17-85（b）所示的螺母密封防护措施，密封形式可以是接触式或非接触式。接触式密封可使用耐油橡胶或尼龙制成的密封圈做成与丝杠螺纹滚道相配的形状，接触式密封的防护效果好，但会增加丝杠的摩擦转矩。非接触式密封一般可用硬质塑料，制成内孔与丝杠螺纹滚道相反的形状，进行迷宫式密封，这种防护方式的防尘效果较差，但不会增加丝杠的摩擦转矩。

滚珠丝杠的润滑方式有油润滑和脂润滑两种。油润滑可采用普通机油、90 ～ 180 号汽轮机油或 140 号主轴油，润滑油可经壳体上的油孔直接注入螺母。

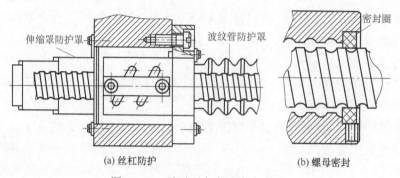

(a) 丝杠防护　　　　　　　　(b) 螺母密封

图 17-85　滚珠丝杠的安装与使用

油润滑的润滑效果好，但对润滑油的清洁度要求高，且需要配套润滑系统。脂润滑一般可采用锂基润滑脂，润滑脂直接加在螺纹滚道内。脂润滑的使用简单，一次润滑可使用相当长时间，但其润滑效果稍差。

第18章 典型零部件的维修

18.1 维修基本技能

维修是对机械设备进行维护和修理的简称。它是伴随生产工具的使用而出现的。随着生产工具的发展，机器设备大规模的使用，设备自动化水平的提高，维修的作用也越发凸显，具体说来主要有以下作用。

① 维修是事后对故障和损坏进行修复的一项重要活动。设备在使用过程中难免会发生故障和损坏，维修人员在工作现场随时应付可能发生的故障和由此引发的生产事故，尽可能不让生产停顿下来。

② 维修是事前对故障主动预防的积极措施。对影响设备正常运转的故障，事先采取一些"防患于未然"的措施，通过事先采取周期性的检查和适当的维修措施，可避免生产中的一些潜在故障以及由此可能引发的事故。

③ 维修是设备使用的前提和安全生产的保障。随着机器设备高技术含量的增加，新技术、新工艺、新材料的出现，智能系统的应用，导致设备越是现代化，对设备维修的依赖程度就越大。

维修操作是一项重要而又细致的工作，其工作质量直接影响到所维修产品的质量，为保证维修质量，维修操作人员必须严格按维修工艺规程进行。

18.1.1　维修工艺规程

机械设备复杂程度、维修等级不同，导致其维修的工作内容、编制的工艺规程差别很大。其中，尤以设备的大修理最为复杂，但不论维修工作量如何不同，首先均需对所修设备的实际技术状态进行预检。预检工作由主修技术人员主持，设备使用单位的机械员、操作工人和维修工人参加。在全面掌握设备技术状态劣化的具体情况后，共同确定出设备维修方案，准备好大修用的技术文件，其中，就包含维修操作人员必须严格执行的维修工艺规程。

（1）维修技术文件

机械设备大修用技术文件主要包括：修理技术任务书，修换件明细表及图样，材料明细表，修理工艺规程，专用工、检、研具明细表及图样，修理质量标准，等等。这些技术文件同时也是编制修理作业计划、指导修理作业以及检查和验收修理质量的依据。

（2）修理技术任务书

修理技术任务书由主修人员编制，经机械师和主管工程师审查，最后由设备管理部门负责人批准。设备修理技术任务书包括如下内容。

① 设备修前技术状况。包括说明设备修理前工作精度下降情况，设备的主要输出参数的下降情况，主要零部件（指基础件、关键件、高精度零件）的磨损和损坏情况，液压系统、润滑系统的缺损情况，电气系统的主要缺陷情况，安全防护装置的缺损情况，等等。

② 主要修理内容。包括说明设备要全部（或除个别部件外其余全体）解体、清洗，检查零件的磨损和损坏情况，确定需要更换和修复的零件，扼要说明基础件、关键件的修理方法，说明必须仔细检查和调整的机构，结合修理需要进行改善维修的部位和内容。

③ 修理质量要求。对装配质量、外观质量、空运转试车、负荷试车、几何精度和工作精度逐项说明，按相关技术标准检查验收。

（3）修换件明细表

修换件明细表是设备大修前准备备品配件的依据，应当力求准确。

（4）材料明细表

材料明细表是设备大修前准备材料的依据。设备大修材料可分为主材和辅材两类。主材是指直接用于设备修理的材料，如钢材、有色金属、电气材料、橡胶制品、润滑油脂、油漆等。辅材是指制造更换件所用材料、大修时用的辅助材料，不列入材料明细表，如清洗剂、擦拭材料等。

（5）维修工艺规程

机械设备维修工艺规程应具体规定设备的修理程序、零部件的修理方法、总装配与试车的方法及技术要求等，以保证大修理质量。它是设备大修理时必须认真遵守和执行的指导性技术文件。

编制设备大修理工艺规程时，应根据设备修理前的实际状况、企业的修理技术装备和修理技术水平，做到技术上可行，经济上合理，切合生产实际要求。

机械设备维修工艺规程通常包括下列内容。

① 整机和部件的拆卸程序、方法以及拆卸过程中应检测的数据和注意事项。

② 主要零部件的检查、修理和装配工艺，以及应达到的技术条件。

③ 关键部位的调整工艺以及应达到的技术条件。

④ 总装配的程序和装配工艺，应达到的精度要求、技术要求以及检查方法。

⑤ 总装配后试车程序、规范及应达到的技术条件。

⑥ 在拆卸、装配、检查、测量及修配过程中需用的通用或专用的工、研、检具和量仪。

⑦ 修理作业中的安全技术措施等。

（6）维修质量标准

机械设备大修后的精度、性能标准应能满足产品质量、加工工艺要求，并有足够的精度储备。主要包括以下几方面的内容。

① 机械设备的工作精度标准。

② 机械设备的几何精度标准。

③ 空运转试验的程序、方法，检验的内容和应达到的技术要求。

④ 负荷试验的程序、方法，检验内容和应达到的技术要求。

⑤ 外观质量标准。

在机械设备修理验收时，可参照国家和有关部委等制定和颁布的一些机械设备大修理通用技术条件，如金属切削机床大修理通用技术条件、桥式起重机大修理通用技术条件等。若有特殊要求，应按其修理工艺、图样或有关技术文件的规定执行。企业可参照机械设备通用技术条件编制本企业专用机械设备大修理质量标准。若没有以上标准，大修理则应按照该机械设备出厂技术标准作为大修理技术标准。

18.1.2 设备故障的判断及零件失效的形式

设备维修的目的是以最少的经济代价，使设备经常处于完好和生产准备状态，保持、恢复和提高设备的可靠性，保障使用安全和环境保护的要求，以确保生产任务的完成。

要完成上述任务，首先就应对所使用的机械设备是否发生故障进行判断，对零件失效的形式进行鉴定，以便在此基础上制定出经济、有效的修理方案。

（1）故障及故障模式

机械设备丧失了规定功能的状态称为故障。机械设备的工作性能随使用时间的增长而下降，当其工作性能指标超出了规定的范围时就出现了故障。机器发生故障后，其技术经济指标部分或全部下降而达不到规定的要求，如发动机功率下降、精度降低、加工表面粗糙度达不到预定等级、发生强烈振动、出现不正常的声响等。

每一种故障都有其主要特征，即故障模式。故障模式是故障现象的外在表现形式，相当于医学上的疾病症状。各种机器设备的故障模式包括以下数种：异常振动、磨损、疲劳、裂纹、破断、腐蚀、剥离、渗漏、堵塞、过度变形、松弛、熔融、蒸发、绝缘劣化、短路、击穿、异常声响、材料老化、油质劣化、黏合、污染、不稳定及其他。

机械设备故障的分类方法很多，随着研究目的的不同而异。通常按发生的原因或性质分为自然故障和人为故障两类。自然故障是指因机器各部分零件的磨损、变形、断裂、蚀损等而引起的故障。人为故障是指因使用了质量不合格的零件和材料，不正确地装配和调整，使用中违反操作规程或维护保养不当等而造成的故障，这种故障是人为因素造成的，是可以避免的。按故障发生的部位分为整体故障和局部故障。局部故障大多发生在产品最薄弱的部位，对这些部位应该重视，予以加强或者改变其结构。按故障发生的时间，分为磨合期、正常使用期和耗损故障期。在产品的整个寿命周期内，产品通常在耗损故障期内发生故障的概率较大。

（2）故障产生的一般规律

研究表明，机器设备的故障率随时间的变化过程主要分为三个阶段：第一阶段为早期故障期，即由于设计、制造、运输、安装等原因造成的故障，故障率较高；随着故障一个个被排除而逐渐减少并趋于稳定，进入随机故障期，此期间不易发生故障，设备故障率很低，这个时期的持续时间称为有效寿命；第三阶段为耗损故障期，随着设备零部件的磨损、老化等原因造成故障率上升，这时若加强维护保养，及时修复或更换零部件，则可把故障率降下来，从而延长其有效寿命。

（3）机械设备故障的判断准则

由上述分析可知，要对机械设备是否发生了故障进行判断，显然，必须明确什么是规定的功能，设备的功能丧失到什么程度才算出了故障，并以此作为故障判断的准则。比如汽车制动不灵，在规定的速度下制动，停车超过了允许的距离，那么就认为是制动系统故障。"规定的功能"通常在机械设备运行中才能显现出来，如设备已丧失规定功能而设备未开动，则故障就不能显现。有时，设备还尚未丧失功能，但根据某些物理状态、工作参数、仪器仪表检测，可以判断即将发生故障并可能造成一定的危害，因此，应当在故障发生之前进行有效的维护或修理。

（4）机械零件的失效与对策

机械零件丧失了规定的功能称为失效。一个零件处于下列两种状态之一就认为是失效：一是不能完成规定的功能，二是不能可靠和安全地继续使用。机器的故障和机械零件的失效密不可分。机械零件的失效最终必将导致机械设备的故障。关键零件的失效会造成设备事故、人身伤亡事故甚至大范围内灾难性后果。因此，必须有效地预防、控制、监测零件的失效。

机械设备类型很多，其运行工况和环境条件差异很大。机械零件失效形式也很多，发生的原因也各不相同，一般是按失效件的外部形态特征来分类的，主要有磨损、变形、断裂、蚀损等四种较普遍的且有代表性的失效形式。

在生产实践中，最主要的失效形式是零件工作表面的磨损失效；而最危险的失效形式是瞬间出现裂纹和破断，统称为断裂失效。

失效分析是指分析研究机件磨损、变形、断裂、蚀损等现象的机理或过程的特征及规律，从中找出产生失效的主要原因，以便采用适当的控制方法。

失效分析的目的是为制订维修技术方案提供可靠依据，并对引起失效的某些因素进行控制，以降低设备故障率，延长设备使用寿命。此外，失效分析也能为设备的设计、制造反馈信息，为设备事故的鉴定提供客观依据。

1）零件的磨损

相接触的物体有相对运动或有相对运动趋势时所表现出阻力的现象称为摩擦，摩擦时所表现出阻力的大小叫做摩擦力。摩擦与磨损总是相伴发生的，而摩擦的特性与磨损的程度密切相关。机械设备在工作过程中，有相对运动零件的表面上发生尺寸、形状和表面质量变化的现象称为磨损。

对一台大修的发动机进行检测可以发现，凡有相对运动、相互摩擦的零件（如缸套、活塞、活塞环、曲轴、主轴承、连杆轴承等）都有不同程度的磨损。磨损的速度快不仅直接影响设备的使用寿命，而且还造成能耗的大幅度增加，据估计，磨损造成的能源损失占全世界能耗的 1/3 左右，大约有 80% 的损坏零件是由磨损造成的。

在不同条件下工作的机械零件，磨损发生的原因及形式各不相同，维修保养时可通过分析其产生机理，通过控制、改善摩擦副表面状态来获得更好的耐磨条件。耐磨措施主要有：减少外界磨料的进入，保持摩擦表面洁净、光滑，增强零件的耐磨性，等等。

2）零件的变形

机械零件在外力的作用下，产生形状或尺寸变化的现象称为变形。过量的变形是机械失效的重要类型，也是判断韧性断裂的明显征兆。例如，各类传动轴的弯曲变形、桥式起重机主梁下挠或扭曲、汽车大梁的扭曲变形、基础零件（如缸体、变速箱壳等）发生变形等，相互间位置精度遭到了破坏。当变形量超过允许极限时，将丧失规定的功能。有的机械零件因变形引起结合零件出现附加载荷，加速磨损或影响各零部件间的相互关系，甚至造成断裂等灾难性后果。

在目前条件下，变形是不可避免的。引起变形的原因是多方面的，因此，减轻变形危害的措施也应从设计、加工、修理、使用等多方面来考虑。

① 设计。设计时不仅要考虑零件的强度，还要重视零件的刚度和制造、装配、使用、拆卸、修理等问题。

正确选用材料，注意工艺性能。如铸造的流动性、收缩性，锻造的可锻性、冷镦性，焊接的冷裂、热裂倾向性，机加工的可切削性，热处理的淬透性、冷脆性，等。

合理布置零部件，选择适当的结构尺寸，改善零件的受力状况。如避免尖角，棱角改为圆角、倒角，厚薄悬殊的部分可开工艺孔或加厚太薄的地方；安排好孔洞位置，把盲孔改为通孔；等等。形状复杂的零件在可能条件下采用组合结构、镶拼结构等。

在设计中，注意应用新技术、新工艺和新材料，减少制造时的内应力和变形。

② 加工。在加工中要采取一系列工艺措施来减少和防止变形。对毛坯要进行时效处理以消除其残余内应力。

在制订机械零件加工工艺规程中，要在工序、工步的安排以及工艺装备和操作上采取减小变形的工艺措施。例如，遵循粗精加工分开的原则，在粗精加工中间留出一段存放时间，以利于消除内应力。

机械零件在加工和修理过程中要减少基准的转换，尽量保留工艺基准留给维修时使用，减少维修加工中因基准不统一而造成的误差。对于经过热处理的零件来说，预留加工余量、调整加工尺寸、预加变形非常必要。在知道零件的变形规律之后，可预先加以反向变形量，经热处理后两者抵消；也可预加应力或控制应力的产生和变化，使最终变形量符合要求，达到减少变形的目的。

③ 修理。为了尽量减少零件在修理中产生的应力和变形，在机械大修时不能只是检查配合面的磨损情况，对于相互位置精度也必须认真检查和修复。为此，应制订出合理的检修标准，并且应该设计出简单可靠、易操作的专用工具、检具、量具，同时注意大力推广维修新技术、新工艺。

④ 使用。加强设备管理，严格执行安全操作规程，加强机械设备的检查和维护，避免超负荷运行和局部高温。此外，还应注意正确安装设备、精密机床不能用于粗加工、恰当存放备品备件等。

3）零件的断裂

机械零件在某些因素作用下发生局部开裂或分裂成几部分的现象称为断裂。零件断裂以后形成的新的表面称为断口。断裂是机械零件失效的主要形式之一，随着机械设备向着大功率、高转速方向发展，对断裂行为的研究已经成为日益重要的课题。虽然与磨损、变形相比，因断裂而失效的概率很小，但零件的断裂往往会造成严重设备事故乃至灾难性后果。因此，必须对断裂失效给予高度的重视。

虽然零件发生断裂的原因是多方面的，但其断口总能真实地记录断裂的动态变化过程，通过断口分析，能判断出发生断裂的主要原因，从而为改进设计、合理修复提供有益的信息。一般可从以下几个方面考虑对策。

① 设计方面。零件结构设计时，应尽量减少应力集中，根据环境介质、温度、负载性质合理选择材料。

② 工艺方面。表面强化处理可大大提高零件疲劳寿命。表面适当的涂层可防止杂质造成的脆性断裂。某些材料热处理时，在炉中通入保护气体可大大改善其性能。

③ 安装使用方面。第一要正确安装，防止产生附加应力与振动，对重要零件应防止碰伤拉伤；第二应注意正确使用，保护设备的运行环境，防止腐蚀性介质的侵蚀，防止零件各部分温差过大，如冬季启动汽车时需先低速空运转一段时间，待各部分预热以后才能负荷运转。

4）零件的蚀损

蚀损即腐蚀损伤，是指金属材料与周围介质产生化学或电化学反应造成表面材料损耗、表面质量破坏、内部晶体结构损伤，最终导致零件失效的现象。金属腐蚀普遍存在，造成的经济损失巨大。据不完全统计，全世界因腐蚀而不能继续使用的金属制件，占其产量的 10% 以上。

减少或消除机械零件蚀损的对策主要有以下几方面。

① 正确选材。根据环境介质和使用条件，选择合适的耐腐蚀材料，如含有镍、铬、铝、硅、钛等元素的合金钢；在条件许可的情况下，尽量选用尼龙、塑料、陶瓷等材料。

② 合理设计。设计零件结构时应尽量使整个部位的所有条件均匀一致，做到结构合理、外形简化、表面粗糙度合适。

③ 覆盖保护层。在金属表面上覆盖保护层，可使金属与介质隔离开来，以防止腐蚀。常用的覆盖材料有金属或合金、非金属保护层和化学保护层等。

④ 电化学保护。对被保护的机械零件接通直流电流进行极化，以消除电位差，使之达到某一电位时，被保护金属的腐蚀可以很小，甚至呈无腐蚀状态。

⑤ 添加缓蚀剂。在腐蚀性介质中加入少量缓蚀剂（缓蚀剂是指能降低腐蚀速度的物质），可减轻腐蚀。按化学性质的不同，缓蚀剂有无机缓蚀剂和有机缓蚀剂两类。无机类缓蚀剂能在金属表面形成保护，使金属与介质隔开，如重铬酸钾、硝酸钠、亚硫酸钠等。有机类缓蚀剂能吸附在金属表面上，使金属溶解和还原反应都受到抑制，减轻金属腐蚀，如铵盐、琼脂、动物胶、生物碱等。在使用缓蚀剂防腐时，应特别注意其类型、浓度及有效时间。

18.1.3 维修零件的修复方法

机械设备在使用过程中，由于其零部件会逐渐产生磨损、变形、断裂、蚀损等失效形式，设备的精度、性能和生产率就要下降，导致设备发生故障、事故甚至报废，需要及时进行维护和修理。在修复性维修中，一切措施都是为了以最短的时间、最少的费用来有效地消除故障，以提高设备的有效利用率，而采用修复工艺措施使失效的机械零件再生，能有效地达到此目的。

随着新材料、新工艺、新技术的不断发展，零件的修复已不仅仅是恢复原样，很多修复工艺方法获得了实际应用，如电镀、堆焊或涂敷耐磨材料，等离子喷涂与喷焊，粘接和一些表面强化处理等工艺方法，只将少量的高性能材料覆盖于零件表面，成本并不高，却大大提高了零件的耐磨性。此外，有些修复技术还可以提高零件的性能和延长零件的使用寿命。因此，在机械设备修理中充分利用修复技术，选择合理的修复工艺，可以缩短修理时间，节省修理费用，显著提高企业的经济效益。

（1）机械修复法

利用机械连接，如螺纹连接、键连接、销连接、铆接、过盈连接和机械变形等各种机械方法，使磨损、断裂、缺损的零件得以修复的方法称为机械修复法。例如镶补、局部修换、金属扣合等，这些方法可利用现有设备和技术，适应多种损坏形式，不受高温影响，受材质和修补层厚度的限制少，工艺易行，质量易于保证，有的还可以为以后的修理创造条件，因此应用很广。缺点是受到零件结构和强度、刚度的限制，工艺较复杂，被修件硬度高时难以加工，精度要求高时难以保证。

零件修复中，机械加工是最基本、最重要的方法。多数失效零件需要经过机械加工来消除缺陷，最终达到配合精度和表面粗糙度等的要求。它不仅可以作为一种独立的工艺手段获得修理尺寸，直接修复零件，而且还是其他修理方法的修前工艺准备和最后加工必不可少的手段。根据其修复方式的不同，机械修复法主要有以下几种操作方法。

1）修理尺寸法

对机械设备的动配合副中较复杂的零件修理时可不考虑原来的设计尺寸，而采用切削加工或其他加工方法恢复其磨损部位的形状精度、位置精度、表面粗糙度和其他技术条件，从而得到一个新尺寸（这个新尺寸，对轴来说比原来设计尺寸小，对孔来说则比原来设计尺寸大），这个尺寸即称为修理尺寸。而与此相配合的零件则按这个修理尺寸制作新件或修复，保证原有的配合关系不变，这种方法便称为修理尺寸法。

例如轴、传动螺纹、键槽和滑动导轨等结构都可以采用这种方法修复。但必须注意，修理后零件的强度和刚度仍应符合要求，必要时要进行验算，否则不宜使用该法修理。对于表面热处理的零件，修后仍应具有足够的硬度，以保证零件修理后的使用寿命。

修理尺寸法的应用极为普遍，为了得到一定的互换性，便于组织备件的生产和供应，大多数修理尺寸均已标准化，各种主要修理零件都规定有它的各级修理尺寸。如内燃机的气缸套的修理尺寸，通常规定了几个标准尺寸，以适应尺寸分级的活塞备件。

2）镶加零件法

配合零件磨损后，在结构和强度允许的条件下，增加一个零件来补偿由于磨损及修复而去掉的部分，以恢复原有零件精度，这样的方法称为镶加零件法。常用的有扩孔镶套、加垫等方法。

如图18-1所示，在零件裂纹附近局部镶加补强板，一般采用钢板加强，螺栓连接。脆性材料裂纹应钻止裂孔，通常在裂纹末端钻直径为 $\phi 8 \sim 40mm$ 的孔。

如图18-2所示为镶套修复法。对损坏的孔，可镗大镶套，孔尺寸应镗大，保证有足够刚度，套的外径应保证与孔有适当过盈量，套的内径可事先按照轴径配合要求加工好，也可留有加工余量，镶入后再铣削加工至要求的尺寸。损坏的螺纹孔可将旧螺纹扩大，再切削螺纹，然后加工一个内外均有螺纹的螺纹套拧入螺孔中，螺纹套内螺纹即可恢复原尺寸。损坏的轴颈也可用镶套法修复。

镶加零件法在维修中应用很广，镶加件磨损后可以更换。有些机械设备的某些结构，在设计和制造时就应用了这一原理。对一些形状复杂或贵重零件，在容易磨损的部位，预先镶装上零件，以便磨损后只需更换镶加件，即可达到修复的目的。

在车床上，丝杠、光杠、操纵杠与支架配合的孔磨损后，可将支架上的孔镗大，然后压入轴套。轴套磨损后可再进行更换。

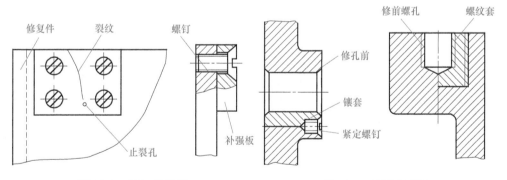

图 18-1 镶加补强板   图 18-2 镶套修复法

汽车发动机的整体式汽缸，磨损到极限尺寸后，一般都采用镶加零件法修理。

箱体零件的轴承座孔，磨损超过极限尺寸时，也可以将孔镗大，用镶加一个铸铁或低碳钢套的方法进行修理。

如图18-3所示为机床导轨的凹坑，可采用镶加铸铁塞的方法进行修理。先在凹坑处钻孔、铰孔，然后制作铸铁塞，该塞子应能与铰出的孔过盈配合。将塞子压入孔后，再进行导轨精加工。如果塞子与孔配合良好，加工后的结合面非常光滑平整。严重磨损的机床导轨，可采用镶加淬火钢镶块的方法进行修复，如图 18-4 所示。

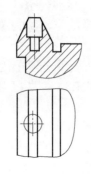

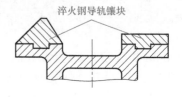

淬火钢导轨镶块

图 18-3   导轨镶铸铁塞   图 18-4   床身镶加淬火钢导轨

应用这种修复方法时应注意：镶加零件的材料和热处理，一般应与基体零件相同，必要时选用比基体性能更好的材料。

为了防止松动，镶加零件与基体零件配合要有适当的过盈量，必要时可采用在端部加胶黏剂、止动销、紧定螺钉、骑缝螺钉或点焊固定等方法定位。

3）局部修换法

有些零件在使用过程中，往往各部位的磨损量不均匀，有时只有某个部位磨损严重，而其余部位尚好或磨损轻微。在这种情况下，如果零件结构允许，可将磨损严重的部位切除，将这部分重制新件，用机械连接、焊接或粘接的方法固定在原来的零件上，使零件得以修复，这种方法称为局部修换法。

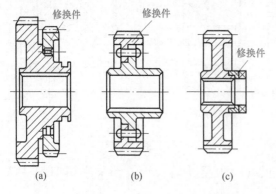

修换件   修换件   修换件

(a)   (b)   (c)

图 18-5   局部修换法

如图 18-5（a）所示，是将双联齿轮中磨损严重的小齿轮的轮齿切去，重制一个小齿圈，用键连接，并用骑缝螺钉固定的局部修换。图 18-5（b）是在保留的轮毂上，铆接重制的齿圈的局部修换。图 18-5（c）是局部修换牙嵌式离合器，以粘接法固定，该法应用很广泛。

4）塑性变形法

塑性材料零件磨损后，为了恢复零件表面原有的尺寸精度和形状精度，可采用塑性变形法修复，如滚花法、镦粗法、挤压法、扩张法、热校直法等。

5）换位修复法

有些零件局部磨损可采用调头转向的方法，如长丝杠局部磨损后可调头使用，单向传力齿轮翻转180°，利用未磨损面将它换一个方向安装后继续使用。但必须结构对称或稍加工即可实现时才能进行调头转向。

如图18-6所示，轴上键槽重新开制新槽。如图18-7所示，连接螺孔也可以转过一个角度，在旧孔之间重新钻孔。

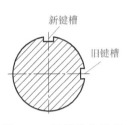
图18-6 键槽换位修理

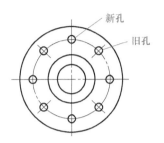
图18-7 螺孔换位修理

6）金属扣合法

金属扣合法是利用高强度合金材料制成的特殊连接件，以机械方式将损坏的机件重新牢固地连接成一体，达到修复目的的工艺方法。它主要适用于大型铸件裂纹或折断部位的修复。

按照扣合的性质及特点，可分为强固扣合、强密扣合、优级扣合和热扣合4种工艺。

① 强固扣合法。该法适用于修复壁厚为8～40mm的一般强度要求的薄壁机件。其工艺过程是，先在垂直于机件的裂纹或折断面的方向上，加工出具有一定形状和尺寸的波形槽，然后把形状与波形槽相吻合的高强度合金波形键镶入槽中，并在常温下铆击，使波形键产生塑性变形而充满槽腔，这样波形键的凸线与波形槽的凹部相互扣合，使损坏的两面重新牢固地连接成一体，如图18-8所示。强固扣合法的操作要点如下。

a. 波形键的设计和制作。通常将波形键（如图18-9所示）的主要尺寸凸缘直径d、宽度b、间距t（波形槽间距t）规定成标准尺寸，根据机件受力大小和铸件壁厚决定波形键的凸缘个数、每个断裂部位安装波形键数和波形槽间距等。一般取b为3～6mm，其他尺寸可按下列经验公式计算：

$$d = (1.4 \sim 1.6)b$$
$$l = (2 \sim 2.2)b$$
$$t \leqslant b$$

通常选用的凸缘个数为5、7、9个。一般波形键材料常采用1Cr18Ni9或1Cr18Ni9Ti奥氏体镍铬钢。对于高温工作的波形键，可采用热膨胀系数与机件材料相同或相近的Ni36或Ni42等高镍合金钢制造。

波形键成批制作的工艺过程是：下料→挤压或锻压两侧波形→机械加工上下平面和修整凸缘圆弧→热处理。

b. 波形槽的设计和制作。波形槽尺寸除槽深 T 大于波形键厚度 t 外，其余尺寸与波形键尺寸相同，而且它们之间配合的最大间隙可达 0.1～0.2mm。槽深 T 可根据机件壁厚 H 而定，一般取 $T=(0.7～0.8)H$。

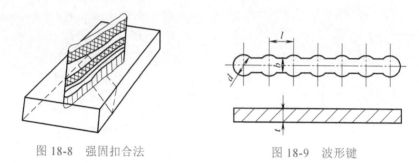

图 18-8　强固扣合法　　　　　　图 18-9　波形键

为改善工件受力状况，波形槽通常布置成一前一后或一长一短的方式，如图 18-10 所示。

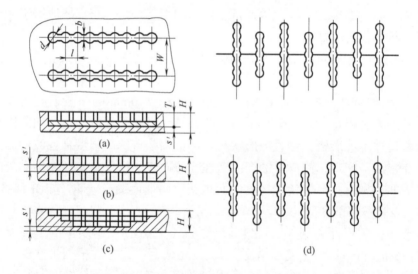

图 18-10　波形槽的尺寸与布置方式

小型机件的波形槽加工可利用铣床、钻床等加工成形。大型机件因拆卸和搬运不便，采用手电钻和钻模横跨裂纹钻出与波形键的凸缘等距的孔，用锪钻将孔底锪平，然后钳工用宽度等于 b 的錾子修正波形槽宽度上的二平面，即成波形槽。

c. 波形键的扣合与铆击。波形槽加工好后，清理干净，将波形键镶入槽中，然后从波形键的两端向中间轮换对称铆击，使波形键在槽中充满，最后铆裂纹大的凸缘。一般以每层波形键铆低 0.5mm 左右为宜。

② 强密扣合法。在应用了强固扣合法以保证一定强度条件之外，对于有密封要求的机件，如承受高压的汽缸、高压容器等防渗漏的零件，应采用强密扣合法，如图 18-11 所示。

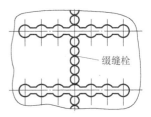

图 18-11 强密扣合法

强密扣合法是在强固扣合法的基础上，在两波形键之间、裂纹或折断面的结合线上，加工缀缝栓孔，并使第二次钻的缀缝栓孔稍微切入已装好的波形键和缀缝栓，形成一条密封的"金属纽带"，以达到阻止流体受压渗漏的目的。

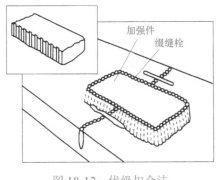

图 18-12 优级扣合法

缀缝栓可用直径为 $\phi 5 \sim 8mm$ 的低碳钢或纯铜等软质材料制造，这样便于铆紧。缀缝栓与机件的连接与波形键相同。

③ 优级扣合法。优级扣合法主要用于修复在工作过程中要求承受高载荷的厚壁机件，如水压机横梁、轧钢机主梁、辊筒等。为了使载荷分布到更多的面积和远离裂纹或折断处，须在垂直于裂纹或折断面的方向上镶入钢制的砖形加强件，用缀缝栓连接，有时还用波形键加强，如图 18-12 所示。

加强件除砖形外还可制成其他形式，如图 18-13 所示。其中：图 18-13（a）用于修复铸钢件；图 18-13（b）用于多方面受力的零件；图 18-13（c）可将开裂处拉紧；图 18-13（d）用于受冲击载荷处，靠近裂纹处不加缀缝栓，以保持一定的弹性。如图 18-14 所示为修复弯角附近的裂纹所用加强件的形式。

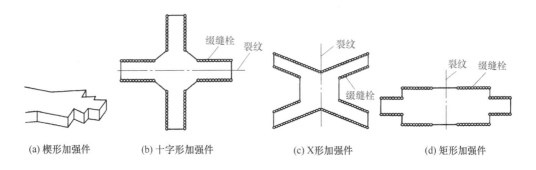

(a) 楔形加强件　　(b) 十字形加强件　　(c) X形加强件　　(d) 矩形加强件

图 18-13 加强件

④ 热扣合法。热扣合法是利用加热的扣合件在冷却过程中产生收缩而将开裂的机件锁紧。该法适用于修复大型飞轮、齿轮和重型设备机身的裂纹及折断

面。如图 18-15 所示，圆环状扣合件适用于修复轮廓部分的损坏，工字形扣合件适用于机件壁部的裂纹或断裂。

综上所述，可以看出金属扣合法的优点是：使修复的机件具有足够的强度和良好的密封性；所需设备、工具简单，可现场施工；修理过程中机件不会产生热变形和热应力等。其缺点主要是薄壁铸件（厚度＜8mm）不宜采用，波形键与波形槽的制作加工较麻烦等。

（2）焊接修复法

利用焊接技术修复失效零件的方法称为焊接修复法。用于修补零件缺陷时称为补焊。用于恢复零件几何形状及尺寸，或使其表面获得具有特殊性能的熔敷金属时称为堆焊。焊接修复法在设备维修中占有很重要的地位，应用非常广泛。

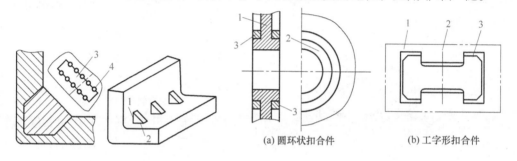

图 18-14　弯角裂纹的加强
1，2—凹槽底面；3—加强件；4—缀缝栓

图 18-15　热扣合法
1—机件；2—裂纹；3—扣合件

(a) 圆环状扣合件　　(b) 工字形扣合件

焊接修复法的特点是：结合强度高；可以修复大部分金属零件因各种原因（如磨损、缺损、断裂、裂纹、凹坑等）引起的损坏；可局部修换，也能切割分解零件，用于矫正形状，对零件预热和热处理；修复质量好，生产效率高；成本低，灵活性大，多数工艺简便易行，不受零件尺寸、形状和场地以及修补层厚度的限制，便于野外抢修。但焊接方法也有不足之处，主要是热影响区大，容易产生焊接变形和应力，以及裂纹、气孔、夹渣等缺陷。对于重要零件焊接后应进行退火处理，以消除内应力。不宜修复较高精度、细长、薄壳类零件。

1）钢制零件的焊修

机械零件所用的钢材料种类繁多，其可焊性差异很大。一般而言，钢中含碳量越高、合金元素种类和数量越多，可焊性就越差。

① 低碳钢制零件的焊修。一般低碳钢具有良好的可焊性，可采用焊条电弧焊、氩弧焊、CO_2 气体保护焊、气焊、埋弧焊等多种方法进行焊修。焊修这些钢制零件时，主要考虑焊修时的受热变形问题。由于其具有良好的可焊性，通常不需要采取特殊的工艺措施就可以获得优质的焊接接头，所以一般不预热，焊后也不进行热处理（电渣焊除外）。但对不同的施焊环境条件、不同的含碳量、不同

的结构形式，往往需要采取下列工艺措施。

a. 焊后回火。焊后回火的目的一方面是减少焊接残余应力，另一方面则是改善接头局部的组织，平衡焊接接头各部分的性能，回火温度一般取 600 ～ 650℃。

b. 预热。在低温下焊接，特别是焊接厚度大、刚度大的结构，由于环境温度较低，接头焊后冷却速度较快，所以裂纹倾向就增大，故较厚的焊件焊前应预热。例如梁、柱、桁架结构在下列情况下焊接：板厚 30mm 以内，施焊环境温度低于 -30℃；板厚 31 ～ 50mm，环境温度低于 -10℃；板厚 51 ～ 70mm，环境温度低于 0℃。以上情况均需预热 100 ～ 150℃。

表 18-1 给出了几种低碳钢焊条电弧焊时的焊条选择。

② 中碳钢制零件的焊修。中碳钢、一些合金结构钢、合金工具钢等由于含碳量比低碳钢高，因而焊接性比低碳钢差。且制件多经过热处理，硬度较高、精度要求也高，焊修时残余应力大，易产生裂纹、气孔和变形，为保证精度要求，必须采取相应的技术措施。如选择合适的焊条，焊前彻底清除油污、锈蚀及其他杂质，焊前预热，焊接时尽量采用小电流、短弧，熄弧后马上用锤头敲击焊缝以减小焊缝内应力，用对称、交叉、短段、分层方法焊接以及焊后热处理等均可提高焊接质量。

中碳钢常用焊条电弧焊进行焊修，为保证焊接时不出现裂纹、气孔等缺陷和获得良好的机械性能，通常要采取以下的工艺措施。

表 18-1 几种低碳钢焊条电弧焊时的焊条选择

钢号	选用焊条		施焊条件
	一般结构（包括厚度不大的中低容器）	受动载荷、复杂、厚板结构、重要受压容器	
Q235	J421、J422、J423、J424、J425	J422、J423、J424、J425、J426、J427（或 J506、J507）	一般不预热
Q255			
Q275	J422、J423、J424、J425	J506、J507	厚板结构预热 150℃
08、10、15、20	J422、J423、J424、J425	J426、J427（或 J506、J507）	一般不预热
25、30	J426、J427	J506、J507	厚板结构预热 150℃

a. 尽量选用碱性低氢型焊条。这类焊条的抗冷裂及抗热裂能力较强。当严格控制预热温度和熔合比时，采用氧化钛钙型焊条也能得到满意的结果。中碳钢焊条电弧焊时的焊条选用见表 18-2。在特殊情况下或对重要的中碳钢焊件也可选用铬镍不锈钢电焊条，其特点是焊前不预热也不易产生冷裂纹，这类焊条有 A302、A307、A402、A407 等，施焊时，电流要小，熔深要浅，宜采用多层焊，但焊接成本较高。

b. 预热。预热是中碳钢焊接的主要工艺措施，对厚度大、刚度大的焊件以及在动载荷或冲击载荷下工作的焊件进行预热显得尤其重要。预热可以防止冷裂纹，改善焊接接头的塑性，还能减少焊接残余应力。预热有整体预热和局部预热，局部预热的加热范围在焊缝两侧 150 ～ 200mm。一般情况下，35 钢和 45 钢（包括铸钢）预热温度可选用 150 ～ 200℃。含碳量更高或厚度和刚度很大的焊件，裂纹倾向会大大增加，对这类焊件可将预热温度提高到 250 ～ 400℃。

表 18-2 中碳钢焊条电弧焊时的焊条选择

钢号	含碳量 w（C）/%	焊接性	焊条型号（牌号）	
			不要求等强度	要求等强度
35	0.32 ～ 0.40	较好	E4303，E4301（J422，J423）	E5016，E5015（J506，J507）
ZG270-500	0.31 ～ 0.40	较好	E4316，E4315（J426，J427）	
45	0.42 ～ 0.50	较差	E4303，E4301，E4316（J422，J423，J426）	E5516，E5515（J556，J557）
ZG310-570	0.41 ～ 0.50	较差		
55	0.52 ～ 0.60	较差	E4315，E5016，E5015（J427，J506，J507）	E6016，E6015（J606，J607）
ZG340-640	0.51 ～ 0.60	较差		

c. 做好焊前处理。焊接前，坡口及其附近的油锈要清除干净，坡口加工过程中不允许产生切割裂纹。最好开成 U 形坡口，坡口外形应圆滑，以减少基本金属的熔入量，同时，焊条使用前要烘干，对碱性焊条应经 250℃以上高温烘干 1 ～ 2h。

d. 正确操作。多层焊的第一层焊道，在保证基本金属熔透的情况下，应尽量采用小电流、慢速施焊，但必须避免产生夹渣和未熔合。每层焊缝都必须清理干净。

e. 最好用直流反接。采用直流反接进行焊接，可以减少焊件的受热量，降低裂纹倾向，减少金属的飞溅和焊缝中的气孔。焊接电流应较低碳钢小 10% ～ 15%，焊接过程中，可用锤击法使焊缝松弛，以减小焊件的残余应力。

f. 焊件焊后必须缓冷。有时当焊缝降到 150 ～ 200℃时，还要进行均温加热，使整个接头均匀地缓冷。为了消除内应力，可采用 600 ～ 650℃的高温回火。

③ 低合金结构钢制零件的焊修。低合金结构钢是生产中应用广泛的钢种，其种类较多，各类钢的强度等级差别也较大，对于强度等级较低而且含碳量较少的一些低合金结构钢，如 09Mn2、09Mn2Si 和 09MnV 等，其焊接热影响区的淬硬倾向并不大，但随着低合金钢强度等级的提高，其焊接热影响区的冷裂倾向显著加大。为保证低合金钢的焊接质量，工艺上应从以下方面进行控制。

a. 焊接材料的选用。为保证低合金钢的焊接质量，焊接材料的选择依据是：等强原则，即选择与母材强度相当的焊接材料，并综合考虑焊缝的塑性、韧性；保证焊缝不产生裂纹、气孔等缺陷。表 18-3 给出了一些低合金钢的焊接材料选用。

表 18-3　低合金钢的焊接材料选用

钢材牌号	焊条	埋弧焊		电渣焊		CO₂气体保护焊焊丝
		焊剂	焊丝	焊剂	焊丝	
Q295（09Mn2、9MnV）09Mn2Si	J422 J423 J426 J427	HJ430 HJ431 SJ301	H08A、H08MnA	—	—	H10MnSi H08Mn2Si H08Mn2SiA
Q345（16Mn、14MnNb）16MnCu	J502 J503 J506 J507	SJ501 / HJ430 HJ431 SJ301 / HJ350	H08A、H08MnA / H08A、H08MnA、H10Mn2 / H10Mn2 H08MnMoA	HJ360 HJ431	H08MnMoA	H08Mn2Si（ER50-4）H08Mn2SiA（ER50-4）YJ502-1 YJ502-3 YJ506-4
Q390（15MnV、16MnNb）15MnVCu	J502 J503 J506 J507 J556 J557	HJ430 HJ431 / HJ250 HJ350 SJ101	H08A、H10Mn2 H10MnSi / H08MnMoA	HJ360 HJ431	H10MnMo H08Mn2MoVA	H08Mn2Si H08Mn2SiA
Q420（15MnVN）15MnVTiRE 15MnVNCu	J556 J557 J606 J607	HJ431 / HJ250 HJ350 SJ101	H10Mn2 / H08MnMoA H08Mn2MoA	HJ360 HJ431	H10MnMo H08Mn2MoVA	H08Mn2Si H08Mn2SiA
18MnMoNb 14MnMoV 14MnMoVCu	J606 J607 J707	HJ250 HJ350 SJ101	H08Mn2MoA H08Mn2MoVA H08Mn2NiMo	HJ250 HJ360 HJ431	H10Mn2MoA H10Mn2MoVA H10Mn2NiMoA	H08Mn2SiMoA

b. 焊接要点。低合金钢的焊接方法较多，可采用电弧焊、埋弧焊、电渣焊、CO_2 气体保护焊、气焊等。

低合金钢焊接时，焊接规范对热影响区淬硬组织的影响主要是通过冷却速度起作用。焊接线能量大，冷却速度则小；反之，线能量小，冷却速度就大。但线能量也不能过大，当线能量过大时，接头在高温停留的时间长，将使过热区的晶粒长大严重，使热影响区塑性降低。所以，对于过热敏感性大的钢材，焊接规范又不能太大，并应采用预热以减少过热区的淬硬程度。

焊后是否需要热处理，主要根据钢材的化学成分、厚度、结构刚性、焊接方法及使用条件等因素来考虑。如果钢材确定，主要取决于钢材厚度。要求抗应力腐蚀的容器或低温下使用的焊件，尽可能进行焊后消除应力热处理。

通常，焊后热处理或消除应力热处理的温度要稍低于母材的回火温度，以免降低母材的强度。表 18-4 是几种合金结构钢的预热和热处理规范参考。

表 18-4 合金结构钢的预热和焊后热处理规范

强度级别 σ_b / MPa	钢号	预热温度 / ℃	焊后热处理温度 / ℃	
			电弧焊	电渣焊
295	Q295（09Mn2） Q295（09MnV） 09Mn2Si	不预热 （$t \leqslant 16mm$）	不热处理	—
345	Q345（16Mn） Q345（14MnNb）	100 ~ 150 （$t \geqslant 30mm$）	600 ~ 650 回火	900 ~ 930 正火 600 ~ 650 回火
390	Q390（15MnV） Q390（15MnTi） Q390（16MnNb）	100 ~ 150 （$t \geqslant 28mm$）	550 或 650 回火	950 ~ 980 正火 550 或 650 回火
420	Q420（15MnVN） 15MnVTiRE	100 ~ 150 （$t \geqslant 25mm$）	—	950 正火 650 回火
490	14MnMoV、 18MnMoNb	150 ~ 200	600 ~ 650 回火	950 ~ 980 正火 600 ~ 650 回火

此外，300 ~ 350MPa 强度级的普通低合金钢薄板多选用气焊焊接，这一类普通低合金钢的可焊性均较好，特别是 300MPa 等级的钢种，由于其含碳量低，其可焊性比 20 钢还要好些。因此可按照焊接碳钢的方法来焊接普通低合金钢，没有特殊的工艺要求。

350MPa 以上等级的普通低合金钢，由于强度级别增高，并含有一定量的合金元素，因而淬硬倾向较低碳钢要大，在结构刚性大、冬季野外施工、气温低的情况下，冷裂倾向较严重。所以，在焊前应少许预热，而且气焊本身有预热、缓冷的作用，对焊接有利。但 350MPa 级的普通低合金钢，由于其中锰等元素有脱硫作用，含碳量又低，因而热裂的可能性很小。

2）铸铁零件的焊修

铸铁在机械设备中的应用非常广泛。灰口铸铁主要用于制造各种支座、壳体等基础件，球墨铸铁已在部分零件中取代铸钢而获得应用。

① 铸铁焊修时存在的问题。铸铁焊修时主要易产生以下几方面的问题。

a. 铸铁含碳量高，焊接时易产生白口，既脆又硬，焊后加工困难，而且容易产生裂纹；铸铁中磷、硫含量较高，也给焊接带来一定困难。

b. 焊接时，焊缝易产生气孔或咬边。

c. 铸铁件原有气孔、砂眼、缩松等缺陷也易造成焊接缺陷。

d. 焊接时，如果工艺措施和保护方法不当，易造成铸铁件其他部位变形过大或电弧划伤而使工件报废。

因此，采用焊修法最主要的还是提高焊缝和熔合区的可切削性，提高焊补处的防裂性能、渗透性能和提高接头的强度。

② 焊接分类。铸铁件的焊修分为热焊法、冷焊法和加热减应区补焊法。

a. 热焊法。铸铁热焊是焊前将工件高温预热，焊后再加热、保温、缓冷。用气焊或电焊效果均好，焊后易加工，焊缝强度高、耐水压、密封性能好，尤其适用于铸铁件毛坯缺陷的修复。但由于成本高、能耗大、工艺复杂、劳动条件差，因而应用受到限制。

b. 冷焊法。铸铁冷焊是在常温或局部低温预热状态下进行的，具有成本较低、生产率高、焊后变形小、劳动条件好等优点，因此得到广泛的应用。缺点是易产生白口和裂纹，对工人的操作技术要求高。

c. 加热减应区补焊法。选择零件的适当部位进行加热使之膨胀，然后对零件的损坏处补焊，以减少焊接应力与变形，这个部位就叫做减应区，这种方法就叫做加热减应区补焊法。

加热减应区补焊法的关键在于正确选择减应区。减应区加热或冷却不应影响焊缝的膨胀和收缩，它应选在零件棱角、边缘和加强肋等强度较高的部位。

③ 冷焊工艺。铸铁冷焊多采用手工电弧焊，其工艺过程简要介绍如下。

a. 焊前准备。先将焊接部位彻底清整干净，对于未完全断开的工件要找出全部裂纹及端点位置，钻出止裂孔，如果看不清裂纹，可以将可能有裂纹的部位用煤油浸湿，再用氧乙炔火焰将表面油质烧掉，用白粉笔涂上白粉，裂纹内部的油慢慢渗出时，白粉上即可显示出裂纹的痕迹。此外，也可采用王水腐蚀法、手砂轮打磨法等确定裂纹的位置。

再将部位开出坡口，为使断口合拢复原，可先点焊连接，再开坡口。由于铸件组织较疏松，可能吸有油质，因此焊前要用氧乙炔火焰火烤脱脂，并在低温（50～60℃）均匀预热后进行焊接。焊接时要根据工件的作用及要求选用合适的焊条，常用的国产铸铁冷焊焊条见表18-5，其中使用较广泛的还是镍基铸铁焊条。

表18-5 常用的国产铸铁冷焊焊条

焊条名称	统一牌号	焊芯材料	药皮类型	焊缝金属	主要用途
氧化型钢芯铸铁焊条	Z100	碳钢	氧化型	碳钢	一般非铸铁件的非加工面焊补
高钒铸铁焊条	Z116	碳钢或高钒钢	低氢型	高钒钢	高强度铸铁件焊补
高钒铸铁焊条	Z117	碳钢或高钒钢	低氢型	高钒钢	高强度铸铁件焊补
钢芯石墨化型铸铁焊条	Z208	碳钢	石墨型	灰铸铁	一般灰铸铁件焊补
钢芯球墨铸铁焊条	Z238	碳钢	石墨型（加球化剂）	球墨铸铁	球墨铸铁件焊补
纯镍铸铁焊条	Z308	纯镍	石墨型	镍	重要灰口铸铁薄壁件和加工面焊补
镍铁铸铁焊条	Z408	镍铁合金	石墨型	镍铁合金	重要高强度灰口铸铁件及球墨铸铁件焊补

续表

焊条名称	统一牌号	焊芯材料	药皮类型	焊缝金属	主要用途
镍铜铸铁焊条	Z508	镍铁合金	石墨型	镍铜合金	强度要求不高的灰口铸铁件加工面焊补
铜铁铸铁焊条	Z607	纯铜	低氢型	铜铁混合物	一般灰口铸铁非加工面焊补
铜包铜芯铸铁焊条	Z612	铁皮包铜芯或铜包铁芯	钛钙型	铜铁混合物	一般灰口铸铁非加工面焊补

b. 施焊。焊接场地应无风、暖和。采用小电流、快速焊，光点焊定位，用对称分散的顺序、分段、短段、分层交叉、断续、逆向等操作方法，每焊一小段熄弧后马上锤击焊缝周围，使焊件应力松弛，并且焊缝温度下降到 60℃ 左右不烫手时，再焊下一道焊缝，最后焊止裂孔。经打磨铲修后，修补缺陷，便可使用或进行机械加工。

为了提高焊修可靠性，可拧入螺栓以加强焊缝，如图 18-16 所示。用纯铜或石墨模芯可焊后不加工，难焊的齿形按样板加工。大型厚壁铸件可加热扣合件，扣合件热压后焊死在工件上，再补焊裂纹，如图 18-17 所示。还可焊接加强板，加强板先用锥销或螺栓销固定，再焊牢固，如图 18-18 所示。

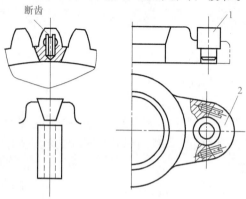

(a) 齿轮轮齿的焊接修复　　(b) 螺栓孔缺口的焊补

图 18-16　焊修实例

1—纯铜或石墨模芯；2—缺口

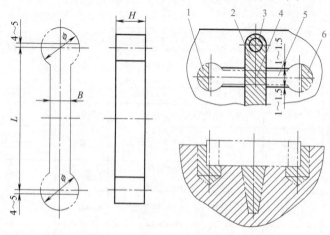

图 18-17　加热扣合件的焊接修复

1，2，6—焊缝；3—止裂孔；4—裂纹；5—扣合件

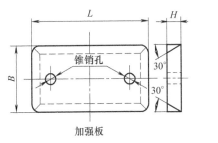
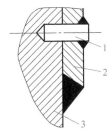

图 18-18　加强板的焊接

1—锥销；2—加强板；3—工件

铸铁件常用的焊修方法见表 18-6。

表 18-6　铸铁件常用的焊修方法

焊修方法		要点	优点	缺点	适用范围
气焊	热焊	焊前预热至650 ~ 700℃，保温缓冷	焊缝强度高，裂纹、气孔少，不易产生白口，易于修复加工，价格低	工艺复杂，加热时间长，容易变形，准备工序的成本高，修复周期长	焊补非边角部位，焊缝质量要求高的场合
	冷焊	不预热，焊接过程中采用加热减应区补焊法	不易产生白口，焊缝质量好，基体温度低，成本低，易于修复加工	要求焊工技术水平高，对结构复杂的零件难以进行全方位焊补	适于焊补边角部位
电弧焊	冷焊	用铜铁焊条冷焊	焊件变形小，焊缝强度高，焊条便宜，劳动强度低	易产生白口组织，切削加工性差	用于焊后不需加工的凝结零件，应用广泛
		用镍基焊条冷焊	焊件变形小，焊缝强度高，焊条便宜，劳动强度低，切削加工性能极好	要求严格	用于零件的重要部位，薄壁件修补，焊后需加工
		用纯铁芯焊条或低碳钢芯铁粉型焊条冷焊	焊接工艺性好，焊接成本低	易产生白口组织，切削加工性差	用于非加工面的焊接
		用高钒焊条冷焊	焊缝强度高，加工性能好	要求严格	用于焊补强度要求较高的厚件及其他部件
	热焊	用钢芯石墨化焊条，预热400 ~ 500℃	焊缝强度与基体相近	工艺较复杂，切削加工性不稳定	用于大型铸件，缺陷在中心部位，而四周刚度大的场合
		用铸铁芯焊条预热、保温、缓冷	焊后易于加工，焊缝性能与基体相近	工艺复杂、易变形	应用范围广泛

3）有色金属零件的焊修

机修中，常用的有色金属材料有铜及铜合金、铝合金等，与黑色金属相比，其可焊性差。由于它们的导热性好、线膨胀系数大、熔点低、高温时脆性较大、强度低、很容易氧化，因此焊接比较复杂、困难，要求具有较高的操作技术，并采取必要的技术措施来保证焊修质量。

铜及铜合金的焊修工艺要点如下。

① 焊修时首先要做好焊前准备，对焊丝和工件进行表面处理，并开出坡口。

② 施焊时要对工件预热，一般温度为 300 ～ 700℃，注意焊修速度，按照焊接规范进行操作，及时锤击焊缝。

③ 气焊时一般选择中性焰，手工电弧则要考虑焊修方法。

④ 焊修后需要及时进行热处理。

4）钎焊修复法

采用比基体金属熔点低的金属材料作钎料，将钎料放在焊件连接处，一同加热到高于钎料熔点、低于基体金属熔点的温度，利用液态钎料润湿基体金属，填充接头间隙并与基体金属相互扩散以实现连接焊件的焊接方法称为钎焊。

① 钎焊种类。钎焊分硬钎焊和软钎焊两种。用熔点高于 450℃的钎料进行钎焊称为硬钎焊，如铜焊、银焊等。硬钎料还有铝、锰、镍等及其合金。用熔点低于 450℃的钎料进行钎焊称为软钎焊，也称为低温钎焊，如锡焊等。软钎料还有铅、锌等及其合金。

② 钎焊的特点及应用。钎焊较少受基体金属可焊性的限制，加热温度较低，热源较容易解决而不需特殊焊接设备，容易操作。但钎焊较其他焊接方法焊缝强度低，适于强度要求不高的零件裂纹和断裂的修复，尤其适用于低速运动零件的研伤、划伤等局部缺陷的补修。

③ 钎焊修复应用举例。某机床导轨面产生划伤和研伤，采用锡铋合金钎焊，其修复工艺过程如下。

a. 锡铋合金焊条的制作（成分为质量分数）。在铁制容器内投入 55% 的锡（熔点为 232℃）和 45% 的铋（熔点为 271℃），加热至完全熔融，然后迅速注入角钢槽内，冷却凝固后便成锡铋合金焊条。

b. 焊剂的配制（成分为质量分数）。将氯化锌 12%、氯化亚铁 21%、蒸馏水 67% 放入玻璃瓶内，用玻璃棒搅拌至完全溶解后即可使用。

c. 焊前准备。焊前准备主要包括以下几个方面的工作。

（a）先用煤油或汽油等将待焊补部位擦洗干净，用氧乙炔火焰烧除油污。

（b）用稀盐酸加去污粉，再用细钢丝刷反复刷擦，直至露出金属光泽，用脱脂棉沾丙酮擦洗干净。

（c）迅速用脱脂棉沾上 1 号镀铜液涂在待焊补部位，同时用干净的细钢丝刷刷擦，再涂、再刷，直到染上一层均匀的淡红色。[1 号镀铜液（成分为质量分数）是在 30% 的浓盐酸中加入 4% 的锌，完全溶解后再加入 4% 的硫酸铜和 62% 的蒸馏水搅拌均匀，配制而成的。]

（d）用同样的方法涂擦 2 号镀铜液，反复几次，直到染成暗红色为止。镀铜液自然晾干后，用细钢丝刷擦净，无脱落现象即可。[2 号镀铜液（成分为质量分数）是以 75% 的硫酸铜加 25% 的蒸馏水配制而成的。]

d. 施焊。将焊剂涂在焊补部位及烙铁上，用已加热的 300～500W 电烙铁或纯铜烙铁切下少量焊条涂于施焊部位，用侧刃轻轻压住，趁焊条在熔化状态时，迅速地在镀铜面上往复移动涂擦，并注意赶出细缝及小凹坑中的气体。

e. 焊后检查和处理。当导轨研伤完全被焊条填满并凝固之后，用刮刀以 45°交叉形式仔细修刮。若有气孔、焊接不牢等缺陷，再补焊后修刮至符合要求。

最后清理钎焊导轨面，并在焊缝上涂敷一层全损耗系统用油防腐蚀。

5）堆焊修复法

采用堆焊法修复机械零件时，不仅可以恢复其尺寸，而且可以通过难焊材料改善零件的表面性能，使其更为耐用，从而取得显著的经济效果。常用的堆焊方法有手工堆焊和自动堆焊两类。

① 手工堆焊。手工堆焊是利用电弧或氧乙炔火焰来熔化基体金属和焊条，采用手工操作进行的堆焊方法。由于手工电弧堆焊的设备简单、灵活、成本低，因此应用最广泛。它的缺点是生产率低、稀释率较高，不易获得均匀而薄的堆焊层，劳动条件较差。

手工堆焊方法适用于工件数量少且没有其他堆焊设备的条件，或工件外形不规则、不利于机械堆焊的场合。

a. 手工堆焊的工艺要点。

（a）正确选用合适的焊条。根据需要选用合适的焊条，应避免成本过高和工艺复杂化。

（b）防止堆焊层硬度不符合要求。焊缝被基体金属稀释是堆焊层硬度不够的主要原因，可采取适当减小堆焊电流或采取多层焊的方法来提高硬度。此外，还要注意控制好堆焊后的冷却速度。

（c）提高堆焊效率。应在保证质量的前提下，提高熔敷率。如适当加大焊条直径和堆焊电流、采用填丝焊法以及多条焊等。

（d）防止裂纹。可采取改善热循环和堆焊过渡层的方法来防止产生裂纹。

b. 手工堆焊修复的应用举例。齿轮最常见的损坏方式是轮齿表面磨损或由于接触疲劳而产生严重的点状剥蚀，这时可以用堆焊法修复，其修复工艺过程如下。

（a）退火。堆焊前进行退火主要是为了减少齿轮内部的残余应力，降低硬度，为修复后的齿轮的机加工和热处理做准备。退火温度随齿轮材料的不同而异，可从热处理手册中查得。

（b）清洗。为了减少堆焊缺陷，焊前必须对齿轮表面的油污、锈蚀和氧化物进行认真清洗。

（c）施焊。对于渗碳齿轮，可以用 20Cr 及 40Cr 钢丝，以碳化焰或中性焰进行气焊堆焊；也可以用 65Mn 焊条进行电焊堆焊。对于用中碳钢制成的整体淬火齿轮，可用 40 钢钢丝，以中性焰进行气焊堆焊。

采用自熔合金粉末进行喷焊，不经热处理也可获得表面高硬度，且表面平整、光滑，加工余量很小。

（d）机械加工。可用于车床加工外圆和端面，然后铣齿或滚齿。如果件数少，也可用钳工修整。

（e）热处理。对于中碳钢齿轮，800℃淬火后，再 300℃回火。渗碳齿轮应在 900℃渗碳，保温 10～12h，随炉缓冷，然后加热到 820～840℃后在水或油中淬火，再 180～200℃回火。个别轮齿损坏严重时，除用镶齿法修复外，也可用堆焊法进行修补。这时为了防止高温对其他部位的影响，可将齿轮浸在水中，仅将施焊部分露出水面。

② 自动堆焊。自动堆焊与手工堆焊相比，具有堆焊层质量好、生产效率高、成本低、劳动条件好等优点，但需专用的焊接设备。

a. 埋弧自动堆焊。埋弧自动堆焊又称焊剂层下自动堆焊，其特点是生产效率高、劳动条件好等。堆焊时所用的焊接材料包括焊丝和焊剂，二者须配合使用以调节焊缝成分。埋弧自动堆焊工艺与一般埋弧焊工艺基本相同，堆焊时要注意控制稀释率和提高熔敷率。

埋弧自动堆焊适用于修复磨损量大、外形比较简单的零件，如各种轴类、轧辊、车轮轮缘和履带车辆上的支重轮等。

埋弧堆焊法特别适用于大型曲轴的修复。以下是其修复工艺过程。

（a）焊前准备。焊前准备的工作内容主要有：清除所修复曲轴上的全部油污和锈迹；用各种方法检查曲轴有无裂纹，发现有裂纹时先处理后堆焊；检验是否有弯曲或扭曲，若变形超限要先进行校正；用碳棒等堵塞各油孔；预热曲轴温度到约 300℃。

（b）焊丝和焊剂。一般选用 $\phi 0.15～2mm$ 的 50CrVA、30CrMnSiA、45 或 50 钢丝。采用国产焊剂 431 与其配套使用。当选用的焊丝含碳量较低时，应在焊剂中适当添加石墨。

（c）堆焊。一般拖拉机曲轴的埋弧焊可采用如下规范：

堆焊速度 460～560mm/min；

送丝速度 2.1～2.3m/min；

堆焊螺距 3.6 ～ 4mm/r；

电感 0.1 ～ 0.2mH；

工作电压 21 ～ 23V；

工作电流 150 ～ 190A。

b. 振动电弧堆焊。振动电弧堆焊的主要特点是：堆焊层薄而均匀、耐磨性好，工件变形小、熔深浅、热影响区窄，生产效率高，劳动条件好，成本低，等等。

振动电弧堆焊的工作原理如图 18-19 所示，将工件夹持在专用机床上，并以一定的速度旋转，堆焊机头沿工件轴向移动。焊丝以一定频率和振幅振动而产生电脉冲。图中焊嘴 2 受交流电磁铁 4 和调节弹簧 9 的作用而产生振动。堆焊时需不断向焊嘴供给冷却液（一般为 4% ～ 6% 碳酸钠水溶液），以防止焊丝和焊嘴熔化粘接或在焊嘴上结渣。

与埋弧堆焊法一样，振动电弧堆焊也适用于曲轴的修复。以下是其修复工艺过程。

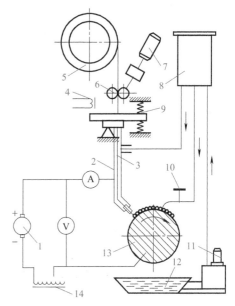

图 18-19　振动电弧堆焊工作原理

1—电源；2—焊嘴；3—焊丝；4—交流电磁铁；
5—焊丝盘；6—送丝轮；7—送丝电动机；8—水箱；9—调节弹簧；10—冷却液供给开关；
11—水泵；12—冷却液沉淀箱；
13—工件；14—电感线圈

（a）焊前准备。与埋弧堆焊基本相同，只是预热温度稍低，约为 150 ～ 200℃。

（b）堆焊。曲轴各轴颈的堆焊顺序对焊后的变形量有很大影响，应先堆焊连杆轴颈。

（c）焊后处理。钻通各轴颈油孔并在曲轴磨床上进行磨削加工，然后进行探伤并检查各部尺寸是否合格。

（3）热喷涂修复法

用高温热源将喷涂材料加热至熔化或呈塑性状态，同时用高速气流使其雾化，喷射到经过预处理的工件表面上形成一种覆盖层的过程称为喷涂。将喷射层继续加热，使之达到熔融状态而与基体形成冶金结合，获得牢固的工作层称为喷焊或喷涂。这两种工艺总称为热喷涂。

热喷涂技术不仅可以恢复零件的尺寸，而且还可以改善和提高零件表面的某些性能，如具有耐磨性、耐腐蚀性、抗氧化性、导电性、绝缘性、密封性、隔热性等。

1）热喷涂的分类及特点

热喷涂技术按所用热源的不同，可分为氧乙炔火焰喷涂与喷焊、电弧喷涂、等离子喷涂与喷焊、爆炸喷涂和高频感应喷涂等多种方法。喷涂材料有丝状和粉状两种。热喷涂技术具有以下特点。

① 适用材料广，喷涂材料广。喷涂的材料可以是金属、合金，也可以是非金属。同样，基体的材料可以是金属、合金，也可以是非金属。

② 涂层的厚度不受严格限制，可以从几十微米到几毫米。而且涂层组织多孔，易存油，润滑性和耐磨性都较好。

③ 喷涂时工件表面温度低（一般为 70 ～ 80℃），不会引起零件变形和金相组织改变。

④ 可赋予零件某些特殊的表面性能，达到节约贵重材料、提高产品质量、满足多种工程技术和高新技术需要的目的。

⑤ 设备不复杂，工艺简便，可现场作业。

⑥ 对失效零件修复的成本低、周期短、生产效率高。

缺点是喷涂层结合强度有限，喷涂前工件表面需经毛糙处理，会降低零件的强度和刚度，而且多孔组织也易发生腐蚀，不宜用于窄小零件表面和受冲击载荷的零件修复。

2）热喷涂在设备维修中的应用

热喷涂技术在机械设备维修中应用广泛。对于大型复杂的零件，如机床主轴、曲轴、凸轮轴轴颈、电动机转子轴，以及机床导轨和溜板等，采用热喷涂修复其磨损的尺寸，既不产生变形又延长使用寿命。大型铸件的缺陷，采用热喷涂进行修复，加工后其强度和耐磨性可接近原有性能。在轴承上喷涂合金层，可代替铸造的轴承合金层。在导轨上用氧乙炔火焰喷涂一层工程塑料，可提高导轨的耐磨性和减摩性。还可以根据需要喷制防护层等，例如 Zn、Al 或 Zn-Al 合金是用于钢铁最多的涂层。由于防腐效果是靠牺牲阳极自身来实现的，故防腐蚀寿命由喷涂层的厚度决定。不过，暴露试验证明，由于表面氧化膜的生成，Zn、Al 的溶解速度是十分缓慢的。

（4）电镀修复法

电镀是利用电解的方法，使金属或合金沉积在零件表面上形成金属镀层的工艺方法。电镀修复法不仅可以用于修复失效零件的尺寸，而且可以提高零件表面的耐磨性、硬度和耐腐蚀性以及用于其他用途。因此，电镀是修复机械零件的最有效方法之一，在机械设备维修领域中应用非常广泛。目前常用的电镀修复法有镀铬、镀铁和电刷镀技术等。

1）镀铬

镀铬修复法具有以下特点：镀铬层硬度高（800 ～ 1000HV，高于渗碳钢、渗氮钢），摩擦因数小（为钢和铸铁的 50%），耐磨性高（是无镀铬层的 2 ～ 50

倍），热导率比钢和铸铁约高 40%；具有较高的化学稳定性，能长时间保持光泽，抗腐蚀性强；镀铬层与基体金属有很高的结合强度。镀铬层的主要缺点是性脆，它只能承受均匀分布的载荷，受冲击易破裂。而且随着镀层厚度增加，镀层强度、疲劳强度也随之降低。镀铬层可分为平滑镀铬层和多孔性镀铬层两类。平滑镀铬层具有很高的密实性和较高的反射能力，但其表面不易贮存润滑油，一般用于修复无相对运动的配合零件尺寸，如锻模、冲压模、测量工具等。而多孔性镀铬层的表面形成无数网状沟纹和点状孔隙，能贮存足够的润滑油以改善摩擦条件，可修复具有相对运动的各种零件尺寸，如比压大、温度高、滑动速度大或润滑不充分的零件，切削机床的主轴、镗杆等。

镀铬修复工艺应用广泛，可用来修复零件尺寸和强化零件表面，如补偿零件磨损失去的尺寸。但是，补偿尺寸不宜过大，通常镀铬层厚度控制在 0.3mm 以内为宜。镀铬层还可用来装饰和防护表面。许多钢制品表面镀铬，既可装饰又可防腐蚀。此时镀铬层的厚度通常很小（几微米）。但是，在镀防腐装饰性铬层之前应先镀铜或镍做底层。

此外，镀铬层还有其他用途。例如在塑料和橡胶制品的压模上镀铬，改善模具的脱模性能等。

2）镀铁

按照电解液的温度不同分为高温镀铁和低温镀铁。电解液的温度在 90℃ 以上的镀铁工艺，称为高温镀铁。所获得的镀层硬度不高，且与基体结合不可靠。在 50℃ 以下至室温的电解液中镀铁的工艺，称为低温镀铁。

目前一般均采用低温镀铁。它具有可控制镀层硬度（30 ~ 65HRC）、提高耐磨性、沉积速度快（0.6 ~ 1mm/h）、镀铁层厚度可达 2mm、成本低、污染小等优点，因而是一种很有发展前途的修复工艺。

镀铁层可用于修复在有润滑的一般机械磨损条件下工作的动配合副的磨损表面以及静配合副的磨损表面，以恢复尺寸。但是，镀铁层不宜用于修复在高温或腐蚀环境、承受较大冲击载荷、干摩擦或磨料磨损条件下工作的零件。镀铁层还可用于补救零件加工尺寸的超差。

当磨损量较大，又需耐腐蚀时，可用镀铁层做底层或中间层补偿磨损的尺寸，然后再镀耐腐蚀性好的镀层。

3）局部电镀

在设备大修理过程中，经常遇到大的壳体轴承松动现象。如果采用扩大镗孔后镶套法，费时费工；用轴承外环镀铬的方法，则给以后更换轴承带来麻烦。

若在现场利用零件建立一个临时电镀槽进行局部电镀，即可直接修复孔的尺寸，如图 18-20 所示。对于长或大的轴类零件，也可采用局部电镀法直接修复轴上的局部轴颈尺寸。

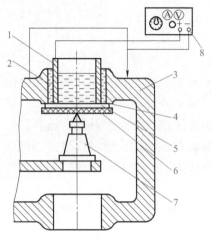

图 18-20 局部电镀槽的构成

1—纯镍阳极空心圈；2—电解液；3—被镀箱体；4—聚氯乙烯薄膜；5—泡沫塑料；6—层压板；7—千斤顶；8—电源设备

4）电刷镀

电刷镀是在镀槽电镀基础上发展起来的新技术，在 20 世纪 80 年代初获得了迅速发展。过去用过很多名称，如涂镀、快速笔涂、电镀、无槽电镀等，现按国家标准称为电刷镀。电刷镀是依靠一个与阳极接触的垫或刷提供电镀需要的电解液的电镀方法。电镀时，垫或刷在被镀的工件（阴极）上移动而得到需要的镀层。

焊接层、喷涂层、镀铬层等的返修也可应用电刷镀技术。淬火层、氮化层不必进行软化处理，不用破坏原工件表面便可进行电刷镀。

电刷镀技术近年来推广很快，在设备维修领域其应用范围主要有以下几个方面。

① 恢复磨损或超差零件的名义尺寸和几何形状。尤其适用于精密结构或一般结构的精密部分，大型零件、贵重零件不慎超差，引进设备的特殊零件等的修复。常用于滚动轴承、滑动轴承及其配合面、键槽及花键、各种密封配合表面、主轴、曲轴、油缸、各种机体、模具等。

② 修复零件的局部损伤。如划伤、凹坑、腐蚀等，修补槽镀缺陷。

③ 改善零件表面的性能。如提高耐磨性、做新件防护层、氧化处理、改善钎焊性、防渗碳、防氮化、做其他工艺的过渡层（如喷涂、高合金钢槽镀等）。

④ 修复电气元件。如印刷电路板、触点、接头、开关及微电子元件等。

⑤ 用于去除零件表面部分金属层。如刻字、去毛刺、动平衡去重等。

⑥ 通常槽镀难以完成的项目，如盲孔、超大件、难拆难运件等。

⑦ 对文物和装饰品进行维修或装饰。

5）纳米复合电刷镀

复合电镀是在电镀溶液中加入适量的金属或非金属化合物的固态微粒，并使其与金属原子一起均匀地沉积，形成具有某些特殊性能电镀层的一种电镀技术。

利用纳米复合电刷镀技术可以有效降低零件表面的摩擦系数，提高零件表面的耐磨性和高温耐磨性，提高零件表面的抗疲劳性能，实现零件的再制造并改善提升表面性能。纳米复合电刷镀技术适用于轴类件、叶片、大型模具等损伤部位进行高性能材料修复，缸套、活塞环槽、齿轮、机床导轨、溜板、工作台、尾座等零件的表面硬度提高，轧辊、电厂风机转子等零件的表面强化，赋予零件耐磨、耐腐蚀、耐高温等性能，并提高其尺寸、形状和位置精度等。

复合电镀工艺与槽镀大体相同，不同之处主要在于复合电镀液的制备和电镀规范。

（5）粘接修复法

采用粘接剂等对失效零件进行修补或连接，以恢复零件使用功能的方法称为粘接（又称胶接）修复法。近年来粘接技术发展很快，在机电设备维修中已得到越来越广泛的应用。

1）常用的粘接方法

① 热熔粘接法。该法利用电热、热气或摩擦热将粘接面加热熔融，然后送合加上足够的压力，直到冷却凝固为止，主要用于热塑性塑料之间的粘接。大多数热塑性塑料表面加热到 150～230℃即可进行粘接。

② 溶剂粘接法。非结晶性无定形的热塑性塑料，接头加单纯溶剂或含塑料的溶液，使表面溶解从而达到粘接目的。

③ 粘接剂粘接法。利用粘接剂将两种材料或两个零件粘接在一起，达到所需的连接强度。该法应用最广，可以粘接各种材料，如金属与金属、金属与非金属、非金属与非金属等。

粘接剂品种繁多，其中，环氧树脂粘接剂对各种金属材料和非金属材料都具有较强的粘接能力，并具有良好的耐水性、耐有机溶剂性、耐酸碱与耐腐蚀性，收缩性小，电绝缘性能好，所以应用最为广泛。表18-7 中列出了机械设备修理中常用的几种粘接剂。

表 18-7　机械设备修理中常用的粘接剂

类别	牌号	主要成分	主要性能	用处
通用胶	HY-914	环氧树脂，703 固化剂	双组分，室温快速固化，中强度	60℃以下金属和非金属材料粘补
	农机 2 号	环氧树脂，二乙烯三胺	双组分，室温固化，中强度	120℃以下各种材料
	KH-520	环氧树脂，703 固化剂	双组分，室温固化，中强度	60℃以下各种材料
	JW-1	环氧树脂，聚酰胺	三组分，60℃ 2h 固化，中强度	60℃以下各种材料
	502	α-氨基丙烯酸乙酯	单组分，室温快速固化，低强度	70℃以下受力不大的各种材料
密封胶	Y-150 厌氧胶	甲基丙烯酸	单组分，隔绝空气后固化，低强度	100℃以下螺纹堵头和平面配合处紧固密封堵漏
	7302 液体密封胶	聚酯树脂	半干性，密封耐压 3.92MPa	200℃以下各种机械设备平面螺纹连接部位的密封
	W-1 密封耐压胶	聚醚环氧树脂	不干性，密封耐压 0.98MPa	120℃以下机械设备平面结合处的密封堵漏和螺纹零件连接部位的密封堵漏

续表

类别	牌号	主要成分	主要性能	用处
结构胶	J-19C	环氧树脂，双氰胺	单组分，高温加压固化，高强度	120℃以下受力大的部位
	J-04	钡酚醛树脂丁腈橡胶	单组分，高温加压固化，高强度	250℃以下受力大的部位
	204（JF-1）	酚醛-缩醛有机硅酸	单组分，高温加压固化，高强度	200℃以下受力大的部位

2）粘接工艺

粘接工艺的操作步骤及要点可参见本书第 14 章粘接的相关内容。

3）粘接技术在设备修理中的应用

粘接工艺的优点使其在设备修理中的应用日益广泛。应用时可根据零件的失效形式及粘接工艺的特点，具体确定粘接修复的方法。

① 机床导轨磨损的修复。机床导轨严重磨损后，通常在修理时需要经过刨削、磨削或刮研等修理工艺，但这样做会破坏机床原有的尺寸链。现在可以采用合成有机粘接剂，将工程塑料薄板如聚四氟乙烯板、1010 尼龙板等粘接在铸铁导轨上，这样可以提高导轨的耐磨性，同时可以改善导轨的防爬行性和抗咬合性。若机床导轨面出现拉伤、研伤等局部损伤，可采用粘接剂直接填补修复。如采用 502 瞬干胶加还原铁粉（或氧化铝粉、二硫化钼等）粘补导轨的研伤处。

② 零件动、静配合磨损部位的修复。机械零部件如轴颈磨损、轴承座孔磨损、机床楔铁配合面的磨损等均可用粘接工艺修复，比镀铬、热喷涂等修复工艺简便。

③ 零件裂纹和破损部位的修复。零件产生裂纹或断裂时，采用焊接法修复常常会引起零件产生内应力和热变形，尤其是一些易燃易爆的危险场合更不宜采用。而采用粘接修复法则安全可靠，简便易行。零件的裂纹、孔洞、断裂或缺损等均可用粘接工艺修复。

④ 填补铸件的砂眼和气孔。采用粘接技术修补铸造缺陷，简便易行，省工省时，修复效果好，且颜色可保持与铸件基体一致。

在操作时要认真清理干净待填补部位，在涂胶时可用电吹风均匀在涂层上加热，以去掉粘接剂中混入的气体和使粘接剂顺利流入填补的缝隙里。

⑤ 用于连接表面的密封堵漏和紧固防松。如防止油泵泵体与泵盖结合面的渗油现象，可将结合面处清理干净后涂一层液态密封胶，晾置后在中间再加一层纸垫，将泵体和泵盖结合，拧紧螺栓即可。

⑥ 用于连接表面的防腐。采用表面有机涂层防腐是目前行之有效的防腐蚀措施之一，粘接修复法可广泛用于零件腐蚀部位的修复和预保护涂层（如化工管

道、储液罐等表面）的防腐。

⑦ 用于简单零件粘接组合成复杂件，以代替铸造、焊接等，从而缩短加工周期。

⑧ 用环氧树脂胶代替锡焊、点焊，省锡节电。

图 18-21 给出了一些粘接修复的实例。

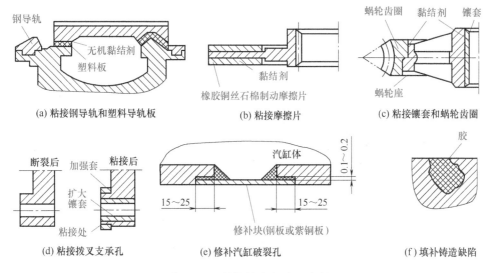

图 18-21　粘接技术的应用实例

（6）刮削修复法

刮削修复法是利用刮刀、研具、检测器具和显示剂，以手工操作的方式，边刮削加工，边研点测量，使所修理的工件达到规定的尺寸精度、几何精度和表面粗糙度等要求的一种精加工工艺。

1）刮削技术的特点

① 可以按照实际使用要求将导轨或工件平面的几何形状刮成中凹或中凸等各种特殊形状，以解决机械加工不易解决的问题，消除由一般机械加工所遗留的误差。

② 刮削是手工作业，不受工件形状、尺寸和位置的限制。

③ 刮削中切削力小，产生热量少，不易引起工件受力变形和热变形。

④ 刮削表面接触点分布均匀，接触精度高，如采用宽刮法还可以形成油楔，润滑性好，耐磨性高。

⑤ 手工刮削掉的金属层可以小到几微米以下，能够达到很高的精度要求。

刮削法的明显缺点是工作效率低，劳动强度大。

2）刮削工具和检测器具

刮削工作中常用的工具有刮刀、显示剂。此外，还需一些检测器具，如检验平板、检验桥板、水平仪、光学平直仪（自准直仪）、塞尺和各种量具等。

3）刮削工艺

刮削工艺的操作步骤及要点可参见本书第9章刮削的相关内容。

4）刮削技术在设备修理中的应用

刮削法在机械设备修理中占有重要地位，主要应用于导轨和相对滑行面之间、轴和滑动轴承之间、导轨和导轨之间、部件与部件的固定配合面、两相配零件的密封表面等，通过刮削都可以获得良好的接触率，增加运动副的承载能力和耐磨性，提高导轨和导轨之间的位置精度，增加连接部件间的连接刚性，使密封表面的密封性提高。此外，对于尚未具备导轨磨床的中小型企业，需要对机床导轨进行修理时，仍然采用刮削修复法。

18.1.4 机械零件修复或更换的原则

在机械设备修理工作中，正确地确定失效零件是修复还是更换，将直接影响设备修理的质量、内容、工作量、成本、效率和周期等。

（1）确定零件修换应考虑的因素

① 零件对设备精度的影响。有些零件磨损后影响设备精度，如机床主轴、轴承、导轨等基础件磨损将使被加工零件质量达不到要求，这时就应该修复或更换。一般零件的磨损未超过规定公差时，估计能使用到下一修理周期的可不更换，估计用不到下一修理期，或会对精度产生影响，拆卸又不方便的，应考虑修复或更换。

② 零件对完成预定使用功能的影响。当设备零件磨损已不能完成预定的使用功能时，如离合器失去传递动力的作用，凸轮机构不能保证预定的运动规律，液压系统不能达到预定的压力和压力分配，等等，均应考虑修复或更换。

③ 零件对设备性能和操作的影响。当零件磨损到虽能完成预定的使用功能，但影响了设备的性能和操作时，如齿轮传动噪声增大、效率下降、平稳性差、零件间相互位置产生偏移等，均应考虑修复或更换。

④ 零件对设备生产率的影响。零件磨损后致使设备的生产率下降，如机床导轨磨损、配合表面研伤、丝杠副磨损或弯曲等，使机床不能满负荷工作时，应按实际情况决定修复或更换。

⑤ 零件对其本身强度和刚度的影响。零件磨损后，强度下降，继续使用可能会引起严重事故，这时必须修复或更换。重型设备的主要承力件，发现裂纹后必须更换。一般零件，由于磨损加重，间隙增大，而导致冲击加重，应从强度角度考虑修复或更换。

⑥ 零件对磨损条件恶化的影响。磨损零件继续使用可引起磨损加剧，甚至出现效率下降、发热、表面剥蚀等，最后引起卡住或断裂等事故，这时必须修复

或更换。如渗碳或氮化的主轴支承轴颈磨损，失去或接近失去硬化层，就应修复或更换。

在确定零件是否应修复或更换时，必须首先考虑零件对整台设备的影响，然后考虑零件能否保证其正常工作的条件。

（2）修复零件应满足的要求

机械零件失效后，在保证设备精度的前提下，能够修复的应尽量修复，要尽量减少更换新件。一般地讲，对失效零件进行修复，可节约材料、减少配件的加工、减少备件的储备量，从而降低修理成本和缩短修理时间。失效的零件是修复还是更换，是由很多因素决定的，应当综合分析。修复零件应满足的要求如下。

① 准确性。零件修复后，必须恢复零件原有的技术要求，包括零件的尺寸公差、形位公差、表面粗糙度、硬度和技术条件等。

② 安全性。修复的零件必须恢复足够的强度和刚度，必要时要进行强度和刚度验算。如轴颈修磨后外径减小，轴套镗孔后孔径增大，都会影响零件的强度与刚度。

③ 可靠性。零件修复后的耐用度至少要能维持一个修理周期。大修的零件修复后要能维持一个大修周期，中、小修的零件修复后要能维持一个中修周期。

④ 经济性。决定失效零件是修理还是更换，必须考虑修理的经济性，修复零件应在保证维修质量的前提下降低修理成本。比较修复与更换的经济性时，要同时比较修复、更换的成本和使用寿命，当相对修理成本低于相对新制件成本时，应考虑修复。即满足：

$$S_{修} T_{修} < S_{新} T_{新}$$

式中　　$S_{修}$——修复旧件的费用，元；

　　　　$T_{修}$——修复旧件的使用期，月；

　　　　$S_{新}$——新件的成本，元；

　　　　$T_{新}$——新件的使用期，月。

⑤ 可能性。修理工艺的技术水平是选择修理方法或决定零件修复、更换的重要因素。一方面应考虑工厂现有的修理工艺技术水平，能否保证修理后达到零件的技术要求；另一方面应不断提高工厂的修理工艺技术水平。

⑥ 时间性。失效零件采取修复措施，其修理周期一般应比重新制造周期短，否则应考虑更换新件。但对于一些大型、精密的重要零件，一时无法更换新件的，尽管修理周期可能要长些，也要考虑修复。

（3）磨损零件的修换原则

在保证设备精度的条件下，机械设备的磨损零件应尽量修复，避免更换，或者多修少换。在确定修复或更换零件时，应遵循以下原则。

① 当主要件与次要件配合运转时，磨损后一般修复主要件，更换次要件。

例如，车床丝杠与螺母的传动，应对丝杠进行修整，而更换螺母。

② 当工序长的零件与工序短的零件配合运转时，磨损后一般对工序长的零件进行修复而更换工序短的零件。例如，主轴与滑动轴承的配合，主轴采取修复而更换轴承。

③ 当大零件与小零件相配合的表面磨损后，一般对大零件采取修复而对小零件进行更换。例如，尾架体与套筒的配合，尾架体进行修整而更换套筒。又如，大齿轮与小齿轮的啮合，对大齿轮进行修整而将小齿轮改成修正齿轮。

④ 当一般零件与标准零件配合使用时，磨损后通常修复一般零件，更换标准件。

⑤ 当非易损件和易损件相配合的表面磨损后，一般修复非易损件，更换易损件。

除上述修换原则外，还须考虑以下问题：在确定修复旧件和更换新件时，要考虑修理的经济性，必须以两者的费用与使用期限的比值相比较。即以零件修复费用与修复后的使用期限之比和新件费用与使用期限之比相比较，比值小的经济合理；修复后不能恢复原有的技术要求、尺寸公差、形位公差和表面粗糙度的应更换新件；零件经修复后不能保证原来强度、刚度和装配精度的应更换新件；修复零件不能维持一个修理间隔期的应更换新件；零件的修复时间过长、停机的时间过久、影响生产的应尽快更换新件。

（4）磨损零件的修换标准

在什么情况下磨损零件可以继续使用，在什么情况下必须更换，主要取决于零件的磨损程度及其对设备精度、性能的影响，一般应考虑下列几个方面。

① 对设备精度的影响。有些零件磨损后影响设备精度，使设备在使用中不能满足工艺要求，如设备的主轴、轴承及导轨等基础零件磨损时，会影响设备加工工件的几何形状，此时磨损零件就应修复或更换。当零件磨损尚未超出规定公差，继续使用到下次修理也不会影响设备精度时，则可以不修换。

② 对完成预定使用功能的影响。当零件磨损而不能完成预定的使用功能时，如离合器失去传递动力的作用，就该更换。

③ 对设备性能的影响。当零件磨损降低了设备的性能，如齿轮工作噪声增大、效率下降、平稳性破坏，这时就要进行修换。

④ 对设备生产效率的影响。当设备零件磨损时，不能使用较高的切削用量或增加空行程的时间，增加工人的体力消耗，从而降低了生产效率，如导轨磨损、间隙增加、配合零件表面研伤，此时就应修复或更换。

⑤ 对零件强度的影响。如果锻压设备的曲轴、锤杆发现裂纹，继续使用可能迅速发生变化，引起严重事故，此时必须加以修复或更换。

⑥ 对磨损条件恶化的影响。磨损零件继续使用，除将加剧磨损外，还可能

出现发热、卡住、断裂等事故，如渗碳主轴的渗碳层被磨损时，继续使用就会引起更加严重的磨损，因此必须更换。

18.1.5 零件修复方式的选择

机械设备中损坏零件的修理方式有两种：修复或更换。一般说来，设备损坏零件在保证设备精度的条件下，应尽量修复，避免更换。究竟选择修复还是更换，除了应根据设备修理的质量、内容、工作量、成本、效率和周期等进行综合判断外（具体参见"18.1.4 机械零件修复或更换的原则"），对于具有下述缺陷零件的修理，可遵照以下规定执行。

（1）机床主要铸件

机床的主要铸件，若有以下缺陷，可按以下方法确定是修复或更换。

① 机床导轨面磨损或损伤后，影响到机床精度时，应该修复。

② 发现床身、箱体等部件有裂纹或漏油等缺陷，在不影响机床性能和精度的情况下，可以进行修复。

③ 箱体上有配合关系的孔，其圆度、圆柱度超过孔的公差时，要进行修复。

（2）主轴

加工设备的主轴具有以下缺陷时，可按以下方法确定是修复还是更换。

① 弯曲塑性变形超过设计要求值，且难以修复时，要更换。

② 出现裂纹或扭曲塑性变形时应更换。

③ 支承轴颈表面粗糙度 Ra 值大于原设计规定且有划伤时，应考虑修复。

④ 支承轴颈处的圆度及圆柱度超过直径公差的 40% 时，应考虑修复。

⑤ 两个支承轴颈的同轴度误差大于 0.01mm 时，应考虑修复。轴颈的修磨允许量见表 18-8。

表 18-8　安装滑动轴承的轴颈处的修磨允许量

热处理方式	硬化层厚度 C/mm	轴的类型	修磨允许量
调质处理	全部	主轴	＜ 1mm
调质处理	全部	传动轴	＜直径尺寸的 10%
表面淬火	1.5 ~ 2mm	主轴或传动轴	＜ 0.5C
渗碳淬火	1.1 ~ 1.5mm	主轴或传动轴	＜ 0.4C
氮化	0.45 ~ 0.6mm	主轴或传动轴	＜ 0.4C

⑥ 主轴的螺纹部分损坏，一般可以修小外径，螺距保持不变，重新配置螺母。

⑦ 主轴锥孔磨损后允许修磨，但修磨后，锥孔端面的位移量应使标准锥柄

工具仍能适用。

⑧ 主轴上的花键磨损后，可以按照花键轴的修磨规定进行修磨。

（3）一般轴类零件

一般轴类零件具有以下缺陷时，可按以下方法确定是修复还是更换。

① 一般简单的小轴，磨损后要进行更换。

② 一般轴类零件有裂纹或扭曲塑性变形后，应更换。

③ 轴类零件弯曲后，直线度误差超过 0.1mm/m 时，应采用校直法修复。

④ 安装齿轮、带轮及滚动轴承的轴颈处磨损后，可采用修磨后涂镀的方法修复。

⑤ 安装滑动轴承的轴颈磨损后，可在修磨轴颈的基础上，配置轴瓦或轴套。

⑥ 轴上的键槽磨损后，可以根据磨损情况，适当地加大键槽宽度，但最大不得超过标准中规定的上一级尺寸。结构许可时，可在距原键槽位置 60° 处，另外加工一个键槽。

⑦ 当配合轴颈超过上一级配合精度的过渡配合或间隙配合时，应进行修复或更换。

⑧ 配合轴颈的圆度、圆柱度误差超过直径公差的一半时，应进行修复或更换。

⑨ 配合轴颈的表面粗糙度 Ra 大于 1.6μm 时，应考虑进行修复或更换。

（4）花键轴

花键轴具有以下缺陷时，可按以下方法确定是修复还是更换。

① 有裂纹或扭曲塑性变形时，要进行更换。

② 弯曲塑性变形超过设计允许值时，应采用校直法修复。

③ 定心轴颈的表面粗糙度值 Ra 大于 1.6μm，配合精度超过上一级配合或键侧隙大于 0.08mm 时，要更换。

④ 键侧的表面粗糙度 Ra 大于 1.6μm，磨损量大于键厚的 1/50 时，应修复或更换。

⑤ 键侧面出现压痕，其高度超过侧面高度的 1/4 时，要更换。

（5）机床主轴上的滑动轴承

机床主轴采用的整体滑动轴承，当出现以下缺陷时，可按以下方法确定是修复还是更换。

① 箱体孔与外圆柱面间的配合出现间隙、松动等现象，以及外圆的圆度误差超过设计规定时，应更换。

② 外圆锥面与箱体孔的接触率低于 70% 时，可用刮研法修复，但要保证内孔尚有刮研调整余量。

③ 内孔与轴配刮后，尚有调整余量，并能维持一个修理间隔期时，可以采

用修复法。

（6）一般轴类的滑动轴承

一般轴类上的滑动轴承，当出现以下缺陷时，可按以下方法确定是修复还是更换。

① 外圆与箱体孔之间的配合出现间隙，以及外圆度误差超过设计规定时，应更换。

② 内孔的表面粗糙度 Ra 大于 1.6μm，且有划伤，预计经过修刮后与轴颈的配合间隙不超过上一级配合精度时，可以修复，否则应更换。

（7）滚动轴承

滚动轴承具有以下缺陷时，可按以下方法确定是修复还是更换。

① 对于高精度滚动轴承及主轴滚动轴承，当精度超过规定的允差时，应更换。

② 对于一般传动轴的滚动轴承，当保持架变形损坏，或内外滚道磨损，有点蚀现象，或快速转动时有显著的周期性噪声的现象出现时，均应更换。

（8）齿轮

齿轮具有以下缺陷时，可按以下方法确定是修复还是更换。

① 齿部发生塑性变形及出现裂纹，应更换。

② 齿面出现严重疲劳点蚀现象，约占齿长的 1/3，高度占一半以上，以及齿面有严重的凹痕擦伤时，应更换。

③ 齿的端部倒角损伤，其长度不超过齿宽的 5% 时，允许重新倒角。

④ 齿面磨损严重或轮齿崩裂，一般均应更换新的齿轮。如果是小齿轮和大齿轮啮合，往往是小齿轮磨损较快，为了避免加速大齿轮的磨损，应及时地更换小齿轮。

⑤ 在齿面磨损均匀的情况下，弦齿厚的磨损量：主传动齿轮允许 6%，进给传动齿轮允许 8%，辅助传动齿轮允许 10%。否则，应更换。对于大模数（$m \geq 10mm$）齿轮，当齿厚磨损量超过上述数值时，可以采用高位法修复大齿轮，并配置变位的小齿轮。

⑥ 简单齿轮的齿部断裂，应进行更换。对于加工量较大的齿轮，视齿部断裂情况及使用条件，允许采用嵌齿法、堆焊法及更换齿圈法进行修复。

（9）蜗杆副

蜗杆副具有以下缺陷时，可按以下方法确定是修复还是更换。

① 对于动力蜗杆副，当蜗轮齿面严重损伤及产生塑性变形时应更换；蜗轮齿厚磨损量超过原齿厚的 10% 时应更换；齿面粗糙度 Ra 大于 1.6μm，或有轻微擦伤时，可用蜗杆配刮修复；蜗轮、蜗杆发生接触偏移，其接触面积少于允许值（7级精度，长度上 65%，高度上 60%；8级精度，长度上 50%，高度上 50%）时，

应更换；蜗杆面严重损伤，或黏着蜗轮齿部材料时，应更换。

② 对于分度蜗杆副，若蜗轮齿面擦伤严重或产生塑性变形，应更换；蜗轮齿面磨损后，精度下降，可以采用修复法恢复精度，并配置新的蜗杆。

（10）丝杠

丝杠具有以下缺陷时，可按以下方法确定是修复还是更换。

① 对于一般传动丝杠，若其螺纹厚度减薄量超过原来厚度的 1/5 时，应更换；弯曲变形超过 0.1mm/m 时，可以用校直法修复；螺纹表面粗糙度 Ra 大于 1.6μm，或有擦伤时，应修复，修后螺纹厚度减薄量不应超过齿厚的 15%。

② 对于精密丝杠，若其螺纹表面粗糙度 Ra 大于 0.8μm，或有擦伤时，应修复；弯曲变形超过设计要求时，不允许校直，应更换；螺距误差超过设计要求时，应更换；若磨损过大，也应更换。

（11）离合器

离合器具有以下缺陷时，可按以下方法确定是修复还是更换。

① 对于齿形离合器，若其齿部有裂纹，或端面磨损倒角大于齿高的 1/4 时，应更换；齿厚磨损减薄量超过原厚度的 1/10 时应予更换；齿部工作面出现压痕时，允许修磨，但齿厚减薄量不应超过齿厚的 5%。

② 对于片式离合器，若其摩擦片平行度误差超过 0.1mm，或出现不均匀的光秃斑点时，应更换；摩擦片有轻微伤痕时可以磨削修复，修后的厚度减薄量应不超过原厚度的 1/5；锥形摩擦离合器的锥体接触面积小于 70%、锥体径向跳动大于 0.05mm 时，允许修磨锥面；无法修复时，可更换其中一件。

（12）带轮

带轮具有以下缺陷时，可按以下方法确定是修复还是更换。

① 平带轮的工作表面粗糙度 Ra 大于 3.2μm 或表面局部凹凸不平时，允许修磨。

② 带轮的 V 形槽边缘损坏，有可能使 V 形带越出槽外时，应更换。

③ 带轮的 V 形槽底与 V 形带底面的间隙小于标准间隙的一半时，可以采用车削等方法以达到设计要求。

④ 径向圆跳动和端面圆跳动超过 0.2mm 时应修复。

⑤ 高速（500r/min）带轮的径向和端面圆跳动超过设计规定时，应修复或更换。

（13）光杠

光杠具有以下缺陷时，可按以下方法确定是修复还是更换。

① 光杠的直线度误差超过 0.1mm/1000mm 时，应校直。

② 光杠的外径在有效长度上应该一致，其圆柱度误差超过表 18-9 的数值时，应该修复。

表 18-9 光杠的圆柱度允许误差   单位：mm

外径	圆柱度允差
18	0.06
> 18 ~ 30	0.07
> 30 ~ 55	0.08

③ 光杠的键槽宽度尺寸误差超过 0.3mm 时，应修复。

18.1.6 修理方案的确定

机械设备的修理不但要达到预定的技术要求，而且要力求提高经济效益。因此，在修理前应切实掌握设备的技术状况，制定经济合理、切实可行的修理方案，充分做好技术和生产准备工作，在施工中要积极采用新技术、新材料、新工艺等，以保证修理质量，缩短停修时间，降低修理费用。

确定修理方案前，必须对机械设备进行预检，在详细调查了解设备修理前技术状况、存在的主要缺陷和产品工艺对设备的技术要求后，分析确定其修理方案，主要应考虑以下几方面的内容。

① 按产品工艺要求，设备的出厂精度标准能否满足生产需要。如果个别主要精度项目标准不能满足生产需要，能否采取工艺措施提高精度。哪些精度项目可以免检。

② 对多发性故障部位，分析改进设计的必要性与可行性。

③ 对关键零部件，如精密主轴部件、精密丝杠副、分度蜗杆副的修理，本企业维修人员的技术水平和条件能否胜任。

④ 对基础件，如床身、立柱、横梁等的修理，采用磨削、精刨或精铣工艺，在本企业或本地区其他企业实现的可能性和经济性。

⑤ 为了缩短修理时间，哪些部件采用新部件比修复原有部件更经济。

⑥ 如果本企业承修，哪些修理作业需委托外企业协作，应与外企业联系并达成初步协议。如果本企业不能胜任和不能实现对关键零部件、基础件的修理工作，应委托其他企业修理。

18.1.7 拆卸零件的工具及方法

任何机械设备都是由许多零部件组成的，修理机械设备时，首先必须经过拆卸才能对失效零部件进行修复或更换。拆卸是机械设备修理工作的重要环节。正确的拆卸是设备修理的前提及基础，拆卸工作对设备修理的质量关系极大，如果拆卸不当，不但会造成零部件的损坏，还会影响到设备修理后的精度。因此，设备的拆卸首先须遵循拆卸的一般原则，选取合适的拆卸工具，采取正确的拆卸方法和步骤。

（1）拆卸设备的一般原则

① 拆卸前必须首先弄清楚设备的结构、性能，掌握各个部件的结构特点、装配关系以及定位销、弹簧垫圈、锁紧螺母与顶丝的位置及退出方向，以便正确进行拆卸。

② 拆卸设备的顺序与装配相反。在切断电源之后，应先拆外部附件，再将整机拆成部件，然后拆成零件。必须按部件归并放置，绝对不能乱扔乱放。对于精密零件要单独妥善存放，对于丝杆和轴类零件应悬挂起来，以免变形。

③ 选择正确的拆卸方法，正确使用拆卸工具。直接拆卸轴孔装配件时，通常要坚持该用多大力装配，就用多大力拆卸的原则，如果出现异常，就要查找原因，防止在拆卸中将零件拉伤，甚至损坏。热装零件要利用加热来拆卸。

④ 拆卸大型零件，要坚持慎重、安全的原则。拆卸中应仔细检查锁紧螺钉及压板等零件是否拆开。

⑤ 对于精密、稀有及关键机床，拆卸时应特别慎重。在日常维护中，一般不允许拆卸，尤其是光学部件。

⑥ 要坚持拆卸服务于装配的原则。如果被拆卸机床的技术资料不全，在拆卸过程中，必须进行记载。装配时，遵照先拆后装的原则。

（2）设备拆卸注意事项

① 对不易拆卸或拆卸后会降低连接质量和损坏一部分连接零件的连接，应尽量避免拆卸，例如密封连接、过盈连接、铆接和焊接连接件等。

② 用击卸法冲击零件时，必须垫好软衬垫或用软材料（如纯铜）做的锤子或冲棒，以防止损坏零件表面。

③ 拆卸时用力要适当，特别要注意保护主要构件，不使其发生任何损坏。对于相配合的两零件，在不得已必须损坏一个零件的情况下，应保存价值较高、制造困难或质量较好的零件。

④ 长径比较大的零件，如精密的细长轴、丝杠等零件，拆下后随即清洗、涂油、垂直悬挂。重型零件可用多支点支承卧放，以免变形。

⑤ 拆下的零件应尽快清洗，并涂上防锈油。精密零件还要用油纸包好，防止生锈腐蚀或碰撞表面。零件较多时还要按部件分门别类，作好标记后再放置。

⑥ 拆下较细小、易丢失的零件，如紧定螺钉、螺母、垫圈及销子等时，清理后尽可能再装在主要零件上，以防遗失。轴上的零件拆下后，最好按原次序方向临时装回轴上或用钢丝串起来放置，这样将给以后的装配工作带来很大的方便。

⑦ 拆下的导管、油杯之类的润滑或冷却用油、水、气的通路，各种液压件，在清理后均应将进出口封好，以免灰尘杂质浸入。

⑧ 在拆卸旋转部件时，应尽量不破坏原来的平衡状态。

⑨ 容易产生位移而又无定位装置或有方向性的相配件，在拆卸后应先做好标记，以便在装配时容易辨认。

⑩ 对装配精度影响较大的关键零件，为了保证重新装配的正确性，在不影响零件完整性和不损伤零件的前提下，应在拆卸前及拆卸过程中做好打印、记号工作。

（3）拆卸机械设备的常用工具

在机械设备的拆卸修理过程中，通常需要使用到一些通用工具和专用工具，主要有以下类型。

① 普通拆卸工具。如图 18-22 所示是设备拆卸常用的工具，如拔销器、扳手、挡圈装卸钳等。有些常用工具需要自制，如销子冲头、铜棒等。

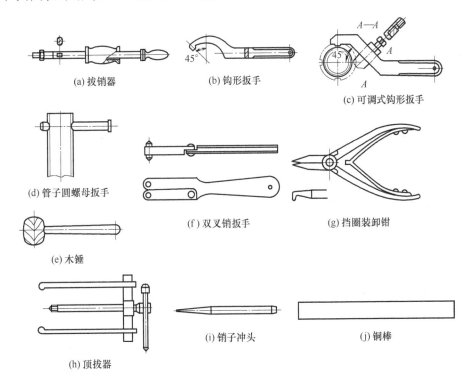

图 18-22　常用工具

② 拉卸器。如图 18-23 所示为 GX-1000S 型拉卸器，它通过手柄 1 转动双头丝杆 2，利用杠杆原理，产生拉卸动作，将带轮 3 拉出。

③ 轴用顶具。如图 18-24 所示，弓形架 3 的上板钻孔与螺母 2 焊接，下板开一个 U 形槽，槽宽 B 由轴颈确定。弓形架 3 两边各焊一根加强筋 4，并可以配置数块槽宽为 b（b＜B）的系列多用平板，使用时，按轴颈大小选择相应的槽口，交叉叠放于弓形架 3 的 U 形槽上，这样可使一副弓形架适用于多种不同轴颈的需

要。旋转螺栓 1，就能顶出轴上的零件。

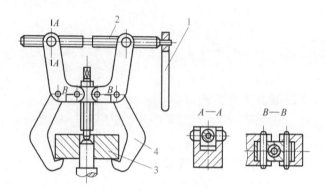

图 18-23 拉卸器

1—手柄；2—双头丝杆；3—带轮；4—拉钩

④ 孔用拉具。孔用拉具如图 18-25 所示，膨胀套 4 下端的十字交叉口的直径应略小于零件的内径。当旋转螺母 3 时，锥头螺杆 5 上升，使膨胀套 4 胀开，钩住零件 6，再旋转螺母 1，便能拉出孔内零件。

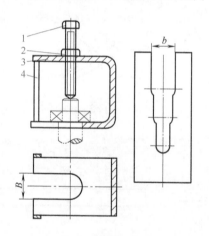

图 18-24 轴用顶具

1—螺栓；2—螺母；3—弓形架；
4—加强筋

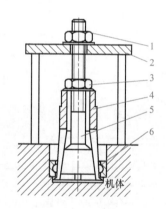

图 18-25 孔用拉具

1，3—螺母；2—支架；4—膨胀套；
5—螺杆；6—零件

（4）零件拆卸的方法及要点

拆卸工作简单地讲，就是如何正确地解除零部件在机器中的相互约束与固定形式，把零部件有条不紊地分解出来。零件的拆卸，按其拆卸的方式可以分为击卸法、拉拔法、顶压法、温差法和破坏法等。在拆卸时，要根据实际情况，选用不同的拆卸方法。

　　1）击卸法

　　击卸法是拆卸工作中最常用的一种方法。它是利用锤子或其它重物的冲击能量，把零件拆卸下来。

　　击卸法的优点是使用工具简单，操作方便，不需要特殊设备和工具，因此，应用最为广泛。击卸法的不足之处是如果击卸方法不对，零件就容易受到损伤或破坏，所以击卸时必须注意以下几点。

　　① 按被拆卸零部件的尺寸、重量、配合性质等选择大小适当的手锤，并且要使用正确的敲击力。如果用小锤子击卸重量大、配合紧的零件，就不易被敲动，反之，容易将零件敲毛甚至损坏零件。

　　② 对敲击部位必须采取保护措施，切忌用锤子直接敲击零件。一般用铜锤、胶木棒、木板保护受击的轴端、套端或轮辐。精密重要的部件拆卸时，还必须制作专用工具加以保护。图18-26（a）为保护主轴的垫铁，图18-26（b）为保护轴端中心孔的垫铁，图18-26（c）为保护轴端螺纹的垫套，图18-26（d）为保护轴套的垫套。

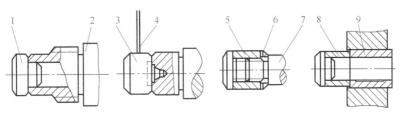

(a) 保护主轴的垫铁　(b) 保护轴端中心孔的垫铁 (c) 保护轴端螺纹的垫套　(d) 保护轴套的垫套

图18-26　击卸保护

1，3—垫铁；2—主轴；4—铁条；5—螺母；6，8—垫套；7—轴；9—击卸套

　　击卸操作时，应选择合适的锤击点，以防止变形和破坏。如对于带有轮辐的带轮、齿轮、链轮，应锤击轮与轴配合处的端面，避免锤击外缘，锤击点要均匀分布。

　　③ 击卸前，要检查锤子手柄是否松动，以防止猛击时锤头脱柄飞出。要观察锤子所划过的空间是否有人或其他障碍物。

　　④ 要先对击卸件进行试击，以确定零件的走向是否正确和零件间结合的牢固程度。如果听到坚实的声音或手感反弹力很大，要立即停止锤击，进行检查，看是否由于方向相反或紧固件漏拆而引起，若发现上述情况，要纠正击卸方法。零件锈蚀严重时，可以加煤油润滑。

　　2）拉拔法

　　拉拔法是一种静力拆卸方法，其优点是被拆零部件不受冲击力，因而拆卸比较安全，不易损坏零件。适用于拆卸精度较高、不允许敲击或无法敲击的零件，也适用于过盈量较小的配合件（如滚动轴承、带轮等）的拆卸。以下给出了几种常见零件的拉拔操作方法。

① 轴端零件的拉拔。利用各种顶拔器［如图 18-27（a）、图 18-27（b）所示］拉卸装在轴端位置的轴承、带轮、齿轮等零件的方法，具体见图 18-27（c）、图 18-27（d）、图 18-27（e）。拉卸时，顶拔器的拉钩要保持平行，钩子与零件接触要平整，否则容易打滑。如图 18-27（b）所示为具有防滑装置的顶拔器，使用时先将轴承扣紧后，将螺纹套旋紧抵住螺母，再转动螺杆便可以将轴承拉出。

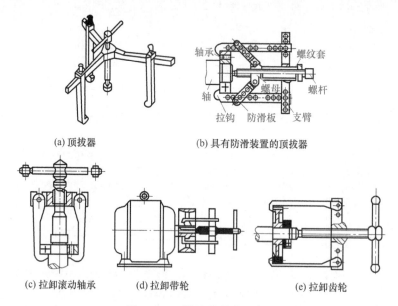

(a) 顶拔器　　　　(b) 具有防滑装置的顶拔器

(c) 拉卸滚动轴承　　(d) 拉卸带轮　　(e) 拉卸齿轮

图 18-27　轴端零件的拉卸

② 轴的拉拔。图 18-28 给出了利用专用拉具，拉卸万能铣床主轴的方法。拉具由拉杆、手把、推力轴承、螺钉销、支承体、垫圈、螺母等组成。使用时，将拉杆穿过主轴内孔，旋紧紧定螺钉 2，转动手柄便可以将主轴拉出。

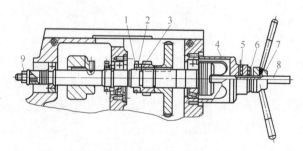

图 18-28　专用拉具拆卸主轴

1—圆螺母；2—紧定螺钉；3—齿轮；4—支承体；5—螺钉销；6—推力轴承；7，9—螺母；8—拉杆

③ 套的拉拔。如图 18-29 所示是一种专用拉套工具，不但可以拉卸一般的套，还能拉卸两端装有孔径相等的套，如镗床空心主轴套等。图中所示拉具，有四块可以伸缩的滑爪。当拉具放入孔内时，滑爪收缩与拉杆锥部小端接触。拉卸时，拉杆锥部将四块滑爪顶出，靠在套的端面，转动螺母便可以将套拉出。

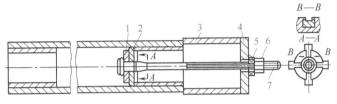

图 18-29　专用拉套工具

1—拉具体；2—滑爪；3—垫套；4—垫板；5—推力轴承；6—螺母；7—拉杆

④ 钩头键的拉拔。钩头键是一种具有一定斜度的键，它既能传递力矩，又能在轴向固定零件。拆卸时，图 18-30（a）给出了用錾子拆卸钩头键的方法，操作时，用锤子、錾子将其挤出，但容易损坏零件。若采用如图 18-30（b）、图 18-30（c）所示的两种专用拉具，则拆卸较为方便可靠，且不易损坏零件。

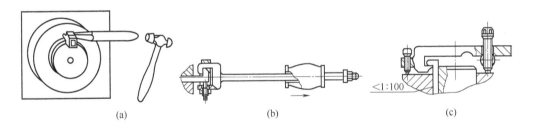

(a)　　　　　　　　　　(b)　　　　　　　　　　(c)

图 18-30　拆卸钩头键的方法

⑤ 锥销的拉拔。图 18-31 给出了利用拔销器拉拔锥销的操作方法。

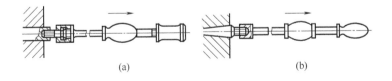

(a)　　　　　　　　　　　　　(b)

图 18-31　锥销的拉拔

3）顶压法

顶压法是在各种手动压力机和油压机上进行，也是一种静力拆卸方法。适用于形状简单、配合过盈量较大的零部件的拆卸。采用这种拆卸方法时，应特别注意安全。如图 18-32 所示为用千斤顶拆卸带轮的方法，拆卸时，先用吊钩将带轮吊住，起保护作用，然后将两只千斤顶对称放置在带轮的两侧，交替（或同时）

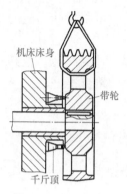

图 18-32　用千斤顶
拆卸带轮

旋转两只千斤顶的螺栓，逐渐将带轮顶出。

4）温差法

温差法是利用物体热胀冷缩的原理进行零件拆卸的一种方法。具体分热拆卸和冷拆卸两种。其中，热拆卸是利用物体受热后膨胀的原理，采用各种手段使零件加热到一定的温度，然后再进行拆卸的方法。热拆卸不但可用于较小零件的拆卸，尤其适用于外形较大和过盈配合零件的拆卸。与热拆卸相反，冷拆卸则是利用物体冷却后收缩这一特性来完成拆卸的。由于冷拆卸所用的冷却工装设备（如液态氨罐、液态氮罐等）比较复杂，操作起来比较麻烦，所以很少采用，但对于一些需要加热的零件较大，而配合件又很小的零件，若受加热设备的限制，此时采取冷拆卸就比较合适，此外，对一些材料特殊制造的零件或装配后精度要求高，而要求变形量非常微小的件，则必须采用冷拆卸方法进行。

图 18-33 为利用热油加热轴承内圈，完成轴承拆卸的示意图。在对轴承内圈加热前，应先用石棉将靠近轴承的那部分轴隔离开来，防止轴受热膨胀，用拉卸器卡爪钩住轴承内圈，给轴承施加一定的拉力，然后迅速将加热到100℃左右的热油浇注在轴承内圈上，待轴承内圈受热膨胀后，即可用拉卸器将轴承拉出。

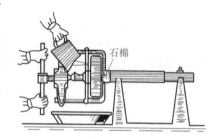

图 18-33　用热油加热轴承内圈

5）破坏法

破坏性拆卸这种方法很少采用，特别是对于价格较高的零部件更不宜使用。只有在拆卸热压、焊接、铆接等固定连接件，或轴与轴套相互咬合、花键轴扭转变形和严重锈蚀无法拆开时，才采用这种保护主件而破坏副件的措施。破坏性拆卸多采用车削、切割等方法进行。

18.1.8　维修零件的清洗

对拆卸后的机械零件进行清洗是修理工作的重要环节。清洗方法和清洗质量，对零件鉴定的准确性、维修质量、维修成本和使用寿命等均产生重要影响。

设备及零部件表面污物主要有油污、锈层、水垢、积炭、旧涂装层等。零件的清洗主要就是清除油污、锈层、水垢、积炭、旧涂装层等污物。

零部件清洗时，应针对零件的材质、精密程度、污物性质不同，以及各种工序对清洁程度的不同，采取不同的清除方法。选择适宜的设备、工具、工艺和清洗介质，才能获得良好的清除效果。

（1）去污

清除零件上的油污，常采用清洗液，如有机溶剂、碱性溶液、化学清洗液等。清洗方法有擦洗、浸洗、喷洗、气相清洗及超声波清洗等。清洗方式有人工清洗和机械清洗。

机械设备修理中清除零件表面的油污常用擦洗的方法，即将零件放入装有煤油、柴油或化学清洗剂的容器中，用棉纱擦洗或用毛刷刷洗。这种方法操作简便、设备简单，但效率低，适用于单件小批生产的中小型零件及大型零件的工作表面的除油。此外，还可采用市场上出售的多功能金属清洗液清洗，市售的金属清洗液常以粉剂、膏剂或胶剂供货，使用时加入95%以上的水即可使用。它对水溶性、油溶性污物都能清洗，而且作业安全，对环境污染小，成本不及汽油的1/3，在国内外取得了广泛应用。表18-10给出了几种金属清洗液配方与使用。一般不宜用汽油作清洗剂，因其有溶脂性，会损害身体且容易造成火灾。

表 18-10　金属清洗液配方与使用

组分（余量为水）		主要工艺参数	适用范围
名称	含量/%		
XH-16	3 ~ 7	常温，浸渍	钢铁
SL9502	0.1 ~ 0.3	常温，浸、擦、喷	
664清洗剂	2 ~ 3	75℃浸漂3 ~ 4min	钢铁脱脂，不宜铜锌
平平加清洗剂	1 ~ 3	60 ~ 80℃浸漂5min	铝、铜及其合金，镀锌钢件
8201	2 ~ 5	常温浸漂至洁净	铜及其合金
TX-10清洗剂	0.2	4 ~ 6min	铝及其合金

喷洗是将具有一定压力和温度的清洗液喷射到零件表面，以清除油污。该方法清洗效果好、生产率高，但设备复杂，适用于零件形状不太复杂、表面有较严重油垢的清洗。

清洗不同材料的零件和不同润滑材料产生的油污，应采用不同的清洗剂。清洗动植物油污，可用碱性溶液，因为它与碱性溶液起皂化作用，生成肥皂和甘油溶于水中。但碱性溶液对不同金属有不同程度的腐蚀性，尤其对铝的腐蚀较强。因此清洗不同的金属零件应该采用不同的配方，表18-11和表18-12分别列出了清洗钢铁零件和铝合金零件的配方。

表 18-11　清洗钢铁零件的配方　　单位：kg

成分	配方1	配方2	配方3	配方4
氢氧化钠	7.5	20	—	—
碳酸钠	50	—	5	—
碳酸钠	10	50	—	—

续表

成分	配方1	配方2	配方3	配方4
硅酸钠	—	30	2.5	—
软肥皂	1.5	—	5	3.6
磷酸三钠	—	—	1.25	9
磷酸氢二钠	—	—	1.25	—
偏硅酸钠	—	—	—	4.5
重铝酸钠	—	—	—	0.9
水	1000	1000	1000	450

表18-12　清洗铝合金零件的配方　单位：kg

成分	配方1	配方2	配方3
碳酸钠	1	0.4	1.5~2
重铝酸钠	0.05	—	0.05
硅酸钠	—	—	0.5~1
肥皂	—	—	0.2
水	100	100	100

矿物油不溶于碱溶液，因此清洗零件表面的矿物油油垢，需加入乳化剂，使油脂形成乳油液而脱离零件表面。为加速去除油垢的过程，可采用加热、搅拌、压力喷洗、超声波清洗等措施。

（2）除锈

零件表面的腐蚀物如钢铁零件的表面锈蚀，在机械设备修理中，为保证修理质量，必须彻底清除。目前主要采用机械、化学和电化学等方法除锈。

1）机械法除锈

利用机械摩擦、切削等作用清除零件表面锈层。常用方法有刷、磨、抛光、喷砂等。单件小批维修可由人工用钢丝刷、刮刀、砂布等打磨锈蚀表面；成批或有条件，可用机器除锈，如电动磨光、抛光、滚光等。喷砂法除锈是利用压缩空气，把一定粒度的砂子通过喷枪喷在零件锈蚀的表面上，不仅除锈快，还可为涂装、喷涂、电镀等工艺做好表面准备，经喷砂处理的表面可达到干净的、有一定表面粗糙度的表面要求，从而提高覆盖层与零件的结合力。

2）化学法除锈

利用一些酸性溶液溶解金属表面的氧化物，以达到除锈的目的。目前使用的化学溶液主要是盐酸、硫酸、磷酸或其混合溶液，加入少量的缓蚀剂。其工艺过程是：除油→水冲洗→除锈→水冲洗→中和→水冲洗→去氢。为保证除锈效果，一般都将溶液加热到一定的温度，严格控制时间，并要根据被除锈零件的材料，采用合适的配方。表18-13给出了几种常见金属除锈剂的配方及除锈工艺。

3）电化学法除锈

电化学法除锈是在电解液中通以直流电，通过化学反应达到除锈的目的，这种方法可节约化学药品，除锈效率高、除锈质量好，但消耗能量大且设备复杂。常用的方法有阳极腐蚀和阴极腐蚀。阳极腐蚀是把锈蚀件作为阳极，主要缺点是当电流密度过高时，易腐蚀过度，破坏零件表面，故适用于外形简单的零件；阴极腐蚀是把锈蚀件作为阴极，用铅或铅锑合金作阳极，阴极腐蚀无过蚀问题，但氢易浸入金属中，产生氢脆，降低零件塑性。

表18-13　几种常见金属除锈剂的配方及除锈工艺

类型	配方（重量比）	工艺	说明
钢材精密零件	三氧化铬15%，磷酸15%～17%，硫酸1%～1.2%，水66.8%～69%	① 将零件清洗除油（用汽油、丙酮等） ② 将零件浸入除锈液中，加热至80～90℃，约30～40min ③用自来水冲洗零件约0.5～1min ④立即进行中和处理：将零件浸入0.5%碳酸钠水溶液中约5min ⑤钝化处理：将零件浸入钝化液（50%的10%亚硝酸钠水溶液+50%的0.5%碳酸钠水溶液）中，加热至80～90℃，约5～10min ⑥用自来水冲洗零件，擦干，封油	此配方可除去零件轻微锈蚀，对零件的尺寸、形状、表面粗糙度、光泽等均无影响
一般钢材、铸铁零件	丙酮40%，磷酸38%，对苯二酚12%，水10%	① 将零件清洗除油 ② 在常温下将零件浸入除锈液中约2～4min ③用自来水冲洗，中和处理，钝化处理（与钢材精密零件处理工艺相同）	可除去严重锈蚀，但对金属基体有一定影响。整个除锈过程时间不能太长，否则会使零件发暗
铜材零件	硫酸0.3%～0.4%，氯化钠0.03%，三氧化铬8%，水90%～92%	① 将零件清洗除油 ② 在常温下将零件浸入除锈液中1～2min ③立即用自来水冲洗0.5～1min ④中和处理：将零件浸入2%碳酸钠水溶液中2min ⑤用自来水冲洗，擦干	此配方对黄铜零件除锈效果更佳，并有钝化作用，处理后黄铜零件呈金黄色
铝材零件	磷酸18%，三氧化铬7%，水75%	同铜材除锈工艺	此配方适用于铝材零件除轻锈，对金属基体影响不大，除锈后零件表面有光泽，显铝本色

（3）清除涂装层

清除零件表面的保护涂装层，可根据涂装层的损坏程度和要求进行全部或部分清除。涂装层清除后，要冲洗干净，才能喷刷新涂层。

清除方法一般是采用手工工具，如刮刀、砂纸、钢丝刷或手提式电动、风动工具进行刮、磨、刷等。有条件时可采用各种配制好的有机溶液、碱性溶液脱漆剂等化学方法。

使用有机溶液脱漆时，要特别注意安全。工作场地要通风，与火隔离，操作者要穿戴防护用具，工作结束后，要将手洗干净，以防中毒。使用碱性溶液脱漆剂时，不要让铝制零件、皮革、橡胶、毡制零件接触，以免腐蚀损坏。操作者要戴耐碱手套，避免皮肤接触受伤。

18.2 维修典型实例

为保证机械设备的工作性能，对其中有缺陷的零件应及时进行修理，以下给出了一些典型零件的修理方法。零件修理时，可根据实际情况，有针对性地选用。

18.2.1 轴的修理

轴类零件是组成各类机械设备的重要零件。它的主要作用是支承其他零件，承受载荷和传递转矩。轴是最容易磨损或损坏的零件，常见的失效形式、损伤特征、产生原因及修复方法见表 18-14。

表 18-14 轴常见的失效形式、损伤特征、产生原因及修复方法

失效形式		损伤特征	产生原因	修复方法
磨损	黏着磨损	两表面的微凸体接触，引起局部黏着、撕裂，有明显粘贴痕迹	低速重载或高速运转、润滑不良引起胶合	①修理尺寸 ②电镀 ③金属喷涂 ④镶套 ⑤堆焊 ⑥粘接
	磨粒磨损	表层有条形沟槽刮痕	较硬杂质介入	
	疲劳磨损	表面疲劳、剥落、压碎、有坑	受交变应力作用，润滑不良	
	腐蚀磨损	接触表面滑动方向呈均细磨痕，或点状、丝状磨蚀痕迹，或有小凹坑，伴有黑灰色、红褐色氧化物细颗粒和丝状磨损物产生	受氧化性、腐蚀性较强的气、液体作用，受外载荷或振动作用，接触表面间产生微小滑动	
断裂	疲劳断裂	可见到断口表层或深处的裂纹痕迹，并有新的发展迹象	交变应力作用、局部应力集中、微小裂纹扩展	①焊补 ②焊接断轴 ③断轴接段 ④断轴套接
	脆性断裂	断口由裂纹源处向外呈鱼骨状或人字形花纹状扩散	温度过低、快速加载、电镀等使氢渗入轴中	
	韧性断裂	断口有塑性变形和挤压变形痕迹，有颈缩现象或纤维扭曲现象	过载、材料强度不够、热处理使韧性降低，低温、高温等	
过量变形	弹性变形	承载时过量变形，卸载后变形消失，运转时噪声大、运动精度低，变形出现在承载区或整轴上	轴的刚度不足、过载或轴系结构不合理	①冷校 ②热校
	塑性变形	整体出现不可恢复的弯、扭曲，与其他零件的接触部位呈局部塑性变形	强度不足、过量过载、设计结构不合理、高温导致材料强度低，甚至发生蠕变	

轴的具体修复内容主要有以下几个方面。

（1）轴颈磨损的修复

轴颈因磨损而失去原有的尺寸和形状精度，变成椭圆形或圆锥形等，此时常用以下方法修复。

① 按规定尺寸修复。当轴颈磨损量小于 0.5mm 时，可用机械加工方法使轴颈恢复正确的几何形状，然后按轴颈的实际尺寸选配新轴衬。这种用镶套进行修复的方法可避免轴颈的变形，在实践中经常使用。

② 堆焊法修复。几乎所有的堆焊工艺都能用于轴颈的修复。堆焊后不进行机械加工的，堆焊层厚度应保持在 1.5～2mm；若堆焊后仍需进行机械加工，堆焊层的厚度应使轴颈比其名义尺寸大 2～3mm。堆焊后应进行退火处理。

③ 电镀或喷涂修复。当轴颈磨损量在 0.4mm 以下时，可镀铬修复，但成本较高，只适于重要的轴。为降低成本，对于不重要的轴应采用低温镀铁修复，此方法效果很好，原材料便宜，成本低，污染小，镀层厚度可达 1.5mm，有较高的硬度。磨损量不大的也可采用喷涂修复。

④ 粘接修复。把磨损的轴颈车小 1mm，然后用玻璃纤维蘸上环氧树脂胶，逐层地缠在轴颈上，待固化后加工到规定的尺寸。

（2）中心孔损坏的修复

修复前，首先除去孔内的油污和铁锈，检查损坏情况，如果损坏不严重，用三角刮刀或油石等进行修整；当损坏严重时，应将轴装在车床上用中心钻加工修复，直至完全符合规定的技术要求。

（3）圆角的修复

圆角对轴的使用性能影响很大，特别是在交变载荷作用下，常因轴颈直径突变部位的圆角被破坏或圆角半径减小导致轴折断。因此，圆角的修复不可忽视。

圆角的磨伤可用细锉或车削、磨削加工修复。当圆角磨损很大时，需要进行堆焊，退火后车削至原尺寸。圆角修复后，不可有划痕、擦伤或刀迹，圆角半径也不能减小，否则会减弱轴的性能并导致轴的损坏。

（4）螺纹的修复

当轴表面上的螺纹碰伤、螺母不能拧入时，可用圆板牙或车削加工修整。若螺纹滑牙或掉牙，可先把螺纹全部车削掉，然后进行堆焊，再车削加工修复。

（5）键槽的修复

当键槽只有小凹痕、毛刺或轻微磨损时，可用细锉、油石或刮刀等进行修整。若键槽磨损较大，可扩大键槽或重新开槽，并配大尺寸的键或阶梯键；也可在原槽位置上旋转 90° 或 180° 重新按标准开槽。开槽前需先把旧键槽用气焊或电焊填满。

（6）花键轴的修复

① 当键齿磨损不大时，先将花键部分退火，进行局部加热，然后用钝錾子对准键齿中间，手锤敲击，并沿键长移动，使键宽增加 0.5 ～ 1mm。花键被挤压后，劈成的槽可用电焊焊补，最后进行机械加工和热处理。

② 采用纵向或横向施焊的自动堆焊方法。纵向堆焊时，把清洗好的花键轴装到堆焊机床上，机床不转动，将振动堆焊机头旋转 90°，并将焊嘴调整到与轴中心线成 45° 角的键齿侧面。焊丝伸出端与工件表面的接触点应在键齿的节径上，由床头向尾架方向施焊。横向施焊与一般轴类零件修复时的自动堆焊相同。为保证堆焊质量，焊前应将工件预热。堆焊结束时，应在焊丝离开工件后断电，以免产生端面弧坑。堆焊后要重新进行铣削或磨削加工，达到规定的技术要求。

③ 按照规定的工艺规程进行低温镀铁，镀铁后再进行磨削加工，使其符合规定的技术要求。

（7）裂纹和折断的修复

轴出现裂纹后若不及时修复，就有折断的危险。

对于轻微裂纹可采用粘接修复：先在裂纹处开槽，然后用环氧树脂填补和粘接，待固化后进行机械加工。

对于承受载荷不大或不重要的轴，其裂纹深度不超过轴直径的 10% 时，可采用焊补修复。焊补前，必须认真做好清洁工作，并在裂纹处开好坡口。焊补时，先在坡口周围加热，然后再进行焊补。为消除内应力，焊补后需进行回火处理，最后通过机械加工达到规定的技术要求。

对于承受载荷很大或重要的轴，其裂纹深度超过轴直径的 10% 或存在角度超过 10° 的扭转变形时，应予以调换。

当载荷大或重要的轴出现折断时，应及时调换。一般受力不大或不重要的轴折断时，可用如图 18-34 所示的方法进行修复。其中图 18-34（a）是用焊接法把断轴两端对接起来。焊接前，先将两轴端面钻好圆柱销孔，插入圆柱销，然后开坡口进行对接。圆柱销直径一般为（0.3 ～ 0.4）d，d 为断轴外径。图 18-34（b）是用双头螺柱代替圆柱销。

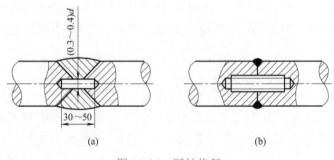

(a)　　　　(b)

图 18-34　断轴修复

若轴的过渡部分折断，可另加工一段新轴代替折断部分，新轴一端车出带有螺纹的尾部，旋入轴端已加工好的螺孔内，然后进行焊接。

有时折断的轴其断面经过修整后，使轴的长度缩短了，此时需要采用接段修理法进行修复，即在轴的断口部位再接上一段轴颈。

（8）弯曲变形的修复

对弯曲量较小的轴（一般小于长度的8/1000），可用冷校法进行校正。通常对普通的轴可在车床上校正，也可用千斤顶或螺旋压力机进行校正。这些方法的弯曲量能达到1m长0.05～0.15mm，可满足一般低速运行的机械设备要求。对要求较高、需精确校正的轴，或弯曲量较大的轴，则用热校法进行校正。通常热校可在调质回火温度以下进行，加热时间根据轴的直径大小、弯曲量及具体的加热设备确定。热校后应对该轴进行去应力回火，并保证原来的力学性能和技术要求。

（9）其他失效形式的修复

外圆锥面或圆锥孔磨损，均可用车削或磨削方法加工到较小或较大尺寸，达到修配要求，再另外配相应的零件；轴上销孔磨损时，也可将尺寸铰大一些，另配销子；轴上的扁头、方头及球头磨损可采用堆焊或加工、修整几何形状的方法修复；当轴的一端损坏时，可采用局部修换法进行修理，即切削损坏的一段，再焊上一段新的后，加工到要求的尺寸。

18.2.2　丝杠的修理

当梯形螺纹丝杠的磨损不超过齿厚的10%时，通常可采用车深螺纹的方法来消除。螺纹车深后，外径也要相应地车小，使螺纹达到标准深度，再配制螺母。

经常加工短工件的机床，由于丝杠的工作部分经常集中于某一段（如普通机床丝杠磨损靠近车头部位），因此这部分丝杠磨损较大。为了修复其精度，可采用丝杠调头使用的方法，让没有磨损或磨损不多的部分，换到经常工作的部位。但丝杠两端的轴颈大多不一样，因此调头使用还需做一些车、钳削加工。

对于磨损过大的精密丝杠，常采用更换的方法。矩形螺纹丝杠磨损后，一般不能修理，只能更换新的。

丝杠轴颈磨损后可在轴颈处镀铬或堆焊，然后进行机械加工加以修复，但车削轴颈时应保证轴颈轴线和丝杠轴线重合。

18.2.3　滚动轴承的检修

滚动轴承是用来支承轴的零部件，有时也用来支承轴上的回转零件，其种类较多，结构形式均已标准化，且各零件的加工及装配精度较高。常见的缺陷主要有：过度磨损，滚动体的伤痕、断裂、胶合、磨损，保持架的断裂，以及内外圈滚道的表面剥落、胶合、磨损等。这些均会严重影响轴承的正常工作，导致噪声、振动、超温等故障。

在机械设备维修时，并不需要对已磨损的滚动轴承进行修复，其工作主要是根据滚动轴承的运转情况，判断滚动轴承是否运转正常，对已损滚动轴承可采用更换滚动轴承组件的方法完成，此时必须拆卸滚动轴承，对其进行更换。

（1）**滚动轴承的拆卸方法**

根据轴承配合性质的不同，可分别采用击卸法及拉拔法对其进行拆卸。

对一般过渡配合的小型滚动轴承部件可用击卸法拆卸。把轴承支承在台虎钳或其他硬件上，用锤子或压力机将轴从轴承内圈中顶出，如图 18-35 所示。或用软金属的圆头冲子沿内圈端面的周围锤击冲出。

对用击卸法不易直接拆卸的滚动轴承，一般用轴承顶拔器进行拉拔拆卸。拆卸时应按轴承尺寸调整顶拔器拉杆距离，让卡爪稳固地卡住轴承圈端面，轻旋螺杆使其着力均匀，然后旋紧螺杆逐步加大力量将轴承圈拉出，如图 18-36 所示。使用轴承顶拔器应注意以下几方面。

① 顶拔器拉杆爪的弯角应小于 90°。

② 拉轴承时拉杆两脚与螺杆应保持平行，不能外撇，卡爪应钩在轴承圈的端面上。

③ 螺杆端部应制成 90° 夹角或装有钢球。

④ 顶拔器使用时两拉杆与螺杆的距离应相等。

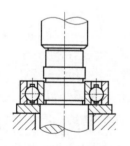

图 18-35　滚动轴承的击卸法拆卸

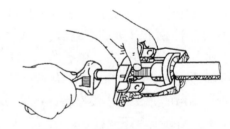

图 18-36　滚动轴承的拉拔法拆卸

图 18-37 给出了各种类型滚动轴承顶拔器拆卸不同轴承圈时的工作状态。

（2）**拆卸注意事项**

① 拆卸时作用力应直接加在拆卸体上，切忌加在滚动体或其他零件上。

② 拆卸前应在轴承座孔和轴上涂抹润滑油，以便于拆卸。

③ 拆卸已损坏的滚动轴承时，应注意不要损坏轴、机体和其他零件。轴承也不应因拆卸而变形，应尽量保持原样。

④ 分离型滚动轴承拆卸时，应先将轴承内、外圈分离，然后再分别拆卸内、外圈。

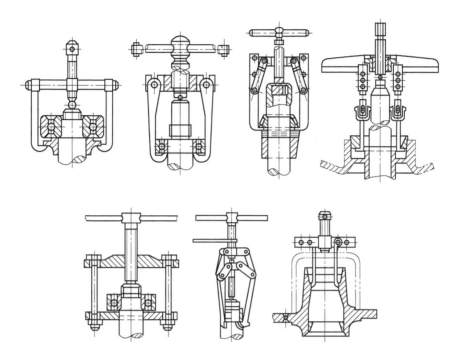

图 18-37 各类轴承顶拔器

（3）滚动轴承运转故障的排除方法

滚动轴承的运转故障主要有音响故障、振动故障及运转时温升异常等几种形式。其中，音响故障又可分为高频连续音响、低频连续音响和低频不规则音响；振动故障可分为启动或停机时共振和转动时的振动。各类故障产生的原因及排除方法主要有以下几点。

① 高频连续音响。该故障产生的原因主要有：间隙太小，内负荷过大；润滑不良；安装误差超差；回转体有摩擦。排除方法主要是有针对性地采取措施，分别为：修正间隙、预紧量和配合过盈量，增大润滑剂的黏度和用量，检查轴、轴承座孔的形位公差和安装精度，检查滚动轴承与端盖密封件的接触情况。

② 低频连续音响。该故障产生的原因主要是滚道有伤痕、缺陷，润滑剂不洁净。排除方法是清洗或更换滚动轴承，更换润滑剂。

③ 低频不规则音响。该故障产生的原因和排除方法主要有：间隙过大，应调整间隙，修正配合；异物进入滚动轴承，应清洗滚动轴承，检查、更换密封圈，更换润滑剂；机械振动，应采取相应的措施增加箱体和滚动轴承的刚性；滚动体表面有伤痕，应更换滚动轴承；回转体松动，应紧固滚动轴承端盖。

④ 启动或停机时共振。该故障产生的原因主要是轴的临界转速太低，排除方法是增加轴的刚性和滚动轴承的刚性。

⑤ 转动时振动。该故障产生的原因和排除方法是：回转体不平衡，可采取

相应措施使回转体平衡；安装误差超差，可采取提高箱体的精度和安装精度的方法排除；异物进入滚动轴承，可清洗滚动轴承，改进密封，更换润滑剂；机械变形，应采取相应措施增大箱体和支承的刚性。

⑥ 运转时温升异常。该故障产生的原因和排除措施主要有：润滑油脂太多，应排出过多的润滑油脂；润滑剂的黏度太大，应降低润滑剂的黏度；润滑剂用量不足，应补充润滑剂的用量；滚动轴承的间隙太小、内负荷太大，应增大间隙，减小预紧力和过盈量，防止额外的负荷产生；安装误差超差，应减小轴和轴承座的形位公差和提高安装精度；密封部位有摩擦，应改进密封结构，减小密封处的接触应力；配合部位松动，应修正配合等级，更换滚动轴承，涂少量厌氧胶以提高配合部位的接合力。

18.2.4　齿轮的修理

对因磨损或其他故障而失效的齿轮进行修复，在机械设备维修中甚为多见。齿轮的类型很多，用途各异。齿轮常见的失效形式、损伤特征、产生原因和修复方法见表 18-15。

表 18-15　齿轮常见的失效形式、损伤特征、产生原因及修复方法

失效形式	损伤特征	产生原因	修复方法
轮齿折断	整体折断一般发生在齿根，局部折断一般发生在轮齿一端	齿根处弯曲应力最大且集中，载荷过分集中、多次重复作用、短期过载	堆焊、局部更换、栽齿、镶齿
疲劳点蚀	在节线附近的下齿面上出现疲劳点蚀坑并扩展，呈贝壳状，可遍及整个齿面，噪声、磨损、动载加大，在闭式齿轮中经常发生	长期受交变接触应力作用，齿面接触强度和硬度不高、表面粗糙度大一些、润滑不良	堆焊、更换齿轮、变位切削
齿面剥落	脆性材料、硬齿面齿轮在表层或次表层内产生裂纹，然后扩展，材料呈片状剥离齿面，形成剥落坑	齿面受到的交变接触应力大，局部过载、材料缺陷、热处理不当、黏度过低、轮齿表面质量差	堆焊、更换齿轮、变位切削
齿面胶合	齿面金属在一定压力下直接接触发生黏着，并随相对运动从齿面上撕落，按形成条件分为热胶合和冷胶合	热胶合产生于高速重载，引起局部瞬时高温，导致油膜破裂，使齿面局部粘焊；冷胶合发生于低速重载、局部压力过高、油膜压溃	更换齿轮、变位切削、加强润滑
齿面磨损	轮齿接触表面沿滑动方向有均匀重叠条痕，多见于开式齿轮，导致失去齿形、齿厚减薄而断齿	铁屑、尘粒等进入轮齿的啮合部位，引起磨粒磨损	堆焊、调整换位、更换齿轮、换向、塑性变形、变位切削、加强润滑
塑性变形	齿面产生塑性流动，破坏了正确的齿形曲线	齿轮材料较软、承受载荷较大、齿面间摩擦力较大	更换齿轮、变位切削、加强润滑

齿轮修理的操作方法主要有以下方面。

（1）调整换位法

对于单向运转受力的齿轮，轮齿常为单面损坏，只要结构允许，可直接用调整换位法修复。所谓调整换位就是将已磨损的齿轮变换一个方位，利用齿轮未磨损或磨损轻的部位继续工作。

对于结构对称的齿轮，当单面磨损后可直接翻转180°，重新安装使用，这是齿轮修复的通用办法。但是，对圆锥齿轮或具有正反转的齿轮不能采用这种方法。

若齿轮精度不高，并由齿圈和轮毂组合的结构（铆合或压合），其轮齿单面磨损时，可先除去铆钉，拉出齿圈，翻转180°换位后再进行铆合或压合，即可使用。

结构左右不对称的齿轮，可将影响安装的不对称部分去掉，并在另一端用焊、铆或其他方法添加相应结构后，再翻转180°安装使用；也可在另一端加调整垫片，把齿轮调整到正确位置，而无须添加结构。

对于单面进入啮合位置的变速齿轮，若发生齿端碰缺，可将原有的换挡拨叉槽车削去掉，然后把新制的拔叉槽用铆或焊的方法装到齿轮的反面。

（2）栽齿修复法

对于低速、平稳载荷且要求不高的较大齿轮，单个齿折断后可将断齿根部锉平，根据齿根高度及齿宽情况，在其上面栽上一排与齿轮材质相似的螺钉，包括钻孔、攻螺纹、拧螺钉，并以堆焊连接各螺钉，然后再按齿形样板加工出齿形。

（3）镶齿修复法

对于受载不大，但要求较高的齿轮，单个齿折断，可用镶单个齿的方法修复。如果齿轮有几个齿连续损坏，可用镶齿轮块的方法修复。若多联齿轮、塔形齿轮中有个别齿轮损坏，用齿圈替代法修复。重型机械的齿轮通常把齿圈以过盈配合的方式装在轮芯上，成为组合式结构。当这种齿轮的轮齿磨损超限时，可把坏齿圈拆下，换上新的齿圈。

（4）堆焊修复法

当齿轮的轮齿崩坏，齿端、齿面磨损超限，或存在严重表层剥落时，可以使用堆焊法进行修复。齿轮堆焊的一般工艺为：焊前退火、焊前清洗、施焊、焊缝检查、焊后机械加工与热处理、精加工、最终检查及修整。

1）轮齿局部堆焊

当齿轮的个别齿断齿、崩牙，遭到严重损坏时，可以用电弧堆焊法进行局部堆焊。为防止齿轮过热、避免热影响，可把齿轮浸入水中，只将被焊齿露出水面，在水中进行堆焊。轮齿端面磨损超限时，可采用熔剂层下粉末焊丝自动堆焊。

2）齿面多层堆焊

当齿轮少数齿面磨损严重时，可用齿面多层堆焊。施焊时，从齿根逐步焊到齿顶，每层重叠量为 2/5 ～ 1/2，焊一层经稍冷后再焊下一层。如果有几个齿面需堆焊，应间隔进行。

对于堆焊后的齿轮，要经过加工处理以后才能使用。最常用的加工方法有以下两种。

① 磨合法。按应有的齿形进行堆焊，以齿形样板随时检验堆焊层厚度，基本上不堆焊出加工余量，然后通过手工修磨处理，除去大的凸出点，最后在运转中依靠磨合磨出光洁表面。这种方法工艺简单、维修成本低，但配对齿轮磨损较大、精度低。它适用于转速很低的开式齿轮修复。

② 切削加工法。齿轮在堆焊时留有一定的加工余量，然后在机床上进行切削加工。此种方法能获得较高的精度，生产效率也较高。

（5）塑性变形法

它是用一定的模具和装置并以挤压或滚压的方法将齿轮轮缘部分的金属向齿的方向挤压，使磨损的齿加厚，如图 18-38 所示。

将齿轮加热到 800 ～ 900℃放入图示下模 3 中，然后将上模 2 沿导向杆 5 装入，用手锤在上模四周均匀敲打，使上下模具互相靠紧。将销子 1 对准齿轮中心，以防止轮缘金属经挤压进入齿轮轴孔的内部。在上模 2 上施加压力，齿轮轮缘金属即被挤压流向齿的部分，使齿厚增大。齿轮经过模压后，再通过机械加工铣齿，最后按规定进行热处理。图中 4 为被修复的齿轮，尺寸线以上的数字为修复后的尺寸，尺寸线以下的数字为修复前的尺寸。

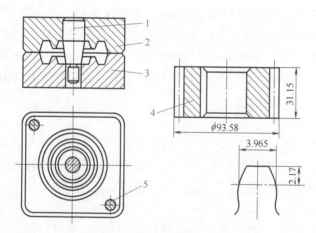

图 18-38　用塑性变形法修复齿轮

1—销子；2—上模；3—下模；4—被修复的齿轮；5—导向杆

塑性变形法只适用于修复模数较小的齿轮。由于受模具尺寸的限制，齿轮的直径也不宜过大。需修复的齿轮不应有损伤、缺口、剥蚀、裂纹以及用此法修复不了的其他缺陷；材料要有足够的塑性，并能成形；结构要有一定的金属储备量，使磨损区的齿轮得到扩大，且磨损量应在齿轮和结构的允许范围内。

（6）变位切削法

齿轮磨损后可利用变位切削，将大齿轮的磨损部分切去，另外配换一个新的小齿轮与大齿轮相配，齿轮传动即能恢复。大齿轮经过负变位切削后，它的齿根强度虽降低，但仍比小齿轮高，只要验算轮齿的弯曲强度在允许的范围内便可使用。

若两齿轮的中心距不能改变时，与经过负变位切削后的大齿轮相啮合的新小齿轮必须采用正变位切削。它们的变位系数大小相等，符号相反，形成高度变位，使中心距与变位前的中心距相等。

如果两传动轴的位置可调整，新的小齿轮不用变位，仍采用原来的标准齿轮。若小齿轮装在电动机轴上，可移动电动机来调整中心距。

采用变位切削法修复齿轮，必须进行如下相关方面的验算。

① 根据大齿轮的磨损程度，确定切削位置，即大齿轮切削最小的径向深度。

② 当大齿轮齿数小于 40 时，需验算是否会有根切现象；若大于 40，一般不会发生根切，可不验算。

③ 当小齿轮齿数小于 25 时，需验算齿顶是否变尖；若大于 25，一般很少使齿顶变尖，可不验算。

④ 必须验算轮齿齿形有无干涉现象。

⑤ 闭式传动的大齿轮经负变位切削后，应验算轮齿表面的接触疲劳强度，而开式传动可不验算。

⑥ 当大齿轮的齿数小于 40 时，需验算弯曲强度；而大于或等于 40 时，因强度减少不多，可不验算。

变位切削法适用于大模数的齿轮传动因齿面磨损而失效，成对更换不合算，大齿轮进行负变位修复而得到保留，只需配换一个新的正变位小齿轮，使传动得到恢复。它可减少材料消耗，缩短修复时间。

（7）金属涂覆法

模数较小的齿轮齿面磨损，不便于用堆焊等工艺修复，可采用金属涂覆法。

这种方法的实质是在齿面上涂以金属粉或合金粉层，然后进行热处理或者机械加工，从而使零件的原来尺寸得到恢复，并获得耐磨及其他特性的覆盖层。

涂覆时所用的粉末材料，主要有铁粉、铜粉、钴粉、钼粉、镍粉、堆焊合金粉、镍-硼合金粉等，修复时根据齿轮的工作条件及性能要求选择确定。涂覆的方法主要有喷涂、压制、沉积和复合等。

此外，铸铁齿轮的轮缘或轮辐产生裂纹或断裂时，常用气焊、铸铁焊条或焊粉将裂纹处焊好，用补夹板的方法加强轮缘或轮辐，用加热的扣合件在冷却过程中产生冷缩将损坏的轮缘或轮辐锁紧。

齿轮键槽损坏，可用插、刨或钳工把原来的键槽尺寸扩大 10% ~ 15%，同时配制相应尺寸修复。如果损坏的键槽不能用上述方法修复，可转位在与旧键槽成 90° 的表面上重新开一个键槽，同时将旧键槽堆焊补平；若待修复齿轮的轮毂较厚，也可将轮毂孔以齿顶圆定心进行镗大，然后在镗好的孔中镶套，再切制标准键槽。但镗孔后轮毂壁厚小于 5mm 的齿轮不宜用此法修复。

齿轮孔径磨损后，可用镶套、镀铬、镀镍、镀铁、电刷镀、堆焊等工艺方法修复。

18.2.5　滑动轴承的修理

滑动轴承的运动形式是以轴颈与轴瓦相对滑动为主要特征，是一种滑动磨损性质的轴承，其结构形式较多，生产中常用的主要为液体摩擦轴承，根据滑动轴承两个相对运动表面油膜形成原理的不同，其又可分为液体动压轴承和液体静压轴承。

液体动压滑动轴承具有运转平稳、结构简单、噪声小、有较大的刚度和抗过载能力等特点，广泛用于高速、重载的场合。液体静压滑动轴承具有承载能力大、抗振性能好、摩擦系数小、寿命长、回转精度高、能在高速或极低转速下正常工作等优点，广泛用于高精度、重载、低速等场合。但不论是静压轴承还是动压轴承，工作一定时期后，在运转过程中都会出现旋转精度下降、振动、轴承发热、"抱轴"等故障。由于两种轴承的工作原理不同，所以各自的修理要点也不同。

（1）动压滑动轴承的修理要点

由于动压轴承在启动和停车阶段轴颈和轴承之间不能形成液体摩擦，使其配合表面逐渐磨损，导致间隙加大、几何形状精度和表面粗糙度下降、油膜压力减小、油膜压力分布不合理。这种磨损的初期，往往使主轴旋转精度下降，产生振动，到了磨损后期，动压效应极不稳定，轴颈和轴承直接摩擦加剧，工作表面往往会磨损，或出现轴承合金烧熔、剥落或裂纹等情况，轴瓦背部受长期振动后也会因磨损而发生松动。

一般说来，针对此种情况，可采取修复轴颈、修配或更换轴承的方法，以恢复轴颈和轴承的配合面间的合理间隙，恢复轴颈、轴承应有的几何形状精度和表面粗糙度。多支承的轴承则应恢复其支承表面的同轴度和表面粗糙度。具体的修理方法可按其结构的不同而采用不同的方法。

① 整体式滑动轴承的修理。整体式滑动轴承损坏时，一般都采用更换新件解决。对大型或贵重金属的轴承，可采用喷镀的方法；或者可先在轴套轴向开槽，然后合拢使其内孔缩小，再将缺口用铜焊补满，如图 18-39 所示。大径可通

过金属喷镀或镶套使其增大。最后经机
械加工和刮研使其达到要求。

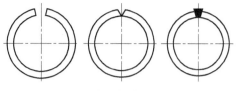

图18-39　缩小轴套内孔的方法

②内柱外锥式滑动轴承的修理。内
柱外锥式滑动轴承的修理应根据损坏的
情况进行，如工作表面没有严重擦伤，
而仅作精度修整时，可以通过螺母来调节间隙。当工作表面有严重损伤时，应将
主轴拆卸，重新刮研轴承，恢复其配合精度。

③剖分式滑动轴承的修理。剖分式滑动轴承经使用后，如工作表面轻微磨
损，可通过重新修刮调整垫片以恢复其精度。对于巴氏合金轴瓦，工作表面损坏
严重时可重浇巴氏合金，并经机械加工，再进行修刮。修复时应注意轴承盖与轴
承座之间的距离应不小于0.75mm，否则将影响轴瓦的压紧。

（2）静压滑动轴承的修理要点

静压滑动轴承的修理主要是通过修理来恢复轴承四个油腔的压力相等和稳
定。四个油腔的压力不相等，会导致轴颈偏转，产生振动，加剧轴颈和轴承的
摩擦，使轴承发热甚至"抱轴"。但是导致轴承内四个油腔压力不相等和不稳定
的具体原因又各不相同，修理时应针对具体的故障原因加以修复，具体有以下
几方面。

①轴承油腔漏油，压力油通过缺损部分直接回到回油腔，使轴颈偏向漏油
油腔表面，造成偏转和加剧摩擦。此时用修补或更换轴承的方法进行修复。

②节流器间隙堵塞，使四个油腔压力不等。原因是油液混入的杂质微粒积
存在节流口处，节流间隙堵塞，导致膜片变形，平面度变差，使膜片两边间隙不
等而造成油腔压力不等。此时应采取清洗节流器、更换膜片、更换滤油器等方法
进行修复。

③油腔压力产生波动，使主轴产生振动。主要原因是主轴变形、弯曲，轴
承或轴颈的圆度变差。当主轴旋转时，轴承和轴颈之间间隙发生周期性的变化引
起油腔压力波动，导致主轴振动。有时由于主轴外负载回转体不平衡，也会引起
油腔压力波动。可采取将外负载回转体配重平衡的措施加以排除。

18.2.6　壳体零件的修理

壳体零件是机械设备的基础件之一。由它将一些轴、套、齿轮等零件组装在
一起，使其保持正确的相对位置，彼此能按一定的传动关系协调地运动。它是构
成机械设备的一个重要部件。因此壳体零件的修复对机械设备的精度、性能和寿
命都有直接的影响。壳体零件的结构形状一般都比较复杂，壁薄且不均匀，内部
呈腔形，在壁上既有许多精度较高的孔和平面需要加工，又有许多精度较低的坚
固孔需要加工。以下以几种壳体零件为例对其修复工艺的要点进行简要介绍。

（1）汽缸体的修复

常见汽缸体的使用缺陷主要有汽缸体裂纹、变形及磨损等。其修复方法主要有以下几方面。

1）汽缸体裂纹的修复

汽缸体的裂纹一般发生在水套薄壁、进排气门垫座之间、燃烧室与气门座之间、两汽缸之间、水道孔及缸盖螺钉固定孔等部位。产生裂纹的原因主要有以下几方面。

① 急剧的冷热变化形成内应力。

② 冬季忘记放水而冻裂。

③ 气门座附近局部高温产生热裂纹。

④ 装配时因过盈量过大引起裂纹。

常用的修复方法主要有焊补、粘补、栽铜螺钉填满裂纹、用螺钉把补板固定在汽缸体上等。

2）汽缸体和汽缸盖变形的修复

变形不仅破坏了几何形状，而且使配合表面的相对位置偏差增大，例如，破坏了加工基准面的精度，破坏了主轴承座孔的同轴度、主轴承座孔与凸轮轴承孔中心线的平行度、汽缸中心线与主轴承孔的垂直度等。另外还引起密封不良、漏水、漏气，甚至冲坏汽缸衬垫。变形产生的原因主要有：制造过程中产生的内应力和负荷外力相互作用、使用过程中缸体过热、拆装过程中未按规定进行等。

如果汽缸体和汽缸盖的变形超过技术规定范围，则应根据具体情况进行修复，主要方法如下。

① 汽缸体平面螺孔附近凸起，用油石或细锉修平。

② 汽缸体和汽缸盖平面不平，可用铣、刨、磨等加工修复，也可刮削、研磨。

③ 汽缸盖翘曲，可进行加温，然后在压力机上校正或敲击校正，最好不用铣、刨、磨等加工修复。

3）汽缸磨损的修复

磨损通常是由腐蚀、高温和与活塞环的摩擦造成的，主要发生在活塞环运动的区域内。磨损后会出现压缩不良、启动困难、功率下降和机油消耗量增加等现象，甚至发生缸套与活塞的非正常撞击。

汽缸磨损后，可采用修理尺寸法，即用镗削和磨削的方法，将缸径扩大到某一尺寸，然后选配与汽缸相符合的活塞和活塞环，恢复正确的几何形状和配合间隙。当缸径超过标准直径直至最大限度尺寸时，可用镶套法修复，也可用镀铬法修复。

4）汽缸其他损伤的修复

主轴承座孔同轴度偏差较大时，需进行镗削修整，其尺寸应根据轴瓦瓦背镀层厚度确定；当同轴度偏差较小时，可用加厚的合金轴瓦进行一次镗削，弥补座孔的偏差；单个磨损严重的主轴承座孔，可将座孔镗大，配上钢制半圆环，用沉头螺钉固定，镗削到规定尺寸；座孔轻度磨损时，可使用刷镀方法修复，但要保证镀层与基体的结合强度和镀层厚度均匀一致，并不得超出规定的圆柱度要求。

（2）变速箱体的修复

变速箱体可能产生的主要缺陷有箱体变形、裂纹、轴承孔磨损等。造成这些缺陷的原因是：箱体在制造加工中出现的内应力和外载荷、切削热和夹紧力；装配不好，间隙调整没按规定执行；使用过程中的超载、超速；润滑不良；等等。

当箱体上平面翘曲较小时，可将箱体倒置于研磨平台上进行研磨修平；若翘曲较大，应采用磨削或铣削加工来修平，此时应以孔的轴心线为基准找平，保证加工后的平面与轴心线的平行度。

当孔的中心距之间的平行度误差超差时，可用镗孔镶套的方法修复，以恢复各轴孔之间的相互位置精度。

若箱体有裂纹，应进行焊补，但要尽量减少箱体的变形和产生的白口组织。

若箱体的轴承孔磨损，可用修理尺寸法和镶套法修复。当套筒壁厚为7～8mm时，压入镶套之后应再次镗孔，直至符合规定的技术要求。此外，也可采用电镀、喷涂或刷镀等方法进行修复。

18.2.7 带传动机构的检修

带传动机构是由带和带轮组成的传递运动或动力的传动机构。常见的损坏形式主要有：轴颈弯曲、带轮孔与轴配合松动、带槽磨损、带拉长或断裂等问题。检查时，主要应检查其以下方面并有针对性地采取措施。

① 轴颈弯曲。检查轴颈是否弯曲，可将轴拆卸后，在车床上支顶，用百分表检查轴颈直线度，检查后，再根据轴颈弯曲情况进行矫直。

② 带轮孔与轴配合松动。检查带轮孔与轴配合是否松动，当轴承磨损间隙增大时，应及时更换新的轴承；当轮孔或轴颈磨损不大时，带轮可在车床上修光修圆，再用锉刀修整键槽或在圆周方向另开新键槽。对与其相配合的轴颈可用镀铬法、喷镀法加大直径，然后磨削加工至配合尺寸；当轮孔磨损严重时，可将轮孔镗大，并压装衬套，再用骑缝螺钉固定，加工出新的键槽。然后修配轴颈至配合尺寸。

③ 三角带槽磨损。检查三角带槽是否磨损，当其磨损后，可适当将带槽按其标准进行加深，以保证三角带与轮槽两侧面接触。

④ 带拉长或破损。当带在运转一定时间后，会因带的伸长变形而产生松弛现象，可通过调节装置调整中心距，使传动带重新张紧，以保证要求的初拉力。

若带长已超正常拉伸量或破损，应进行更换，更换时，应将一组带一起更换，保证带的松紧一致。

⑤ 带轮破碎。带槽破碎较小时，可以采用补焊方法进行修复，若破碎严重或出现崩裂则应更换新轮。

18.2.8　链传动机构的检修

链传动机构是由链条和具有特殊齿形的链轮组成的传递运动或动力的传动机构。常见的损坏现象有链使用后被拉长、链和链轮磨损、链环断裂等。通常的修理方法如下。

① 链使用后被拉长。链条经过一定时间的使用，会被拉长而下垂，产生抖动和掉链现象，必须予以消除。如果链轮中心距可调节，应首先调节中心距，使链条拉紧；链轮中心距不可调时，可以采取张紧轮，使链条拉紧，也可以卸掉一个（或几个）链节来达到拉紧的目的。

② 链和链轮磨损。链传动中，链轮的牙齿逐渐磨损，节距增加，使链条磨损加快，当磨损严重时一般采用更换新件的方式解决。

③ 链环断裂。在链传动中，发现个别链环断裂，则采用更换个别链节的方法解决。

18.2.9　齿轮传动机构的检修

齿轮传动机构是利用齿轮副来传递运动或动力的一种机械传动机构。根据齿轮种类的不同，齿轮传动机构的类型也不同，常见的主要有直齿传动、斜齿传动、锥齿传动及蜗轮蜗杆传动等几种机构。

齿轮传动的失效形式主要有：齿面点蚀、胶合、磨损、轮齿折断及塑性变形。

（1）直齿及斜齿传动机构的修理

机械设备中的直齿及斜齿传动机构，大致可采用如下几种方法修理。

① 更换法。齿轮磨损严重或齿崩裂，一般情况下均采用更换新件。但是如果小齿轮和大齿轮啮合，往往是小齿轮磨损得快，此时必须及时更换小齿轮，以免加速齿轮的磨损。更换时，必须注意使齿轮的压力角相同，否则会促使齿轮以及机构加速磨损。通常齿轮的压力角为 20°。

② 调向法。齿轮一侧齿面发生磨损或疲劳点蚀后，如果结构许可，可将齿轮调向安装，使另一齿面进入啮合。但调向时必须成对齿轮同时进行调向。

③ 堆焊法。大模数齿轮齿面严重磨损或严重剥蚀，或齿崩裂时，可以采用堆焊法进行修复。焊前应进行退火处理，焊后应进行粗加工、热处理和精加工。为了减轻变形，对个别轮齿齿面进行堆焊修复时，为防止焊接过程对其他部分的

热影响，施焊时将齿轮浸入水中，仅将施焊部位露出水面。为保护施焊点附近部分的表面，可将这些部分用石棉布遮蔽。

④ 镶齿法。不重要的及圆周速度不大的齿轮，若损坏一个或连续几个轮齿，可以采用镶齿法修理。先在坏齿根部铣或刨出燕尾槽，而后镶入轮齿毛坯（可用焊接、无机粘接剂或螺纹连接等方法固定），再铣出要求的齿形。

⑤ 更换轮缘法。轮齿严重损坏的齿轮，可以采用此法修复。先对损坏的齿轮进行退火处理，车掉轮齿，然后将新制的齿环压装在齿轮轮毂上（过盈配合），或先压入轮缘后再铣制出轮齿，最后都要用焊接法或螺钉加以固定。

（2）圆锥齿传动机构的修理

失效的圆锥齿轮也可参照直齿及斜齿传动机构的修理方法进行修理，当圆锥齿轮因使用一定时间后，齿轮或调整垫圈磨损而造成侧隙增大，应进行调整时，将两圆锥齿轮沿轴向移动，使侧隙减少，调整好后，再配制新的调整垫圈将齿轮位置固定。

（3）蜗轮蜗杆传动机构的修理

蜗杆传动的失效形式与齿轮传动相同，其中尤以胶合和磨损更易发生。由于蜗杆传动相对滑动速度大，效率低，并且蜗杆齿是连续的螺旋线，且材料强度高，所以失效总是出现在蜗轮上。在闭式传动中，蜗轮多因齿面胶合或点蚀失效；在开式传动中，蜗轮多因齿面磨损和轮齿折断而失效。常见蜗轮蜗杆副的修理方法主要有以下几点。

1）更换新的蜗杆副

如图18-40所示，机床的分度蜗杆副装配在工作台1上，除蜗杆副本身的精度必须达到要求外，分度蜗轮2与上回转工作台1的环行导轨还需满足同轴度要求。在更换新蜗轮时，为了消除由于安装蜗轮螺钉的拉紧力对导轨引起的变形，蜗轮齿坯应首先在工作台导轨的几何精度修复以前装配好，待几何精度修复后，再以下环行导轨为基准对蜗轮进行加工。

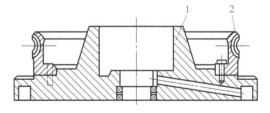

图18-40　回转工作台及分度蜗轮

2）采用珩磨法修复蜗轮

珩磨法是将与原蜗杆尺寸完全相同的珩磨蜗杆装配在原蜗杆的位置上，利用机床传动使珩磨蜗杆转动，对机床工作台分度蜗轮进行珩磨。珩磨蜗杆是将120号金刚砂用环氧树脂胶合在珩磨蜗杆坯件上，待粘接结实后再加工成形。珩磨蜗杆的安装精度，应保证蜗杆回转中心线与蜗轮啮合的中间平面平行及与啮合中心平面重合。啮合中心平面的检查可用着色检验接触痕迹的方法。

18.2.10 曲轴连杆机构的修理

曲轴连杆机构是机械设备中一种重要的动力传递零件，它的制造工艺比较复杂，造价较高，因此对其进行修复是维修中的一项重要工作。

（1）曲轴的修理

曲轴的主要失效形式是：曲轴的弯曲、轴颈的磨损、表面疲劳裂纹和螺纹的损坏等。

① 曲轴弯曲校正。将曲轴置于压力机上，用 V 形铁支承两端主轴颈，并在曲轴弯曲的反方向对其施压，产生弯曲变形。若曲轴弯曲程度较大，为防止折断，校正应分几次进行。经过冷压校的曲轴，因弹性后效作用还会使其重新弯曲，最好施行自然时效处理或人工时效处理，消除冷压产生的内应力，防止出现新的弯曲变形。

② 轴颈磨损修复。主轴颈的磨损主要是失去圆度和圆柱度等形状精度，最大磨损部位是在靠近连杆轴颈的一侧。连杆轴颈磨损成椭圆形的最大磨损部位是在各轴颈的内侧面，即靠近曲轴中心线的一侧。连杆轴颈的锥形磨损，最大部位是机械杂质偏积的一侧。

曲轴轴颈磨损后，特别是圆度和圆柱度误差超过标准时需要进行修理。没有超过极限尺寸（最大收缩量不超过 2mm）的磨损曲轴，可按修理尺寸进行磨削，同时换用相应尺寸的轴承，否则应采用电镀、堆焊、喷涂等工艺恢复到标准尺寸。

为利于成套供应轴承，主轴颈与连杆轴颈一般应分别修磨成同一级修理尺寸。特殊情况，如个别轴颈烧蚀并发生在大修后不久，则可单独将这一轴颈修磨到另一等级。曲轴磨削可在专用曲轴磨床上进行，并遵守磨削曲轴的规范。在没有曲轴磨床的情况下，也可用曲轴修磨机或在普通车床上修复，此时需配置相应的夹具和附加装置。

磨损后的曲轴轴颈还可采用焊接剖分式轴套的方法进行修复，如图18-41 所示。

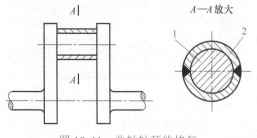

图 18-41　曲轴轴颈的修复
1—曲轴轴颈；2—轴套

先把已加工的轴套 2 切分开，然后焊接到曲轴磨损的轴颈 1 上，并将两个半套也焊在一起，再用通用的方法加工到公称尺寸。

不同直径的曲轴和不同的磨损量，所采用的剖分式轴套的壁厚也不一样。当曲轴的轴颈直径为 $\phi50 \sim 100$mm 时，剖分式轴套的厚度可取 $4 \sim 6$mm；当轴颈直径为 $\phi150 \sim 220$mm 时，剖分式轴套的厚度为 $8 \sim 12$mm。剖分式轴套在曲轴的轴颈上焊接时，应先将半轴套铆焊在曲轴上，然后再焊接其切口，轴套的切口可开 V 形坡口。为了防止曲轴在焊接过程中产生变形或过热，应使用小的焊接电流，分段焊接切口、多层焊、对称焊。焊后需将焊缝退火，消除应力，再进行机械加工。

曲轴的这种修复方法使用效果很好，并可节省大量的资金，广泛用于空压机、水泵等机械设备的维修。

③ 曲轴裂纹修复。曲轴裂纹一般出现在主轴颈或连杆轴颈与曲柄臂相连的过渡圆角处或轴颈的油孔边缘。若发现连杆轴颈上有较细的裂纹，若经修磨后裂纹能消除，则可继续使用。一旦发现有横向裂纹，则必须予以调换，不可修复。

（2）连杆的修理

连杆是承载较复杂作用力的重要部件。连杆螺栓是该部件的重要零件，一旦发生故障，可能导致设备的严重损坏。连杆常见的故障有：连杆大端变形、螺栓孔及其端面磨损、小头孔磨损等。出现这些现象时，应及时修复。

① 连杆大端变形的修复。连杆大端变形如图 18-42 所示。产生大端变形的原因主要是：大端薄壁瓦瓦口余面高度过大、使用厚壁瓦的连杆大端两侧垫片厚度不一致或安装不正确。在上述状态下，拧紧连杆螺栓后便产生大端变形，螺栓孔的精度也随之降低。因此，在修复大端孔时应同时检修螺栓孔。

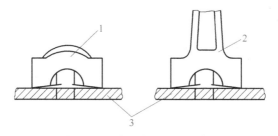

图 18-42 连杆大端变形示意图
1—瓦盖；2—连杆体；3—平板

② 修复大端孔。将连杆体和大端盖的两结合面铣去少许，使结合面垂直于杆体中心线，然后把大端盖组装在连杆体上。在保证大小孔中心距尺寸精度的前提下，重新镗大孔达到规定尺寸及精度。

③ 检修两螺栓孔。如果两螺栓孔的圆度、圆柱度、平行度和孔端面对其轴线的垂直度不符合规定的技术要求，应镗孔或铰孔修复。采用铰孔修复时，孔的端面可用人工修刮达到精度要求。按修复后孔的实际尺寸配制新螺栓。

参 考 文 献

［1］ 钟翔山. 图解钳工入门与提高. 北京：化学工业出版社，2015.

［2］ 钟翔山，钟礼耀. 实用钳工操作技法. 北京：机械工业出版社，2014.

［3］ 《职业技能培训 NES 系列教材》编委会. 钳工技能. 3 版. 北京：航空工业出版社，2008.

［4］ 吴清编. 钳工基础技术. 北京：清华大学出版社，2011.

［5］ 陈宏钧. 钳工操作技能手册. 北京：机械工业出版社，1998.

［6］ 钟翔山. 钣金加工实用手册. 北京：化学工业出版社，2013.

［7］ 钟翔山. 机械设备装配全程图解. 2 版. 北京：化学工业出版社，2019.

［8］ 钟翔山. 机械设备维修全程图解. 2 版. 北京：化学工业出版社，2019.

［9］ 王孝培. 实用冲压技术手册. 北京：机械工业出版社，2001.

［10］ 李占文. 钣金工操作技术. 北京：化学工业出版社，2009.

［11］ 杨国良. 冷作钣金工. 北京：中国劳动社会保障出版社，2001.

［12］ 夏巨谌. 实用钣金工. 北京：机械工业出版社，2002.

［13］ 常宝珍. 钳工划线问答. 北京：机械工业出版社，1999.

［14］ 常宝珍. 钳工钻孔问答. 北京：机械工业出版社，1998.

［15］ 王金荣. 钳工看图学操作. 北京：机械工业出版社，2011.

［16］ 钟翔山. 钣金加工实战技巧. 北京：化学工业出版社，2018.

［17］ 王兵. 图解钳工技术快速入门. 上海：上海科学技术出版社，2010.

［18］ 钟翔山. 实用钣金操作技法. 北京：机械工业出版社，2013.

［19］ 李文林. 钳工实业技术问答. 北京：机械工业出版社，2001.

［20］ 陈忠民. 钣金工操作技法与实例. 上海：上海科学技术出版社，2009.

［21］ 钟翔山. 机械设备装配全程图解. 2 版. 北京：化学工业出版社，2019.

［22］ 钟翔山. 机械设备维修全程图解. 2 版. 北京：化学工业出版社，2019.